钢结构连接节点设计手册

（第五版）

秦　斌　编著

中国建筑工业出版社

图书在版编目(CIP)数据

钢结构连接节点设计手册 / 秦斌编著. — 5 版. —
北京：中国建筑工业出版社，2023.3（2024.5 重印）
ISBN 978-7-112-28359-0

Ⅰ. ①钢… Ⅱ. ①秦… Ⅲ. ①钢结构—结点（结构）—
结构设计—手册 Ⅳ. ①TU391.04-62

中国国家版本馆 CIP 数据核字（2023）第 029473 号

本手册第五版是在第四版的基础上，根据最新颁布的《钢结构通用规范》GB 55006—
2021、《钢结构设计标准》GB 50017—2017 等，结合近年来国内外钢结构工程的实践，对原
手册内容作了很多增、删、插、换、改的工作。内容更加丰富，使用更为方便。

主要内容包括：钢结构连接节点的基本特性；钢结构的连接材料及设计指标；钢结构的
连接；平面桁架屋盖结构的节点设计；钢管桁架结构的连接节点设计；空间网架结构的连接
节点设计；门式刚架结构连接节点设计；多层及高层钢结构的连接节点设计；预应力钢结构
的连接节点设计；钢结构连接节点的焊缝、螺栓施工检测及验收和加固；钢结构连接节点设
计计算用表。重点仍为多、高层钢结构连接节点、连接方法以及焊接、高强度螺栓连接、高
强度螺栓混合连接为主。内容侧重以构造规定、构造图例、计算例题以及计算图表来表达。

本书可供建筑结构设计、钢结构从业人员、科研加工厂、施工单位、教学人员参考。

配套资源下载方法：中国建筑工业出版社官网 www.cabp.com.cn→输入书名或征订号查
询→点选图书→点击增值资源即可下载。（重要提示：下载配套资源需注册网站用户并登录）

* * *

责任编辑：郭　栋
责任校对：李辰馨

扫码资源

钢结构连接节点设计手册
（第五版）
秦　斌　编著

*

中国建筑工业出版社出版、发行（北京海淀三里河路 9 号）
各地新华书店、建筑书店经销
北京红光制版公司制版
建工社（河北）印刷有限公司印刷

*

开本：787 毫米×1092 毫米　1/16　印张：42　字数：1044 千字
2023 年 4 月第五版　　2024 年 5 月第二次印刷
定价：**148.00** 元
ISBN 978-7-112-28359-0
（39505）

版权所有　翻印必究
如有印装质量问题，可寄本社图书出版中心退换
（邮政编码 100037）

前　言

本书第一版由李和华主编，李星荣等参加编写。在改编第二版时李和华同志已去世，因此由李星荣、魏才昂、丁峙崐来完成。改编第三版时丁峙崐同志已去世，因此由李星荣、魏才昂、秦斌等同志来完成。在改编第四版的过程中，李星荣先生不幸去世，由秦斌、张晓光继续编写完成。本手册自 20 世纪 90 年代问世以来，经历 4 版 27 次印刷，凝结多人工作成果，向所有为本书作出贡献的人表示感谢！

钢结构连接节点的构造设计及其连接计算，不是各自独立而是紧密地相互联系着的，是钢结构整个设计工作中的一个重要环节。连接节点的设计是否得当，对保证钢结构的强度、稳定和变形，对制造安装的质量和进度，对整个建设周期和成本都有着直接的影响。鉴于上述理由，我们根据《工程结构通用规范》GB 55001、《钢结构通用规范》GB 55006、《钢结构设计标准》GB 50017—2017、《建筑抗震设计规范》GB 50011—2010、《高层民用建筑钢结构技术规程》JGJ 99—2015、《空间网格结构技术规程》JGJ 7—2010、《门式刚架轻型房屋钢结构技术规范》GB 51022—2015、《钢结构焊接规范》GB 50661—2011、《钢结构高强度螺栓连接技术规程》JGJ 82—2011、《钢板剪力墙技术规程》JGJ/T 380—2015、《钢管混凝土结构技术规范》GB 50936—2014、《组合结构设计规范》JGJ 138—2016、《混凝土结构设计规范》GB 50010—2010 的等规范规程有关规定，结合工程实践，吸收近年来国内外科研、设计、施工可资借鉴的成果，编著了这本《钢结构连接节点设计手册》（第五版），着重介绍多层及高层钢结构连接节点的构造与设计，以及空间网格结构连接节点的构造与设计。

由于焊接技术的不断发展和高强度螺栓应用的不断普及，本书在连接方法上仅述及焊接连接、高强度螺栓连接或焊接连接再辅以普通螺栓连接；在节点方面，主要述及与上述连接方法相对应的焊接连接节点、高强度螺栓连接节点及普通螺栓连接节点和上述方法的混合连接节点。

本书所述及的钢结构连接节点设计的主要内容有：平面屋盖钢结构连接节点的构造与连接、空间钢网格结构连接节点的构造与连接、多层及高层钢结构连接节点的构造与连接。为了提高其使用效能，书中还编入算例，编制了适合于连接节点设计所需要的计算数据和图表及一些小软件 Excel 程序。工程实际案例和教学案例，由中国城市规划设计研究院秦斌、同济大学设计研究院张晓光收集整理。在附加数字电子内容中选取实际的工程案例，是各类型典型的工程，这些案例并非是最完善的选择，其中可能还有缺陷。但是，实践出真知，从中总结经验教训，供读者参考借鉴，希望对解决工程中碰到的问题有帮助作用。

本书是建筑结构设计工具书，可供建筑结构设计、科研、加工制造、施工安装监理人员和高等院校有关专业师生使用和参考。

本书在编制过程中得到有关方面和同仁们的大力支持和帮助，特别是前版编辑赵梦梅女士和责任编辑郭栋，在此致以衷心的感谢。由于编者水平所限，书中定存在不少缺点和问题，欢迎广大读者批评指正。

目　　录

第1章 钢结构连接节点的基本特性

1.1 概　述

1.1.1 钢结构连接节点设计的演化

20 世纪初，焊接技术和高强度螺栓的接连出现，极大地促进了钢结构的发展。除了欧洲和北美外，钢结构在苏联和日本也获得了广泛应用，逐渐成为全世界所接受的重要的结构体系。2020 年，中国钢产量超过 10 亿吨，目前居世界首位，建筑钢结构越来越普及，钢结构建筑本身由于具有绿色、低碳、环保的工业特色，是国家大力推广的建筑形式之一（装配式结构）。

我国《钢结构设计标准》的发展有 70 年的过程。在 1949 年中华人民共和国成立后，随着经济的发展，钢结构曾起过重要作用，但由于钢产量的制约，一定程度上影响了我国钢结构的发展。20 世纪 50 年代，由于大规模建设工程的需要，建筑工程部于 1954 年颁布了《钢结构设计规范试行草案》规结-4—54。该草案以苏联 1946 年的规范为编制依据。20 世纪 70 年代初，国家基本建设委员会编制自己的国家标准规范体系，于 1974 年 12 月由国家基本建设委员会、冶金工业部批准和颁布了《钢结构设计规范》TJ 17—74（试行），1988 年 10 月由建设部批准和颁布了《钢结构设计规范》GBJ 17—88，2003 年 4 月建设部批准并颁布了《钢结构设计规范》GB 50017—2003。2017 年 12 月 12 日，由住房和城乡建设部第 1771 号公告批准发布国家标准《钢结构设计标准》GB 50017—2017。从各版本规范可看出，钢结构设计规范遵从苏联和欧洲体系，从容许应力法到极限状态法，再到性能设计法，增加了很多我国自己的创新技术和科研成果，并与抗震设计规范、组合结构设计规范相协调，给设计人员使用带来方便。钢结构连接节点设计作为钢结构设计的一个重要部分，完整走过上述全过程，目前，采用以概率理论为基础、以分项系数表达的极限状态设计方法；焊缝疲劳设计采用容许应力法。与《钢结构设计规范》GB 50017—2003 相比，新版《钢结构设计标准》GB 50017—2017 进一步完善连接和节点设计要求，充分吸收了过去十几年我国在钢结构领域的研究、设计和工程应用的新成果和新技术，借鉴了国际通行钢结构设计标准的先进经验和做法，更加强调了标准条文的系统性和适用性，便于工程师在进行钢结构设计时准确理解、掌握和合理运用，抗震规范采用承载力抗震调整系数，同时抗震设计引入性能化概念。随着 2022 年，《工程结构通用规范》GB 55001、《钢结构通用规范》GB 55006 等新工程强制性规范的实施，钢结构及连接节点设计进入新的发展阶段。

1.1.2　钢结构连接节点设计遵循的原则

　　钢结构连接节点设计应该满足建筑结构可靠性设计的基本原则、基本要求和基本方法，使结构符合可持续发展的要求，并符合安全可靠、经济合理、技术先进、确保质量的要求。连接和连接件的计算模型应与连接的实际受力性能相符合，并应按承载力极限状态和正常使用极限状态分别计算和设计单个连接件。钢结构连接节点设计采用以概率理论为基础、以分项系数表达的极限状态设计方法；当缺乏统计资料时，可根据可靠的工程经验或必要的试验研究进行，也可采用容许应力或单一安全系数等经验方法进行。极限状态可分为承载能力极限状态、正常使用极限状态和耐久性极限状态。焊缝疲劳设计采用容许应力法。结构构件及其连接的作用效应应通过考虑了力学平衡条件、变形协调条件、材料时变特性及稳定性等因素的结构分析方法确定。结构连接部件几何参数的公差应相互兼容。

　　钢结构整体结构（鲁棒性，robustness）应满足下列功能要求：

　　1）能承受在施工和使用期间可能出现的各种作用；

　　2）保持良好的使用性能；

　　3）具有足够的耐久性能；

　　4）当发生火灾时，在规定的时间内可保持足够的承载力；

　　5）当发生爆炸、撞击、人为错误等偶然事件时，结构能保持必要的整体稳固性，不出现与起因不相称的破坏后果，防止出现结构的连续倒塌。

　　钢结构连接节点作为整体钢结构的关键部位和重要构件，为达到以上目标，必须满足极限状态设计。

　　极限状态应符合下列规定：

　　（1）当结构或结构构件出现下列状态之一，应认定为超过了承载能力极限状态：

　　1）结构构件或连接因超过材料强度而破坏，或因过度变形而不适于继续承载；

　　2）整个结构或其一部分作为刚体失去平衡；

　　3）结构转变为机动体系；

　　4）结构或结构构件丧失稳定；

　　5）结构因局部破坏而发生连续倒塌；

　　6）结构或结构构件的疲劳破坏。

　　结构或结构构件的破坏或过度变形的承载能力极限状态设计，应符合下式规定：

$$\gamma_0 S_d \leqslant R_d$$

式中　γ_0——结构重要性系数；

　　　S_d——作用组合的效应设计值；

　　　R_d——结构或结构构件的抗力设计值。

　　（2）当结构或结构构件出现下列状态之一，应认定为超过了正常使用极限状态：

　　1）影响正常使用或外观的变形；

　　2）影响正常使用的局部损坏；

　　3）影响正常使用的振动；

　　4）影响正常使用的其他特定状态。

结构或结构构件按正常使用极限状态设计时，应符合下式规定：

$$S_d \leqslant C$$

式中　S_d——作用组合的效应设计值；

　　　C——设计对变形、裂缝等规定的相应限值，应按有关的结构设计标准的规定采用。

（3）当结构或结构构件出现下列状态之一时，应认定为超过了耐久性极限状态：

1）影响承载能力和正常使用的材料性能劣化；

2）影响耐久性能的裂缝、变形、缺口、外观、材料削弱等；

3）影响耐久性能的其他特定状态。

结构的耐久性极限状态设计，应使结构构件出现耐久性极限状态标志或限值的年限不小于其设计使用年限，应包括保证构件质量的预防性处理措施、减小侵蚀作用的局部环境改善措施、延缓构件出现损伤的表面防护措施和延缓材料性能劣化速度的保护措施。

钢结构连接节点设计在《钢结构设计标准》《建筑抗震设计规范》等通用基准规范和《高层民用建筑钢结构技术规程》《空间网格结构技术规程》《门式刚架轻型房屋钢结构技术规范》《预应力钢结构技术规程》等各单项结构专门规范、规程中，都有具体的章节和条文规定，可以选取相应的连接系数、房屋建筑结构的作用分项系数、承载力抗震调整系数、荷载材料分项系数和容许应力按要求进行设计。节点的安全性主要决定于其强度和刚度，防止节点组成构件因强度破坏、局部失稳、变形过大等引起节点失效，应防止焊缝与螺栓等连接部位开裂引起节点失效，或者节点变形过大造成结构内力重分布。建筑抗震设计时，钢结构连接节点设计必须做到"强节点""弱杆件"，保证地震作用下连接节点不先于杆件破坏。

1.1.3　钢结构连接节点的组成和设计步骤

1. 本书述及的连接节点，是指把各种不同形状的杆件（或构件）组成的一个平面或立体的连接结构实体。在连接节点中，通常采用的型材有钢板、角钢、槽钢、圆钢管、方钢管、工字钢、H 型钢、剖分 T 型钢、冷弯薄壁型钢以及焊接箱形钢和铸钢件等。

2. 连接节点一般情况下由三部分组成，如图 1-1 （a）、（b）所示。

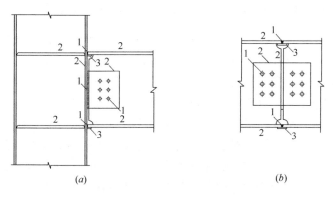

(a)　　　　　　　　　　　　　(b)

图 1-1　连接节点的组成

（1）核心传力部分。如图 1-1 中 1 部位所示，包括焊缝和紧固件。焊缝是焊条在电流高温熔融与周边母材融合而成，一般是线状的，特点是均匀、连续，焊缝类型有对接焊缝和角焊缝等。紧固件，是通过预紧加力产生摩擦力或者螺杆与连接板挤压作用而成，一般是点状的，特点是断续、跳跃的，紧固件包括高强度螺栓、普通螺栓和铆钉等。

（2）重要扩散部位。如图 1-1 中 2 部位所示，包括核心传力点和线相邻的构件单元，各种构件翼缘，腹板管壁和连接板等。这些部位是将点及线的传递力向平面和空间扩散，可靠地传递连接和节点的弯矩、剪力、轴力及扭矩等作用。

（3）施工辅助部位。如图 1-1 中 3 部位所示，包括垫板、填板和切角开口等。这些是为便于施工检测维护而采取的一些必要的构造或措施。

3. 连接节点设计的步骤

首先，根据整体结构计算的连接节点的内力条件，初步确定连接节点的连接形式和布置方式以及各零（部）件截面尺寸。连接节点的设计一般分为三个步骤：

（1）连接节点组件的分解，将连接节点按组成分解为紧固件（高强度螺栓、普通螺栓和铆钉）和焊缝、连接板、加劲肋等零件（部件）。

（2）连接节点的内力分配，将连接节点传递的内力，按照平截面假定、材料应力-应变本构关系等相关理论力学材料力学和结构力学的计算模型，根据强度刚度变形协调关系，以及零部件截面的净截面、惯性矩、截面抵抗矩和极惯性矩等本身特性，分配到紧固件、焊缝、连接板、加劲肋等各零件（部件）。

（3）连接节点组件的核算，根据《钢结构设计标准》GB 50017、《钢结构焊接规范》GB 50661、《钢结构高强度螺栓连接技术规程》JGJ 82 以及各单项结构专门规范规程中的有关连接节点具体的章节和条文规定，可以选取相应的连接系数、房屋建筑结构的作用分项系数、承载力抗震调整系数、荷载材料分项系数和容许应力，按要求进行计算且合乎构造规定，要求连接节点的各项组成零（部）件核算满足强度刚度稳定性的各项要求。

如果以上三个步骤完成，连接节点设计满足标准规范要求，进入详细绘图设计阶段。如果不满足标准规范要求，重新调整连接节点连接形式和截面尺寸以及布置方式，进行新一轮计算过程，直到满足要求为止。

1.1.4 有关连接、节点及结点概念的细微区别和联系

一般狭义来说，连接（connection）被认为是构件或者部件单元的连续接合，主要是焊缝和紧固件，比如，梁和柱以及支撑等杆件的连续拼接等；而节点（joint）一般认为是不同构件的组合，比如梁和柱相接，称为梁柱节点；柱和基础的相接，称为柱脚节点。广义来说，钢结构的连接概念可以理解为包括所有的连接和节点。

在国外，节点（joint）和连接（connection）两个用词的含义有所区别。连接是指两个或两个以上单元相交的位置。对于设计而言，连接就是基本部件的集合体。当在连接部位传递相关内力和弯矩时，要求能够体现出这些基本部件的特性。节点是指两个或两个以上构件互相连接的区域。对于设计而言，节点就是所有这些基本部件的集合体。当在所连构件之间传递相关力和弯矩时，要求能够体现出这些基本部件的特性。一个梁-柱节点就由一个腹板域，以及一个连接（单侧节点构造）或者两个连接（双侧节点构造）所构成。

两个用词之间的区别非常细微，而且有时节点和连接在工程实际中往往被当成同义词使用。

结点（node）概念在结构设计中也经常使用，尤其是结构模型力学分析时。在计算简图中，杆件之间的连接通常可简化为两种基本形式：铰结点和刚结点。在对计算简图作内力分析时，如果截取结构中的一个铰结点或刚结点进行分析，这种分析方法称为结点法。显然，这里的结点很大一部分是虚拟的网格（或单元）划分点，并不一定是结构内部的物理连接点；尽管在实际工程中，一般需要对结构构件的连接处、形状突变处、转角处等部位布置连接节点。因此，在结构力学分析中，用的都是"结点"，而非"节点"。"结点"（node）是一个力学概念，是在力学模型上根据分析需要所设置的标识点或计算点；而"节点"（joint）是一个物理概念或者工程用语，是对实际结构中一个"节段"与另一个"节段"物理连接区的统称。在汉语中，因两者读音完全相同且使用范围存在重叠，故很容易混淆。连接节点和结点，就是既有区别的事物和概念，又是在工程设计实施中有极为密切的联系，要仔细区别和把握，避免混淆、错乱。辨析其中的细微差别，对工程设计工作很有帮助。

1.1.5　钢结构连接节点设计的实施原则

在确定连接节点的构造形式及其连接时，要遵循以下原则：

1) 在节点处内力传递简捷、明确，安全、可靠，计算模型与实际受力一致，构造与设计假定符合；

2) 确保连接节点有足够的强度和刚度，具有良好的延性；当有抗震设防时，节点的承载力应按有关规定大于杆件（梁、柱、斜杆）的承载力；

3) 避免采用约束程度大和容易产生层状撕裂的连接形式；

4) 简化构造，构件标准化，节点加工简单、施工安装方便；

5) 保证安全的前提下减少用钢量，做到经济、合理；

6) 复杂或新材料构件节点设计，采用有限元模型理论分析和工程试验相结合的方法。

由于焊接技术的不断发展和高强度螺栓连接的不断普及，目前在钢结构中采用的连接方法主要有：焊接连接、高强度螺栓连接和普通螺栓连接。与上述连接方法相对应的连接节点有：焊接连接节点、高强度螺栓连接节点和普通螺栓连接节点，以及采用上述连接方法的混合连接节点，即栓焊连接节点。但在同一连接接头中。高强度螺栓连接不应与普通螺栓连接混用，承压型高强度螺栓连接不应与焊接混用。

对于杆系结构中杆件的相互连接即拼接，通常采用焊接连接，有时采用普通（C级）螺栓作为安装的临时固定而后进行焊接。设有支托的剪拉连接，可采用普通（C级）螺栓连接。此时，剪力由支托承担，拉力由普通（C级）螺栓承担。承受拉力的安装连接，也可采用普通（C级）螺栓连接。

对于梁系或实腹式柱结构本身的连接，通常有以下几种：

1) 翼缘和腹板都采用焊接连接。在这种情况中，通常是翼缘采用完全焊透的坡口对接焊缝连接，腹板采用角焊缝连接。

2) 翼缘采用完全焊透的坡口对接焊缝连接，腹板采用高强度螺栓摩擦型连接。在这种情况中，应先将连接腹板的高强度螺栓紧固，而后进行翼缘的焊接。

3）翼缘和腹板都采用高强度螺栓连接。

4）不锈钢构件采用紧固件与碳素钢及低合金钢构件连接时，应采用绝缘片分隔或采用其他有效措施防止双金属腐蚀，且不应降低连接处的力学性能。不锈钢构件不应与碳素钢及低合金钢构件进行焊接。

1.1.6 节点按构造分类

1. 连接板节点

连接板节点是指直接用板件（节点板或构件自身的板件）单独与被连接构件相连接，内力通过焊缝或紧固件在板平面内传递，并忽略板平面外的弯曲和扭转的一种节点形式。

2. 球节点

在网架结构中，球节点为常见结构形式，通常有空心球节点和螺栓球节点两种。空心球节点是可以焊接成型或者铸造成型再和钢管杆件连接的节点。螺栓球节点是在设有螺纹孔的钢球体上，通过高强度螺栓将汇交于节点处含锥头或封板的圆钢管杆件连接起来的节点。

3. 相贯节点

相贯节点又称为简单节点，无加劲节点或者直接焊接节点。在同一轴线上的两个最粗的相邻杆件贯通，其余杆件通过端部相贯线加工后直接焊接在贯通杆件的外表，通常分为平面节点和空间节点两大类。

1.1.7 节点按材质分类

1. 铸钢节点

铸钢节点应满足结构受力、铸造工艺、连接构造与施工安装的要求，适用于几何形式复杂、杆件汇交密集、受力集中的部位。铸钢节点与相邻构件可采取焊接、螺纹或销轴等连接方式。焊接结构用铸钢节点的碳当量及硫、磷含量应符合现行《焊接结构用铸钢件》GB/T 7659 的规定。铸造工艺应保证铸钢节点内部组织致密、均匀，铸钢件宜进行正火或调质热处理，设计文件应注明铸钢件毛皮尺寸的容许偏差。铸钢件和要求层状撕裂（Z向）性能的钢材尚应具有断面收缩率的合格保证。

2. 销轴和法兰节点

销轴连接适用于铰接柱脚或拱脚以及拉索、拉杆端部的连接，销轴与耳板宜采用Q355、Q390 与 Q420，必要时也可采用 45 号钢、35CrMo 或 40Cr 等钢材。法兰连接方式是一种管路连接方式，具体是指在管路对接的两端铸有法兰，在法兰端面上开有密封槽，槽内装密封圈，对接好后用螺栓或双头螺柱将管路紧紧地连在一起。

3. 索节点

根据预应力钢结构拉索节点的连接功能，节点可分为张拉节点、锚固节点、转折节点、索杆连接节点、交叉节点和玻璃幕墙节点等主要类型。在张拉节点、锚固节点和转折节点的局部承压区，应验算其局部承压强度并采取可靠的加强措施满足设计要求。对构造、受力复杂的节点可采用铸钢节点。根据节点的重要性、受力大小和复杂程度，节点的承载力设计值应为构件承载力设计值的 1.2～1.5 倍。

1.2 连接节点的力学基本特性

根据节点处传递荷载的情况、所采用的连接方法及其细部构造，按节点的力学特性，连接节点可分为刚性连接节点、半刚性连接节点和铰接连接节点。

作为构件的刚性连接节点，从保持构件原有的力学特性来说，在连接节点处应保证其原来的完全连续性。这样的连接节点将和构件的其他部分一样承受弯矩、剪力和轴力的作用。如果采用连接节点所能承受的弯矩和相对应的曲率关系来近似地表示刚性连接节点的特性，则如图 1-2 中的虚线 OAB 所示［刚性连接节点（一）］。从图中可以看出，能确保构件连续性的刚性连接节点，具有与构件相同的 M-ϕ 关系，如图中的实线 OCD 所示。

在构件的拼接连接节点中，根据拼接连接所处的位置，有时在拼接连接节点处不能传递被连接构件的全强度（各种承载力）也是可以的。这种节点只根据作用于拼接连接节点处的内力来设计。因此，这

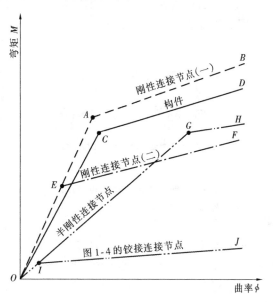

图 1-2 连接节点的特性曲线

种拼接连接节点的承载力只有构件全强度（各种承载力）的一部分，不能保证构件的连续性，因而不能作为完全的刚性连接节点。但是在这种情况下，根据所选择的连接板的刚度不同，可以使拼接连接节点的弹性刚度等于或大于构件的弹性刚度，而只是承载力比构件的连续部分低，但仍在连接节点承载力的范围内。对于这样的连接节点，亦可视为刚性连接节点。这样的连接节点的特性，则如图 1-2 中的点画线 OEF 所示［刚性连接节点（二）］。

对于某些连接节点，即使能保证其承载力等于或大于构件的承载力，但由于所采用的连接方法和细部构造设计的关系，致使连接节点的弹性刚度比构件的弹性刚度明显得低，这样的连接节点称为半刚性连接节点。如果采用弯矩-曲率（M-ϕ）关系表示，则有图 1-2 中的点画线 OGH 表示的"半刚性连接节点"的特性。

半刚性连接节点，作为设计的要求一般是不采用的。不过，像这样的连接节点，假如在设计中已经考虑了其刚度的降低，就不是什么特殊的问题。但是，如果未注意到这种刚度的降低，仍错误地按图 1-2 中所示的刚性连接节点（一）或（二）的特性进行设计，将会导致结构产生过大的挠度和变形等。节点设计时，设计人员应根据具体情况灵活运用。

铰接连接节点从理论上讲，是完全不能承受弯矩的连接节点，因而一般不能用于构件的拼接连接；铰接连接节点通常只用于构件端部的连接，比如柱脚、梁的端部连接（图 1-3）和桁架、网架杆件的端部连接等。但是在建筑结构中，作为铰接的连接节点，其

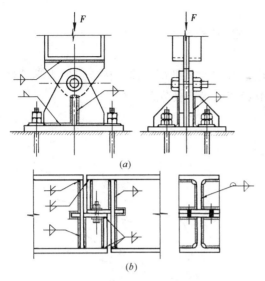

图 1-3　理想铰接连接节点示例

（a）柱脚的铰接支座；（b）梁端的铰接支座

特性并非完全铰接。如图 1-4 所示的常用的连接节点，其特性如图 1-2 中的点画线 OIJ 所示；其对弯矩并不是完全不能承受，只是抗弯刚度远低于构件的抗弯刚度，因而在工程实际中把它视作铰接连接来处理，这是简便可行的，并不会降低杆件的承载能力。

钢结构设计工作中，连接节点的设计是一个重要的环节。为使连接节点具有足够的强度和刚度，设计时应根据连接节点的位置及其所要求的强度和刚度，合理地确定连接节点的形式、连接方法、具体构造及基本计算公式。

为简化计算考虑，连接节点的设计（手工计算和程序计算）一般按完全刚接或完全铰接的情况来处理。至于因节点构造形成的半刚性连接，对整个结构的安全度是不会有影响的；相反，对个别杆件的安全储备是有一定好处的，以前在设计中均不予考虑。现在，欧洲规范以及某些软件精细化考虑后，对半刚性连接节点也计入约束刚度进行计算和设计，建议具体取值可以按图 1-5、图 1-6的定义采用。

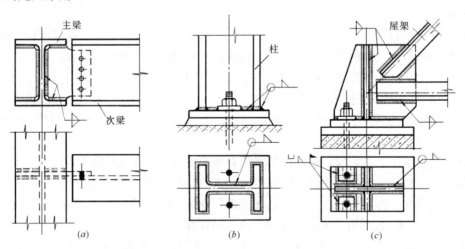

图 1-4　建筑结构常用的铰接连接节点示例

（a）次梁梁端与主梁的连接；（b）轻型柱脚的连接；（c）屋架支座的连接

一般而言，框架结构的梁柱连接宜采用刚接或铰接。当梁柱采用半刚性连接时，应计入梁柱交角变化的影响。在内力分析时，应假定连接的弯矩-转角曲线，并在节点设计时，保证节点的构造与假定的弯矩-转角曲线符合。真实的工程节点实际受力状态中，理想的铰接节点和完全嵌固的理想刚接节点其实并不满足，半刚性连接状态比较符合实际受力状况。

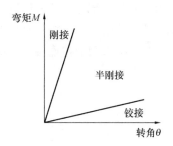

图 1-5 刚接、半刚接和铰接

注：欧规 EC3 PART1-8 对梁柱节点连接性质的定义如下：

(1) 若 $S_{j,min} \geqslant K_b EI_b / L_b$，则可认定为刚接；

(2) 若 $S_{j,min} \leqslant 0.5 EI_b / L_b$，且 $K_b / K_c \geqslant 0.1$，则可认定为铰接；

(3) 除上述两种情况外，均为半刚性连接；

其中：I_b 为梁的转动惯性矩；

L_b 为梁的跨度；

K_b 为楼层所有梁 I_b / L_b 的平均值；

K_c 为楼层所有柱 I_c / L_c 的平均值；

K_b 的取值如下：

若支撑对减小框架结构位移的作用不小于 80%，则 $K_b = 8$；

若每层满足 $K_b / K_c \geqslant 0.1$，$K_b = 25$；

$S_{j,min}$ 为节点初始弯曲刚度

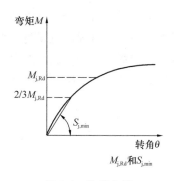

图 1-6 取值曲线

注：图中 $M_{j,Rd}$ 为节点抗弯承载力设计值

$S_{j,min}$ 为节点初始弯曲刚度

总之，钢结构连接节点设计既要有科学，也要有艺术。科学的内容包括平衡、极限状态、传力路径和极限状态分析的下限定理。[下限定理即为物理最小作用量原理（least action principle），也就是连接节点的内力传递总是沿最短的路径，连接节点对应的是能量最低状态，从而是最稳定状态。]因为大部分连接节点都是超静定的，所以艺术的内容有必要涉及最有效传力路径的确定。下限定理也可以阐述如下：如果在一个结构（或位于结构中的连接节点）中可以找到一种力的分配形式，使得该力能够与外荷载互相平衡并满足极限状态，则这个外荷载必然小于或至多等于使连接节点失效的外荷载。也就是说，任何能够满足平衡和极限状态的连接节点方法都是一种安全的连接节点，这就是连接节点设计的科学性。寻找使连接节点破坏时外荷载最大的内力分布（或传力路径），则代表连接节点设计的艺术性。这个最大荷载也是真实的破坏荷载，也就是极限状态（包含承载力极限状态、正常使用极限状态和耐久性极限状态）。这时，内力分布不仅满足平衡和极限状态的要求还满足连接节点的相容性（没有缝隙或撕裂）要求。严格地说，下限定理只适用于延性结构中的屈服极限状态。因此，对涉及稳定和脆性断裂的极限状态是危险的，必须防止出现这种模式的破坏。这也是钢结构连接节点设计应极力避免的，因为其破坏是突然和没有先兆的。

有关钢结构连接和节点的创新性技术方法和措施，应进行论证并符合规范中有关性能要求，并且应通过计算分析和试验验证保证安全要求。作为广义的金属结构之一的钢结构，钢结构连接节点随着时代不断前进。随着金属冶炼技术、机械加工技术的进步，以及新的计算理论、建筑信息模型（BIM）技术和有限元理论等的发展，连接节点设计也从半经验半概率发展到以概率理论为基础，更精确的极限状态模型有限元理论应力分析设计。

新的金属材料不断采用，连接节点也有铸钢和更高强度钢材的材料使用，新的施工工艺、工程试验手段的出现，高频离子束焊接技术激光 3D 打印、智能增材等新技术的引入，有了革命性的变化。一旦成本大幅降低后，功能形式更加复杂的节点变得有可能实现，现实中工程实践的需要也拉动连接节点设计不断创新需求，所以钢结构连接节点的设计是不断发展变化的。

第2章 钢结构的连接材料及设计指标

2.1 连 接 材 料

1. 用作钢结构连接的连接材料均应与被连接构件所采用的钢材材质相适应。将两种不同强度的钢材相连接时，可采用与低强度钢材相适应的连接材料。

2. 手工电弧焊应采用符合现行《非合金钢及细晶粒钢焊条》GB/T 5117 的规定。为使经济合理，选择的焊条型号应与构件钢材（主体金属）的强度相适应。选用时，可按下列要求确定：

（1）对 Q235 钢焊件宜采用 E43×× 型焊条。

（2）对 Q355 钢焊件宜采用 E50×× 型焊条。

（3）对 Q390 钢或 Q420 钢焊件宜采用 E55×× 型焊条。

（4）对 Q420、Q460 钢焊件宜采用 E55××、E60×× 型焊条。

（5）对 Q355GJ 钢宜采用 E50××、E55×× 型焊条。

（6）埋弧焊用焊丝和焊剂应符合现行《埋弧焊用碳钢焊丝和焊剂》GB/T 5293、《埋弧焊用低合金钢焊丝和焊剂》GB/T 12470 的规定。

3. 自动或半自动埋弧焊应采用与焊件材料强度相适应的焊丝和焊剂。焊丝应符合现行《熔化焊用钢丝》GB/T 14957、《气体保护电弧焊用碳钢、低合金钢焊丝》GB/T 8110《碳钢药芯焊丝》GB/T 10045、《低合金钢药芯焊丝》GB/T 17493 的规定。选用时，可按下列要求确定：

（1）对 Q235 钢焊件，一般可采用 H08、H08A、H08E 焊丝配合中锰型、高锰型焊剂或采用 H08Mn、H08MnA 焊丝配合无锰型、低锰型焊剂。

（2）对 Q355 钢、Q390 钢焊件，可采用 H08A、H08E 焊丝配合高锰型焊剂或采用 H08Mn、H08MnA 焊丝配合中锰型或高锰型焊剂或采用 H10Mn2 焊丝配合无锰型或低锰型焊剂。

（3）焊条或焊丝的型号和性能应与相应母材的性能相适应，其熔敷金属的力学性能应符合设计规定，且不应低于相应母材标准的下限值。

对直接承受动力荷载或需要验算疲劳的结构，以及低温环境下工作的厚板结构，宜采用低氢型焊条。

4. 钢结构连接用 4.6 级与 4.8 级普通螺栓（C 级螺栓）及 5.6 级与 8.8 级普通螺栓（A 级或 B 级螺栓），其质量应符合现行国家标准《紧固件机械性能 螺栓、螺钉和螺柱》GB/T 3098.1 和《紧固件公差 螺栓、螺钉、螺柱和螺母》GB/T 3103.1 的规定；C 级螺栓与 A 级、B 级螺栓的规格和尺寸应分别符合现行《六角头螺栓 C 级》GB/T 5780 与《六角头螺栓》GB/T 5782 的规定。

5. 锚栓采用符合《碳素结构钢技术条件》GB/T 700 规定的 Q235 钢制成；当使用的部位比较重要、条件要求比较严格时，锚栓钢材可采用符合《低合金高强度结构钢》GB/T 1591 规定的 Q355 钢制作，还可用 Q390 或者强度更高的钢材，其质量等级不低于 B 级。

6. 性能等级为 8.8 级的高强度螺栓宜采用符合《优质碳素结构钢》GB/T 699 规定的 45 号钢或 35 号钢制成。

7. 性能等级为 10.9 级的高强度螺栓宜采用符合《合金结构钢技术条件》GB 3077 规定的 20MnTiB、40B 钢或 35VB 钢制成，或采用符合《钢结构用高强度大六角头螺栓、大六角头螺母、垫圈与技术条件》GB/T 1228 规定的 35VB 钢制成。

8. 高强度螺栓的性能等级和力学性能：

高强度螺栓的螺杆、螺母和垫圈均采用高强度钢材制成，其成品应再经热处理，以进一步提高强度。因此，高强度螺栓的力学性能是以经热处理后的数值为准，并另定其性能等级。其性能等级代号以两个强度值表示，前一个数值表示经热处理后的最低抗拉强度 σ_b（8 或 10，即 $800N/mm^2$ 或 $1000N/mm^2$），后一个数值表示螺栓经热处理后的屈强比 α（0.8 或 0.9），即 $\alpha = \sigma_{0.2}/\sigma_b$。常用的高强度螺栓性能等级有下列两种：8.8 级和 10.9 级。8.8 级、10.9 级用于大六角头高强度螺栓，10.9 级用于扭剪型高强度螺栓。

9. 高强度大六角头螺栓（性能等级 8.8S 和 10.9S）连接副的材质、性能等应分别符合现行《钢结构用高强度大六角头螺栓》GB/T 1228、《钢结构用高强度大六角螺母》GB/T 1229、《钢结构用高强度垫圈》GB/T 1230 以及《钢结构用高强度大六角头螺栓、大六角螺母、垫圈技术条件》GB/T 1231 的规定。

扭剪型高强度螺栓（性能等级 10.9S）连接副的材质、性能等应符合现行《钢结构用扭剪型高强度螺栓连接副》GB/T 3632 的规定。

高强度螺栓，螺母，垫圈的性能等级采用钢材牌号适用规格及使用组合高强度大六角头螺栓连接副性能等级及使用配合。

高强度大六角头螺栓连接：

（1）螺栓、螺母、垫圈的性能等级和材料按表 2-1 的规定。

螺栓、螺母、垫圈等级和材料　　　　　　　　　　　表 2-1

类别	性能等级	材料	标准编号	适用规格
螺栓	10.9S	20MnTiB ML20MnTiB	GB/T 3077 GB/T 6478	≤M24
		35VB		≤M30
	8.8S	45、35	GB/T 699	≤M20
		20MnTiB、40Cr ML20MnTiB	GB/T 3077 GB/T 6478	≤M24
		35CrMo	GB/T 3077	≤M30
		35VB		
螺母	10H	45、35	GB/T 699	
	8H	ML35	GB/T 6478	
垫圈	35HRC～45HRC	45、35	GB/T 699	

（2）螺栓、螺母、垫圈的使用配合按表 2-2 的规定。

螺栓、螺母、垫圈的配合 表 2-2

类别	螺栓	螺母	垫圈
形式尺寸	按 GB/T 1228 规定	按 GB/T 1229 规定	按 GB/T 1230 规定
性能等级	10.9S	10H	35HRC～45HRC
	8.8S	8H	35HRC～45HRC

扭剪型高强度螺栓连接副：

（3）螺栓，螺母，垫圈材料按表 2-3 使用。

螺栓、螺母、垫圈材料 表 2-3

类别	性能等级	推荐材料	标准编号	适用规格
螺栓	10.9S	20MnTiB ML20MnTiB	GB/T 3077 GB/T 6478	≤M24
		35VB 35CrMn	（附录 A） GB/T 3077	M27、M30
螺母	10H	45、35 ML35	GB/T 699 GB/T 6478	≤M30
垫圈	—	45、35	GB/T 699	

2.2 设 计 指 标

1. 钢材的设计用强度指标值，应根据钢材牌号、厚度按表 2-4 采用。

钢材的设计用强度指标值 表 2-4

钢材牌号		钢材厚度或直径（mm）	强度设计值（N/mm²）			钢材强度（N/mm²）	
			抗拉、抗压、抗弯 f	抗剪 f_v	端面承压（刨平顶紧）f_{ce}	屈服强度 f_y	抗拉强度最小值 f_u
碳素结构钢	Q235	≤16	215	125		235	
		>16，≤40	205	120	320	225	370
		>40，≤100	200	115		215	
低合金高强度结构钢	Q355	≤16	300	175		345	
		>16，≤40	295	170		335	
		>40，≤63	290	165	400	325	470
		>63，≤80	280	160		315	
		>80，≤100	270	155		305	
	Q390	≤16	345	200		390	
		>16，≤40	330	190	415	370	490
		>40，≤63	310	180		350	
		>63，≤100	295	170		330	
	Q420	≤16	375	215		420	
		>16，≤40	355	205	440	400	520
		>40，≤63	320	185		380	
		>63，≤100	305	175		360	
	Q460	≤16	410	235		460	
		>16，≤40	390	225	470	440	550
		>40，≤63	355	205		420	
		>63，≤100	340	195		400	

注：1. 表中直径指实心棒材，厚度系指计算点的钢材或钢管壁厚度，对轴心受拉和轴心受压构件系指截面中较厚板件的厚度。
2. 冷弯型材和冷弯钢管，其强度设计值应按现行《冷弯薄壁型钢结构技术规范》GB 50018 的规定采用。

2. 铸钢件的强度设计值应按表 2-5 采用。

铸钢件的强度设计值

表 2-5

类别	钢号	铸件厚度 (mm)	抗拉、抗压和抗弯 f (N/mm²)	抗剪 f_v (N/mm²)	端面承压（刨平顶紧） f_{ce} (N/mm²)
非焊接结构用铸钢件	ZG230-450	≤100	180	105	290
	ZG270-500		210	120	325
	ZG310-570		240	140	370
焊接结构用铸钢件	ZG230-450H	≤100	180	105	290
	ZG270-480H		210	120	310
	ZG300-500H		235	135	325
	ZG340-550H		265	150	355

注：表中强度设计值仅适用于本表规定的厚度。

3. 焊缝强度设计指标应按表 2-6 采用。

焊缝强度设计指标（N/mm²）

表 2-6

焊接方法和焊条型号	构件钢材		对接焊缝强度设计值				角焊缝强度设计值	对接焊缝抗拉强度 f_u^w	角焊缝抗拉强度 f_u^f
	牌号	厚度或直径 (mm)	抗压 f_c^w	焊缝质量为下列等级时，抗拉 f_t^w		抗剪 f_v^w	抗拉、抗压和抗剪 f_f^w		
				一级、二级	三级				
自动焊、半自动焊和 E43 型焊条手工焊	Q235	≤16	215	215	185	125	160	415	240
		>16,≤40	205	205	175	120			
		>40,≤100	200	200	170	115			
自动焊、半自动焊和 E50、E55 型焊条手工焊	Q355	≤16	305	305	260	175	200	480(E50) 540(E55)	280(E50) 315(E55)
		>16,≤40	295	295	250	170			
		>40,≤63	290	290	245	165			
		>63,≤80	280	280	240	160			
		>80,≤100	270	270	230	155			
	Q390	≤16	345	345	295	200	200(E50) 220(E55)		
		>16,≤40	330	330	280	190			
		>40,≤63	310	310	265	180			
		>63,≤100	295	295	250	170			
自动焊、半自动焊和 E55、E60 型焊条手工焊	Q420	≤16	375	375	320	215	220(E55) 240(E60)	540(E50) 590(E55)	315(E50) 340(E55)
		>16,≤40	355	355	300	205			
		>40,≤63	320	320	270	185			
		>63,≤100	305	305	260	175			

焊接方法和焊条型号	构件钢材		对接焊缝强度设计值				角焊缝强度设计值	对接焊缝抗拉强度 f_u^w	角焊缝抗拉强度 f_u^f
	牌号	厚度或直径 (mm)	抗压 f_c^w	焊缝质量为下列等级时，抗拉 f_t^w		抗剪 f_v^w	抗拉、抗压和抗剪 f_f^w		
				一级、二级	三级				
自动焊、半自动焊和 E55、E60 型焊条手工焊	Q460	≤16	410	410	350	235	220(E55) 240(E60)	540(E50) 590(E55)	315(E50) 340(E55)
		>16,≤40	390	390	330	225			
		>40,≤63	355	355	300	205			
		>63,≤100	340	340	290	195			
自动焊、半自动焊和 E50、E55 型焊条手工焊	Q355GJ	>16,≤35	310	310	265	180	200	480(E50) 540(E55)	280(E50) 315(E55)
		>35,≤50	290	290	245	170			
		>50,≤100	285	285	240	165			

注：1. 手工焊用焊条、自动焊和半自动焊所采用的焊丝和焊剂，应保证其熔敷金属的力学性能不低于母材的性能。
   2. 焊缝质量等级应符合现行《钢结构焊接规范》GB 50661 的规定，其检验方法应符合现行《钢结构工程施工质量验收标准》GB 50205 的规定。其中厚度小于 6mm 钢材的对接焊缝，不应采用超声波探伤确定焊缝质量等级。
   3. 对接焊缝在受压区的抗弯强度设计值取 f_c^w，在受拉区的抗弯强度设计值取 f_t^w。
   4. 表中厚度系指计算点的钢材厚度，对轴心受拉和轴心受压构件系指截面中较厚板件的厚度。
   5. 计算下列情况的连接时，上表规定的强度设计值应乘以相应的折减系数；几种情况同时存在时，其折减系数应连乘：
   1) 施工条件较差的高空安装焊缝乘以系数 0.9；
   2) 进行无垫板的单面施焊对接焊缝的连接计算应乘折减系数 0.85。

4. 螺栓连接的强度指标应按表 2-7 采用。

螺栓连接的强度指标（N/mm²）　　　　　　　　　　　　　　表 2-7

螺栓的性能等级、锚栓和构件钢材的牌号		强度设计值										高强度螺栓的抗拉强度最小值 f_u^b
		普通螺栓						锚栓	承压型连接或网架用高强度螺栓			
		C 级螺栓			A 级、B 级螺栓							
		抗拉 f_t^b	抗剪 f_v^b	承压 f_c^b	抗拉 f_t^b	抗剪 f_v^b	承压 f_c^b	抗拉 f_t^a	抗拉 f_t^b	抗剪 f_v^b	承压 f_c^b	
普通螺栓	4.6 级、4.8 级	170	140	—	—	—	—	—	—	—	—	—
	5.6 级	—	—	—	210	190	—	—	—	—	—	—
	8.8 级	—	—	—	400	320	—	—	—	—	—	—
锚栓	Q235	—	—	—	—	—	—	140	—	—	—	—
	Q355	—	—	—	—	—	—	180	—	—	—	—
	Q390	—	—	—	—	—	—	185	—	—	—	—
承压型连接高强度螺栓	8.8 级	—	—	—	—	—	—	—	400	250	—	830
	10.9 级	—	—	—	—	—	—	—	500	310	—	1040

螺栓的性能等级、锚栓和构件钢材的牌号		强度设计值										高强度螺栓的抗拉强度最小值 f_u^b
		普通螺栓						锚栓	承压型连接或网架用高强度螺栓			
		C 级螺栓			A 级、B 级螺栓							
		抗拉 f_t^b	抗剪 f_v^b	承压 f_c^b	抗拉 f_t^b	抗剪 f_v^b	承压 f_c^b	抗拉 f_t^a	抗拉 f_t^b	抗剪 f_v^b	承压 f_c^b	
螺栓球节点用高强度螺栓	9.8 级	—	—	—	—	—	—	—	385	—	—	—
	10.9 级	—	—	—	—	—	—	—	430	—	—	—
构件钢材牌号	Q235	—	—	305	—	—	405	—	—	—	470	—
	Q355	—	—	385	—	—	510	—	—	—	590	—
	Q390	—	—	400	—	—	530	—	—	—	615	—
	Q420	—	—	425	—	—	560	—	—	—	655	—
	Q460	—	—	450	—	—	595	—	—	—	695	—
	Q355GJ	—	—	400	—	—	530	—	—	—	615	—

注：1. A 级螺栓用于 $d{\leqslant}24$mm 和 $L{\leqslant}10d$ 或 $L{\leqslant}150$mm（按较小值）的螺栓；B 级螺栓用于 $d{>}24$mm 和 $L{>}10d$ 或 $L{>}150$mm（按较小值）的螺栓；d 为公称直径，L 为螺栓公称长度。

2. A、B 级螺栓孔的精度和孔壁表面粗糙度，C 级螺栓孔的允许偏差和孔壁表面粗糙度，均应符合现行《钢结构工程施工质量验收标准》GB 50205 的要求。

3. 用于螺栓球节点网架的高强度螺栓，M12~M36 为 10.9 级，M39~M64 为 9.8 级。

5. 高强度螺栓，螺母，垫圈的热处理后的机械性能

（1）高强度大六角头螺栓连接副热处理后的机械性能应符合表 2-8~表 2-15 的要求。

当螺栓的材料直径 $\geqslant$16mm 时，根据用户要求，制造厂还应增加常温冲击试验，其结果应符合表 2-8 的规定。

常温冲击试验　　　　表 2-8

性能等级	抗拉强度 R_m（MPa）	规定非比例延伸强度 $R_{p0.2}$（MPa）	断后伸长率 A（%）	断后收缩率 Z（%）	冲击吸收功 A_{KV2}（J）
			不小于		
10.9S	1040~1240	940	10	42	47
8.8S	830~1030	660	12	45	63

（2）实物机械性能要求，拉力载荷应在表 2-9 内。

拉力载荷　　　　表 2-9

螺纹规格 d		M12	M16	M20	(M22)	M24	(M27)	M30
公称应力截面积 A_s（mm²）		84.3	157	245	303	353	459	561
性能等级	10.9S 拉力载荷（N）	87700~104500	163000~195000	255000~304000	315000~376000	367000~438000	477000~569000	583000~696000
	8.8S	70000~86800	130000~162000	203000~252000	251000~312000	293000~354000	381000~473000	466000~578000

（3）当螺栓 $l/d \leqslant 3$ 时，如不能做楔负载试验，允许做拉力载荷试验或芯部硬度试验。拉力载荷应符合表 2-9 的规定，芯部硬度应符合表 2-10 的规定。

芯部硬度 表 2-10

性能等级	维氏硬度		洛氏硬度	
	min	max	min	max
10.9S	312 HV30	367 HV30	33 HRC	39 HRC
8.8S	249 HV30	296 HV30	24 HRC	31 HRC

扭剪型高强度螺栓连接副：

（4）制造者应对螺栓的原材料取样，经与螺栓制造中相同的热处理工艺处理后，按《金属材料 拉伸试验》GB/T 228 制成试件进行拉伸试验，其结果应符合表 2-11 的规定。根据用户要求，可增加低温冲击试验，其结果应符合表 2-11 的规定。

低温冲击试验 表 2-11

性能等级	抗拉强度 R_m (MPa)	规定非比例延伸强度 $R_{p0.2}$ (MPa)	断后伸长率 A （%）	断后收缩率 Z （%）	冲击吸收功 A_{KV2} (J，$-20℃$)
		不小于			
10.9S	1040～1240	940	10	42	27

（5）当螺栓 $l/d \leqslant 3$ 时，如不能进行楔负载试验，允许用拉力载荷试验或芯部硬度试验代替楔负载试验。拉力载荷应符合表 2-12 的规定，芯部硬度应符合表 2-13 的规定。

拉力载荷 表 2-12

螺纹规格 d	M16	M20	M22	M24	M27	M30
公称应力截面积 A_s (mm²)	157	245	303	353	459	561
10.9S 拉力载荷 （kN）	163～195	255～304	315～376	367～438	477～569	583～696

芯部硬度 表 2-13

性能等级	维氏硬度		洛氏硬度	
	min	max	min	max
10.9S	312 HV30	367 HV30	33 HRC	39 HRC

（6）螺母的保证载荷应符合表 2-14 的规定。

螺母的保证载荷 表 2-14

螺纹规格 d		M16	M20	M22	M24	M27	M30
公称应力截面积 A_s (mm²)		157	245	303	353	459	561
保证应力 S_P (MPa)		1040					
10H	保证载荷 $A_s \times S_P$ (kN)	163	255	315	367	477	583

（7）螺母的硬度应符合表 2-15 的规定。

螺母的硬度 表 2-15

性能等级	洛氏硬度		维氏硬度	
	min	max	min	max
10H	98 HRB	32 HRC	222 HV30	304 HV30

垫圈硬度

垫圈的硬度为 329 HV30～436 HV30（35 HRC～45 HRC）。

6. 钢材和钢铸件物理性能指标按表 2-16 采用。

钢材和钢铸件物理性能指标 表 2-16

弹性模量 E（N/mm²）	剪变模量 G（N/mm²）	线膨胀系数 α（以每℃计）	质量密度 ρ（kg/m³）
206×10^3	79×10^3	12×10^{-6}	7850

7. 混凝土轴心抗压强度标准值和轴心抗压强度设计值按表 2-17 采用。

混凝土轴心抗压强度标准值和设计值（N/mm²） 表 2-17

混凝土强度类别	混凝土强度等级													
	C15	C20	C25	C30	C35	C40	C45	C50	C55	C60	C65	C70	C75	C80
轴心抗压强度标准值 f_{ck}	10.0	13.4	16.7	20.1	23.4	26.8	29.6	32.4	35.5	38.5	41.5	44.5	47.4	50.2
轴心抗压强度设计值 f_c	7.2	9.6	11.9	14.3	16.7	19.1	21.1	23.1	25.3	27.5	29.7	31.8	33.8	35.9

8. 混凝土受压或受拉时的弹性模量 E_c 应按表 2-18 采用。

混凝土弹性模量（$\times 10^4$ N/mm²） 表 2-18

混凝土强度等级	C15	C20	C25	C30	C35	C40	C45	C50	C55	C60	C65	C70	C75	C80
E_c	2.20	2.55	2.80	3.00	3.15	3.25	3.35	3.45	3.55	3.60	3.65	3.70	3.75	3.80

9. 普通钢筋强度设计值应按表 2-19 采用。

普通钢筋强度设计值（N/mm²） 表 2-19

钢筋类别		符号	抗拉强度设计值 f_y	抗压强度设计值 f'_y
普通钢筋	HPB300	φ	270	270
	HRB335、HRBF335	Φ	300	300
	HRB400、HRBF400、RRB400	Φ	360	360
	HRB500、HRBF500	Φ	435	410

10. 计算下列情况的连接时，表 2-6 和表 2-7 规定的焊缝强度设计值和螺栓连接强度设计值，应乘以表 2-20 中相应的折减系数；当几种情况同时存在时，应连乘。

项次	构件和连接情况			折减系数
1	单面连接的单角钢	按轴心受力计算强度和连接		0.85
		按轴心受压计算稳定性	等边角钢	$0.6+0.0015\lambda$，但不大于 1.0
			短边相连的不等边角钢	$0.5+0.0025\lambda$，但不大于 1.0
			长边相连的不等边角钢	0.70
2	无垫板的单面施焊对接焊缝			0.85
3	施工条件较差的高空安装焊缝和铆钉连接			0.90
4	沉头和半沉头铆钉连接			0.80
5	轻型钢结构	双圆钢拱拉杆的连接		0.85
6		单圆钢压杆和拉杆连接于节点板一侧的焊缝按轴心受力计算时		0.85
7		其他连接		0.95

注：1. λ 为长细比，对中间无连系的单角钢压杆，应按最小回转半径计算；当 $\lambda<20$ 时，取 $\lambda=20$。
　　2. 当几种情况同时存在时，其折减系数应连乘。

11. 铆钉连接的强度设计值应按表 2-21 采用。

铆钉钢号和构件钢材牌号		抗拉（钉头拉脱）f_t^r	抗剪 f_v^r		承压 f_c^r	
			I 类孔	II 类孔	I 类孔	II 类孔
铆钉	BL2 或 BL3	120	185	155	—	—
构件钢材牌号	Q235	—	—	—	450	365
	Q355	—	—	—	565	460
	Q390	—	—	—	590	480

注：1. 属于下列情况者为 I 类孔：
　　　1）在装配好的构件上按设计孔径钻成的孔；
　　　2）在单个零件和构件上按设计孔径分别用钻模钻成的孔；
　　　3）在单个零件上先钻成或冲成较小的孔径，然后在装配好的构件上再扩钻至设计孔径的孔。
　　2. 在单个零件上一次冲成或不用钻模钻成设计孔径的孔属于 II 类孔。
　　3. 表中规定的强度设计值应按下列规定乘以相应的折减系数：
　　　1）施工条件较差的铆钉连接乘以系数 0.9；
　　　2）沉头和半沉头铆钉连接乘以系数 0.8；
　　　3）几种情况同时存在时，其折减系数应连乘。

12. 建筑结构用钢板的设计用强度指标，见表 2-22。

建筑结构用钢板	钢材厚度或直径（mm）	强度设计值			屈服强度 f_y	抗拉强度 f_u
		抗拉、抗压、抗弯 f	抗剪 f_v	端面承压（刨平顶紧）f_{ce}		
Q355GJ	>16，$\leqslant50$	325	190	415	345	490
	>50，$\leqslant100$	300	175		335	

13. 结构用无缝钢管的强度指标按表 2-23 采用。

结构设计用无缝钢管的强度指标（N/mm²）　　　　　　表 2-23

钢管钢材牌号	壁厚(mm)	强度设计值			钢管强度	
		抗拉、抗压和抗弯 f	抗剪 f_v	端面承压(刨平顶紧) f_{ce}	钢材屈服强度 f_y	抗拉强度最小值 f_u
Q235	≤16	215	125	320	235	375
	>16，≤30	205	120		225	
	>30	195	115		215	
Q355	≤16	300	175	400	345	470
	>16，≤30	290	170		325	
	>30	260	150		295	
Q390	≤16	345	200	415	390	490
	>16，≤30	330	190		370	
	>30	310	180		350	
Q420	≤16	375	220	445	420	520
	>16，≤30	355	205		400	
	>30	340	195		380	
Q460	≤16	410	240	470	460	550
	>16，≤30	390	225		440	
	>30	355	205		420	

14. 预应力钢丝束、钢绞线或钢丝绳索体的抗拉强度、弹性模量和线膨胀系数。

（1）钢丝抗拉强度的标准值和设计值应按表 2-24 采用。

钢丝的抗拉强度　　　　　　表 2-24

抗拉强度标准值（MPa）	抗拉强度设计值（MPa）
1470	820
1570	870
1670	930
1770	980
1870	1040

（2）索体材料的弹性模量宜由试验方法确定。在不进行试验的情况下，索体材料施加预应力后的弹性模量可参照表 2-25 取值。

索体材料的弹性模量　　　　　　表 2-25

索材种类	弹性模量（N/mm²）
钢丝束索	$2.00×10^5$
钢绞线索	$1.95×10^5$
钢丝绳索	$1.40×10^5$
钢拉杆索	$2.06×10^5$

（3）索体材料的线膨胀系数宜由试验方法确定。在不进行试验的情况下，索体材料的线膨胀系数可参照表 2-26 取值。

索体材料的膨胀系数

表 2-26

索材种类	线膨胀系数（℃$^{-1}$）
钢丝束索	1.84×10^{-5}
钢绞线索	1.32×10^{-5}
钢丝绳索	1.59×10^{-5}
钢拉杆索	1.20×10^{-5}

第3章 钢结构的连接

3.1 焊 接 连 接

3.1.1 焊接连接的形式

1. 钢结构焊接连接构造设计，应符合下列要求：

（1）尽量减少焊缝的数量和尺寸；

（2）焊缝的布置宜对称于构件截面的中和轴；

（3）节点区留有足够空间，便于焊接操作和焊后检测；

（4）采用刚度较小的节点形式，宜避免焊缝密集和双向、三向相交；

（5）焊缝位置避开高应力区；

（6）根据不同焊接工艺方法合理选用坡口形状和尺寸。

2. 钢结构焊接材料应符合下列规定：

（1）焊条应符合现行《碳钢焊条》GB/T 5117、《低合金钢焊条》GB/T 5118 的规定。

（2）焊丝应符合现行《熔化焊用钢丝》GB/T 14957、《气体保护电弧焊用碳钢、低合金钢焊丝》GB/T 8110 及《碳钢药芯焊丝》GB/T 10045、《低合金钢药芯焊丝》GB/T 17493 的规定。

（3）埋弧焊用焊丝和焊剂应符合现行《埋弧焊用非合金钢及细晶粒钢实心焊丝、药芯焊丝和焊丝-焊剂组合分类要求》GB/T 5293、《埋弧焊用低合金钢焊丝和焊剂》GB/T 12470 的规定。

（4）当不同强度钢材连接时，可采用与低强度钢材相应用的焊接材料。

3. 设计应根据结构的重要性、荷载特性、焊缝形式、工作环境以及应力状态等情况，按下述原则分别选用不同的焊缝质量等级：

（1）在承受动荷载且需要进行疲劳验算的构件中，凡要求与母材等强连接的焊缝应予焊透，其质量等级为：

1）作用力垂直于焊缝长度方向的横向对接焊缝或 T 形对接与角接组合焊缝，受拉时应为一级，受压时应为二级；

2）作用力平行于焊缝长度方向的纵向对接焊缝应为二级。

（2）不需要疲劳计算的构件中，凡要求与母材等强的对接焊缝宜予焊透，其质量等级当受拉时应不低于二级，受压时宜为二级。

（3）重级工作制（A6～A8）和起重量 $Q \geqslant 50t$ 的中级工作制（A4、A5）吊车梁的腹板与上翼缘之间以及吊车桁架上弦杆与节点板之间的 T 形接头焊缝均要求焊透，焊缝形式宜为对接与角接的组合焊缝，其质量等级不应低于二级。

（4）部分焊透的对接焊缝、不要求焊透的 T 形接头采用的角焊缝或部分焊透的对接与角接组合焊缝，以及搭接连接采用的角焊缝，其质量等级为：

1）对直接承受动荷载且需要验算疲劳的结构和吊车起重量等于或大于50t的中级工作制吊车梁，焊缝的外观质量等级应符合二级；

2）对其他结构，焊缝的外观质量等级可为三级。

4. 焊接连接是建筑钢结构普遍采用的一种连接方法。常用的焊接方法主要有：

$$
（1）电弧焊
\begin{cases}
手工电弧焊 \\
半自动埋弧焊 \\
自动埋弧焊 \\
气体保护焊
\end{cases}
$$

（2）电阻焊

（3）电渣焊

（4）接触焊

5. 焊缝根据施焊空间位置分类（图3-1.1）：

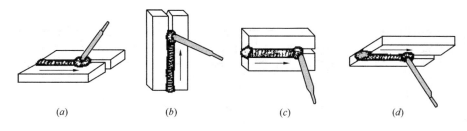

(a)　　　　　(b)　　　　　(c)　　　　　(d)

图3-1.1　焊缝施焊的位置

(a) 平焊；(b) 立焊；(c) 横焊；(d) 仰焊

（1）平焊：容易操作，焊接质量容易保证，焊接效率高，应优先采用，代号F；

（2）立焊：熔敷金属容易向下流淌，操作困难，质量不易保证，代号V；

（3）横焊：操作条件差，质量不易保证，代号H；

（4）仰焊：操作最困难，质量难以保证，不应用于重要受力构件的焊接，代号O。

6. 按照被连接构件间的相对位置，焊接连接的形式通常可分为：平接、搭接、T形连接和角接连接（图3.1-2）。这些连接所采用的焊缝形式主要有：

$$
（1）对接焊缝
\begin{cases}
完全焊透的对接焊缝
\begin{cases}
正焊缝 \\
斜焊缝
\end{cases} \\
局部焊透的（V形、K形、U形、J形坡口）对接焊缝（图3-2）
\end{cases}
$$

$$
（2）角焊缝（图3-3）
\begin{cases}
直角角焊缝
\begin{cases}
正面角焊缝 \\
侧面角焊缝
\end{cases} \\
斜角角焊缝
\end{cases}
$$

（3）焊缝的计算厚度 h_e 取值：V形坡口（图3-2a）

当 $\alpha \geqslant 60°$时，$h_e = s$

当 $\alpha < 60°$时　$h_e = 0.75s$

单边V形和K形坡口（图3-2b、c）

当 $\alpha = 45°\pm 5°$时，$h_e = s - 3$

U形、J形坡口（图3-2d、e）$h_e = s$

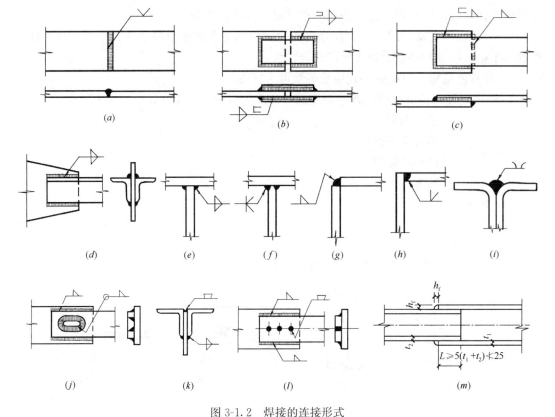

图 3-1.2 焊接的连接形式

(a)、(b)、(i) 平接；(c)、(d)、(j)、(k)、(l) 搭接；(e)、(f) T 形连接；

(g)、(h) 角接连接；(m) 管材套管连接的搭接焊缝构造图示

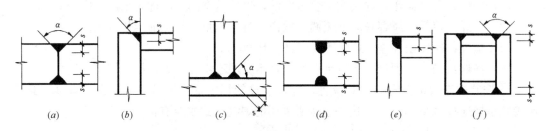

图 3-2 局部焊透的对接焊缝截面形式

(a)、(b)、(f) V 形坡口；(c) K 形坡口；(d) U 形坡口；(e) J 形坡口

T 形接头直角角焊缝（图 3-3a~c）：$h_e = 0.7 h_f$

T 形接头斜角（$60°\leqslant\alpha\leqslant135°$）角焊缝：（图 3-3$d$~$f$）

$h_e = h_f \cos \dfrac{\alpha}{2}$（当根部间隙 $b\leqslant1.5$mm）或 $h_e = \left(h_f - \dfrac{b}{\sin\alpha}\right)\cos\dfrac{\alpha}{2}$（当根部间隙 $b>$

1.5mm，但$\leqslant$5mm）

（4）全焊透的对接焊缝计算厚度

全焊透的对接焊缝及对接与角接组合焊缝，采用双面焊时，反面应清根后焊接，其计算厚度 h_e 对于对接焊缝，应为焊接部位较薄的板厚；对于对接与角接组合焊缝（图 3-4），其计算厚度为坡口根部至焊缝两侧表面（不计余高）的最短距离之和；采用加垫板单面

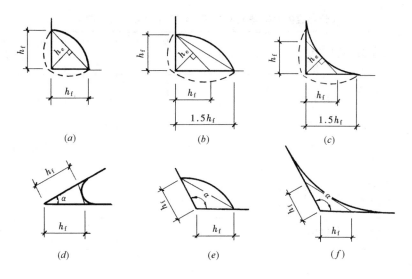

图 3-3　T 形接头的角焊缝截面形式

(a)、(b)、(c) 直角角焊缝截面；(d)、(e)、(f) 斜角角焊缝截面

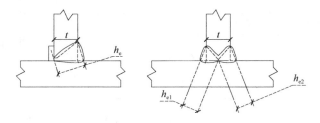

图 3-4　全焊透的对接与角接组合焊缝计算厚度示意

焊，当坡口形状、尺寸符合《钢筋焊接及验收规程》JGJ 18—2012 附录表 A.0.2～A.0.4 的要求时，其计算厚度 h_e 应为坡口根部至焊缝表面（不计余高）的最短距离。

（5）部分焊透的对接焊缝计算厚度

部分焊透对接焊缝及对接与角接组合焊缝，其焊缝计算厚度 h_e（图 3-5）应根据不同焊接方法、坡口形状及尺寸、焊接位置不同，分别对坡口深度 h 进行折减，各种类型部分焊透焊缝的计算厚度 h_e 应符合表 3-1 的规定。

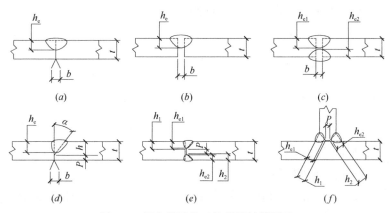

图 3-5　部分焊透的对接焊缝计算厚度

部分焊透的对接焊缝及对接与角接组合焊缝计算厚度　　表3-1

图号	坡口形式	焊接方法	t (mm)	α (°)	b (mm)	P (mm)	焊接位置	焊缝计算厚度 h_e(mm)
3-5(a)	I形坡口 单面焊	焊条电弧焊	3	—	1.0~1.5	—	全部	$t-1$
3-5(b)	I形坡口 单面焊	焊条电弧焊	$3<t\leqslant6$	—	$\frac{t}{2}$	—	全部	$\frac{t}{2}$
3-5(c)	I形坡口 双面焊	焊条电弧焊	$3<t\leqslant6$	—	$\frac{t}{2}$	—	全部	$\frac{3}{4}t$
3-5(d)	单V形坡口	焊条电弧焊	$\geqslant6$	45	0	3	全部	$h-3$
3-5(d)	L形坡口	气体 保护焊	$\geqslant6$	45	0	3	F,H	h
							V,O	$h-3$
3-5(d)	L形坡口	埋弧焊	$\geqslant12$	60	0	6	F	h
							H	$h-3$
3-5(e)、(f)	K形坡口	焊条电弧焊	$\geqslant8$	45	0	3	全部	h_1+h_2-6
3-5(e)、(f)	K形坡口	气体 保护焊	$\geqslant12$	45	0	3	F,H	h_1+h_2
							V,O	h_1+h_2-6
3-5(e)、(f)	K形坡口	埋弧焊	$\geqslant20$	60	0	6	F	h_1+h_2

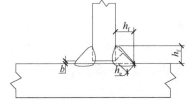

图3-6　搭接角焊缝及直角角焊缝 计算厚度示意

V形坡口 $\alpha\geqslant60°$ 及 U、J形坡口，当坡口尺寸符合《钢筋焊接及验收规程》JGJ 18—2012 附录表 A.0.5~A.0.7 的规定时，焊缝计算厚度 h_e 应为坡口深度 h。

(6) 搭接角焊缝及直角角焊缝的计算厚度 h_e (图3-6) 应分别按下列公式计算：

1) 当间隙 $b\leqslant1.5$ 时：$h_e=0.7h_f$　　　(3-1)

2) 当间隙 $1.5<b\leqslant5$ 时：$h_e=0.7(h_f-b)$　　　(3-2)

塞焊和槽焊焊缝的计算厚度 h_e 可按角焊缝的计算方法确定。

(7) 斜角角焊缝的计算厚度 h_e，应根据两面夹角 ψ 按下列公式计算：

1) $\psi=60°\sim135°$ [图3-7(a)、(b)、(c)]：

当间隙 b、b_1 或 $b_2\leqslant1.5$ 时，　　$h_e=h_f\cos\frac{\psi}{2}$　　　(3-3)

当间隙 $1.5<b$、b_1 或 $b_2\leqslant5$ 时，$h_e=\left[h_f-\frac{b(或\,b_1、b_2)}{\sin\psi}\right]\cos\frac{\psi}{2}$　　　(3-4)

式中　　ψ——两面夹角(°)；

　　　　h_f——焊脚尺寸(mm)；

b、b_1 或 b_2——接头根部间隙(mm)。

2) $30°\leqslant\psi<60°$ (图3-7d) 应将式(3-3)、式(3-4)所计算的焊缝计算厚度 h_e 减去相应的折减值 z，不同焊接条件的折减值 z 应符合表3-2的规定。

两面角 ψ	焊接方法	折减值 z(mm)	
		焊接位置 V 或 O	焊接位置 F 或 H
60°>ψ≥45°	焊条电弧焊	3	3
	药芯焊丝自保护焊	3	0
	药芯焊丝气体保护焊	3	0
	实心焊丝气体保护焊	3	0
45°>ψ≥30°	焊条电弧焊	6	6
	药芯焊丝自保护焊	6	3
	药芯焊丝气体保护焊	10	6
	实心焊丝气体保护焊	10	6

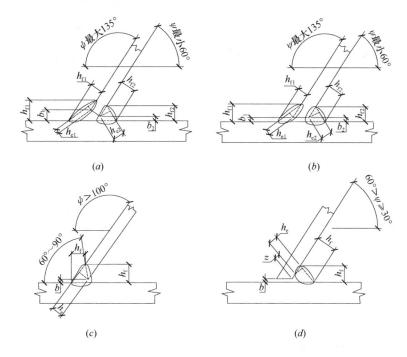

(a)　　　　　　　　　(b)

(c)　　　　　　　　　(d)

图 3-7　斜角角焊缝计算厚度示意

ψ—两面夹角；b、b_1 或 b_2—根部间隙；h_f—焊脚尺寸；h_e—焊缝计算厚度；z—焊缝计算厚度折减值

3）ψ<30°：必须进行焊接工艺评定，确定焊缝计算厚度。

（8）圆管、矩形管 T、Y、K 形相贯接头的焊缝计算厚度应根据局部两面夹角 ψ 的大小，按相贯接头趾部、侧部、跟部各区和局部细节情况分别计算取值。管材相贯接头的焊缝分区示意见图 3-8 和图 3-9，局部两面夹角 ψ 和坡口角 α 示意见图 3-10。全焊透焊缝、部分焊透焊缝和角焊缝的计算厚度应分别符合下列规定：

1）全焊透焊缝的计算厚度

管材相贯接头全焊透焊缝各区的形状及尺寸细节应符合图 3-11 的要求，焊缝计算厚度应符合表 3-3 的规定。

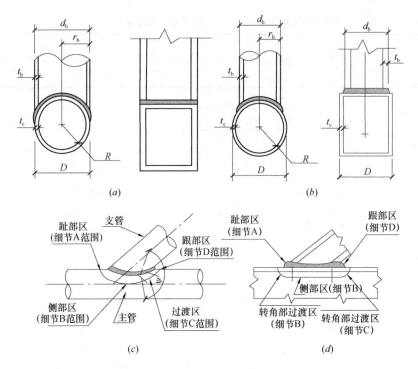

(a)

(b)

(c)

(d)

图 3-8 钢管连接

（a）圆管和方管的匹配型连接；（b）圆管和方管的台阶形连接；（c）圆管接头分区；（d）台阶状矩形管接头分区

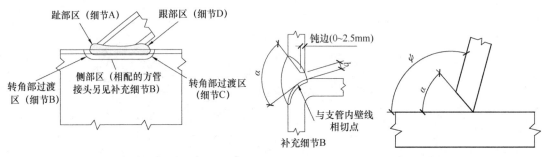

图 3-9 圆管、矩形管相贯接头焊缝分区形式示意

图 3-10 局部两面夹角（ψ）和坡口角度（α）示意

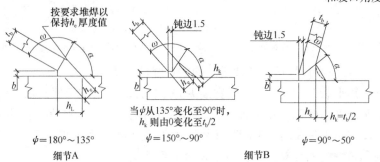

当ψ从135°变化至90°时，h_k 则由0变化至 $t_b/2$

细节A

$\psi=180°\sim135°$

细节B

$\psi=150°\sim90°$

$\psi=90°\sim50°$

图 3-11 管材相贯接头完全焊透焊缝的各区坡口形状与尺寸示意（焊缝为标准平直状剖面形状）（一）

1—尺寸 h_e、h_L、b、b'、ψ、ω、α 见表 3-3；2—最小标准平直状焊缝剖面形状如实线所示；3—可采用虚线所示的下凹状剖面形状；4—支管厚度 $t_b<16mm$；5—h_k，加强焊脚尺寸

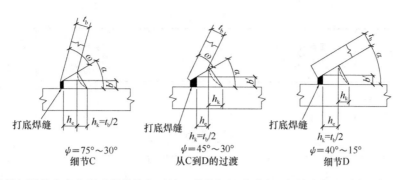

图 3-11　管材相贯接头完全焊透焊缝的各区坡口形状与尺寸示意（焊缝为标准平直状剖面形状）（二）

1—尺寸 h_e、h_L、b、b'、ψ、ω、α 见表 3-3；2—最小标准平直状焊
缝剖面形状如实线所示；3—可采用虚线所示的下凹状剖面形状；4—支
管厚度 $t_b < 16mm$；5—h_k，加强焊脚尺寸

圆管 T、K、Y 形相贯接头全焊透焊缝坡口尺寸及焊缝计算厚度　　　　表 3-3

坡口尺寸		细节 A $\psi = 180° \sim 135°$	细节 B $\psi = 150° \sim 50°$	细节 C $\psi = 75° \sim 30°$	细节 D $\psi = 40° \sim 15°$
坡口角度 α	最大	90°	$\psi \leqslant 105°$：60°	40°；ψ 较大时 60°	—
	最小	45°	37.5°；ψ 较小时 $\frac{1}{2}\psi$	$\frac{1}{2}\psi$	—
支管端部斜削角度 ω	最大	—	90°	根据所需的 α 值确定	—
	最小	—	10° 或 $\psi > 105°$：45°	10°	—
根部间隙 b	最大	5mm	气体保护焊： $\alpha > 45°$：6mm； $\alpha \leqslant 45°$：8mm； 焊条电弧焊和药芯焊丝自保护焊：6mm		
	最小	1.5mm	1.5mm		
打底焊后坡口底部宽度 b'	最大	—	—	焊条电弧焊和药芯焊丝自保护焊： $\alpha = 25° \sim 40°$：3mm； $\alpha = 15° \sim 25°$：5mm； 气体保护焊： $\alpha = 30° \sim 40°$：3mm； $\alpha = 25° \sim 30°$：6mm； $\alpha = 20° \sim 25°$：10mm； $\alpha = 15° \sim 20°$：13mm	

坡口尺寸	细节 A $\psi=180°\sim135°$	细节 B $\psi=150°\sim50°$	细节 C $\psi=75°\sim30°$	细节 D $\psi=40°\sim15°$
焊缝计算厚度 h_e	$\geq t_b$	$\psi\geq90°$时，$\geq t_b$； $\psi<90°$时，$\geq\dfrac{t_b}{\sin\psi}$	$\geq\dfrac{t_b}{\sin\psi}$，最大 $1.75t_b$	$\geq2t_b$
h_L	$\geq\dfrac{t_b}{\sin\psi}$， 最大 $1.75t_b$	—	焊缝可堆焊至满足 要求	—

注：坡口角度 $\alpha<30°$时应进行工艺评定；由打底焊道保证坡口底部必要的宽度 b'。

2）部分焊透焊缝的计算厚度

管材台阶状相贯接头部分焊透焊缝各区坡口形状与尺寸细节应符合图 3-12 的要求；矩形管材相配的相贯接头部分焊透焊缝各区坡口形状与尺寸细节应符合图 3-13 的要求。焊缝计算厚度的折减值 z 应符合表 3-2 的规定。

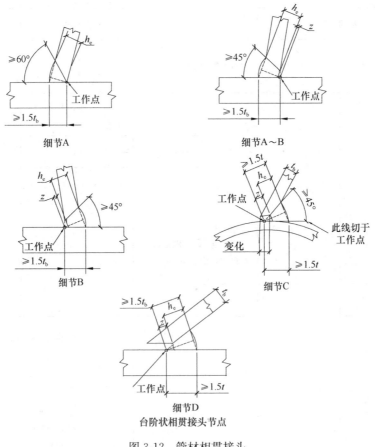

图 3-12 管材相贯接头

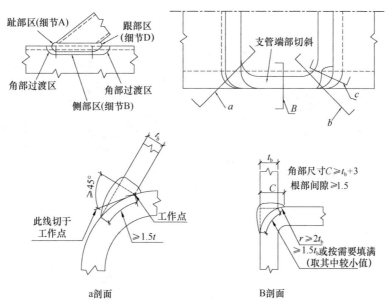

矩形管材相配的相贯接头

图 3-13（*a*）　管材相贯接头部分焊透焊缝各区坡口形状与尺寸示意

1—t 为 t_b、t_c 中较薄截面厚度；2—除过渡区域或跟部区外，其余部位削斜到边缘；3—根部间隙 0～5mm；4—坡口角度30°以下时必须进行工艺评定；5—焊缝计算厚度 $h_e > t_b$，z 折减尺寸见表 3-2；6—方管截面角部过渡区的接头应制作成从一细部圆滑过渡到另一细部，焊接的起点与终点都应在方管的平直部位，转角部位应连续焊接，转角处焊缝应饱满

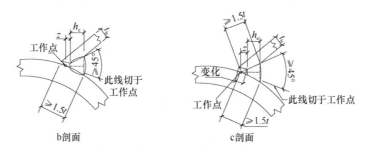

图 3-13（*b*）　矩形管材相配的相贯接头

3）角焊缝的焊缝计算厚度

管材相贯接头各区细节应符合图 3-14 的要求，其焊缝计算厚度 h_e 应符合表 3-4 的规定。

管材 T、Y、K 形相贯接头角焊缝的计算厚度　　　　表 3-4

ψ		趾部	侧部			跟部	焊缝计算厚度（h_e）
		>120°	110°～120°	100°～110°	≤100°	<60°	
最小 h_f	支管端部切斜 t_b		$1.2t_b$	$1.1t_b$	t_b	$1.5t_b$	$0.7t_b$
	支管端部切斜 $1.4t_b$		$1.8t_b$	$1.6t_b$	$1.4t_b$	$1.5t_b$	t_b
	支管端部整个切斜 60°～90°坡口角		$2.0t_b$	$1.75t_b$	$1.5t_b$	$1.5t_b$ 或 $1.4t_b+z$ 取较大值	$1.07t_b$

注：1　低碳钢（$R_{eH}\leqslant 280MPa$）圆管，要求焊缝与管材超强匹配的弹性工作应力设计时，$h_e=0.7t_b$；要求焊缝与管材等强匹配的极限强度设计时，$h_e=1.0t_b$；

　　2　其他各种情况，$h_e=t_c$ 或 $h_e=1.07t_b$ 中较小值；t_c 为主管壁厚。

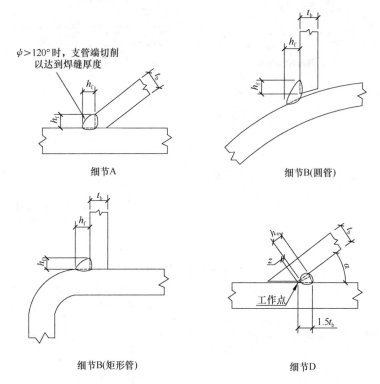

图 3-14 管材相贯接头角焊缝接头各区形状与尺寸示意

1—t_b 为较薄件厚度；2—h_f 为最小焊脚尺寸；3—根部间隙 0~5±1.5mm；
4—α 最小值为 15°，当 $\alpha<30°$ 时，应进行焊接工艺评定；30°$\leqslant\alpha<$60°时，焊缝计算厚度应采用表 3-2 的折减值 z；5—对主管直径（宽度）D 与支管直径（宽度）d 之比 d/D 的限定；圆管时 $d/D\leqslant1/3$，方管时 $d/D\leqslant0.8$

3.1.2 对接焊缝和角焊缝的连接计算

1. 完全焊透的对接焊缝和 T 形连接焊缝，应按表 3-5 所列公式计算强度。

完全焊透的对接焊缝和 T 形连接焊缝的强度计算公式　　　　表 3-5

项次	受力情况	计算内容	公式	附注
1		拉应力或压应力	$\sigma_f = \dfrac{N}{tl_w} \leqslant f_t^w$ 或 f_c^w 　（3-5）	正焊缝

项次	受力情况	计算内容	公式	附注
2		拉应力或压应力	$\sigma_{f} = \dfrac{N\sin\theta}{tl_{w}} \leqslant f_{t}^{w}$ 或 f_{c}^{w} (3-6)	斜焊缝 当 $\tan\theta \leqslant 1.5$ 时，可不计算
		剪应力	$\tau_{f} = \dfrac{N\cos\theta}{tl_{w}} \leqslant f_{v}^{w}$ (3-7)	
3		正应力	$\sigma_{f} = \dfrac{6M}{tl_{w}^{2}} \leqslant f_{t}^{w}$ 或 f_{c}^{w} (3-8)	矩形截面的对接焊缝
		剪应力	$\tau_{f} = \dfrac{1.5V}{tl_{w}} \leqslant f_{v}^{w}$ (3-9)	
4		正应力	$\sigma_{f} = \dfrac{N}{A_{w}} + \dfrac{M}{W_{w}} \leqslant f_{t}^{w}$ 或 f_{c}^{w} (3-10)	工字形截面的对接焊缝，在正应力和剪应力都较大的地方，应计算折算应力，如图中的 1 点处
		剪应力	$\tau_{f} = \dfrac{VS_{w}}{I_{w}t} \leqslant f_{v}^{w}$ (3-11)	
		折算应力	$\sigma_{fc} = \sqrt{(\sigma_{f1})^{2} + 3(\tau_{f1})^{2}}$ $= \sqrt{\left(\dfrac{N}{A_{w}} + \dfrac{M}{W_{w1}}\right)^{2} + 3\left(\dfrac{VS_{w1}}{I_{w}t}\right)^{2}}$ $\leqslant 1.1 f_{t}^{w}$ (3-12)	

注：表中 M、N、V——作用于连接处的弯矩、轴心力和剪力；

    t——在对接连接中为连接件的较小厚度，在 T 形连接中为腹板的厚度；

    l_{w}——焊缝的计算长度，当未采用引弧板施焊时，取实际焊缝长度（l_{wa}）减去 $2h_{f}$；当采用引弧板施焊时，取焊缝实际长度；

    A_{w}、W_{w}——与焊件截面相同的焊缝截面面积和截面模量；

    S_{w}——所求剪应力处以上的焊缝截面对中和轴的面积矩；

    I_{w}——焊缝截面对其中和轴的惯性矩；

    W_{w1}、S_{w1}——计算"1"点处的正应力和剪应力所用的焊缝截面的模量和面积矩；

    f_{t}^{w}、f_{c}^{w}、f_{v}^{w}——对接焊缝的抗拉、抗压和抗剪强度设计值，按表 2-6 采用。

2. 角焊缝的连接应按表 3-6 所列公式计算强度。

角焊缝连接的强度计算公式 表 3-6

项次	受力情况	公式	附注
1		$$\sigma_f = \frac{N}{(h_{e1}+h_{e2})l_w} \leqslant \beta_f f_f^w \quad (3\text{-}13)$$	垂直于焊缝长度方向的应力
2		$$\tau_f = \frac{N}{h_e \sum l_w} \leqslant f_f^w \quad (3\text{-}14)$$	沿焊缝长度方向的剪应力
3		$$N_1 = h_{e1} \sum l_{w1} \beta_f f_f^w \quad (3\text{-}15)$$ $$N_2 = N - N_1 \quad (3\text{-}16a)$$ $$\tau_f = \frac{N_2}{h_{e2} \sum l_{w2}} \quad (3\text{-}16b)$$	h_{e1}、$\sum l_{w1}$ 视为已知，即求得正面角焊缝所承担的力；沿焊缝长度方向的剪应力
4		$$\sigma_{fs} = \sqrt{\left(\frac{\sigma_M}{\beta_f} + \frac{\sigma_N}{\beta_f}\right)^2 + (\tau_V)^2}$$ $$= \sqrt{\left(\frac{6M}{\beta_f \cdot 2h_e l_w^2} + \frac{N}{\beta_f \cdot 2h_e l_w}\right)^2 + \left(\frac{V}{2h_e l_w}\right)^2}$$ $$\leqslant f_f^w \quad (3\text{-}17.1)$$	焊缝的最大综合应力
5		$$\tau_f = \frac{TD}{2I_P} \leqslant f_f^w \quad (3\text{-}17.2)$$	I_P——焊缝有效截面的极惯性矩，$I_P = 2\pi h_e \left(\dfrac{D}{2}\right)^3$
6	焊缝截面	$$\sigma_{M1} = \frac{M}{W_{w1}} \leqslant \beta_f f_f^w \quad (3\text{-}18)$$ $$\sigma_{fs2} = \sqrt{\left(\frac{\sigma_{M2}}{\beta_f}\right)^2 + (\tau_V)^2}$$ $$= \sqrt{\left(\frac{M}{\beta_f W_{w2}}\right)^2 + \left(\frac{V}{A_{ww}}\right)^2} \leqslant f_f^w \quad (3\text{-}19)$$	在"2"点处的最大综合应力

项次	受力情况	公式	附注
7	焊缝截面	$$\sigma_{M1} = \frac{Fe}{W_{w1}} \leqslant \beta_f f_f^w \qquad (3\text{-}20)$$ $$\sigma_{fa2} = \sqrt{\left(\frac{\sigma_{M2}}{\beta_f}\right)^2 + (\tau_F)^2}$$ $$= \sqrt{\left(\frac{Fe}{\beta_f W_{w2}}\right)^2 + \left(\frac{F}{A_{ww}}\right)^2} \leqslant f_f^w \quad (3\text{-}21)$$ $$\sigma_{fa3} = \sqrt{\left(\frac{\sigma_{M3}}{\beta_f}\right)^2 + (\tau_F)^2}$$ $$= \sqrt{\left(\frac{Fe}{\beta_f W_{w3}}\right)^2 + \left(\frac{F}{A_{ww}}\right)^2} \leqslant f_f^w \quad (3\text{-}22)$$	
8	焊缝截面	焊缝 "1" 点处受力最大，其最大综合应力为： $$\sigma_{fs1} = \sqrt{\left(\frac{\sigma_M}{\beta_f} + \frac{\sigma_F}{\beta_f}\right)^2 + (\tau_{Fe})^2}$$ $$= \sqrt{\left(\frac{Fex}{\beta_f I_{w\rho}} + \frac{F}{\beta_f h_e \sum l_w}\right)^2 + \left(\frac{Fey}{I_{w\rho}}\right)^2}$$ $$\leqslant f^w \qquad (3\text{-}23)$$ 此处为单面焊缝 图中 0 点为焊缝截面的形心	

注：表中 $h_e(h_{e1} \, , h_{e2})$——角焊缝的有效厚度：

对直角角焊缝，$h_e = 0.7 h_f$；

对斜角角焊缝，其有效厚度可按表 3-7 采用；但对夹角 α 大于 120°或小于 60°的斜角角焊缝，除钢管结构外，不宜用作受力焊缝；

h_f——角焊缝的较小焊脚尺寸；

$\sum l_w (\sum l_{w1} \, , \sum l_{w2})$——拼接连接一侧或两焊件间的焊缝计算长度总和；

$\sigma_M (\sigma_{M2} \, , \sigma_{M3})$——角焊缝在弯矩 M（或 Fe）作用下所产生的垂直于焊缝长度方向的应力；

σ_N——角焊缝在轴心力 N 或外力 F 作用下所产生的垂直于焊缝长度方向的应力；

$\tau_V \, , \tau_F \, , \tau$——角焊缝在剪力 V、外力 F 和弯矩 Fe 作用下所产生的沿焊缝长度方向的剪力；

$I_{w\rho}$——角焊缝有效截面对其形心 0 的极惯性矩，按下式计算：

$$I_{w\rho} = I_{w\rho x} + I_{w\rho y} \qquad (3\text{-}24)$$

$I_{w\rho x} \, , \ I_{w\rho y}$——角焊缝有效截面对其 x 轴和 y 轴的惯性矩；

A_{ww}——腹板连接焊缝的截面面积；

f_f^w——角焊缝的抗拉、抗压和抗剪强度设计值，按表 2-6 采用；

β_f——正面角焊缝的强度设计值增大系数：

对承受静力荷载和间接承受动力荷载的直角角焊缝，取 $\beta_f = 1.22$；

对直接承受动力荷载的直角角焊缝，取 $\beta_f = 1.0$；

对斜角角焊缝，不论承受静力荷载或动力荷载，均取 $\beta_f = 1.0$。

两焊脚边的夹角 α	$60°\sim90°$	$91°\sim100°$	$101°\sim106°$	$107°\sim113°$	$114°\sim120°$
焊缝有效厚度 h_e	$0.70h_f$	$0.65h_f$	$0.60h_f$	$0.55h_f$	$0.50h_f$

3. 部分焊透对接焊缝（图 3-2），应按表 3-8 所列公式计算强度。

部分焊透对接焊缝的强度计算公式 表 3-8

项次	受力情况	公式	附注
1		$\sigma_f = \dfrac{N}{h_e \sum l_w} \leqslant \beta_f f_t^w$ (3-25) 当 N 为拉力时，$\beta_f = 1.0$； 当 N 为压力时，$\beta_f = 1.22$； 当熔合线处焊缝截面边长等于或接近于最短距离时（图 3-2b、e、f），$\beta_f = 0.9$	不宜用于直接承受动力荷载的连接
2		$\tau_f = \dfrac{N}{h_e \sum l_w} \leqslant f_t^w$ (3-14)*	
3	在其他力或各种力综合作用下，σ_f 和 τ_f 共同作用处	$\sigma_{fs} = \sqrt{\left(\dfrac{\sigma_f}{\beta_f}\right)^2 + (\tau_f)^2} \leqslant f_f^w$ (3-26)	σ_f、τ_f 可参照表 3-2 中的有关公式计算

注：表中 h_e——部分焊透的对接焊缝有效厚度，参见图 3-2 所示，按下列情况确定：
    (1) V 形坡口 当 $\alpha \geqslant 60°$ 时，$h_e = s$；
            当 $\alpha < 60°$ 时，$h_e = 0.75s$；
    (2) U 形、J 形坡口 $h_e = s$；
        且有效厚度 h_e 应满足下式要求：

$$h_e \geqslant 1.5\sqrt{t} \tag{3-27}$$

    t——坡口所在焊件的较大厚度（mm）；
    s——坡口根部至焊缝表面（不考虑余高）的最短距离；
    α——V 形坡口角度。

3.1.3 角钢与钢板、圆钢与钢板、圆钢与圆钢之间的角焊缝连接计算

1. 角钢与钢板连接的角焊缝，应按表 3-9 所列公式计算。

角钢与钢板连接的角焊缝计算公式 表 3-9

项次	连接形式	公式	附注
1	 (a) 两面侧焊	$l_{w1} = \dfrac{k_1 N}{2 \times 0.7h_f f_f^w}$ (3-28) $l_{w2} = \dfrac{k_2 N}{2 \times 0.7h_f f_f^w}$ (3-29)	假定侧面角焊缝的焊脚尺寸为已知，求焊缝长度

项次	连接形式	公式	附注
2	(b) 三面围焊	$N_3 = 2 \times 0.7 h_{f3} l_{w3} \beta_f f_f^w$ (3-30a) 但须 $N_3 < 2k_2 N$ $N_1 = k_1 N - N_3/2$ (3-30b) $N_2 = k_2 N - N_3/2$ (3-30c) $l_{w1} = \dfrac{N_1}{2 \times 0.7 h_f f_f^w}$ (3-30d) $l_{w2} = \dfrac{N_2}{2 \times 0.7 h_f f_f^w}$ (3-30e)	视正面角焊缝的焊脚尺寸和长度为已知; 假定侧面角焊缝的焊脚尺寸为已知,求焊缝长度
3	(c) L形围焊	$N_3 = 2k_2 N$ (3-31a) $l_{w1} = \dfrac{N - N_3}{2 \times 0.7 h_f f_f^w}$ (3-31b) $h_{f3} = \dfrac{N_3}{2 \times 0.7 l_{w3} f_f^w}$ (3-31c)	L形围焊一般只宜用于内力较小的杆件连接,且使 $l_{w1} \geq l_{w3}$
4	(d) 单角钢的单面连接	$l_{w1} = \dfrac{k_1 N}{0.7 h_{f1}(0.85 f_f^w)}$ (3-32) $l_{w2} = \dfrac{k_2 N}{0.7 h_{f2}(0.85 f_f^w)}$ (3-33)	单角钢杆件的单面连接,只宜用于内力较小的情况,式中的 0.85 为焊缝强度折减系数

注:表中 h_{f1}、l_{w1} ——一个角钢肢背侧面角焊缝的焊脚尺寸和计算长度;

h_{f2}、l_{w2} ——一个角钢肢尖侧面角焊缝的焊脚尺寸和计算长度;

h_{f3}、l_{w3} ——一个角钢端部正面角焊缝的焊脚尺寸和计算长度;

k_1、k_2 ——角钢肢背和肢尖的角焊缝内力分配系数,可按表 3-10 确定。

角钢肢背和肢尖的角焊缝内力分配系数 k_1 和 k_2 值　　　　表 3-10

项次	角钢类别与连接形式	分配系数	
		k_1	k_2
1	等边角钢一肢相连	0.70	0.30
2	不等边角钢短肢相连	0.75	0.25

项次	角钢类别与连接形式	分配系数	
		k_1	k_2
3	不等边角钢长肢相连	0.65	0.35

2. 圆钢与钢板（或型钢的平板部分）、圆钢与圆钢之间的连接焊缝。应按公式（3-14）计算抗剪强度，即：

$$\tau_f = \frac{N}{h_e \sum l_w} \leqslant f_f^w \tag{3-14}*$$

式中 h_e——焊缝的有效厚度；

对圆钢与钢板（或型钢的平板部分）的连接（图 3-15），$h_e = 0.7h_f$；

对圆钢与圆钢的连接（图 3-16），h_e 应按下式计算：

$$h_e = 0.1(d_1 + 2d_2) - a \tag{3-34}$$

式中 d_1——大圆钢直径；

d_2——小圆钢直径；

a——焊缝表面至两个圆钢公切线的距离。

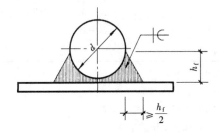

图 3-15　圆钢与钢板间的连接焊缝

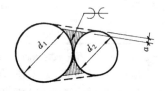

图 3-16　圆钢与圆钢间的连接焊缝

3.1.4　圆钢管结构中支管与主管或支管与支管的连接焊缝计算

1. 在节点处直接焊接的圆钢管结构，支管与主管或支管与支管的连接焊缝，可采用钢管自动仿形切割机做成沿全周对接焊缝连接；或部分采用对接焊缝、部分采用角焊缝连接；或沿全周采用角焊缝连接。在计算连接焊缝的强度时可按以下要求确定：

（1）所有连接焊缝均视为沿全周采用角焊缝进行计算；

（2）角焊缝的平均有效厚度，可取 $h_e = 0.7h_f$；

（3）角焊缝的焊脚尺寸，可取 $h_f \leqslant 2t_s$（t_s 为支管壁厚）；

（4）支管与主管或支管与支管轴线之间的夹角 θ 小于 $30°$ 或大于 $150°$ 时，其连接焊缝不能用作受力焊缝。

2. 在节点处直接焊接的圆钢管结构，支管与主管或支管与支管的连接焊缝，应按下式计算强度：

$$\sigma_f = \frac{N_s}{h_e l_{w0}} \leqslant f_f^w \tag{3-35}$$

式中　N_s——支管的轴心拉力或压力；

　　　h_e——焊缝的有效厚度，取 $h_e = 0.7h_f$；

　　　h_f——焊缝的焊脚尺寸，取 $h_f \leqslant 2t_s$；

　　　t_s——支管的壁厚，当支管与支管相连时为较薄支管的壁厚；

　　　l_{w0}——沿全周的焊缝计算长度（两管相贯线的长度），可按下列公式计算或按表 3-11 确定。

当 $d_i/d \leqslant 0.65$ 时，

$$l_{w0} = (3.25d_s - 0.025d)\left(\frac{0.534}{\sin\theta} + 0.466\right) \tag{3-36}$$

当 $d_i/d > 0.65$ 时，

$$l_{w0} = (3.81d_s - 0.389d)\left(\frac{0.534}{\sin\theta} + 0.466\right) \tag{3-37}$$

式中　d——支管与主管相连时为主管的外径，支管与支管相连时为较大支管的外径；

　　　d_i——支管的外径，当支管与支管相连时为较小支管的外径；

　　　θ——支管与主管或支管与支管轴线之间的夹角。

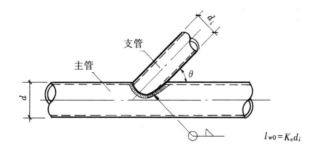

圆钢管直接相连的焊缝计算长度系数 K_s（两管相贯线的长度系数） 表 3-11

d/d_i ＼ θ	90°	85°	80°	75°	70°	65°	60°	55°	50°	45°	40°	35°	30°
1.00	3.42	3.43	3.45	3.49	3.54	3.61	3.70	3.82	3.98	4.18	4.44	4.78	5.24
1.05	3.40	3.41	3.43	3.47	3.52	3.59	3.68	3.80	3.96	4.15	4.41	4.75	5.22
1.10	3.38	3.39	3.41	3.45	3.50	3.57	3.66	3.78	3.93	4.13	4.39	4.72	5.19
1.15	3.36	3.37	3.39	3.43	3.48	3.55	3.64	3.76	3.91	4.11	4.36	4.70	5.16
1.20	3.34	3.35	3.37	3.41	3.46	3.53	3.62	3.74	3.89	4.08	4.34	4.67	5.13
1.25	3.32	3.33	3.35	3.39	3.44	3.51	3.60	3.72	3.87	4.06	4.31	4.64	5.10
1.30	3.30	3.31	3.33	3.37	3.42	3.49	3.58	3.69	3.84	4.03	4.29	4.62	5.07
1.35	3.29	3.29	3.31	3.35	3.40	3.47	3.56	3.67	3.82	4.01	4.26	4.59	5.04
1.40	3.27	3.27	3.29	3.33	3.38	3.44	3.54	3.65	3.80	3.99	4.23	4.56	5.01
1.45	3.25	3.25	3.37	3.31	3.36	3.42	3.52	3.63	3.78	3.96	4.21	4.53	4.98
1.50	3.22	3.23	3.25	3.29	3.34	3.40	3.49	3.61	3.75	3.94	4.19	4.51	4.95
2.00	3.20	3.21	3.23	3.26	3.31	3.38	3.47	3.58	3.72	3.91	4.15	4.47	4.91

K_s $\quad\theta$ d/d_i	90°	85°	80°	75°	70°	65°	60°	55°	50°	45°	40°	35°	30°
2.50	3.19	3.19	3.21	3.25	3.30	3.36	3.45	3.56	3.71	3.89	4.13	4.45	4.89
3.00	3.18	3.18	3.20	3.24	3.28	3.35	3.44	3.55	3.69	3.88	4.12	4.44	4.87
3.50	3.16	3.17	3.19	3.22	3.27	3.34	3.43	3.54	3.68	3.86	4.10	4.42	4.85
4.00	3.15	3.16	3.18	3.21	3.26	3.32	3.41	3.52	3.66	3.85	4.09	4.40	4.83

方（矩）形管节点处焊缝承载力不应小于节点承载力，支管沿周边与主管相焊时，连接焊缝的计算应符合下列规定：

（1）直接焊接的方（矩）形管节点中，轴心受力支管与主管的连接焊缝可视为全周角焊缝，焊缝承载力设计值 N_f 可按下式计算：

$$N_f = h_e l_w f_f^w \tag{3-38}$$

式中 h_e——角焊缝计算厚度，当支管承受轴力时，平均计算厚度可取 $0.7h_f$（mm）；

l_w——焊缝的计算长度，按以下（2）或（3）计算（mm）；

f_f^w——角焊缝的强度设计值（N/mm²）。

（2）支管为方（矩）形管时，角焊缝的计算长度可按下列公式计算：

1）对于有间隙的 K 形和 N 形节点：

当 $\theta_i \geqslant 60°$ 时：

$$l_w = \frac{2h_i}{\sin\theta_i} + b_i \tag{3-39}$$

当 $\theta_i \leqslant 50°$ 时：

$$l_w = \frac{2h_i}{\sin\theta_i} + 2b_i \tag{3-40}$$

当 $50° < \theta_i < 60°$ 时：l_w 按插值法确定。

2）对于 T、Y 和 X 形节点：

$$l_w = \frac{2h_i}{\sin\theta_i} \tag{3-41}$$

（3）当支管为圆管时，焊缝计算长度应按下列公式计算：

$$l_w = \pi(a_0 + b_0) - D_i \tag{3-42}$$

$$a_0 = \frac{R_i}{\sin\theta_i} \tag{3-43.1}$$

$$b_0 = R_i \tag{3-43.2}$$

式中 a_0——椭圆相交线的长半轴（mm）；

b_0——椭圆相交线的短半轴（mm）；

R_i——圆支管半径（mm）；

θ_i——支管轴线与主管轴线的交角。

3. 焊缝坡口形状和尺寸。

接头形式及坡口形状代号应符合表 3-12 的规定。管接头形式示意见图 3-17。

接头形式			坡口形状	
代号		名称	代号	名称
			I	I 形坡口
板接头	B	对接接头	V	V 形坡口
	T	T 形接头	X	X 形坡口
	X	十字接头	L	单边 V 形坡口
	C	角接头	K	K 形坡口
	F	搭接接头	U①	U 形坡口
管接头 (图 3-17)	T	T 形接头	J①	单边 U 形坡口
	K	K 形接头	注：①—当钢板厚度≥50mm 时，可采用 U 形或 J 形坡口	
	Y	Y 形接头		

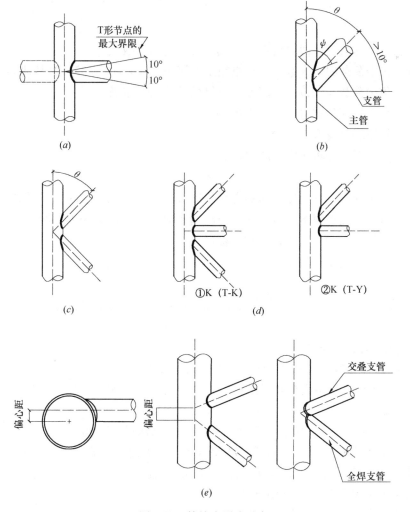

图 3-17　管接头形式示意

(a) T (X) 形节点；(b) Y 形节点；(c) K 形节点；(d) K 形复合节点；(e) 偏离中心的连接

4. 焊接截面工字形梁翼缘与腹板的焊缝连接强度计算应符合下列规定：

（1）双面角焊缝连接，其强度应按下式计算，当梁上翼缘受有固定集中荷载时，宜在该处设置顶紧上翼缘的支承加劲肋，按式（3-44）计算时取 $F=0$。

$$\frac{1}{2h_e}\sqrt{\left(\frac{VS_f}{I}\right)^2+\left(\frac{\psi F}{\beta_f l_z}\right)^2}\leqslant f_f^w \qquad (3-44)$$

式中 S_f——所计算翼缘毛截面对梁中和轴的面积矩（mm^3）；

I——梁的毛截面惯性矩（mm^4）；

h_e——角焊缝有效厚度。

（2）当梁上翼缘受有沿腹板平面作用的集中荷载且该荷载处又未设置支承加劲肋时，腹板计算高度上边缘的局部承压强度应按下列公式计算：

$$\sigma_c=\frac{\psi F}{t_w l_z}\leqslant f \qquad (3-45)$$

$$l_z=3.25\sqrt[3]{\frac{I_R+I_f}{t_w}} \qquad (3-46)$$

或 $\qquad\qquad\qquad l_z=a+5h_y+2h_R \qquad\qquad\qquad (3-47)$

式中 F——集中荷载设计值，对动力荷载应考虑动力系数（N）；

ψ——集中荷载的增大系数；对重级工作制吊车梁，$\psi=1.35$；对其他梁，$\psi=1.0$；

l_z——集中荷载在腹板计算高度上边缘的假定分布长度，宜按式（3-46）计算，也可采用简化式（3-47）计算（mm）；

I_R——轨道绕自身形心轴的惯性矩（mm^4）；

I_f——梁上翼缘绕翼缘中面的惯性矩（mm^4）；

t_w——梁腹板厚度；

a——集中荷载沿梁跨度方向的支承长度（mm），对钢轨上的轮压可取 50mm；

h_y——自梁顶面至腹板计算高度上边缘的距离；对焊接梁为上翼缘厚度，对轧制工字形截面梁，是梁顶面到腹板过渡完成点的距离（mm）；

h_R——轨道的高度，对梁顶无轨道的梁取值为 0（mm）；

f——钢材的抗压强度设计值（N/mm^2）。

（3）当腹板与翼缘的连接焊缝采用焊透的 T 形对接与角接组合焊缝时，其焊缝强度可不计算。

5. 钢结构设计施工图和制作详图有关焊接内容。

（1）钢结构设计施工图中应标明下列焊接技术要求：

1）明确规定构件采用钢材和焊接材料的牌号或型号、性能及相关的国家现行标准；

2）明确规定结构构件相交节点的焊接部位、焊接方法、有效焊缝长度、焊缝坡口形式和尺寸、焊脚尺寸、部分焊透焊缝的焊透深度、焊后热处理要求；

3）明确规定焊缝质量等级，有特殊要求时应标明无损检测的方法和抽查比例；

4）明确规定工厂制作单元及构件拼装节点的允许范围，必要时应提出结构设计内力图。

（2）钢结构制作详图中应标明下列焊接技术要求：

1）应对设计施工图中所有焊接技术要求进行详细标注；

2）应明确标注焊缝剖口详细尺寸，并标注钢垫衬尺寸；

3) 对于重型、大型钢结构，应明确工厂制作单元和工地拼装焊接的位置，标注工厂制作或工地安装焊缝；

4) 应根据运输条件、安装能力、焊接可操作性和设计允许范围确定构件分段位置及拼接节点，按设计规范有关规定进行焊缝设计并提交设计单位进行安全审核。

3.1.5 连接的疲劳计算

1. 疲劳计算原则

1) 直接承受动力荷载重复作用的钢结构构件及其连接，当应力变化的循环次数 n 大于或等于 5×10^4 次时，应进行疲劳计算。

2) 疲劳计算应采用基于名义应力的容许应力幅法，名义应力应按弹性状态计算，容许应力幅应按构件和连接类别、应力循环次数以及计算部位的板件厚度确定。对非焊接的构件和连接，其应力循环中不出现拉应力的部位可不计算疲劳强度。对于需进行疲劳验算的构件，其所用钢材应具有冲击韧性的合格保证。

3) 本节规定的结构构件及其连接的疲劳计算，不适用于下列条件：

① 构件表面温度高于 150℃；

② 处于海水腐蚀环境；

③ 焊后经热处理消除残余应力；

④ 构件处于低周-高应变疲劳状态。

2. 在结构使用寿命期间，当常幅疲劳或变幅疲劳的最大应力幅符合下列公式时，则疲劳强度满足要求。

1) 正应力幅的疲劳计算：

$$\Delta\sigma < \gamma_t [\Delta\sigma_L]_{1\times10^8} \tag{3-48}$$

对焊接部位：

$$\Delta\sigma = \sigma_{max} - \sigma_{min} \tag{3-49}$$

对非焊接部位：

$$\Delta\sigma = \sigma_{max} - 0.7\sigma_{min} \tag{3-50}$$

2) 剪应力幅的疲劳计算：

$$\Delta\tau < [\Delta\tau_L]_{1\times10^8} \tag{3-51}$$

对焊接部位：

$$\Delta\tau < \tau_{max} - \tau_{min} \tag{3-52}$$

对非焊接部位：

$$\Delta\tau < \tau_{max} - 0.7\tau_{min} \tag{3-53}$$

3) 板厚或直径修正系数 γ_t 应按下列规定采用：

① 对于横向角焊缝连接和对接焊缝连接，当连接板厚度 t（mm）超过 25mm 时，应按下式计算：

$$\gamma_t = \left(\frac{25}{t}\right)^{0.25} \tag{3-54}$$

② 对于螺栓轴向受拉连接，当螺栓的公称直径 d（mm）大于 30mm 时，应按下式计算：

$$\gamma_t = \left(\frac{30}{d}\right)^{0.25} \tag{3-55}$$

③ 其余情况取 $\gamma_t = 1.0$。

式中　$\Delta\sigma$ ——构件或连接计算部位的正应力幅（N/mm²）；

　　$\sigma_{\max}$ ——计算部位应力循环中的最大拉应力（取正值，N/mm²）；

　　$\sigma_{\min}$ ——计算部位应力循环中的最小拉应力或压应力（N/mm²），拉应力取正值，压应力取负值；

　　$\Delta\tau$ ——构件或连接计算部位的剪应力幅（N/mm²）；

　　$\tau_{\max}$ ——计算部位应力循环中的最大剪应力（N/mm²）；

　　$\tau_{\min}$ ——计算部位应力循环中的最小剪应力（N/mm²）；

　　$[\Delta\sigma_{\mathrm{L}}]_{1\times10^8}$ ——正应力幅的疲劳截止限，根据钢结构设计标准构件和连接类别按表 3-13 采用（N/mm²）；

　　$[\Delta\tau_{\mathrm{L}}]_{1\times10^8}$ ——剪应力幅的疲劳截止限，根据表 3-14 采用。

正应力幅的疲劳计算参数　　　　　　　　表 3-13

构件与连接类别	构件与连接相关系数		循环次数 n 为 2×10^6 次的容许正应力幅 $[\Delta\sigma]_{2\times10^6}$（N/mm²）	循环次数 n 为 5×10^6 次的容许正应力幅 $[\Delta\sigma]_{5\times10^6}$（N/mm²）	疲劳截止限 $[\Delta\sigma_{\mathrm{L}}]_{1\times10^8}$（N/mm²）
	C_Z	β_Z			
Z1	1920×10^{12}	4	176	140	85
Z2	861×10^{12}	4	144	115	70
Z3	3.91×10^{12}	3	125	92	51
Z4	2.81×10^{12}	3	112	83	46
Z5	2.00×10^{12}	3	100	74	41
Z6	1.46×10^{12}	3	90	66	36
Z7	1.02×10^{12}	3	80	59	32
Z8	0.72×10^{12}	3	71	52	29
Z9	0.50×10^{12}	3	63	46	25
Z10	0.35×10^{12}	3	56	41	23
Z11	0.25×10^{12}	3	50	37	20
Z12	0.18×10^{12}	3	45	33	18
Z13	0.13×10^{12}	3	40	29	16
Z14	0.09×10^{12}	3	36	26	14

注：构件与连接的分类应符合《钢结构设计标准》GB 50017—2017 的规定。

剪应力幅的疲劳计算参数　　　　　　　　表 3-14

构件与连接类别	构件与连接的相关系数		循环次数 n 为 2×10^6 次的容许剪应力幅 $[\Delta\tau]_{2\times10^6}$（N/mm²）	疲劳截止限 $[\Delta\tau_{\mathrm{L}}]_{1\times10^8}$（N/mm²）
	C_J	β_J		
J1	4.10×10^{11}	3	59	16
J2	2.00×10^{16}	5	100	46
J3	8.61×10^{21}	8	90	55

注：构件与连接的类别应符合《钢结构设计标准》GB 50017—2017 的规定。

3. 当常幅疲劳计算不能满足式（3-48）的 $\Delta\sigma<\gamma_{\mathrm{t}}[\Delta\sigma_{\mathrm{L}}]_{1\times10^8}$ 或式（3-51）的 $\Delta\tau<[\Delta\tau_{\mathrm{L}}]_{1\times10^8}$ 要求时，应按下列规定进行计算：

1）正应力幅的疲劳计算应符合下列公式规定：

$$\Delta\sigma\leqslant\gamma_{\mathrm{t}}[\Delta\sigma] \tag{3-56}$$

当 $n\leqslant5\times10^6$ 时：

$$[\Delta\sigma]=\left(\frac{C_z}{n}\right)^{1/\beta_z} \tag{3-57}$$

当 $5 \times 10^6 < n \leqslant 1 \times 10^8$ 时：

$$[\Delta\sigma] = \left[([\Delta\sigma]_{5\times10^6}) \frac{C_z}{n} \right]^{1/(\beta_z+2)} \tag{3-58}$$

当 $n > 1 \times 10^8$ 时：

$$[\Delta\sigma] = [\Delta\sigma_L]_{1\times10^8} \tag{3-59}$$

2）剪应力幅的疲劳计算应符合下列公式规定：

$$\Delta\tau \leqslant [\Delta\tau] \tag{3-60}$$

当 $n \leqslant 1 \times 10^8$ 时：

$$[\Delta\tau] = \left(\frac{C_J}{n} \right)^{1/\beta_J} \tag{3-61}$$

当 $n > 1 \times 10^8$ 时：

$$[\Delta\tau] = [\Delta\tau_L]_{1\times10^8} \tag{3-62}$$

式中 　$[\Delta\sigma]$——常幅疲劳的容许正应力幅（N/mm²）；

　　　n——应力循环次数；

　C_z、β_z——构件和连接的相关参数，应根据《钢结构设计标准》GB 50017—2017 的有关规定采用；

　$[\Delta\sigma]_{5\times10^6}$——循环次数 n 为 5×10^6 次的容许正应力幅（N/mm²），应根据《钢结构设计标准》GB 50017—2017 的有关规定采用；

　　$[\Delta\tau]$——常幅疲劳的容许剪应力幅（N/mm²）；

　C_J、β_J——构件和连接的相关系数，应根据《钢结构设计标准》GB 50017—2017 的有关规定采用。

4. 当变幅疲劳的计算不能满足《钢结构设计标准》GB 50017—2017 式（3-48）、式（3-51）要求，可按下列公式规定计算：

1）正应力幅的疲劳计算应符合下列公式规定：

$$\Delta\sigma_e \leqslant \gamma_t [\Delta\sigma]_{2\times10^6} \tag{3-63}$$

$$\Delta\sigma_e = \left[\frac{\sum n_i (\Delta\sigma_i)^{\beta_z} + ([\Delta\sigma]_{5\times10^6})^{-2} \sum n_j (\Delta\sigma_j)^{\beta_z+2}}{2 \times 10^6} \right]^{1/\beta_z} \tag{3-64}$$

2）剪应力幅的疲劳计算应符合下列公式规定：

$$\Delta\tau_e \leqslant [\Delta\tau]_{2\times10^6} \tag{3-65}$$

$$\Delta\tau_e = \left[\frac{\sum n_i (\Delta\tau_i)^{\beta_J}}{2 \times 10^6} \right]^{1/\beta_J} \tag{3-66}$$

式中 　$\Delta\sigma_e$——由变幅疲劳预期使用寿命（总循环次数 $n = \sum n_i + \sum n_j$）折算成循环次数 n 为 2×10^6 次的等效正应力幅（N/mm²）；

　$[\Delta\sigma]_{2\times10^6}$——循环次数 n 为 2×10^6 次的容许正应力幅（N/mm²），应根据《钢结构设计标准》GB 50017—2017 构件和连接类别，按表 3-13 采用；

　$\Delta\sigma_i$、n_i——应力谱中在 $\Delta\sigma_i \geqslant [\Delta\sigma]_{5\times10^6}$ 范围内的正应力幅（N/mm²）及其频次；

　$\Delta\sigma_j$、n_j——应力谱中在 $[\Delta\sigma_L]_{1\times10^6} \leqslant \Delta\sigma_j < [\Delta\sigma]_{5\times10^6}$ 范围内的正应力幅（N/mm²）及其频次；

　　$\Delta\tau_e$——由变幅疲劳预期使用寿命（总循环次数 $n = \sum n_i$）折算成循环次数 n 为 2×10^6 次常幅疲劳的等效剪应力幅（N/mm²）；

$[\Delta\tau]_{2\times10^6}$ ——循环次数 n 为 2×10^6 次的容许剪应力幅（N/mm²），应根据《钢结构设计标准》GB 50017—2017 构件和连接类别，按表 3-14 采用；

$\Delta\tau_i$、n_i ——应力谱中在 $\Delta\tau_i \geqslant [\Delta\tau_L]_{1\times10^6}$ 范围内的剪应力幅（N/mm²）及其频次。

5. 重级工作制吊车梁和重级、中级工作制吊车桁架的变幅疲劳可取应力循环中最大的应力幅按下列公式计算：

1）正应力幅的疲劳计算应符合下式要求：

$$\alpha_f\Delta\sigma \leqslant \gamma_t[\Delta\sigma]_{2\times10^6} \tag{3-67}$$

2）剪应力幅的疲劳计算应符合下式要求：

$$\alpha_f\Delta\tau \leqslant [\Delta\tau]_{2\times10^6} \tag{3-68}$$

式中 α_f ——欠载效应的等效系数，按表 3-15 采用。

吊车梁和吊车桁架欠载效应的等效系数 α_f 表 3-15

吊车类别	α_f
A6、A7、A8 工作级别（重级）的硬钩吊车	1.0
A6、A7 工作级别（重级）的软钩吊车	0.8
A4、A5 工作级别（中级）的吊车	0.5

6. 直接承受动力荷载重复作用的焊接和高强度螺栓连接，其疲劳计算和构造应符合下列原则：

1）螺栓疲劳连接。

① 抗剪摩擦型连接可不进行疲劳验算，但其连接处开孔主体金属应进行疲劳计算；

② 栓焊并用连接应力应按全部剪力由焊缝承担的原则，对焊缝进行疲劳计算。

2）焊接疲劳。

直接承受动力重复作用的焊接连接应符合以下构造要求：

① 禁止使用塞焊和槽焊；

② 不应使用断续坡口焊缝和断续角焊缝；

③ 角焊缝的表面应做成直线形或凹形；焊脚尺寸的比例：对正面角焊缝宜为 1：1.5（长边顺受力方向），对侧面角焊缝可为 1：1；

④ 承受垂直于焊缝轴线方向的动载拉应力时，不宜采用部分熔透焊缝及带钢衬垫的单面焊；

⑤ 桁架弦杆、腹杆与节点板的搭接焊缝应采用围焊，杆件焊缝间的间距不应小于 50mm；

⑥ 不同厚度板材或管材对接时，均应加工成斜坡过渡。接口的错边量小于较薄板件厚度时，宜将焊缝焊成斜坡状，或将较厚板的一面（或两面）及管材的外壁（或内壁）在焊前加工成斜坡，其坡度最大允许值为 1：4。

3.1.6　焊缝连接的构造要求

1. 焊接金属应与基本金属相适应。当焊接两种不同强度的钢材时，可采用与低强度钢材相适应的焊接材料。焊接结构是否需要采用焊前预热或焊后热处理等特殊措施，应根据材质、焊件厚度、焊接工艺、施焊时气温等综合因素来确定。

2. 在设计中不得任意加大焊缝，避免在一处集中大量焊缝；同时，焊缝的布置应尽可能对称于杆件或构件重心，并尽可能使焊缝截面的重心与杆件或构件重心相重合，否则应考虑其偏心的影响。

3. 对接焊缝的坡口形式，宜根据板厚和施工条件按《气焊、手工电弧焊及气体保护焊焊缝坡口的基本形式与尺寸》GB/T 985 和《埋弧焊焊缝坡口的基本形式与尺寸》GB/T 986的要求选用。

4. 钢板的拼接采用对接焊缝时，纵横两方向的对接焊缝，可采用十字形交叉和 T 形交叉；当为 T 形交叉时，交叉点的间距不得小于 200mm。

5. 在对接焊缝的连接处，当焊件的宽度不同或厚度在一侧相差 4mm 以上时，应分别在宽度方向或厚度方向从一侧或两侧作成坡度不大于 1∶2.5 的斜角（图 3-18）；当厚度不同时，焊缝坡口形式应根据较薄焊件厚度按本节的要求取用。

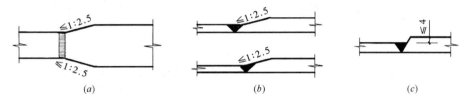

图 3-18　不同宽度或厚度的焊件对接拼接
（a）焊件宽度不同；（b）焊件厚度相差＞4mm；（c）焊件厚度相差≤4mm
注：直接承受动力荷载且需要进行疲劳计算的结构，本条所指斜角坡度不应大于 1∶4。

不同厚度及宽度的材料对接时，应作平缓过渡并符合下列规定：

1）不同厚度的板材或管材对接接头受拉时，其允许厚度差值（$t_1 - t_2$）应符合表 3-16的规定。当超过表 3-16 的规定时，应将焊缝焊成斜坡状，其坡度最大的允许值应为 1∶2.5；或将较厚板的一面或两面及管材的内壁或外壁在焊前加工成斜坡，其坡度最大允许值应为 1∶2.5（图 3-19）。

不同厚度钢材对接的允许厚度差（mm）　　　　　　　　表 3-16

较薄钢材厚度 t_2	≥5～9	10～12	＞12
允许厚度差 $t_1 - t_2$	2	3	4

2）不同宽度的板材对接时，应根据工厂及工地条件采用热切割、机械加工或砂轮打磨的方法，使其平缓过渡，其连接处最大允许坡度值应为 1∶2.5（图 3-19）。

6. 焊缝在施焊时的起弧和落弧处常会出现未熔透的焊口，这种缺陷对处于低温或承受动力荷载的结构很不利。为此，在对接焊缝的两端应设置引弧板（引弧板的坡口形式应与主材相同），焊后将引弧板切除，并用砂轮或其他方法将焊缝端部表面加工平整。

当采用部分焊透的对接焊缝时，应在设计图中注明坡口的形式和尺寸，其有效厚度 h_e（mm）不得小于 $1.5\sqrt{t}$，t 为坡口所在焊件的较大厚度（mm）。

在承受动力荷载的结构中，垂直于受力方向的焊缝不宜采用部分焊透的对接焊缝。

角焊缝两焊脚边的夹角 α 一般为 90°（直角角焊缝）；夹角 α＞135°或 α＜60°的斜角角焊缝，不宜用作受力焊缝，钢管结构除外。

7. 角焊缝的尺寸应符合以下要求：

（1）角焊缝的焊脚尺寸 h_f（mm）不得小于 $1.5\sqrt{t}$，t 为较厚焊件的厚度（mm）。但对自动焊，最小焊脚尺寸可减小 1mm；对 T 形连接的单面角焊缝，应增加 1mm。当焊件厚度等于或小于 4mm 时，则最小焊脚尺寸应与焊件厚度相同。据此，角焊缝的最小焊脚尺

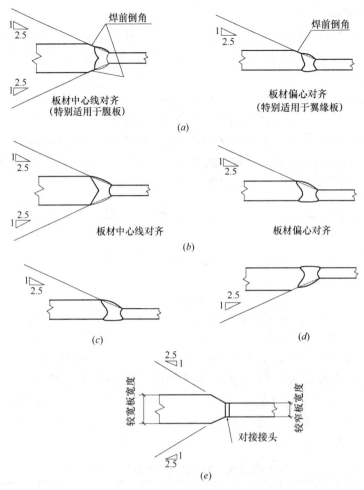

图 3-19 对接接头部件厚度、宽度不同时的平缓过渡要求示意

(*a*) 板材厚度不同加工成斜坡状；(*b*) 板材厚度不同焊成斜坡状；

(*c*) 管材内径相同壁厚不同；(*d*) 管材外径相同壁厚不同；(*e*) 板材宽度不同

寸可参照表 3-17 采用。

角焊缝的常用最小焊脚尺寸（mm）   表 3-17

较厚的焊件厚度	最小焊脚尺寸		
	Q235 钢	Q355 钢	Q390 钢
≤4	4	4	4
5～10	5	6	6
11～17	6	8	8
18～24	8	10	10
25～32	10	12	12
34～46	12	14	14
48～60	14	16	16

（2）角焊缝的焊脚尺寸，除钢管结构外，不宜大于较薄焊件厚度的 1.2 倍；板件（厚度为 t）边缘的角焊缝最大焊脚尺寸，尚应符合以下要求：

① 当 $t \leqslant 6\text{mm}$ 时，$h_f \leqslant t$；

② 当 $t > 6\text{mm}$ 时，$h_f \leqslant t-(1\sim2)\text{mm}$。

圆孔或槽孔内的角焊缝的焊脚尺寸，尚不宜大于圆孔直径或槽孔短径的 1/3。

（3）角焊缝的两焊脚尺寸一般应相等。当焊件的厚度相差较大且当焊脚尺寸不能符合本条第（1）、（2）项要求时，可采用不相等的焊脚尺寸，此时，与较薄焊件接触的焊脚边应符合本条第（2）项的要求；而与较厚焊件接触的焊脚边应符合本条第（1）项的要求。

（4）侧面角焊缝或正面角焊缝的计算长度不得小于 $8h_f$ 和 40mm。

（5）侧面角焊缝的计算长度，对承受静力荷载或间接承受动力荷载的连接，不宜大于 $60h_f$；对承受动力荷载的连接，不宜大于 $40h_f$；当大于上述数值时，其超过部分在计算中不予考虑。若内力沿侧面角焊缝全长分布时，其计算长度不受此限。

8. 在直接承受动力荷载的结构中，角焊缝表面应作成直线形或凹形；焊脚尺寸的比例：对正面角焊缝宜为 1：1.5（长边顺内力方向）；对侧面角焊缝可为 1：1。

在次要构件或次要焊缝连接中，可采用断续角焊缝；断续角焊缝焊段的长度不得小于 $10h_f$ 或 50mm，腐蚀环境中不宜采用断续角焊缝。断续角焊缝之间的净距，对受压构件不应大于 $15t$，对受拉构件不应大于 $30t$，t 为较薄焊件的厚度。

在次要构件或次要焊接连接中，可采用断续角焊缝。断续角焊缝焊段的长度不得小于 $10h_f$ 或 50mm，其净距不应大于 $15t$（对受压构件）或 $30t$（对受拉构件），t 为较薄焊件厚度。腐蚀环境中不宜采用断续角焊缝。

9. 当板件的端部仅有侧面角焊缝连接时，每条侧面角焊缝长度 l_w 不宜小于两侧面角焊缝之间的距离 b（即 $l_w \geqslant b$）；同时，两侧面角焊缝之间的距离 b 尚应符合以下要求：

1）当 $t > 12$mm 时，$b < 16t$；

2）当 $t \leqslant 12$mm 时，$b < 190$mm。

t 为较薄焊件厚度。

当 b 不能满足上述要求时，可增设正面角焊缝或槽焊缝或塞焊缝（电铆钉）。

10. 焊缝低温防脆断设计。

（1）钢结构设计时应符合下列规定：

1）钢结构连接构造和加工工艺的选择应减少结构的应力集中和焊接约束应力，焊接构件宜采用较薄的板件组成；

2）应避免现场低温焊接；

3）减少焊缝的数量和降低焊缝尺寸，同时避免焊缝过分集中或多条焊缝交汇。

（2）在工作温度等于或低于 −30℃ 的地区，焊接构件宜采用实腹式构件，避免采用手工焊接的格构式构件。

（3）在工作温度等于或低于 −20℃ 的地区，焊接连接的构造应符合下列规定：

1）在桁架节点板上，腹杆与弦杆相邻焊缝焊趾间净距不宜小于 $2.5t$，t 为节点板厚度；

2）节点板与构件主材的焊接连接处宜做成半径 r 不小于 60mm 的圆弧并予以打磨，使其平缓过渡；

3）在构件拼接连接部位，应使拼接件自由段的长度不小于 $5t$，t 为拼接件厚度（图 3-20）。

（4）在工作温度等于或低于 −20℃ 的地区，结构设计及施工应符合下列规定：

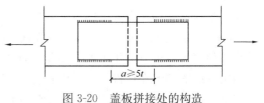

图 3-20　盖板拼接处的构造

1）承重构件和节点的连接宜采用螺栓连接，施工临时安装连接应避免采用焊缝连接；

2）受拉构件的钢材边缘宜为轧制边或自动气割边，对厚度大于10mm的钢材采用手工气割或剪切边时，应沿全长刨边；

3）板件制孔应采用钻成孔或先冲后扩钻孔；

4）受拉构件或受弯构件的拉应力区不宜使用角焊缝；

5）对接焊缝的质量等级不得低于二级。

6）对于特别重要或特殊的结构构件和连接节点，可采用断裂力学和损伤力学的方法对其进行抗脆断验算。

11. 设计直角槽焊缝和塞焊缝时，可根据图3-21和图3-22所示的要求决定其孔径、间距和计算长度。

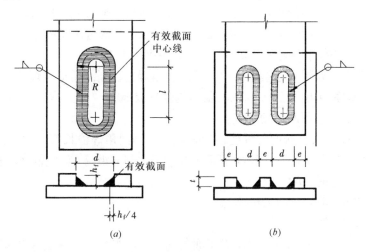

图 3-21　直角槽焊缝

（a）直角槽焊缝计算长度：$l_w = 2l + 2\pi\,(R - h_f/4)$；（b）直角槽焊缝的孔径、间距：$d \geqslant 3h_f$ 且 $\geqslant 1.5t$；

$e = (1.5 \sim 2.5)\,t$ 且 $\leqslant 200\text{mm}$

塞焊和槽焊焊缝的尺寸、间距、填焊高度应符合下列规定：

（1）塞焊和槽焊的有效面积应为贴合面上圆孔或长槽孔的标称面积；

（2）塞焊焊缝的最小中心间隔应为孔径的4倍，槽焊焊缝的纵向最小间距应为槽孔长度的2倍，垂直于槽孔长度方向的两排槽孔的最小间距应为槽孔宽度的4倍；

（3）塞焊孔的最小直径不得小于开孔板厚度加8mm，最大直径应为最小直径值加3mm，或为开孔件厚度的2.25倍，并取两值中较大者；槽孔长度不应超过开孔件厚度的10倍，最小及最大槽宽规定与塞焊孔的最小及最大孔径规定相同；

（4）塞焊和槽焊的填焊高度：当母材厚度等于或小于16mm时，应与母材厚度相同；当母材厚度大于16mm时，不得小于母材厚度的一半，并不得小于16mm；

（5）塞焊焊缝和槽焊焊缝的尺寸应根据贴合面上承受的剪力计算确定。

12. 杆件与节点板的连接焊缝，一般宜采用两面侧焊缝，也可采用三面围焊缝；对内力较小的角钢杆件也可采用L形围焊缝；所有围焊的转角处必须连续施焊。

当角焊缝的端部在构件转角处长度为$2h_f$的绕角焊时，转角处必须连续施焊。

在搭接连接中，搭接长度不得小于焊件较小厚度的5倍，并不得小于25mm。

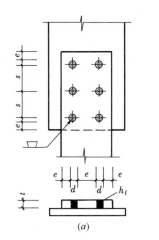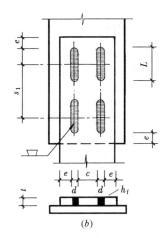

图 3-22　塞焊缝

(a)圆孔塞焊缝

孔径:$d>t+8mm$ 且$\leq2.5t$;

间距:$e=(1.5\sim2.5)t$ 且$\leq200mm$;$s\geq4d$;

厚度:$t\leq16mm$ 时,$h_f=t$;$t>16mm$ 时,$h_f\geq t/2$ 且$\geq16mm$

(b)长圆孔塞焊缝

孔径:$d>t+8mm$ 且$\leq2.5h_f$;$R=d/2$;

间距:$c\geq4d$;$L\geq10h_f$;$s_1\geq2L$;$e=(1.5\sim2.5)t$ 且$\leq200mm$;

厚度:$t\leq16mm$ 时,$h_f=t$;$t>16mm$ 时,$h_f\geq t/2$ 且$\geq16mm$

圆钢与圆钢、圆钢与平板（钢板或型钢的平板部分）间的焊缝有效厚度,应满足 3.1.3 节 2 的要求外,尚不应小于 0.2 倍圆钢直径（当焊接两圆钢直径不同时,取平均直径）或 3mm,并不大于 1.2 倍平板厚度;焊缝计算长度不应小于 20mm。

13. 防止板材产生层状撕裂的节点、选材和工艺措施。

(1) 在 T 形、十字形及角接接头中,当翼缘板厚度大于等于 20mm 时,为防止翼缘板产生层状撕裂,接头设计时应尽可能避免或减少使母材板厚方向承受较大的焊接收缩应力,并宜采取下列节点构造设计:

1) 在满足焊透深度要求和焊缝致密性条件下,采用较小的焊接坡口角度及间隙(图 3-23.1a);

2) 在角接接头中,采用对称坡口或偏向于侧板的坡口（图 3-23.1b);

3) 采用双面坡口对称焊接代替单面坡口非对称焊接（图 3-23.1c);

4) 在 T 形或角接接头中,板厚方向承受焊接拉应力的板材端头伸出接头焊缝区(图 3-23.1d);

5) 在 T 形、十字形接头中,采用铸钢或锻钢过渡段,以对接接头取代 T 形、十字形接头（图 3-23.1e、f);

6) 改变厚板接头受力方向,以降低厚度方向的应力（图 3-23.2);

7) 承受静载荷的节点,在满足接头强度计算要求的条件下,用部分焊透的对接与角接组合焊缝代替完全焊透坡口焊缝（图 3-23.3)。

(2) 焊接结构中母材厚度方向上需承受较大焊接收缩应力时,应选用具有较好厚度方向性能的钢材。

(3) 对于结构中 T 形接头、十字接头、角接接头,可采用下述加工工艺和措施:

1) 在满足接头强度要求的条件下,尽可能选用具有较好熔敷金属塑性能的焊接材

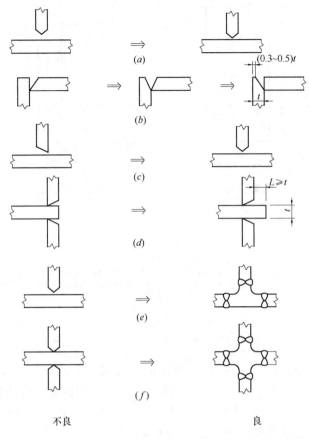

图3-23.1　T形、十字形、角接接头防止层状撕裂的节点构造设计示意

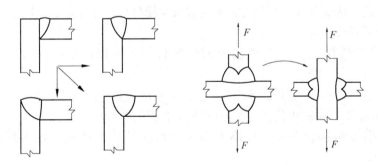

图3-23.2　改善厚度方向焊接应力大小的措施

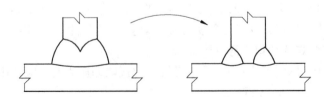

图3-23.3　采用部分焊透对接与角接组合焊缝代替焊透坡口焊缝

料，避免使用熔敷金属强度过高的焊接材料；

2）使用高熔敷率、低氢或超低氢焊接方法和焊接材料进行焊接；

3）采用塑性较好的焊材在坡口内母材板面上先堆焊塑性过渡层；

4）采用合理的焊接顺序，减少接头的焊接拘束应力；在翼板厚度方向上含有不同厚度腹板的接头中，先焊具有较大熔敷量和收缩的较厚接头，后焊较小厚度的接头；

5）在不产生附加应力的前提下，提高接头的预热温度。

14. 搭接接头角焊缝的尺寸及布置应符合下列规定：

(1) 传递轴向力的部件，其搭接接头最小搭接长度应为较薄件厚度的5倍且不小于 25mm（图 3-24），并应施焊纵向或横向双角焊缝；

图 3-24　双角焊缝搭接要求示意

t—t_1 和 t_2 中较小者；h_f—焊脚尺寸，按设计要求

(2) 单独用纵向角焊缝连接型钢杆件端部时，型钢杆件的宽度 W 应不大于 200mm（图 3-25）；当宽度 W 大于 200mm 时，需加横向角焊或中间塞焊；型钢杆件每一侧纵向角焊缝的长度 L 应不小于 W；

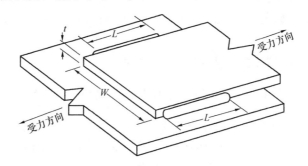

图 3-25　纵向角焊缝的最小长度示意

(3) 型钢杆件搭接接头采用围焊时，在转角处应连续施焊。杆件端部搭接角焊缝作绕焊时，绕焊长度应不小于两倍焊脚尺寸并连续施焊；

(4) 搭接焊缝沿材料棱边的最大焊脚尺寸，当板厚小于等于 6mm 时，应为母材厚度；当板厚大于 6mm 时，应为母材厚度减去 1～2mm（图 3-26）；

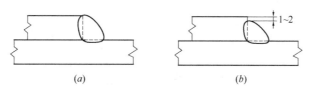

(a)　　　　　　　　　　(b)

图 3-26　搭接角焊缝沿母材棱边的最大焊脚尺寸示意

(a) 母材厚度小于等于 6mm；(b) 母材厚度大于 6mm

(5) 用搭接焊缝传递荷载的套管接头可以只焊一条角焊缝，其管材搭接长度 L 应不小于 5 (t_1+t_2)，并且不得小于 25mm。搭接焊缝焊脚尺寸应符合设计要求（图 3-27）。

(6) 角焊缝的搭接焊缝连接中，当焊缝计算长度 l_w 超过 $60h_f$ 时，焊缝的承载力设计

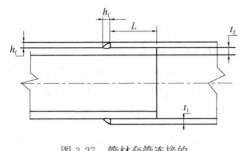

图 3-27 管材套管连接的
搭接焊缝最小长度示意

值应乘以折减系数 α_f，$\alpha_f = 1.5 - (L_w / 120h_f)$ 并不小于 0.5。

15. 在圆钢管结构中，主管外径应大于支管外径，主管壁厚应大于支管壁厚，在支管与主管连接处不得将支管穿入主管内。当在节点处采用直接焊接时，其连接焊缝应满足以下要求：

(1) 支管与主管或支管与支管的连接焊缝，应沿全周连续施焊并平滑过渡。

(2) 支管与主管或支管与支管轴线之间的夹角 θ 不宜小于 30°，也不宜大于 150°；当 θ 小于 30°或 θ 大于 150°时，其连接焊缝不能用作受力焊缝。

(3) 支管与主管或支管与支管的连接，可沿全周采用角焊缝或部分采用角焊缝、部分采用对接焊缝，支管与主管或支管与支管轴线之间的夹角 $\theta \geqslant 120°$ 的区域宜采用对接焊缝或带坡口的角焊缝。角焊缝的焊脚尺寸 h_f 不宜大于支管壁厚的 2 倍。

(4) 支管与主管或支管与支管的连接采用角焊缝时，角焊缝的焊脚尺寸取 $h_f \leqslant 2t$；t：当支管与主管相连时，取支管壁厚；当支管与支管相连时，取较薄支管壁厚。角焊缝的有效厚度取 $h_e = 0.7 h_f$。

(5) 在管的端部应设置封板，以防止管内锈蚀。

3.1.7 构件制作与工地安装焊接构造设计

1. 构件制作焊接节点形式应符合下列要求：

(1) 桁架和支撑的杆件与节点板的连接节点宜采用图 3-28 的形式；当杆件承受拉力时，焊缝应在搭接杆件节点板的外边缘处提前终止，间距 a 应不小于 h_f。

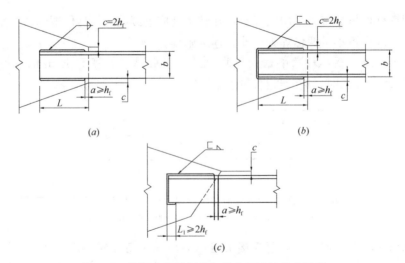

图 3-28 桁架和支撑杆件与节点板连接节点示意
(a) 两面侧焊；(b) 三面围焊；(c) L 形围焊

（2）型钢与钢板搭接，其搭接位置应符合图 3-29 的要求。

（3）搭接接头上的角焊缝应避免在同一搭接接触面上相交（图 3-30）。

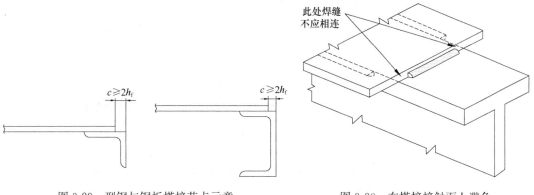

图 3-29　型钢与钢板搭接节点示意　　　　图 3-30　在搭接接触面上避免
h_f—焊脚尺寸　　　　　　　　　　　相交的角焊缝示意

（4）要求焊缝与母材等强和承受动荷载的对接接头，其纵横两方向的对接焊缝，宜采用 T 形交叉。交叉点的距离宜不小于 200mm，且拼接料的长度和宽度宜不小于 300mm（图 3-31）。如有特殊要求，施工图应注明焊缝的位置。

（5）以角焊缝作纵向连接组焊的部件，如在局部荷载作用区采用一定长度的对接与角接组合焊缝来传递载荷，在此长度以外坡口深度应逐步过渡至零，且过渡长度应不小于坡口深度的 4 倍。

（6）焊接组合箱形梁、柱的纵向焊缝，宜采用全焊透或部分焊透的对接焊缝（图 3-32）。要求全焊透时，应采用垫板单面焊（图 3-32b）。

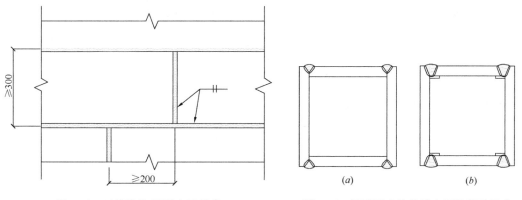

图 3-31　对接接头 T 形交叉示意　　　　图 3-32　箱形组合柱的纵向组装焊缝示意

（7）只承受静载荷的焊接组合 H 形梁、柱的纵向连接焊缝，当腹板厚度大于 25mm 时，宜采用部分焊透或全焊透连接焊缝（图 3-33）。

（8）箱形柱与隔板的焊接，应采用全焊透焊缝（图 3-34a）；对无法进行手工焊接的焊缝，宜采用电渣焊焊接且焊缝对称布置（图 3-34b）。

（9）焊接钢管混凝土组合柱的纵向和横向焊缝，应采用双面或单面全焊透接头形式（图 3-35）。

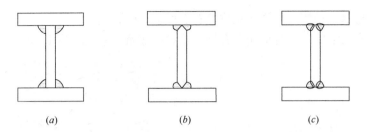

图 3-33 角焊缝、全焊透及部分焊透对接与角接组合焊缝示意

(a) 角焊缝；(b) 全焊透对接与角接组合焊缝；(c) 部分焊透对接与角接组合焊缝

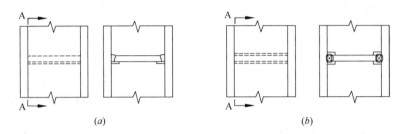

图 3-34 箱形柱与隔板的焊接接头形式示意

(a) 手工电弧焊；(b) 电渣焊

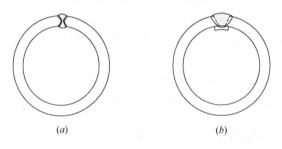

图 3-35 钢管柱纵缝焊接接头形式示意

(a) 全焊透双面焊；(b) 全焊透单面焊

（10）管—球结构中，对由两个半球焊接而成的空心球，其焊接接头可采用不加肋和加肋两种形式，其构造见图 3-36。

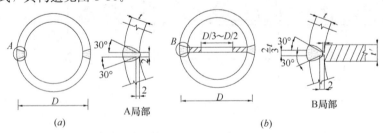

图 3-36 空心球制作焊接接头形式示意

(a) 不加肋的空心球；(b) 加肋的空心球

2. 工地安装焊接节点形式应符合下列要求：

（1）H 形框架柱安装拼接接头宜采用螺栓和焊接组合节点或全焊节点（图 3-37a、b）。采用螺栓和焊接组合节点时，腹板应采用螺栓连接，翼缘板应采用单 V 形坡口加垫板全

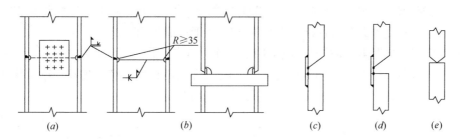

图 3-37　H 形框架柱安装拼接节点及坡口形式示意

(*a*) 栓焊组合节点；(*b*) 全焊节点形式；(*c*) 翼板焊接坡口；

(*d*) 腹板单 V 形焊接坡口；(*e*) 腹板 K 形焊接坡口

注：(*a*)、(*b*) 图中焊缝背面垫板省略

焊透焊缝连接（图 3-37*c*）。采用全焊节点时，翼缘板应采用单 V 形坡口加垫板全焊透焊缝，腹板宜采用 K 形坡口双面部分焊透焊缝，反面不清根；设计要求腹板全焊透时，如腹板厚度不大于 20mm，宜采用单 V 形坡口加垫板焊接（图 3-37*d*）；如腹板厚度大于 20mm，宜采用 K 形坡口，反面清根后焊接（图 3-37*e*）。

（2）钢管及箱形框架柱安装拼接应采用全焊接头，并根据设计要求采用全焊透焊缝或部分焊透焊缝。全焊透焊缝坡口形式应采用单 V 形坡口加垫板（图 3-38）。

（3）桁架或框架梁中，焊接组合 H 形、T 形或箱形钢梁的安装拼接采用全焊连接时，宜采用翼缘板与腹板拼接截面错位的形式。H 形及 T 形截面组焊型钢错开距离宜不小于 200mm。翼缘板与腹板之间的纵向连接焊缝应预留一段焊缝最后焊接，其与翼缘板对接焊缝的距离宜不小于 300mm（图 3-39）。腹板厚度大于 20mm 时，宜采用

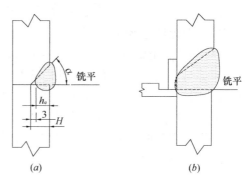

图 3-38　箱形及钢管框架柱
安装拼接接头坡口示意

(*a*) 部分焊透焊缝；(*b*) 全焊透焊缝

X 形坡口反面清根双面焊；腹板厚度不大于 20mm 时，宜根据焊接位置采用 V 形坡口单面焊并反面清根后封焊，或采用 V 形坡口加垫板单面焊。

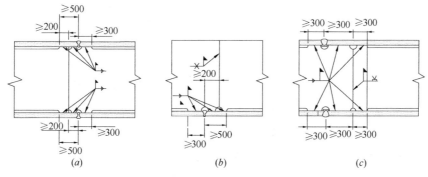

图 3-39　桁架或框架梁安装焊接节点形式示意

(*a*) H 形梁；(*b*) T 形梁；(*c*) 箱形梁

箱形截面构件翼缘板与腹板接口错开距离宜大于 300mm，其上、下翼缘板及腹板焊接宜采用 V 形坡口加垫板单面焊。其他要求与 H 形截面相同。

（4）框架柱与梁刚性连接时，应采用下列连接节点形式：

1）柱上有悬臂梁时，梁的腹板与悬臂梁腹板宜采用高强度螺栓连接。梁翼缘板与悬臂梁翼缘板应用 V 形坡口加垫板单面全焊透焊缝连接（图 3-40a）；

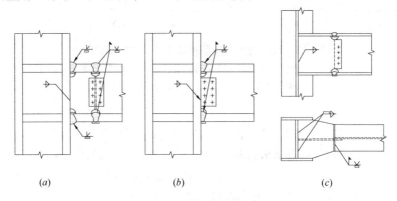

(a)　　　　　　　　(b)　　　　　　　　(c)

图 3-40　框架柱与梁刚性连接节点形式示意

2）柱上无悬臂梁时，梁的腹板与柱上已焊好的承剪板宜用高强度螺栓连接，梁翼缘板应直接与柱身用单边 V 形坡口加垫板单面全焊透焊缝连接（图 3-40b）；

3）梁与 H 型柱弱轴方向刚性连接时，梁的腹板与柱的纵筋板宜用高强度螺栓连接。梁的翼缘板与柱的横隔板应用 V 形坡口加垫板单面全焊透焊缝连接（图 3-40c）。

（5）管材与空心球工地安装焊接节点应采用下列形式：

1）钢管内壁加套管作为单面焊接坡口的垫板时，坡口角度、间隙及焊缝外形要求应符合图 3-41（b）的要求；

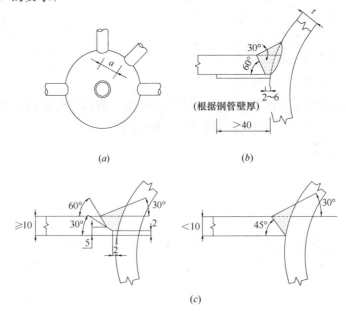

(a)　　　　　　　　(b)

(c)

图 3-41　管—球节点形式及坡口形式与尺寸示意

（a）空心球节点示意；（b）加套管连接；（c）不加套管连接

2）钢管内壁不用套管时，宜将管端加工成 30°～60°折线形坡口，预装配后根据间隙尺寸要求，进行管端二次加工（图 3-41c）。要求全焊透时，应进行专项工艺评定试验和宏观切片检验，以确认坡口尺寸和焊接工艺参数。

（6）管—管连接的工地安装焊接节点形式应符合下列要求：

1）管—管对接：壁厚不大于 6mm 时，可用 Ⅰ 形坡口加垫板单面全焊透焊缝连接（图 3-42a）；壁厚大于 6mm 时，可用 Ⅴ 形坡口加垫板单面全焊透焊缝连接（图 3-42b）；

2）管—管 T、Y、K 形相贯接头；应按第 3.1.1 节 6 的要求在节点各区分别采用全焊透焊缝和部分焊透焊缝，其坡口形状及尺寸应符合图 3-12、图 3-13 的要求；设计要求采用角焊缝连接时，其坡口形状及尺寸应符合图 3-14 的要求。

图 3-42　管—管对接连接节点形式示意

(a) Ⅰ形坡口对接；(b) Ⅴ形坡口对接

3.1.8　承受动载与抗震的焊接构造设计

1. 承受动载构件

（1）承受动载需经疲劳验算时，严禁使用塞焊、槽焊、电渣焊和气电立焊接头。承受动载时塞焊、槽焊、角焊、对接接头应符合下列规定：

1）承受动载不需要进行疲劳验算的构件，采用塞焊、槽焊时，孔或槽的边缘到开孔件邻近边垂直于应力方向的净距离应不小于此部件厚度的 5 倍，且应不小于孔或槽宽度的 2 倍；构件端部搭接接头的纵向角焊缝长度应不小于两侧焊缝间的垂直距离 B，且在无塞焊、槽焊等其他措施时，距离 B 不应超过较薄件厚度 t 的 16 倍（图 3-43）；

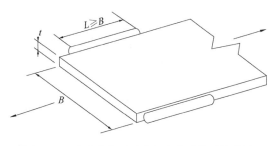

图 3-43　承受动载不需进行疲劳验算时构件端部纵向角焊缝长度及距离要求示意

B—应不大于 $16t$（中间有塞焊焊缝或槽焊焊缝时除外）

2）严禁使用焊脚尺寸小于 5mm 的角焊缝；

3）严禁使用断续坡口焊缝和断续角焊缝；

4）对接与角接组合焊缝和 T 形接头的全焊透坡口焊缝应用角焊缝加强，加强焊脚尺寸应大于或等于接头较薄件厚度的二分之一，且不应超过 10mm；

5）承受动载需经疲劳验算的接头，当拉应力与焊缝轴线垂直时，严禁采用部分焊透对接焊缝、背面不清根的无衬垫或未经评定认可的非钢衬垫单面焊缝及角焊缝；

6）除横焊位置以外，不得使用 L 形和 J 形坡口；

7）不同板厚的对接接头承受动载时，不论受拉应力或剪应力、压应力，均应遵守第 3.1.6 节 5 的要求做成斜坡过渡。

（2）承受动载构件的组焊节点形式应符合下列要求：

1）有对称横截面的部件组合焊接时，应以构件轴线对称布置焊缝；当应力分布不对称时，应作相应修正。

　　2）用多个部件组叠成构件时，应用连续焊缝沿构件纵向将其连接。

　　3）承受动载荷需经疲劳验算的桁架，其弦杆和腹杆与节点板的搭接焊缝应采用围焊，杆件焊缝之间间隔应不小于50mm；节点板轮廓及局部尺寸应符合图 3-44 的要求。

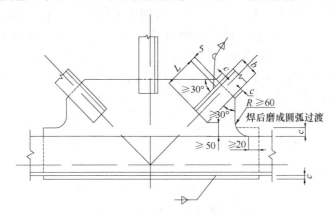

图 3-44　桁架弦杆、腹杆与节点板连接形式示意

$$L > b；c \geqslant 2h_f$$

　　（3）实腹吊车梁横向加劲板与翼缘板之间的焊缝应避免与吊车梁纵向主焊缝交叉。其焊接节点构造宜采用图 3-45 的形式。

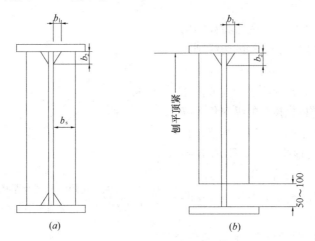

图 3-45　实腹吊车梁横向加劲肋板连接构造示意

(a) 支座加劲肋；(b) 中间加劲肋

$$b_1 \approx \frac{b_s}{3} 且 \leqslant 40mm；b_2 \approx \frac{b_s}{2} 且 \leqslant 60mm$$

　　（4）承受动载需经疲劳验算的接头，当拉应力与焊缝轴线垂直时，严禁采用部分焊透对接焊缝、背面不清根的无衬垫或未经评定认可的非钢衬垫单面焊缝及角焊缝。

　　（5）除横焊位置以外，不得使用 L 形和 J 形坡口。

　　（6）不同板厚的对接接头承受动载时，不论受拉应力或剪应力、压应力，均应遵守第 3.1.6 节 5 的要求做成斜坡过渡。

2. 抗震结构框架柱与梁的刚性连接节点焊接时，应符合下列要求：

（1）梁的翼缘板与柱之间的对接与角接组合焊缝的加强焊脚尺寸应大于等于翼缘板厚的四分之一，但不能大于 10mm；梁的下翼缘板与柱之间宜采用 L 形或 J 形坡口无垫板单面全焊透焊缝，并应在反面清根后封底焊成平缓过渡形状；采用 L 形坡口加垫板单面全焊透焊缝时，焊接完成后应割除全部长度的垫板及引弧板、引出板，打磨清除未熔合或夹渣等缺欠后，再封底焊成平缓过渡形状。

（2）柱连接焊缝引弧板、引出板、垫板割除时应符合以下要求：

引弧板、引出板、垫板均应割去。割除时应沿柱-梁交接拐角处切割成圆弧过渡，且切割表面不得有大于 1mm 的缺棱；下翼缘垫板沿长度割除后必须打磨清理接头背面焊缝的焊渣等缺欠，并焊补至焊缝平缓过渡。

（3）梁柱连接处梁腹板的过焊孔应符合以下规定：

1）梁翼板与腹板的组合纵焊缝两端应设置引弧、引出板。腹板上的过焊孔宜在梁纵缝焊接完成后切除引弧、引出板时一起加工完成。

2）下翼缘处腹板过焊孔高度应大于 1.5 倍腹板厚度，以保证穿越腹板焊接翼缘板时焊缝的致密性。过焊孔边缘与下翼板相交处与柱—梁翼缘焊缝熔合线之间距离应大于 10mm，并不得绕过腹板厚度围焊。

3）腹板厚度大于 38mm 时，过焊孔热切割应预热 65℃以上，必要时可将切割表面磨光后进行磁粉或渗透探伤。

4）不推荐采用焊接方法封堵过焊孔。

3.1.9　焊接的准备和焊接工艺要求

1. 焊接准备

从事钢结构各种焊接工作的焊工，应按现行《钢结构焊接规范》GB 50661 的规定经考试并取得合格证后，方可进行操作。在钢结构中首次采用的钢种、焊接材料、接头形式、坡口形式及工艺方法，应进行焊接工艺评定，其评定结果应符合设计及现行《钢结构焊接规范》GB 50661 的规定。钢结构的焊接工作，必须在焊接工程师的指导下进行；并应根据工艺评定合格的试验结果和数据，编制焊接工艺文件。焊接工作应严格按照所编工艺文件中规定的焊接方法、工艺参数、施焊顺序等进行，并应符合现行《钢结构焊接规范》GB 50661 的规定。

（1）除非符合规定的免予评定条件，施工单位首次采用的钢材、焊接材料、焊接方法、接头形式、焊接位置、焊后热处理制度以及焊接工艺参数、预热和后热措施等各种参数的组合条件，应在钢结构构件制作及安装施工前进行焊接工艺评定。

（2）焊接工艺评定必须符合工程施工现场的环境条件。

（3）焊接工艺评定应由施工单位根据所承担钢结构的设计节点形式、钢材类型、规格、采用的焊接方法、焊接位置等，制定焊接工艺评定方案，拟定相应的焊接工艺评定指导书，按《钢结构焊接规范》GB 50661 的规定施焊试件、切取试样并由具有国家技术质量监督部门认证资质的检测单位进行检测试验，测定焊接接头是否具有所要求的使用性能，由该企业或国家认证的检查单位提出焊接工艺评定报告，对拟定的焊接工艺进行评定。

（4）焊接工艺评定的施焊参数，包括热输入、预热、后热制度等应根据被焊材料的焊接性制订。

（5）焊接工艺评定所用设备、仪表的性能应处于正常工作状态，焊接工艺评定所用的钢材、栓钉、焊接材料必须能覆盖实际工程所用材料并符合相应标准要求，具有生产厂出具的质量证明文件。

（6）焊接工艺评定试件应由该工程施工企业中持证的焊接人员施焊。

2. 焊接条件

（1）母材准备

1）母材上待焊接的表面和两侧应均匀、光洁，并且无毛刺、裂纹和其他对焊缝质量有不利影响的缺欠。待焊接的表面及距焊缝位置 50mm 范围内，不得有影响正常焊接和焊缝质量的氧化皮、锈蚀、油脂、水等杂质。

2）可采用机加工、热切割、碳弧气刨、铲凿或打磨等方法，进行母材焊接接头坡口的加工或缺欠的清除。

3）采用机械方法加工坡口时，加工表面不应有台阶。采用热切割方法加工的坡口表面质量应符合现行《热切割　质量和几何技术规范》JB/T 10045—2017 的相应规定；材料厚度小于或等于 100mm 时，割纹深度最大为 0.2mm；材料厚度大于 100mm 时，割纹深度最大为 0.3mm。

4）超过 3）规定的割纹深度，以及良好坡口表面上偶尔出现的缺口和凹槽，应采用机械加工、打磨清除。

5）结构钢材坡口表面切割缺陷需要进行焊接修补时，可根据规范规定制定修补焊接工艺并记录存档；调质钢及承受周期性荷载的结构钢材坡口表面切割缺陷的修补，还需报监理工程师批准后方可进行。

（2）焊接材料

1）焊接材料熔敷金属的力学性能应不低于相应母材标准的下限值或满足设计文件要求。

2）焊接材料应储存在干燥、通风良好的地方，由专人保管、烘干、发放和回收，并有详细记录。

3）低氢型焊条的烘干应符合下列要求：

① 焊条使用前，在 300～430℃温度下烘干 1～2h，或按厂家提供的焊条使用说明书进行烘干。焊条放入时，烘箱的温度不应超过最终烘干温度的一半，烘干时间以烘箱到达最终烘干温度后开始计算。

② 烘干后的低氢焊条应放置于温度不低于 120℃的保温箱中存放、待用；使用时应置于保温筒中，随用随取。

③ 焊条烘干后放置时间不应超过 4h，用于Ⅲ₁、Ⅳ类结构钢的焊条，烘干后放置时间不应超过 2h，重新烘干次数不应超过 2 次。

4）焊剂应符合下述要求：

① 使用前应按制造厂家推荐的温度进行烘焙；已潮湿或结块的焊剂严禁使用；

② 用于Ⅲ、Ⅳ类结构钢的焊剂，烘焙后在大气中放置时间不应超过 4h。

5）焊丝表面和电渣焊的熔化或非熔化导管应无油污、锈蚀。

6）栓钉焊瓷环保存时应有防潮措施。受潮的焊接瓷环使用前应在 120～150℃烘干 2h。

（3）焊接环境

1）焊条电弧焊和自保护药芯焊丝电弧焊，其焊接作业区最大风速不宜超过 8m/s、气体保护电弧焊不宜超过 2m/s；否则，应采取有效措施，以保障焊接电弧区域不受影响。

2）当焊接作业处于下列情况下，应严禁焊接：

① 焊接作业区的相对湿度大于 90％；

② 焊件表面潮湿或暴露于雨、冰、雪中；

③ 焊接作业条件不符合《焊接安全作业技术规程》的规定时。

3）焊接环境温度不低于－10℃但低于 0℃时，应采取加热或防护措施，确保焊接接头和焊接表面各方向大于或等于 2 倍钢板厚度且不小于 100mm 范围内的母材温度不低于 20℃，且在焊接过程中均不应低于这一温度。

4）当焊接环境温度低于－10℃时，必须进行相应焊接环境下的工艺评定试验，评定合格后方可进行焊接，否则严禁焊接。

3. 焊接工艺技术要求

焊接施工前，制造商或承包商应制定焊接工艺文件用于指导焊接施工，工艺文件可依据焊接规范第 6 章规定的焊接工艺评定结果进行制定，也可采用符合免除工艺评定条件的工艺直接编制焊接工艺文件。无论采用何种途径制定的焊接工艺，均应包括但不限于下列要素：

1）焊接方法或焊接方法的组合；

2）母材的规格、牌号、厚度及限制范围；

3）填充金属的规格、类别和型号；

4）焊接接头形式、坡口形状、尺寸及其允许偏差；

5）焊接位置；

6）焊接电源的种类和极性；

7）清根处理；

8）焊接工艺参数（焊接电流、焊接电压、焊接速度、焊层和焊道分布）；

9）预热温度及道间温度范围；

10）焊后消除应力处理工艺；

11）其他必要的规定。

3.1.10 箱形柱内横隔板的焊接

（1）高层民用建筑钢结构箱形柱内横隔板的焊接，可采用熔嘴电渣焊设备进行焊接。箱形构件封闭后，通过预留孔用两台焊机同时进行电渣焊（图 3-46），箱形柱板厚度要求大于 16mm，施焊时应注意下列事项：

1）施焊现场的相对湿度等于或大于 90％时，应停止焊接；

2）熔嘴孔内不得受潮、生锈或有污物，应保证稳定的网路电压；

3）电渣焊施焊前必须做工艺试验，确定焊接工艺参数和施焊方法；

4）焊接衬板的下料、加工及装配应严格控制质量和精度，使其与横隔板和翼缘板紧

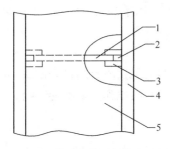

图 3-46　箱形柱横隔板的电渣焊

1—横隔板；2—电渣焊部位；
3—衬板；4—翼缘板；5—腹板

密贴合；当装配缝隙大于1mm时，应采取措施修整和补救；

5）同一横隔板两侧的电渣焊宜同时施焊，并一次焊接成型；

6）当翼缘板较薄时，翼缘板外部的焊接部位应安装水冷却装置；

7）焊道两端应按要求设置引弧和引出套筒；

8）熔嘴应保持在焊道的中心位置；

9）焊接启动及焊接过程中，应逐渐少量加入焊剂；

10）焊接过程中应随时注意调整电压；

11）焊接过程应保持焊件的赤热状态；

12）对厚度大于等于70mm的厚板焊接时应考虑预热，以加快渣池的形成。

（2）电渣焊接头一般采用I形坡口接头，如图3-47所示，接头的坡口间隙b与接头中板厚t之间的关系符合表3-18的要求。

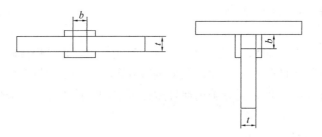

图 3-47　电渣焊接头坡口示意图

电渣焊接头间隙与板厚的关系（mm）　　　　　　　　　　表 3-18

接头中被焊母材厚度 t	接头间隙尺寸 b
$t \leqslant 32$	25
$32 < t \leqslant 45$	28
$t > 45$	30～32

3.2　普通螺栓连接和高强度螺栓连接

1.高强度螺栓。

（1）一般规定。

高强度螺栓连接设计采用概率论为基础的极限状态设计方法，用分项系数设计表达式进行计算。除疲劳计算外，高强度螺栓连接应按下列极限状态准则进行设计：

1）承载能力极限状态应符合下列规定：

①抗剪摩擦型连接的连接件之间产生相对滑移；

②抗剪承压型连接的螺栓或连接件达到剪切强度或承压强度；

③沿螺栓杆轴方向受拉连接的螺栓或连接件达抗拉强度；

④需要抗震验算的连接，其螺栓或连接件达到极限承载力。

2）正常使用极限状态应符合下列规定：

① 抗剪承压型连接的连接件之间应产生相对滑移；

② 沿螺栓杆轴方向受拉连接的连接件之间应产生相对分离。

（2）高强度螺栓连接设计，宜符合连接强度不低于构件的原则。在钢结构设计文件中，应注明所用高强度螺栓连接副的性能等级、规格、连接类型及摩擦型连接摩擦面抗滑移系数值等要求。

（3）承压型高强度螺栓连接不得用于直接承受动力荷载重复作用且需要进行疲劳计算的构件连接，以及连接变形对结构承载力和刚度等影响敏感的构件连接。

承压型高强度螺栓连接不宜用于冷弯薄壁型钢构件连接。

（4）高强度螺栓连接长期受辐射热（环境温度）达150℃以上，或短时间受火焰作用时，应采取隔热降温措施予以保护。当构件采用防火涂料进行防火保护时，其高强度螺栓连接处的涂料厚度不应小于相邻构件的涂料厚度。

当高强度螺栓连接的环境温度为100～150℃时，其承载力应降低10%。

（5）直接承受动力荷载重复作用的高强度螺栓连接，当应力变化的循环次数等于或大于$5×10^5$次时，应按现行《钢结构设计标准》GB 50017中的有关规定进行疲劳验算，疲劳验算应符合下列原则：

1）抗剪摩擦型连接可不进行疲劳验算，但其连接处开孔主体金属应进行疲劳验算；

2）沿螺栓轴向抗拉为主的高强度螺栓连接在动力荷载重复作用下，当荷载和杠杆力引起螺栓轴向拉力超过螺栓受拉承载力30%时，应对螺栓拉应力进行疲劳验算；

3）对于进行疲劳验算的受拉连接，应考虑杠杆力作用的影响；宜采取加大连接板厚度等加强连接刚度的措施，使计算所得的撬力不超过荷载外拉力值的30%；

4）栓焊并用连接应按全部剪力由焊缝承担的原则，对焊缝进行疲劳验算。

（6）当结构有抗震设防要求时，高强度螺栓连接应按现行《建筑抗震设计规范》GB 50011等相关标准进行极限承载力验算和抗震构造设计。

（7）在同一连接接头中，高强度螺栓连接不应与普通螺栓连接混用。承压型高强度螺栓连接不应与焊接连接并用。

2. 普通螺栓和高强度螺栓在构件上的排列分并列布置和错列布置，其排列要求和容许距离应符合表3-28的要求。

普通螺栓分C级、B级和A级三种。A级和B级属精制螺栓，其抗剪、抗拉性能良好，但制造和安装复杂，故很少采用；C级属粗制螺栓，其抗剪性能较差，主要用于沿其杆轴方向受拉的连接。在下列情况时，可用于受剪连接：

（1）承受静力荷载和间接承受动力荷载结构中的次要连接。

（2）承受静力荷载的可拆卸结构的连接。

（3）临时固定构件用的安装连接。

高强度螺栓连接，从受力特征分为高强度螺栓摩擦型连接、高强度螺栓承压型连接和高强度螺栓承受拉力的受拉连接。

3.2.1 普通螺栓、锚栓、高强度螺栓的连接计算

1. 在普通螺栓和锚栓的连接中，每个普通螺栓和锚栓的承载力设计值，应按表3-19所列公式计算，也可按第11章表11-3.6和表11-3.7采用。

在高强度螺栓摩擦型连接中，每个高强度螺栓的承载力设计值，应按表 3-21 所列公式计算，也可按第 11 章表 11-38 采用。

一个普通螺栓和锚栓的承载力设计值计算公式　　　　　　表 3-19

项次	受力情况		普通螺栓承载力设计值	锚栓承载力设计值
1	受剪连接	受剪	$N_v^b = n_v \dfrac{\pi d^2}{4} f_v^b$　　(3-69) $\left.\begin{array}{c}\end{array}\right\}$ 取两者中的较小者	
2		承压	$N_c^b = d \cdot \sum t \cdot f_c^b$　　(3-70)	
3	杆轴方向受拉连接	受拉	$N_t^b = \dfrac{\pi d_e^2}{4} f_t^b$　　　　(3-71)	$N_t^a = \dfrac{\pi d_e^2}{4} f_t^a$　　(3-74)
4	同时承受剪力和杆轴方向拉力的连接		$\sqrt{\left(\dfrac{N_v}{N_v^b}\right)^2 + \left(\dfrac{N_t}{N_t^b}\right)^2} \leqslant 1$　(3-72) $N_v \leqslant N_c^b$　　　　　(3-73)	

注：表中　n_v——受剪面数目，单剪 $n_v=1$，双剪 $n_v=2$，四剪 $n_v=4$；

　　　　d——普通螺栓或锚栓的栓杆直径；

　　　　d_e——普通螺栓或锚栓在螺纹处的有效直径，可按下式计算或按表 3-20 采用：

$$d_e = \left(d - \frac{13}{24}\sqrt{3}p\right) \qquad (3-75)$$

　　　　p——螺栓或锚栓的螺纹间距，按表 3-20 采用；

　　　　$\sum t$——在同一受力方向的承压构件的较小总厚度；

　　　　f_v^b、f_c^b、f_t^b——普通螺栓的抗剪、承压和抗拉强度设计值，按表 2-5 采用；

　　　　N_v、N_t——每个普通螺栓所承受的剪力和拉力；

　　　　N_v^b、N_c^b、N_t^b——每个普通螺栓的抗剪、承压和抗拉承载力设计值，可按表中公式计算或按第 11 章表 11-36 和表 11-37 采用；

　　　　f_t^a——锚栓的抗拉强度设计值，按表 2-5 采用。

螺栓的有效直径和在螺纹处的有效面积　　　　　　表 3-20

螺栓直径 d（mm）	螺纹间距 p（mm）	螺栓有效直径 d_e（mm）	螺栓有效面积 A_e（mm²）
10	1.5	8.59	58
12	1.75	10.36	84
14	2.0	12.12	115
16	2.0	14.12	157
18	2.5	15.65	193
20	2.5	17.65	245
22	2.5	19.65	303
24	3.0	21.19	353
27	3.0	24.19	459
30	3.5	26.72	561
33	3.5	29.72	694
36	4.0	32.25	817
39	4.0	35.25	976
42	4.5	37.78	1121
45	4.5	40.78	1306
48	5.0	43.31	1473
52	5.0	47.31	1758
56	5.5	50.84	2030
60	5.5	54.84	2362
64	6.0	58.37	2676
68	6.0	62.37	3055
72	6.0	66.37	3460
76	6.0	70.37	3889
80	6.0	74.37	4344
85	6.0	79.37	4948
90	6.0	84.37	5591
95	6.0	89.37	6273
100	6.0	94.37	6995

注：表中的螺栓在螺纹处的有效面积 A_e 按下式算得：

$$A_e = \frac{\pi}{4}\left(d - \frac{13}{24}\sqrt{3}p\right)^2 \qquad (3-76)$$

一个高强度螺栓在摩擦型连接中的承载力设计值计算公式　　　　表 3-21

项次	受力情况	公式	
1	抗剪连接（承受摩擦面间的剪力）	$N_v^{bH}=0.9n_f\mu P$	(3-77)
2	螺栓杆轴方向受拉的连接	$N_t^{bH}=0.8P$	(3-78)
3	同时承受摩擦面间的剪力和螺栓杆轴方向的外拉力	$\dfrac{N_v}{N_v^{bH}}+\dfrac{N_t}{N_t^{bH}}\leqslant 1$	(3-79)

注：本表适用于标准孔，取孔壁系数 $k=1.0$ 而得。

　　表中　n_f——传力摩擦面数目；

　　　　　μ——摩擦面的抗滑移系数，应按表 3-22、表 3-23 采用；

　　　　　P——一个高强度螺栓的设计预拉力，应按表 3-24 采用；

　　　　　N_v、N_t——一个高强度螺栓所承受的剪力和拉力；

　　N_v^{bH}、N_t^{bH}——一个高强度螺栓的受剪、受拉承载力设计值。

钢材摩擦面的抗滑移系数 μ　　　　表 3-22

连接处构件接触面的处理方法	构件的钢材牌号		
	Q235 钢	Q355 钢或 Q390 钢	Q420 钢或 Q460 钢
喷硬质石英砂或铸钢棱角砂	0.45	0.45	0.45
抛丸（喷砂）	0.40	0.40	0.40
钢丝刷清除浮锈或未经处理的干净轧制面	0.30	0.35	—

注：1. 钢丝刷除锈方向应与受力方向垂直；

　　2. 当连接构件采用不同钢材牌号时，μ 按相应较低强度者取值；

　　3. 采用其他方法处理时，其处理工艺及抗滑移系数值均需经试验确定。

涂层摩擦面的抗滑移系数 μ（引自 JGJ 82—2011）　　　　表 3-23

涂层类型	钢材表面处理要求	涂层厚度（μm）	抗滑移系数
无机富锌漆	Sa2$\frac{1}{2}$	60～80	0.40
锌加底漆（ZLNGA）			0.45
防滑防锈硅酸锌漆		80～120	0.45
聚氨酯富锌底漆或醇酸铁红底漆	Sa2 及以上	60～80	0.15

注：1. 当设计要求使用其他涂层（热喷铝、镀锌等）时，其钢材表面处理要求，涂层厚度以及抗滑移系数均应经试验确定；

　　2. 当连接板材为 Q235 钢时，对于无机富锌涂层抗滑移系数 μ 值取 0.35；

　　3. 防滑防锈硅酸锌漆、锌加底漆（ZLNGA）不应采用手工涂刷的施工方法。

一个高强度螺栓的预拉力设计值 P（kN）　　　　表 3-24

螺栓的承载性能等级	螺栓公称直径（mm）					
	M16	M20	M22	M24	M27	M30
8.8 级	80	125	150	175	230	280
10.9 级	100	155	190	225	290	355

　　2. 高强度螺栓在承压型连接中应按以下规定进行设置和计算

　　（1）高强度螺栓承压型连接中的设计预拉力 P，均与高强度螺栓摩擦型连接的相同。在连接处构件接触面应清除油污及浮锈。

高强度螺栓承压型连接不应用于直接受动力荷载的结构。

（2）一个高强度螺栓在承压型连接中的承载力设计值，应按表 3-25 所列公式计算，也可按第 11 章表 11-39 采用。

（3）高强度螺栓连接

1）直接承受动力荷载构件的螺栓连接应符合下列规定：

① 抗剪连接时应采用摩擦型高强度螺栓；

② 普通螺栓受拉连接应采用双螺帽或其他能防止螺帽松动的有效措施。

2）高强度螺栓连接设计应符合下列规定：

① 本章的高强度螺栓连接均应按表 3-24 施加预拉力；

② 采用承压型连接时，连接处构件接触面应清除油污及浮锈，仅承受拉力的高强度螺栓连接，不要求对接触面进行抗滑移处理；

③ 高强度螺栓承压型连接不应用于直接承受动力荷载的结构，抗剪承压型连接在正常使用极限状态下应符合摩擦型连接的设计要求；

④ 当高强度螺栓连接的环境温度为 100～150℃时，其承载力应降低 10％。由于超过 150℃时，高强度螺栓承载力设计缺乏依据，因此采取隔热防护措施后，高强度螺栓温度不应超过 150℃。

3）螺栓连接设计应符合下列规定：

① 连接处应有必要的螺栓施拧空间；

② 螺栓连接或拼接节点中，每一杆件一端的永久性的螺栓数不宜少于 2 个；对组合构件的缀条，其端部连接可采用 1 个螺栓；

③ 沿杆轴方向受拉的螺栓连接中的端板（法兰板），宜设置加劲肋。

一个高强度螺栓在承压型连接中的承载力设计值计算公式　　　　表 3-25

项次	受力情况		公式	附注
1	受剪连接	抗剪	$N_v^b = n_v \dfrac{\pi d^2}{4} f_v^b$　(3-80) $N_c^b = d \cdot \sum t \cdot f_c^b$　(3-81) $\Big\}$ 取两者中的较小者	当剪切面在螺纹处时，应按螺纹处的有效面积计算
		承压		
2	螺栓杆轴方向受拉的连接		$N_t^b = A_e f_t^b$　(3-82)	
3	同时承受剪力和杆轴方向拉力的连接		$\sqrt{\left(\dfrac{\overline{N_v}}{N_v^b}\right)^2 + \left(\dfrac{\overline{N_t}}{N_t^b}\right)^2} \leqslant 1$　(3-83) $\overline{N_v} \leqslant N_c^b / 1.2$　(3-84)	

注：表中　f_v^b、f_t^b、f_c^b——高强度螺栓承压型连接的抗剪、抗拉和承压强度设计值，按表 2-5 采用；

$\overline{N_v}$、$\overline{N_t}$——新计算的某个高强度螺栓承压型连接所受的剪力和拉力；

N_v^b、N_t^b、N_c^b——一个高强度螺栓的抗剪、抗拉、抗压承载力设计值；

A_e——螺栓有效面积按表 3-20 采用；

n_v——螺栓受剪切面数目。

3.2.2　普通螺栓或高强度螺栓群的连接计算

1. 普通螺栓或高强度螺栓群的连接，可按表 3-26 所列公式计算。

在构件的节点处或拼接接头的一端，当普通螺栓或高强度螺栓沿受力方向的连接长度 l_1 大于 $15d_0$（d_0 为孔径）时，应将普通螺栓或高强度螺栓的承载力设计值乘以折减系数 $\beta_s = \left(1.1 - \dfrac{l_1}{150d_0}\right)$；当 l_1 大于 $60d_0$ 时，折减系数为 0.7。

在下列情况的连接中，螺栓或铆钉的数目应予增加：

（1）一个构件借助填板或其他中间板件与另一构件连接的螺栓（摩擦型连接的高强度螺栓除外）或铆钉数目，应按计算增加 10%。

（2）当采用搭接或拼接板的单面连接传递轴心力，因偏心引起连接部位发生弯曲时，螺栓（摩擦型连接的高强度螺栓除外）或铆钉数目，应按计算增加 10%。

（3）在构件的端部连接中，当利用短角钢连接型钢（角钢或槽钢）的外伸肢以缩短连接长度时，在短角钢两肢中的一肢上所用的螺栓或铆钉数目应按计算增加 50%。

（4）当铆钉连接的铆合总厚度超过铆钉孔径的 5 倍时，总厚度每超过 2mm，铆钉数目应按计算增加 1%（至少应增加一个铆钉），但铆合总厚度不得超过铆钉孔径的 7 倍。

2. 直接承受动力荷载的结构或构件的摩擦型高强度螺栓连接，对可能发生疲劳破坏的连接部位，应进行常幅疲劳计算；此时，可按 3.1.5 节的要求进行。

普通螺栓或高强度螺栓群连接的计算公式

表 3-26

项次	受力情况	简　图	公　式
1	承受轴心力作用的抗剪连接		所需的普通螺栓或高强度螺栓数目： $$n = \frac{N}{[N_{\min}]} \qquad (3\text{-}85)$$
2	承受轴心力和剪力作用的抗剪连接		当为并列布置时： $$N_N = \frac{N}{m_l n_s} \qquad (3\text{-}86)$$ $$N_v = \frac{V}{m_l n_s} \qquad (3\text{-}87)$$ 当为错列布置且 m_l 为偶数时： $$N_N = \frac{2N}{m_l(2n_s - 1)} \qquad (3\text{-}88)$$ $$N_v = \frac{2V}{m_l(2n_s - 1)} \qquad (3\text{-}89)$$ 当为错列布置且 m_l 为奇数时： $$N_N = \frac{2N}{m_l(2n_s - 1) + 1} \qquad (3\text{-}90)$$ $$N_v = \frac{2V}{m_l(2n_s - 1) + 1} \qquad (3\text{-}91)$$ $$N_s = \sqrt{(N_N)^2 + (N_v)^2} \leqslant [N_{\min}] \qquad (3\text{-}92)$$

项次	受力情况	简 图	公 式
3	承受弯矩作用的抗剪连接		$N_{M1} = \dfrac{M \cdot r_1}{\sum(x_i^2 + y_i^2)} \leqslant [N_{\min}]$ (3-93)
4	承受弯矩和剪力作用的抗剪连接		$N_{M1} = \dfrac{M \cdot r_1}{\sum(x_i^2 + y_i^2)}$ (3-94) $N_{M1x} = \dfrac{M \cdot y_1}{\sum(x_i^2 + y_i^2)}$ (3-95) $N_{M1y} = \dfrac{M \cdot x_1}{\sum(x_i^2 + y_i^2)}$ (3-96) $N_v = \dfrac{V}{n}$ (3-97) $N_{s1} = \sqrt{(N_{M1x})^2 + (N_{M1y} + N_v)^2} \leqslant [N_{\min}]$ (3-98)
5	承受弯矩、剪力和轴心力作用的抗剪连接		$N_{M1} = \dfrac{M \cdot r_1}{\sum(x_i^2 + y_i^2)}$ (3-94)* $N_{M1x} = \dfrac{M \cdot y_1}{\sum(x_i^2 + y_i^2)}$ (3-95)* $N_{M1y} = \dfrac{M \cdot x_1}{\sum(x_i^2 + y_i^2)}$ (3-96)* $N_v = \dfrac{V}{n}$ (3-97)* $N_N = \dfrac{N}{n}$ (3-99) $N_{s1} = \sqrt{(N_{M1x} + N_N)^2 + (N_{M1y} + N_v)^2} \leqslant [N_{\min}]$ (3-100)

项次	受力情况	简 图	公 式
6	承受轴心力作用的抗拉连接	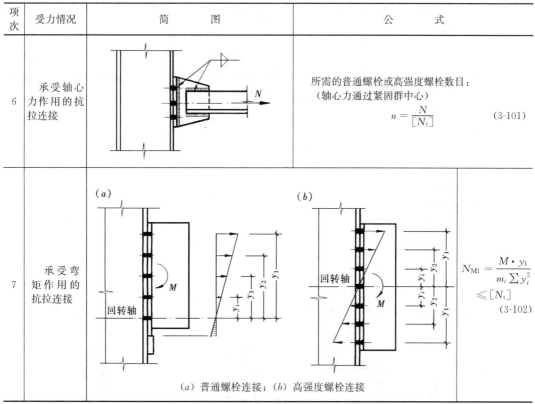	所需的普通螺栓或高强度螺栓数目: (轴心力通过紧固群中心) $$n = \frac{N}{[N_t]} \quad (3\text{-}101)$$
7	承受弯矩作用的抗拉连接	(a) 普通螺栓连接;(b) 高强度螺栓连接	$$N_{M1} = \frac{M \cdot y_1}{m_i \sum y_i^2}$$ $$\leqslant [N_t]$$ (3-102)

注:表中 $[N_{\min}]$ ——对普通螺栓,取按式(3-69)和式(3-70)计算的抗剪和承压承载力设计值的较小者;

对高强度螺栓摩擦型连接,取按式(3-76)计算的抗剪承载力设计值;

对高强度螺栓承压型连接,取按式(3-80)和式(3-81)计算的抗剪和承压承载力设计值的较小者;

m_l ——普通螺栓或高强度螺栓的列数;

n_s ——一列普通螺栓或高强度螺栓的数目;

r_1 ——边行受力最大的一个普通螺栓或高强度螺栓至普通螺栓或高强度螺栓群中心的距离;

x_1 ——边行受力最大的一个普通螺栓或高强度螺栓至普通螺栓或高强度螺栓群中心的水平距离;

y_1 ——边行受力最大的一个普通螺栓或高强度螺栓至普通螺栓或高强度螺栓群中心(或回转轴)的垂直距离;

x_i ——任一个普通螺栓或高强度螺栓至普通螺栓或高强度螺栓群中心的水平距离;

y_i ——任一个普通螺栓或高强度螺栓至普通螺栓或高强度螺栓群中心(或回转轴)的垂直距离;

$\sum y_i^2$ ——应包括连接中的所有普通螺栓或高强度螺栓的数目;

$[N_t]$ ——对普通螺栓,取按式(3-71)计算的抗拉承载力设计值;

对高强度螺栓摩擦型连接,取按式(3-78)计算的抗拉承载力设计值。

3.2.3 普通螺栓和高强度螺栓连接的构件强度计算

1. 普通螺栓或高强度螺栓(承压型和受拉型)连接的轴心受拉构件,其连接处的强度应按下式计算:

$$\sigma = \frac{N}{A_n} \leqslant f \quad (3\text{-}103)$$

式中 N ——作用于构件的轴心拉力;

A_n——构件净截面面积，可按下列情况确定：

当为并列布置时（图 3-48a），构件在截面Ⅰ—Ⅰ处受力最大，其净截面面积为：

$$A_n = (b - n_1 d_0)t \tag{3-104}$$

当为错列布置时（图 3-48b），构件可能沿截面Ⅱ—Ⅱ或锯齿形截面Ⅲ—Ⅲ破坏，此时净截面面积取按下列公式计算结果中之较小者：

$$A_{n1} = (b - n_2 d_0)t \tag{3-105}$$

$$A_{n2} = \left[2e_3 + (n_3 - 1)\sqrt{e_1^2 + e_2^2} - n_3 d_0\right]t \tag{3-106}$$

式中　b——被连接构件的板宽；

n_1——截面Ⅰ—Ⅰ上的螺栓数目；

n_2——截面Ⅱ—Ⅱ上的螺栓数目；

n_3——截面Ⅲ—Ⅲ上的螺栓数目；

d_0——螺栓的孔径；

t——被连接构件的板厚；

e_1——在垂直作用力 N 方向的螺栓中距；

e_3——在垂直作用力 N 方向的螺栓边距；

e_2——错列布置的螺栓列距。

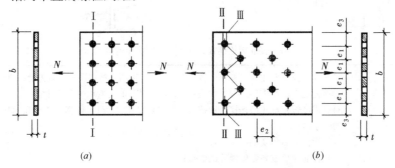

图 3-48　构件净截面面积的计算图示

(a) 并列布置；(b) 错列布置

2. 高强度螺栓摩擦型连接的轴心受拉构件，其连接处的强度应按下列公式计算：

$$\sigma = \left(1 - 0.5\frac{n_s}{n}\right)\frac{N}{A_n} \leqslant f \tag{3-107}$$

$$\sigma = \frac{N}{A} \leqslant f \tag{3-108}$$

式中　n_s——所计算截面（最外列螺栓处）上高强度螺栓的数目；

n——在节点或拼接处，构件一侧连接的高强度螺栓数目；

A_n——构件的净截面面积，按本节 1 的要求确定；

A——构件的毛截面面积。

如构件尚有非高强度螺栓孔削弱时，还应按式（3-103）计算削弱截面的强度。

3.2.4 普通螺栓和高强度螺栓连接的构造要求

1. 每一杆件在节点上或拼接连接的一侧，永久性的螺栓数目不宜小于两个。对组合构件的缀条，其端部连接可采用一个螺栓。

对抗震设计结构，每一杆件在节点上或拼接连接的一侧，永久性的螺栓数目不应小于3个。

2. 紧固螺栓的构造要求。

（1）高强度螺栓摩擦型连接时，其孔径比螺栓公称直径 d 大 1.5～2.0mm；高强度螺栓承压型或受拉型连接时，其孔径比螺栓公称直径大1.0～1.5mm。

（2）B级普通螺栓的孔径 d_0 较螺栓公称直径 d 大 0.2～0.5mm，C级普通螺栓的孔径 d_0 较螺栓公称直径 d 大 1.0～1.5mm。

（3）高强度螺栓承压型连接采用标准圆孔时，其孔径 d_0 可按表 3-27 采用。

高强度螺栓连接的孔型尺寸匹配（mm）　　　　　　　　表 3-27

螺栓公称直径			M12	M16	M20	M22	M24	M27	M30
孔型	标准孔	直径	13.5	17.5	22	24	26	30	33
	大圆孔	直径	16	20	24	28	30	35	38
	槽孔	短向	13.5	17.5	22	24	26	30	33
		长向	22	30	37	40	45	50	55

（4）高强度螺栓摩擦型连接可采用标准孔、大圆孔和槽孔，孔型尺寸可按表 3-27 采用；采用扩大孔连接时，同一连接面只能在盖板和芯板其中之一的板上采用大圆孔或槽孔，其余仍采用标准孔。

（5）高强度螺栓摩擦型连接盖板按大圆孔、槽孔制孔时，应增大垫圈厚度或采用连续型垫板，其孔径与标准垫圈相同，对 M24 及以下的螺栓，厚度不宜小于 8mm；对 M24 以上的螺栓，厚度不宜小于 10mm。

3. 在高强度螺栓连接范围内，构件接触面的处理方法应在施工图中说明。

当型钢构件的拼接采用高强度螺栓时，其拼接件宜采用钢板；螺栓拼接接头的构造应符合下列规定：

1）拼接板材质应与母材相同；

2）同一类拼接节点中高强度螺栓连接副性能等级及规格应相同；

3）当连接处型钢翼缘斜面斜度大于 1/20 时，应在斜面上采用斜垫板；

4）翼缘拼接板宜双面设置；腹板拼接板宜在腹板两侧对称配置。

4. 普通螺栓和高强度螺栓通常采用并列和错列的布置形式。

（1）螺栓行列之间以及螺栓与构件边缘的距离，应符合表 3-28 的要求。

螺栓或铆钉的最大、最小容许距离　　　　　　　　表 3-28

名称	位置和方向			最大容许距离（取两者的较小值）	最小容许距离
中心间距	外排（垂直内力方向或顺内力方向）			$8d_0$ 或 $12t$	$3d_0$
	中间排	垂直内力方向		$16d_0$ 或 $24t$	
		顺内力方向	构件受压力	$12d_0$ 或 $18t$	
			构件受拉力	$16d_0$ 或 $24t$	
	沿对角线方向			—	

名称	位置和方向			最大容许距离 （取两者的较小值）	最小容许距离
中心至构件边缘距离	顺内力方向				$2d_0$
	垂直内力方向	剪切边或手工气割边		$4d_0$ 或 $8t$	$1.5d_0$
		轧制边、自动气割或锯割边	高强度螺栓		$1.5d_0$
			其他螺栓或铆钉		$1.2d_0$

注：1. d_0 为螺栓或铆钉的孔径，t 为外层较薄板件的厚度。
  2. 钢板边缘与刚性构件（如角钢、槽钢等）相连的螺栓或铆钉的最大间距，可按中间排的数值采用。
  3. 计算螺栓孔引起的截面削弱时，取 $(d+4)$ 和 d_0 的较大者。

（2）设计布置螺栓时，应考虑工地专用施工工具的可操作空间要求。常用扳手可操作空间尺寸宜符合表 3-29 的要求。

施工扳手可操作空间尺寸   表 3-29

扳手种类		参考尺寸（mm）		示 意 图
		a	b	
手动定扭矩扳手		$1.5d_0$ 且不小于 45	$140+c$	
扭剪型电动扳手		65	$530+c$	
大六角电动扳手	M24 及以下	50	$450+c$	
	M24 以上	60	$500+c$	

3.2.5 高强度螺栓施工注意事项

螺栓应在干燥、通风的室内存放。高强度螺栓的入库验收，应按现行《钢结构高强度螺栓连接技术规程》JGJ 82 的要求进行，严禁使用锈蚀、粘污、受潮、碰伤和混批的高强度螺栓。高强度螺栓的入库、存放和使用，应符合规程要求。

1. 摩擦面的加工。

采用高强度螺栓连接时，应对构件摩擦面进行加工处理。处理后的抗滑移系数应符合设计要求。高强度螺栓连接摩擦面的加工，可采用喷砂、抛丸和砂轮打磨等方法。砂轮打磨方向应与构件受力方向垂直，且打磨范围不得小于螺栓直径的 4 倍。经处理的摩擦面应采取防油污和损伤的保护措施。制作厂应在钢结构制作的同时进行抗滑移系数试验，并出具试验报告。试验报告应写明试验方法和结果。应根据现行《钢结构高强度螺栓连接技术规程》JGJ 82 的规定或设计文件的要求，制作材质和处理方法相同的复验抗滑移系数用的试件，并与构件同时移交。

2. 安装前，应对构件的外形尺寸、螺栓孔直径及位置、连接件位置及角度、焊缝、栓钉焊、高强度螺栓接头抗滑移面加工质量、构件表面的涂层等进行检查，在符合设计文件或规程的要求后，方能进行安装工作。

3. 高强度螺栓拧紧及初拧、复拧、终拧施工顺序、施工工艺和检测记录等，见第10章。

3.3 拼 接 连 接

3.3.1 钢材的工厂焊接拼接

1. 在钢结构制造中，当材料的长度不能满足构件的长度要求时，必须进行接长拼接。材料的工厂拼接一般采用焊接连接。此时，连接焊缝可由保证构件截面面积的等强度条件或按构件实际承受的作用力来确定。通常，钢材的工厂拼接连接多按构件截面面积的等强度条件进行计算。

2. 钢板的拼接应满足下列要求：

（1）凡能保证连接焊缝强度与钢材强度相等时，可采用对接正焊缝（垂直于作用力方向的焊缝）进行拼接；此时，可不必进行焊缝强度计算。

（2）凡连接焊缝的强度低于钢材强度时，则应采用对接斜焊缝（与作用力方向的夹角为 $45°\sim55°$ 的斜焊缝）进行拼接；此时，可认为焊缝强度与钢材强度相等而不必进行焊缝强度计算。

（3）组合工字形或H形截面的翼缘板和腹板的拼接，一般应采用完全焊透的坡口对接焊缝进行拼接。

（4）拼接连接焊缝的位置宜设在受力较小的部位，并应采用引弧板施焊，以消除弧坑的影响。

3. 采用双角钢组合的T形截面杆件，其角钢的接长拼接通常采用拼接角钢，并应将拼接角钢的背棱切角，使其紧贴于被拼接角钢的内侧（图3-49）。

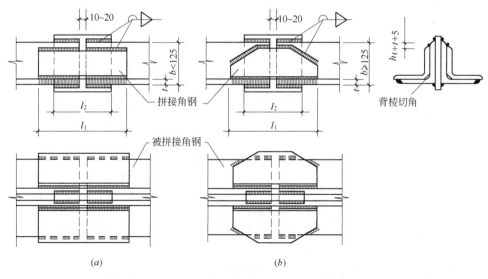

图 3-49　双角钢杆件的拼接连接

（a）角钢边宽＜125mm的拼接；（b）角钢边宽≥125mm的拼接

拼接角钢通常是采用同号角钢切割制成，竖肢切去的高度一般为（$h_f+t+5mm$），以便布置连接焊缝，切去后的截面削弱由垫板补强。拼接角钢的长度根据连接焊缝的计算长度确定。当拼接角钢边宽≥125mm 时，宜将其水平肢和竖直肢的两端均切去一角，以布置斜焊缝，使其传力平顺（图 3-49b）。

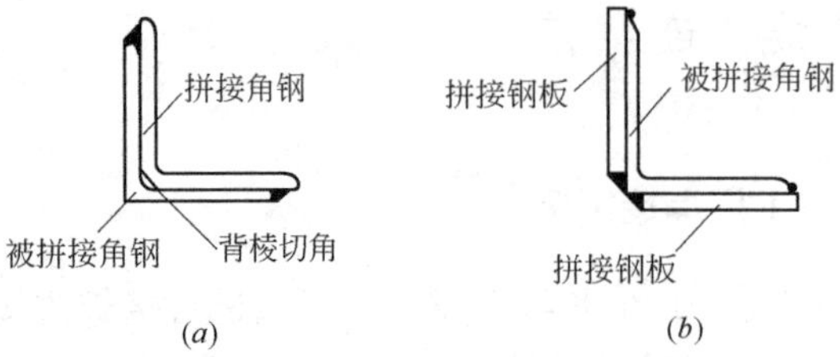

拼接用的垫板长度根据发挥该垫板强度所需的焊缝强度来确定。此时，垫板的宽度取等于被拼接角钢的边宽加 20～30mm，垫板厚度一般取与构件连接所用的节点板厚度相同。

单角钢杆件的拼接除可采用角钢拼接外，也可采用钢板拼接（图 3-50）。此时，拼接角钢或钢板应按被拼接角钢截面面积的等强度条件来确定。

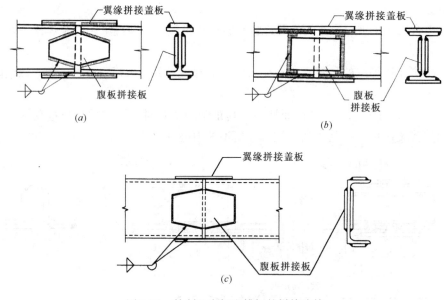

图 3-50 单角钢杆件的拼接连接

（a）采用拼接角钢的拼接；（b）采用拼接钢板的拼接

角钢的拼接连接可按第 11 章表 11-42 和表 11-43 采用。

4. 轧制工字钢、槽钢和 H 型钢的拼接连接，通常有：

（1）轧制工字钢、槽钢的焊接拼接，一般采用拼接连接板，并按被拼接的工字钢、槽钢截面面积的等强度条件来确定（图 3-51）。

图 3-51 轧制工字钢和槽钢的拼接连接

（a）工字钢拼接（一）；（b）工字钢拼接（二）；（c）槽钢拼接

轧制工字钢、槽钢的拼接连接可按第 11 章表 11-44～表 11-49 采用。

（2）轧制 H 型钢的焊接拼接，通常是采用完全焊透的坡口对接焊缝的等强度连接（图 3-52）。

（3）轴心受拉构件和轴心受压构件，当其组成板件在节点或拼接处并非全部直接传力时，应将危险截面的面积乘以有效截面系数 η，不同构件截面形式和连接方式的 η 值应符合表 3-30 的规定。

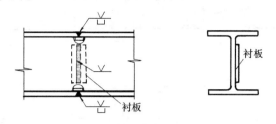

图 3-52 轧制 H 型钢的拼接连接

轴心受力构件节点或拼接处危险截面有效截面系数 表 3-30

构件截面形式	连接形式	η	图例
角钢	单边连接	0.85	
工字形、H 形	翼缘连接	0.90	
	腹板连接	0.70	

5. 圆钢管的拼接连接，通常是采用设置衬环或垫板的等强度对接焊缝连接和设置外套筒的等强度角焊缝连接。在采用对接正焊缝的拼接连接中，无论有无衬管或衬环，均须保证完全焊透。图 3-53 为圆钢管的拼接连接示例。

6. 用填板连接而成的双角钢或双槽钢构件，采用普通螺栓连接时应按格构式构件进行计算；除此之外，可按实腹式构件进行计算，但受压构件填板间的距离不应超过 $40i$，受拉构件填板间的距离不应超过 $80i$。i 为单肢截面回转半径，应按下列规定采用：

（1）当为图 3-54（a）、（b）所示的双角钢或双槽钢截面时，取一个角钢或一个槽钢对与填板平行的形心轴的回转半径；

（2）当为图 3-54（c）所示的十字形截面时，取一个角钢的最小回转半径。

受压构件的两个侧向支承点之间的填板数不应少于 2 个。

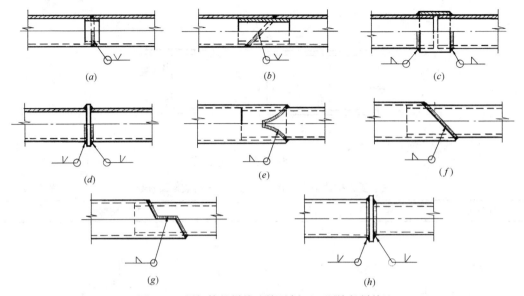

图 3-53　圆钢管的拼接连接示例（工厂接长拼接）

（a）有衬环的焊透正对接焊缝拼接；（b）有衬环的焊透斜对接焊缝拼接；（c）有外套环的角焊缝拼接；
（d）有隔板的焊透对接焊缝拼接（相同管径）；（e）插入式角焊缝拼接（一）；（f）插入式角焊缝拼接（二）；
（g）插入式角焊缝拼接（三）；（h）有隔板的焊透对接焊缝拼接（不同管径）

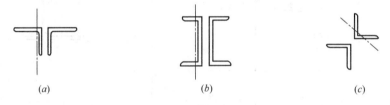

图 3-54　计算截面回转半径时的轴线示意图

（a）T 形双角钢截面；（b）双槽钢截面；（c）十字形双角钢截面

3.3.2　梁和柱现场安装拼接

1. 轧制工字钢、H 型钢或组合工字形截面、箱形截面梁或柱的现场安装拼接，可根据具体情况采用焊接连接；或高强度螺栓连接；或高强度螺栓和焊接的混合连接。

2. 梁的拼接连接通常是设在距梁端 1.0m 左右位置处；柱的拼接连接通常是设在楼板面以上 1.1～1.3m 位置处。

梁、柱的拼接连接，具体可按第 8 章的有关要求进行。

3.4　销轴连接和钢管法兰连接

3.4.1　销　轴　连　接　计　算

1. 销轴应进行承压、抗剪和抗弯承载力验算。销轴可采用 Q235、Q355、Q390 与 Q420，必要时也可采用 45 号钢、35CrMo 或 40Cr 等钢材。当销轴直径较大时，如直径

120mm 以上，宜采用锻造加工工艺。在设计文件中，应注明对销轴和耳板销轴孔精度、表面质量和销轴表面处理的要求。

2. 销轴连接构造要求

（1）通过销轴孔中心作垂直于受力方向的切面，孔中心离切面两侧边缘距离应相等（图 3-55）；

（2）销轴孔径与销轴直径相差不大于 1mm；

（3）耳板两侧宽厚比 b/t 宜小于 4，几何尺寸应符合下列规定：

$$a \geqslant \frac{4}{3} b_{\text{eff}} \tag{3-109}$$

$$b_{\text{eff}} = 2t + 16 \leqslant b \tag{3-110}$$

式中 b——连接耳板两侧边缘与销轴孔边缘净距（mm）；

t——耳板厚度（mm）；

a——顺受力方向，销轴孔边距板边缘最小距离（mm）。

3. 销轴与连接耳板计算（图 3-55）

（1）销轴孔净截面的抗拉强度按下式验算：

$$\sigma = \frac{N}{2tb_1} \leqslant f \tag{3-111}$$

$$b_1 = \min\left(2t + 16, b - \frac{d_0}{3}\right) \tag{3-112}$$

式中 N——杆件轴向拉力设计值（N）；

t——耳板厚（mm）；

b——耳板两侧边缘与销轴孔边缘净距（mm）；

d_0——销轴孔径（mm）；

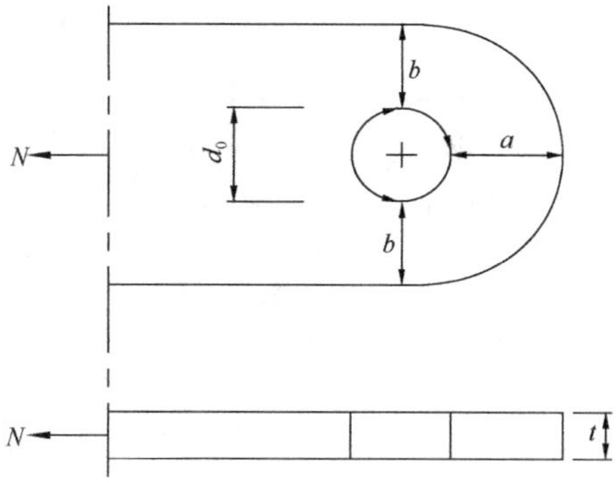

图 3-55 销轴连接耳板

f——耳板抗拉强度设计值（MPa）。

（2）耳板端部抗拉（劈开）强度按下式验算：

$$\sigma = \frac{N}{2t\left(a - \frac{2d_0}{3}\right)} \leqslant f \tag{3-113}$$

（3）耳板抗剪强度按下式验算：

$$\tau = \frac{N}{2tZ} \leqslant f_{\text{v}} \tag{3-114}$$

式中 a——顺受力方向，销轴孔边距板边缘的最小距离（mm）；

Z——耳板端部抗剪截面宽度（图 3-56，mm）；

f_{v}——耳板钢材抗拉强度和抗剪强度设计值（MPa）。

Z 可近似按下式计算：

$$Z = \sqrt{(a + d_0/2)^2 - (d_0/2)^2} \tag{3-115}$$

（4）销轴承压强度按下式验算：

$$\sigma_{\text{c}} = \frac{N}{dt} \leqslant f_{\text{c}}^{\text{b}} \tag{3-116}$$

式中 d——销轴直径（mm）;

　　f_c^b——销轴连接中耳板的承压强度设计值（MPa）。

（5）销轴抗剪强度按下式验算：

$$\tau_b = \frac{N}{n_v \pi \dfrac{d^2}{4}} \leqslant f_v^b \qquad (3\text{-}117)$$

式中 n_v——受剪面数目；

　　f_v^b——销轴的抗剪强度设计值（MPa）。

（6）销轴的抗弯强度按下式验算（图3-57）：

$$\sigma_b = \frac{M}{1.5 \dfrac{\pi d^3}{32}} \leqslant f^b \qquad (3\text{-}118)$$

$$M = N/8(2t_e + t_m + 4s) \qquad (3\text{-}119)$$

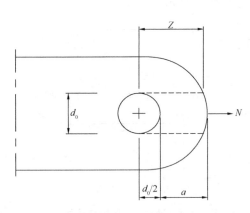
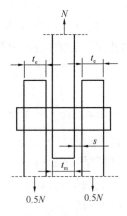

图 3-56　销轴连接耳板受剪面示意图　　图 3-57　销轴计算剪力和弯矩荷载模型

式中 M——销轴计算截面弯矩设计值（N·mm）;

　　f^b——销轴的抗弯强度设计值（MPa）;

　　t_e——两端耳板厚度；

　　t_m——中间耳板厚度；

　　　s——一端耳板和中间耳板间的间距。

计算截面同时受弯受剪时组合强度按下式验算：

$$\sqrt{\left(\frac{\sigma_b}{f^b}\right)^2 + \left(\frac{\tau_b}{f_v^b}\right)^2} \leqslant 1 \qquad (3\text{-}120)$$

3.4.2　法　兰　连　接　计　算

　　1. 刚接法兰可受任何作用力；半刚接法兰一般在空间桁架结构中受轴向拉力或轴向压力，也可在振动较小的悬臂杆中受弯矩；承压型法兰主要受压，也可以承受较小的弯矩；双层法兰承受弯矩、拉力、压力和剪力作用。

　　2. 刚接法兰按如下规定计算。

　　（1）刚接法兰中摩擦型高强度螺栓群同时受弯矩 M 和轴拉力 N 时，其单个螺栓最大拉力按下式计算：

$$N_{max}^b = \frac{My_n}{\sum y_i^2} + \frac{N}{n_0} \leqslant N_t^b \tag{3-121}$$

式中　y_i——第 i 个螺栓到法兰中性轴的距离；

　　　y_n——离法兰中性轴最远的螺栓到法兰中性轴的距离；

　　　n_0——法兰盘上螺栓总数；

　　　N_t^b——摩擦型高强度螺栓抗拉设计承载力。

（2）刚接法兰中法兰板厚度 t 应按下式计算：

$$t \geqslant \sqrt{\frac{5M_{max}}{f}} \tag{3-122}$$

式中　M_{max}——按单个螺栓最大拉力均布到法兰板对应区域时计算得到的法兰板最大弯矩。若有加劲肋法兰，按三边支承弹性薄板计算，其中加劲板支承边为固接边，筒壁支承边为铰接边；若为无加劲肋法兰，按悬臂板计算。

（3）刚接法兰的加劲板强度按平面内拉、弯计算，拉力大小按三边支承板的两固接边支承反力计，拉力中心与螺栓对齐。加劲板与法兰板的焊缝、加劲板与筒壁焊缝，按上述同样受力分别验算。

（4）刚接法兰抗剪按高强度螺栓抗剪验算。

3. 半刚接法兰按如下规定计算：

（1）半刚性法兰采用高强度螺栓连接，但其单个螺栓抗拉承载力按普通螺栓抗拉设计承载力的规定计算。在荷载频遇值作用下，法兰不应开缝；在承载能力极限状态下，法兰可开缝并绕特定的转动中心轴（图 3-58）转动。

（2）半刚接法兰承受轴压作用时，轴压力通过钢管与法兰板之间的焊缝直接传递，应保证焊缝与钢管壁等强；承受轴拉作用时，轴拉力通过螺栓传递（图 3-58）。

1）有加劲肋法兰单个螺栓拉力应满足下列公式要求：

$$N_{max}^b = \frac{N}{n_0} \leqslant N_t^b \tag{3-123}$$

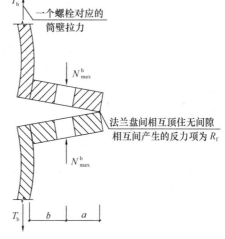

图 3-58　无加劲肋法兰受力

2）无加劲肋法兰单个螺栓拉力应满足下列公式要求：

$$N_{max}^b = mT_b \frac{a+b}{a} \leqslant N_t^b \tag{3-124}$$

式中　T_b——单个螺栓对应的筒壁拉力，$T_b = N/n_0$；

　　　m——工作条件系数，取 0.65；

　　　N_t^b——单个螺栓的抗拉承载力设计值，按下式计算：

$$N_t^b = (\pi d_e^2/4)f_t^b \tag{3-125}$$

　　　f_t^b——螺栓抗拉强度设计值；

　　　d_e——螺栓的有效直径。

（3）半刚接法兰主要受弯矩作用时，

1）有加劲肋法兰螺栓最大拉力按下式计算：

$$N_{max}^{b} = \frac{My_n}{\sum_{i=1}^{n} y_i^2} \tag{3-126}$$

式中　y_i——螺栓群转动中心轴到第 i 个螺栓的距离；

　　　y_n——离螺栓群转动中心轴最远螺栓的距离。

对于有加劲肋外法兰，转动中心轴位于圆钢内壁接触点切线处，如图 3-59（a）所示。对于有加劲肋内法兰，转动中心轴如图 3-59（b）所示。

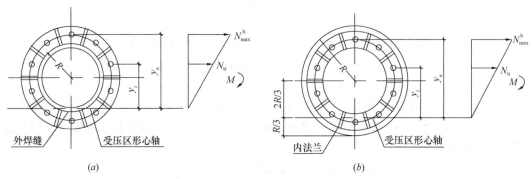

图 3-59　法兰螺栓群计算形心轴
（a）外法兰；（b）内法兰

2）无加劲肋法兰螺栓最大拉力应满足下列公式要求：

$$N_{max}^{b} = \frac{2mM}{nR} \cdot \frac{a+b}{a} \leqslant N_t^b \tag{3-127}$$

式中　M——法兰板所受的弯矩；

　　　R——钢管的外半径；

　　　n——法兰板上螺栓数目；

　　　m——工作条件系数，取 0.65。

3）半刚接法兰板厚度计算同本节第 2 条第（2）款；

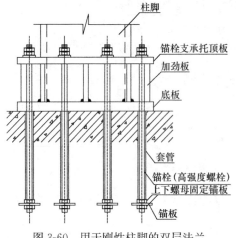

图 3-60　用于刚性柱脚的双层法兰

4）半刚接法兰加劲板对应的焊缝验算同本节第 2 条第（3）款；

5）半刚接法兰所受剪力不应大于螺栓拉力在法兰板内产生的压力及相应的摩擦力。

4. 承压型法兰按铣平顶顶紧计算管端受压，见图 3-63。法兰仅承受次要工况下的弯矩或拉力作用，法兰计算同刚接法兰。

5. 双层法兰按以下规定计算（图 3-60）：

（1）下法兰板的净面积按基础顶面混凝土局部承压确定，应满足以下两式要求：

$$\sigma_{max} = \frac{M}{W} + \frac{N}{A} \tag{3-128}$$

$$1.25\sigma_{max} \leqslant \frac{nP}{A} \leqslant f_c \tag{3-129}$$

（2）下法兰板按 $1.25\sigma_{max}$ 分布荷载作抗弯验算，见式（3-129）；

（3）螺栓最大拉力 N_{max}^b 应满足下式的要求：

$$N_{max}^b \leqslant 0.8P \tag{3-130}$$

（4）上法兰板按设计预拉力均布在螺栓作用区间荷载计算抗弯，同式（3-129）；

（5）加劲板的计算同本节第 2 条第（3）款；

（6）螺栓加预拉力应用直接张拉法。

6. 一般钢管桁架钢管法兰连接应符合如下构造要求：

（1）法兰板应为环状，钢管插入其中孔，插入深度取法兰板厚之半（图 3-61），法兰板两侧与钢管焊接。

（2）法兰板上螺孔分布应均匀、对称。螺栓应选强度等级较高者。螺栓数量和直径选择在满足操作间距的前提下，应尽量靠近管壁。

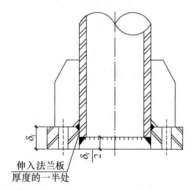

图 3-61 钢管插入法兰板深度

（3）法兰板与钢管外壁之焊缝为非全熔透的角接焊缝，其厚度不应大于管壁厚的 1.2 倍，管端焊缝为角焊缝，其焊脚高度等于管壁厚。

（4）加劲板厚度不小于其长度或宽度的 1/15。加劲板与法兰板的连接及加劲板与钢管壁的连接采用双面角焊缝。加劲板和法兰板、筒壁三向交汇处加劲板应有四分之一圆弧形切口，其半径不宜小于加劲板厚的 1.5 倍，也不宜小于 20mm（图 3-62、图 3-63）。

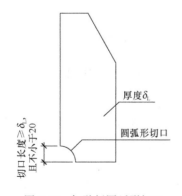

图 3-62 加劲板圆弧形切口

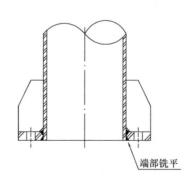

图 3-63 承压型法兰端部铣平

（5）当管结构内壁不作防腐蚀处理时，管端部法兰应用 3mm 厚钢板作气密性焊接封闭。当钢管用热浸锌作内外防腐蚀处理时，管端不应封闭。

（6）普通螺栓连接的法兰应用双螺母防松。

3.5 钢结构的连接设计例题

【例 3-1】 轧制工字钢梁的焊接拼接连接设计

1. 设计条件

普通工字钢梁采用 I32a。作用在拼接连接处的弯矩 $M_x = 110\text{kN·m}$，剪力 $V = 350\text{kN}$；梁和拼接连接板均采用 Q235 钢，焊条为 E43×× 型焊条，采用角焊缝手工焊接。连接节点如图 3-64 所示。

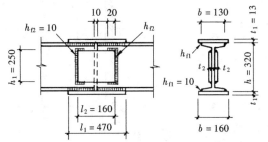

图 3-64 工字钢梁的焊接拼接连接图示

2. 梁的截面特性

截面尺寸如图 3-64 所示。由《热轧型钢》GB/T 706—2016 查得：

$A = 67.12\text{cm}^2$, $I_x = 11080\text{cm}^4$

$W_x = 692\text{cm}^3$, $t_w = 9.5\text{mm}$

3. 拼接连接计算

（1）工字钢翼缘拼接连接盖板及其连接

1）翼缘拼接连接盖板所需的截面面积按与工字钢翼缘板的等强度条件得到：

工字钢全截面面积 $A = 67.12\text{cm}^2$

腹板截面面积

$$A_w = h_0 t_w = \left[h - \left(\frac{b - t_w}{24} + t \right) \times 2 \right] t_w$$
$$= \left[32 - \left(\frac{13 - 0.95}{24} + 1.5 \right) \times 2 \right] \times 0.95$$
$$= 28 \times 0.95 = 26.6\text{cm}^2$$

单侧翼缘截面面积

$$A_F = \frac{1}{2}(67.12 - 26.6) = 20.3\text{cm}^2$$

设翼缘拼接连接盖板的宽度 $B = 160\text{mm}$，则得到连接盖板的厚度 $t_1 = \frac{20.3}{16} = 1.27\text{cm}$。

翼缘拼接连接盖板的截面尺寸采用 160mm×13mm。

2）翼缘拼接连接盖板与翼缘的连接焊缝，按与工字钢翼缘板等强度条件确定。

设连接角焊缝的焊脚尺寸 $h_{fl} = 10\text{mm}$，则拼接连接一侧的焊缝实际长度

$$l_{wa1} = \left[\frac{A_F f}{2 \times 0.7 h_{fl} f_f^w} + 1 \right] = \left[\frac{20.3 \times 21.5}{2 \times 0.7 \times 1 \times 16} + 1 \right]$$
$$= 20.5\text{cm} \rightarrow \text{采用 } l_{wa1} = 22\text{cm}$$

相应的拼接连接盖板长度

$$l_1 = 22 + 1 + 22 = 45\text{cm}$$

为简化计算，可直接利用第 11 章表 11-45 查得：I32a 的翼缘拼接连接盖板的截面尺寸为 160mm×13mm，连接角焊缝的焊脚尺寸为 10mm，拼接连接盖板的长度 $l_1 = 47\text{cm}$。与上述计算结果基本一致，按表 11-45 所列数值采用是安全的。

（2）腹板拼接连接板的尺寸及其连接

1）拼接连接板与腹板相连的焊缝计算长度和焊脚尺寸，按承受由腹板刚度与全截面刚度之比所分担的弯矩和全部作用剪力来确定。

腹板的截面惯性矩为

$$I_{wx} = \frac{1}{12} t_w h_0^3 = \frac{1}{12} \times 0.95 \times 28^3 = 1737.9 \text{cm}^4$$

腹板所分担的弯矩为

$$M_{wx} = \frac{I_{wx}}{I_x} M_x = \frac{1737.9}{11080} \times 110 = 17.3 \text{kN} \cdot \text{m}$$

腹板所承受的剪力为

$$V = 350 \text{kN}$$

设连接角焊缝的焊脚尺寸 $h_{f2} = 10$mm，焊缝计算长度 $l_{w2} = 250$mm，则一条焊缝的截面惯性矩及抵抗矩

$$I_{wx} = \frac{1}{12} \times 0.7 \times 1 \times 25^3 = 1822.9 \text{cm}^4$$

$$W_{wx} = \frac{1822.9}{12.5} = 145.8 \text{cm}^3$$

焊缝的强度校核

$$\tau_M = \frac{M_{wx}}{2W_{wx}} = \frac{1730}{2 \times 145.8} = 5.93 \text{kN/cm}^2$$

$$\tau_v = \frac{V}{A_w} = \frac{350}{2 \times 0.7 \times 1 \times 25} = 10 \text{kN/cm}^2$$

$$\sigma_{fs} = \sqrt{\tau_M^2 + \tau_v^2} = \sqrt{5.93^2 + 10^2} = 11.63 \text{kN/cm}^2 < f_f^w = 16 \text{kN/cm}^2 (可)$$

2）腹板的拼接连接板尺寸及厚度，以满足连接角焊缝的长度和焊脚尺寸及焊接构造要求来确定，采用两块 140mm×250mm×12mm 的连接板，由于其厚度为 12×2 = 24mm＞9.5mm，连接板的强度不必计算。

为简化计算，可直接利用第 11 章表 11-45 查得：I32a 腹板拼接连接板的尺寸为 140mm×250mm×14mm，焊缝的焊脚尺寸 $h_{f2} = 12$mm，其结果比上述计算值稍大，原因是在表 11-43 中腹板的拼接连接板的焊缝是按腹板截面所能承受的最大剪力来进行计算的，因此利用表格数值简化设计计算是足够安全的。

工字钢梁的焊接拼接连接如图 3-64 所示。

【例 3-2】板件的焊接拼接连接设计

1. 设计条件

被连接板件的截面尺寸为 200mm×14mm，承受轴心力 $N = 520$kN（静力荷载），板件及其拼接连接板均为 Q235 钢，焊条为 E43×× 型焊条，采用角焊缝手工焊接，板件尺寸及其连接形式如图 3-65 所示。

2. 拼接连接计算

（1）拼接连接板的截面选择

根据拼接连接板与被连接板件的等强度条件和焊接构造要求，拼接连接板的宽度采用 170mm。由此得到拼接连接板的厚度为

$$t_1 = \frac{20 \times 1.4}{2 \times 17} = 0.82 \text{cm} \rightarrow 取 \ t_1 = 1 \text{cm}$$

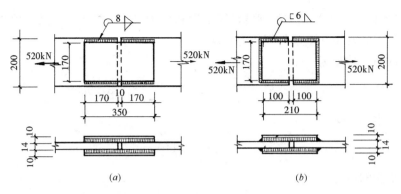

图 3-65　板件的焊接拼接连接图示

(*a*) 两面侧焊；(*b*) 三面围焊

每块拼接连接板的截面采用 170mm×10mm。

（2）连接焊缝计算和拼接连接板长度的确定

1）当采用图 3-65（*a*）所示的两面侧焊连接时

设连接角焊缝的焊脚尺寸 h_f=8mm，则拼接连接一侧的侧面角焊缝实际长度：

$$l_{wa} = \frac{N}{4 \times 0.7 h_f f_f^w} + 1 = \frac{520}{4 \times 0.7 \times 0.8 \times 16} + 1$$

$$= 15.5 \text{cm} \rightarrow 取\ l_{wa} = 17 \text{cm}$$

按被连接两板件间留出间隙 1cm，则拼接连接板长度为：

$$l = 2l_{wa} + 1 = 2 \times 17 + 1 = 35 \text{cm}（图 3-65a）$$

2）当采用图 3-65（*b*）所示的三面围焊连接时

设连接角焊缝的焊脚尺寸 h_f=6mm，则正面角焊缝所承担的力：

$$N_1 = 0.7 h_f \sum l_{w1} \beta_f f_f^w = 0.7 \times 0.6 \times 2 \times 17 \times 1.22 \times 16 = 279 \text{kN}$$

侧面角焊缝的长度：

$$l_{wa2} = \frac{N - N_1}{4 \times 0.7 h_f f_f^w} + 0.5 = \frac{520 - 279}{4 \times 0.7 \times 0.6 \times 16} + 0.5$$

$$= 9.5 \text{cm} \rightarrow 取\ l_{wa2} = 10 \text{cm}$$

按被连接两板件留出间隙 1cm，则拼接连接板的长度：

$$l = 2l_{wa2} + 1 = 2 \times 10 + 1 = 21 \text{cm}$$

【例 3-3】悬伸支承托座（牛腿）与柱的焊接连接设计

1. 设计条件

悬伸支承托座采用组合工字形截面（L350×200×10×20），材料为 Q235 钢，焊条为 E43×× 型焊条，采用角焊缝手工焊接。悬伸支承托座的尺寸和作用的集中力 *F* 如图 3-66 所示。

2. 连接计算

连接采用沿全周施焊的角焊缝连接，转角处连续施焊，没有起弧和落弧所引起的焊口缺陷，并假定全部剪力由支承托座腹板的连接焊缝承担，不考虑工字形翼缘端部绕转部分焊缝的作用。

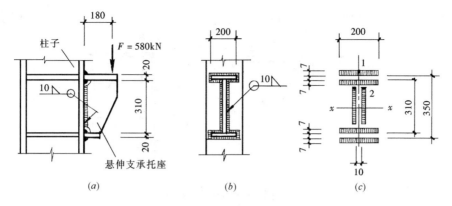

图 3-66　悬伸支承托座（牛腿）与钢柱的焊接连接图示

(a) 悬伸支托；(b) 支托剖面；(c) 支托焊缝

设沿工字形悬伸支承托座全周角焊缝的焊脚尺寸为 $h_f = 10$mm，则腹板连接焊缝的有效截面面积：

$$A_w = 0.7 \times 1.0 \times 31 \times 2 = 43.4\text{cm}^2$$

全部焊缝对 x 轴的截面惯性矩近似地取：

$$I_{wx} = 2 \times 0.7 \times 20 \times 17.85^2 + 4 \times 0.7 \times (9.5 - 0.7) \times 15.15^2 + 0.7 \times 31^3 \times 2/12$$
$$= 18052\text{cm}^4$$

焊缝在最外边缘"1"点处的截面模量：

$$W_{w1} = \frac{18052}{18.75} = 1011\text{cm}^3$$

焊缝在腹板顶部"2"点处的截面模量：

$$W_{w2} = \frac{18052}{15.5} = 1165\text{cm}^3$$

在偏心弯矩 $M_e = 580 \times 18 = 10440$kN·cm 作用下，角焊缝在"1"点处的最大应力：

$$\sigma_{M1} = \frac{M_e}{W_{w1}} = \frac{10440}{1011} = 10.33\text{kN/cm}^2 < \beta_f f_f^w$$
$$= 1.22 \times 16 = 19.5\text{kN/cm}^2$$

在翼缘和腹板交接的角焊缝"2"点处在偏心弯矩 M_e 和剪力 V（$V=F$）共同作用下的应力为：

$$\sigma_{M2} = \frac{M_e}{W_{w2}} = \frac{10440}{1165} = 8.96\text{kN/cm}^2$$
$$\tau_F = \frac{F}{A_w} = \frac{580}{43.4} = 13.36\text{kN/cm}^2$$
$$\sigma_{fs2} = \sqrt{\left(\frac{\sigma_{M2}}{\beta_f}\right)^2 + \tau_F^2} = \sqrt{\left(\frac{8.96}{1.22}\right)^2 + 13.36^2}$$
$$= 15.25\text{kN/cm}^2 < f_f^w = 16\text{kN/cm}^2（可）$$

【例 3-4】 悬伸支托与柱的焊接连接设计

1. 设计条件

悬伸支托与柱的连接及荷载的作用情况，如图 3-67 所示。构件所用钢材为 Q235 钢，焊条为 E43××型焊条，采用角焊缝手工焊接（三面围焊）。

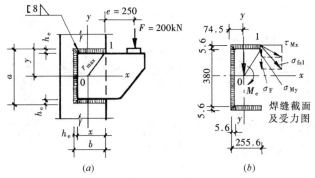

图 3-67 悬伸支托与柱的焊接连接图示

(a) 贴柱悬伸支托；(b) 悬伸支托焊缝

2. 连接计算

设三面围焊角焊缝焊脚尺寸 $h_f=8mm$，则角焊缝有效截面的形心位置：

$$\bar{x} = \frac{2 \times 0.56 \times 25.56^2/2 + 38 \times 0.56^2/2}{0.56(25.56 \times 2 + 38)} = 7.45cm$$

角焊缝有效截面的惯性矩：

$$I_{wx} = 0.56 \times 38^3/12 + 2 \times 25.56 \times 0.56^3/12 + 2 \times 25.56 \times 0.56 \times 19.28^2$$

$$= 13203cm^4$$

$$I_{wy} = 38 \times 0.56^3/12 + 38 \times 0.56 \times (7.45-0.28)^2$$

$$+ 2 \times 0.56 \times 25.56^3/12 + 2 \times 0.56 \times 25.56 \times (12.78-7.45)^2$$

$$= 3466cm^4$$

角焊缝有效截面的极惯性矩：

$$I_{w\rho} = I_{wx} + I_{wy} = 13203 + 3466 = 16669cm^4$$

角焊缝有效截面形心处的弯矩：

$$M_e = F(e+b-\bar{x})$$

$$= 200 \times (25+25.56-7.45) = 8622kN \cdot cm$$

在弯矩 M_e 和剪力 V（$V=F$）共同作用下，角焊缝有效截面上"1"点的应力为：

$$\tau_{Mx} = \frac{M_e r_y}{I_{w\rho}} = \frac{8622 \times 19.56}{16669} = 10.12kN/cm^2$$

$$\tau_{My} = \frac{M_e r_x}{I_{w\rho}} = \frac{8622(25.56-7.45)}{16669} = 9.37kN/cm^2$$

$$\sigma_F = \frac{F}{A_w} = \frac{200}{0.56(25.56 \times 2 + 38)} = 4.0kN/cm^2$$

$$\sigma_{fs1} = \sqrt{\left(\frac{\sigma_{My}+\sigma_F}{\beta_f}\right)^2 + \tau_{Mx}^2} = \sqrt{\left(\frac{9.37+4}{1.22}\right)^2 + 10.12^2}$$

$$= 14.92kN/cm^2 < f_f^w = 16kN/cm^2（可）$$

【例 3-5】 圆钢管结构中支管与主
管采用直接焊接的节点连接设计

1. 设计条件

圆钢管结构中支管与主管的交角
及各杆件的管径和内力如图 3-68 所示。
杆件钢材为 Q235 钢，焊条为 E43××
型焊条，采用沿支管全周角焊缝手工
焊接。

2. 连接计算

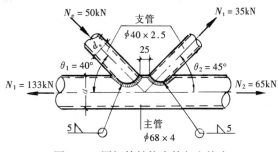

图 3-68　圆钢管结构支管与主管直
接焊接的连接图示

由于受拉支管与受压支管都采用相同的管径，故只需计算受力较大的受压支管与主管
的连接焊缝。

1）全周角焊缝计算长度（支管与主管的相贯线长度），根据

$$d_i/d = 40/68 = 0.588 < 0.65$$

则由式（3-36）得：

$$l_{w0} = (3.25d_s - 0.025d)\left(\frac{0.534}{\sin\theta} + 0.466\right)$$

$$= (3.25 \times 4 - 0.025 \times 6.8)\left(\frac{0.534}{\sin 40°} + 0.466\right)$$

$$= 16.7\text{cm}$$

也可根据 $d/d_i = 68/40 = 1.7$，按表 3-11 查得

$$K_s \approx 4.17$$

$$l_{w0} = K_s d_i = 4.17 \times 4 = 16.7\text{cm}$$

此结果与式（3-36）计算结果相同。

2）焊缝的焊脚尺寸采用 $h_f = 2t_s = 2 \times 2.5 = 5\text{mm}$，则焊缝的有效厚度 $h_e = 0.7h_f = 0.7 \times 5 = 3.5\text{mm}$

焊缝的强度由式（3-35）得：

$$\sigma_f = \frac{N_s}{h_e l_{w0}} = \frac{50}{0.35 \times 16.7} = 8.55\text{kN/cm}^2$$

$$< f_f^w = 16\text{kN/cm}^2（可）$$

第4章 平面桁架屋盖结构的节点设计

4.1 钢桁架的连接节点设计

1. 平面桁架屋盖结构体系，主要分有檩屋盖和无檩屋盖两大类

有檩屋盖（图 4-1）系指屋面防水板固定在檩条上，而檩条搁置在屋架上弦上，即屋面荷载通过檩条传给屋架上弦节点，屋面材料主要采用轻质材料，如压型钢板、石棉瓦、轻质水泥板、瓦楞铁等。由于屋面较轻、跨度较小（≤18m），多用于屋面刚度要求不高、无吊车（或起重量 $Q<5t$ 轻级工作制）的房屋。

无檩体系（图 4-2）不用檩条，屋面板直接搁置在桁架上弦上。这种体系的屋面刚度大，整体性能好，适用于房屋跨度大（可在厂房内设置吊车）和各种重要的屋盖中。

钢桁架除用在屋盖体系外，还可以用于大跨度楼面梁、桥梁等结构。本书主要针对屋盖体系叙述，其他结构可供参考。

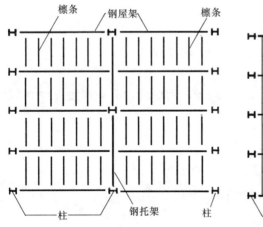

图 4-1 有檩屋盖体系图示

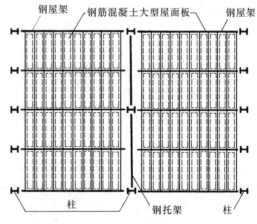

图 4-2 无檩屋盖体系图示

2. 由屋架、天窗架、托架、支撑等构件组成的屋盖体系，大多数是通过节点板将其构成的杆件采用焊接或螺栓连接一起的；少数是将其腹杆直接焊于弦杆上（如钢管结构采用相贯切割、相贯焊接）。通常，在工厂加工制作中是按运输单元采用焊接连接。构件间的连接则采用螺栓连接，或安装螺栓加工地焊缝进行连接。

3. 由上弦、下弦和腹杆组成的桁架（如天窗架、托架等），通常采用连接板把各杆件连接在一起。节点板的厚度由杆件内力确定（表 4-1），节点板的外形尺寸由焊缝长度或螺栓的排列要求放大确定。

4. 由于屋面荷载不同，所选屋面板材料亦不同。荷载较小的，采用轻质材料做屋面

板，其荷载常需通过檩条传给屋架（天窗架），这类屋架称为轻型钢屋架。故轻型屋架多采用有檩体系。普通钢屋架则多用于预制大型混凝土屋面板；屋面板是直接放在屋架上弦上。普通钢屋架承载力高，杆件截面的肢件较厚，多采用无檩体系。普通钢屋架属于普通钢结构。

由冷弯薄壁型钢组成的屋架亦属于轻型钢屋架。

5. 所有构件必须按照现场条件，运输路线的限高、限宽，起重设备等条件划分运输单元。将单个构件划分为若干个运输单元分别在工厂制作，运到现场后再进行拼装。

6. 屋架的形式主要有三角形、梯形、多边形（双坡屋面）、平行弦（单坡）桁架等（图 4-3）。

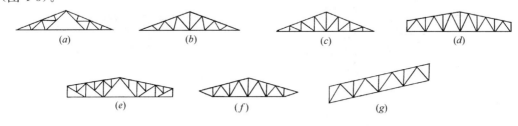

图 4-3　屋架形式图示

(*a*) 三角形屋架（芬克式屋架）；(*b*) 三角形屋架（人字形屋架）；(*c*) 三角形屋架（豪式屋架）；

(*d*) 上升式的梯形屋架；(*e*) 下降式的梯形屋架；(*f*) 折线形屋架；(*g*) 平行弦单坡屋架

7. 本章所描述的屋盖桁架体系均为平面结构，未考虑立体桁架和屋盖体系组成后的空间作用和蒙皮效应。

8. 焊接桁架应以杆件形心线为轴线，螺栓（铆钉）连接的桁架可采用靠近杆件形心线的螺栓（铆钉）准线为轴线，在节点处各轴线应交于一点（钢管结构除外）。尽量避免节点偏心，而且杆件的重心线应尽量与屋架的几何轴线相重合。

为了制造上的方便，桁架杆件形心线的尾数以 0.5mm 取整。

4.1.1　T形截面杆件的屋架节点设计

（一）设计的基本要求

1. 采用双角钢组成的 T 形截面杆件或 T 形钢杆件的屋架，其轴线与形心的关系应满足第 4.1 节中 8 的要求。当同一弦杆由于内力不同而采用两种不同的截面时，其截面改变位置应在节点处，而杆件的重心线应与桁架形心线重合（图 4-4a）；若要求上皮在同一标高时，可采用钢板垫平。若两杆截面相差较大，截面较大杆件重心线与桁架形心重合（图 4-4c），则要计算节点偏心弯矩（当 $e \leqslant$ 截面高度 5%，可不计算偏心产生的弯矩）。

当要求弦杆上皮在同一水平面上，两杆件的重心线又都不能与桁架形心重合时，则应考虑不同偏心而产生的弯矩（图 4-4b、d）。当偏心距分别不超过杆件截面高度的 2.5% 时，可不考虑由于偏心在杆件产生的附加弯矩。

当偏心距 e 超过上述要求或由于其他原因使节点处有较大偏心弯矩时，则应根据汇交于该节点各杆件的线刚度，按下式分配节点的偏心弯矩（图 4-4d），并分别按偏心受拉或偏心受压计算杆件的强度和稳定性。

$$M_i = \frac{K_i}{\sum K_i} M \qquad (4-1)$$

式中　M_i——分配给杆件 i 的弯矩；

$\quad\quad K_i$——所计算杆件 i 的线刚度，$K_i = \dfrac{E_s I_i}{l_i}$；

$\quad\quad \sum K_i$——汇交于该节点的各杆件线刚度之总和；

$\quad\quad M$——节点偏心弯矩，对图 4-4 (b)，$M = N_1 e_1 + N_2 e_2$；

$\quad\quad\quad\quad$ 对图 4-4 (c)，$M = N_2 e$

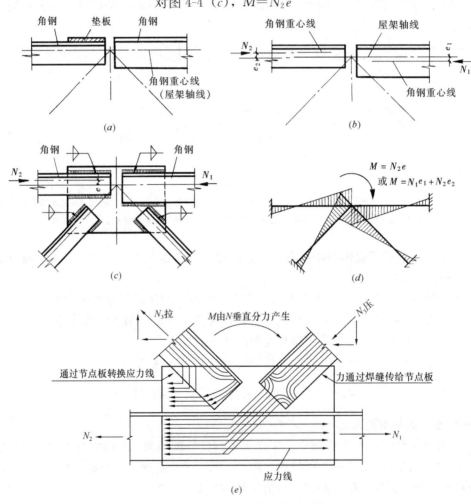

图 4-4　弦杆截面改变的设置图示

(a)、(b)、(c) 弦杆截面改变；(d) 偏心弯矩；(e) 桁架节点板内应力分布

　　节点板主要转换节点处各杆件内力的方向，达到平衡。其内力的分布形式如图 4-4 (e) 所示。节点板一般是偏心的，为了简化，近似采用放大弦杆内力的方法确定节点板的厚度。

　　2. 采用节点板连接的屋架，除支座节点外，其余节点宜采用同一厚度的节点板，而支座节点板宜比其他节点板厚 2mm。

节点板的厚度和支座节点板的厚度，可根据弦杆端节间的最大内力（对三角形屋架）或支座斜腹杆的最大内力（对梯形屋架）按表 4-1 选用。

连接节点处板件的计算

(1) 连接节点板在拉、剪作用下的强度应按下列公式计算：

$$\frac{N}{\sum h_i A_i} \leqslant f \tag{4-2}$$

式中 N——作用于板件的拉力；

A_i——第 i 段破坏面的截面积，当为螺栓连接时，应取净截面面积 $A_i = l_i t$；

t——板件厚度；

l_i——第 i 段破坏的长度，应取板件中最危险的破坏线长度（图 4-5）；

h_i——第 i 段的拉、剪折减系数；

$$h_i = \sqrt{1 + 2\cos^2\alpha_i}$$

α_i——第 i 段破坏线与拉力轴线的夹角。

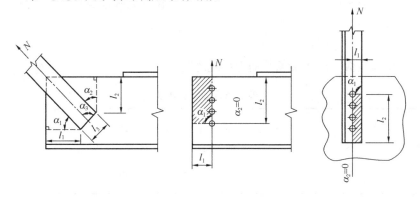

图 4-5 板件的拉、剪撕裂图示

(2) 桁架节点板的强度可按式（4-2）计算，也可近似用有效宽度法按下式计算：

$$\sigma = \frac{\eta N}{b_e t} \leqslant f \tag{4-3}$$

式中 N——节点板所连接的杆件轴心拉力；

b_e——节点板的有效宽度，可按图 4-6.1 采用；

t——板件厚度；

η——调整系数，对直接承受动力荷载的屋架，$\eta = 1.1$；对其他情况，$\eta = 1.0$。

3. 桁架节点板在斜腹杆压力作用下的稳定性可用下列方法进行计算：

(1) 对有竖腹杆相连的节点板，当 $c/t \leqslant 15\varepsilon_k$ 时（c 为受压腹杆连接板端面中点沿腹杆轴线方向至弦杆的净距离），可不计算稳定，否则应按《钢结构设计标准》GB 50017—2017 附录 G 进行稳定计算；在任何情况下，c/t 不得大于 $22\varepsilon_k$（ε_k 为钢号修正系数，$\varepsilon_k = \sqrt{\dfrac{235}{f_y}}$）；

(2) 考虑到桁架节点板的外形往往不规则，加之一些受动力荷载的桁架需要计算节点板的疲劳时，故参照国外多数国家的经验，建议对桁架节点板可采用有效宽度法进行承载力计算。所谓有效宽度，即认为腹杆轴力 N 将通过连接件在节点板内按照某一个应力扩散角度传至连接件端部与 N 相垂直的一定宽度范围内，该一定宽度即称为有效宽度 b_{ef}。图 4-6 的有效宽度法计算简单、概念清楚，适用于腹杆与节点板的多种连接情况，如侧焊、围焊和铆钉、螺栓连接等（当采用钢钉或螺栓连接时，b_{ef} 应取为有效净宽度）。

对无竖腹杆相连的节点板，当 $c/t \leqslant 10\varepsilon_{\mathrm{k}}$ 时，节点板的稳定承载力可取为 $0.8b_{\mathrm{e}}tf$；当 $c/t > 10\varepsilon_{\mathrm{k}}$ 时，应按《钢结构设计标准》GB 50017—2017 附录 G 进行稳定计算，但在任何情况下 c/t 不得大于 $17.5\varepsilon_{\mathrm{k}}$。

当杆件内力超过表 4-1 中的数值时，或有必要验算节点板的强度时，可近似地按下式计算节点板的强度：

$$\sigma = \frac{\eta N}{b_{\mathrm{e}}t} \leqslant f \qquad (4-4)$$

式中　N——节点板所连接的杆件轴心拉力；

　　　b_{e}——节点板的有效宽度，可按图 4-6.1 所示情况采用，但在确定有效宽度 b_{e} 时，首先应根据所连接的杆件及其连接焊缝长度或螺栓数目确定节点板的形状和尺寸；

　　　t——节点板的厚度；

　　　η——调整系数，对直接承受动力荷载的屋架，$\eta=1.1$；对其他情况，$\eta=1.0$。

屋架节点板厚度选用表　　　　　　表 4-1

三角形屋架弦杆端节间最大内力或梯形屋架支座斜腹杆最大内力（kN）	节点板钢材牌号								
	Q235 钢	≤150	151~250	251~400	401~550	551~750	751~1000	1001~1300	1301~1800
	Q355 钢 Q390 钢	≤180	181~350	351~550	551~750	751~1000	1001~1300	1301~1700	1701~2200
节点板厚度（mm）		6~8	8	10	12	14	16	18	20
支座节点板厚度（mm）		8	10	12	14	16	18	20	24

注：对支座斜腹杆为下降式的梯形屋架，应按靠近屋架支座的第二根斜腹杆（即最大受压斜腹杆）的内力来确定节点板的厚度。

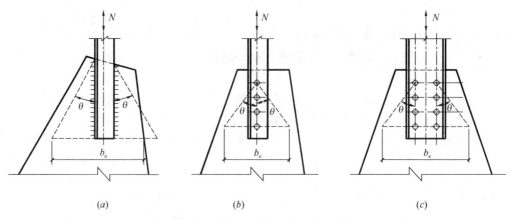

图 4-6.1　节点板有效宽度 b_{e} 的计算图示

（a）焊缝连接；（b）单排螺栓连接；（c）多排螺栓连接

注：图中 θ 为应力扩散角，焊接及单排螺栓时可取 30°，多排螺栓时可取 22°

（3）《钢结构设计标准》GB 50017—2017 附录 G 桁架节点板在斜腹杆压力作用下的稳定计算。

① 基本假定。

图 4-6.2 中，B-A-C-D 为节点板失稳时的屈折线。其中，$\overline{BA}$ 平行于弦杆，$\overline{CD}\perp\overline{BA}$。

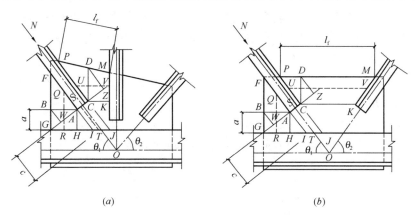

图 4-6.2 节点板稳定计算简图

(a) 有竖杆时；(b) 无竖杆时

在斜腹杆轴向压力 N 的作用下，$\overline{BA}$ 区（FBGHA 板件）、$\overline{AC}$ 区（AIJC 板件）和 $\overline{CD}$（CKMP 板件）同时受压。当其中某一区先失稳后，其他区即相继失稳，为此要分别计算各区的稳定。

② 计算方法：

$\overline{BA}$ 区：

$$\frac{b_1}{(b_1+b_2+b_3)}N\sin\theta_1 \leqslant l_1 t\varphi_1 f \qquad (4\text{-}4.1)$$

$\overline{AC}$ 区：

$$\frac{b_2}{(b_1+b_2+b_3)}N \leqslant l_2 t\varphi_2 f \qquad (4\text{-}4.2)$$

$\overline{CD}$ 区：

$$\frac{b_3}{(b_1+b_2+b_3)}N\cos\theta_1 \leqslant l_3 t\varphi_3 f \qquad (4\text{-}4.3)$$

式中　　t——节点板厚度；

　　　　N——受压斜腹杆的轴向力；

l_1、l_2、l_3——分别为屈折线 $\overline{BA}$、$\overline{AC}$、$\overline{CD}$ 的长度；

φ_1、φ_2、φ_3——各受压区板件的轴心受压稳定系数，可按 b 类截面查取；其相应的长细比分别为：$\lambda_1=2.77\dfrac{\overline{QR}}{t}$，$\lambda_2=2.77\dfrac{\overline{ST}}{t}$，$\lambda_3=2.77\dfrac{\overline{UV}}{t}$；式中 $\overline{QR}$、$\overline{ST}$、$\overline{UV}$ 为 $\overline{BA}$、$\overline{AC}$、$\overline{CD}$ 三区受压板件的中线长度；其中，$\overline{ST}=c$；b_1（$\overline{WA}$）、b_2（$\overline{AC}$）、b_3（$\overline{CZ}$）为各屈折线段在有效长度线上的投影长度。

③ 对 $l_f/t>60\sqrt{235/f_y}$ 且沿自由边加劲的无竖腹杆节点板（l_f 为节点板自由边的长度），亦可用上述方法进行计算，只是仅需验算 $\overline{BA}$ 区和 $\overline{AC}$ 区，而不必验算 $\overline{CD}$ 区。

（4）当采用本节 1～3 条方法计算桁架节点板时，尚应符合下列规定：

① 节点板边缘与腹杆轴线之间的夹角不应小于15°；

② 斜腹杆与弦杆的夹角应为30°～60°；

③ 节点板的自由边长度 l_f 与厚度 t 之比不得大于 $60\sqrt{235/f_y}$。

4. 屋架节点板

（1）屋架节点板的形状，一般多采用矩形或梯形，通常情况下应有两条边相互平行。

节点板的平面尺寸，根据所连接的杆件截面尺寸及其连接焊缝长度或螺栓数目来确定；同时，尚应满足以下的构造要求：

1）屋架中腹杆与弦杆或腹杆与腹杆边缘之间的距离 a（图4-7a）及节点板边缘与杆件轴线形成的夹角 θ（图4-7b）：

对焊接屋架，当承受静力荷载或间接承受动力荷载时，取 $a=15\sim20\text{mm}$，$\theta\geqslant15°$；

当直接承受动力荷载时，取 $a\geqslant50\text{mm}$，$\theta\geqslant30°$。

对非焊接屋架，取 $a=5\sim10\text{mm}$。

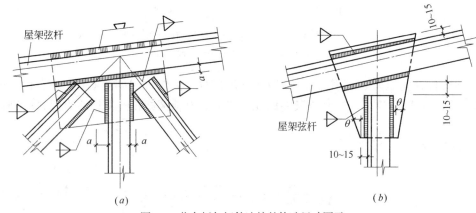

图4-7 节点板与杆件连接的构造尺寸图示

2）在焊接屋架中，节点板一般应伸出角钢边缘10～15mm（图4-7b）；有时，为了支承屋面构件或构造上的需要，节点板要从角钢背棱缩进一定的尺寸，其值可在 $(t/2+2\text{mm})\sim t$ 的范围内采用。

3）节点板的边缘与杆件轴线形成的斜度，通常不宜小于1/4（图4-7b）。对单肢腹杆的连接节点板在腹杆范围以外的最小截面面积，应大于按杆件内力计算所需要的截面面积。

（2）垂直于杆件轴向设置的连接板或梁的翼缘采用焊接方式与工字形、H形或其他截面的未设水平加劲肋的杆件翼缘相连，形成T形接合时，其母材和焊缝均应根据有效宽度进行强度计算。

1）工字形或H形截面杆件的有效宽度应按下列公式计算（图4-8a）：

$$b_e = t_w + 2s + 5kt_f \tag{4-5}$$

$$k = \frac{t_f}{t_p} \cdot \frac{f_{yc}}{f_{yp}}；当 k > 1.0 时取 1 \tag{4-6}$$

式中　b_e——T形接合的有效宽度（mm）；

f_{yc}——被连接杆件翼缘的钢材屈服强度（N/mm²）；

f_{yp}——连接板的钢材屈服强度（N/mm²）；

t_w——被连接杆件的腹板厚度（mm）；

t_f——被连接杆件的翼缘厚度（mm）；

t_p——连接板厚度（mm）；

s——对于被连接杆件，轧制工字形或 H 形截面杆件取为圆角半径 r；焊接工字形或 H 形截面杆件取为焊脚尺寸 h_f（mm）。

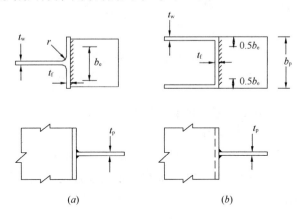

图 4-8　未加劲 T 形连接节点的有效宽度

（a）被连接截面为 T 形或 H 形；（b）被连接截面为箱形或槽形

2) 当被连接杆件截面为箱形或槽形，且其翼缘宽度与连接板件宽度相近时，有效宽度应按下式计算图 4-8(b)：

$$b_e = 2t_w + 5kt_f \tag{4-7}$$

3) 有效宽度 b_e 尚应满足下式要求：

$$b_e \geqslant \frac{f_{yp}b_p}{f_{up}} \tag{4-8}$$

式中　f_{up}——连接板的极限强度（N/mm²）；

　　　b_p——连接板宽度（mm）。

4) 当节点板不满足式（4-8）要求时，被连接杆件的翼缘应设置加劲肋。

5) 连接板与翼缘的焊缝应按能传递连接板的抗力 $b_p t_p f_{yp}$（假定为均布应力）进行设计。

5. 屋架中的角钢杆件端部切割面通常与其轴线垂直（图 4-9a），当杆件截面较大时，为减小节点板的尺寸，也可按图 4-9（b）或图 4-9（c）所示的切法把角钢的连接肢切成斜边，但不应采用图 4-9（d）的切法。

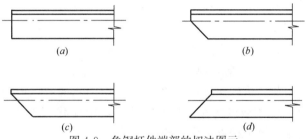

图 4-9　角钢杆件端部的切法图示

（a）切割面与轴线垂直；（b）切成斜边；（c）切成斜边；（d）不可采用的切法

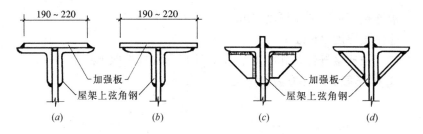

图 4-10　支承大型屋面板的屋架上弦角钢的加强做法图示

（a）用于角钢水平肢宽≥100mm 时；（b）用于角钢水平肢宽≤90mm 时；

（c）、（d）不受钢肢宽的限制

6. 直接支承钢筋混凝土大型屋面板的屋架上弦角钢，当屋面节点荷载较大而角钢肢较薄时，应对角钢的水平肢予以加强，其做法如图 4-10 所示。当采用图 4-10（a）、（b）的做法时，所增加的支承加强板厚度可按表 4-2 采用；当采用图 4-10（c）、（d）的做法时，加强板厚度一般采用 8～10mm。加强板与角钢的连接均采用角焊缝，其焊脚尺寸一般是采用 5mm 并应满焊。

支承大型屋面板的屋架上弦角钢需要增设的加强板的厚度（mm）　　表 4-2

上弦角钢肢厚 (mm)	屋面节点荷载（包括屋面板自重，kN）																	
	25	30	35	40	45	50	55	60	65	70	75	80	85	90	95	100	105	110
6	6	8	8	10														
7	6	6	8	10	10	10												
8		6	6	8	8	10	10	12										
10				6	6	6	8	8	10									
12						6	6	8	8	10	10	10	12					
14									6	6	6	6	8	8	10	10	12	12
16												6	6	6	8	8	10	10
18																6	6	6
20																		

注：1. 表中虚线以上部分为不宜采用的角钢肢厚；粗线以下部分为不需增设加强板的角钢肢厚。

　　2. 对 Q235 钢应按表中数值采用，对 Q355 钢或 Q390 钢可比表中数值减少 1～2mm，但不宜小于 5mm。

（二）节点构造与计算

1. 屋架中的角钢杆件与节点板的连接焊缝或连接螺栓，一般可按第 3 章表 3-5 所列的有关公式进行计算，同时其构造要求应符合第 3.1.6 节或第 3.2.4 节的有关规定。

2. 屋架弦杆的中间节点，弦杆与节点板的连接焊缝，当节点上有节点荷载作用时，应按作用在节点上的节点荷载与其相邻节间弦杆内力差的合力进行计算；当节点上无节点荷载作用时，则按其相邻节间弦杆内力差进行计算。

3. 支承大型钢筋混凝土屋面板或檩条的屋架上弦中间节点，即有节点集中荷载作用的屋架上弦中间节点，可按下列情况计算其连接焊缝的强度：

（1）当上弦角钢与节点板的连接采用图 4-11（a）所示的节点板全部缩进角钢背棱的形式时，无论屋架上弦杆的坡度大小，均假定节点集中荷载 F 与上弦杆相垂直。此时，上弦杆与节点板的连接焊缝可按以下要求确定。

① 角钢肢背塞焊缝通常假定只承受节点集中荷载 F，因此肢背塞焊缝可近似地按下

式计算强度：

$$\sigma_{f} = \frac{F}{2 \times 0.7 h_{ft} l_{wt}} \leqslant f_{f}^{w} \qquad (4\text{-}9)$$

式中　F——节点集中荷载（由大型屋面板或檩条传来的集中荷载）；

　　　h_{ft}——角钢肢背塞焊缝的焊脚尺寸（一般取节点板厚度的一半）；

　　　l_{wt}——角钢肢背塞焊缝的计算长度。

② 角钢肢尖角焊缝除承受两相邻节间弦杆内力差外（$\Delta N = N_1 - N_2$），尚应考虑偏心弯矩（$M = \Delta N \cdot e$）的影响。此时，肢尖角焊缝可近似地按下列公式计算强度：

$$\tau_{N} = \frac{(N_1 - N_2)}{2 \times 0.7 h_{f2} l_{w2}} \leqslant f_{f}^{w} \qquad (4\text{-}10)$$

$$\sigma_{M} = \frac{6(N_1 - N_2)e}{2 \times 0.7 h_{f2} l_{w2}^{2}} \leqslant \beta_{f} f_{f}^{w} \qquad (4\text{-}11)$$

$$\sigma_{fs} = \sqrt{\left(\frac{\sigma_{M}}{\beta_{f}}\right)^{2} + (\tau_{N})^{2}} \leqslant f_{f}^{w} \qquad (4\text{-}12)$$

式中　N_1、N_2——节点处两相邻节间的弦杆内力；

　　　h_{f2}——角钢肢尖的角焊缝的焊脚尺寸；

　　　l_{w2}——角钢肢尖的角焊缝计算长度；

　　　β_{f}——正面角焊缝的强度设计值增大系数；

　　　e——角钢肢尖至弦杆轴线的距离。

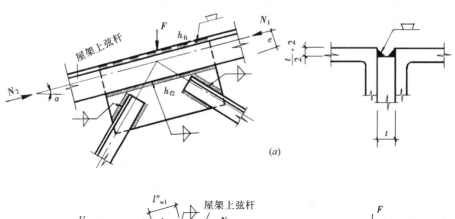

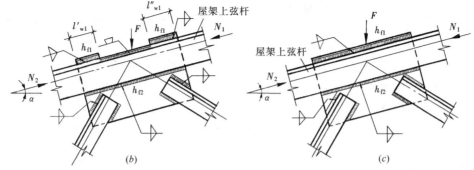

图 4-11　屋架上弦中间节点的连接构造图示

（2）当上弦角钢与节点板的连接采用图 4-11（b）所示的部分节点板伸出角钢肢背，另一部分节点板缩进角钢背棱的形式时，无论屋架上弦杆坡度的大小，上弦杆与节点板的连接焊缝，可近似地按下列公式计算强度。

角钢肢背角焊缝（只考虑节点板伸出部分的焊缝）：

$$\tau_{f1} = \frac{\sqrt{[k_1(N_1 - N_2)]^2 + \frac{1}{4}F^2}}{2 \times 0.7h_{f1}(l'_{w1} + l''_{w1})} \leqslant f_f^w \tag{4-13}$$

角钢肢尖角焊缝：

$$\tau_{f2} = \frac{\sqrt{[k_2(N_1 - N_2)]^2 + \frac{1}{4}F^2}}{2 \times 0.7h_{f2}l_{w2}} \leqslant f_f^w \tag{4-14}$$

式中　k_1、k_2——角钢肢背和肢尖的角焊缝内力分配系数，按表 3-10 采用；

h_{f1}——角钢肢背的角焊缝的焊脚尺寸；

h_{f2}——角钢肢尖的角焊缝的焊脚尺寸；

l'_{w1}、l''_{w1}——角钢肢背的角焊缝计算长度；

l_{w2}——角钢肢尖的角焊缝计算长度。

杆件与节点板的连接焊缝宜采用两面侧焊，也可以三面围焊，所有围焊的转角处必须连续施焊；弦杆与腹杆、腹杆与腹杆之间的间隙不应小于 20mm，相邻角焊缝焊趾间净距不应小于 5mm。

（3）当上弦角钢与节点板的连接采用图 4-11（c）所示的节点板全部伸出角钢肢背时，无论屋架上弦杆坡度的大小，上弦杆与节点板的连接焊缝，可近似地按下列公式计算强度。

角钢肢背角焊缝：

$$\tau_{f1} = \frac{\sqrt{[k_1(N_1 - N_2)]^2 + \frac{1}{4}F^2}}{2 \times 0.7h_{f1}l_{w1}} \leqslant f_f^w \tag{4-15}$$

角钢肢尖角焊缝：

$$\tau_{f2} = \frac{\sqrt{[k_2(N_1 - N_2)]^2 + \frac{1}{4}F^2}}{2 \times 0.7h_{f2}l_{w2}} \leqslant f_f^w \tag{4-16}$$

式中　l_{w1}——角钢肢背的角焊缝计算长度。

4. 无节点集中荷载作用的屋架下弦中间节点，当弦杆无弯折时（图 4-12），弦杆与节点板的连接焊缝，应按下列公式计算强度。

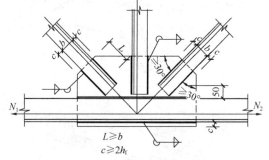

图 4-12　下弦中间节点的连接图示

角钢肢背角焊缝：

$$\tau_{f1} = \frac{k_1(N_1 - N_2)}{2 \times 0.7h_{f1}l_{w1}} \leqslant f_f^w \tag{4-17}$$

角钢肢尖角焊缝：

$$\tau_{f2} = \frac{k_2(N_1 - N_2)}{2 \times 0.7h_{f2}l_{w2}} \leqslant f_f^w \tag{4-18}$$

5. 屋架下弦设有悬挂吊车或单梁悬挂起重机或有其他集中荷载作用的节点，其连接构造示例见图 4-13。弦杆与节点板的连接焊缝，可按本节 3 的有关公式计算强度。

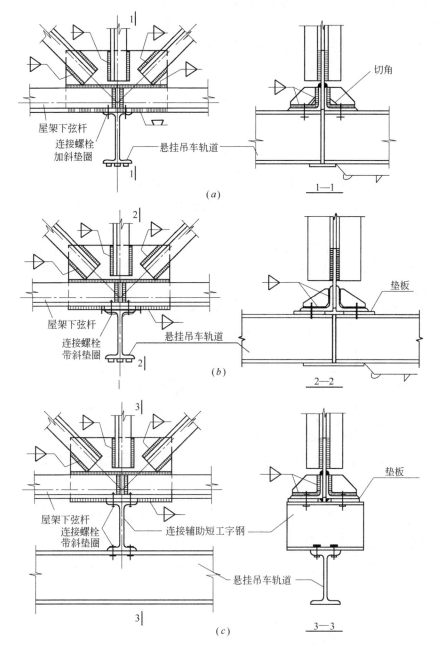

图 4-13　悬挂吊车轨道梁在屋架节点的连接构造示例

6. 屋架弦杆的现场安装拼接，一般宜设在屋架跨中节点处，采用角钢组合的弦杆拼接，一般采用与弦杆同号的角钢来连接。

对材料接长的杆件拼接，一般是在工厂进行，应按第 3.3.1 节中 2 的要求设计；也可按第 11 章表 11-42～表 11-49 采用。

由角钢组成的屋架的弦杆拼接中，节点板通常不考虑作为连接件受力，而仅考虑拼接角钢垂直肢的切去部分由节点板来补偿。

拼接角钢与弦杆角钢的连接焊缝通常按以下要求确定：对受压弦杆，按相邻节间的最大内力进行计算；对受拉弦杆，按弦杆净截面面积的等强度条件进行计算；同时，在拼接节点一侧的每条焊缝的实际长度近似地按下列公式计算。

对受压弦杆：

$$l_{wa} = \frac{N_{\max}}{4 \times 0.7h_f f_f^w} + 10\text{mm} \tag{4-19}$$

对受拉弦杆：

$$l_{wa} = \frac{A_n f}{4 \times 0.7h_f f_f^w} + 10\text{mm} \tag{4-20}$$

对于施工条件很差的高空安装焊缝，应乘以 0.9 的折减系数。

弦杆与节点板的连接焊缝，当拼接节点处无外力（集中力）作用时，应取相邻节间弦杆的内力差和相邻节间弦杆的较大内力的 15% 两者中较大者，参照式（4-17）和式（4-18）进行计算；当拼接节点处有外力（集中力）作用时，应取相邻节间弦杆的内力差和相邻节间弦杆的较大内力的 15% 两者中较大者与外力（集中力）的合力，参照式（4-13）～式（4-15）进行计算。

对于其他杆件的现场安装拼接，也可参照上述要求进行计算。

图 4-14 为屋架下弦杆在节点处的拼接示例。

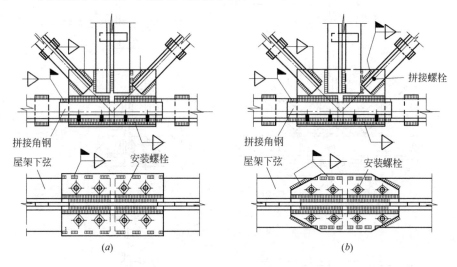

图 4-14　屋架下弦杆在节点处的拼接示例
(a) 角钢边宽<125mm 的拼接；(b) 角钢边宽≥125mm 的拼接

7. 屋架上弦杆在屋脊节点处的现场安装拼接，一般宜采用热弯成型的拼接角钢。当屋架坡度较大时，可参考图 4-15 (b) 的做法，将角钢垂直肢切口弯曲后焊成。

拼接角钢与上弦角钢的连接焊缝，可按式（4-20）进行计算。

弦杆与节点板的连接焊缝，当屋脊节点无外力（集中力）作用时，应取屋脊节间弦杆最大内力的 15% 和屋脊节间弦杆最大内力的竖向分力两者中较大者，参照式（4-17）和式（4-18）进行计算；当屋脊节点处有外力（集中力）作用时，应取屋脊节间弦杆最大内力的 15% 和屋脊节间弦杆最大内力的竖向分力两者中较大者与外力（集中力）的合力，参照式（4-13）～式（4-15）进行计算。

图 4-15 为屋架屋脊节点的拼接示例。

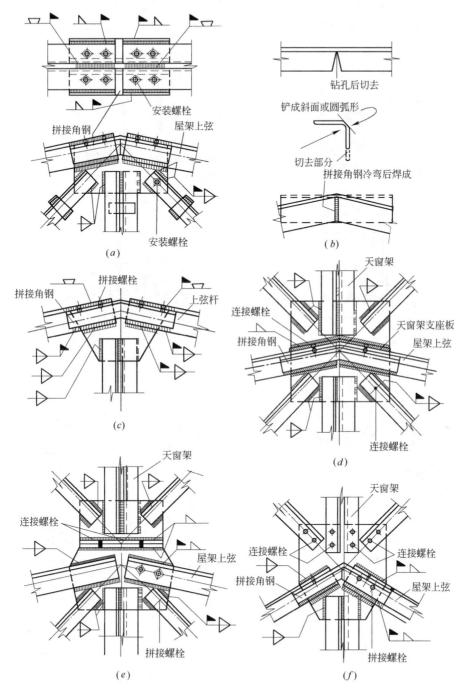

图 4-15　屋脊节点的拼接示例

8. 屋架支座安放在钢筋混凝土柱或砖柱上时，通常应设计为铰接。图 4-16 为铰接支座的梯形屋架和三角形屋架的支座节点示例。

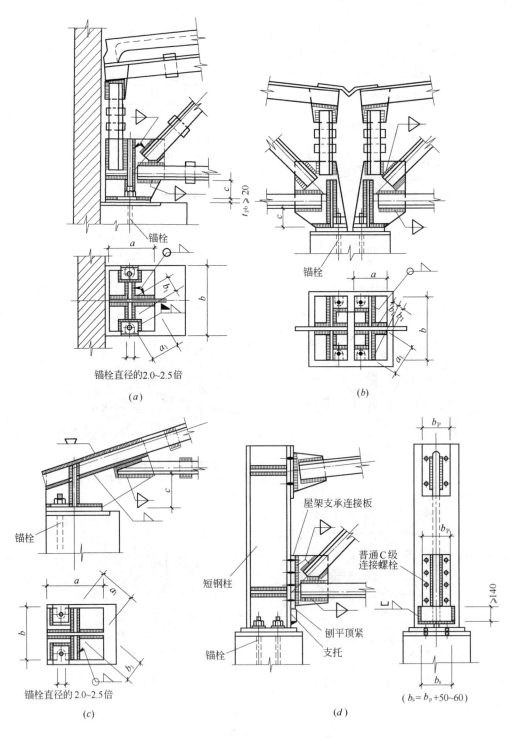

图 4-16　屋架铰接支座节点示例

(a)、(b) 梯形屋架铰接支座节点；(c) 三角形屋架铰接支座节点；
(d) 采用短钢柱的梯形屋架支座节点

铰接支座的支座节点板的平面外刚度，由对称设置在节点板两侧的加劲肋来保证，加劲肋的中心线应与屋架杆件轴线交汇于一点，加劲肋的厚度与屋架节点板厚度相同。

为便于施焊和安装时便于操作，由屋架下弦角钢水平肢底面至支座板顶面的距离 c（图 4-16a、c）不宜小于下弦角钢水平肢宽，且不宜小于 130mm。

9. 屋架铰接支座节点，当采用图 4-16（a）～（c）所示的屋架直接支承于钢筋混凝土柱或砖柱上的形式时，其构造与计算应按下列要求确定：

（1）屋架支座底板的面积和厚度，可按下列公式计算确定，同时应满足构造上的要求。

底板面积：

$$A_{pb} = a \times b \geqslant \frac{R}{f_c} \tag{4-21}$$

底板厚度：

$$t_{pb} \geqslant \sqrt{\frac{6M_{max}}{f}} \tag{4-22}$$

式中 a、b——屋架支座底板的宽度和长度；

R——屋架支座垂直反力；

f_c——支座底板下的混凝土轴心抗压强度设计值，按表 2-8 采用；

M_{max}——两相邻边或三边支承的矩形板在平行于 b_1 方向单位宽度上的最大弯矩，可按下式计算：

$$M_{max} = \alpha\sigma_c a_1^2 \tag{4-23}$$

σ_c——支座底板下的混凝土分布反力，按下式计算：

$$\sigma_c = \frac{R}{A_{pb}} \leqslant f_c \tag{4-24}$$

a_1——两相邻边支承板的对角线长度或三边支承板的自由边长度；

α——与 b_1/a_1 有关的系数，按表 4-3 采用。

系　数　α　值　　　　表 4-3

两相邻边支承板	b_1/a_1	0.30	0.35	0.40	0.45	0.50	0.55	0.60	0.65	0.70	0.75	0.80	0.85
	a	0.027	0.036	0.044	0.052	0.060	0.068	0.075	0.081	0.087	0.092	0.097	0.102
三边支承板	b_1/a_1	0.90	0.95	1.00	1.10	1.20	1.30	1.40	1.50	1.75	2.00	>2.00	
	a	0.105	0.109	0.112	0.117	0.121	0.124	0.126	0.128	0.130	0.132	0.133	

注：当 $b_1/a_1 < 0.3$ 时，按悬臂板计算。

一般情况下，屋架支座底板的面积并不是由混凝土的轴心抗压强度设计值来决定，而是由锚栓的设置构造要求来确定。通常，平行于屋架跨度方向的底板尺寸，可取 $a=240\sim360$mm；垂直于屋架跨度方向的底板尺寸，可取 $b=240\sim400$mm（图 4-16）。

屋架支座底板的厚度：当屋架跨度 $L\leqslant18$m 时，一般不宜小于 16mm；当屋架跨度 $L>18$m 时，一般不宜小于 20mm。

屋架锚栓垫板的厚度宜取与屋架支座底板厚度相同；锚栓垫板与支座底板应采用角焊缝围焊，焊脚尺寸一般在 $6\sim10$mm 范围内采用。

（2）屋架支座节点板垂直加劲肋的厚度，一般取支座节点板厚度的 0.7 倍；垂直加劲肋与支座节点板的竖向连接焊缝，按每块加劲肋承受屋架支座垂直反力 R 的 1/4 计算确定，并考虑其偏心弯矩的影响。屋架支座节点板和垂直加劲肋与底板的所有水平连接焊缝，按承受屋架支座垂直反力 R 计算确定。

每块垂直加劲肋与支座节点板相连的双面角焊缝（即从底板顶面起的垂直方向焊缝），可近似地按下式计算强度：

$$\sigma_{fs}=\sqrt{\sigma_M{}^2+\tau_V{}^2}=\sqrt{\left(\frac{6M}{2\times0.7h_f l_{wV}^2}\right)^2+\left(\frac{V}{2\times0.7h_f l_{wV}}\right)^2}\leqslant f_f^w \qquad (4\text{-}25)$$

式中　σ_M——在偏心弯矩 M 作用下垂直角焊缝的正应力；

　　　τ_V——在剪力 V 作用下垂直角焊缝的剪应力；

　　　M——偏心弯矩，按下式计算：

$$M=\frac{1}{8}Rl_{wH} \qquad (4\text{-}26)$$

　　　l_{wH}——垂直加劲肋与支座底板的水平角焊缝的计算长度；

　　　l_{wV}——垂直加劲肋与支座节点板的垂直角焊缝的计算长度；

　　　R——屋架支座垂直反力；

　　　V——剪力，按下式计算：

$$V=\frac{R}{4} \qquad (4\text{-}27)$$

（3）屋架支座节点板和垂直加劲肋与底板的水平连接焊缝，一般是采用角焊缝，焊脚尺寸可在 $6\sim10$mm 的范围内采用；焊缝强度可近似地按下式计算：

$$\sigma_f=\frac{R}{0.7h_f\sum l_{wH}}\leqslant f_f^w \qquad (4\text{-}28)$$

式中　$\sum l_{wH}$——水平角焊缝的总计算长度。

（4）屋架铰接支座的锚栓一般按构造要求设置，此时可参考表 4-4 所示的数值予以确定。

屋架铰接支座的锚栓最小直径及其锚固长度　　　　　　　　表 4-4

屋架跨度（m）	锚栓直径（mm）	锚栓在混凝土中的锚固长度（mm）
<15	18	450
15~24	20	500
24~30	22	550
>30	24	600

（锚固长度列右侧标注）另加弯钩

注：1. 表中锚栓均采用 Q235 钢；混凝土的强度等级不低于 C20。

　　2. 锚固长度为单根锚栓的锚固长度，当采用 U 形锚栓时，其锚固长度每边可减少 50mm。

支座底板上的锚栓孔径，一般取锚栓直径的 2～2.5 倍，通常开孔直径为 40～60mm（图 4-16）。在锚栓孔上应设矩形垫板，垫板上的锚栓孔径比锚栓直径大 1～2mm。

10. 屋架铰支座节点也可采用图 4-16（d）所示在屋架端部利用短钢柱过渡，与钢筋混凝土柱连接。屋架支承点处的弦杆和斜腹杆的轴线一般都交汇于短钢柱的内侧外边缘。在屋架下部端支座节点处，屋架与短钢柱的连接是采用普通 C 级螺栓加支托的连接方式；屋架上部端支座节点通常是采用普通 C 级螺栓与短钢柱连接；其节点构造和连接可按以下要求确定：

（1）在屋架端支座下部支承节点处，与短钢柱相连的屋架支承连接板（垂直端板）的厚度可按下式计算：

$$t_{\rm p} \geqslant \frac{R}{b_{\rm p} f_{\rm oc}} \qquad \text{且不宜小于 20mm} \tag{4-29}$$

式中　R——屋架支座垂直反力；

　　　$b_{\rm p}$——屋架支承连接板的宽度，可按配置连接螺栓的构造要求确定，通常取 $b_{\rm p} = 200\text{mm}$；

　　　$f_{\rm oc}$——钢材的端面承压强度设计值，按表 2-2 采用。

（2）屋架下部支承节点处的支承连接板与支座节点板的连接角焊缝，可按下式计算强度：

$$\tau_{\rm f} = \frac{R}{2 \times 0.7 h_{\rm f} l_{\rm w}} \leqslant f_{\rm f}^{\rm w} \tag{4-30}$$

（3）屋架端部支承节点处承受屋架支座垂直反力的支托，通常采用厚度为 30～40mm 的钢板做成，其宽度取屋架支承连接板宽度加 50～60mm，高度不应小于 140mm；当屋架支座垂直反力较小时，可采用不小于∟140×14 或∟140×90×14 的角钢并切去部分水平肢作成（∟140×50×14），其宽度取屋架支承连接板宽度加 50～60mm，高度（即取角钢垂直肢）为 140mm。

支托与短钢柱的连接通常采用三面围焊的角焊缝（图 4-16d），焊脚尺寸一般不应小于 8mm。焊缝强度可近似地按下式计算：

$$\tau_{\rm f} = \frac{1.3R}{0.7 h_{\rm f} \sum l_{\rm w}} \leqslant f_{\rm f}^{\rm w} \tag{4-31}$$

（4）屋架端部支承连接板与短钢柱连接所采用的普通 C 级螺栓，通常成对配置且不宜小于 6 个 M20。

（5）如图 4-16（d）所示，屋架上部节点处的支承连接板厚度，一般取与支座节点板的厚度相同且不宜小于 12mm，其宽度和高度按配置连接螺栓的构造要求来确定，连接角焊缝的焊脚尺寸不宜小于 6mm 且应满焊。

支承连接板与短钢柱的连接，一般采用 4 个 M20 普通 C 级螺栓。

（6）短钢柱与钢筋混凝土柱的连接和构造要求，可参照本条中屋架铰接支座节点设计的有关规定来确定。

11. 在全钢结构房屋中，屋架与钢柱的连接一般应设计成刚性连接。此时，屋架与支承节点处的弦杆和斜腹杆的轴线一般都汇交于柱的外边缘上。

图 4-17（a）是支座斜腹杆为上升式的梯形屋架，采用普通 C 级螺栓加支托的刚性连接示例；

图 4-17（b）是屋架支承节点采用安装焊缝加支托的刚性连接示例。

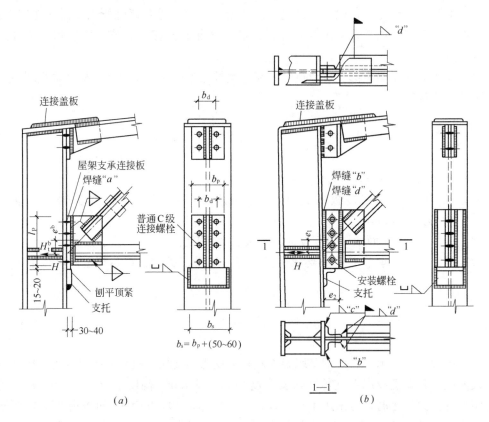

图 4-17　支座斜腹杆为上升式的梯形屋架与柱的刚性连接示例

图 4-18（a）是支座斜腹杆为下降式的梯形屋架，采用普通 C 级螺栓加支托的刚性连接示例；

图 4-18（b）是屋架上部支承节点利用上柱柱顶设置切口台阶的刚性连接示例；这种支承形式适用于柱的上柱截面高度较大的场合。

屋架的支承节点连接，应按屋架的支座垂直反力 R 和根据刚接排架内力分析的最不利组合所得到的屋架端弯矩 M 以及柱顶水平剪力 V 来计算；计算时，应将端弯矩 M 化成水平力偶，即 $H = M/h_0$，h_0 为屋架端部高度（图 4-19）。

12. 支座斜腹杆为上升式的梯形屋架与柱刚接，当采用图 4-17（a）所示的下部支承节点为普通 C 级螺栓加支托的连接形式时，屋架支座垂直反力 R 由支承连接板传给焊于钢柱上的支托，屋架的端弯矩 M 和在柱顶处的水平剪力 V 由连接螺栓传给柱子，而螺栓本身只承受拉力。此时，支承节点的连接应按下列要求确定。

（1）在屋架下部支承节点处，与柱相连的支承连接板（垂直端板）的厚度，应同时符合下列公式的要求：

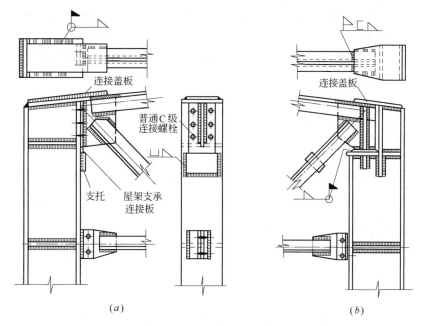

图 4-18 支座斜腹杆为下降式的梯形屋架与柱的刚性连接示例

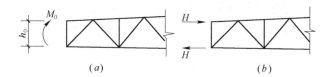

图 4-19 屋架端弯矩化成等量水平力偶图示

$$t_p \geqslant \frac{1}{2}\sqrt{\frac{3H_t^b b_d}{l_p f}} \qquad \text{且不宜小于 } 20\text{mm} \qquad (4\text{-}32)$$

$$t_p \geqslant \frac{R}{b_p f_{ce}} \qquad (4\text{-}33)$$

式中 H_t^b ——由屋架端弯矩和柱顶水平剪力使连接螺栓所受的最大拉力;

b_d ——两竖列螺栓的间距;

l_p ——屋架支承连接板与支座节点板的连接长度;

b_p ——屋架支承连接板的宽度,可按配置连接螺栓的构造要求确定,通常取 $b_p = 200\text{mm}$;

f ——钢材的抗拉强度设计值;

f_{ce} ——钢材的端面承压强度设计值。

(2) 屋架垂直端板与支座节点板的连接角焊缝"a"(图 4-17a),应按下式计算强度:

$$\sigma_{fs} = \sqrt{\left(\frac{R}{2 \times 0.7h_f l_w}\right)^2 + \left(\frac{H}{2 \times 0.7h_f l_w \beta_f} + \frac{6He_w}{2 \times 0.7h_f l_w^2 \beta_f}\right)^2} \leqslant f_f^w \qquad (4\text{-}34)$$

式中 R ——屋架支座垂直反力;

H——根据刚接排架内力分析最不利组合所得到的屋架端弯矩在下部支承节点处所产生的最大水平拉力或压力与相应的柱顶水平剪力之和（取绝对值最大的水平力）；

e_w——水平力 H 作用线（屋架下弦杆轴线）至焊缝"a"中心线的垂直距离。

（3）在屋架下部支承节点处，与柱相连所用的普通 C 级螺栓，一般采用成对配置且不宜小于 6 个 M20。此时，边行受力最大的一个螺栓所受的拉力，可按以下情况计算。

①螺栓群中心与下弦杆轴线重合时：

$$N_{max} = \frac{H_t^b}{n} \leqslant N_t^b \tag{4-35}$$

②螺栓群中心与下弦杆轴线不重合时（图 4-16a 和图 4-20）：

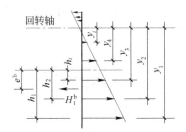

当 $M_0 \left(= \dfrac{H_t^b \sum h_i^2}{nh_1} \right) \geqslant M(= H_t^b e^b)$ 时

$$N_{max} = \frac{H_t^b}{n} + \frac{H_t^b e^b h_1}{\sum h_i^2} \leqslant N_t^b \tag{4-36}$$

当 $M_0 < M$ 时

$$N_{max} = \frac{1.5 H_t^b}{n} + \frac{H_t^b e^b y_1}{\sum y_i^2} \leqslant N_t^b \tag{4-37}$$

图 4-20　连接螺栓计算图示

式中　H_t^b——由屋架端弯矩和柱顶处的水平剪力使连接螺栓所受的最大拉力；

e^b——水平拉力 H_t^b 作用线（屋架下弦杆轴线）至螺栓群中心轴的垂直距离；

n——两竖列螺栓的总数目；

h_i——每个螺栓至螺栓群中心轴的垂直距离；

$\sum h_i^2$——连接中所有螺栓至螺栓群中心轴的垂直距离的平方和；

h_1——边行受力最大的一个螺栓至螺栓群中心轴的垂直距离；

y_i——每个螺栓至旋转轴的垂直距离；

$\sum y_i^2$——连接中所有螺栓至旋转轴的垂直距离的平方和；

y_1——边行受力最大的一个螺栓至旋转轴的垂直距离；

N_t^b——一个螺栓抗拉承载力设计值。

13. 支座斜腹杆为上升式的梯形屋架与柱刚接，当采用图 4-17（b）所示下部支承节点为安装焊缝连接时，屋架支座垂直反力 R、屋架端弯矩 M 和柱顶水平剪力 V 应由连接焊缝承受。此时安装连接焊缝的强度设计值应乘以折减系数 0.9；其支承节点连接应按以下要求确定。

在屋架下部支承节点处，支承连接板与柱的连接角焊缝"b"和"c"，可参照公式（4-38）计算强度，但角焊缝的抗剪强度设计值应乘以折减系数 0.9。

屋架支承连接板与支座节点板的连接角焊缝"d"，应按下列公式计算强度：

当水平力 H 为拉力时：

$$\sigma_{fs} = \sqrt{\left(\frac{R}{2 \times 0.7 h_f l_w} \right)^2 + \left[\frac{H}{2 \times 0.7 h_f l_w \beta_f} + \frac{6(He_1 + Re_2)}{2 \times 0.7 h_f l_w^2 \beta_f} \right]^2} \leqslant 0.9 f_f^w \tag{4-38}$$

当水平力 H 为压力时（取绝对值最大者）：

$$\sigma_{fs} = \sqrt{\left(\frac{R}{2 \times 0.7 h_f l_w}\right)^2 + \left[\frac{H}{2 \times 0.7 h_f l_w \beta_f} + \frac{6(He_2 - Re_1)}{2 \times 0.7 h_f l_w^2 \beta_f}\right]^2} \leqslant 0.9 f_f^w \quad (4-39)$$

式中 e_1——水平力 H 作用线（屋架下弦杆轴线）至焊缝"d"中心线的垂直距离；

e_2——支座垂直反力 R 作用线至焊缝"d"的水平距离。

14. 柱顶与屋架上弦顶端（图 4-17、图 4-18）的连接盖板和焊缝应按以下要求确定：

连接盖板的截面尺寸及其与柱顶板和屋架上弦杆的连接角焊缝，通常可近似地（不考虑偏心影响）按承受屋架端弯矩在上部节点处产生的绝对值最大的水平拉力或压力进行计算确定。连接盖板的厚度一般可取 8～14mm；连接角焊缝的焊脚尺寸可在 6～10mm 范围内采用。当屋架上部支承节点作用有较大荷载且施工程序容许时，盖板与柱顶板的连接焊缝，可在屋面板铺设完毕后再进行施焊，以改善上部支承节点的受力。

连接盖板的截面面积可近似地按下式计算确定，同时应符合构造上的要求。

$$A_s \geqslant \frac{H}{f} \quad (4-40)$$

式中 H——根据刚接排架内力分析最不利组合所得的屋架端弯矩在上部节点处产生的绝对值最大的水平拉力或压力；

f——钢材的抗拉和抗压强度设计值。

连接盖板与柱顶板或屋架上弦杆的连接角焊缝可近似地按下式计算强度：

$$\tau_f = \frac{H}{0.7 h_f \sum l_w} \leqslant 0.9 f_f^w \quad (4-41)$$

式中 $\sum l_w$——连接一端总的焊缝计算长度。

15. 支座斜腹杆为下降式梯形屋架与柱刚接，当采用图 4-18（a）所示屋架上部支承节点为普通 C 级螺栓加支托的连接形式时，屋架上部支承连接板（垂直端板）的厚度通常取为 20mm，宽度为 200mm，并采用成对配置的 6 个 M20 普通 C 级螺栓与柱连接。承受屋架端支座垂直反力的支托及其连接，应按本节第 11 条第（3）项的要求确定。

连接盖板的截面面积及其与柱顶板和屋架上弦杆的连接角焊缝，可近似地按式（4-40）和式（4-41）计算，同时应符合构造上的要求。

图 4-17、图 4-18 所示屋架下部支承节点的连接，应按承受屋架下弦端节间的最大轴心拉力或压力来确定。

16. 支座斜腹杆为下降式的梯形屋架与柱刚接，当采用图 4-18（b）所示屋架上部支承节点在上柱柱顶处设置（切口作成）台阶作支承连接时，可按以下要求确定。

（1）屋架支座底板的尺寸和厚度、支座节点板、加劲肋及其相互间的连接焊缝等，可参照本节第 9 条的有关要求来确定。

（2）连接盖板的截面面积及其与柱顶板和屋架上弦杆的连接角焊缝，可近似地按式（4-40）和式（4-41）计算，同时应符合构造上的要求。

4.1.2 圆钢管桁架节点设计

（一）设计的基本要求

1. 在节点处直接焊接的圆钢管桁架，适用于承受静力荷载或不直接承受动力荷载。桁架腹杆（支管）与弦杆（主管）或腹杆（支管）与腹杆（支管）的连接，应具有良好的质量和足够的强度。

为了避免偏心，圆钢管桁架的杆件重心线应尽可能地在节点处交汇于一点，即 $e=0$（图 4-21a）。

2. 圆钢管的外径与壁厚之比不应超过 100 $(235/f_y)$；方管或矩形钢管的最大外缘尺寸与壁厚之比 $\leqslant 40\sqrt{235/f_y}$。

3. 热加工管材和冷加工成型的管材不应采用屈服强度 f_y 超过 345N/mm^2 以及屈强比 $f_y/f_u > 0.8$ 的钢材，且钢管壁厚不宜大于 25mm。

4. 分析桁架杆件内力时，将节点视为铰接连接，且桁架平面内杆件的节间长度或杆件长度与截面高度（外径）之比不小于 12（弦杆）和 24（腹杆）。

5. 若支管与弦杆连接节点偏心不超过式（4-42）的限制，在计算节点和受拉主管承载力时，可忽略因偏心引起的弯矩影响；但受压主管必须考虑此偏心弯矩 $M = \Delta N \cdot e(\Delta N = N_1 - N_2)$ 的影响（图 4-21d）：

$$-0.55 \leqslant e/h（或 e/d）\leqslant 0.25 \tag{4-42}$$

式中　　e——偏心距；

　　　　d——圆主管外径；

　　　　h——连接平面内的矩形主管截面高度。

图 4-21 为圆钢管有间隙的 K 形和 N 形节点。图 4-22 为 K 形和 N 形搭接节点（图中，a 为间隙，e 为偏心）。

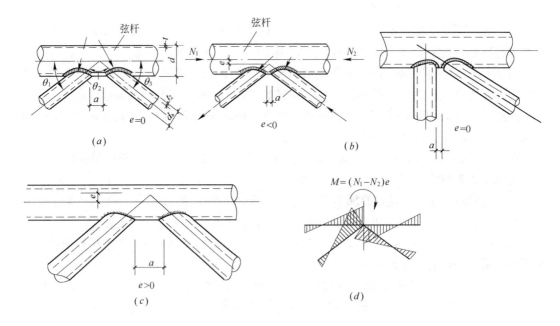

图 4-21　有间隙的 K 形和 N 形节点

6. 在圆钢管屋架中，弦杆外径应大于腹杆的外径，弦杆的管壁厚度不应小于腹杆的管壁厚度。在节点处弦杆应该是连续的，腹杆管端的形状及焊缝的坡口形式，根据腹杆与弦杆相交的位置、腹杆管壁厚度以及焊接条件的变化等的不同而各不相同。因此，腹杆管

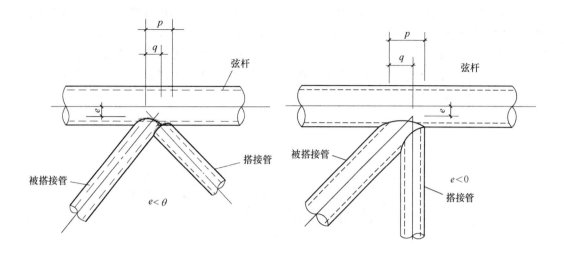

图 4-22 搭接的 K 形和 N 形节点图示

端应采用自动仿形切割加工成马鞍形，以便直接焊于弦杆外壁上；同时，不得将腹杆穿入弦杆管壁和弦杆管内。

在钢管屋架中，腹杆与弦杆或腹杆与腹杆两钢管管轴的交角 θ_i（图 4-21a）不宜小于 30°，也不宜大于 150°；当 $\theta_i < 30$°或 $\theta_i > 150$°时，其连接焊缝不能作为受力焊缝。

7. 圆钢管桁架的腹杆与弦杆或腹杆与腹杆的连接焊缝，应沿全周连续施焊并平滑过渡。通常由于腹杆管壁较薄（小于 6mm），连接焊缝一般宜采用全周角焊缝；当腹杆管壁较厚时，沿焊缝长度方向可部分采用角焊缝、部分采用对接焊缝。由于坡口角度和焊根间隙的变化，对接焊缝的焊根无法清渣及补焊，并为计算方便考虑，通常均将桁架腹杆与弦杆或腹杆与腹杆的连接焊缝视为全周角焊缝；其强度计算应按本节（二）中 3 的要求进行。

8. 为保证圆钢管桁架的弦杆在节点处有足够的强度，避免弦杆管壁产生过大的局部变形和防止焊缝产生裂缝，与弦杆相连的腹杆的轴心力应小于按表 3-12 所列式（3-42）～式（3-49）计算得到的腹杆在节点处的承载力设计值。

无加劲直接焊接方式不能满足承载力要求时，可按下列规定在主管内设置横向加劲板：

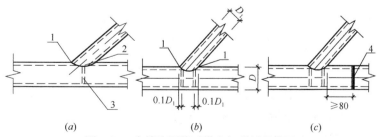

图 4-23 支管为圆管时横向加劲板的位置

（a）主管内设 1 道加劲板；（b）主管内设 2 道加劲板；（c）主管拼接焊缝位置

1—冠点；2—鞍点；3—加劲板；4—主管拼缝

（1）支管以承受轴力为主时，可在主管内设 1 道或 2 道加劲板（图 4-23a、b）；节点需满足抗弯连接要求时，应设 2 道加劲板；加劲板中面宜垂直于主管轴线；当主管为圆管，设置 1 道加劲板时，加劲板宜设置在支管与主管相贯面的鞍点处，设置 2 道加劲板时，加劲板宜设置在距相贯面冠点 $0.1D_1$ 附近（图 4-23b），D_1 为支管外径；主管为方管时，加劲肋宜设置 2 块（图 4-24a）。

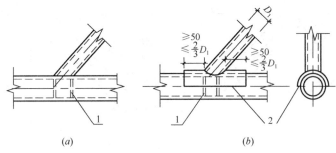

图 4-24　支管为方管或圆管时加劲板的位置
1—加劲板；2—圆管表面的加强板

（2）加劲板厚度不得小于支管壁厚，也不宜小于主管壁厚的 2/3 和主管内径的 1/40；加劲板中央开孔时，环板宽度与板厚的比值不宜大于 $15\varepsilon_k$。

（3）加劲板宜采用部分熔透焊缝焊接，主管为方管的加劲板靠支管一边与两侧边宜采用部分熔透焊接，与支管连接反向一边可不焊接。

（4）当主管直径较小，加劲板的焊接必须断开主管钢管时，主管的拼接焊缝宜设置在距支管相贯焊缝最外侧冠点 80mm 以外处（图 4-23c）。

（5）钢管直接焊接节点采用主管表面贴加强板的方法加强时，应符合下列规定：

1）主管为圆管时，加强板宜包覆主管半圆（图 4-24b），长度方向两侧均应超过支管最外侧焊缝 50mm 以上，但不宜超过支管直径的 2/3，加强板厚度不宜小于 4mm。

2）主管为方（矩）形管且在与支管相连表面设置加强板（图 4-25a）时，加强板长度 l_p 可按下列公式确定，加强板宽度 b_p 宜接近主管宽度，并预留适当的焊缝位置，加强板厚度不宜小于支管最大厚度的 2 倍。

T、Y 和 X 形节点

$$l_p \geqslant \frac{h_1}{\sin\theta_1} + \sqrt{b_p(b_p - b_1)} \tag{4-43}$$

K 形间隙节点

$$l_p \geqslant 1.5\left(\frac{h_1}{\sin\theta_1} + a + \frac{h_2}{\sin\theta_2}\right) \tag{4-44}$$

式中　l_p、b_p ——加强板的长度和宽度（mm）；

　　h_1、h_2 ——支管 1、2 的截面高度（mm）；

　　b_1 ——支管 1 的截面宽度（mm）；

　　θ_1、θ_2 ——支管 1、2 轴线和主管轴线的夹角；

　　a ——两支管在主管表面的距离（mm）。

3）主管为方（矩）形管且在主管两侧表面设置加强板（图 4-25b）时，K 形间隙节点：加强板长度 l_p 可按式（4-44）确定，T 和 Y 形节点的加强板长度 l_p 可按下式确定：

$$l_p \geqslant \frac{1.5h_1}{\sin\theta_1} \tag{4-45}$$

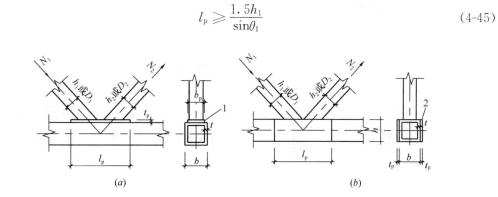

图 4-25　主管外表面贴加强板的加劲方式

（a）方（矩）形主管与支管连接表面的加强板；（b）方（矩）形主管侧表面的加强板

1—四周围焊；2—加强板

4）加强板与主管应采用四周围焊。对 K、N 形节点焊缝有效高度不应小于腹杆壁厚。焊接前宜在加强板上先钻一个排气小孔，焊后应用塞焊将孔封闭。

（二）节点构造与计算

1. 采用圆钢管杆件的三角形屋架，无论其腹杆布置为芬克式，还是人字式或豪式，其连接节点构造与计算是相通的。

图 4-26 是圆钢管桁架铰接支座节点的示例。

图 4-27 是圆钢管桁架腹杆与弦杆的连接节点示例。

图 4-28 是圆钢管桁架屋脊节点的示例。

图 4-29 是圆钢管桁架杆件的现场安装拼接连接示例。

2. 铰接支承的圆钢管桁架支座节点，通常多采用图 4-26（a）、（b）所示的形式。这种形式的支座底板面积和厚度、支座节点板垂直加劲肋与节点板的连接焊缝、节点板和垂直加劲肋与支座底板的水平连接焊缝、支座锚栓的设置要求等，均可按第 4.1.1 节（二）9 的要求确定。而下弦杆与上弦杆的相互连接，或弦杆与节点板的连接，可参照式（4-46）计算确定。

对图 4-26（c）所示铰接支承的圆钢管桁架支座节点，其支座处的板件厚度（支座底板除外），均应根据屋架端节间的内力按表 4-1 的规定的支座节点板厚度采用。而支座底板的面积和厚度、支座处板件的相互连接焊缝、支座锚栓的设置要求等，也均按第 4.1.1 节（二）8 的要求确定。

3. 圆钢管桁架腹杆与弦杆的连接，当采用图 4-23 所示的形式时，应按以下情况确定。

（1）当采用图 4-27（a）～（c）所示的屋架腹杆直接与弦杆相连的形式时，应按以下要求确定：

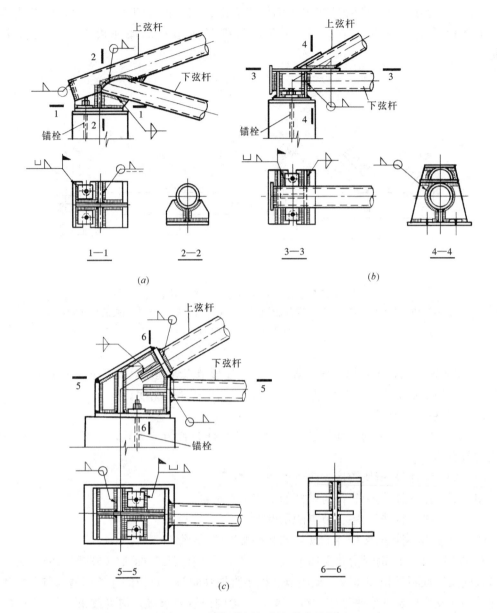

图 4-26　圆钢管屋架支座节点示例

① 与弦杆相连的腹杆的轴心力应小于按表 3-8 有关公式计算所得腹杆在节点处的承载力设计值。

② 腹杆与弦杆的连接焊缝，可视为沿全周角焊缝，其强度按下式计算：

$$\sigma_{\mathrm{f}} = \frac{N_{\mathrm{s}}}{h_{\mathrm{e}} l_{\mathrm{w0}}} \leqslant f_{\mathrm{f}}^{\mathrm{w}} \qquad (4\text{-}46)$$

式中　N_{s}——腹杆的轴心拉力或压力；

h_{e}——焊缝的有效厚度，取 $h_{\mathrm{e}} = 0.7 h_{\mathrm{f}}$；

h_{f}——焊缝的焊脚尺寸，取 $h_{\mathrm{f}} \leqslant 2 t_{\mathrm{s}}$；

t_s——腹杆管壁厚度（当腹杆与腹杆相连时，为较薄腹杆管壁厚度）；

l_{w0}——沿全周的焊缝计算长度（两钢管相贯线的长度），可按表 3-11（$l_{w0} = K_s \cdot d_i$）确定。

（2）图 4-27（d）、（e）所示的桁架腹杆和弦杆与短钢管连接件（环形连接件）相连的形式，通常是在该节点有较多的杆件汇集时采用，设计时应按以下要求确定：

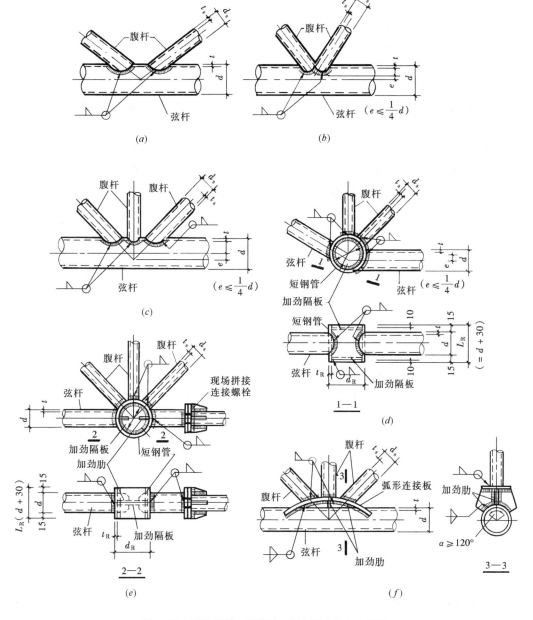

图 4-27 圆钢管桁架腹杆与弦杆的连接节点示例

① 短钢管的外径应根据交汇于该节点的杆件尺寸和构造要求来确定；通常连接于短钢管面上的两相邻杆件间的净距不宜小于 20mm；当短钢管的管径比较大时，应在短钢管

内设置加劲隔板，此时在构造上应同时满足下列公式的要求：

$$t_R \geqslant 2t \tag{4-47}$$

$$t_{PP} = t_R \tag{4-48}$$

$$\frac{d_{PP}}{t_{PP}} \leqslant 48\sqrt{\frac{235}{f_y}} \tag{4-49}$$

式中　t_R——短钢管的管壁厚度；

　　　t——连接于短钢管的较大弦杆管壁厚度；

　　　t_{PP}——加劲隔板的厚度；

　　　d_{PP}——加劲隔板的直径。

短钢管的长度应根据构造要求来确定，一般取连接于短钢管的较大弦杆管径加30mm。

②加劲隔板的强度计算，通常近似地按同时承受水平弦杆和垂直腹杆截面面积的等强度承载力考虑，并假定计算截面上的σ和τ是均匀分布的，由此得到：

$$N_H = A_H f \tag{4-50}$$

$$N_{sV} = A_{sV} f \tag{4-51}$$

$$\sigma = \frac{N_H}{A_{PP}} = \frac{A_H f}{d_{PP} t_{PP}} \leqslant f \tag{4-52}$$

$$\tau = \frac{N_{sV}}{A_{PP}} = \frac{A_{sV} f}{d_{PP} t_{PP}} \leqslant f \tag{4-53}$$

$$\sigma_{cmax} = \sqrt{\sigma^2 + 3\tau^2} \leqslant 1.1f \tag{4-54}$$

式中　A_H——水平圆钢管弦杆的截面面积；

　　　A_{sV}——垂直圆钢管腹杆的截面面积。

③腹杆和弦杆与短钢管的连接焊缝均视为沿全周角焊缝，其强度可按下式计算：

$$\sigma_f = \frac{N_i}{h_e l_{w0i}} \leqslant f_f^w \tag{4-55}$$

式中　N_i——腹杆或弦杆的轴拉力或压力；

　　　h_e——焊缝的有效厚度，取$h_e = 0.7h_f$；

　　　h_f——焊缝的焊脚尺寸，取$h_f \leqslant 2t_i$；

　　　t_i——腹杆或弦杆的管壁厚度；

　　　l_{w0i}——沿全周的焊缝计算长度，分别取腹杆或弦杆与短钢管的相贯线长度，可按表3-11确定。

④ 加劲隔板与短钢管的连接焊缝，通常采用沿全周角焊缝。

对于设置双加劲隔板的情况（图4-27d），通常采用沿全周单面角焊缝，其焊脚尺寸取$h_f = t_{PP}$，且不宜小于8mm。

对于设置单加劲隔板的情况（图4-27e），通常是采用沿全周双面角焊缝，其焊脚尺寸取$h_f = 0.7t_{PP}$，且不宜小于5mm。另外，当如图4-27（e）所示增设加劲肋时，加劲肋的厚度一般取为 6～8mm；加劲肋与短钢管和加劲隔板的连接焊缝，通常采用双面角焊缝，其焊脚尺寸为 4～6mm。

（3）当采用图 4-27（f）所示的桁架腹杆通过弧形连接板和加劲肋与弦杆相连的形式时，可按以下要求确定各部分的构造和连接。

① 弧形连接板的尺寸应根据汇交于该节点的杆件尺寸和构造要求来确定；弧形连接板的厚度，通常取大于或等于弦杆管壁厚度，且不宜小于 8mm；沿弦杆长度方向的弧形加劲肋厚度取与弧形连接板厚度相同；垂直于弦杆长度方向加劲肋的厚度一般为 6～8mm。

② 沿弦杆长度方向的弧形加劲肋与弦杆和弧形连接板的双面连接角焊缝，除了承受两相邻节间的弦杆内力差 $\Delta N(=N_1-N_2)$ 外，还应考虑偏心弯矩（$=\Delta N \cdot e$）的影响。此时，可近似地按下列公式计算强度：

$$\tau_N = \frac{(N_1-N_2)}{2 \times 0.7h_f l_w} \leqslant f_f^w \tag{4-56}$$

$$\sigma_M = \frac{6 \times (N_1-N_2)e}{2 \times 0.7h_f l_w^2} \leqslant f_f^w \tag{4-57}$$

$$\sigma_{fs} = \sqrt{\sigma_M^2 + \tau_N^2} \leqslant f_f^w \tag{4-58}$$

式中　N_1、N_2——节点处两相邻节间的弦杆内力；

　　　h_f、l_w——角焊缝的焊脚尺寸和计算长度；

　　　e——焊缝（近似取焊缝内边）至弦杆轴线的距离。

③ 腹杆与弧形连接板的连接焊缝，可视为沿全周角焊缝，其强度可近似地按式（4-55）计算。

④ 垂直于弦杆长度方向的加劲肋与弦杆、弧形加劲肋和弧形连接板的连接，宜采用双面角焊缝，其焊脚尺寸为 4～6mm。

（4）钢管构件在承受较大横向荷载的部位应采取适当加强措施，防止产生过大的局部变形。构件的主要受力部位应避免开孔；如必须开孔时，应采取适当的补强措施。

4. 圆钢管桁架屋脊节点的构造与连接，可按以下要求确定。

（1）当采用图 4-28（a）、（b）所示的连接形式时，腹杆与上弦杆、上弦杆与端板的连接焊缝强度可参照式（4-55）计算；但式中的焊缝计算长度 l_{w0i}：对腹杆与上弦杆的连接，取两管相贯线的长度；对上弦杆与端顶板的连接，取上弦杆钢管端部斜平切椭圆环的周长。

端板的厚度取上弦杆管壁厚度加 2～4mm，且不宜小于 8mm；端板的长度和宽度应根据构造要求确定。

安装螺栓一般采用 2 个 M20 普通 C 级螺栓；安装焊缝的焊脚尺寸一般不应小于 6mm。

（2）当采用图 4-28（c）所示的连接形式时，弧形连接板的尺寸应根据汇集于屋脊节点的上弦杆和腹杆的尺寸以及构造要求来确定；弧形连接板的厚度通常取上弦杆管壁厚度加2～4mm，且不宜小于 8mm。

端板的厚度取弧形连接板的厚度加 2～4mm，且不宜小于 10mm；端板的长度和宽度应根据构造要求确定。其他加劲肋的厚度可取上弦杆管壁厚度的 0.7 倍，且不宜小于 6mm。

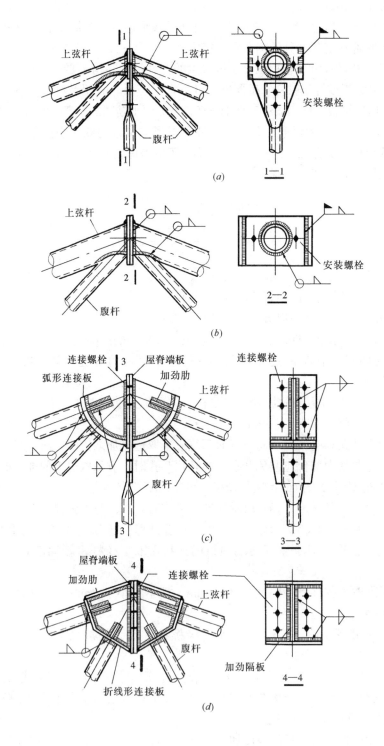

图 4-28　圆钢管屋架屋脊节点示例

腹杆和上弦杆与弧形连接板的连接焊缝，可视为沿全周角焊缝，其强度可近似地按式（4-55）计算。

板件相互连接焊缝，通常采用角焊缝，其焊脚尺寸一般为 5～8mm。

连接螺栓一般采用成对配置的 6 个 M20 高强度螺栓。

（3）当采用图 4-28（d）所示的连接形式时，其节点构造与连接，原则上可参照图 4-28（c）的做法确定。

5. 圆钢管桁架杆件的现场安装拼接连接，当采用图 4-28（a）、（b）所示的连接形式时，无论是采用焊缝连接还是螺栓连接，均应按与被连接杆件的等强度条件来确定。

当采用图 4-29 所示的法兰盘拼接连接时，在任何情况下，法兰盘的厚度不宜小于12mm，通常可在 12～20mm 的范围内采用；杆件与法兰盘的连接，当不设加劲肋时，应采用完全焊透的坡口对接焊缝；当设有加劲肋时，可采用沿全周角焊缝，而不足部分由加劲肋与法兰盘和杆件的角焊缝来补偿。连接螺栓可采用普通 C 级螺栓或高强度螺栓，螺栓数目不应小于 4 个，直径不宜小于 16mm，而且一个拼接连接节点应采用同一性能等级的螺栓。

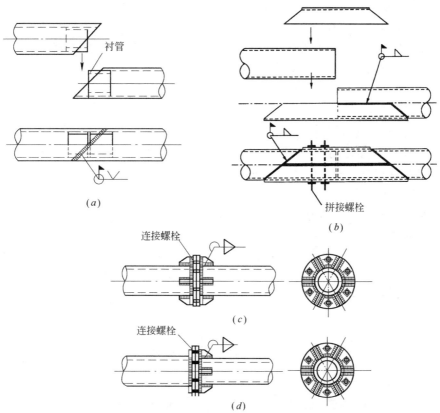

图 4-29　圆钢管屋架杆件的现场安装拼接连接示例

（a）同一管径采用加衬管的对接斜焊缝的拼接连接；

（b）同一管径采用上下分开盖板式的角焊缝拼接连接；

（c）同一管径采用普通 C 级螺栓或高强度螺栓的法兰盘拼接连接；

（d）不同管径采用普通 C 级螺栓或高强度螺栓的法兰盘拼接连接

4.2　三角形钢屋架的节点设计

4.2.1　设计的基本要求

1. 三角形屋架由于屋面材料轻，跨度小（≤18m）从而杆件截面小，其主要杆件截面由圆钢、小角钢组成，其形式为三角形，包括芬克式、人字式、豪式、三铰拱式等，属于轻钢结构范畴，一般适用于房屋建筑。轻型钢屋架是相对于普通钢屋架而言的，因此三角形钢屋架的连接节点设计，除应按本节的要求确定外，尚应参照普通钢屋架连接节点设计的有关要求进行。

2. 三角形钢屋架杆件重心线应尽可能地在节点处交汇于一点。当采用无节点板连接的圆钢腹杆与圆钢弦杆或角钢弦杆的直接连接的节点，有时很难避免偏心；一般情况下，偏心距（图 4-31a 中的 e_1 或 e_2）不应超过 20mm，并应计算偏心对构件的影响。

实际设计中通常采取以下措施，以减小节点偏心对杆件及其连接承载力的不利影响。

（1）上下弦杆宜尽可能采用角钢，以有利于节点构造和减小节点偏心。

（2）连续弯折的圆钢腹杆的断开位置，应设置在上弦节点处。

（3）节点的连接宜采用围焊，以增加焊缝长度，缩短杆件搭接长度，减小节点偏心。

（4）按计算结果（包括偏心影响）选择杆件截面，尚需留有一定的富余量：

对上弦杆为　5%～10%；

对下弦杆为　5%～15%；

对腹杆为　　10%～20%。

3. 圆钢与圆钢、圆钢与钢板（或型钢的平板部分）连接焊缝的有效厚度和计算长度，应符合第 3.1.3 节 2 的要求。

4. 屋架杆件在节点处采用节点板连接时，节点板厚度通常为 6～8mm，节点板的大小应根据连接焊缝长度来确定。

5. 钢屋架与柱的连接均为铰接，屋架支座底板的尺寸一般情况下可根据构造要求确定，其厚度可按以下要求确定。

（1）当屋架跨度小于或等于 12m 时，支座底板厚度不宜小于 10mm，通常取 10mm 或 12mm。

（2）当屋架跨度大于 12m 而小于或等于 18m 时，支座底板厚度不宜小于 12mm，通常在 12～16mm 的范围内采用。

4.2.2　节点构造与计算

1. 三铰拱屋架的节点构造与计算，可按以下情况确定。

（1）斜梁为空间桁架式三铰拱屋架的支座节点，通常采用图 4-30 所示的形式。

图 4-30（a）所示的支座节点，斜梁上弦的两个角钢在上下支座节点处采用盖板相连（其他部位采用蛇形缀条相连），并通过相互垂直的竖板和垂直加劲肋将力传给底板；斜梁下弦角钢剖口与中间竖板连接。拉杆设置在斜梁下弦弯折处的节点上，通过连接用螺栓连接。其拉杆应带可调法兰螺栓。

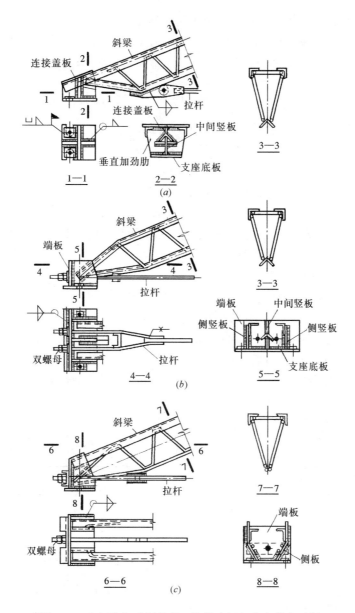

图 4-30　空间桁架式斜梁的三铰拱式屋架支座节点示例

图 4-30（b）所示的支座节点，采用焊于底板上的三块竖板分别与斜梁的上下弦杆直接相连；另外，在端头设置一端板，分别与三块竖板和底板相连。在这种作法中，拉杆穿过端板并采用双螺母紧固，以传递水平力。

图 4-30（c）所示的支座节点是斜梁下弦杆采用两根圆钢组合而成，将下弦杆在端节间分开，并分别与两侧竖板相连，舍去中间竖板。在这种作法中，拉杆直接穿过端板并采用双螺母紧固，以直接传递下弦杆的水平力。

（2）三铰拱屋架斜梁中间节点的圆钢腹杆与弦杆的构造和连接的常用形式如图 4-31所示。图中的圆钢腹杆与弦杆的连接焊缝应尽可能采用围焊，以增加焊缝长度，缩短杆件搭接长度，减小节点偏心。当偏心在构造上无法避免时，应使偏心值 e_1 或 $e_2 \leqslant 20$mm。计算圆钢腹杆与弦杆的连接焊缝，可根据以下情况确定。

① 斜梁的圆钢斜腹杆为连续时（图 4-31a、b、c），可按下式计算焊缝强度：

$$\sigma_{fs} = \sqrt{\tau_V^2 + \sigma_M^2}$$

$$= \sqrt{\left(\frac{V_H}{2h_e l_w}\right)^2 + \left(\frac{6M}{2h_e l_w^2}\right)^2} \leqslant 0.95 f_f^w \tag{4-59}$$

式中 V_H——焊缝所承受的水平剪力，按下列公式计算：

$$V_H = N_3 \cos\alpha_1 + N_4 \cos\alpha_2 \tag{4-60}$$

$$或\ V_H = N_2 - N_1 \tag{4-61}$$

M——焊缝所承受的偏心弯矩，按下式计算：

$$M = N_3 \sin\alpha_1 e_1 + N_4 \sin\alpha_2 e_2 + V_H e_3 \tag{4-62}$$

N_3、N_4——无论是平面桁架式斜梁还是空间桁架式斜梁，分别为单根腹杆的内力；

N_1、N_2——两相邻节间的弦杆内力；

α_1、α_2——腹杆轴线与弦杆轴线的夹角；

e_1、e_2——节点中心至腹杆轴线与弦杆轴线交点的距离；

e_3——弦杆轴线至焊缝内边的距离；

h_e——焊缝的有效厚度，按第 3.1.3 节 2 的要求确定；

l_w——每侧焊缝的计算长度。

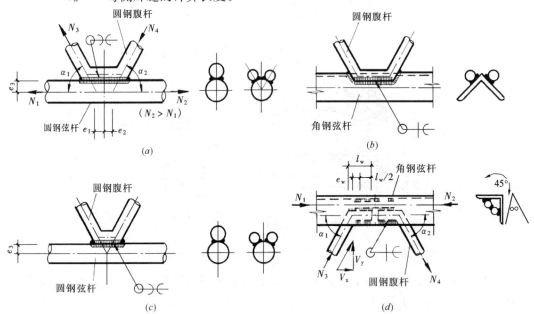

图 4-31   三铰拱屋架斜梁的圆钢腹杆与弦杆的连接节点示例

② 斜梁的圆钢斜腹杆为断开时（图 4-31d），焊缝强度可按下式计算：

$$\sigma_{fs} = \sqrt{(\tau_{Vx})^2 + (\sigma_{Vy} + \sigma_M)^2}$$

$$= \sqrt{\left(\frac{V_x}{2h_e l_w}\right)^2 + \left(\frac{V_y}{2h_e l_w} + \frac{6M}{2h_e l_w^2}\right)^2} \leqslant 0.95 f_f^w \tag{4-63}$$

式中　V_x——焊缝所承受的水平剪力，按下式计算：

$$V_x = N_3 \cos\alpha_1 \qquad (4\text{-}64)$$

V_y——焊缝所承受的垂直剪力，按下式计算：

$$V_y = N_3 \sin\alpha_1 \qquad (4\text{-}65)$$

M——焊缝所承受的偏心弯矩，按下式计算：

$$M = V_y e_w = N_3 \sin\alpha_1 e_w \qquad (4\text{-}66)$$

式中　e_w——焊缝长向轴线与圆钢腹杆轴线交点至焊缝中心的距离。

（3）三铰拱屋架的屋脊节点构造与连接，可按以下要求确定。

空间桁架式斜梁的三铰拱屋架的屋脊节点，通常采用图 4-32（a）、（b）所示的形式。图4-32（a）所示的做法，是将斜梁几何轴线（即两铰连线）与斜梁上弦杆截面的重心线相重合。在这种做法中，屋脊节点在构造上和制造上都比较简单，屋脊顶铰的节点板也可相应减小，其左右两根斜梁的内力由端板间的垫板承受，斜梁上弦杆的内力通过两侧的竖板和连接上弦杆的盖板传给端板，下弦杆的内力通过中间竖板传给端板；左右两斜梁的端板及其中间垫板采用螺栓紧固。图 4-32（b）的做法，是将斜梁几何轴线与斜梁组合截面的重心线相重合。这种做法使屋脊处顶铰合力线通过斜梁组合截面的重心，可以消除截面上的偏心力矩，对斜梁受力比较有利，但节点构造比较复杂。斜梁上下弦杆的内力通过两侧的竖板和连接上弦杆的盖板传给端板；左右两斜梁的端板及其中间垫板采用螺栓紧固。

图 4-32（c）所示的节点形式是斜梁为平面桁架式的三铰拱屋架屋脊节点的做法。

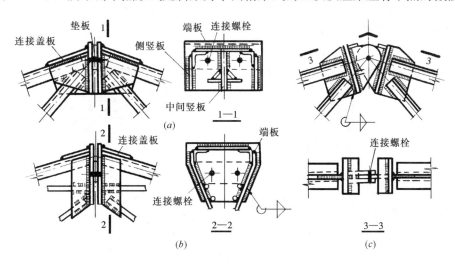

图 4-32　三铰拱屋架的屋脊节点示例

2. 三角形屋架，无论其腹杆布置为芬克式，还是人字式或豪式，其连接节点构造与计算是相通的；同时，由于屋架的上弦杆多采用由两个角钢组成的 T 形截面，下弦杆和腹杆采用单角钢或双角钢，因此其连接节点构造与计算，除满足本节的设计基本要求外，尚可参照普通角钢屋架有关的要求确定。

图 4-33 所示为采用角钢组合成 T 形截面杆件的轻型钢屋架连接节点示例。

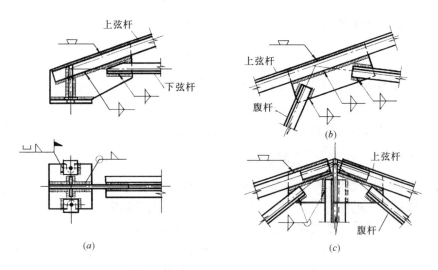

图 4-33　角钢杆件的轻型钢屋架连接节点示例

4.3　托架的节点连接设计

1. 由于生产工艺的需要拔柱，采用托架代替柱子，是设计厂房中常见的。而屋架与托架、托架与柱子的连接均为铰接。腹杆和弦杆的轴线应交汇于柱的中心线上。托架应为平面桁架，其杆件重心线应交汇于节点中心上，托架的端支座应交于柱中心线上。

托架杆件通常采用由两个角钢组成的 T 形截面；因此，其连接构造与计算可参照普通角钢屋架的有关要求予以确定。

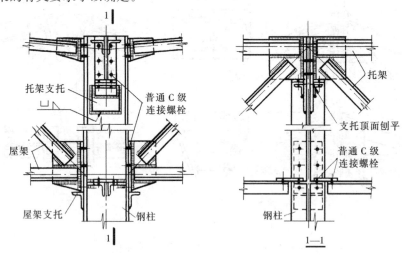

图 4-34　托架与钢柱的连接节点示例

2. 在屋盖系统中，屋架与托架、屋架与柱、托架与柱的连接，应尽量对称布置；屋架（托架）的反力着力点尽量靠近形心，防止由偏心而产生的扭转。图 4-34 和图 4-35 所示的节点为常见的连接铰接节点。

支座斜腹杆为下降式的托架（图 4-34 及图 4-35），其支承点在上部。

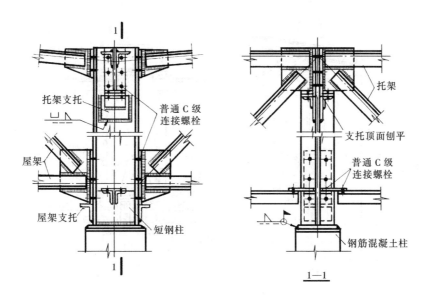

图 4-35　托架与钢筋混凝土柱上的短钢柱连接节点示例

支座斜腹杆为上升式的托架（图 4-36），其支承点在下部。

3. 托架与钢柱（或短钢柱）的连接，如图 4-34 和图 4-35 所示的上部主要支承节点采用普通 C 级螺栓加支托的连接形式，托架的支座垂直反力 R 由托架的支承端板（垂直端板）传给焊于钢柱（或短钢柱）上的支托，螺栓只作为连接的构造措施；托架的下弦杆通常按构造采用普通螺栓与钢柱相连。这种做法的节点构造和连接可按以下要求确定。

（1）在托架端部与钢柱相连的托架垂直端板厚度，可按式（4-29）计算确定。

（2）托架上部主要支承节点处的端板与支座节点板的连接角焊缝，可按式（4-30）计算强度。

（3）支承托架上部端板的支托，通常采用厚度为 30～40mm 的钢板做成，其宽度为托架支承板宽度加 50～60mm，高度不宜小于 180mm。支托与钢柱的连接通常采用三面围焊的角缝焊，焊脚尺寸不宜小于 10mm，其强度可近似地按式（4-31）计算。

（4）托架上部主要支承节点处的托架支承端板与钢柱连接所采用的普通 C 级螺栓，通常按构造要求成对配置（6 个 M20）螺栓。

（5）托架下部端节点处的下弦杆采用水平连接板和普通 C 级螺栓紧固；此时，连接处一侧采用的螺栓不宜少于 2 个 M20。

4. 直接支承于钢筋混凝土柱上的托架（图 4-35），其支座节点的构造与计算，可参照梯形钢屋架支座节点的有关要求确定。

图 4-36（b）所示的屋架与托架的十字形截面竖腹杆相连所需摩擦型高强度螺栓的数目，可按下式计算：

$$n \geqslant \frac{R}{N_V^{bH}} \tag{4-67}$$

式中　R——屋架支座垂直反力；

N_V^{bH}——一个摩擦型连接的高强度螺栓的抗剪承载力设计值，按第 11 章表 11-38 采用。

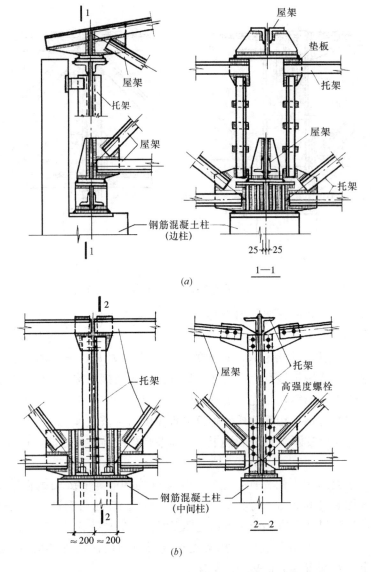

图 4-36　托架与钢筋混凝土柱的连接节点示例

(*a*) 屋架与托架中的分离式竖腹杆相连；(*b*) 屋架与托架中的十字形截面竖腹杆相连

5．中间屋架与托架的连接，当厂房柱为钢柱或设在钢筋混凝土柱上的短钢柱时，为了统一屋架的端部构造，托架中用以连接屋架的竖腹杆，可采用与钢柱或短钢柱截面相同的工字形截面（图 4-37*a*）。但此时，工字形截面竖腹杆的强度，当边列托架或连于托架两侧的屋架支座垂直反力不相等时，应按偏心受拉杆件计算。另外，屋架与工字形截面竖腹杆的连接细部构造可参照本节 1 的有关要求确定。

为避免和减小由于与屋架连接偏心产生的扭转对托架的影响，托架中用以连接屋架的竖腹杆，也可采用由两个角钢组成的分离式竖腹杆（图 4-37*b*）和由两个角钢组成十字形截面的竖腹杆（图 4-37*c*）。

图 4-37 (*b*) 所示中间屋架与托架的连接形式，其细部及其连接应根据屋架支座垂直反力的大小及其连接形式，参照梯形钢屋架支座节点的有关要求确定。

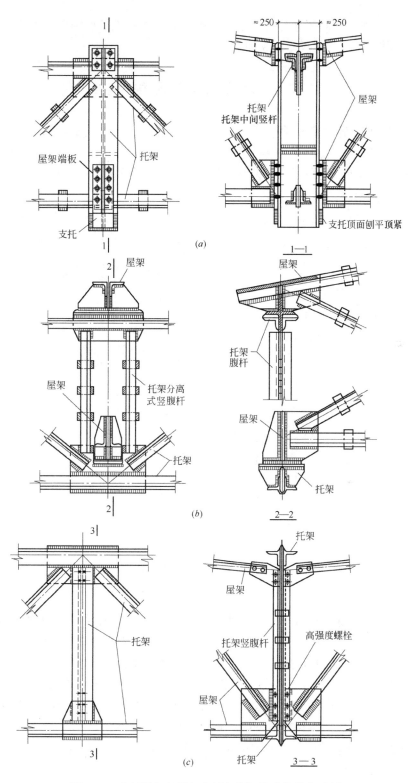

图 4-37　中间屋架与托架中部竖腹杆的连接节点示例

(a) 托架中部竖腹杆为工字形截面；(b) 托架中部竖腹杆为分离式双角钢
组合 T 形截面；(c) 托架中部竖腹杆为双角钢组合十字形截面

图 4-37（*c*）所示中间屋架与托架中十字形截面竖腹杆连接所需摩擦型连接的高强度螺栓数目，可按本节式（4-67）计算确定。

4.4　天窗架的节点构造

1. 本节主要述及支承于屋架上弦节点上的纵向矩形天窗的天窗架及其与屋架的连接节点构造。

天窗架的主要形式有：三铰拱式（图 4-38*a*）、三支点式（图 4-38*b*）和多竖杆式（图 4-38*c*）。

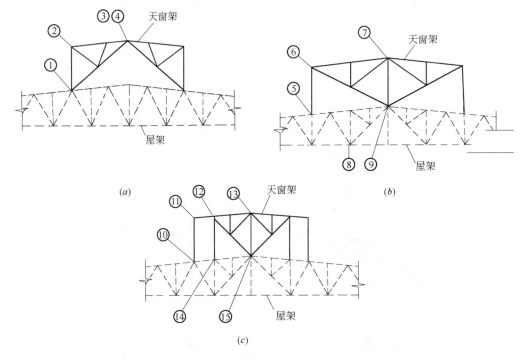

图 4-38　天窗架的形式图示

（*a*）三铰拱式；（*b*）三支点式；（*c*）多竖杆式

2. 通常情况下，天窗架杆件除了受力较小的受拉腹杆有时采用单角钢截面外，大部分的杆件，包括侧立柱、竖杆、上弦杆、主斜拉杆、竖腹杆等均采用由两个角钢组成的 T 形截面或十字形截面。因此，其连接节点构造可参照梯形钢屋架的有关要求确定。

3. 天窗架中具有构造特点的连接节点是天窗侧立柱或竖杆与屋架上弦节点的连接、天窗架中央竖杆和主斜拉杆与屋架屋脊节点的连接，以及天窗架的脊节点的连接。

连接中当采用普通 C 级螺栓紧固时，螺栓的直径不应小于 16mm。

4. 三铰拱式天窗架的连接节点示例如图 4-39 所示。三铰拱天窗架通常在现场与屋架拼装成一个安装单元进行吊装。

5. 三支点式天窗架的连接节点示例如图 4-40 所示。

6. 多竖杆式天窗架的连接节点示例如图 4-41 所示。

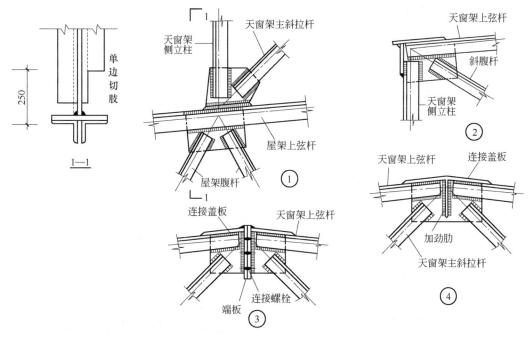

图 4-39　三铰拱式天窗架连接节点示例

①—天窗架侧立柱和主斜拉杆与屋架上弦节点的连接；②—天窗架侧立柱和天窗架上弦杆及斜腹杆的连接；

③、④—天窗架脊节点的连接

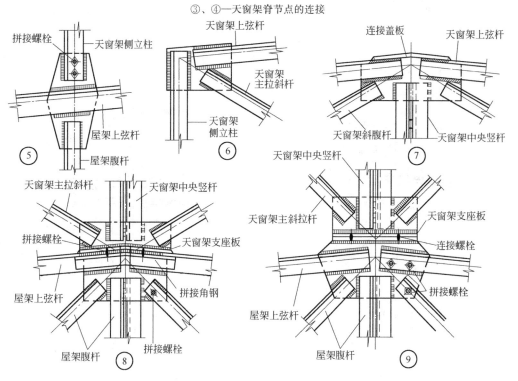

图 4-40　三支点式天窗架连接节点示例

⑤—天窗架侧立柱与屋架上弦节点的偏心连接；⑥—天窗架侧立柱和天窗架上弦杆及主斜拉杆的连接；

⑦—天窗架脊节点的连接；⑧、⑨—天窗架中央竖杆及主斜拉杆与屋架脊节点的连接

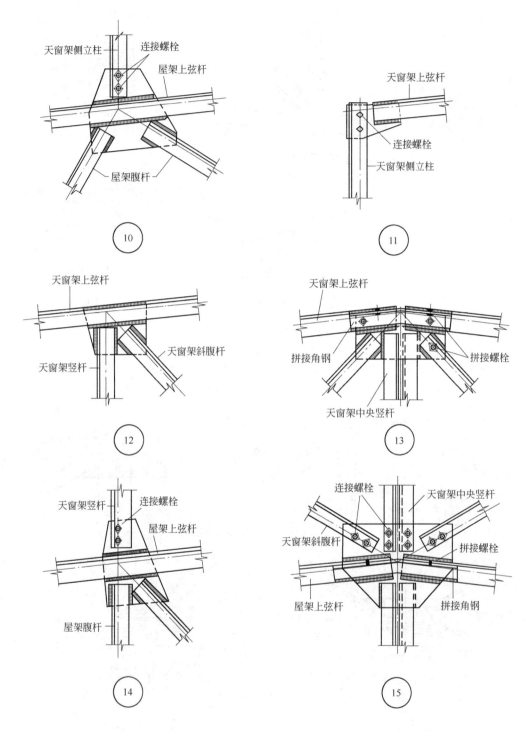

图 4-41 多竖杆式天窗架连接节点示例

⑩—天窗架侧立柱与屋架上弦节点的连接；⑪—天窗架侧立柱和天窗架上弦杆的连接；⑫—天窗架上弦杆和天窗架竖杆及斜腹杆的连接；⑬—天窗架脊节点的连接；⑭—天窗架竖杆与屋架上弦节点的连接；⑮—天窗架中央竖杆及斜腹杆与屋架脊节点的连接

4.5 屋盖系统中支撑的连接节点

1. 屋盖结构的支撑系统，通常由下列支撑组成：

（1）屋架和天窗架的上弦横向支撑；屋架下弦横向水平支撑。

（2）屋架上弦纵向支撑；屋架下弦纵向水平支撑。

（3）屋架和天窗架的垂直支撑。

（4）屋架和天窗架的上弦水平系杆；屋架下弦水平系杆。

所有支撑与屋架、托架、天窗架和檩条（或钢筋混凝土大型屋面板）等组成完整的体系，因此相互间应有可靠的连接。

2. 本节所示支撑与屋架连接示例中的屋架均为由角钢组成的屋架，对圆钢管屋架尚应通过设置相应的连接板来解决。

3. 支撑与屋架和天窗架等的连接，通常是采用普通 C 级螺栓，每个连接接头一侧永久性螺栓的数目不应小于两个。支撑与屋架的连接螺栓一般采用 M20；支撑与天窗架的连接螺栓一般采用 M16。

在重型厂房或设有重级工作制吊车的厂房，或设有较大振动设备的厂房或有特殊要求的房屋，其支撑与屋架下弦杆的连接宜采用高强度螺栓，或采用安装螺栓加安装焊缝连接。此时，安装焊缝的焊脚尺寸不宜小于 6mm，每边的焊缝长度不宜小于 80mm，而且不允许在承受屋架结构自重以外的其他荷载情况下施焊。

采用普通 C 级螺栓连接而不加焊接时，应待构件校正固定后将螺栓扣打毛或将螺杆与螺母点焊，以防松动。

4. 为避免角钢肢尖与檩条或钢筋混凝土大型屋面板肋相碰受到阻碍，屋架上弦横向支撑的交叉杆一般均采取角钢肢尖朝下的布置方式（图 4-42a）。

当支撑的交叉点恰好与型钢檩条相遇时，可在檩条底面设置节点板将支撑和檩条连接起来（图 4-42b）。此时，可视檩条为屋架上弦的平面外支承杆。

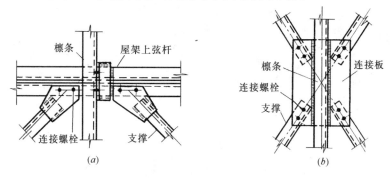

图 4-42　有檩屋盖的屋架上弦横向支撑连接节点示例

5. 无檩屋盖体系的屋架上弦横向支撑中的压杆（刚性系杆）和屋架上弦的其他系杆，为避免与钢筋混凝土大型屋面板的主肋相碰，宜采用竖向节点板与屋架上弦杆和竖腹杆连接（图 4-43）。

6. 屋架下弦横向水平支撑，当采用螺栓与屋架下弦杆连接时（图 4-44），交叉支撑的

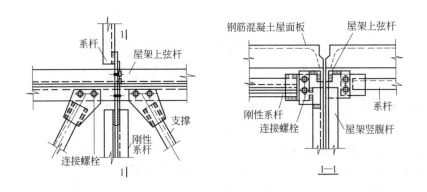

图 4-43 无檩屋盖的屋架上弦横向支撑连接节点示例

角钢肢尖宜一根朝上，另一根朝下放置，并在交叉点设置垫板，以螺栓连接（图4-44d）；当要求交叉支撑与屋架下弦杆采用焊接连接时，为了将所有焊缝布置在俯焊位置，应将两杆中的一杆切断并以节点板作搭接连接（图 4-44e）。

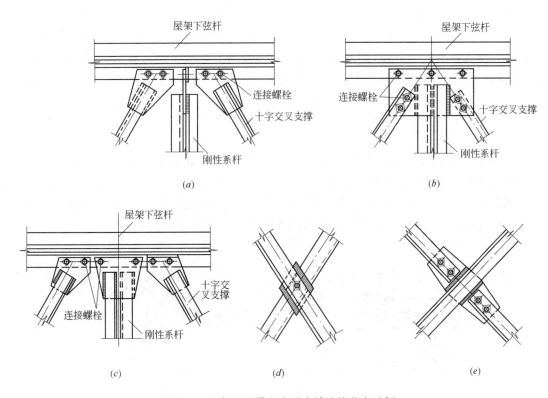

图 4-44 屋架下弦横向水平支撑连接节点示例

7. 图 4-45 为垂直支撑与屋架的连接示例。

8. 图 4-46 为圆钢交叉支撑与屋架上弦杆的连接示例。

9. 拉条与檩条、撑杆与檩条的连接示例，如图 4-47 和图 4-48 所示。

10. 檩条与屋架或天窗架上弦杆、檩条与屋架或天窗架上弦横向支撑的连接示例，如图 4-49 和图 4-50 所示。

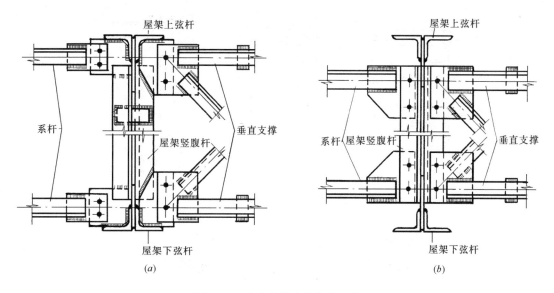

图 4-45　垂直支撑连接节点示例

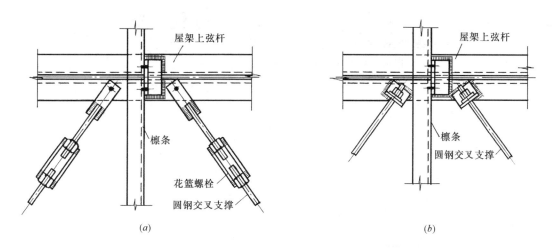

图 4-46　圆钢交叉支撑连接节点示例

(a) 采用花篮螺栓张紧的圆钢支撑；(b) 采用端部螺母张紧的圆钢支撑

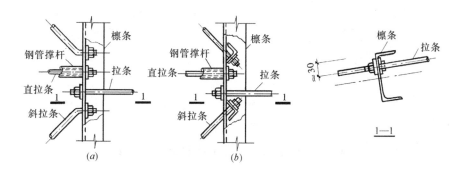

图 4-47　拉条与檩条的连接示例

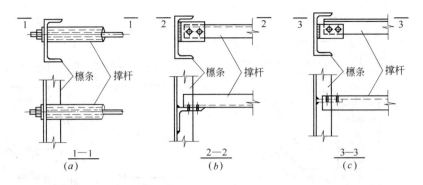

图 4-48　檩间撑杆与檩条的连接示例

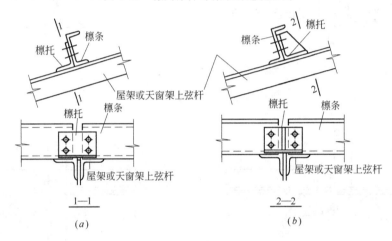

图 4-49　檩条与屋架或天窗架上弦杆的连接示例

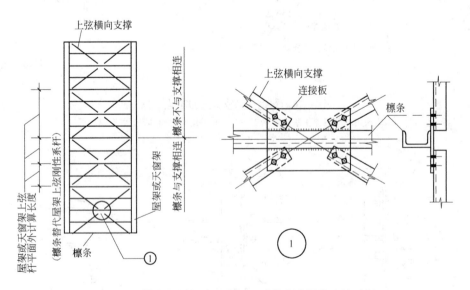

图 4-50　檩条与屋架或天窗架上弦横向支撑的连接示例

4.6 屋架节点设计示例

【例 4-1】梯形钢屋架上弦中间节点的设计（一）

1. 设计条件

节点荷载及汇交于节点各杆件的截面尺寸和内力如图 4-51 所示；节点板厚度 $t=$ 16mm，杆件和节点板所用钢材均为 Q235 钢，焊条为 E43×× 型焊条，手工焊接。

2. 连接焊缝计算

1）上弦杆与节点板的连接角焊缝计算（角焊缝 $f_f^w = 16\text{kN/cm}^2$）

节点荷载：$F = 51.2\text{kN}$

杆件内力：$N_1 = 840\text{kN}$，$N_2 = 535\text{kN}$

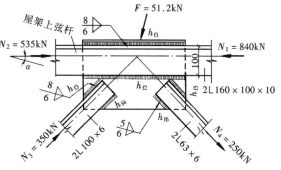

图 4-51　屋架上弦中间节点连接图示（一）

设焊缝的焊脚尺寸 $h_{f1} = 8\text{mm}$，$h_{f2} = 6\text{mm}$，则角钢肢背角焊缝的实际长度由公式 (4-15) 转换得：

$$l_{wa1} = \frac{\sqrt{[0.75 \times (840 - 535)]^2 + \frac{1}{4} \times 51.2^2}}{2 \times 0.7 \times 0.8 \times 16} + 1.0$$

$$= 13.8\text{cm} \rightarrow \text{按构造要求采用满焊}$$

角钢肢尖角焊缝的实际长度由公式 (4-16) 转换得：

$$l_{wa2} = \frac{\sqrt{[0.25 \times (840 - 535)]^2 + \frac{1}{4} \times 51.2^2}}{2 \times 0.7 \times 0.6 \times 16} + 1.0$$

$$= 7.0\text{cm} \rightarrow \text{按构造要求采用满焊}$$

2）受压腹杆与节点板的连接角焊缝计算

杆件内力：$N_3 = 350\text{kN}$

设角焊缝的焊脚尺寸 $h_{f3} = 8\text{mm}$，$h_{f4} = 6\text{mm}$

角钢肢背角焊缝的实际长度由第 3 章公式 (3-28) 得：

$$l_{wa3} = \frac{0.7 \times 350}{2 \times 0.7 \times 0.8 \times 16} + 1.0$$

$$= 14.7\text{cm} \rightarrow \text{取 } l_{wa3} = 16\text{cm}$$

角钢肢尖角焊缝的实际长度由第 3 章公式 (3-29) 得：

$$l_{wa4} = \frac{0.3 \times 350}{2 \times 0.7 \times 0.6 \times 16} + 1.0$$

$$= 8.8\text{cm} \rightarrow \text{取 } l_{wa4} = 10\text{cm}$$

也可按第 11 章表 11-33 查得：

$$l_{wa3} = 13.7 + 1 = 14.7\text{cm} \rightarrow \text{取 } l_{wa3} = 16\text{cm}$$

$$l_{wa4} = 7.8 + 1 = 8.8\text{cm} \rightarrow \text{取 } l_{wa4} = 10\text{cm}$$

与上述计算结果一致。

3）受拉腹杆与节点板的连接角焊缝计算

杆件内力：$N_4 = 250$kN

设角焊缝的焊脚尺寸 $h_{f5} = 6$mm，$h_{f6} = 5$mm

角钢肢背角焊缝的实际长度由第 3 章公式（3-28）得：

$$l_{wa5} = \frac{0.7 \times 250}{2 \times 0.7 \times 0.6 \times 16} + 1.0$$

$$= 14\text{cm} \rightarrow 取\ l_{wa5} = 14\text{cm}$$

角钢肢尖角焊缝的实际长度由第 3 章公式（3-29）得：

$$l_{wa6} = \frac{0.3 \times 250}{2 \times 0.7 \times 0.5 \times 16} + 1.0$$

$$= 7.7\text{cm} \rightarrow 取\ l_{wa6} = 8\text{cm}$$

4）节点板的尺寸根据杆件截面尺寸和连接所需的焊缝实际长度及构造要求放样确定。

【例 4-2】 梯形钢屋架上弦中间节点的设计（二）

1. 设计条件

节点荷载及汇交于节点各杆件的截面尺寸和内力如图 4-52 所示；节点板厚度 $t = 16$mm，杆件和节点板所用钢材均为 Q235 钢，焊条为 E43×× 型焊条，手工焊接。

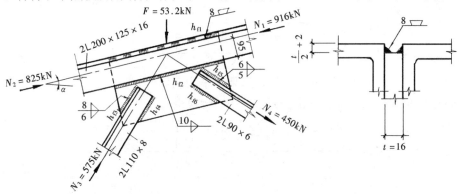

图 4-52 屋架上弦中间节点连接图示（二）

2. 连接焊缝计算

1）上弦杆与节点板的连接焊缝计算

节点荷载：$F = 53.2$kN

杆件内力：$N_1 = 916$kN，$N_2 = 825$kN

上弦角钢肢背塞焊缝的焊脚尺寸：

$$h_{ft} = \frac{16}{2} = 8\text{mm}$$

假定角钢肢背塞焊缝只承受节点荷载 F，则由公式（4-9）转换得：

$$l_{wta} = \frac{53.2}{2 \times 0.7 \times 0.8 \times 16} + 1.0$$

$$= 4.0\text{cm} \rightarrow 按构造要求满焊$$

设上弦角钢肢尖角焊缝的焊脚尺寸 $h_f = 10$mm，焊缝计算长度为 $l_{w2} = 20h_f = 200$mm，则由公式（4-10）得：

$$\tau_N = \frac{916 - 825}{2 \times 0.7 \times 1.0 \times 20} = 3.25 \text{kN/cm}^2$$

由公式（4-11）得：

$$\sigma_M = \frac{6 (916 - 825) \times 9.5}{2 \times 0.7 \times 1.0 \times 20^2} = 9.26 \text{kN/cm}^2$$

由公式（4-12）得：

$$\sigma_{fs} = \sqrt{\left(\frac{9.26}{1.22}\right)^2 + 3.25^2}$$

$$= 8.26 \text{kN/cm}^2 < f_f^w = 16.0 \text{kN/cm}^2$$

肢尖角焊缝根据节点板的长度，采用满焊且不应小于210mm。

2）受压腹杆与节点板的连接角焊缝计算

杆件内力：$N_3 = 575$kN

设角焊缝的焊脚尺寸 $h_{f3} = 8$mm，$h_{f4} = 6$mm

按第11章表11-33查得：角钢肢背角焊缝和肢尖角焊缝的实际长度：

$$l_{wa3} = 22.5 + 1 = 23.5 \rightarrow 取\ l_{wa3} = 24 \text{cm}$$

$$l_{wa4} = 12.8 + 1 = 13.8 \rightarrow 取\ l_{wa4} = 15 \text{cm}$$

3）受拉腹杆与节点板的连接角焊缝计算

杆件内力：$N_4 = 450$kN

设角焊缝的焊脚尺寸 $h_{f5} = 6$mm，$h_{f6} = 5$mm

按第11章表11-33查得：角钢肢背角焊缝和肢尖角焊缝的实际长度：

$$l_{wa5} = 23.4 + 1 = 24.4 \text{cm} \rightarrow 取\ l_{wa5} = 25 \text{cm}$$

$$l_{wa6} = 12.1 + 1 = 13.1 \text{cm} \rightarrow 取\ l_{wa6} = 15 \text{cm}$$

4）节点板的尺寸根据杆件截面尺寸和连接所需的焊缝实际长度及构造要求放样确定。

【例4-3】梯形钢屋架下弦中间节点的设计

1. 设计条件

交汇于节点各杆件的截面尺寸和内力如图4-53所示；节点板厚度 $t = 14$mm，杆件和节点板所用钢材为Q235钢，焊条为E43××型焊条，手工焊接。

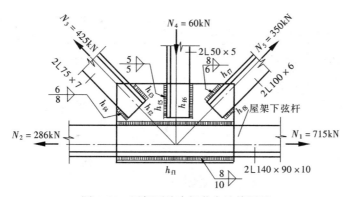

图4-53 屋架下弦中间节点连接图示

2. 连接焊缝计算

1）下弦杆与节点板的连接焊缝计算

杆件内力：$N_1 = 715$kN，$N_2 = 286$kN

设焊缝的焊脚尺寸 $h_{f1} = 10$mm，$h_{f2} = 8$mm

角钢肢背角焊缝的实际长度由公式（3-28）得：

$$l_{wa1} = \frac{0.75 \times (715 - 286)}{2 \times 0.7 \times 1.0 \times 16.0} + 1.0$$
$$= 15.4 \text{cm} \rightarrow 按构造要求采用满焊$$

角钢肢尖角焊缝的实际长度由公式（3-29）得：

$$l_{wa2} = \frac{0.25 \times (715 - 286)}{2 \times 0.7 \times 0.8 \times 16.0} + 1.0$$
$$= 7.0 \text{cm} \rightarrow 取 \ l_{wa2} = l_{wa1}$$

2）受拉斜腹杆与节点板的连接焊缝计算

杆件内力：$N_3 = 425$kN

设角焊缝的焊脚尺寸 $h_{f3} = 8$mm，$h_{f4} = 6$mm

按第 11 章表 11-33 查得：角钢肢背、肢尖角焊缝的实际长度：

$$l_{wa3} = 16.6 + 1 = 17.6 \text{cm} \rightarrow 取 \ l_{wa3} = 18 \text{cm}$$
$$l_{wa4} = 9.5 + 1 = 10.5 \text{cm} \rightarrow 取 \ l_{wa4} = 13 \text{cm}$$

3）受压竖腹杆与节点板的连接焊缝计算

杆件内力：$N_4 = 60$kN

设角焊缝的焊脚尺寸 $h_{f5} = h_{f6} = 5$mm

按第 11 章表 11-33 查得：角钢肢背、肢尖角焊缝的实际长度：

$$l_{wa5} = 5 + 1 = 6 \text{cm} \rightarrow 取 \ l_{wa5} = 8 \text{cm}$$
$$l_{wa6} = 4 + 1 = 5 \text{cm} \rightarrow 取 \ l_{wa6} = 8 \text{cm}$$

4）节点板的尺寸根据杆件截面尺寸和连接所需的焊缝实际长度及构造要求放样确定。

【例 4-4】梯形钢屋架脊节点的设计

1. 设计条件

交汇于节点各杆件的截面尺寸、内力及拼接角钢如图 4-54 所示；节点板厚度 $t = 16$mm，杆件、节点板和拼接角钢所用钢材均为 Q235 钢，拼接螺栓为普通 C 级螺栓，焊条为 E43×× 型焊条，手工焊接。

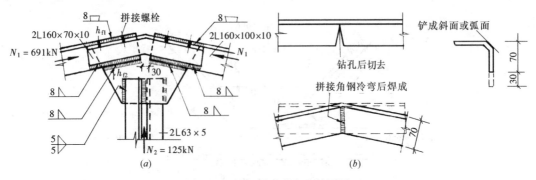

图 4-54 屋架屋脊节点连接图示

（a）屋脊节点连接图示；（b）拼接角钢加工图示

2. 连接焊缝计算

1）上弦杆与节点板的连接焊缝计算

无节点荷载（$F=0$）

杆件内力：$N_1=691$kN

角钢肢背塞焊缝的焊脚尺寸 $h_{f1}=\dfrac{16}{2}=8$mm，并按构造要求采用满焊。

设角钢肢尖角焊缝的焊脚尺寸 $h_{f2}=8$mm，则角钢肢尖角焊缝的实际长度 l_{wa2} 由公式（4-19）变换近似地得：

$$l_{wa2}=\frac{k_2(N_1\times15\%)}{2\times0.7h_{f2}f_f^w}+1.0$$

$$=\frac{0.25(691\times0.15)}{2\times0.7\times0.8\times16.0}+1.0$$

$$=2.5\text{cm}\rightarrow\text{按构造要求采用满焊}\quad\text{注：按节点板承担15\%计算。}$$

2）拼接角钢与屋架上弦角钢的焊缝计算

设角焊缝的焊脚尺寸 $h_f=8$mm，则每条焊缝的实际长度，由公式（4-19）得：

$$l_{wa}=\frac{N_{max}}{4\times0.7h_ff_f^w}+1.0$$

$$=\frac{691}{4\times0.7\times0.8\times16.0}+1.0=20.3\text{cm}\rightarrow\text{采用22cm}$$

3）竖腹杆与节点板的连接焊缝计算

杆件内力：$N_2=125$kN

一个 L63×5 的角钢所受的力为：

$$N_3=\frac{N_2}{2}=\frac{125}{2}=62.5\text{kN}$$

设角焊缝的焊脚尺寸 $h_{f3}=5$mm

按第 11 章表 11-33 查得：角钢肢背和肢尖角焊缝的实际长度为：

$$l_{wa3}=5.0\text{cm}$$

$$l_{wa4}=4.0\text{cm}\rightarrow\text{取}\ l_{wa3}=l_{wa4}=8\text{cm}$$

4）拼接角钢采用与上弦杆相同的角钢，即采用 2L160×100×10；根据拼接连接焊缝长度，考虑两上弦角钢的起弧间隙为20mm，则拼接角钢的总长度为：

$$L=22\times2+2+3=49\text{cm}\quad\text{注：其中，3cm为两上弦杆中间的空隙。}$$

其加工制作如图 4-54（b）所示。

5）节点板的尺寸根据杆件截面尺寸和连接所需的焊缝实际长度及构造要求放样确定。

【例 4-5】梯形钢屋架刚性连接支座节点的设计

1. 设计条件

上升式屋架与柱刚接节点采用普通 C 级螺栓加支托的连接形式。其连接构造如图4-55所示。

由屋架内力组合得到：计算螺栓时的最大水平拉力为 $H_1^t=30.6$kN，计算屋架支承连接板与支座节点板连接焊缝时的最大水平拉力为 $H=826$kN，屋架垂直反力 $R=440$kN。杆件、节点板等所用钢材均为 Q235 钢，焊条为 E43×× 型焊条，手工焊接。

2. 支座连接计算

1）屋架支承连接板的厚度，由公式（4-32）和公式（4-29）得到：

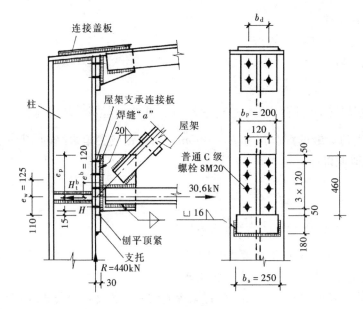

图 4-55　屋架刚性连接支座节点图示

$$t_{\mathrm{p}} = \frac{1}{2}\sqrt{\frac{3H_{\mathrm{t}}^{\mathrm{b}}b_{\mathrm{d}}}{l_{\mathrm{p}}f}} = \frac{1}{2}\sqrt{\frac{3 \times 30600 \times 120}{445 \times 215}} = 5.4\mathrm{mm}$$

或

$$t_{\mathrm{p}} = \frac{R}{b_{\mathrm{p}}f_{\mathrm{cc}}} = \frac{440000}{200 \times 320} = 6.9\mathrm{mm}$$

按构造取 $t_{\mathrm{p}} = 20\mathrm{mm}$。

2）屋架支承连接板与柱相连所用普通 C 级螺栓（8M20）承载力的校核

根据 $M_0 = \dfrac{H_{\mathrm{t}}^{\mathrm{b}}\sum h_i^2}{nh_1} = \dfrac{30.6 \times 4 \times (6^2 + 18^2)}{8 \times 18} = 306\mathrm{kN \cdot cm}$

$$M = H_{\mathrm{t}}^{\mathrm{b}}e^{\mathrm{b}} = 30.6 \times 12 = 367.2\mathrm{kN \cdot cm}$$

所以 $M_0 < M$，则由公式（4-37）得到：

$$N_{\max} = \frac{1.5H_{\mathrm{t}}^{\mathrm{b}}}{n} + \frac{H_{\mathrm{t}}^{\mathrm{b}}e^{\mathrm{b}}h_1}{\sum h_i^2}$$

$$= \frac{1.5 \times 30.6}{8} + \frac{30.6 \times 12 \times 18}{4 \times (6^2 + 18^2)}$$

$$= 10.33\mathrm{kN} < N_{\mathrm{t}}^{\mathrm{b}} = 41.6\mathrm{kN}（可）\quad 注：N_{\mathrm{t}}^{\mathrm{b}} 由表 11-36 查得$$

3）屋架端板与支座节点板的连接焊缝计算

设焊缝的焊脚尺寸 $h_{\mathrm{f}} = 20\mathrm{mm}$，则焊缝的计算长度为：

$$l_{\mathrm{w}} = 46 - 1.5 - 1.0 = 43.5\mathrm{cm}$$

由公式（4-34）得到：

$$\sigma_{\mathrm{fs}} = \sqrt{\left(\frac{R}{2 \times 0.7h_{\mathrm{f}}l_{\mathrm{w}}}\right)^2 + \left(\frac{H}{2 \times 0.7h_{\mathrm{f}}l_{\mathrm{w}}\beta_{\mathrm{f}}} + \frac{6He_{\mathrm{w}}}{2 \times 0.7h_{\mathrm{f}}l_{\mathrm{w}}^2\beta_{\mathrm{f}}}\right)^2}$$

$$= \sqrt{\left(\frac{440}{2 \times 0.7 \times 2 \times 43.5}\right)^2 + \left(\frac{826}{2 \times 0.7 \times 2 \times 43.5 \times 1.22} + \frac{6 \times 826 \times 12.5}{2 \times 0.7 \times 2 \times 43.5^2 \times 1.22}\right)^2}$$

$$= 15.57\mathrm{kN/cm^2} < f_{\mathrm{f}}^{\mathrm{w}} = 16\mathrm{kN/cm^2}（可）$$

4) 支托与柱子的连接焊缝计算

设角焊缝的焊脚尺寸 $h_f=16mm$，则焊缝的总计算长度为：

$$\sum l_w=2\times (18-1.0)+25=59cm$$

由公式（4-31）得到：

$$\tau_f=\frac{1.3R}{0.7h_f\sum l_w}=\frac{1.3\times 440}{0.7\times 1.6\times 59}$$
$$=8.66kN/cm^2<f_f^w=16kN/cm^2（可）$$

屋架上部节点与柱的连接计算（略）。

【例4-6】屋架铰接支座节点的设计

1. 设计条件

支承于钢筋混凝土柱上的屋架铰接支座节点，其节点荷载（如檩条等）、支座反力交汇于屋架形心支座节点上，其杆件内力及连接构造如图4-56所示；节点连接为焊接，杆件和节点板以及锚栓等所用钢材为Q235钢，焊条为E43××型焊条，手工焊接。

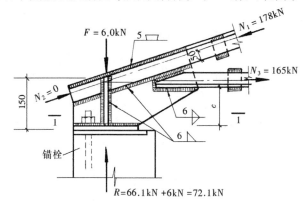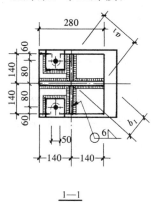

图 4-56 屋架铰接支座节点图示

注：屋架杆件为等边角钢，否则不好查表

2. 连接焊缝计算

1) 上弦杆与节点板的连接焊缝计算

杆件内力：$N_1=178kN$，$N_2=0$

节点荷载：$F=6.0kN$

上弦角钢肢背塞焊缝的焊脚尺寸为：

$$h_{ft}=\frac{10}{2}=5mm$$

假定角钢肢背塞焊缝只承受节点荷载，则由公式（4-9）转换得到：

$$l_{wta}=\frac{6.0}{2\times 0.7\times 0.5\times 16}+1=1.5cm \rightarrow 按构造要求采用满焊$$

设上弦角钢肢尖角焊缝的焊脚尺寸 $h_{f2}=6mm$，焊缝计算长度为：

$$l_{w2}=40h_{f2}=40\times 6=240mm$$

则由公式（4-10）得到：

$$\tau_N=\frac{178}{2\times 0.7\times 0.6\times 24}=8.83kN/cm^2$$

由公式（4-11）得到：

$$\sigma_M = \frac{6 \times 178 \times 5}{2 \times 0.7 \times 0.6 \times 24^2} = 11.04 \text{kN/cm}^2$$

由公式（4-12）得到：

$$\sigma_{fs} = \sqrt{\left(\frac{11.04}{1.22}\right)^2 + 8.83^2}$$

$$= 12.64 \text{kN/cm}^2 < f_f^w = 16 \text{kN/cm}^2 \text{（可）}$$

肢尖角焊缝根据节点板的长度，采用满焊，且不应小于250mm。

2）下弦杆与支座节点板的连接焊缝计算

杆件内力：$N_3 = 165 \text{kN}$

设肢背、肢尖角焊缝的焊脚尺寸相等即

$$h_{f1} = h_{f2} = 6 \text{mm}$$

由第11章表11-33查得：

肢背角焊缝长度

$$l_{wa1} = 9.4 + 1 = 10.4 \text{cm} \rightarrow \text{取 } l_{wa1} = 12 \text{cm}$$

肢尖角焊缝长度

$$l_{wa2} = 4.8 + 1 = 5.8 \text{cm} \rightarrow \text{取 } l_{wa2} = 8 \text{cm}$$

3）支座底板厚度的确定

根据构造要求，支座底板尺寸如图4-56所示。

支座反力：$R = 72.1 \text{kN}$

底板承压面积：

$$A_{pb} = 28 \times 28 - \pi \times 2.5^2 - 2 \times 6 \times 5 \doteq 704 \text{cm}^2$$

底板下混凝土（C20）的分布压力由公式（4-24）得到：

$$\sigma_c = \frac{R}{\Lambda_{Pb}} = \frac{72.1}{704} = 0.1 \text{kN/cm}^2 < f_{cc} = 0.96 \text{kN/cm}^2$$

底板承受的弯矩根据

$$a_1 = \sqrt{140^2 + 140^2} = 198 \text{mm}$$

$$b_1 = 198/2 = 99 \text{mm}$$

由 $b_1/a_1 = 99/198 = 0.5$ 查表4-3得 $a = 0.06$

由公式（4-23）得到：

$$M_{max} = a\sigma_c a_1^2 = 0.06 \times 0.1 \times 19.8^2 = 2.35 \text{kN} \cdot \text{cm}$$

底板厚度：由公式（4-22）得到

$$t_{pb} = \sqrt{\frac{6M_{max}}{f}} = \sqrt{\frac{6 \times 2.35}{21.5}} = 0.81 \text{cm}$$

$$= 8.1 \text{mm} \rightarrow \text{按构造取 } t_{pb} = 16 \text{mm}$$

4）支座节点板和加劲肋与支座底板的连接焊缝计算

设焊缝的焊脚尺寸 $h_f = 6 \text{mm}$，则

$$l_{wH} = (28 - 1.0) \times 2 + (13.5 - 2.0 - 1.0) \times 4 = 96 \text{cm}$$

由公式（4-28）得到：

$$\sigma_f = \frac{R}{0.7 h_f \sum l_{wH}} = \frac{72.1}{0.7 \times 0.6 \times 96} = 1.8 kN/cm^2 < f_f^w = 16 kN/cm^2$$

5）支座加劲肋与节点板的连接焊缝计算

加劲肋受力：

$$V = \frac{R}{4} = \frac{72.1}{4} = 18 kN$$

$$M = 18 \times \left(\frac{14 - 0.5}{2} \right) = 121.5 kN \cdot cm$$

设 $h_f = 6mm$，则

$$l_{wV} = 15 - 2.0 - 1.0 = 12 cm$$

由公式（4-25）得到：

$$\sigma_{fs} = \sqrt{\left(\frac{6M}{2 \times 0.7 h_f l_{wV}^2} \right)^2 + \left(\frac{V}{2 \times 0.7 h_f l_{wV}} \right)^2}$$

$$= \sqrt{\left(\frac{6 \times 121.5}{2 \times 0.7 \times 0.6 \times 12^2} \right)^2 + \left(\frac{18}{2 \times 0.7 \times 0.6 \times 12} \right)^2}$$

$$= 6.3 kN/cm^2 < f_f^w = 16.0 kN/cm^2$$

6）节点板的尺寸根据杆件截面尺寸和连接所需的焊缝实际长度及构造要求放样确定；锚栓按构造设置，采用 $2\phi20$。

【例 4-7】屋架下弦杆的拼接连接设计

1. 设计条件

交汇于节点各杆件的截面尺寸和内力如图 4-57 所示；节点板厚度 $t = 14mm$，杆件和节点板所用钢材均为 Q235 钢，焊条为 E43×× 型焊条，手工焊接。

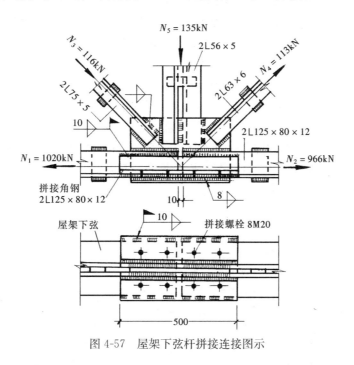

图 4-57　屋架下弦杆拼接连接图示

2. 拼接连接计算

1）拼接角钢与下弦角钢的连接焊缝长度计算（屋架下弦按等强度连接）

下弦杆净截面面积，$A_n = 46.7 - 5.16 = 41.54\text{cm}^2$（孔$=2 \times 2.15 \times 1.2 = 5.16\text{cm}^2$）

设$h_f = 10\text{mm}$，则由公式（4-20）得到：

$$l_{wa} = \frac{A_n f}{4 \times 0.7 h_f f_f^w} + 1.0$$

$$= \frac{41.54 \times 21.5}{4 \times 0.7 \times 1 \times 16} + 1.0$$

$$= 20.9\text{cm} \rightarrow \text{取} \, l_{wa} = 24\text{cm}$$

2）下弦角钢与节点板的连接焊缝计算

下弦杆内力差：

$$\Delta N_1 = 1020 - 966 = 54\text{kN}$$

下弦杆中的节点板按最大内力的15%计算：

$$\Delta N_2 = 1020 \times 0.15 = 153\text{kN} > \Delta N_1$$

设下弦角钢肢背、肢尖角焊缝的焊脚尺寸相同，即$h_{f1} = h_{f2} = 8\text{mm}$，则角钢肢背角焊缝的实际长度，由公式（4-15）转换得到：

$$l_{wa1} = \frac{0.75 \times 153}{2 \times 0.7 \times 0.8 \times 16} + 1.0$$

$$= 7.4\text{cm} \rightarrow \text{取} \, l_{wa1} = 12\text{cm}$$

肢尖角焊缝的实际长度取$l_{wa2} = l_{wa1} = 12\text{cm}$

另外，在确定节点板的尺寸时，尚应满足构造上的要求。

3）拼接角钢采用与下弦角钢相同的截面即为2∟125×80×12。另外，为了使其紧贴于被拼接角钢，应将拼接角钢的背棱切角（$r \times 45°$）；为了布置连接焊缝，应将拼接角钢的竖肢截去（$h_f + t + 5\text{mm} =$）25，即2∟125×55×12。

拼接角钢的长度

$$l = 2l_{wa} + 1.0\text{cm}$$

$$= 2 \times 24 + 1 = 49\text{cm} \rightarrow \text{取} \, l = 50\text{cm}$$

也可按第11章表11-43查得：拼接角钢的长度为54cm。

为简化设计计算，角钢构件的拼接连接，可直接按第11章表11-42和表11-43查得：拼接角钢的长度及其连接焊缝，连接节点板的长度及其焊缝等。当然，在确定节点板的长度时，尚应满足构造上的要求。

某项目高空连廊钢结构
桁架施工图

第 5 章　钢管桁架结构的连接节点设计

5.1　概　　述

本章所述的钢管桁架结构的焊接节点，指既不用节点板连接、也不用空心球连接，或螺栓头连接的钢管节点，而是指用钢管［圆钢管（CHS）或矩形钢管（RHS）、方钢管（SHS）］直接相贯焊接的钢管节点。钢管结构由于具有优越的截面特性和结构性能、外形简洁美观等优点，在我国工程结构中广泛应用，制定了《钢管结构技术规程》CECS 280：2010。对其材料、设计、施工等技术要求配套地制定了规定，以促使其进一步发展。规程在总结国内外设计、施工、管理经验和科研成果的基础上，对钢管结构的材料、基本设计规定、结构及构件设计、节点强度计算、节点构造、疲劳计算和施工等作出了规定，同时也应按《钢结构设计标准》GB 50017 中钢管结构的有关公式计算和构造规定执行。

钢管规程适用于工业与民用建筑和一般构筑物的钢管结构设计与施工。在钢管结构设计文件中，应注明建筑结构的设计使用年限、钢材牌号（或钢号）、连接材料的型号和对钢材所要求的材料标准及其他的附加保证项目。此外，还应注明所要求的焊缝形式、焊缝质量等级、端面刨平顶紧部位及对施工的要求。

5.1.1　钢管结构的组成

钢管桁架构件是主要由钢管构件组成的结构，钢管包括圆钢管、矩形钢管和用钢板焊接成的钢管。构件有主管或弦杆，指钢管结构中在节点处连续贯通的管件，如桁架中的弦杆。有支管或腹杆，指钢管结构中在节点处断开并与主管相连的管件，如桁架中的腹杆。节点有平面管节点，所有支管与主管在同一平面内相互连接的节点。空间管节点，指在不同平面内的支管与主管相连接而形成的管节点。加强型管节点，指用局部增加壁厚、设置加劲肋或管内填充混凝土等方法加强的管节点。

5.1.2　桁架的种类

桁架的种类包括：①平面桁架，由处于同一平面内的上弦杆、腹杆和下弦杆构成的桁架；②立体桁架，由弦杆和腹杆构成的立体格构式桁架。平面桁架按腹杆形式，可选用单斜式、人字式、芬克式和空腹式。人字式桁架和单斜式桁架的斜腹杆与主管的夹角宜取 40°～50°，钢管桁架的高跨比应根据建筑净高要求、荷载、材料及运输条件等因素决定，一般可取 1/15～1/10。立体桁架可选用三角形截面（正放和倒放）、四边形截面和梯形截面等。桁架结构应设置支撑系统，以保证桁架的稳定性。

5.1.3 钢 管 桁 架

钢管桁架按平面及空间布置，可分为平面桁架和立体桁架；按外观形状，可分为曲线桁架和直线桁架；按边界条件，分为端部刚接桁架和端部铰接桁架。考虑到曲线桁架与桁架拱在受力方面区别较大，在外荷载作用下前者一般不会形成支座水平推力；而后者则有较大的水平推力，因而后者的稳定性计算更为复杂。

5.1.4 平面桁架和立体桁架

平面桁架和立体桁架的腹杆布置形式多种多样，以后者为例进行说明。对于三角形截面的立体桁架，腹杆布置以四角锥形式居多，上弦水平面斜腹杆可根据建筑需要决定。矩形和梯形截面的立体桁架中四个面的腹杆布置与平面桁架腹杆的布置形式基本相同，不过有时需要增加一些空间斜向构件，以增强其截面的扭转刚度。这往往与建筑对通透效果的要求相矛盾。桁架示意图见图 5-1～图 5-5。

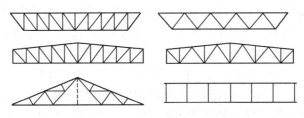

图 5-1 几种钢管平面桁架

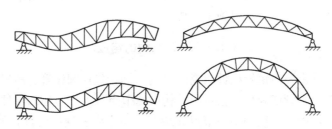

图 5-2 拱形桁架及曲线桁架

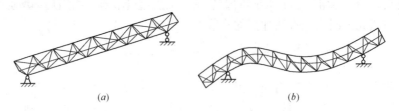

(a)   *(b)*

图 5-3 立体桁架示意图

（a）三角形截面立体直线桁架；（b）三角形截面立体曲线桁架

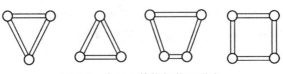

图 5-4 常用立体桁架截面形式

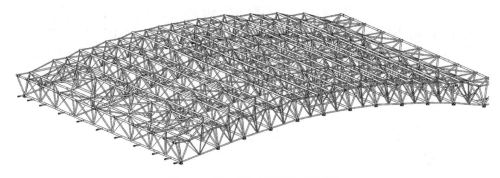

图 5-5　某体育馆钢管桁架轴测图

5.1.5　钢　管　刚　架

钢管刚架也分为平面刚架和立体刚架，其与基础的连接可分为铰接和刚接。这里应特别注意，所谓刚架与基础铰接是指刚架柱整体上与基础铰接；所谓刚接，是指刚架柱整体上与基础刚接。前者一般采用销轴支座节点，后者涉及单根构件的连接情况。实际工程中可选择与基础埋件直接焊接，也可选择铰接，但有时铰接销轴的方向性很难确定。

5.2　钢管材料和连接节点材料

5.2.1　钢　　材

1. 钢管结构用钢管材料，其质量应分别符合现行《碳素结构钢》GB/T 700、《优质碳素结构钢》GB/T 699、《低合金高强度结构钢》GB/T 1591 和《建筑结构用钢板》GB/T 19879的规定。对相贯焊接的钢管结构，不宜采用屈强比 f_y/f_u 大于 0.8 的钢材，可采用牌号为 Q235、Q355 的钢材；当有可靠依据时，可采用其他牌号的钢材。

2. 结构用钢管，应根据结构的重要性、荷载特征、结构形式、应力状态、钢材厚度、成型方法和工作环境等因素，合理选取钢材牌号、质量等级与性能指标，并在设计文件中注明。焊接钢管结构的钢材宜采用 B 级及 B 级以上等级的钢材。

3. 结构用圆管和矩形管，可采用热轧、热扩无缝钢管，或采用辊压成型、冷弯成型、热完成成型的直缝焊接管，矩形管也可用钢板焊接成型。焊接可采用高频焊、自动焊或半自动焊以及手工焊，焊接材料应与母材匹配。

4. 钢管结构的铸钢节点用铸钢材料及连接材料应符合现行协会标准《铸钢节点应用技术规程》CECS 235 的规定。

5.2.2　连　接　材　料

1. 钢管结构的焊接材料应符合下列要求：

（1）手工焊接采用的焊条，应符合现行《碳钢焊条》GB/T 5117 或《低合金钢焊条》GB/T 5118 的规定。选择的焊条型号应与主体金属力学性能相匹配。对直接承受动力荷载或振动荷载且需要验算疲劳的结构，宜采用低氢型焊条。

（2）自动或半自动焊接采用的焊丝及相应的焊剂应与主体金属力学性能相匹配。焊丝应符合现行《熔化焊用钢丝》GB/T 14957 或《气体保护焊用钢丝》GB/T 14958 的规定。

（3）二氧化碳气体保护焊接用的焊丝，应符合现行《气体保护电弧焊用碳钢、低合金钢焊丝》GB/T 8110 的规定。

（4）当两种不同级别的钢材相焊接时，宜采用与主体金属强度较低一种钢材相适应的焊条或焊丝。

2. 钢管结构的连接紧固件应符合下列要求：

（1）普通螺栓应符合现行《六角头螺栓　C 级》GB/T 5780 和《六角头螺栓》GB/T 5782 的规定。

（2）高强度螺栓应符合现行《钢结构用扭剪型高强度螺栓连接副》GB/T 3632、《钢结构用扭剪型高强度螺栓连接副技术条件》GB/T 3633 或《钢结构用高强度大六角头螺栓》GB/T 1228、《钢结构用高强度大六角螺母》GB/T 1229、《钢结构用高强度垫圈》GB/T 1230 与《钢结构用高强度大六角头螺栓、大六角螺母、垫圈技术条件》GB/T 1231 的规定。高强度螺栓的预拉力和摩擦面抗滑移系数应按现行《钢结构设计标准》GB 50017 选用。

（3）锚栓可采用现行《碳素结构钢》GB/T 700 中规定的 Q235 钢或《低合金高强度结构钢》GB/T 1591 中规定的 Q355 钢。

3. 混凝土材料

（1）加强型钢管节点中的混凝土强度等级应依据结构计算或节点强度计算的要求由设计决定。混凝土的强度等级、力学性能指标和质量标准应分别符合现行《混凝土结构设计规范》GB 50010、《混凝土强度检验评定标准》GB 50107 及现行协会标准《自密实混凝土应用技术规程》CECS 203 的规定。混凝土的强度级别，对 Q235 钢管不宜小于 C30，对 Q355 钢管不宜小于 C40。

（2）钢管节点中的混凝土宜采用自密实混凝土或高强度无收缩砂浆。混凝土的配合比应根据混凝土的设计强度等级计算，并通过试验确定。混凝土的坍落度应根据混凝土浇筑施工工艺和钢管尺寸等条件确定。

5.3　钢管桁架结构节点设计准则和步骤

5.3.1　基　本　要　求

桁架结构的杆件由拉杆和压杆组成，按轴力相交于节点中心的铰接桁架进行设计。为避免次应力的发生，通常的做法是调整节点，使斜腹杆中心线相交于主杆（弦杆）的中心线上（图 5-6）。斜腹杆的尺寸根据静力学的一般法则确定，而连接处的焊缝应根据构件所传递力的大小来设计。

假定杆件中心线相交并为铰接连接，杆件的轴向力可以按静定结构求得。但在实际的桁架中，由于弦杆的连续性和节点处的焊接连接、节点固有的刚性在弦杆内将产生次弯矩。此外，为了焊接需要在节点处杆件之间需留有一定的间隙或搭接，使节点产生偏心相交，从而产生偏心弯矩。

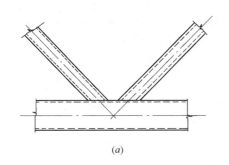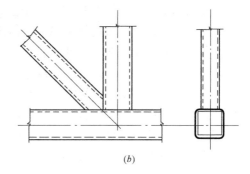

(a) (b)

图 5-6　中心相交节点

设计应综合考虑结构类型、节点构造、材料、荷载等多种因素的协调和统一。为加速钢管桁架结构的设计，应考虑以下设计原则：

（1）从节点强度的观点看，应优先选用管壁较薄的弦杆。

（2）受压弦杆要求具有最大的回转半径，减小压杆长细比 λ，故应选用外形大而壁薄的钢管，因而弦杆具有较大的出平面惯性矩，使桁架在平面外具有最大的稳定性。

（3）对于有间隙的节点，应尽量使斜腹杆对弦杆有最大的宽度比 $\left(\dfrac{d_1}{d_0}\text{或}\dfrac{b_1}{b_0}\right)$。为此，可以使弦杆的侧向尺寸（$h_0$）保持最小；同样，其腹杆亦应采用直径大、壁薄，而不采用直径小、壁厚的钢管。

（4）为了充分发挥杆件有效截面的作用，对 T 形、X 形、Y 形和有间隙的 K 形、N 形节点，宜采用 Q355 钢的钢管做弦杆，而腹杆采用 Q235B 钢的钢管。这样，在节点设计承载力方面可获得较好的经济效益。

5.3.2　焊接桁架的设计步骤

无论从整个格构式桁架的强度还是从局部节点承载力设计而言，为了快速获得最佳的结构设计，其设计步骤如下：

（1）合理确定格构式桁架的几何尺寸，在假定节点为铰接且杆件中心线交汇于一点的条件下计算出各杆件的内力。选择管桁架形式、几何图形尺寸及腹杆构造。根据屋面坡度、建筑对结构外观的需求选择桁架形式，结构选型时还要考虑受力合理、减少节点数量、减少施工难度等。然后，根据荷载大小选定桁架的合理高跨比，再根据屋面材料、檩条间距等选择上弦节点间距，由腹杆的合理角度构成桁架整体外形及尺寸。

（2）按照设计条件，计算作用于桁架节点及节间的荷载。根据杆件内力选择杆件截面尺寸。

按照铰接桁架或腹杆两端铰接弦杆连续的计算模型进行桁架内力分析。当有节间荷载时，也可近似按照连续梁计算跨中支座节点处的弯矩。

（3）按杆件内力及径厚比（或宽厚比）等条件初选截面，进行杆件承载力计算。进行截面初选时，应使弦杆 $l_0/d_0 > 12$，腹杆 $l_i/d_i > 24$；截面的径厚比或宽厚比应满足要求。钢管截面规格应进行适当的归并，一般不超过 5 种截面。杆件截面选择时必须同时考虑节点构造，要合理选择腹杆与弦杆的直径之比、腹杆与弦杆的壁厚之比以及相交腹杆之间的间隙。通常，钢管的径厚比或宽厚比取为 20～30，腹杆壁厚小于弦杆壁厚，腹杆直径小于弦杆直径的 0.8 倍。受压弦杆的径厚比应尽量选大一些，对抗压稳定性有利。

（4）进行节点设计。可优先选加工制作和组装焊接简单、经济的间隙型节点，并尽量避免偏心节点。验算支管在节点处承载力设计值，应使支管轴心内力设计值不超过节点承载力设计值。若腹杆（支管）节点承载力不足时，则应调整杆件截面或节点类型（如间隙节点改为搭接节点）后重新核算，必要时采用加强型节点。应避免在组装焊接过程中可能出现的隐蔽焊缝。通常，只需校核起控制作用的少数节点。应按杆件受力情况、桁架的几何尺寸等，根据经验选择具有代表性的杆件，来确定其哪几个节点需要校核。

（5）桁架节点的连接焊缝计算。若节点设计承载力不足时，可修改节点设计或采取加固措施。对斜腹杆搭接的 K 形和 N 形节点，一般情况下其节点的设计承载力有所提高。

（6）检查作用在弦杆节间的荷载引起的弦杆受弯的影响，以及腹杆偏心产生的弯矩的影响，对弦杆进行压（拉）弯构件验算。

（7）验算标准值荷载作用下桁架的挠度。当挠度较大或跨度较大（$L > 24\text{m}$）时，宜起拱。

5.3.3　节点焊接计算

连接斜腹杆和弦杆的焊缝应符合国家标准的有关规定。快速计算或估算节点可以按下列公式做初步设计，焊缝可为角焊缝或熔透的对接焊缝。

（1）当用角焊缝连接时，焊缝厚度 h_e 应为：

$$h_e \geqslant f(L) \times f(W) \times t_1 \tag{5-1}$$

式中　$f(L)$——荷载函数，应取 $\dfrac{\text{内力设计值}}{\text{节点承载力设计值}}$ 或 $\dfrac{\text{内力设计值}}{\text{杆件承载力设计值}}$ 中的较大值。

$f(W)$——杆件强度设计值（f）与焊缝强度设计值（f_f^w）之比，并根据钢材牌号和焊条型号分别采用如下值：

钢材牌号	焊条型号	$f(W)$
Q235	E43××	1.4
Q355	E50××	1.6

t_1——腹杆壁厚，如图 5-7 所示。

（2）斜腹杆趾部的焊接是最重要的部位。若斜腹杆角度小于 $60°$，则趾部应采用倾斜的对接焊，如图 5-8 所示。

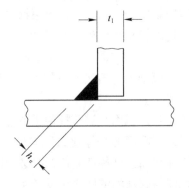
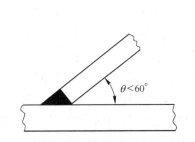

图 5-7　腹杆与弦杆的角焊缝　　　图 5-8　斜腹杆与弦杆焊接时的趾部

（3）做施工图节点详细设计时，管材相贯焊接的详细焊缝计算和构造要求见第 3 章焊缝连接的相关内容。

5.4 钢管桁架结构连接节点设计

5.4.1 一 般 规 定

1. 本节规定不适用于直接承受冲击荷载的节点，适用于不直接承受动力荷载的钢管桁架结构。

钢管结构宜采用弹性分析方法计算结构内力，采用构件计算长度系数法直接验算构件的稳定性；对于偏心节点的钢管结构，构件承载力校核应考虑偏心产生的弯矩影响，并按偏心受力构件计算其稳定性。直接焊接钢管结构中，支管和主管的内力设计值不应超过杆件承载力设计值。支管的内力设计值不应超过节点承载力设计值。连接焊缝的承载力应等于或大于节点承载力。铸钢节点、螺栓球节点、焊接球节点、钢管法兰式节点应分别按国家现行的标准计算。

2. 在满足下列条件的情况下，分析桁架杆件内力时可将节点视为铰接：

（1）符合各类节点相应的几何参数的适用范围；

（2）杆件的节间长度或杆件长度与截面高度（或直径）之比不小于 12（主管）和 24（支管）；否则，宜按刚接节点模型计算桁架内力。

3. 钢管相贯焊接节点，当支管与主管连接节点的偏心不超过式（5-2）的限制时，在计算节点和受拉主管承载力时，可忽略因偏心引起的弯矩的影响，但受压主管必须考虑此偏心弯矩 $M=\Delta N \times e$（ΔN 为节点两侧主管轴力之差）的影响。

$$-0.55 \leqslant e/h(e/d) \leqslant 0.25 \tag{5-2}$$

式中 e——偏心距，符号如图 5-9 所示；

d——圆主管外径；

h——连接平面内的矩形主管截面高度。

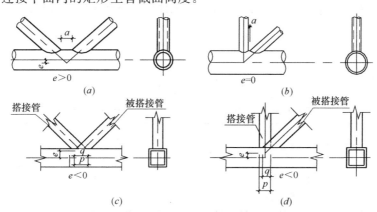

图 5-9 K 形和 N 形管节点的偏心和间隙

(a) 有间隙的 K 形节点（$e>0$）；(b) 有间隙的 N 形节点（$e=0$）；

(c) 搭接的 K 形节点（$e<0$）；(d) 搭接的 N 形节点（$e<0$）

4. 主管上因节间荷载产生的弯矩应在设计主管和节点时加以考虑。此时，可将主管按连续杆件单元模型进行计算（图 5-10）。当节点偏心超过本节第 3 条规定时，应考虑偏心弯矩对节点强度和杆件承载力的影响，可按图 5-11 和图 5-12 所示模型进行计算。对分配有弯矩的每一个支管，应按照节点在支管轴力和弯矩共同作用下的相关公式验算节点的强度，同时对分配有弯矩的主管和支管按偏心受力构件进行验算。

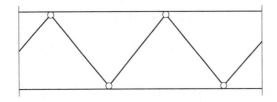

图 5-10　无偏心的腹杆端铰接桁架内力计算模型

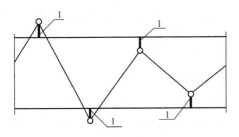

图 5-11　节点偏心的腹杆端铰接桁
架内力计算模型
1—刚性杆件

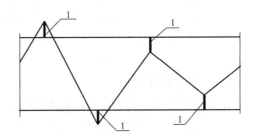

图 5-12　节点偏心的腹杆端刚接桁架
内力计算模型
1—刚性杆件

5. 无斜腹杆的空腹桁架，采用无加劲肋钢管直接焊接节点时，应按照《钢结构设计标准》GB 50017—2017 附录 H 的规定计算节点刚度，并判别节点作为刚接还是半刚接模型。

5.4.2　圆钢管直接焊接节点和局部加劲结点的承载力计算规定

1. 本节规定适用于节点处直接焊接且主管与支管均为圆管的桁架结构、塔架结构等类似结构。

本节各项计算公式，其适用范围应符合表 5-1 的要求。

主管和支管均为圆管的节点几何参数的适用范围　　　　　　　　　　表 5-1

$\beta = d_i/d$	$\gamma = d/(2t)$	d_i/t_i	$\tau = t_i/t$	θ	ϕ
$0.2 \leqslant \beta \leqslant 1.0$	$\leqslant 50$	$\leqslant 60$	$0.2 \leqslant \tau \leqslant 1.0$	$\geqslant 30°$	$60° \leqslant \phi \leqslant 120°$

注：1. d、d_i 分别为主支管直径；t、t_i 分别为主支管壁厚。

2. θ 为主支管轴线间小于直角的夹角。

3. ϕ 为空间管节点支管的横向夹角，即支管轴线在主管横截面所在平面投影的夹角。

2. 承受轴力作用的节点承载力应按下列规定计算：

无加劲肋直接焊接平面圆钢管节点，在轴心力作用下，支管在节点的承载力设计值不得小于其轴心力设计值。

圆钢管直接焊接节点和局部加劲节点的计算，当采用本节进行计算时，圆钢管连接节点应符合下列规定：

(1) 支管与主管外径及壁厚之比均不得小于 0.2，且不得大于 1.0；

(2) 主支管轴线间的夹角不得小于 30°；

(3) 支管轴线在主管横截面所在平面投影的夹角不得小于 60°，且不得大于 120°。

5.4.3 无加劲直接焊接的平面节点承载力计算

无加劲直接焊接的平面节点，当支管按仅承受轴心力的构件设计时，支管在节点处的承载力设计值不得小于其轴心力设计值。

1. 平面 X 形节点（图 5-13）：

(1) 受压支管在管节点处的承载力设计值 N_{cX} 应按下列公式计算：

$$N_{cX} = \frac{5.45}{(1 - 0.81\beta)\sin\theta} \psi_n t^2 f \qquad (5-3)$$

$$\beta = D_i/D \qquad (5-3.1)$$

$$\psi_n = 1 - 0.3\frac{\sigma}{f_y} - 0.3\left(\frac{\sigma}{f_y}\right)^2 \qquad (5-3.2)$$

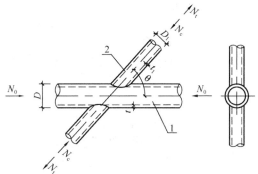

图 5-13 X 形节点
1—主管；2—支管

式中 ψ_n ——参数，当节点两侧或者一侧主管受拉时，取 $\psi_n = 1$，其余情况按式（5-3.2）计算；

t ——主管壁厚（mm）；

f ——主管钢材的抗拉、抗压和抗弯强度设计值（N/mm²）；

θ ——主支管轴线间小于直角的夹角；

D、D_i ——分别为主管和支管的外径（mm）；

f_y ——主管钢材的屈服强度（N/mm²）；

σ ——节点两侧主管轴心压应力中较小值的绝对值（N/mm²）。

(2) 受拉支管在管节点处的承载力设计值 N_{tX}^{pj} 应按下式计算：

$$N_{tX}^{pj} = 0.78\left(\frac{d}{t}\right)^{0.2} N_{cX}^{pj} \qquad (5-4)$$

2. 平面 T 形（或 Y 形）节点（图 5-14 和图 5-15）应符合下列规定。

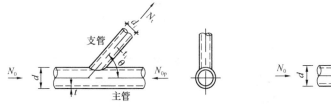

图 5-14 T 形（或 Y 形）受拉节点

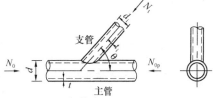

图 5-15 T 形（或 Y 形）受压节点

（1）受压支管在管节点处的承载力设计值 N_{cT}^{pj} 应按下式计算：

$$N_{cT}^{pj} = \frac{11.51}{\sin\theta}\left(\frac{d}{t}\right)^{0.2}\psi_n\psi_d t^2 f \tag{5-5}$$

上式中的参数 ψ_d 应按下式计算：

当 $\beta \leqslant 0.7$ 时：

$$\psi_d = 0.069 + 0.93\beta \tag{5-6}$$

当 $\beta > 0.7$ 时：

$$\psi_d = 2\beta - 0.68 \tag{5-7}$$

（2）受拉支管在管节点处的承载力设计值 N_{tT}^{pj} 应按下式计算：

当 $\beta \leqslant 0.6$ 时：

$$N_{tT}^{pj} = 1.4 N_{cT}^{pj} \tag{5-8}$$

当 $\beta > 0.6$ 时：

$$N_{tT}^{pj} = (2-\beta) N_{cT}^{pj} \tag{5-9}$$

3. 平面 K 形间隙节点（图 5-16）：

（1）受压支管在管节点处的承载力设计值 N_{cK} 应按下列公式计算：

$$N_{cK} = \frac{11.51}{\sin\theta_c}\left(\frac{D}{t}\right)^{0.2}\psi_n\psi_d\psi_a t^2 f \tag{5-10}$$

$$\psi_a = 1 + \left(\frac{2.19}{1+7.5a/D}\right)\left(1 - \frac{20.1}{6.6+D/t}\right)(1-0.77\beta) \tag{5-11}$$

式中　θ_c ——受压支管轴线与主管轴线的夹角；

　　　ψ_a ——参数，按式（5-11）计算；

　　　ψ_d ——参数，按式（5-6）或式（5-7）计算；

　　　a ——两支管之间的间隙（mm）。

（2）受拉支管在管节点处的承载力设计值 N_{tK} 应按下式计算：

$$N_{tK} = \frac{\sin\theta_c}{\sin\theta_t} N_{cK} \tag{5-12}$$

式中　θ_t ——受拉支管轴线与主管轴线的夹角。

4. 平面 K 形搭接节点（图 5-17）：

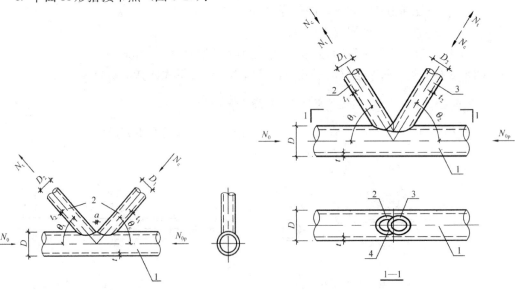

图 5-16　平面 K 形间隙节点

1—主管；2—支管

图 5-17　平面 K 形搭接节点

1—主管；2—搭接支管；3—被搭接支管；

4—被搭接支管内隐藏部分

支管在管节点处的承载力设计值 N_{cK}、N_{tK} 应按下列公式计算：

受压支管

$$N_{cK} = \left(\frac{29}{\psi_q + 25.2} - 0.074\right) A_c f \tag{5-13}$$

受拉支管

$$N_{tK} = \left(\frac{29}{\psi_q + 25.2} - 0.074\right) A_t f \tag{5-14}$$

$$\psi_q = \beta^{\eta_{ov}} \gamma \tau^{0.8-\eta_{ov}} \tag{5-15}$$

$$\gamma = D/(2t) \tag{5-16}$$

$$\tau = t_i/t \tag{5-17}$$

式中　ψ_q ——参数；

　　　A_c ——受压支管的截面面积（mm²）；

　　　A_t ——受拉支管的截面面积（mm²）；

　　　f ——支管钢材的强度设计值（N/mm²）；

　　　t_i ——支管壁厚（mm）。

5. 平面 DY 形节点（图 5-18）：

两受压支管在管节点处的承载力设计值 N_{cDY} 应按下式计算：

$$N_{cDY} = N_{cX} \tag{5-18}$$

式中　N_{cX} ——X 形节点中受压支管极限承载力设计值（N）。

6. 平面 DK 形节点：

（1）荷载正对称节点（图 5-19）：

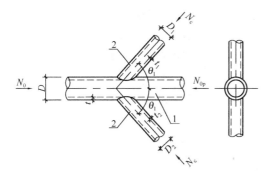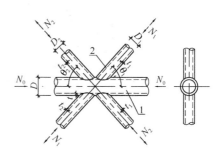

图 5-18　平面 DY 形节点
1—主管；2—支管

图 5-19　荷载正对称平面 DK 形节点
1—主管；2—支管

四支管同时受压时，支管在管节点处的承载力应按下列公式验算：

$$N_1 \sin\theta_1 + N_2 \sin\theta_2 \leqslant N_{cXi} \sin\theta_i \tag{5-19}$$

$$N_{cXi} \sin\theta_i = \max(N_{cX1} \sin\theta_1, N_{cX2} \sin\theta_2) \tag{5-20}$$

四支管同时受拉时，支管在管节点处的承载力应按下列公式验算：

$$N_1 \sin\theta_1 + N_2 \sin\theta_2 \leqslant N_{tXi} \sin\theta_i \tag{5-21}$$

$$N_{tXi} \sin\theta_i = \max(N_{tX1} \sin\theta_1, N_{tX2} \sin\theta_2) \tag{5-22}$$

式中　N_{cX1}、N_{cX2}——X形节点中支管受压时节点承载力设计值（N）；

　　　　N_{tX1}、N_{tX2}——X形节点中支管受拉时节点承载力设计值（N）。

（2）荷载反对称节点（图5-20）：

$$N_1 \leqslant N_{cK} \tag{5-23}$$

$$N_2 \leqslant N_{tK} \tag{5-24}$$

对于荷载反对称作用的间隙节点（图5-20），还需补充验算截面 a-a 的塑性剪切承载力：

$$\sqrt{\left(\frac{\sum N_i \sin\theta_i}{V_{p1}}\right)^2 + \left(\frac{N_a}{N_{p1}}\right)^2} \leqslant 1.0 \tag{5-25}$$

$$V_{p1} = \frac{2}{\pi} A f_v \tag{5-26}$$

$$N_{p1} = \pi (D-t) t f \tag{5-27}$$

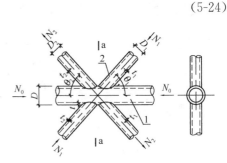

图5-20　荷载反对称平面DK形节点

1—主管；2—支管

式中　N_{cK}——平面 K 形节点中受压支管承载力设计值（N）；

　　　　N_{tK}——平面 K 形节点中受拉支管承载力设计值（N）；

　　　　V_{p1}——主管剪切承载力设计值（N）；

　　　　A——主管截面面积（mm^2）；

　　　　f_v——主管钢材抗剪强度设计值（N/mm^2）；

　　　　N_{p1}——主管轴向承载力设计值（N）；

　　　　N_a——截面 a-a 处主管轴力设计值（N）。

7. 平面 KT 形节点（图5-21）：

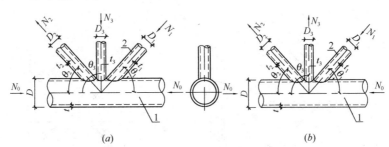

(a)　　　　　　　　　　　　　　　　　(b)

图5-21　平面 KT 形节点

(a) N_1、N_3 受压；(b) N_2、N_3 受拉

1—主管；2—支管

对有间隙的 KT 形节点，当竖杆不受力，可按没有竖杆的 K 形节点计算，其间隙值 a 取为两斜杆的趾间距；当竖杆受压力时，可按下列公式计算：

$$N_1 \sin\theta_1 + N_3 \sin\theta_3 \leqslant N_{cK1} \sin\theta_1 \tag{5-28}$$

$$N_2 \sin\theta_2 \leqslant N_{cK1} \sin\theta_1 \tag{5-29}$$

当竖杆受拉力时，尚应按下式计算：

$$N_1 \leqslant N_{cK1} \tag{5-30}$$

式中　N_{cK1}——K 形节点支管承载力设计值，由式（5-11）计算，式（5-11）中 $\beta = (D_1 + D_2 + D_3)/3D$，$a$ 为受压支管与受拉支管在主管表面的间隙。

8. T、Y、X 形和有间隙的 K、N 形、平面 KT 形节点的冲剪验算，支管在节点处的冲剪承载力设计值 N_{si} 应按下式进行补充验算：

$$N_{si} = \pi \frac{1 + \sin\theta_i}{2\sin^2\theta_i} t D_i f_v \qquad (5\text{-}31)$$

5.4.4　无加劲直接焊接的空间节点的承载力计算

无加劲直接焊接的空间节点，当支管按仅承受轴力的构件设计时，支管在节点处的承载力设计值不得小于其轴心力设计值。

1. 空间 TT 形节点（图 5-22）：

（1）受压支管在管节点处的承载力设计值 N_{cTT} 应按下列公式计算：

$$N_{cTT} = \psi_{a0} N_{cT} \qquad (5\text{-}32)$$

$$\psi_{a0} = 1.28 - 0.64 \frac{a_0}{D} \leqslant 1.1 \qquad (5\text{-}33)$$

式中　a_0——两支管的横向间隙。

（2）受拉支管在管节点处的承载力设计值 N_{tTT} 应按下式计算：

$$N_{tTT} = N_{cTT} \qquad (5\text{-}34)$$

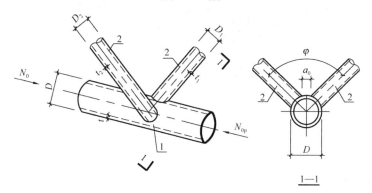

图 5-22　空间 TT 形节点
1—主管；2—支管

2. 空间 KK 形节点（图 5-23）：

受压或受拉支管在空间管节点处的承载力设计值 N_{cKK} 或 N_{tKK} 应分别按平面 K 形节点相应支管承载力设计值 N_{cK} 或 N_{tK} 乘以空间调整系数 μ_{KK} 计算。

支管为非全搭接型

$$\mu_{KK} = 0.9 \qquad (5\text{-}35)$$

支管为全搭接型

$$\mu_{KK} = 0.74 \gamma^{0.1} \exp(0.6\zeta_t) \qquad (5\text{-}36)$$

$$\zeta_t = \frac{q_0}{D} \qquad (5\text{-}37)$$

式中　ζ_t——参数；
　　　q_0——平面外两支管的搭接长度（mm）。

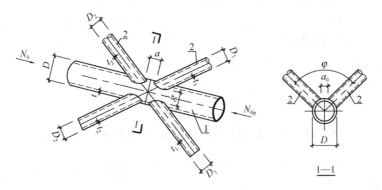

图 5-23　空间 KK 形节点

1—主管；2—支管

3. 空间 KT 形圆管节点（图 5-24、图 5-25）：

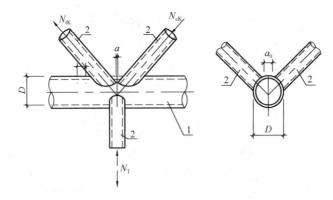

图 5-24　空间 KT 形圆管节点

1—主管；2—支管

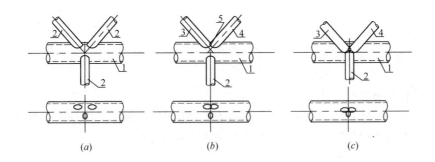

图 5-25　空间 KT 形节点分类

(*a*) 空间 KT 形间隙节点；(*b*) 空间 KT 形平面内搭接节点；(*c*) 空间 KT 形全搭接节点

1—主管；2—支管；3—贯通支管；4—搭接支管；5—内隐蔽部分

1）K 形受压支管在管节点处的承载力设计值 N_{cKT} 应按下列公式计算：

$$N_{cKT} = Q_n \mu_{KT} N_{cK} \tag{5-38}$$

$$Q_n = \cfrac{1}{1 + \cfrac{0.7 n_{TK}^2}{1 + 0.6 n_{TK}^2}} \qquad (5\text{-}39)$$

$$n_{TK} = N_T / |N_{cK}| \qquad (5\text{-}40)$$

$$\mu_{KT} = \begin{cases} 1.15\beta_T^{0.07}\exp(-0.2\zeta_0) & \text{空间 KT 形间隙节点} \\ 1.0 & \text{空间 KT 形平面内搭接节点} \\ 0.74\gamma^{0.1}\exp(-0.25\zeta_0) & \text{空间 KT 形全搭接节点} \end{cases} \qquad (5\text{-}41)$$

$$\zeta_0 = \frac{a_0}{D} \text{ 或} \frac{q_0}{D} \qquad (5\text{-}42)$$

2）K 形受拉支管在管节点处的承载力设计值 N_{tKT} 应按下式计算：

$$N_{tKT} = Q_n \mu_{KT} N_{tK} \qquad (5\text{-}43)$$

3）T 形支管在管节点处的承载力设计值 N_{KT} 应按下式计算：

$$N_{KT} = |n_{TK}| N_{cKT} \qquad (5\text{-}44)$$

式中　Q_n ——支管轴力比影响系数；

$\quad\quad n_{TK}$ ——T 形支管轴力与 K 形支管轴力比，$-1 \leqslant n_{TK} \leqslant 1$。

N_T、N_{cK} ——分别为 T 形支管和 K 形受压支管的轴力设计值，以拉为正，以压为负（N）；

$\quad\quad \mu_{KT}$ ——空间调整系数，根据图 5-25 的支管搭接方式分别取值；

$\quad\quad \beta_T$ ——T 形支管与主管的直径比；

$\quad\quad \zeta_0$ ——参数；

$\quad\quad a_0$ ——K 形支管与 T 形支管的平面外间隙（mm）；

$\quad\quad q_0$ ——K 形支管与 T 形支管的平面外搭接长度（mm）。

5.4.5　无加劲直接焊接的平面 T、Y、X 形节点当支管承受弯矩作用时承载力计算

无加劲直接焊接的平面 T、Y、X 形节点，当支管承受弯矩作用时（图 5-26 和图 5-27），节点承载力应按下列规定计算。

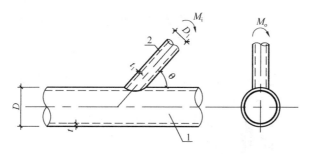

图 5-26　T 形（或 Y 形）节点的平面内受弯与平面外受弯

1—主管；2—支管

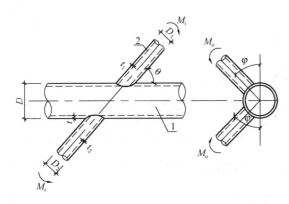

图 5-27　X形节点的平面内受弯与平面外受弯

1—主管；2—支管

1. 支管在管节点处的平面内受弯承载力设计值 M_{iT} 应按下列公式计算(图 5-22)：

$$M_{iT} = Q_x Q_f \frac{D_i t^2 f}{\sin\theta} \quad (5\text{-}45)$$

$$Q_x = 6.09\beta\gamma^{0.42} \quad (5\text{-}46)$$

当节点两侧或一侧主管受拉时：

$$Q_f = 1 \quad (5\text{-}47)$$

当节点两侧主管受压时：

$$Q_f = 1 - 0.3n_p - 0.3n_p^2 \quad (5\text{-}48)$$

$$n_p = \frac{N_{0p}}{A f_y} + \frac{M_{0p}}{W f_y} \quad (5\text{-}49)$$

当 $D_i \leqslant D - 2t$ 时，平面内弯矩不应大于下式规定的抗冲剪承载力设计值：

$$M_{siT} = \left(\frac{1 + 3\sin\theta}{4\sin^2\theta}\right) D_i^2 t f_v \quad (5\text{-}50)$$

式中　Q_x ——参数；

　　　　Q_f ——参数；

　　　　N_{0p} ——节点两侧主管轴心压力的较小绝对值（N）；

　　　　M_{0p} ——节点与 N_{0p} 对应一侧的主管平面内弯矩绝对值(N·mm)；

　　　　A ——与 N_{0p} 对应一侧的主管截面积（mm²）；

　　　　W ——与 N_{0p} 对应一侧的主管截面模量（mm³）。

2. 支管在管节点处的平面外受弯承载力设计值 M_{oT} 应按下列公式计算：

$$M_{oT} = Q_y Q_f \frac{D_i t^2 f}{\sin\theta} \quad (5\text{-}51)$$

$$Q_y = 3.2\gamma^{(0.5\beta^2)} \quad (5\text{-}52)$$

当 $D_i \leqslant D - 2t$ 时，平面外弯矩不应大于下式规定的抗冲剪承载力设计值：

$$M_{soT} = \left(\frac{3 + \sin\theta}{4\sin^2\theta}\right) D_i^2 t f_v \quad (5\text{-}53)$$

3. 支管在平面内、外弯矩和轴力组合作用下的承载力应按下式验算：

$$\frac{N}{N_j} + \frac{M_i}{M_{iT}} + \frac{M_o}{M_{oT}} \leqslant 1.0 \quad (5\text{-}54)$$

式中　N、M_i、M_o ——支管在管节点处的轴心力（N）、平面内弯矩、平面外弯矩设计值（N·mm）；

　　　　N_j ——支管在管节点处的承载力设计值，根据节点形式按第 5.4.3 节的规定计算（N）。

5.4.6　支管为方（矩）形管、主管为圆钢管无加劲肋直接焊接平面节点承载力计算

支管为方（矩）形管的平面 T、X 形节点，支管在节点处的承载力应按下列规定

计算：

1. T形节点：

（1）支管在节点处的轴向承载力设计值应按下式计算：

$$N_{TR} = (4 + 20\beta_{RC}^2)(1 + 0.25\eta_{RC})\psi_n t^2 f \tag{5-55}$$

$$\beta_{RC} = \frac{b_1}{D} \tag{5-56}$$

$$\eta_{RC} = \frac{h_1}{D} \tag{5-57}$$

（2）支管在节点处的平面内受弯承载力设计值应按下式计算：

$$M_{iTR} = h_1 N_{TR} \tag{5-58}$$

（3）支管在节点处的平面外受弯承载力设计值应按下式计算：

$$M_{oTR} = 0.5b_1 N_{TR} \tag{5-59}$$

式中　β_{RC} ——支管的宽度与主管直径的比值，且需满足 $\beta_{RC} \geqslant 0.4$；

η_{RC} ——支管的高度与主管直径的比值，且需满足 $\eta_{RC} \leqslant 4$；

b_1 ——支管的宽度（mm）；

h_1 ——支管的平面内高度（mm）；

t ——主管壁厚（mm）；

f ——主管钢材的抗拉、抗压和抗弯强度设计值（N/mm²）。

2. X形节点：

（1）节点轴向承载力设计值应按下式计算：

$$N_{XR} = \frac{5(1 + 0.25\eta_{RC})}{1 - 0.81\beta_{RC}}\psi_n t^2 f \tag{5-60}$$

（2）节点平面内受弯承载力设计值应按下式计算：

$$M_{iXR} = h_i N_{XR} \tag{5-61}$$

（3）节点平面外受弯承载力设计值应按下式计算：

$$M_{oXR} = 0.5b_i N_{XR} \tag{5-62}$$

3. 节点尚应按下式进行冲剪计算：

$$(N_1/A_1 + M_{x1}/W_{x1} + M_{y1}/W_{y1})t_1 \leqslant t f_v \tag{5-63}$$

式中　N_1 ——支管的轴向力（N）；

A_1 ——支管的横截面积（mm²）；

M_{x1} ——支管轴线与主管表面相交处的平面内弯矩（N·mm）；

W_{x1} ——支管在其轴线与主管表面相交处的平面内弹性抗弯截面模量（mm³）；

M_{y1} ——支管轴线与主管表面相交处的平面外弯矩（N·mm）；

W_{y1} ——支管在其轴线与主管表面相交处的平面外弹性抗弯截面模量（mm³）；

t_1 ——支管壁厚（mm）；

f_v ——主管钢材的抗剪强度设计值（N/mm²）。

5.4.7 无加劲肋直接焊接圆钢管节点的焊缝计算

在节点处，支管与主管相焊接，支管互相搭接，搭接支管与被搭接支管相焊接。为防止焊缝先于节点破坏，焊缝承载力不小于节点承载力。T（Y）、X 或 K 形间隙节点及其他非搭接节点中，支管为圆管时的焊缝承载力设计值应按下列规定计算：

1. 支管仅受轴力作用时

非搭接支管与主管的连接焊缝可视为全周角焊缝进行计算。角焊缝的计算厚度沿支管周长取 $0.7h_f$，焊缝承载力设计值 N_f 可按下列公式计算：

$$N_f = 0.7 h_f l_w f_f^w \tag{5-64}$$

当 $D_i/D \leqslant 0.65$ 时：

$$l_w = (3.25 D_i - 0.025 D) \left(\frac{0.534}{\sin\theta_i} + 0.446 \right) \tag{5-65}$$

当 $0.65 < D_i/D \leqslant 1$ 时：

$$l_w = (3.81 D_i - 0.389 D) \left(\frac{0.534}{\sin\theta_i} + 0.446 \right) \tag{5-66}$$

式中　h_f——焊脚尺寸（mm）；

f_f^w——角焊缝的强度设计值（N/mm²）；

l_w——焊缝的计算长度（mm）。

2. 平面内弯矩作用下

支管与主管的连接焊缝可视为全周角焊缝进行计算。角焊缝的计算厚度沿支管周长取 $0.7h_f$，焊缝承载力设计值 M_{fi} 可按下列公式计算：

$$M_{fi} = W_{fi} f_f^w \tag{5-67}$$

$$W_{fi} = \frac{I_{fi}}{x_c + D/(2\sin\theta_i)} \tag{5-68}$$

$$x_c = (-0.34\sin\theta_i + 0.34) \cdot (2.188\beta^2 + 0.059\beta + 0.188) \cdot D_i \tag{5-69}$$

$$I_{fi} = \left(\frac{0.826}{\sin^2\theta} + 0.113 \right) \cdot (1.04 + 0.124\beta - 0.322\beta^2) \cdot \frac{\pi}{64} \cdot \frac{(D + 1.4h_f)^4 - D^4}{\cos\phi_{fi}}$$

$$\tag{5-70}$$

$$\phi_{fi} = \arcsin(D_i/D) = \arcsin\beta \tag{5-71}$$

式中　W_{fi}——焊缝有效截面的平面内抗弯模量，按式（5-68）计算（mm³）；

x_c——参数，按式（5-69）计算（mm）；

I_{fi}——焊缝有效截面的平面内抗弯惯性矩，按式（5-70）计算（mm⁴）。

3. 平面外弯矩作用下

支管与主管的连接焊缝可视为全周角焊缝进行计算。角焊缝的计算厚度沿支管周长取 $0.7h_f$，焊缝承载力设计值 M_{fo} 可按下列公式计算：

$$M_{fo} = W_{fo} f_f^w \tag{5-72}$$

$$W_{\text{fo}} = \frac{I_{\text{fo}}}{D/(2\cos\phi_{\text{fo}})} \tag{5-73}$$

$$\phi_{\text{fo}} = \arcsin(D_i/D) = \arcsin\beta \tag{5-74}$$

$$I_{\text{fo}} = (0.26\sin\theta + 0.74) \cdot (1.04 - 0.06\beta) \cdot \frac{\pi}{64} \cdot \frac{(D + 1.4h_{\text{f}})^4 - D^4}{\cos^3\phi_{\text{fo}}} \tag{5-75}$$

式中 W_{fo}——焊缝有效截面的平面外抗弯模量，按式（5-73）计算（mm^3）；

$\quad\quad I_{\text{fo}}$——焊缝有效截面的平面外抗弯惯性矩，按式（5-75）计算（mm^4）。

5.4.8 矩形钢管直接焊接节点和局部加劲节点的承载力计算

本节规定适用于直接焊接且主管为矩形管，支管为矩形管或圆管的钢管节点（图 5-28），其适用范围应符合表 5-2 的要求。

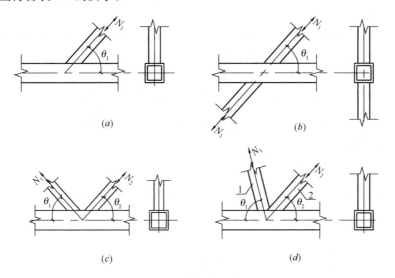

图 5-28 矩形管直接焊接平面节点

1—搭接支管；2—被搭接支管

主管为矩形管，支管为矩形管或圆管的节点几何参数适用范围　　表 5-2

截面及节点形式		节点几何参数，$i=1$ 或 2，表示支管；j 表示被搭接支管					
		$\dfrac{b_i}{b}$、$\dfrac{h_i}{b}$ 或 $\dfrac{D_i}{b}$	$\dfrac{b_i}{t_i}$、$\dfrac{h_i}{t_i}$ 或 $\dfrac{D_i}{t_i}$		$\dfrac{h_i}{b_i}$	$\dfrac{b}{t}$、$\dfrac{h}{t}$	a 或 η_{ov} $\dfrac{b_i}{b_j}$、$\dfrac{t_i}{t_j}$
			受压	受拉			
支管为矩形管	T、Y 与 X	$\geqslant 0.25$					—
	K 与 N 间隙节点	$\geqslant 0.1 + 0.01\dfrac{b}{t}$ $\beta \geqslant 0.35$	$\leqslant 37\varepsilon_{\text{k},i}$ 且 $\leqslant 35$	$\leqslant 35$	$0.5 \leqslant \dfrac{h_i}{b_i} \leqslant 2.0$	$\leqslant 35$	$0.5(1-\beta) \leqslant \dfrac{a}{b}$ $\leqslant 1.5(1-\beta)$ $a \geqslant t_1 + t_2$

截面及节点形式		节点几何参数，$i=1$ 或 2，表示支管；j 表示被搭接支管					
		$\dfrac{b_i}{b}$、$\dfrac{h_i}{b}$ 或 $\dfrac{D_i}{b}$	$\dfrac{b_i}{t_i}$、$\dfrac{h_i}{t_i}$ 或 $\dfrac{D_i}{t_i}$		$\dfrac{h_i}{b_i}$	$\dfrac{b}{t}$、$\dfrac{h}{t}$	a 或 η_{ov} $\dfrac{b_i}{b_j}$、$\dfrac{t_i}{t_j}$
			受压	受拉			
支管为矩形管	K 与 N 搭接节点	$\geqslant 0.25$	$\leqslant 33\varepsilon_{k,i}$	$\leqslant 35$	$0.5 \leqslant \dfrac{h_i}{b_i} \leqslant 2.0$	$\leqslant 40$	$25\% \leqslant \eta_{ov} \leqslant 100\%$ $\dfrac{t_i}{t_j} \leqslant 1.0$ $0.75 \leqslant \dfrac{b_i}{b_j} \leqslant 1.0$
支管为圆管		$0.4 \leqslant \dfrac{D_i}{b} \leqslant 0.8$	$\leqslant 44\varepsilon_{k,i}$	$\leqslant 50$	取 $b_i = D_i$ 仍能满足上述相应条件		

注：1. 当 $\dfrac{a}{b} > 1.5(1-\beta)$，则按 T 形或 Y 形节点计算；

2. b_i、h_i、t_i 分别为第 i 个矩形支管的截面宽度、高度和壁厚；D_i、t_i 分别为第 i 个圆支管的外径和壁厚；b、h、t 分别为矩形主管的截面宽度、高度和壁厚；a 为支管间的间隙；η_{ov} 为搭接率；$\varepsilon_{k,i}$ 为第 i 个支管钢材的钢号调整系数；β 为参数：对 T、Y、X 形节点，$\beta = \dfrac{b_1}{b}$ 或 $\dfrac{D_1}{b}$；对 K、N 形节点，$\beta = \dfrac{b_1+b_2+h_1+h_2}{4b}$ 或 $\beta = \dfrac{D_1+D_2}{b}$。

5.4.9 无加劲直接焊接的平面矩形钢管节点受轴心力的承载力计算

无加劲直接焊接的平面矩形钢管节点，当支管按仅承受轴心力的构件设计时，支管在节点处的承载力设计值不得小于其轴心力设计值。

1. 支管为矩形管的平面 T、Y 和 X 形节点

(1) 当 $\beta \leqslant 0.85$ 时，支管在节点处的承载力设计值 N_{ui} 应按下列公式计算：

$$N_{ui} = 1.8 \left(\frac{h_i}{bC\sin\theta_i} + 2 \right) \frac{t^2 f}{C\sin\theta_i} \psi_n \tag{5-76}$$

$$C = (1-\beta)^{0.5} \tag{5-77}$$

主管受压时：

$$\psi_n = 1.0 - \frac{0.25\sigma}{\beta f} \tag{5-78}$$

主管受拉时：

$$\psi_n = 1.0 \tag{5-79}$$

式中 C——参数，按式（5-77）计算；

ψ_n——参数，按式（5-78）或式（5-79）计算；

σ——节点两侧主管轴心压应力的较大绝对值（N/mm²）。

(2) 当 $\beta = 1.0$ 时，支管在节点处的承载力设计值 N_{ui} 应按下式计算：

$$N_{ui} = \left(\frac{2h_i}{\sin\theta_i} + 10t \right) \frac{t f_k}{\sin\theta_i} \psi_n \tag{5-80}$$

对于 X 形节点，当 $\theta_i < 90°$ 且 $h \geqslant h_i / \cos\theta_i$ 时，尚应按下式计算：

$$N_{ui} = \frac{2htf_v}{\sin\theta_i} \tag{5-81}$$

当支管受拉时：

$$f_k = f \tag{5-82}$$

当支管受压时：

对 T、Y 形节点：

$$f_k = 0.8\varphi f \tag{5-83}$$

对 X 形节点：

$$f_k = 0.65\sin\theta_i\varphi f \tag{5-84}$$

$$\lambda = 1.73\left(\frac{h}{t} - 2\right)\sqrt{\frac{1}{\sin\theta_i}} \tag{5-85}$$

式中　f_v——主管钢材抗剪强度设计值（N/mm²）；

f_k——主管强度设计值，按式（5-82）～式（5-84）计算（N/mm²）；

φ——长细比按式（5-85）确定的轴心受压构件的稳定系数。

（3）当 $0.85 < \beta < 1.0$ 时，支管在节点处的承载力设计值 N_{ui} 应按式（5-76）、式（5-80）或式（5-81）所计算的值，根据 β 进行线性插值。此外，尚应不超过式（5-86）的计算值：

$$N_{ui} = 2.0(h_i - 2t_i + b_{ei})t_if_i \tag{5-86}$$

$$b_{ei} = \frac{10}{b/t} \cdot \frac{tf_y}{t_if_{yi}} \cdot b_i \leqslant b_i \tag{5-87}$$

（4）当 $0.85 \leqslant \beta \leqslant 1 - 2t/b$ 时，N_{ui} 尚应不超过下列公式的计算值：

$$N_{ui} = 2.0\left(\frac{h_i}{\sin\theta_i} + b'_{ei}\right)\frac{tf_v}{\sin\theta_i} \tag{5-88}$$

$$b'_{ei} = \frac{10}{b/t} \cdot b_i \leqslant b_i \tag{5-89}$$

式中　f_i——支管钢材抗拉、抗压和抗弯强度设计值（N/mm²）。

2. 支管为矩形管的有间隙的平面 K 形和 N 形节点

（1）节点处任一支管的承载力设计值应取下列各式的较小值：

$$N_{ui} = \frac{8}{\sin\theta_i}\beta\left(\frac{b}{2t}\right)^{0.5}t^2f\psi_n \tag{5-90}$$

$$N_{ui} = \frac{A_vf_v}{\sin\theta_i} \tag{5-91}$$

$$N_{ui} = 2.0\left(h_i - 2t_i + \frac{b_i + b_{ei}}{2}\right)t_if_i \tag{5-92}$$

当 $\beta \leqslant 1 - 2t/b$ 时，尚应不超过式（5-93）的计算值：

$$N_{ui} = 2.0\left(\frac{h_i}{\sin\theta_i} + \frac{b_i + b'_{ei}}{2}\right)\frac{tf_v}{\sin\theta_i} \tag{5-93}$$

$$A_v = (2h + \alpha b)t \tag{5-94}$$

$$\alpha = \sqrt{\frac{3t^2}{3t^2 + 4a^2}} \tag{5-95}$$

式中 A_v ——主管的受剪面积，应按式（5-94）计算（mm²）；

$\quad\quad$ α ——参数，应按式（5-95）计算（支管为圆管时，$\alpha=0$）。

（2）节点间隙处的主管轴心受力承载力设计值为：

$$N = (A - \alpha_v A_v) f \tag{5-96}$$

$$\alpha_v = 1 - \sqrt{1 - \left(\frac{V}{V_p}\right)^2} \tag{5-97}$$

$$V_p = A_v f_v \tag{5-98}$$

式中 α_v ——剪力对主管轴心承载力的影响系数，按式（5-97）计算；

$\quad\quad$ V ——节点间隙处弦杆所受的剪力，可按任一支管的竖向分力计算（N）；

$\quad\quad$ A ——主管横截面面积（mm²）。

3. 支管为矩形管的搭接的平面 K 形和 N 形节点

搭接支管的承载力设计值应根据不同的搭接率 η_{ov} 按下列公式计算（下标 j 表示被搭接支管）：

（1）当 $25\% \leqslant \eta_{ov} < 50\%$ 时：

$$N_{ui} = 2.0 \left[(h_i - 2t_i) \frac{\eta_{ov}}{0.5} + \frac{b_{ei} + b_{ej}}{2} \right] t_i f_i \tag{5-99}$$

$$b_{ej} = \frac{10}{b_j / t_j} \cdot \frac{t_j f_{yj}}{t_i f_{yi}} \cdot b_i \leqslant b_i \tag{5-100}$$

（2）当 $50\% \leqslant \eta_{ov} < 80\%$ 时：

$$N_{ui} = 2.0 \left(h_i - 2t_i + \frac{b_{ei} + b_{ej}}{2} \right) t_i f_i \tag{5-101}$$

（3）当 $80\% \leqslant \eta_{ov} < 100\%$ 时：

$$N_{ui} = 2.0 \left(h_i - 2t_i + \frac{b_i + b_{ej}}{2} \right) t_i f_i \tag{5-102}$$

被搭接支管的承载力应满足下式要求：

$$\frac{N_{uj}}{A_j f_{yj}} \leqslant \frac{N_{ui}}{A_i f_{yi}} \tag{5-103}$$

4. 支管为矩形管的平面 KT 形节点

（1）当为间隙 KT 形节点时，若垂直支管内力为零，则假设垂直支管不存在，按 K 形节点计算。若垂直支管内力不为零，可通过对 K 形和 N 形节点的承载力公式进行修正来计算，此时 $\beta \leqslant (b_1 + b_2 + b_3 + h_1 + h_2 + h_3)/(6b)$，间隙值取为两根受力较大且力的符号相反（拉或压）的腹杆间的最大间隙。对于图 5-29 （a）、图 5-29 （b）所示受荷情况（P

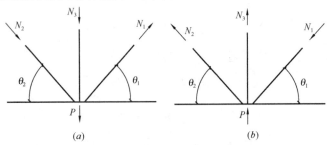

图 5-29　KT 形节点受荷情况

为节点横向荷载，可为零），应满足式（5-104）和式（5-105）的要求：

$$N_{u1} \sin\theta_1 \geqslant N_2 \sin\theta_2 + N_3 \sin\theta_3 \quad (5\text{-}104)$$

$$N_{u1} \geqslant N_1 \quad (5\text{-}105)$$

式中　N_1、N_2、N_3——腹杆所受的轴向力（N）。

（2）当为搭接 KT 形方管节点时，可采用搭接 K 形和 N 形节点的承载力公式检验每一根支管的承载力。计算支管有效宽度时应注意支管搭接次序。

5. 支管为圆管的各种形式平面节点

支管为圆管的 T、Y、X、K 及 N 形节点时，支管在节点处的承载力可用上述相应的支管为矩形管的节点的承载力公式计算，这时需用 D_i 替代 b_i 和 h_i，并将计算结果乘以 $\pi/4$。

5.4.10　无加劲直接焊接的 T 形方管节点，当支管承受弯矩节点承载力计算

无加劲直接焊接的 T 形方管节点，当支管承受弯矩作用时，节点承载力应按下列规定计算：

1. 当 $\beta \leqslant 0.85$ 且 $n \leqslant 0.6$ 时，按式（5-106）验算；当 $\beta \leqslant 0.85$ 且 $n > 0.6$ 时，按式（5-107）验算；当 $\beta > 0.85$ 时，按式（5-107）验算。

$$\left(\frac{N}{N_{u1}^*}\right)^2 + \left(\frac{M}{M_{u1}}\right)^2 \leqslant 1.0 \quad (5\text{-}106)$$

$$\frac{N}{N_{u1}^*} + \frac{M}{M_{u1}} \leqslant 1.0 \quad (5\text{-}107)$$

式中　N_{u1}^*——支管在节点处的轴心受压承载力设计值，应按本条第 2 款的规定计算（N）；

M_{u1}——支管在节点处的受弯承载力设计值，应按本条第 3 款的规定计算（N·mm）。

2. N_{u1}^* 的计算应符合下列规定：

（1）当 $\beta \leqslant 0.85$ 时，按下式计算：

$$N_{u1}^* = t^2 f \left[\frac{h_1/b}{1-\beta}(2-n^2) + \frac{4}{\sqrt{1-\beta}}(1-n^2) \right] \quad (5\text{-}108)$$

（2）当 $\beta > 0.85$ 时，按第 5.4.9 节中的相关规定计算。

3. M_{u1} 的计算应符合下列规定：

当 $\beta \leqslant 0.85$ 时：

$$M_{u1} = t^2 h_1 f \left(\frac{b}{2h_1} + \frac{2}{\sqrt{1-\beta}} + \frac{h_1/b}{1-\beta} \right)(1-n^2) \quad (5\text{-}109)$$

$$n = \frac{\sigma}{f} \quad (5\text{-}110)$$

当 $\beta > 0.85$ 时，其受弯承载力设计值取式（5-111）和式（5-113）或式（5-114）计算结果的较小值：

$$M_{u1} = \left[W_1 - \left(1 - \frac{b_e}{b}\right) b_1 t_1 (h_1 - t_1) \right] f_1 \quad (5\text{-}111)$$

$$b_e = \frac{10}{b/t} \cdot \frac{t f_y}{t_1 f_{y1}} b_1 \leqslant b_1 \quad (5\text{-}112)$$

当 $t \leqslant 2.75$mm 时：

$$M_{ul} = 0.595t(h_1 + 5t)^2(1 - 0.3n)f \tag{5-113}$$

当 2.75mm$< t \leqslant 14$mm 时：

$$M_{ul} = 0.0025t(t^2 - 26.8t + 304.6)(h_1 + 5t)^2(1 - 0.3n)f \tag{5-114}$$

式中 n——参数，按式（5-110）计算，受拉时取 $n = 0$；

b_e——腹杆翼缘的有效宽度，按式（5-112）计算（mm）；

W_1——支管截面模量（mm³）。

5.4.11 采用局部加强的方（矩）形管节点，支管在节点加强处的承载力设计值计算

1. 主管与支管相连一侧采用加强板［图 5-28（b）］：

（1）对支管受拉的 T、Y 和 X 形节点，支管在节点处的承载力设计值应按下列公式计算：

$$N_{ui} = 1.8\left(\frac{h_i}{b_p C_p \sin\theta_i} + 2\right)\frac{t_p^2 f_p}{C_p \sin\theta_i} \tag{5-115}$$

$$C_p = (1 - \beta_p)^{0.5} \tag{5-116}$$

$$\beta_p = b_i/b_p \tag{5-117}$$

式中 f_p——加强板强度设计值（N/mm²）；

C_p——参数，按式（5-116）计算。

（2）对支管受压的 T、Y 和 X 形节点，当 $\beta_p \leqslant 0.8$ 时可应用下式进行加强板的设计：

$$l_p \geqslant 2b/\sin\theta_i \tag{5-118}$$

$$t_p \geqslant 4t_1 - t \tag{5-119}$$

（3）对 K 形间隙节点，可按第 5.4.9 节中相应的公式计算承载力，这时用 t_p 代替 t，用加强板设计强度 f_p 代替主管设计强度 f。

2. 对于侧板加强的 T、Y、X 和 K 形间隙方管节点［图 5-28（c）］，可用第 5.4.9 节中相应的计算主管侧壁承载力的公式计算，此时用 $t + t_p$ 代替侧壁厚 t，A_v 取为 $2h(t + t_p)$。

5.4.12 无加劲肋的直接焊接矩形（方形）钢管节点的焊缝计算方（矩）形管节点处焊缝承载力不应小于节点承载力，支管沿周边与主管相焊时，连接焊缝的计算：

1. 直接焊接的方（矩）形管节点中，轴心受力支管与主管的连接焊缝可视为全周角焊缝，焊缝承载力设计值 N_f 可按下式计算：

$$N_f = h_e l_w f_f^w \tag{5-120}$$

式中 h_e——角焊缝计算厚度，当支管承受轴力时，平均计算厚度可取 $0.7h_f$（mm）；

l_w——焊缝的计算长度，按本条第 2 款或第 3 款计算（mm）；

f_f^w——角焊缝的强度设计值（N/mm²）。

2. 支管为方（矩）形管时，角焊缝的计算长度可按下列公式计算：

（1）对于有间隙的 K 形和 N 形节点：

当 $\theta_i \geqslant 60°$时：

$$l_{\mathrm{w}} = \frac{2h_i}{\sin\theta_i} + b_i \qquad (5\text{-}121)$$

当 $\theta_i \leqslant 50°$ 时：

$$l_{\mathrm{w}} = \frac{2h_i}{\sin\theta_i} + 2b_i \qquad (5\text{-}122)$$

当 $50° < \theta_i < 60°$ 时：l_{w} 按插值法确定。

（2）对于 T、Y 和 X 形节点：

$$l_{\mathrm{w}} = \frac{2h_i}{\sin\theta_i} \qquad (5\text{-}123)$$

3. 当支管为圆管时，焊缝计算长度应按下列公式计算：

$$l_{\mathrm{w}} = \pi(a_0 + b_0) - D_i \qquad (5\text{-}124)$$

$$a_0 = \frac{R_i}{\sin\theta_i} \qquad (5\text{-}125)$$

$$b_0 = R_i \qquad (5\text{-}126)$$

式中 a_0——椭圆相交线的长半轴（mm）；

       b_0——椭圆相交线的短半轴（mm）；

       R_i——圆支管半径（mm）；

       θ_i——支管轴线与主管轴线的交角。

5.5   钢管桁架结构连接节点构造设计

1. 钢管直接焊接节点的构造应符合下列规定：

（1）主管的外部尺寸不应小于支管的外部尺寸，主管的壁厚不应小于支管的壁厚，在支管与主管的连接处不得将支管插入主管内。圆钢管的外径与壁厚之比不应超过 $100\varepsilon_{\mathrm{k}}^2$；方（矩）形管的最大外缘尺寸与壁厚之比不应超过 $40\varepsilon_{\mathrm{k}}$，$\varepsilon_{\mathrm{k}}$ 为钢号修正系数。$\varepsilon_{\mathrm{k}} = \sqrt{235/f_{\mathrm{yk}}}$。

（2）主管与支管或支管轴线间的夹角不宜小于 $30°$。

（3）支管与主管的连接节点处宜避免偏心；偏心不可避免时，其值不宜超过下式的限制：

$$-0.55 \leqslant e/D(\text{或 } e/h) \leqslant 0.25 \qquad (5\text{-}127)$$

式中 e——偏心距（图 5-9）；

       D——圆管主管外径（mm）；

       h——连接平面内的方（矩）形管主管截面高度（mm）。

（4）支管端部应使用自动切管机切割，支管壁厚小于 6mm 时可不切坡口。

（5）支管与主管的连接焊缝，除支管搭接应符合本节第 2 条的规定外，应沿全周连续焊接并平滑过渡；焊缝形式可沿全周采用角焊缝，或部分采用对接焊缝，部分采用角焊缝，其中支管管壁与主管管壁之间的夹角大于或等于 $120°$ 的区域宜采用对接焊缝或带坡口的角焊缝；角焊缝的焊脚尺寸不宜大于支管壁厚的 2 倍；搭接支管周边焊缝宜为 2 倍支管壁厚。

（6）在主管表面焊接的相邻支管的间隙 a 不应小于两支管壁厚之和［图 5-9（a）、（b）］。

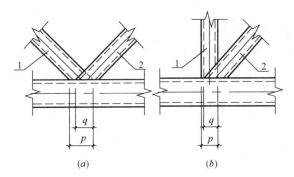

图 5-30　支管搭接的构造
(a) 搭接的 K 形节点；(b) 搭接的 N 形节点
1—搭接支管；2—被搭接支管

2. 支管搭接型的直接焊接节点的构造尚应符合下列规定：

（1）支管搭接的平面 K 形或 N 形节点 [图 5-30（a）、（b）]，其搭接率 $\eta_{ov} = q/p \times 100\%$ 应满足 $25\% \leqslant \eta_{ov} \leqslant 100\%$，且应确保在搭接的支管之间的连接焊缝能可靠地传递内力；

（2）当互相搭接的支管外部尺寸不同时，外部尺寸较小者应搭接在尺寸较大者上；当支管壁厚不同时，较小壁厚者应搭接在较大壁厚者上；承受轴心压力的支管宜在下方。

3. 无加劲直接焊接方式不能满足承载力要求时，可按下列规定在主管内设置横向加劲板：

（1）支管以承受轴力为主时，可在主管内设 1 道或 2 道加劲板 [图 5-31（a）、（b）]；节点需满足抗弯连接要求时，应设 2 道加劲板；加劲板中面宜垂直于主管轴线；当主管为圆管，设置 1 道加劲板时，加劲板宜设置在支管与主管相贯面的鞍点处，设置 2 道加劲板时，加劲板宜设置在距相贯面冠点 $0.1D_1$ 附近 [图 5-31（b）]，D_1 为支管外径；主管为方管时，加劲肋宜设置 2 块（图 5-32）；

（2）加劲板厚度不得小于支管壁厚，也不宜小于主管壁厚的 2/3 和主管内径的 1/40；加劲板中央开孔时，环板宽度与板厚的比值不宜大于 $15\varepsilon_k$；

（3）加劲板宜采用部分熔透缝焊接，主管为方管的加劲板靠支管一边与两侧边宜采用部分熔透焊接，与支管连接反向一边可不焊接；

（4）当主管直径较小，加劲板的焊接必须断开主管钢管时，主管的拼接焊缝宜设置在距支管相贯焊缝最外侧冠点 80mm 以外处 [图 5-31（c）]。

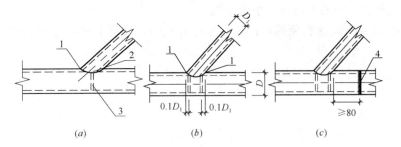

图 5-31　支管为圆管时横向加劲板的位置
(a) 主管内设 1 道加劲板；(b) 主管内设 2 道加劲板；(c) 主管拼接焊缝位置
1—冠点；2—鞍点；3—加劲板；4—主管拼缝

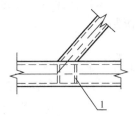

图 5-32　支管为方管或
矩形管时加劲板的位置
1—加劲板

4. 钢管直接焊接节点采用主管表面贴加强板的方法加强时，应符合下列规定：

（1）主管为圆管时，加强板宜包覆主管半圆（图 5-33a），长度方向两侧均应超过支管最外侧焊缝 50mm 以上，但不宜超过支管直径的 2/3，加强板厚度不宜小于 4mm。

（2）主管为方（矩）形管且在与支管相连表面设置加强板（图 5-33b）时，加强板长

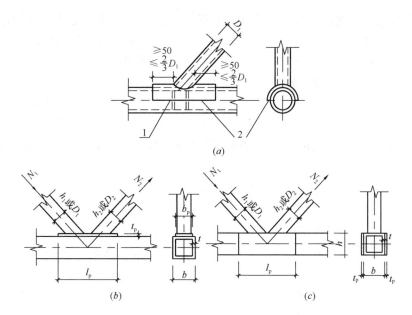

图 5-33　主管外表面贴加强板的加劲方式

(a) 圆管表面的加强板；(b) 方（矩）形主管与支管连接表面的加强板；

(c) 方（矩）形主管侧表面的加强板

1—四周围焊；2—加强板

度 l_p 可按下列公式确定，加强板宽度 b_p 宜接近主管宽度，并预留适当的焊缝位置，加强板厚度不宜小于支管最大厚度的 2 倍。

T、Y 和 X 形节点

$$l_p \geqslant \frac{h_1}{\sin\theta_1} + \sqrt{b_p(b_p - b_1)} \tag{5-128}$$

K 形间隙节点

$$l_p \geqslant 1.5 \left(\frac{h_1}{\sin\theta_1} + a + \frac{h_2}{\sin\theta_2} \right) \tag{5-129}$$

式中　l_p、b_p——加强板的长度和宽度（mm）；

h_1、h_2——支管 1、2 的截面高度（mm）；

b_1——支管 1 的截面宽度（mm）；

θ_1、θ_2——支管 1、2 轴线和主管轴线的夹角；

a——两支管在主管表面的距离（mm）。

（3）主管为方（矩）形管且在主管两侧表面设置加强板 ［图 5-33 (c)］ 时，K 形间隙节点：加强板长度 l_p 可按式（5-129）确定，T、Y 形节点的加强板长度 l_p 可按下式确定：

$$l_p \geqslant \frac{1.5h_1}{\sin\theta_1} \tag{5-130}$$

（4）加强板与主管应采用四周围焊。对 K、N 形节点，焊缝有效高度不应小于腹杆壁厚。焊接前宜在加强板上先钻一个排气小孔，焊后应用塞焊将孔封闭。

5. 相贯焊接节点的钢管结构，其成品钢管的性能应满足设计要求。受力钢管的壁厚不得小于2mm；壁厚大于25mm时，对承受支管较大拉应力的主管部位，应有防止层状撕裂的措施。钢管构件的板件径厚比、宽厚比应符合下列要求：

（1）圆钢管径厚比（钢管外径与厚度之比），当作为桁架构件和其他两端铰接的轴心受力构件时，径厚比不应超过$100\varepsilon_k$；当作为受弯构件和压弯构件时，如按弹性设计，径厚比不应超过$100\varepsilon_k$；如考虑塑性发展，不宜超过$90\varepsilon_k$；如对结构采用塑性设计，以及对抗震设计中需发展塑性铰的构件，受弯构件的径厚比不应超过$40\varepsilon_k$，压弯构件的径厚比不应超过$60\varepsilon_k$。

（2）矩形钢管和箱形截面板件宽厚比，当作为桁架构件和其他两端铰接的轴心受力构件时，矩形钢管的最大外缘尺寸与壁厚之比不应超过$40\varepsilon_k$；当作为受弯构件和压弯构件，或考虑塑性发展时，宽厚比限值应符合现行《钢结构设计标准》GB 50017的规定；有抗震设防要求的结构构件，宽厚比应符合现行《建筑抗震设计规范》GB 50011的规定。其中，$\varepsilon_k = \sqrt{235/f_{yk}}$。

6. 钢管的环焊缝、纵焊缝和节点焊缝，宜避免焊缝交叉焊接，焊缝的间距宜符合图5-34的要求。

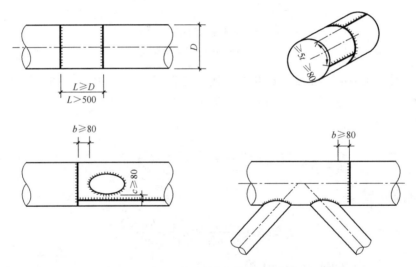

图5-34　钢管连接焊缝间距的要求

7. 钢管连接节点的一般规定

（1）钢管连接节点包括但不限于下列类型：

1）非加劲的钢管间直接焊接节点；

2）非加劲的钢管与非钢管构件直接焊接节点；

3）采用钢管内加劲、外周加劲或局部增厚等方式加劲的钢管间焊接节点；

4）采用钢管内加劲、外周加劲或局部增厚等方式加劲的钢管与非钢管构件（包含板件）的焊接节点；

5）钢管间通过法兰连接的节点；

6）铸钢节点。

（2）钢管的法兰连接包括但不限于下列类型：

1）按抗弯刚度连续与否，分为刚接法兰和半刚接法兰；

2）按有无加劲肋，分为有加劲肋法兰和无加劲肋法兰；

3）按法兰与钢管相对位置，分为外法兰和内法兰；

4）按受力种类，分为一般法兰和承压型法兰；

5）按法兰板层数，分为一般单层法兰和刚接柱脚用双层法兰。

详见第 3 章法兰连接的计算。

8. 柱脚构造和支座构造

（1）矩形钢管柱的刚接柱脚构造可按协会标准《矩形钢管混凝土结构技术规程》CECS 159：2004 第 7.3 节执行。圆钢管柱的埋入式与外包式柱脚的构造与矩形钢管柱相同。外露式柱脚构造可采用图 5-35 的形式。

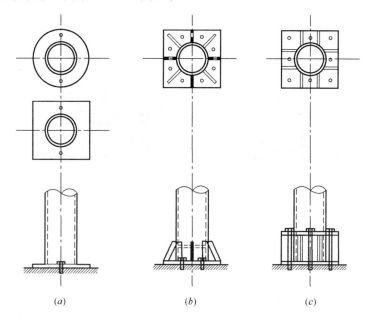

(a)　　　　　　　　(b)　　　　　　　　(c)

图 5-35　圆钢管柱外露式柱脚

(a) 单向铰连接柱脚；(b) 带加劲肋的刚接柱脚；(c) 带靴梁的刚接柱脚

（2）钢管柱铰接柱脚可采用图 5-36 所示的铰接构造。

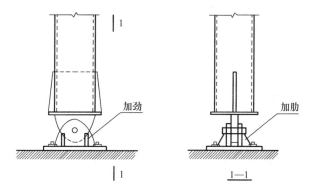

图 5-36　钢管柱铰接柱脚

梭形柱与基础连接宜采用销轴支座节点。对单管梭形柱支座节点宜采用钢板（销轴）支座节点，对多肢梭形格构柱可采用铸钢（销轴）节点或钢板（销轴）支座节点。

（3）管桁架支座与柱子的连接可采用图 5-37 的构造。

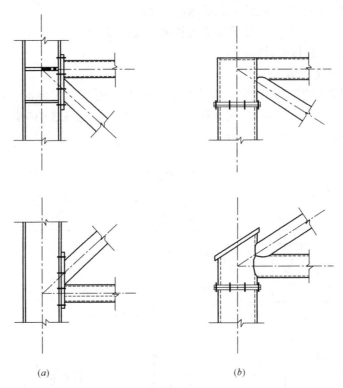

(a)   (b)

图 5-37　管桁架与柱子的连接

(a) 方管；(b) 圆管

9. 管桁架上弦与屋面构件的连接构造

（1）管桁架上弦与屋面结构连续次梁的连接构造可采用图 5-38 的构造。

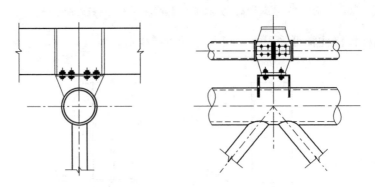

图 5-38　屋面次梁与桁架上弦连接构造

（2）管桁架上弦与屋面檩条连接可采用图 5-39 的构造。

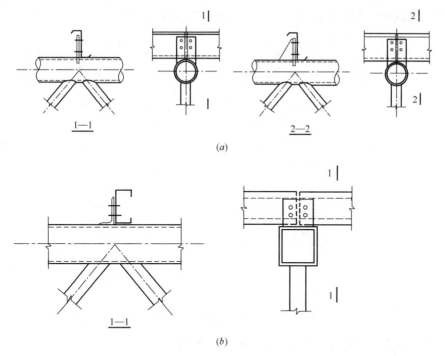

图 5-39　屋面檩条与桁架上弦连接构造

(*a*) 采用单板节点板或加劲单板节点板的连接；(*b*) 采用角钢的连接

5.6　工程项目实例

5.6.1　某工程实例钢管节点焊接做法

1. 钢管对接焊缝焊接要求

钢管对接焊缝：杆件应尽可能少接头，当需接头时对接焊缝必须焊透。具体接头位置应由施工方与设计方协商后确定在合适部位。对接焊缝采用坡口，形式见图 5-40 所示，并符合《钢结构焊接规范》GB 50661—2011 的要求。

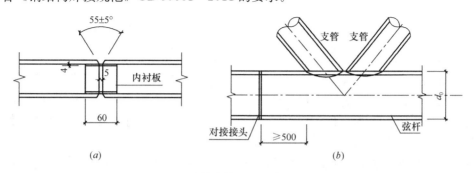

图 5-40　主管支管相贯焊接方法（一）

2. 钢管相贯线焊缝焊接要求

（1）相贯线焊缝宜采用全焊透坡口对接焊缝，当支管外壁与主管外壁夹角<120°时可

采用带坡口角焊缝，如图 5-41 所示（方管及矩形管参照执行）。

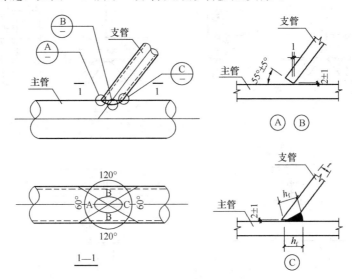

图 5-41　主管支管相贯焊接方法（二）

（2）节点处主管应连续，不得将支管插入主管内。

（3）先用小直径焊条（或焊丝）打底焊，然后用焊条（或焊丝）施焊。

（4）当多根支管与主管重叠相贯时，一般应先焊（全周满焊）壁厚较厚的支管，然后再焊壁厚较薄的支管（全周满焊）。

（5）焊接应采用坡口满焊，实在无法满足要求时，相贯线焊缝在 A、B 区域焊透；C 区为角焊缝，相接处圆滑过渡。

（6）焊缝高度满足计算外，可参考表 5-3。

焊缝高度（mm）　　　　　　　　　　　　　　　　　　　表 5-3

支管壁厚 t	C 区焊脚尺寸 h_f	支管壁厚 t	C 区焊脚尺寸 h_f
4	6	8	12
5	7.5	10	15
6	9	16	24

（7）焊接要求：支管（腹杆等）与主管（上弦杆及下弦杆）直接焊接，支管端部应采用三维自动切管机切割，壁厚大于等于 6mm 时应开坡口，壁厚小于 6mm 时可不开坡口，支管切割时应考虑主管外径不均等因素对切割轨迹的影响，下料阶段不得采用人工修补的方法修正切割完的支管。

（8）支撑杆件与主管（上弦杆及下弦杆）间采用角焊缝满焊连接，角焊缝 h_f 高度按支撑力满足计算要求，其余详细做法见所附电子文件《钢管桁架设计说明》。

5.6.2 某工程项目铰接支座实例

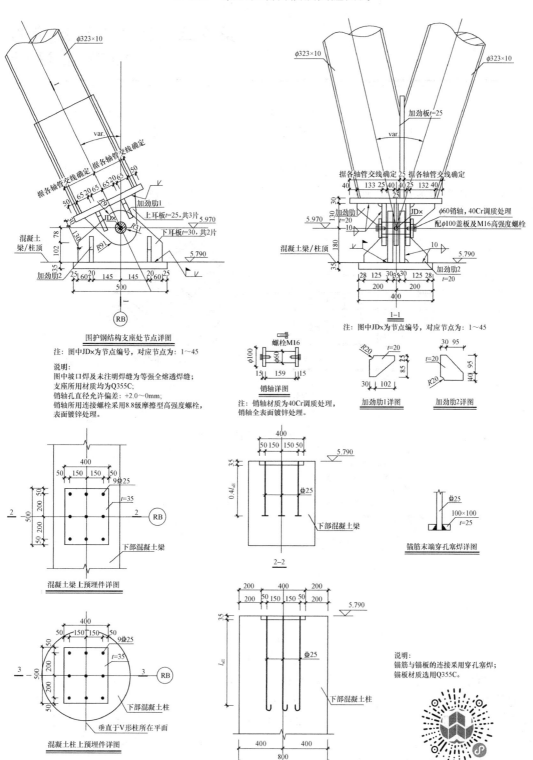

围护钢结构支座处节点详图

注：图中JDx为节点编号，对应节点为：1~45
说明：
图中坡口焊及未注明焊缝为等强全熔透焊缝；
支座所用材质均为Q355C；
销轴孔直径允许偏差：+2.0~0mm；
销轴所用连接螺栓采用8.8级摩擦型高强度螺栓，
表面镀锌处理。

混凝土梁上预埋件详图

混凝土柱上预埋件详图

销轴详图

注：销轴材质为40Cr调质处理，
销轴全表面镀锌处理。

加劲肋1详图

加劲肋2详图

1-1
注：图中JDx为节点编号，对应节点为：1~45

2-2

3-3

锚筋末端穿孔塞焊详图

说明：
锚筋与锚板的连接采用穿孔塞焊；
锚板材质选用Q355C。

某项目钢管桁架结构设计说明

179

第6章 空间网架结构的连接节点设计

6.1 空间网架类型及连接节点设计

1. 空间网架结构的类型很多，其基本类型有：两向交叉网架、三向交叉网架、三角锥网架、四角锥网架和六角锥网架（图6-1～图6-5）；再以这些基本类型，还可开发出很多新的网架形式。

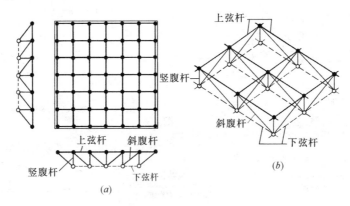

图 6-1　两向交叉网架图示

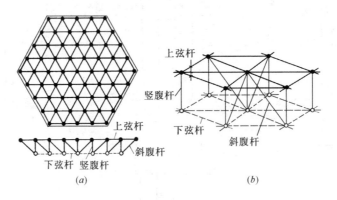

图 6-2　三向交叉网架图示

在空间网架的每一个节点处交汇的杆件一般都有6～8根，有的多达十几根，而且节点的受力也很复杂，再加上杆件截面的用材规格不同，这就有相应的各种不同的连接节点形式。因此，设计空间网架的连接节点时，要根据网架的类型、受力情况、杆件截面形状、制造工艺、安装方法等条件综合考虑，予以正确地选择网架的连接节点形式。

2. 设计网架的连接节点时，应注意以下几点：

（1）应尽量使杆件重心线在节点处交汇于一点，以避免出现偏心的影响；同时，尚应尽可能使节点构造与计算假定相符，以减小和避免由于节点构造的不合理而使网架杆件产生次应力和引起杆件内力的变号。

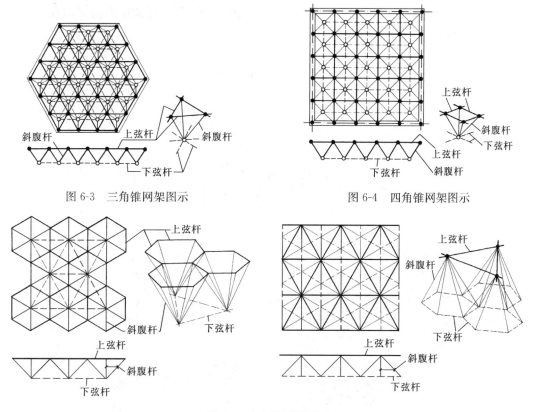

图 6-3　三角锥网架图示　　　　　　　图 6-4　四角锥网架图示

图 6-5　六角锥网架图示

（2）应使节点的构造和连接具有足够的刚度和强度。

（3）节点构造应力求简单、受力合理、传力明确、制作容易、便于安装和省材料。

3. 网架的连接节点形式很多，但归纳起来，主要有：

（1）按节点在网架中所处的位置可以分为：中间节点（网架杆件交汇的一般节点）、再分杆节点、顶脊节点和支座节点。

（2）按节点的连接方式可以分为：焊接连接节点、高强度螺栓连接节点、焊接和高强度螺栓混合连接节点。

（3）按节点的构造形式可以分为：焊接钢板节点、焊接空心球节点、螺栓球节点、钢管圆筒节点或钢管鼓节点等。

6.2　焊接钢板节点的设计

6.2.1　焊接钢板节点的主要形式

1. 网架中的焊接钢板节点是在平面桁架钢板节点的基础上发展起来的一种连接节点形式。它主要用于网架杆件为两个角钢组成的 T 形截面或十字形截面的两向交叉网架或四角锥网架。

2. 焊接钢板节点的形式，主要有：

(1) 十字形板节点（图6-6）。它是由空间正交而成的十字板和根据需要而在十字板顶部或底部设置的水平盖板组成。

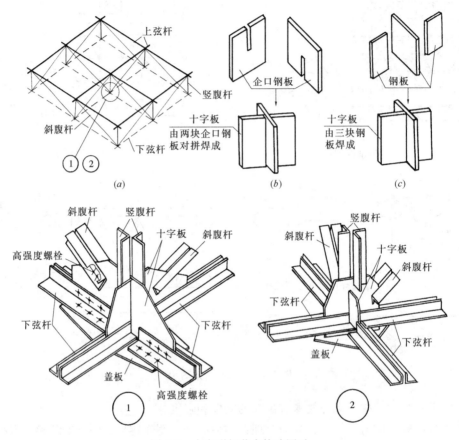

图6-6　十字形板节点构造图示

十字板是由两块带企口的钢板对插焊成（图6-6b），也可由三块钢板焊成（图6-6c）。网架的弦杆和腹杆通过十字板和盖板连接成整体，如图6-6中的节点①、②所示。在小跨度网架中，杆件内力不大的受拉节点，可不设置盖板。当网架的跨度和杆件内力较大时，为了增加节点在水平方向的刚度和保证杆件与节点板连接有足够的强度，设置盖板是必不可少的；而且，在焊接和高强度螺栓的混合连接中，尚须增设用作稳定盖板的高强度螺栓。

由十字板和盖板组成的十字形板节点，既适用于焊接和高强度螺栓的混合连接，也适用于全焊接连接（图6-7）。

(2) 管筒形板节点（图6-8）。它是由一根短圆钢管和四块钢板（用于两向交叉网架）或八块钢板（用于四角锥网架）以及上下盖板组成（图6-8c、d）。

管筒形板节点是米字形板节点的一个改进，对改善节点焊接条件，保证焊接质量非常有利。它主要用于中小跨度的四角锥网架。

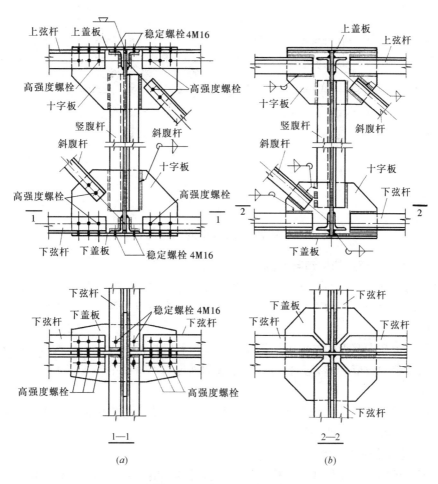

图 6-7 十字形板节点示例

(a) 焊接和高强度螺栓混合连接；(b) 全焊接连接

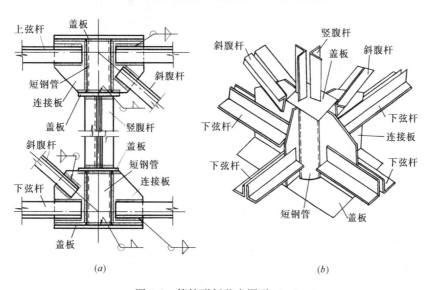

图 6-8 管筒形板节点图示（一）

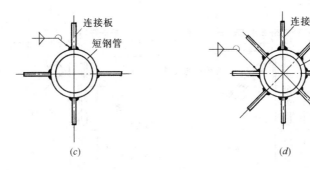

图 6-8 管筒形板节点图示（二）

6.2.2 焊接钢板节点的构造与计算

（一）十字形板节点的构造与计算

1. 十字形板节点中（图 6-6）的十字板和盖板的厚度，可按以下要求确定：

（1）采用十字板连接的网架，除支座节点外，其余节点在两个方向均采用同一厚度的十字节点板。

支座节点板和十字板的厚度可根据支座处受压斜腹杆的最大内力，按表 4-1 选用。当杆件内力超过表中数值，或有必要验算节点板的强度时，可按第 4 章第 4.1.1 节的有关要求进行计算。

（2）盖板的厚度通常取与十字板的厚度相同；当节点上有集中荷载作用时，盖板的厚度还应视具体情况作适当的增加。

2. 十字板和盖板的形状和尺寸，可按以下要求确定：

（1）十字板的形状和尺寸，应根据被连接杆件的焊缝长度或高强度螺栓的数目及其构造要求来确定。连接于十字板的弦板、竖腹杆、斜腹杆等相互之间的空隙一般不宜小于 20mm，而且十字板的形状和大小尚应与被连接杆件的截面形状和尺寸相协调。

（2）盖板的形状和尺寸，除满足强度和连接构造要求外，尚应与十字板的形状和尺寸相协调。

3. 由两块带企口的钢板对插焊成或由三块钢板焊成的十字板，其相互的组合连接，可采用完全焊透的坡口对接焊缝连接，也可采用双面角焊缝连接。当采用完全焊透的坡口对接焊缝连接时，可视焊缝与母材是等强度的，不必进行强度计算。当采用双面角焊缝连接时（图 6-9），角焊缝的焊脚尺寸 h_f，通常考虑与十字板竖向截面面积等强度的条件，近似地按下式计算：

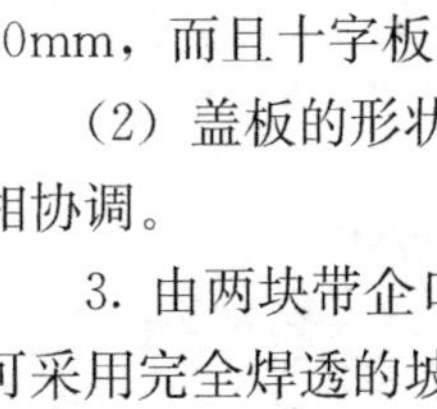

$$h_f \geqslant \frac{h_p t_p f}{2 \times 0.7 l_w f_f^w} \quad \text{且不宜小于 } 0.7t_p \text{ 和 5mm} \quad (6-1)$$

图 6-9 十字板的焊缝
连接图示

式中 h_p——十字板在连接处的高度；

t_p——十字板的厚度；

f——钢材的抗拉或抗压强度设计值；

l_w——焊缝的计算长度，取 $l_w = h_p - 2t_p$；

f_f^w——角焊缝的抗拉、抗剪和抗压强度设计值。

4. 盖板与十字板的连接，当采用焊缝连接时，通常是采用角焊缝连接。此时，角焊缝的焊脚尺寸不宜小于 $0.7t_p$（十字板厚）和 5mm 并予以满焊。

5. 网架杆件与十字板和盖板的连接，可采用焊接连接，也可采用高强度螺栓连接，或采用焊接和高强度螺栓的混合连接。

当采用焊接连接时，网架弦杆、斜腹杆、竖腹杆与十字板的连接角焊缝，可按表 3-5 所列的有关公式计算确定；同时，角焊缝的计算长度不宜小于 $12h_f$ 和 80mm，角焊缝的焊脚尺寸 h_f 不宜小于 5mm。

当采用高强度螺栓摩擦型连接时，其螺栓数目可按表 3-21 所列公式（3-77）计算确定；同时，螺栓的数目在连接的一侧不应少于两个，螺栓的直径不宜小于 16mm。

6. 由三块钢板焊成的十字板，当其两个方向的受力不同时，应将十字板中的整板部分布置在受力较大的方向，以利于传力。

网架杆件与十字板和盖板采用焊接和高强度螺栓的混合连接时（图 6-7a，图 6-10a、b），为了使盖板能紧贴角钢肢背，应将十字板从角钢背棱缩进（$t/2+2$mm），并在采用焊接的一方，于角钢肢背处以塞焊缝连接、肢尖处以角焊缝连接；此时，角钢肢背塞焊缝和肢尖角焊缝，可按下列要求确定。

（1）无节点集中荷载作用的角钢肢背塞焊缝，一般可按构造要求确定。此时，将塞焊缝视为由两条角焊缝组成，角焊缝的焊脚尺寸 h_{ft} 取为十字板厚度的一半；焊缝长度以沿十字板的连接长度方向予以满焊为宜。

（2）有节点集中荷载作用的角钢肢背塞焊缝，通常假定只承受节点集中荷载 F，因此塞焊缝可近似地按公式（4-9）计算强度。即

$$\sigma_f = \frac{F}{2 \times 0.7 h_{ft} l_{wt}} \leqslant f_f^w \tag{4-9}❶$$

式中　F——节点集中荷载（由檩条或屋面板等传来的集中荷载或其他悬挂荷载）；

　　　h_{ft}——角钢肢背塞焊缝的焊脚尺寸，取节点板厚度的一半；

　　　l_{wt}——角钢肢背塞焊缝的计算长度。

（3）角钢肢尖角焊缝除承受两相邻节间的弦杆内力差（$\Delta N = N_1 - N_2$）外，尚应考虑偏心弯矩（$M = \Delta N \cdot e$）的影响。此时，可近似地按公式（4-10）、公式（4-11）和公式（4-12）计算肢尖角焊缝的强度。即

$$\tau_N = \frac{(N_1 - N_2)}{2 \times 0.7 h_{f2} l_{w2}} \leqslant f_f^w \tag{4-10}*$$

$$\sigma_M = \frac{6(N_1 - N_2)e}{2 \times 0.7 h_{f2} l_{w2}^2} \leqslant \beta_f f_f^w \tag{4-11}*$$

$$\sigma_{fs} = \sqrt{\left(\frac{\sigma_M}{\beta_f}\right)^2 + (\tau_N)^2} \leqslant f_f^w \tag{4-12}*$$

式中　N_1、N_2——节点处两相邻节间的弦杆内力；

　　　h_{f2}——角钢肢尖角焊缝的焊脚尺寸；

　　　l_{w2}——角钢肢尖角焊缝的计算长度；

---

❶ 带 ＊ 者为前面已出现过的公式。下同。

e——角钢肢尖至弦杆轴线的距离；

β_f——正面角焊缝的强度设计值增大系数，$\beta_f = 1.22$。

7. 网架弦杆（由两个角钢组成的 T 形截面）与十字板和盖板都同时采用高强度螺栓摩擦型连接时（图 6-10a、b），弦杆与十字板、弦杆与盖板各自所需的高强度螺栓数目，应按以下要求确定。

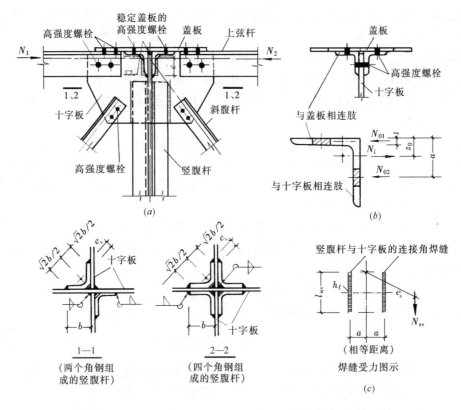

图 6-10　焊接和高强度螺栓混合连接计算图示

（1）由弦杆传给十字板和盖板的内力（图 6-10b），可分别按下列公式计算：

对盖板
$$N_{01} = \frac{N_i(a - z_0)}{(a - t/2)} \qquad (6-2)$$

对十字板
$$N_{02} = \frac{N_i(z_0 - t/2)}{(a - t/2)} \qquad (6-3)$$

或
$$N_{02} = N_i - N_{01} \qquad (6-4)$$

式中　N_i——被连接弦杆的轴心拉力或压力；

a——螺栓孔线距（从角钢外边缘至螺栓孔中心的距离）；

z_0——角钢的重心距离；

t——角钢的肢厚。

（2）弦杆与盖板或十字板相连所需的高强度螺栓数目，应按下列公式计算：

弦杆与盖板连接

$$n_{01} = \frac{N_{01}}{N_v^{bH}} \tag{6-5}$$

弦杆与十字板连接

$$n_{02} = \frac{N_{02}}{N_v^{bH}} \tag{6-6}$$

式中　N_{01}——弦杆传给盖板的力，按公式（6-2）计算；

N_{02}——弦杆传给十字板的力，按公式（6-3）或公式（6-4）计算；

N_v^{bH}——一个高强度螺栓摩擦型连接的抗剪承载力设计值，按第 11 章表 11-38 采用。

8. 网架斜腹杆（由两个角钢组成的 T 形截面）与十字板的连接，应按以下要求确定。

(1) 当斜腹杆与十字板的连接采用两面侧焊时，所需角焊缝的计算长度应按公式 (3-24) 和公式（3-25）计算。即：

$$l_{w1} = \frac{k_1 N}{2 \times 0.7 h_{f1} f_f^w} \tag{3-24}^*$$

$$l_{w2} = \frac{k_2 N}{2 \times 0.7 h_{f2} f_f^w} \tag{3-25}^*$$

(2) 当斜腹杆与十字板的连接采用高强度螺栓摩擦型连接时，所需的螺栓数目应按下式计算：

$$n \geqslant \frac{N}{N_v^{bH}} \tag{6-7}$$

式中　N——斜腹杆的轴心拉力或压力。

9. 由等边角钢组成的网架竖腹杆与十字板的焊接连接，有时由于构造上的原因，角钢肢背不能施焊，只在角钢肢尖进行焊接连接，如图 6-10 中的剖面 1-1 和剖面 2-2 所示；其中，角钢肢尖角焊缝除了承受轴心力外，还要承受偏心弯矩。此时，竖腹杆中一个角钢的两肢尖与十字板的连接角焊缝（图 6-10c），可近似地按下式计算强度：

$$\sigma_f = \frac{N_{sv}}{0.7 h_f l_{wv} \beta} \leqslant f_f^w \tag{6-8}$$

式中　N_{sv}——竖腹杆中一个角钢所承担的轴心力；

当竖腹杆由两个角钢组成十字形截面时（图 6-10 中的剖面 1-1），

$$N_{sv} = \frac{1}{2} N$$

当竖腹杆由四个角钢组成十字形截面时（图 6-10 中的剖面 2-2），

$$N_{sv} = \frac{1}{4} N$$

N——竖腹杆的轴心拉力或压力；

β——计算参数，根据 α 值按表 6-1 确定：

$$\alpha = \frac{e_s}{l_{wv}}$$

e_s——轴心力作用点至焊缝重心的距离：

$$e_s = \sqrt{2}(b/2 - z_0)$$

b——等边角钢的边宽；

z_0——等边角钢的重心距离。

计 算 参 数 β 值　　　　　　　　表 6-1

α	0.1	0.2	0.3	0.4	0.5	0.6	0.7	0.8	0.9	1.0	1.2	1.4	1.6	1.8	2.0
β	1.715	1.280	0.971	0.769	0.632	0.535	0.463	0.408	0.364	0.329	0.275	0.236	0.207	0.184	0.166

（二）管筒形板节点的构造与计算

1. 在管筒形板节点中（图 6-8），连接网架杆件和短钢管的节点板（连接板）的厚度和尺寸，盖板的厚度和尺寸，短钢管的直径、壁厚和长度，可按以下要求确定：

（1）连接网架杆件和短钢管的节点板厚度的确定，与确定十字形板节点的十字板厚度是一样的，也是根据支座处受压斜腹杆的最大内力，按表 4-1 选用。节点板的尺寸根据被连接杆件的焊缝长度及其构造要求来确定。

（2）与短钢管上下两端和节点板相连的上下盖板的厚度，通常取与节点板的厚度相同，其尺寸应与短钢管和节点板的尺寸相协调。

（3）短钢管通常根据构造要求确定，对用于两向交叉网架的短钢管，不宜小于 $\phi76\times7$；对用于四角锥网架的短钢管，不宜小于 $\phi95\times8$；而在任何情况下短钢管的管壁厚度不应小于节点板的厚度。当网架弦杆内力较大时，视具体情况，可于管内沿弦杆轴线的水平面设置水平加劲隔板，隔板厚度取与管壁厚度相同，且径厚比不宜大于 $48\sqrt{\dfrac{235}{f_y}}$。

短钢管的长度应与其相连的节点板尺寸相协调，同时尚应满足构造上的要求。

2. 节点板、盖板和短钢管相互间的连接焊缝，可按以下要求确定。

（1）节点板与短钢管的连接，通常都采用双面角焊缝，此时角焊缝的焊脚尺寸 h_f 宜根据与节点板竖向截面面积的等强度条件，近似地按公式（6-1）计算。即：

$$h_f \geqslant \frac{h_p t_p f}{2 \times 0.7 l_w f_f^w} \qquad \text{且不宜小于 } 0.7t_p \text{ 和 } 5\text{mm} \qquad (6\text{-}1)^*$$

式中　h_p——节点板在连接处的高度；

t_p——节点板的厚度；

l_w——角焊缝的计算长度。

（2）盖板与节点板和短钢管的连接，通常也是采用双面角焊缝，角焊缝的焊脚尺寸不宜小于 $0.7t_p$ 和 5mm。

3. 采用管筒形板节点的网架，其杆件与节点板的连接通常多采用角焊缝连接。此时，角焊缝可按表 3-5 所列的有关公式计算确定；同时，角焊缝的计算长度不宜小于 $12h_f$ 和 80mm；角焊缝的焊脚尺寸 h_f 不宜小于 5mm。

6.3　焊接空心球节点的设计

1. 焊接空心球节点是由两个半球焊接而成的空心球，可根据受力大小分别采用不加肋空心球（图 6-11a）和加肋空心球（图 6-11b）。空心球的钢材宜采用现行《碳素结构钢》GB/T 700 规定的 Q235B 钢或《低合金高强度结构钢》GB/T 1591 规定的 Q355B、Q355C 钢。产品质量应符合现行《钢网架焊接空心球节点》JG/T 11 的规定。

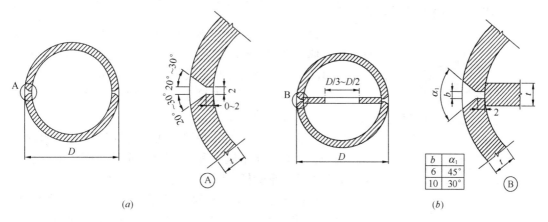

图 6-11　空心球节点

(a) 不加肋空心球；(b) 加肋空心球

网架连接节点中的空心钢球，可采用焊接成型或铸造成型。在工程实践中，普遍采用焊接成型的空心钢球。

焊接成型的空心钢球是将按要求确定的两块圆钢板经热压或冷压成两个半圆球壳（一般采用钢板热压成型的加工方法），而后再对焊成一个整球（图 6-15a，无肋空心球）；或是由两个半圆球壳，中间加设一块环形加劲肋板，而后再对焊成一个整球（图 6-15b，有肋空心球）。

对于个别受力较大的空心球，也可加设互相垂直的双向环形加劲肋板。

2. 由于球体是各向同性的，可与任意方向的杆件相连，且杆件的轴线均通过球心而不会产生偏心。当球体上交汇的杆件较多时，此优点更为突出。因此，以空心球作为网架的连接节点，适应性强。各种类型的网架，无论跨度和作用荷载的大小，当网架杆件采用圆钢管时，其节点均可采用焊接空心球的连接形式；尤其是三向交叉网架、三角锥网架、四角锥网架和六角锥网架，更为适宜（图 6-12）。

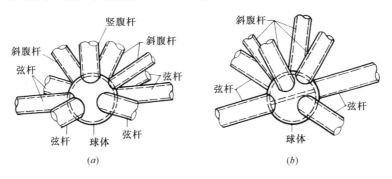

图 6-12　焊接空心球节点构造图示

(a) 三向交叉网架节点；(b) 四角锥网架节点

6.3.1 设计的基本要求

1. 为可靠地传递杆件的内力和使空心球能有效地布置所连接的圆钢管杆件，设计焊接空心球时，应满足以下要求：

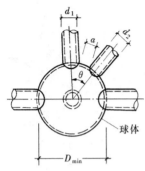

图6-13 最小球径计算图示

(1) 空心球的壁厚一般为空心球外径的 $1/45 \sim 1/25$；连接于空心球的圆钢管杆件的最大壁厚一般为空心球壁厚的 $1/2.0 \sim 1/1.2$。空心球的壁厚一般不宜小于4mm。

另外，通常情况下，连接于空心球的圆钢管弦杆的壁厚应大于圆钢管腹杆的壁厚。

(2) 在确定空心球的外径时，为避免连接于球面的圆钢管杆件相交重叠，便于施焊和确保焊接质量，连接于空心球面上的两相邻圆钢管杆件间的净距不宜小于10mm。

根据连接于空心球面上的两相邻圆钢管杆件间的净距、两相邻圆钢管杆件轴线的夹角、两相邻圆钢管杆件的外径，可按下式计算空心球的最小外径（图6-13），也可直接按表6-2查用。

$$D_{\min} = \frac{180 \times (d_1 + 2a + d_2)}{\pi\theta} (\text{mm}) \tag{6-9}$$

式中 d_1——连接于球面上的两相邻圆钢管杆件的较大外径（mm）；

d_2——连接于球面上的两相邻圆钢管杆件的较小外径（mm）；

a——连接于球面上的两相邻圆钢管杆件间的净距，可取 $a=15$mm；

θ——连接于球面上的两相邻圆钢管杆件轴线的夹角（°）。

焊接空心球最小外径 $D_{\min}$ 值选用表 表6-2

$D_{\min}$ (mm) / θ(°) —— d_1+d_2 (mm)	27.5	30.0	32.5	35.0	37.5	40.0	42.5	45.0	47.5	50.0	52.5	55.0	57.5	60.0	62.5
80	229	210	194	180	168	158	148	140	133	126	120				
90	250	229	212	196	183	172	162	153	145	138	131	125	120		
100	271	248	229	213	199	186	175	166	157	149	142	135	130	124	
110	292	267	247	229	214	201	189	178	169	160	153	146	140	134	128
120	313	286	264	246	229	215	202	191	181	172	164	156	149	143	138
130	333	306	282	262	244	229	216	204	193	183	175	167	159	153	147
140	354	325	300	278	260	244	229	216	205	195	186	177	169	162	156
150	371	344	317	295	275	258	243	229	217	206	196	188	179	172	165
160	396	363	335	311	290	272	256	242	229	218	207	198	189	181	174
170	417	382	353	327	306	286	270	255	241	229	218	208	199	191	183
180	438	401	370	344	321	301	283	267	253	241	229	219	209	201	193
190	458	420	388	360	336	315	297	280	265	252	240	229	219	210	202
200	479	439	405	377	351	329	310	293	277	264	251	240	229	220	211
210	500	458	423	393	367	344	324	306	289	275	262	250	239	229	220
220	521	477	441	409	382	358	337	318	302	286	273	260	249	239	229

d_1+d_2 (mm) \ D_{min} (mm) \ θ(°)	27.5	30.0	32.5	35.0	37.5	40.0	42.5	45.0	47.5	50.0	52.5	55.0	57.5	60.0	62.5
230	542	497	458	426	397	372	351	331	314	298	284	271	259	248	238
240	563	516	476	442	413	387	364	344	326	309	295	281	269	258	248
250	583	535	494	458	428	401	377	357	338	321	306	292	279	267	257
260		554	511	475	443	415	391	369	350	332	316	302	289	277	266
270		573	529	491	458	430	404	382	362	344	327	313	299	286	275
280		592	547	507	474	444	418	395	374	355	338	323	309	296	284
290			564	524	489	458	431	407	386	367	349	333	319	306	293
300			582	540	504	473	445	420	398	378	360	344	329	315	303
310			599	557	519	487	458	433	410	390	371	354	339	325	312
320				573	535	501	472	446	422	401	382	365	349	334	321
330				589	550	516	485	458	434	413	393	375	359	344	330
340					565	530	499	471	446	424	404	385	369	353	339
350					581	544	512	484	458	435	415	396	379	363	348
360					596	559	525	497	470	447	426	406	389	372	358
370						573	539	509	482	458	437	417	399	382	367
380						587	553	522	495	470	447	427	409	392	376
390							566	535	507	481	458	438	419	401	385
400							580	547	519	493	469	448	428	411	394
410							593	560	531	504	480	458	438	420	403
420								573	543	516	491	469	448	430	413

注：表中的空心球最小外径 D_{min} 按下式计算得到：

$$D_{min} = \frac{180 \times (d_1 + 2a + d_2)}{\pi\theta}$$

（3）凡属下列情况之一者，一般宜在空心球内加设环形加劲肋板（图 6-15b）：

① 空心球的外径等于或大于 300mm，且连接于空心球的圆钢管杆件的内力较大时。

② 空心球的壁厚 t_b 小于与球相连的圆钢管腹杆壁厚 t_s 的 2 倍和空心球的外径 D_b 大于与球相连的圆钢管腹杆外径 d_s 的 3 倍时（图 6-14）：

即 $t_b < 2t_s$，$D_b > 3d_s$ 时。

③ 在同一网架中，往往需要调整和统一空心球的外径，以减少球的规格，为此需要在空心球内加设环形加劲肋板，以满足球体的承载力设计值时。

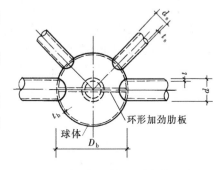

图 6-14 加设环形加劲肋板情况之一

④ 采用无肋空心球不能满足第 6.3.2 节 2 要求的承载力设计值时。

加设的环形加劲肋板的厚度，一般不应小于空心球的壁厚，通常取与空心球的壁厚相同；而且，应将内力较大的圆钢管杆件设置在环形加劲肋板的平面内。在工程实践中，一般是设置在较大内力弦杆的轴线平面内。

（4）无肋空心球和有肋空心球的成型对接焊缝，应满足图 6-15 所示的要求。

2. 圆钢管杆件与空心球的焊接连接，一般均应满足与被连接的圆钢管杆件截面等强

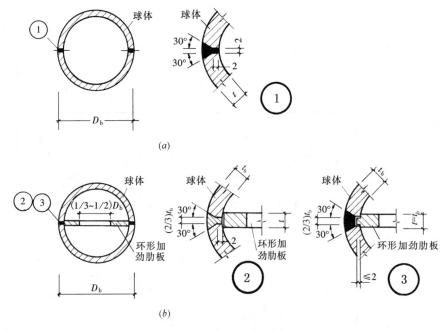

图 6-15　空心球剖视图

(a) 无肋空心球；(b) 有肋空心球

度的要求。

对小跨度的轻型网架，圆钢管杆件与空心球的连接，可以不增设短衬管而采用角焊缝直接连接。此时角焊缝的焊脚尺寸 h_f 应符合以下要求：

(1) 当 $t \leqslant 4mm$ 时，$h_f \leqslant 1.5t$ 且不宜小于 4mm；

(2) 当 $t > 4mm$ 时，$h_f \leqslant 1.2t$ 且不宜小于 6mm。

(t——与空心球相连的圆钢管杆件的壁厚)

对中等跨度以上的网架，或与空心球相连的圆钢管杆件的内力较大，且管壁厚度 $\geqslant$ 6mm 时，应在圆钢管杆件端部作 60°的坡口，并增设短衬管和采用完全焊透的对接焊缝连接。此时其连接细部构造应满足图 6-16 (a) 所示的要求。但有时，对某些内力较大的杆

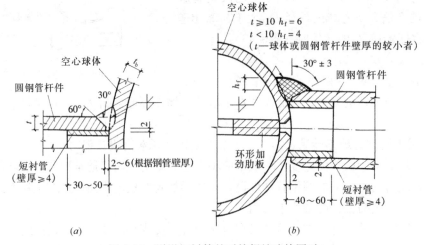

图 6-16　增设短衬管的对接焊缝连接图示

192

件，为了确定焊缝与母材等强度，除对接焊缝外，还采用部分角焊缝予以加强；此时，连接细部构造如图 6-16 (b) 所示。

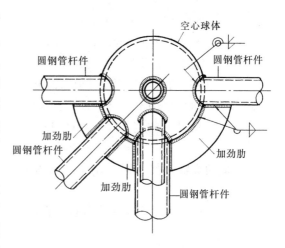

3. 连接于球体的某些内力较大的圆钢管杆件，当其相互间的净距较小而不能满足焊接的构造要求时，为确保其连接的可靠性和提高连接节点的刚度，可采用图 6-17 所示局部增设加劲肋的做法。

4. 在同一网架中，有时在满足绝大多数杆件连接构造要求的情况下，为了最大限度地统一钢球的直径，当有个别内力较大的圆钢管杆件在球面上相交重叠时，可采用增设支托板的做法，以获

图 6-17 局部增设加劲肋的连接节点示例

得等效的加大球体连接外径的效果，避免两相邻圆钢管杆件在球面上的相交重叠（图 6-18）。此时，支托板与球面的连接焊缝、圆钢管杆件与支托板的连接焊缝，应保证与被连接圆钢管杆件截面等强度。为了保证支托板具有足够的刚度以防局部屈曲，此时支托板的厚度宜比空心球的壁厚大 2～4mm。

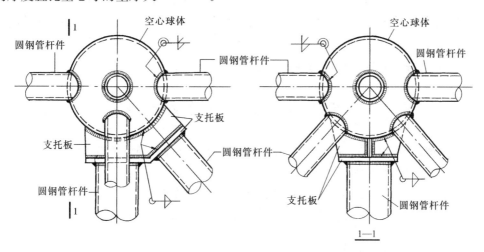

图 6-18 增设支托板的连接节点示例

6.3.2 球体承载力及其与杆件的连接

1. 在计算焊接空心球的承载力设计值时，可先按公式（6-9）的要求或直接按表 6-2 的要求确定空心球的最小外径，即空心球构造要求的外径。

2. 当空心球直径为 120～900mm 时，其受压和受拉承载力设计值 N_R(N) 可按下式计算：

$$N_R = \eta_0 \left(0.29 + 0.54 \frac{d}{D} \right) \pi t d f \qquad (6-10)$$

式中 η_0——大直径空心球节点承载力调整系数，当空心球直径≤500mm 时，$\eta_0 = 1.0$；
当空心球直径>500mm 时，$\eta_0 = 0.9$；

D——空心球外径（mm）；

t——空心球壁厚（mm）；

d——与空心球相连的主钢管杆件的外径（mm）；

f——钢材的抗拉强度设计值（N/mm^2）。

3. 在中跨度以上网架或杆件内力较大时，圆钢管杆件与空心球的焊接连接，一般应采用符合图 6-16 所示的完全焊透的坡口对接焊缝，此时可视焊缝与母材等强度而不必进行计算。

沿全周角焊缝连接，通常用于小跨度轻型网架，此时角焊缝的焊脚尺寸的确定方法有：

（1）按被连接圆钢管杆件截面面积的等强度条件的连接：

$$h_f \geqslant \frac{A_{st}f}{0.7\pi d f_f^w} \tag{6-11}$$

式中　A_{st}——被连接圆钢管杆件的截面面积；

　　　f——杆件所用钢材的抗拉、抗压强度设计值；

　　　d——被连接圆钢管杆件的直径。

（2）按被连接圆钢管杆件实际内力的连接：

$$h_f \geqslant \frac{N}{0.7\pi d f_f^w} \tag{6-12}$$

式中　N——被连接圆钢管杆件的轴心拉力或压力。

6.4　螺栓球节点的设计

1. 螺栓球连接节点是在设有螺纹孔的钢球体上，通过高强度螺栓将交汇于节点处的焊有锥头或封板的圆钢管杆件连接起来的节点。

螺栓球连接节点一般是由设有螺纹孔的钢球、高强度螺栓、长形六角套筒（或称长形六角无纹螺母）、锥头或封板、销子或紧固螺钉等零件组成（图 6-19）。

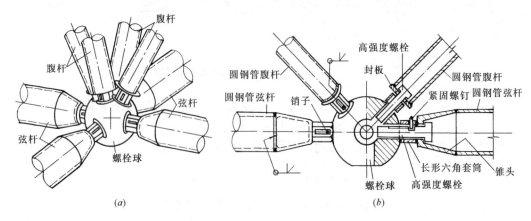

图 6-19　螺栓球连接节点图示

2. 空间网架用的螺栓球连接节点，除具有焊接空心球连接节点对空间交汇的圆钢管杆件连接适应性强和杆件连接不会产生偏心的优点外，还避免了需在现场焊接作业，并具有运输和安装方便的特点。

6.4.1 螺栓球节点组合零件的材料选用

1. 钢球宜采用符合《优质碳素结构钢》GB/T 699 规定的 45 号钢制成。

2. 高强度螺栓和开槽圆端紧固螺钉宜采用符合《合金结构钢》GB/T 3077 规定的 40Cr、40B 或 20MnTiB 钢制成。

性能等级为 8.8 级的高强度螺栓可采用符合《优质碳素结构钢》GB/T 699 规定的 45 号钢制成。

销子一般采用高强度冷拔钢丝制成。

3. 锥头、封板和长形六角套筒宜采用符合《碳素结构钢》GB/T 700 或《合金结构钢》GB/T 3077 规定的 Q235 钢或 Q355 钢制成；并与被连接圆钢管杆件所用的钢材材质相适应。

4. 螺栓球节点组合零件选用材料及加工方法可参考表 6-3。

螺栓球节点组合零件所用材料及加工方法选用表　　　　　表 6-3

零件名称	推荐材料	材料标准编号	备注
钢球	45 号钢	《优质碳素结构钢》GB/T 699	毛坯钢球锻造成型
高强度螺栓	20MnTiB、40Cr、35CrMo	《合金结构钢》GB/T 3077	规格 M12～M24
	35VB、40Cr、35CrMo		规格 M27～M36
	35CrMo、40Cr		规格 M39～M64×4
套筒	Q235B	《碳素结构钢》GB/T 700	套筒内孔径为 13～34mm
	Q355	《低合金高强度结构钢》GB/T 1591	套筒内孔径为 37～65mm
	45 号钢	《低质碳素结构钢》GB/T 699	
紧固螺钉	20MnTiB	《合金结构钢》GB/T 3077	螺钉直径宜尽量小
	40Cr		
锥头或封板	Q235B	《碳素结构钢》GB/T 700	钢号宜与杆件一致
	Q355	《低合金高强度结构钢》GB/T 1591	

6.4.2 螺栓球节点组合零件的设计

(一) 螺栓球体的设计

1. 在确定螺栓球直径的大小时，主要取决于：

(1) 连接球体和杆件所采用的高强度螺栓直径的大小；

(2) 连接球体和杆件所采用的高强度螺栓拧入球体的长度；

(3) 连接于螺栓球的两相邻圆钢管杆件轴线夹角的大小。

连接球体和杆件所采用的高强度螺栓直径的大小根据杆件的内力（拉力）来确定。通常在同一网架中，连接弦杆所采用的高强度螺栓是一种统一的直径，而腹杆采用的高强度螺栓则是另一种直径。也就是说，通常情况下，同一网架采用的高强度螺栓的直径规格大约为两种；在小跨度的轻型网架中，连接球体和弦杆及腹杆所采用的高强度螺栓宜为同一种规格的直径。

2. 在确定连接球体和杆件所用的高强度螺栓直径时，应确保长形六角套筒与球体有足够的接触面，为此螺栓球的直径 D 应同时满足下列公式的要求（图 6-20）：

$$D \geqslant \sqrt{\left(\frac{d_2}{\sin\theta} + d_1\cot\theta + 2\xi d_1\right)^2 + \eta^2 d_1^2} \qquad (6\text{-}13)$$

$$D \geqslant \sqrt{\left(\frac{\eta d_2}{\sin\theta} + \eta d_1\cot\theta\right)^2 + \eta^2 d_1^2} \qquad (6\text{-}14)$$

取两者中的较大者

式中 D——螺栓球的直径（mm）；

d_1、d_2——连接螺栓球和圆钢管杆件所采用的高强度螺栓直径（mm），$d_1 > d_2$；

θ——连接于螺栓球的两相邻圆钢管杆件轴线间的最小夹角（°）；

ξ——高强度螺栓拧入螺栓球的长度与高强度螺栓直径的比值，取 $\xi = 1.1$；

η——长形六角套筒外接圆的直径与高强度螺栓直径的比值，取 $\eta = 1.8$。

在公式（6-13）和公式（6-14）中，当 $d_1 = d_2 = d$ 时，即连接球体和弦杆及腹杆所采用的高强度螺栓都是同一种规格的直径时（图 6-21），螺栓球的直径 D 可按下列公式确定，也可直接按表 6-4 采用。

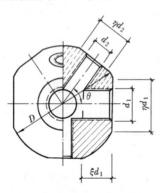

图 6-20　螺栓球与高强度螺栓的
连接关系图示（一）

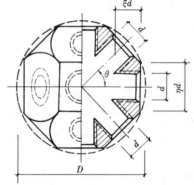

图 6-21　螺栓球与高强度螺栓的
连接关系图示（二）

$$D \geqslant 2d\sqrt{\left(\frac{1}{2}\cot\frac{\theta}{2} + \xi\right)^2 + \frac{\eta^2}{4}} \qquad (6\text{-}15)$$

$$D \geqslant \eta d \frac{1}{\sin\frac{\theta}{2}} \qquad (6\text{-}16)$$

取两者中的较大者

（二）高强度螺栓的设计

1. 连接螺栓球和圆钢管杆件所采用的高强度螺栓，应符合《钢网架螺栓球节点用高强度螺栓》GB/T 16939 规定的性能等级 M39～M64 为 9.8 级或 M12～M36 为 10.9 级的要求，并应符合《钢结构用高强度大六角头螺栓大六角螺母、垫圈技术条件》GB/T 1231

和《普通螺纹　基本尺寸》GB/T 196 的规定，但为了构造的需要和转动的方便，高强度螺栓的大六角头应制成圆头（图 6-22 和图 6-23）。

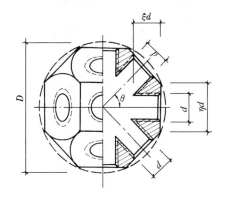

D—螺栓球的直径（mm）；

d—连接于螺栓球的圆钢管杆件所采用的高强度螺栓直径（mm）；

θ—连接于螺栓球的两相邻圆钢管杆件轴线间的最小夹角（°）；

ξ—高强度螺栓拧入螺栓球的长度与高强度螺栓直径的比值，取 $\xi=1.1$；

η—长形六角套筒外接圆直径与高强度螺栓直径的比值，取 $\eta=1.8$。

螺栓球直径 D 值选用表　　　　　　　表 6-4

$\begin{array}{c}D\ (mm)\end{array}\Big\backslash \begin{array}{c}d\ (mm)\end{array}$ θ (°)	12	14	16	18	20	22	24	27	30	33	36	39	42	45	48	52	56	60	64	68
30	83	97	111	125	139	153	167	188	207	230	250	271	292	313	334	362	369	417	445	473
35	72	84	96	108	120	132	144	162	180	198	216	233	251	269	287	311	335	359	384	407
40	63	74	84	95	105	116	126	142	158	180	196	205	221	237	253	274	295	316	337	358
45	59	69	79	89	99	109	119	134	149	170	185	193	208	223	238	258	277	297	317	337
50	56	66	75	85	94	103	113	127	141	161	176	183	197	212	226	245	263	282	301	320
55	53	63	72	81	90	99	108	121	135	154	168	175	189	202	216	234	252	270	288	306
60	52	61	69	78	86	95	104	117	130	149	162	169	182	195	208	225	242	259	277	294

注：表中的螺栓球直径 D 按公式（6-15）、公式（6-16）计算得到，并取两者中的较大者。

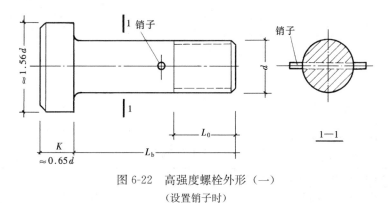

图 6-22　高强度螺栓外形（一）
（设置销子时）

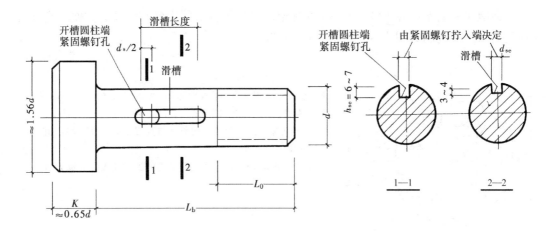

图 6-23　高强度螺栓外形（二）

（设置紧固螺钉时）

2. 连接螺栓球和受拉圆钢管杆件所采用的一个高强度螺栓的抗拉承载力设计值应按下式计算：

$$N_t^{bH} = \psi A_e^{bH} f_t^{bH} \geqslant N_{tmax} \tag{6-17}$$

式中　A_e^{bH}——高强度螺栓的有效面积：当螺栓杆上设销子孔时，A_e^{bH} 应取螺纹处的有效面积和销子孔处净截面面积中的较小者，计算时可按表 6-5.1 选定；当螺栓杆上设开槽圆柱端紧固螺钉时，A_e^{bH} 应取螺纹处的有效面积和紧固螺钉孔处净截面面积中的较小者，计算时可按表 6-5.1 选定；

　　　f_t^{bH}——高强度螺栓经热处理后的抗拉强度设计值，对 40Cr 钢、40B 钢、20MnTiB 钢为 430N/mm²；对 45 号钢为 365N/mm²；

　　　ψ——高强度螺栓直径对承载力的影响系数：

　　　　　当 $d<30$mm 时，$\psi=1.0$；

　　　　　当 $d\geqslant30$mm 时，$\psi=0.93$；

　　　N_{tmax}——被连接的圆钢管杆件的最大轴心拉力。

螺栓球节点用高强度螺栓在螺纹处的有效面积、

螺杆上销孔处或紧固螺钉孔处的净截面面积　　　　　　　表 6-5.1

高强度螺栓公称直径 d(mm)	12	14	16	18	20	22	24	27	30
螺栓在螺纹处的有效面积 A_e(mm²)	84.3	115	157	192	245	303	353	459	561
销子直径或螺杆上的销子孔直径 d_p(mm)	3	3	3	3	3.5	4	4	4	4
螺栓杆上销子孔处的净截面面积 A_{np}(mm²)	77	112	153	201	244	292	356	465	587
开槽圆柱端紧固螺钉螺纹规格 d_s(=M_i)			M_4	M_4	M_5	M_5	M_6	M_6	M_6
开槽圆柱端紧固螺钉的圆柱端直径 d_{s0}(mm)			2.8	2.8	3.8	3.8	4.5	4.5	4.5
开槽圆柱端紧固螺钉在圆柱端孔直径 d_{se}(mm)			3.3	3.3	4.3	4.3	5	5	5
开槽圆柱端紧固螺钉在螺栓杆上的滑槽宽度 b_s(mm)			3.3	3.3	4.3	4.3	5	5	5
开槽圆柱端紧固螺钉在螺栓杆上的滑槽深度 h_s(mm)			3	3	3	3	3	3.5	3.5
开槽圆柱端紧固螺钉的圆柱端钉孔深度 h_{se}(mm)			6	6	6	6	6	6.5	6.5
螺栓杆上紧固螺钉孔处的净截面面积 A_{ns}(mm²)			181.2	235.2	288.2	354.2	422.0	540.5	674.5

高强度螺栓公称直径 d (mm)	33	36	39	42	45	48	52	56	60
螺栓在螺纹处的有效面积 A_e (mm²)	694	817	976	1121	1306	1473	1758	2030	2362
销子直径或螺杆上的销子直径 d_p (mm)	5	5	5	5	6	6	6	6	6
螺栓杆上销子孔处的净截面面积 A_{np} (mm²)	690	838	1000	1175	1320	1522	1812	2127	2467
开槽圆柱端紧固螺钉螺纹规格 d_s （＝M_i）	M_6	M_6	M_8	M_8	M_8	M_8	M_{10}	M_{10}	M_{10}
开槽圆柱端紧固螺钉的圆柱端直径 d_{s0} (mm)	4.5	4.5	6	6	6	6	8	8	8
开槽圆柱端紧固螺钉的圆柱端钉孔直径 d_{se} (mm)	5	5	6.5	6.5	6.5	6.5	8.5	8.5	8.5
开槽圆柱端紧固螺钉在螺栓杆上的滑槽宽度 b_s (mm)	5	5	6.5	6.5	6.5	6.5	8.5	8.5	8.5
开槽圆柱端紧固螺钉在螺栓杆上的滑槽深度 h_s (mm)	3.5	3.5	4	4	4	4	4	4	4
开槽圆柱端紧固螺钉的圆柱端钉孔深度 h_{se} (mm)	6.5	6.5	7	7	7	7	7	7	7
螺栓杆上紧固螺钉孔处的净截面面积 A_{ns} (mm²)	822.5	985.5	1149.5	1339.5	1544.5	1764.5	2064.5	2403.5	2767.5

注：从表中数值可以得知，一般情况下，在高强度螺栓杆上设销子或开槽圆柱端紧固螺钉时，除个别较小直径的螺栓外，其余螺栓在螺栓杆上的销子孔处或紧固螺钉孔处的净截面面积均大于高强度螺栓在螺纹处的有效面积。换而言之，在确定高强度螺栓的直径时，起控制作用的是螺栓在螺纹处的有效面积。

当滑槽设置在长形六角套筒上时，为了减少螺栓截面的削弱，销子孔应设置在螺栓杆的适宜位置上，此时高强度螺栓杆上销子孔处的净截面面积应按下式计算（图 6-22）：

$$A_{np} = \frac{\pi d^2}{4} - d d_p \tag{6-18}$$

    d——高强度螺栓的直径；

    d_p——销子孔的直径。

当开槽圆柱端紧固螺钉孔设置在螺栓杆上时，高强度螺栓杆上紧固螺钉孔处的净截面面积应按下式计算（图 6-23）：

$$A_{ns} = \frac{\pi d^2}{4} - d_{se} h_{se} \tag{6-19}$$

    d_{se}——开槽圆柱端紧固螺钉的圆柱端钉孔直径；

    h_{se}——开槽圆柱端紧固螺钉的圆柱端钉孔深度。

高强度螺栓在螺纹处的有效面积，对应于常用的高强度螺栓直径所配置的销子直径，或开槽圆柱端紧固螺钉的螺纹规格，及其对应在螺栓杆上销子孔处的净截面面积，或紧固螺钉孔处的净截面面积，可按表 6-5 采用。

3. 连接螺栓球和受压圆钢管杆件所采用的高强度螺栓，可按被连接杆件内力的绝对值参照公式（6-20）计算确定。即：

$$\psi A_e^{bH} f_t^{bH} \geqslant | N_{cmax} | \tag{6-20}$$

式中 $| N_{cmax} |$——被连接的圆钢管杆件的最大轴心压力的绝对值。

受压杆件端部主要是通过长形六角套筒传递压力，螺栓只起连接作用。因此，以压力绝对值来替代拉力所求得的螺栓直径可适当减小，但此时必须保证长形六角套筒具有足够的抗压强度，并应按本节（三）2、3 的要求计算长形六角套筒在开设滑槽处或紧固紧钉孔处的抗压强度和端部的抗压强度。

4. 连接螺栓球和圆钢管杆件所采用的高强度螺栓的螺杆长度 L_b，可根据构造要求确定（图 6-24 和图 6-25）。即：

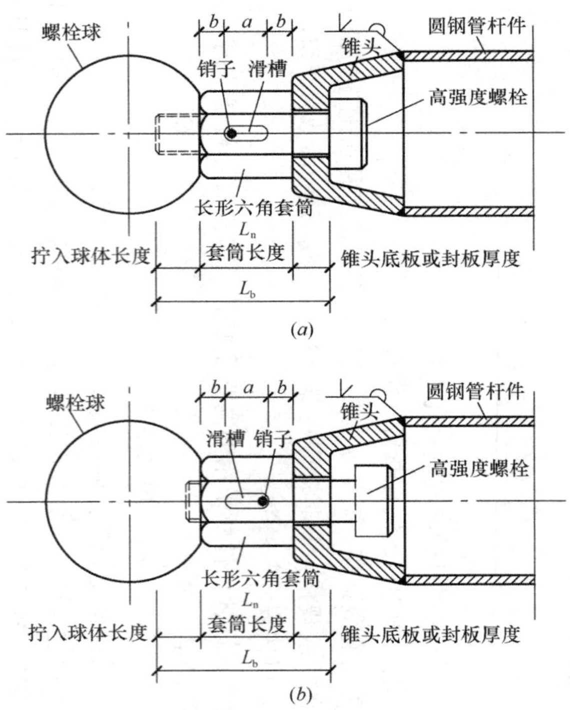

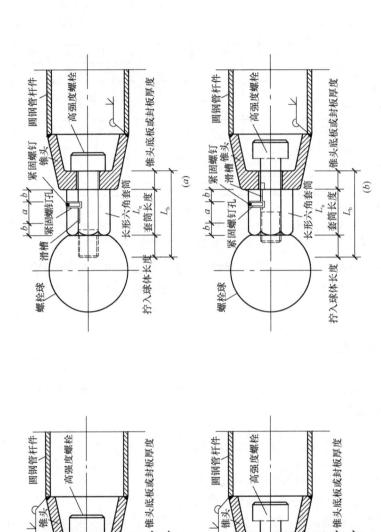

图 6-24 高强度螺栓与螺栓球和圆钢管杆件的连接图示（一）
（设销子时）

(a) 高强度螺栓与螺栓球拧紧后的状态；
(b) 高强度螺栓与螺栓球拧紧前的状态

图 6-25 高强度螺栓与螺栓球和圆钢管杆件的连接图示（二）
（设置于槽圆柱端紧固螺钉时）

(a) 高强度螺栓与螺栓球拧紧后的状态；
(b) 高强度螺栓与螺栓球拧紧前的状态

L_b＝拧入螺栓球的长度＋长形六角套筒的长度＋锥头底板（或杆端封板）的厚度

图 6-24 所示为螺栓紧固移动滑槽设置在长形六角套筒上，辅助紧固件采用销子的情形。

图 6-25 所示为螺栓紧固移动滑槽设计在高强度螺栓杆上，辅助紧固件采用开槽圆柱端紧固螺钉的情形。

（三）长形六角套筒的设计

1. 长形六角套筒（图 6-26）的作用是拧紧高强度螺栓和承受圆钢管杆件传来的压力。因此，设计时应满足以下要求：

（1）长形六角套筒的外形尺寸应符合扳手开口尺寸系列，端部要保持平整。

（2）长形六角套筒内孔无螺纹，孔径一般比高强度螺栓直径大 1.0mm。

（3）长形六角套筒的壁厚应按被连接圆钢管杆件的轴心压力计算确定，并应验算开设滑槽处或紧固螺孔处以及端部有效截面的承压应力。

（4）长形六角套筒端部至滑

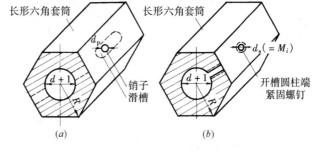

图 6-26　长形六角套筒图示（一）

（a）滑槽设置在长形六角套筒上，辅助紧固件采用销子的情形；

（b）滑槽设置在高强度螺栓杆上，辅助紧固件采用开槽圆柱端紧固螺钉的情形

槽端部或紧固螺钉孔边缘的距离，应考虑该处有效截面的抗剪承载力不低于销子或紧固螺钉的抗剪承载力进行计算确定，且不应小于滑槽宽度或紧固螺钉孔径的 1.5 倍和 6mm，以保证长形六角套筒的整体刚性和抵抗带动销子旋紧高强度螺栓时所产生的扭矩。

设置在长形六角套筒上的滑槽宽度一般比销子直径大 1.5～2.0mm。

2. 承受被连接圆钢管杆件轴心压力的长形六角套筒在开设滑槽处或紧固螺钉孔处的强度，应按下式计算：

$$\sigma_c = \frac{N}{A_{nn}} \leqslant f \tag{6-21}$$

式中　N——被连接圆钢管杆件的轴心压力；

A_{nn}——长形六角套筒在开设滑槽处或紧固螺钉孔处的净截面面积，可按下列公式计算：

当滑槽设置在长形六角套筒上，辅助紧固件采用销子时（图 6-26a）：

$$A_{nn} = \left[\frac{3\sqrt{3}}{2}R^2 - \frac{\pi(d+1)^2}{4}\right] - \left[\sqrt{3}R - (d+1)\right](d_p + 2) \tag{6-22}$$

当滑槽设置在高强度螺栓杆上，辅助紧固件采用开槽圆柱端紧固螺钉时（图 6-26b）：

$$A_{nn} = \left[\frac{3\sqrt{3}}{2}R^2 - \frac{\pi(d+1)^2}{4}\right] - \left[\frac{\sqrt{3}}{2}R - \frac{(d+1)}{2}\right]d_s \tag{6-23}$$

R——长形六角套筒的外接圆半径，其值可取 $R \approx 0.9d$；

d——高强度螺栓的直径；

d_s——开槽圆柱端紧固螺钉的螺纹规格（$d_s = M_i$）；

f——长形六角套筒所用钢材的抗压强度设计值。

3. 承受被连接圆钢管杆件轴心压力的长六角套筒端部的承压强度，应按下式计算：

$$\sigma_{ce} = \frac{N}{A_{en}} \leqslant f_{ce} \tag{6-24}$$

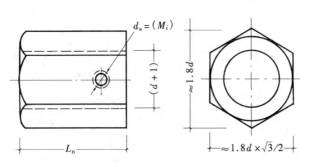

图 6-27　长形六角套筒图示（二）

（设置紧固螺钉时）

式中　A_{en}——长形六角套筒端部的有效面积，可按下式计算（图 6-27）：

$$A_{en} = \frac{\pi}{4}\left[d_w^2 - (d+1)^2\right] \tag{6-25}$$

f_{ce}——长形六角套筒所用钢材的端面承压强度设计值。

4. 长形六角套筒的长度，可按以下要求确定。

（1）当滑槽设置在长形六角套筒上，辅助紧固件采用销子时（图 6-24），套筒的长度为：

$$L_a = a + 2b \tag{6-26}$$

式中　a——套筒上的滑槽长度，按下式计算：

$$a = \xi d - c + d_p + 4\text{mm} \tag{6-27}$$

b——套筒端部至滑槽边缘的距离；

ξd——高强度螺栓拧入螺栓球的长度，可取 $\xi = 1.1$；

c——高强度螺栓露出套筒的长度，可取 $c = 4 \sim 6\text{mm}$，且不应小于 2 个丝扣（螺距）；

d_p——销子的直径。

（2）当滑槽设置在高强度螺栓杆上，辅助紧固件采用开槽圆柱端紧固螺钉时（图 6-25），套筒的长度为：

$$L_n = a + b_1 + b_2 \tag{6-28}$$

式中　a——高强度螺栓杆上的滑槽长度，按下式计算：

$$a = \xi d - c + d_s + 4\text{mm} \tag{6-29}$$

b_1——套筒左端部至高强度螺栓杆上的滑槽左边缘的距离，通常取 $b_1 = 4\text{mm}$；

b_2——套筒右端部至紧固螺钉孔边缘（滑槽右边缘）的距离，通常取 $b_2 = 6\text{mm}$；

d_s——紧固螺钉的螺纹规格（$d_s = M_i$）。

（四）锥头和封板的设计

1. 网架中螺栓球节点的圆钢管杆件，可采用锥头连接，也可采用封板连接。锥头和封板的作用是连接圆钢管杆件和高强度螺栓，承受被连接杆件的轴心拉力或轴心压力。因此它既是螺栓球节点的组成部分，也是网架圆钢管杆件的组成部分。

锥头可采用锻造成型，也可采用铸造成型。这应根据具体的制造情况予以确定。

设计锥头和封板时应满足以下要求：

（1）为避免交汇于节点处的网架圆钢管杆件的相互干扰并使其传力顺畅，当圆钢管杆件的管径大于 76mm 时，一般宜采用锥头的连接形式（图 6-19b 和图 6-28a）；当圆钢管杆件的管径等于或小于 76mm 时，可采用封板的连接形式（图 6-19b 和图 6-28b）。

（2）锥头的任何截面均应与被连接的圆钢管杆件截面等强度；而且，锥头筒壁任何截面的最小厚度不应小于被连接圆钢管杆件的壁厚加 2mm，并应满足锥头与圆钢管杆件相连的焊接构造要求。

锥头底板外侧平直部分的外接圆直径，通常取连接所用高强度螺栓直径的 1.8 倍加 3～5mm；锥头（斜向）筒壁的坡度不应大于 1/4 的斜角，且锥头底板与（斜向）筒壁的交角应为圆弧角，以使传力圆滑过渡（图 6-28a）。

锥头的长度根据被连接圆钢管杆件直径、锥头底板连接高强度螺栓的构造要求、锥头（斜向）筒壁的合理坡度以及锥头与圆钢管杆件焊接连接的构造要求来确定。

（3）锥头或封板与圆钢管杆件的连接焊缝，均应与被连接的杆件截面等强度；因此，其连接焊缝应采用完全焊透的坡口对接焊缝（图 6-28）。

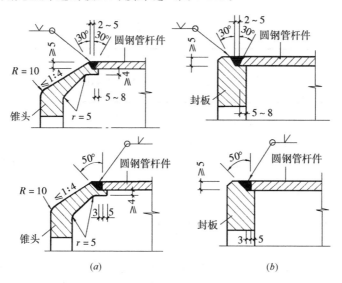

图 6-28　锥头和封板与圆钢管杆件端部的坡口对接焊缝图示

(a) 锥头与圆钢管杆件的连接；(b) 封板与圆钢管杆件的连接

（4）锥头和封板的厚度，一般应根据实际受力的大小按本节（四）2 的要求计算确定；但封板的厚度一般不宜小于被连接圆钢管杆件外径的 1/5；锥头底板的厚度不宜小于被连接圆钢管杆件外径的 1/6。

（5）锥头和封板的表面要保持平整，以确保紧固高强度螺栓的装配质量。高强度螺栓孔的中心线应尽可能与杆件轴线相重合,螺栓孔径一般只能比螺栓直径大 0.5～1.0mm。

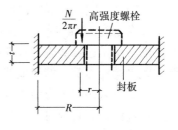

图 6-29　封板的计算图示

2. 在确定锥头底板和封板的厚度时,考虑由于锥头底板和封板承受较大的局部压力或拉力,锥头底板和封板的厚度宜按塑性理论计算确定,同时应满足构造上的要求。

根据轴对称圆板的塑性条件,封板的厚度可按下式计算(图 6-29):

$$t \geqslant \sqrt{\frac{2N(R-r)}{\pi R f_y}} \qquad (6-30)$$

(且不宜小于被连接圆钢管杆件外径的 1/5)

式中　N——被连接圆钢管杆件的轴心拉力;

R——近似取被连接圆钢管杆件的外圆半径;

r——高强度螺栓圆头与封板接触部分的中心至封板中心(即螺栓孔中心)的距离,通常取 $r=0.64d$ (d 为高强度螺栓直径);

f_y——封板所用钢材的屈服强度。

锥头底板在圆钢管杆件轴心拉力的作用下,其受力情况与封板的受力不尽相同,但锥头底板的厚度亦可近似地按公式(6-30)计算确定;此时,式中的半径 R 宜近似地取锥头底板的外圆半径。通常情况下,锥头底板的厚度不宜小于被连接圆钢管杆件外径的 1/6。

高强度螺栓规格与封板/锥头底厚对应关系,见表 6-5.2。

封板及锥头底板厚度　　　　　　　　　　表 6-5.2

高强度螺栓规格	封板/锥头底厚（mm）	高强度螺栓规格	封板/锥头底厚（mm）
M12、M14	12	M36～M42	30
M16	14	M45～M52	35
M20～M24	16	M56×4～M60×4	40
M27～M33	20	M64×4	45

(五) 销子和开槽圆柱端紧固螺钉的设计

1. 销子和开槽圆柱端紧固螺钉的作用有:

(1) 销子和开槽圆柱端紧固螺钉是连接高强度螺栓和长形六角套筒的辅助紧固件;它在扳手转动长形六角套筒时,带动高强度螺栓转动而逐步紧固,承受扳手转动长形六角套筒所产生的剪力;

(2) 在高强度螺栓未与螺栓球连接之前,要防止长形六角套筒脱落;在高强度螺栓紧固后,防止长形六角套筒松动。

2. 拧紧高强度螺栓时,销子和开槽圆柱端紧固螺钉要承受剪力的作用,但在保证其具有足够的抗剪强度的前提下,为避免过多地削弱高强度螺栓和长形六角套筒的截面,销子和开槽圆柱端紧固螺钉的直径要适度。

销子一般采用高强冷拔钢丝制成,其直径一般可取高强度螺栓直径的 0.16～0.18 倍,且不宜小于 3mm,也不宜大于 8mm。

开槽圆柱端紧固螺钉一般采用高强度钢材制成(表 6-3),其直径一般可取高强度螺栓直径的 0.2～0.3 倍,且不宜小于 4mm,也不宜大于 10mm。

常用的高强度螺栓直径所配置的销子的直径、开槽圆柱端紧固螺钉的螺纹规格(螺钉直径）可按表 6-5.1 采用。

销子的制作应根据工厂的制造工艺来确定，其长度应与高强度螺栓的直径和长形六角套筒的厚度及构造要求相协调。

开槽圆柱端紧固螺钉的基本尺寸，可参考表 6-6 采用。

开槽圆柱端紧固螺钉基本尺寸表（mm）　　　　　　　　　表 6-6

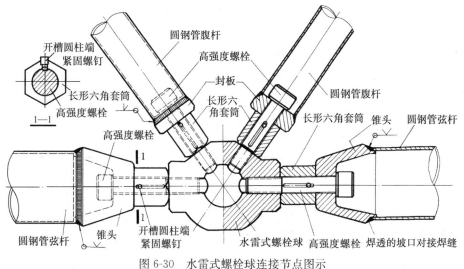

	加工精度等级为三级			

螺纹规格 d_s	M_4	M_5	M_6	M_8	M_{10}
圆柱端直径 d_{s0}	2.8	3.8	4.5	6.0	8.0
开槽宽度 n	0.6	0.8	1.0	1.2	1.6
开槽深度 t	1.4	1.6	2.0	2.5	3.0
开槽端头半径 $R\approx$	4	5	6	8	10

L 和 Z 的尺寸应根据长形六角套筒的厚度和高强度螺栓杆上的滑槽深度、紧固孔的深度及其构造要求来确定。

6.5　水雷式螺栓球节点和嵌入式毂节点的设计

1. 水雷式螺栓球节点是在螺栓球节点的基础上，对球体形状作了改进而成的。它是在跨度较大和屋面荷载较重的网架中，从缩小螺栓球球体的直径、节省钢材、适应内力大的弦杆采用大直径的高强度螺栓、内力较小的腹杆采用较小直径的高强度螺栓等方面出发，对球体形状作了改进的一种螺栓球连接节点的形式（图 6-30）。因此，组成水雷式螺栓球节点的零部件及采用的钢材等均与第 6.3 节所述的螺栓球节点相同，只是钢球体的形状不同而已。

水雷式螺栓球体，一般可按以下要求确定。

（1）根据网架弦杆和腹杆的最大内力，分别按公式（6-17）确定连接水雷式螺栓球和弦杆所需要高强度螺栓直径，确定连接水雷式螺栓球和腹杆所需要的高强度螺栓直径。

图 6-30　水雷式螺栓球连接节点图示

（2）根据连接弦杆和连接腹杆两种不同直径的高强度螺栓、两相邻圆钢管弦杆和腹杆轴线间的夹角、高强度螺栓拧入螺栓球的长度与高强度螺栓直径的比值 ξ（＝1.1）、长形六角套筒外接圆直径与高强度螺栓直径的比值 η（＝1.8），按公式（6-13）和公式（6-14）计算所需的螺栓球体的直径 D_1（相当于大球的直径）。

（3）根据连接两相邻圆钢管腹杆采用相同直径的高强度螺栓、两相邻圆钢管腹杆轴线间的夹角、高强度螺栓拧入螺栓球的长度与高强度螺栓直径的比值 ξ（＝1.1）、长形六角套筒外接圆直径与高强度螺栓直径的比值 η（＝1.8），按公式（6-15）和公式（6-16）计算所需的螺栓球体的直径 D_2（相当于小球的直径）。这里的螺栓球体直径 D_2 也可直接按表 6-4 选用。

（4）根据大球直径 D_1、小球直径 D_2、弦杆所采用的长形六角套筒的外接圆直径（＝1.8倍弦杆所采用的高强度螺栓直径）来调整螺栓球体的形状，便可得到连接弦杆的凸体，随即可确定出通称的水雷式螺栓球的形状（图 6-30）。

2. 在水雷式螺栓球节点中，除了按本节 1 的要求确定连接所需的高强度螺栓直径和球体直径及其形状外，其余有关高强度螺栓的螺杆长度及其销孔或滑槽的设置要求、长形六角套筒的设计、锥头和封板的设计、销子和开槽圆柱端紧固螺钉的设计等，均按 6.4 节所述的螺栓球节点设计的有关要求进行。

3. 嵌入式毂节点（图 6-31）可用于跨度不大于 60m 的单层球面网壳及跨度不大于 30m 的单层圆柱面网壳。

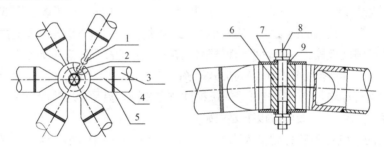

图 6-31　嵌入式毂节点

1—嵌入榫；2—毂体嵌入槽；3—杆件；4—杆端嵌入件；5—连接焊缝；
6—毂体；7—盖板；8—中心螺栓；9—平垫圈、弹簧垫圈

嵌入式毂节点的毂体、杆端嵌入件、盖板、中心螺栓的材料可按表 6-7 的规定选用，并应符合相应材料标准的技术条件。产品质量应符合现行《单层网壳嵌入式毂节点》JG/T 136 的规定。

嵌入式毂节点零件推荐材料　　　　　　　　　　　　　　　　　表 6-7

零件名称	推荐材料	材料标准编号	备注
毂体	Q235B	《碳素结构钢》GB/T 700	毂体直径宜采用 100～165mm
盖板			—
中心螺栓			
杆端嵌入件	ZG230-450H	《焊接结构用铸钢件》GB/T 7659	精密铸造

（1）毂体的嵌入槽以及与其配合的嵌入榫应做成小圆柱状（图 6-32、图 6-33）。杆端

嵌入件倾角 φ（即嵌入榫的中线和嵌入件轴线的垂线之间的夹角）和柱面网壳斜杆两端嵌入榫不共面的扭角 α，可按《空间网格结构技术规程》JGJ 7—2010 附录 J 进行计算。

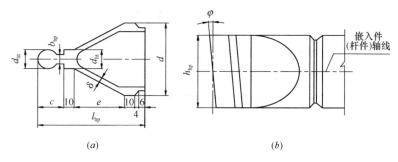

图 6-32　嵌入件的主要尺寸

注：δ—杆端嵌入件平面壁厚，不宜小于 5mm

（2）嵌入件几何尺寸（图 6-32）应按下列计算方法及构造要求设计：

① 嵌入件颈部宽度 b_{hp} 应按与杆件等强原则计算，宽度 b_{hp} 及高度 h_{hp} 应按拉弯或压弯构件进行强度验算；

② 当杆件为圆管且嵌入件高度 h_{hp} 取圆管外径 d 时，$b_{hp} \geqslant 3t_c$（t_c 为圆管壁厚）；

③ 嵌入榫直径 d_{ht} 可取 $1.7b_{hp}$ 且不宜小于 16mm；

④ 尺寸 c 可根据嵌入榫直径 d_{ht} 及嵌入槽尺寸计算；

⑤ 尺寸 e 可按下式计算：

$$e = \frac{1}{2}(d - d_{ht})\cot 30°$$

（3）杆件与杆端嵌入件应采用焊接连接，可参照螺栓球节点锥头与钢管的连接焊缝。焊缝强度应与所连接的钢管等强。

（4）毂体各嵌入槽轴线间夹角 θ（即汇交于该节点各杆件轴线间的夹角在通过该节点中心切平面上的投影）及毂体其他主要尺寸（图 6-33），可按《空间网格结构技术规程》JGJ 7—2010 附录 J 进行计算。

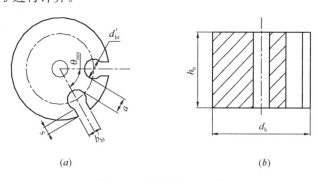

图 6-33　毂体各主要尺寸

（5）中心螺栓直径宜采用 16～20mm，盖板厚度不宜小于 4mm。

（6）《空间网格结构技术规程》JGJ 7—2010 附录 J 嵌入式毂节点主要尺寸的计算公式

J.0.1 嵌入式毂节点的毂体嵌入槽以及与其配合的嵌入榫呈圆柱状。嵌入榫的中线和与其相连杆件轴线的垂线之间的夹角，即杆件端嵌入榫倾角 φ（图 6-32b），可分别按下列公式计算：

对于球面网壳杆件及圆柱面网壳的环向杆件：

$$\varphi = \arcsin\left(\frac{l}{2r}\right) \qquad (J.0.1\text{-}1)$$

对于圆柱面网壳的斜杆：

$$\varphi = \arcsin \frac{2r\sin^2\dfrac{\beta}{2}}{\sqrt{4r^2\sin^2\dfrac{\beta}{2}+\dfrac{l_b^2}{4}}} \qquad (J.0.1\text{-}2)$$

式中　r——球面或圆柱面网壳的曲率半径；

　　　l——杆件几何长度；

　　　β——圆柱面网壳相邻两母线所对应的中心角（图J.0.1c）；

　　　l_b——斜杆所对应的三角形网格底边几何长度，对于单向斜杆及交叉斜杆正交正放
　　　　　网格按图J.0.1（a）取用；对于联方网格及三向网格按图J.0.1（b）取用。

J.0.2　球面网壳杆件和圆柱面网壳的环向杆件，同一根杆件的两端嵌入榫中心线在同一平面内；圆柱面网壳的斜杆两端嵌入榫的中心线不在同一平面内（图J.0.2），其扭角α应按下式计算：

$$\alpha = \pm \operatorname{arccot}\left(\frac{l}{2l_b}\tan\frac{\beta}{2}\right) \qquad (J.0.2)$$

式中　l——杆件几何长度；

　　　l_b——见图J.0.1中（a）、（b）；

　　　β——见图J.0.1中（c）。

注："+"表示顺时针向；"－"表示逆时针向。

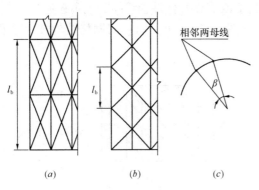

图 J.0.1　圆柱面网壳的网格尺寸与角度

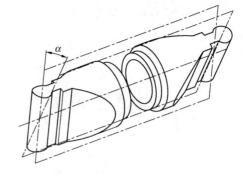

图 J.0.2　圆柱面网壳斜杆两端嵌入
榫中心线的扭角

J.0.3　嵌入式毂节点中的毂体上各嵌入槽轴线间夹角θ（图6-33a）应为汇交于该节点各杆件轴线间的夹角在通过该节点中心切平面上的投影，应按下式计算：

$$\theta = \arccos \frac{\cos\theta_0 - \sin\varphi_1 \cdot \sin\varphi_2}{\cos\varphi_1 \cdot \cos\varphi_2} \qquad (J.0.3)$$

式中　θ_0——相汇交二杆间的夹角，可按三角形网格用余弦定理计算；

φ_1、φ_2——相汇交二杆件嵌入榫的中线与相应嵌入件（杆件）轴线的垂线之间的夹角（即杆端嵌入榫倾角），可参考图 6-32。

J.0.4 毂体的其他各主要尺寸（图 6-33）应符合下列规定：

毂体直径 d_h 应分别按下列公式计算，并按计算结果中的较大者选用。

$$d_h = \frac{(2a + d'_{ht})}{\theta_{min}} + d'_{ht} + 2s \tag{J.0.4-1}$$

$$d_h = 2\left(\frac{d+10}{\theta_{min}} + c - l_{hp}\right) \tag{J.0.4-2}$$

式中 a——两嵌入槽间最小间隙，可取《空间网格结构技术规程》JGJ 7—2010 第 5.4.4 条中的 b_{hp}（图 6-32a）；

d'_{ht}——按嵌入榫直径 d_{ht} 加上配合间隙；

θ_{min}——毂体嵌入槽轴线间最小夹角（rad）；

s——按截面面积 $2h_h \cdot s$ 的抗剪强度与杆件抗拉强度等强原则计算。

槽口宽度 b'_{hp} 等于嵌入件颈部宽度 b_{hp} 加上配合间隙；毂体高度等于嵌入件高度（管径）加 1mm。

6.6 钢管圆筒节点和钢管鼓节点的设计

6.6.1 钢管圆筒节点的设计

1. 钢管圆筒节点采用短钢管与网架的圆钢管弦杆和腹杆直接焊接的连接节点的形式（图 6-34）。它主要用于网架杆件采用圆钢管的小跨度轻型四角锥网架和三角锥网架。

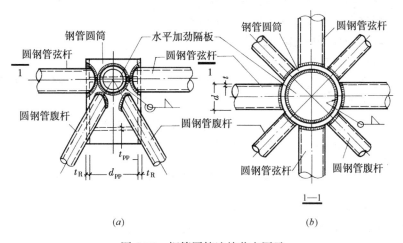

图 6-34 钢管圆筒连接节点图示

2. 钢管圆筒连接节点中的钢管圆筒直径和竖向长度，一般是根据交汇于节点处的杆件管径和构造要求来确定。

通常情况下，为增强筒身刚度、避免产生局部屈曲，宜在钢管圆筒内设置水平加劲隔板或在上下两端设置盖板。

3. 设计钢管圆筒连接节点时，可按以下要求进行。

（1）钢管圆筒的直径和竖向长度，通常可根据交汇于节点处的弦杆和腹杆的外径、两相邻杆件间的净距不小于 20mm、圆钢管弦杆和腹杆与钢管圆筒的相贯竖向长度以及焊接的构造要求等予以确定。

（2）钢管圆筒和设置在筒内的水平加劲隔板或上下两端的盖板，应同时满足公式(4-47)~公式(4-49)的要求。即：

$$t_R \geqslant 2t \qquad 且不宜小于 6mm \qquad (4\text{-}47)^*$$

$$t_{pp} = t_R \qquad (4\text{-}48)^*$$

$$\frac{d_{pp}}{t_{pp}} \leqslant 48\sqrt{\frac{235}{f_y}} \qquad (4\text{-}49)^*$$

式中　t_R——钢管圆筒的壁厚；

　　　t——连接于钢管圆筒的弦杆管壁厚度；

　　　t_{pp}——设置在钢管圆筒内的水平加劲隔板的厚度或上下两端盖板的厚度；

　　　d_{pp}——设置在钢管圆筒内的水平加劲隔板的直径或上下两端盖板的内圆直径。

（3）圆钢管弦杆和腹杆的管端形状随弦杆和腹杆与钢管圆筒相交的位置而变化，因此宜采用自动仿型切割机加工成马鞍形，并直接与钢管圆筒相焊接。此时，连接焊缝可视为全周角焊缝，其强度可近似地按公式（4-46）计算。即：

$$\sigma_f = \frac{N_i}{h_e l_{w0}} \leqslant f_f^w \qquad (4\text{-}46)^*$$

式中　N_i——腹杆或弦杆的轴心拉力或压力；

　　　h_e——焊缝的有效厚度，取 $h_e = 0.7h_f$；

　　　h_f——焊缝的焊脚尺寸，取 $h_i \leqslant 2t_i$；

　　　t_i——腹杆或弦杆的管壁厚度；

　　　l_{w0}——沿全周的焊缝计算长度，分别取腹杆或弦杆与钢管圆筒的相贯线长度，可按表 3-11 确定。

（4）钢管圆筒内水平加劲隔板或上下两端盖板与钢管圆筒的连接，通常采用全周单面角焊缝连接，此时角焊缝的焊脚尺寸宜取为 1.2 倍隔板或盖板的厚度。

6.6.2　钢管鼓节点的设计

1. 钢管鼓节点是一种采用短钢管在其上下两端焊以封板做成的鼓筒，将网架弦杆直接与焊于鼓筒的短钢管上，腹杆焊于封板上的连接节点形式（图 6-35）。它主要用于杆件为圆钢管的跨度小的轻型四角锥网架。

2. 钢管鼓节点中的短钢管（鼓筒）的直径和竖向长度，一般是根据交汇于节点处的弦杆和腹杆的连接构造要求来确定，而且主要是由腹杆管端的斜平切椭圆环与封板的全周角焊缝的连接构造所决定。

3. 设计钢管鼓节点时可按以下要求进行。

（1）短钢管的竖向长度一般在圆钢管弦杆直径的 2~3 倍范围内，通常为 15cm 左右。

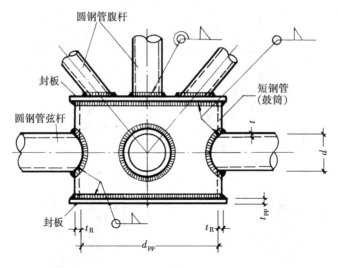

图 6-35　钢管鼓筒节点图示

（2）短钢管的直径和壁厚、上下两端封板的厚度、弦杆与短钢管的连接、腹板与封板的连接，封板与短钢管的连接，均应参照第 6.6.1 节 3 的有关要求确定。

6.7　网架支座节点的设计

1. 设计空间网架的支座节点时，应根据网架的类型、跨度的大小、作用荷载情况、网架杆件的截面形状以及加工制造和施工安装方法等，采用传力可靠、连接简单的构造形式，并使其尽量符合计算假定，以避免网架的实际内力和变形与计算值存在较大的差异而危及结构的安全。

2. 空间网架的支座，一般都支承于钢筋混凝土柱，或钢柱，或砖柱、钢筋混凝土墙，或砖墙、钢筋混凝土梁，或钢筋混凝土圈梁，或钢梁上，且通常均按铰接设计。

3. 网架支座节点，根据其受力状态，一般可分为以下两大类：

（1）压力支座节点
- 平板压力支座节点（图 6-36）
- 单面弧形压力支座节点（图 6-38）
- 双面弧形压力支座节点（图 6-40）
- 球铰压力支座节点（图 6-41）
- 板式橡胶支座节点（图 6-42）

（2）拉力支座节点
- 平板拉力支座节点（图 6-37）
- 单面弧形拉力支座节点（图 6-39）

6.7.1　平板压力支座节点和平板拉力支座节点的设计

（一）平板压力支座节点的设计

1. 平板压力支座节点与常用的平面桁架支座节点相类似。平板压力支座节点适用于支座无明显不均匀沉陷、温度应力影响不大的较小跨度的轻型网架。

图 6-36（a）是网架杆件为角钢组合截面，采用十字形板节点的平板压力支座节点的

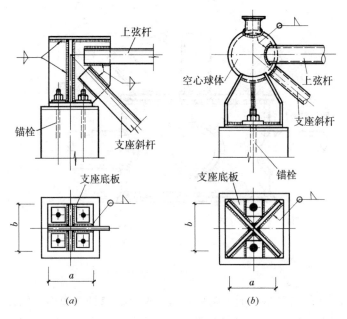

图 6-36　平板压力支座节点图示

构造示例。

图 6-36（b）是网架杆件为圆钢管截面，采用焊接空心球节点的平板压力支座节点的构造示例。

2. 铰接支承的网架平板压力支座节点，当采用图 6-36 所示的形式时，其构造与计算可按以下要求进行。

（1）支座底板的面积和厚度，可按公式（4-21）和公式（4-22）计算确定，同时尚应满足构造上的要求。

底板面积：

$$A_{pb} = a \times b \geqslant \frac{R}{f_c} \qquad (4\text{-}21)^*$$

底板厚度：

$$t_{pb} \geqslant \sqrt{\frac{6M_{max}}{f}} \qquad (4\text{-}22)^*$$

式中　a、b——支座底板的宽度和长度；

　　　R——支座垂直反力；

　　　f_c——支座底板下的混凝土轴心抗压强度设计值，按表 2-8 采用；

　　　M_{max}——两相邻边或三边支承的矩形板，在支座底板下的混凝土分布反力作用下所产生的最大弯矩，可按公式（4-23）计算。即：

$$M_{max} = \alpha \sigma_c a_1^2 \qquad (4\text{-}23)^*$$

　　　σ_c——支座底板下的混凝土分布反力，按公式（4-24）计算。即：

$$\sigma_c = \frac{R}{A_{pb}} \leqslant f_c \qquad (4\text{-}24)^*$$

a_1——两相邻边支承板的对角线长度或三边支承板的自由边长度；

α——系数，按表 4-3 采用。

通常情况下，支座底板的面积一般是由支座节点板侧向加劲肋和连接锚栓的设置构造要求来确定。

支座底板的厚度一般是在 12～20mm 范围内采用。

（2）支座节点板（或垂直支承板）的侧向垂直加劲肋的厚度，一般可按支座底板厚度的 0.7 倍采用。

每块加劲肋与支座节点板（或垂直支承板）的双面连接角焊缝（即从底板顶面算起的垂直方向焊缝），可近似地按公式（4-25）计算强度。即：

$$\sigma_{fs} = \sqrt{(\sigma_M)^2 + (\tau_V)^2}$$
$$= \sqrt{\left(\frac{6M}{2 \times 0.7 h_f l_{wv}^2}\right)^2 + \left(\frac{V}{2 \times 0.7 h_f l_{wv}}\right)^2} \leqslant f_f^w \qquad (4\text{-}25)^*$$

式中　σ_M——在偏心弯矩 M 作用下垂直角焊缝的正应力；

　　　τ_V——在剪力 V 作用下垂直角焊缝的剪应力；

　　　M——偏心弯矩，按公式（4-26）计算，即：

$$M = \frac{1}{8} R l_{wH} \qquad (4\text{-}26)^*$$

　　　V——剪力，按公式（4-27）计算，即：

$$V = \frac{R}{4} \qquad (4\text{-}27)^*$$

　　　l_{wV}——垂直加劲肋与支座节点板的垂直角焊缝的计算长度；

　　　l_{wH}——垂直加劲肋与支座底板的水平角焊缝的计算长度。

（3）支座底板与节点板（或垂直支承板）和垂直加劲肋的水平连接焊缝，一般是采用角焊缝，焊脚尺寸 h_f 可在 6～10mm 的范围内采用；焊缝强度可近似地按公式（4-28）计算。即：

$$\sigma_f = \frac{R}{0.7 h_f \sum l_{wH}} \leqslant f_f^w \qquad (4\text{-}28)^*$$

式中　$\sum l_{wH}$——水平角焊缝的总计算长度。

（4）网架支承支座与柱，或墙，或梁的连接，可采用锚栓连接，也可采用焊接连接。当采用锚栓连接时，一般是按构造要求设置，其直径最好是在 16～24mm 范围内采用。

锚栓在混凝土中的锚固长度一般不宜小于 25d（不含弯钩）。

支座底板上的锚栓孔径，一般取锚栓直径的 2 倍左右。锚栓孔上应设置垫板，垫板的厚度一般采用支座底板厚度的 0.7～1.0 倍，其锚栓孔径一般比锚栓直径大 1～2mm。

（二）平板拉力支座节点的设计

1. 在网架结构中，有些周边支承的网架在角隅处往往要产生垂直拉力，特别是两向正交斜放网架，当主板带（长梁）直通角隅支点并支承于角柱上时，在网架四个角的支座均将产生垂直拉力，因此设计时应根据支承点承受垂直拉力的特点设计成拉力支座。但是，在小跨度的轻型网架中，当支座的垂直拉力较小时，拉力支座可采用压力支座的构造连接形式（图6-36），而只利用连接锚栓来承受支座的垂直拉力。

2. 在中、小跨度的网架中，当支座的垂直拉力较大时，一般宜设置锚栓支承托座并利用锚栓来承受支座垂直拉力（图6-37），此时锚栓的直径应按支座垂直拉力的1.3倍来计算确定；同时，尚应满足构造上的要求，一般锚栓的直径不应小于20mm。

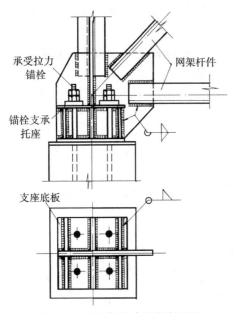

图6-37 平板拉力支座节点图示

承受支座垂直拉力的一个锚栓的有效面积，可按下式计算：

$$A_{ea} \geqslant \frac{1.3R_t}{n_a f_t^a} \qquad (6-31)$$

式中 R_t——支座垂直拉力；

n_a——锚栓数目；

f_t^a——锚栓的抗拉强度设计值，按表2-5采用。

锚栓支承托座的高度，应按锚栓受拉所需的焊缝强度来确定，一般不宜小于300mm。支承托座顶板的厚度也应根据锚栓承受的拉力和顶板的支承条件来确定，一般顶板厚度取与底板厚度相同，且不宜小于16mm。支承加劲肋的厚度一般取0.7倍底板的厚度，且不宜小于12mm。

支座处板与板的相互连接，一般宜采用角焊缝，其焊脚尺寸 h_f：当采用双面角焊缝时，取 $h_f \geqslant 6$mm；当采用单面角焊缝时，取 $h_f = 0.7t_p$（较薄板厚）。

6.7.2 单面弧形压力支座节点和单面弧形拉力支座节点的设计

（一）单面弧形压力支座节点的设计

1. 单面弧形压力支座节点是在平板压力支座基础上作了改进的一种压力支座节点形式（图6-38）。单面弧形压力支座节点仅将底部支承板的顶部采用铸钢或厚钢板加工成圆弧曲面，而网架支座上部支承板则置于弧形支座板之上，以使支座有微量转动和微量移动（线位移），从而改善较大跨度网架由于挠度和温度应力影响的支座受力性能。

2. 为使支座有微量转动和微量移动（线位移）的可能，设计时应注意：

（1）通常情况下，连接锚栓往往是采用2个，此时为使支座能有微量转动，锚栓应尽可能地设置在与转动方向相垂直的弧形底板中心线的位置上（图6-38c）；当支座反力较大而需要设置4个锚栓时，为了不妨碍支座的微量转动，应在锚栓上部增设压力弹簧，以调整支座在弧形面上的转动而不受锚栓拉力的影响（图6-38a、b）。

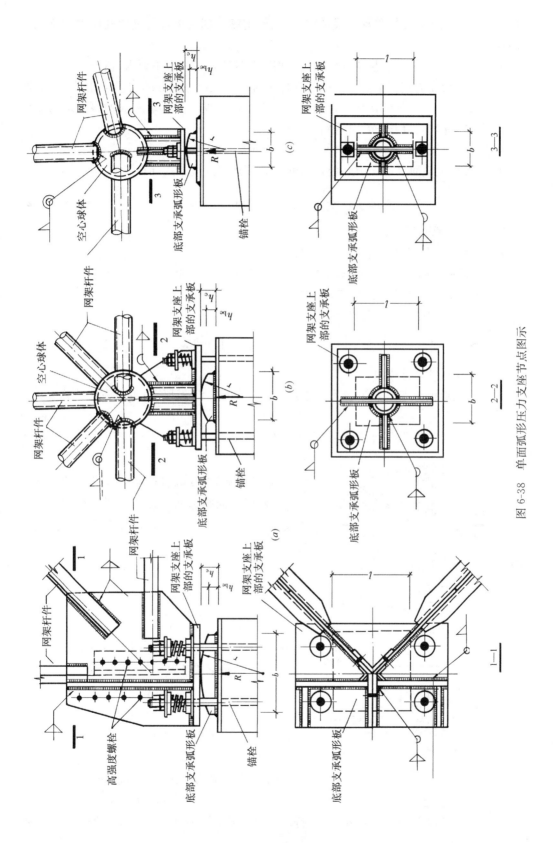

图 6-38　单面弧形压力支座节点图示

（2）为使支座能有微量移动（线位移），网架支座上部支承板的锚栓孔应做成椭圆孔或大圆孔。

3. 单面弧形压力支座节点（图6-38）的构造与计算，可按以下要求进行。

（1）单面弧形压力支座节点中的网架支座上部支承板以上部分的构造与计算，可参照6.7.1（一）2平板压力支座节点的有关要求确定。弧形板下面支承底板的厚度取与支座上部支承板厚度相同，其长宽尺寸应符合构造上的要求。

（2）底部支承弧形板的构造与计算，可按以下要求确定：

① 弧形板中央截面（支承中心处）高度 h_c，可近似地按下式计算

$$h_c \geqslant \sqrt{\frac{3Rb}{4lf}} \quad \text{且不宜小于50mm} \tag{6-32}$$

式中　R——支座垂直反力；

　　　b——弧形板横截面（垂直于圆弧面）的底部宽度；

　　　l——弧形表面与支座上部支承板的接触（线接触）长度；

　　　f——弧形板所用钢材的抗弯强度设计值。

② 弧形板圆弧面半径 r，可按下式计算

$$r \geqslant \frac{(0.42)^2 R E_s}{l(f_p)^2} \quad \text{且不宜小于2b} \tag{6-33}$$

式中　E_s——钢材的弹性模量；

　　　f_p——弧形板与支座上部支承板自由接触的承压强度设计值，可按下式计算

$$f_p = 2.62 f_y \tag{6-34}$$

　　　f_y——钢材的屈服强度，当弧形板和支座上部支承板采用不同钢种时，f_y 取较小者。

③ 弧形板的边端高度 h_{be}、弧形板的底部宽度 b、弧形板的圆弧面半径 r 和弧形板与支座上部支承板的接触长度 l，应同时满足下列公式的要求

$$h_{be} = 30 \sim 40\text{mm} \tag{6-35}$$

$$r \geqslant 2b \tag{6-36}$$

$$\sigma_c = \frac{R}{bl} \leqslant \beta f_c \tag{6-37}$$

式中　β——混凝土局部承压强度的提高系数，按下式计算

$$\beta = \sqrt{\frac{A_b}{A_c}} \tag{6-38}$$

　　　A_b——局部承压时的计算底面积；

　　　A_c——局部承压面积。

（二）单面弧形拉力支座节点的设计

1. 单面弧形拉力支座节点（图6-39）的构造特点与单面弧形压力支座节点相类似，支座下部

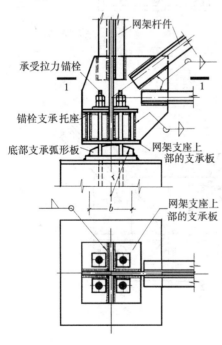

网架杆件
承受拉力锚栓
锚栓支承托座
底部支承弧形板
网架支座上部的支承板
网架支座上部的支承板

1—1

图6-39　单面弧形拉力支座节点图示

设置的弧形板，有利于支座作微量转动。有关弧形板的设计要求，可按第 6.7.2 节（一）3 的有关要求予以确定。

2. 为了增强支座节点刚度，应设置锚栓支承托座，并利用锚栓来承受支座垂直拉力。此时锚栓、锚栓支承托座以及支座上部的构造与计算，可按第 6.7.1 节（二）2 的有关要求予以确定。

6.7.3 双面弧形压力支座节点的设计

1. 双面弧形压力支座节点是在网架支座上部支承板和支座下部支承底板之间，设置一个上下均为圆弧曲面的特制钢铸件，在铸钢件两侧分别从支座上部支承板和支座下部支承底板焊接带有椭圆孔的梯形连接板，并采用螺栓将三者连接成整体（图 6-40）。这样，当网架端部受到挠度和温度应力的影响时，以及在水平荷载作用下，支座便可沿钢铸件的上下两个圆弧曲面作一定的转动和移动（线位移）。

双面弧形压力支座节点适用于跨度大、支承网架的柱子或墙体的刚度较大、周边支承约束较强、温度应力影响也较显著的大型网架。

2. 设计双面弧形压力支座节点时，可按以下要求确定其细部构造（图 6-40）。

（1）双面弧形压力支座节点中的双面弧形铸钢件（图 6-40c），其上下圆弧曲面的圆心应同在一轴线上，上下圆弧曲面的半径应相等，半径的大小应根据计算予以确定，且不宜小于双面弧形铸钢件高度的 2 倍。

（2）双面弧形铸钢件是采用工字形截面，其高宽比一般可在 0.8～1.0 的范围内采用，翼缘的厚度不应小于 25mm，腹板的厚度应根据连接螺栓直径以及边距等于 1.2 倍螺栓直径的构造要求来确定（图 6-40c）。

（3）双面弧形压力支座节点中网架支座上部支承板以上部分的构造与计算，可参照第 6-60 条平板压力支座节点的有关要求来确定，但支座上部支承板的厚度一般不宜小于 30mm；支座下部支承底板的厚度应根据计算确定，一般可在 30～40mm 的范围内采用，且不宜小于 30mm。

（4）焊于支座上部支承板和支座下部支承底板的带有椭圆孔的梯形连接板（图 6-40a），其尺寸和厚度及其连接焊缝应根据作用于支座处的水平力由计算确定，同时应满足构造上的要求；一般连接板的厚度可取支座下部支承底板厚度的 0.7 倍，且不宜小于 20mm；梯形连接板的尺寸，应根据在连接板上所设置的水平方向的椭圆孔的大小及其构造要求来确定；一般情况下，连接板上开设的椭圆孔的宽度应比连接螺栓直径大 6mm（即孔的上下两边缘与螺栓外径间的净距为 3mm），孔的长度应根据网架在温度变化下热胀冷缩的水平位移量来确定。

（5）连接上部梯形板和下部梯形板以及双面弧形铸钢件所采用的连接螺栓直径，应根据作用于支座处的水平力由计算确定，且应满足构造上的要求；一般连接螺栓的直径不宜小于 30mm，拧入铸件的长度不宜小于 1.3d。

3. 设计双面弧形压力支座节点时（图 6-40），可按以下要求进行计算。

（1）支座下部支承底板的厚度 t_{Pb}，可近似地按下式计算。[此时，支座垂直反力（接触线荷载）在支座下部支承底板横截面（垂直弧形曲面）的假定分布长度，取 $b_z = 5 \times t_{Pb}$（图 6-40c）]

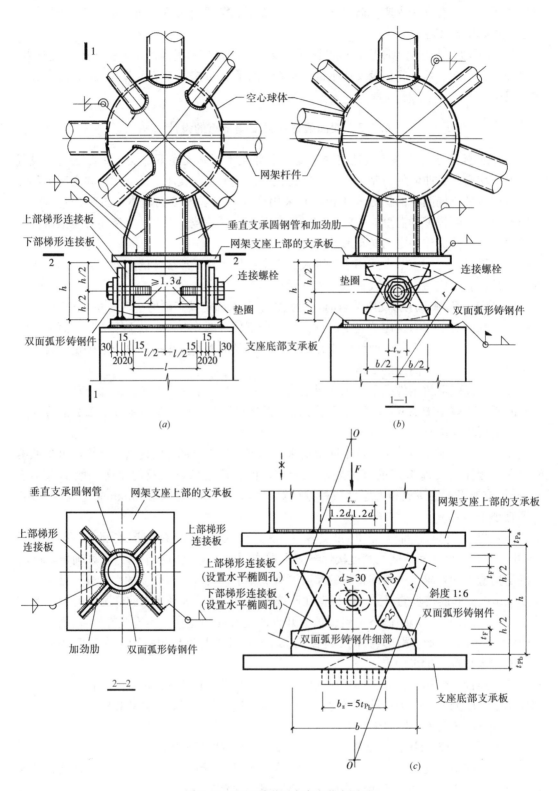

図 6-40 双面弧形压力支座节点图示

$$t_{Pb} \geqslant \frac{15R}{4lf} \quad \text{且不宜小于 30mm} \tag{6-39}$$

式中　R——支座垂直反力；

　　　l——弧形表面与支底下部支承底板的接触长度（线接触）；

　　　f——支座下部支承底板所用钢材的抗弯强度设计值。

（2）双面弧形铸钢件上下圆弧面的半径 r，可参照公式（6-33）计算。即

$$r \geqslant \frac{(0.42)^2 RE_s}{l(f_P)^2} \quad \text{且不宜小于 } 2h \tag{6-33}^*$$

式中　f_P——双面弧形铸钢件与支座上部支承板和支座下部支承底板自由接触的承压强
　　　　　　度设计值，可按公式（6-34）计算，即

$$f_P = 2.62f_y \tag{6-34}^*$$

　　　f_y——钢材的屈服强度，当双面弧形铸钢件和支座上部支承板及支座下部支承底
　　　　　　板采用不同钢种时，取其中屈服强度较小者；

　　　h——双面弧形铸钢件的截面高度。

（3）双面弧形铸钢件的上、下圆弧面半径 r 及其与支座下部支承底板的接触长度 l，
应同时满足下列公式的要求：

$$r \geqslant 2h \tag{6-40}$$

$$\sigma_c = \frac{R}{b_z l} \leqslant \beta f_{cc} \tag{6-41}$$

式中　β——混凝土局部承压强度的提高系数，按公式（6-38）计算。即

$$\beta = \sqrt{\frac{A_b}{A_c}} \tag{6-38}^*$$

（4）梯形连接板、连接螺栓应分别满足下列公式的要求：

梯形连接板的抗剪承载力设计值：

$$N_v^s = b_P t_P f_v \leqslant 1.3V_{HH} \tag{6-42}$$

连接螺栓的单面受剪承载力设计值：

$$N_v^b = \frac{\pi d_e^2}{4} f_v^b \leqslant 1.3V_{HH} \tag{6-43}$$

连接螺栓的承压承载力设计值：

$$N_c^b = dt_P f_c^b \leqslant 1.3V_{HH} \tag{6-44}$$

式中　b_P——梯形连接板的底宽；

　　　t_P——梯形连接板的厚度；

　　　f_v——梯形连接板所用钢材的抗剪强度设计值；

　　　V_{HH}——由风荷载或地震作用等在支座处所产生的水平剪力的 1/2；

　　　d_e——螺栓在螺纹处的有效直径；

　　　d——螺栓杆直径；

　　　f_v^b、f_c^b——螺栓的抗剪和承压强度设计值。

（5）上部梯形连接板与支座上部支承板、下部梯形连接板与支座下部支承底板的连接
焊缝，一般应采用完全焊透的坡口对接焊缝；此时，不必计算焊缝的强度。当采用角焊缝
连接时，应考虑角焊缝同时承受支座处水平剪力的 1.3 倍及其所产生的偏心弯矩，并按下

式计算焊缝的强度。

$$\sigma_{fs} = \sqrt{\left(\frac{1.3V_{HH}}{2 \times 0.7h_f l_w}\right)^2 + \left[\frac{6 \times (1.3V_{HH} \times h/2)}{2 \times 0.7h_f l_w^2}\right]^2} \leqslant f_f^w \qquad (6\text{-}45)$$

6.7.4 球铰压力支座节点的设计

1. 在大跨度且带悬伸的 4 个或多个支承支座的网架中，为适应支座能在两个方向作微量转动而不产生线位移和弯矩，采用球铰压力支座的连接节点形式（图 6-41）。球铰压力支座节点的构造特点是：支座下部突出的凸形实心半球嵌合在上部的臼式半凹球内，为防止因地震作用或其他水平力的影响使凹球与凸球脱离，支座四周用锚栓连接固定，并在锚栓上部增设压力弹簧，以便支座在球面上的自由转动而不受锚栓拉力的影响。

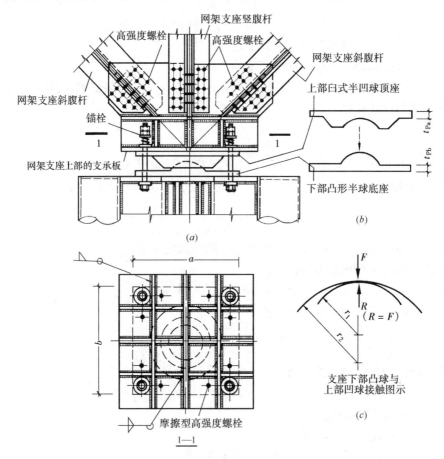

图 6-41 球铰压力支座节点图示

下部凸形实心半球底座和上部臼式半凹球顶座均为铸钢件，并采用同一钢种。

2. 球铰压力支座节点的构造与计算，应按以下要求确定：

（1）支座下部的凸形实心半球和支座上部的臼式半凹球的水平平直部分，通常按悬臂板计算确定，同时应满足构造上的要求。

$$t_{Pb} = t_{Pa} \geqslant l\sqrt{\frac{3\sigma_c}{f}} \quad \text{且不宜小于 40mm} \qquad (6\text{-}46)$$

式中 l——水平平直部分的悬伸长度；

σ_{c}——支座下部底板的平均受压应力，按下式计算：

$$\sigma_{c} = \frac{R}{A_{P}} \leqslant \begin{cases} f_{c}(\text{对混凝土}) \\ f(\text{对钢}) \end{cases} \tag{6-47}$$

R——支座垂直反力；

A_{P}——下部凸球底座板或上部臼式凹球顶座板的面积。

（2）下部凸形半球与上部臼式半凹球的最大接触应力，可按下式计算（图6-41c）：

$$\sigma_{max} = 0.388 \times \sqrt[3]{FE_{s}^{2}\left(\frac{r_{2}-r_{1}}{r_{1} \times r_{2}}\right)^{2}} \leqslant f_{Pc} \tag{6-48}$$

式中 F——作用于凸球和凹球接触点处的垂直集中压力；

E_{s}——钢材的弹性模量；

r_{1}——下部凸形半球的半径；

r_{2}——上部臼式凹球的半径；

f_{Pc}——钢与钢点接触的承压强度设计值，可近似地按公式（6-34）计算，即：

$$f_{Pc} = 2.62 f_{c} \tag{6-34）*}$$

（3）上部凹球顶座板与支座上部支承板的连接，一般采用8M24高强度螺栓摩擦型连接；下部凸球底座板与支座下部支承底板的连接，一般采用角焊缝沿全周焊接，其焊脚尺寸可在10～14mm范围内采用。

固定球铰支座的锚栓，其数目不宜小于4个，直径可在M42～M56范围内采用。

上部支承板以上部分的支承托座及其连接，应根据支座处的垂直集中压力、加劲肋的设置情况以及板格的支承条件，参照第6.7.1节（一）2的有关要求予以确定；同时，应满足构造上的要求，并与支座处各板件的尺寸和厚度相协调。

6.7.5 板式橡胶支座节点的设计

1. 板式橡胶支座是由多层橡胶片和薄钢板粘合硫化而成（图6-42b）。它除了能将上部网架结构的垂直集中压力传给柱、墙或梁外，还能适应网架结构所产生的水平位移和转角。板式橡胶支座节点（图6-42a），构造简单、经济、安装方便，适用于大中跨度的网架。

2. 刚接支座节点（图6-43）可用于中小跨度空间网格结构中承受轴力、弯矩与剪力的支座节点。支座节点竖向支承板厚度应大于焊接空心球节点球壁厚度2mm，球体置入深度应大于2/3球径。

3. 支座节点设计时，当支座底板与基础面摩擦力小于支座底部的水平反力时，应设置抗剪键，不得利用锚栓传递剪力（图6-44）。

4. 用于网架结构的板式橡胶支座连接节点的板式橡胶支座，分为氯丁橡胶支座和天然橡胶支座。气温不低于－25℃的地区，可采用氯丁橡胶支座；气温在－25～－40℃的地区，可采用天然橡胶支座。

5. 板式橡胶支座的设计指标，应按以下要求确定。

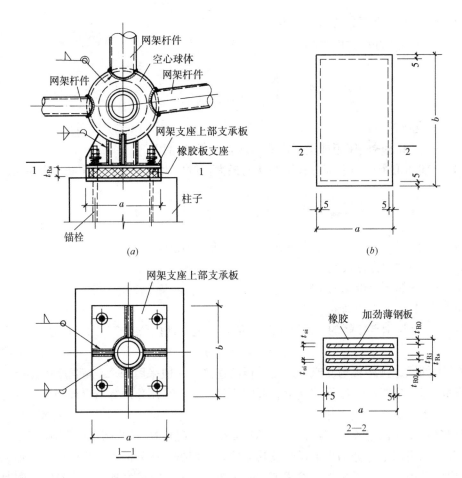

图 6-42　板式橡胶支座节点图示

(a) 板式橡胶支座连接节点；(b) 板式橡胶支座构造

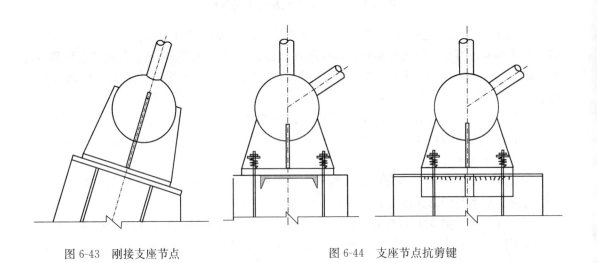

图 6-43　刚接支座节点　　　　图 6-44　支座节点抗剪键

（1）橡胶支座所用胶料的物理机械性能指标，应按表6-8采用。

胶料类型	硬度（邵氏）	拉伸强度（N/mm²）	扯断伸长率（%）	扯断永久变形（%）	300%定伸强度（N/mm²）	脆性温度（℃）（不低于）
氯丁橡胶	60°±5°	≥18.63	≥450	≤25	≥7.84	−25
天然橡胶	60°±5°	≥18.63	≥500	≤20	≥8.82	−40

（2）橡胶支座（成品）的物理力学性能指标，应按表 6-9 采用。

橡胶支座（成品）的物理力学性能指标   表 6-9

容许抗压强度（N/mm²）		极限破坏强度（N/mm²）	抗压弹性模量 E_R（N/mm²）	抗剪弹性模量 G_R（N/mm²）	容许最大剪切角正切值 $[\tan\alpha]$	抗滑移系数 μ	
$[\sigma]_{max}$	$[\sigma]_{min}$					与钢板	与混凝土
7.84～9.80	1.96	>58.82	由形状系数 β 按表 6-10 采用	0.98～1.47	0.7	0.2	0.3

橡胶支座的抗压弹性模量随支座形状系数而变化，具体可按表 6-10 采用。抗剪弹性模量 G_k 通常取 1.1。

橡胶支座抗压弹性模量 E_R 和形状系数 β 值   表 6-10

β	4	5	6	7	8	9	
E_R（N/mm²）	196	265	333	412	490	579	

β	10	11	12	13	14	15	16～20
E_R（N/mm²）	657	745	843	932	1040	1157	1285～1863

附 注	支座形状系数按下式计算： $$\beta = \frac{ab}{2(a+b)t_{Ri}}$$ a、b—橡胶支座的短边长度和长边长度； t_{Ri}—支座中间层橡胶片的厚度

（3）橡胶支座中间加劲用薄钢板，应采用符合《碳素结构钢》GB/T 700 规定的 Q235 钢或符合《低合金高强度结构钢》GB/T 1591 规定的 Q355 钢和 Q390 钢。其屈服点、抗拉强度及厚度的偏差均应符合《碳素结构钢和低合金结构钢热轧钢板和钢带》GB/T 3274 的有关规定。

薄钢板的厚度不应小于 2mm。平面尺寸应比橡胶板每边小 5mm。浇注橡胶前，必须对钢板除锈、去油污、清擦干净，并应将周边仔细加工，以防粘结不良和避免产生应力集中。

（4）钢网架螺栓球节点用高强度螺栓

钢网架螺栓球节点用高强度螺栓的形式尺寸和技术条件见图 6-45 及表 6-11～表 6-13。

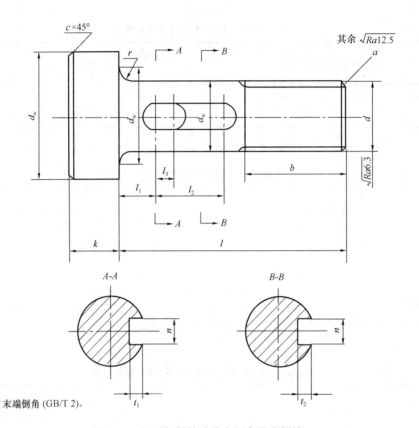

末端倒角 (GB/T 2)。

图 6-45　钢网架螺栓球节点用高强度螺栓

高强度螺栓尺寸（mm）　　　　　　　　　　　　　　　表 6-11

螺纹规格 d		M12	M14	M16	M20	M24	M27	M30	M36	M39	M42	M45	M48
P		1.75	2	2	2.5	3	3	3.5	4	4	4.5	4.5	5
b	min	15	17	20	25	30	33	37	44	47	50	55	58
	max	18.5	21	24	30	36	39	44	52	55	59	64	68
$c \approx$		1.5				2.0		2.5		3.0			
d_k	max	18	21	24	30	36	41	46	55	60	65	70	75
	min	17.38	20.38	23.48	29.48	35.38	40.38	45.38	54.26	59.26	64.26	69.26	74.26
d_s	max	12.35	14.35	16.35	20.42	24.42	27.42	30.42	36.50	39.50	42.50	45.50	48.50
	min	11.65	13.65	15.65	19.58	23.58	26.58	29.58	35.50	38.50	41.50	44.50	47.50
K	公称	6.4	7.5	10	12.5	15	17	18.7	22.5	25	26	28	30
	max	7.15	8.25	10.75	13.4	15.9	17.9	19.75	23.55	26.05	27.05	29.05	31.05
	min	5.65	6.75	9.25	11.6	14.1	16.1	17.65	21.45	23.95	24.95	26.95	28.95
r	min	0.8			1.0			1.5		2.0			
d_s	max	15.20	17.20	19.20	24.40	28.40	32.40	35.40	42.40	45.40	48.60	52.60	56.60
l	公称	50	54	62	73	82	90	98	125	128	136	145	148
	max	50.80	54.95	62.95	73.95	83.1	91.1	99.1	126.25	129.25	137.25	146.25	149.25
	min	49.20	53.05	61.05	72.05	80.9	88.9	96.9	123.75	126.75	134.75	143.75	146.75

螺纹规格 d		M12	M14	M16	M20	M24	M27	M30	M36	M39	M42	M45	M48
l_1	公称	18		22	24		28		43			48	
	max	18.35		22.42	24.42		28.42		43.50			48.50	
	min	17.65		21.58	23.58		27.58		42.50			47.50	
l_2 参考		10		13	16	18	20	24	26		30		
l_3		4											
n	max	3.3			5.3		6.3		8.36				
	min	3			5		6		8				
t_1	max	2.8			3.30		4.38		5.38				
	min	2.2			2.70		3.62		4.62				
t_2	max	2.3			2.80		3.30		4.38				
	min	1.7			2.20		2.70		3.62				

螺纹规格 d		M56×4	M60×4	M64×4	M68×4	M72×4	M76×4	M80×4	M85×4
P		4	4	4	4	4	4	4	4
b	min	66	70	74	78	83	87	92	98
	max	74	78	82	86	91	95	100	106
c	≈	3.0		3.5				4.0	
d_k	max	90	95	100	100	105	110	125	125
	min	89.13	94.13	99.13	99.13	104.13	109.13	124	124
d_s	max	56.60	60.60	64.60	68.68	72.72	76.76	80.80	85.85
	min	55.86	59.86	63.86	67.94	71.98	76.02	80.06	84.98
K	公称	35	38	40	45	45	50	55	55
	max	36.25	39.25	41.25	46.39	46.39	51.55	56.71	56.71
	min	33.75	36.75	38.75	43.56	43.56	48.4	53.24	53.24
r	min	2.5			3.0				
d_s	max	67.00	71.00	75.00	79.00	83.00	87.00	91.00	96.00
l	公称	172	196	205	215	230	240	245	265
	max	173.25	197.45	206.45	217.3	232.3	242.3	247.3	267.6
	min	170.75	194.55	203.55	212.3	227.7	237.7	242.7	262.4
l_1	公称	53			58		63		68
	max	53.60			58.60		63.60		68.60
	min	52.40			57.40		62.40		67.40
l_2 参考		42	57		65	70	75	80	85
l_s		4							
n	max	8.36							
	min	8							
t_1	max	5.38							
	min	4.62							
t_2	max	4.38							
	min	3.62							

注：推荐的套筒、封板或锥头底厚及螺栓旋入球体长度等，参见《钢网架螺栓球节点用高强度螺栓》GB/T 16939—2016附录A。

表 6-12

螺栓性能等级和材料　　　　　　　　　　　　　　表 6-12

螺纹规格 d	性能等级	推荐材料牌号	材料标准编号
M12～M24	10.9S	20MnTiB、40Cr、35CrMo	GB/T 3077
M27～M36		40Cr、35CrMo	GB/T 3077
M39～M85×4	9.8S	42CrMo、40Cr	GB/T 3077

技术条件和引用标准　　　　　　　　　　　　　表 6-13

材　料		说　明
螺纹	公差	6g
	标准	GB/T 193、GB/T 9145
公差	产品等级	除规定，其余按 B 级
	标准	GB/T 3103.1
机械性能	等级	M12～M36：10.9S M39～M85×4：9.8S
	标准	GB/T 3098.1
表面处理		氧化
表面缺陷		GB/T 5779.1

注：性能等级中的"S"表示钢结构用螺栓。

材料经热处理（工艺与螺栓实物相同）后，按《金属材料 拉伸试验 第 1 部分：室温试验方法》GB/T 228.1 的规定制成拉力试件并进行拉力试验。其结果应符合表 6-14 的规定。

材料试件机械性能　　　　　　　　　　　　　表 6-14

性能等级	抗拉强度 R_m（MPa）	屈强强度 $R_{p0.2}$（MPa）	伸长率 A（%）	收缩率 z（%）
		min		
10.9S	1040～1240	940	10	42
9.8S	900～1100	720		

螺栓应进行拉力试验，其结果应符合表 6-15 的规定。

螺栓实物机械性能　　　　　　　　　　　　　表 6-15

螺纹规格 d	M12	M14	M16	M20	M24	M27	M30	M36	M39	M42	M45
性能等级	10.9S								9.8S		
应力截面积 A_s（mm²）	94.3	115	157	245	353	459	561	817	976	1120	1310
拉力载荷（kN）	88～105	120～163	163～195	255～304	367～438	477～569	583～696	850～1013	878～1074	1008～1212	1179～1441

螺纹规格 d	M18	M56×4	M60×4	M64×4	M66×4	M72×4	M79×4	M80×4	M85×4
性能等级	9.8S								
应力截面积 A_s（mm²）	1470	2144	2485	2851	3242	3658	4100	4566	5184
拉力载荷（kN）	1323～1617	1930～2358	2337～2734	2566～3136	2918～3566	3292～4022	3090～4510	4100～5023	4633～5702

螺纹规格为 M39～M85×4 的螺栓可以硬度试验代替拉力载荷试验。常规硬度值为 32HRC～37HRC；如对试验有争议时，应进行芯部硬度试验，其硬度值应不低于 28HRC；如对硬度试验有争议时，应进行螺栓实物的拉力载荷试验，并以此为仲裁试验。拉力载荷值应符合表 6-15 的规定。

（5）高强度螺栓的性能等级应按规格分别选用。对于 M12～M36 的高强度螺栓，其强度等级应按 10.9 级选用；对于 M39～M64 的高强度螺栓，其强度等级应按 9.8 级选用。螺栓的形式与尺寸应符合现行《钢网架螺栓球节点用高强度螺栓》GB/T 16939 的要求。选用高强度螺栓的直径应由杆件内力确定，高强度螺栓的受拉承载力设计值 N_t^b 应按下式计算：

$$N_t^b = A_{eff} f_t^b \tag{6-49}$$

式中 f_t^b——高强度螺栓经热处理后的抗拉强度设计值，对 10.9 级，取 430N/mm²；对 9.8 级，取 385N/mm²；

A_{eff}——高强度螺栓的有效截面积，可按表 6-16 选取。当螺栓上钻有键槽或钻孔时，A_{eff} 值取螺纹处或键槽、钻孔处两者中的较小值。

常用高强度螺栓在螺纹处的有效截面面积 A_{eff} 和承载力设计值 N_t^b 表 6-16

性能等级	规格 d	螺距 p (mm)	A_{eff} (mm²)	N_t^b (kN)
10.9 级	M12	1.75	84	36.1
	M14	2	115	49.5
	M16	2	157	67.5
	M20	2.5	245	105.3
	M22	2.5	303	130.5
	M24	3	353	151.5
	M27	3	459	197.5
	M30	3.5	561	241.2
	M33	3.5	694	298.4
	M36	4	817	351.3
9.8 级	M39	4	976	375.6
	M42	4.5	1120	431.5
	M45	4.5	1310	502.8
	M48	5	1470	567.1
	M52	5	1760	676.7
	M56×4	4	2144	825.4
	M60×4	4	2485	956.6
	M64×4	4	2851	1097.6

注：螺栓在螺纹处的有效截面积 $A_{eff} = \pi (d - 0.9382p)^2/4$。

6. 设计板式橡胶支座时，应按第 6.7.5 节 5 的有关要求计算确定，同时应满足以下的构造要求。

（1）板式橡胶支座的平面尺寸短边（a）与长边（b）之比，一般可在 $1:1\sim1:1.5$ 的范围内采用。为便于支座的转动，短边应放置在平行于网架跨度的方向，长边则垂直于网架跨度的方向；同时，应根据工程地质条件、抗震设防要求以及网架下部支承情况等，正确选用和合理布置橡胶支座。

（2）板式橡胶支座的总厚度 t_{Rs} 应根据网架跨度方向的伸缩量和网架支座转角的要求来确定，一般可在短边长度的 $1/10\sim3/10$ 的范围内采用，且不宜小于 40mm。为了满足支座的稳定条件，板式橡胶支座中的橡胶层总厚度 t_R（不包括加劲薄钢板的厚度）不应大于支座短边长度的 $2/10$，即 $t_R\leqslant0.2a$。

（3）板式橡胶支座中的每层加劲薄钢板的厚度 t_{si}，一般为 2mm 或 3mm；平面尺寸一般应比橡胶片每边小 5mm。

（4）板式橡胶支座中的橡胶片厚度，可按以下要求采用：

对外层橡胶片，其厚度 t_{Ro} 可在 $1.5\sim3$mm 的范围内采用，通常取 2.5mm。

对内层（中间每层）橡胶片，其厚度 t_{Rl} 可取为支座短边长度的 $1/25\sim1/30$，通常采用 5mm、8mm 或 11mm。

（5）为保证网架支座上部支承板转动后不出现后端脱空而前端局部承压、橡胶支座产生过大的竖向压缩变形等现象，橡胶支座的平均压缩变形量不宜超过橡胶层总厚度的 5%，且不应大于或等于支座短边长度的 $1/2$ 乘以支座最大转角弧度值。

（6）当网架支座连接锚栓通过板式橡胶支座时，在橡胶支座上的锚栓孔径应比锚栓直径大 $10\sim20$mm，以免影响橡胶支座的剪切变形和移动。

（7）橡胶支座与支柱或基座的钢板或混凝土之间可采用 502 胶等胶粘剂粘结固定，必要时还可增设限位装置。为防止橡胶支座的老化，可在支座四周涂以酚醛树脂，并粘结泡沫塑料等。另外，设计时尚宜考虑长期使用后因橡胶老化而需更换的条件。

（8）橡胶支座在安装和使用过程中，要避免与油脂等油类物质以及其他对橡胶有害的物质接触。

7. 网架板式橡胶支座节点的计算，应按以下要求进行。

（1）网架板式橡胶支座节点中，上部支承板以上部分的构造与计算，可按第 6.7.1 节（一）2 平板压力支座节点的有关要求确定。

（2）网架板式橡胶支座节点中，板式橡胶支座应按以下要求计算。

① 橡胶支座的平面尺寸 $a\times b$，一般按下式计算确定，同时应满足构造上的要求：

$$\sigma_c=\frac{R}{a\times b}\leqslant\begin{cases}[\sigma_{CR}]_{max}（对橡胶支座）且大于[\sigma_{CR}]_{min}\\ f_c\quad（对底板下混凝土）\end{cases}\qquad(6-50)$$

式中 R——网架支座的垂直反力；

           a、b——橡胶支座的短边长度和长边长度，可参考表 6-17 选用；

$[\sigma_{CR}]_{max}$、$[\sigma_{CR}]_{min}$——橡胶支座的最大容许抗压强度和最小容许抗压强度，按表 6-9 采用；

           f_c——支座底板下的混凝土轴心抗压强度设计值。

② 橡胶支座中的橡胶层总厚度 t_R（不包括加劲薄钢板的厚度）主要是由支座使用时的受剪状态和支座的稳定性来确定，可按下式计算：

$$t_R = \frac{S_H}{[\tan\alpha]} \leqslant 0.2a \tag{6-51}$$

式中 S_H——由温度变化或地震作用等使网架支座沿网架跨度方向所产生的最大水平位移（由网架结构的计算分析得到）；

  $[\tan\alpha]$——板式橡胶支座容许剪切角正切值，取 $[\tan\alpha]=0.7$。

  根据橡胶层总厚度 t_R，可按表 6-17 板式橡胶支座规格系列确定橡胶支座的总厚度 t_{RS}（包括橡胶层总厚度和加劲薄钢板总厚度）。

  ③ 为保证网架支座转动后不出现局部承压且不使橡胶支座产生过大的竖向压缩变形，橡胶支座的平均压缩变形量 Δt_R 应满足下式要求：

$$0.05t_R \geqslant \Delta t_R = \frac{Rt_R}{abE_R} \geqslant \frac{1}{2}a\theta_{max} \tag{6-52}$$

式中 θ_{max}——网架支座处的最大转角（rad，由网架结构的计算分析得到）；

  E_R——橡胶支座抗压弹性模量，按表 6-10 确定。

  ④ 为保证橡胶支座在水平力作用下不产生滑动，应按下式进行抗滑验算：

$$\mu R_g \geqslant G_R ab \frac{S_H}{t_R} \tag{6-53}$$

式中 μ——橡胶支座与钢板或混凝土间的抗滑移系数，按表 6-9 采用；

  R_g——由恒载标准值所产生的支座垂直反力；

  G_R——橡胶支座抗剪弹性模量，按表 6-9 采用（通常取 $G_R=1.1\text{N/mm}^2$）。

网架结构用板式橡胶支座规格系列选用表   表 6-17

支座平面尺寸 $a \times b$ (mm)	支座承载力 F (kN)	中间层橡胶片厚度 t_{Ri} (mm)	橡胶层总厚度 t_R (mm)	单层钢板厚度 t_{Si} (mm)	钢板总厚度 t_S (mm)	支座总厚度 t_{RS} (mm)	支座抗滑最小承载力 F_{min} (kN)	备注
250×300	600	8	37 45	2	10 12	47 57	192 (289)	
	600	11	38 49	3	12 15	50 64		
250×350	700	8	37 45	2	10 12	47 57	225 (337)	
	700	11	38 49	3	12 15	50 64		
250×400	800	8	37 45	2	10 12	47 57	257 (385)	支座抗滑最小承载力一栏中，括号外数值为橡胶支座与混凝土间抗滑最小承载力；括号内数值为橡胶支座与钢板间抗滑最小承载力
	800	11	38 49	3	12 15	50 64		
250×450	900	8	37 45	2	10 12	47 57	289 (433)	
	900	11	38 49	3	12 15	50 64		
300×350	840	8	37 45 53	2	10 12 14	47 57 67	269 (404)	
	840	11	38 49 60	3	12 15 18	50 64 78		

支座平面尺寸 $a \times b$ (mm)	支座承载力 F (kN)	中间层橡胶片厚度 t_{Ri} (mm)	橡胶层总厚度 t_R (mm)	单层钢板厚度 t_{Si} (mm)	钢板总厚度 t_S (mm)	支座总厚度 t_{RS} (mm)	支座抗滑最小承载力 F_{min} (kN)	备注
300×400	960	8	37 45 53	2	10 12 14	47 57 67	308 (462)	
	960	11	38 49 60	3	12 15 18	50 64 78		
300×450	1080	8	37 45 53	2	10 12 14	47 57 67	346 (520)	
	1080	11	38 49 60	3	12 15 18	50 64 78		
300×500	1200	8	37 45 53	2	10 12 14	47 57 67	385 (577)	
	1200	11	38 49 60	3	12 15 18	50 64 78		
350×400	1120	8	37 45 53 61	2	10 12 14 16	47 57 67 77	359 (539)	
	1120	11	38 49 60	3	12 15 18	50 64 78		
350×450	1260	8	37 45 53 61	2	10 12 14 16	47 57 67 77	404 (606)	
	1260	11	38 49 60	3	12 15 18	50 64 78		
350×500	1400	8	45 53 61	2	12 14 16	57 67 77	449 (674)	
	1400	11	38 49 60	3	12 15 18	50 64 78		
350×550	1540	11	38 49 60	3	12 15 18	50 64 78	494 (741)	

支座平面尺寸 $a \times b$ (mm)	支座承载力 F (kN)	中间层橡胶片厚度 t_{Ri} (mm)	橡胶层总厚度 t_R (mm)	单层钢板厚度 t_{Si} (mm)	钢板总厚度 t_S (mm)	支座总厚度 t_{RS} (mm)	支座抗滑最小承载力 F_{min} (kN)	备注
400×450	1440	11	38 49 60	3	12 15 18	50 64 78	462 (693)	
400×500	1600	11	38 49 60	3	12 15 18	50 64 78	513 (770)	
400×550	1760	11	49 60	3	15 18	64 78	565 (847)	
400×600	1920	11	49 60	3	15 18	64 78	616 (924)	
450×500	1800	11	49 60	3	15 18	64 78	577 (866)	
450×550	1980	11	49 60	3	15 18	64 78	635 (953)	
450×600	2160	11	49 60	3	15 18	64 78	693 (1039)	
450×650	2340	11	60	3	18	78	751 (1126)	

注：1. 表中橡胶支座承载力 F 按下式计算得到：

$$F = [\sigma_{cR}]_{max} \times a \times b \quad 式中 [\sigma_{cR}]_{max} 按 8.0 N/mm^2 计。$$

2. 表中橡胶支座抗滑最小承载力 F_{min} 按下式计算得到：

$$F_{min} = \frac{G_R ab [\tan\alpha]}{\mu} \quad 式中 G_R 按 1.1 N/mm^2、[\tan\alpha] 按 0.7 计。$$

3. 网架结构用板式橡胶支座的技术条件，可参照交通部标准的有关规定实施。

4. 橡胶支座的产品规格和质量标准、要求，还可参考有关制造厂家的产品说明书来确定。

6.7.6 铸钢节点的设计

1. 铸钢节点。

（1）铸钢节点是保证结构整体承载能力和可靠工作的关键部位，应根据结构的重要性、荷载特性、节点形式、应力状态、铸件厚度、工作环境及铸造工艺等多种因素综合考虑，并遵循技术可靠、经济合理的原则，选用适合的铸钢牌号。

（2）铸钢节点的铸件材料应具有屈服强度、抗拉强度、延伸率、收缩率、冲击功和碳、硫、磷、硅、锰等含量的合格保证，对可焊铸钢还应有碳当量的合格保证。焊接结构用铸钢节点与构件母材焊接的焊接材料，在碳当量与构件母材基本相同的条件下，可按与构件母材相同要求选用相应的焊条、焊丝与焊剂，必要时应进行焊接工艺评定认可。

（3）铸钢节点一般适用于不直接承受动力荷载的节点。

（4）铸钢节点承载力应按承载能力极限状态计算。承载能力极限状态包括铸钢节点的强度破坏、局部稳定破坏、因过度变形而不适于继续承载，以及受力过程中发生不符合整体结构承载和变形要求的强度和刚度变化。

1）铸钢节点与钢结构构件的连接方式可采用焊缝连接（图 6-46）、螺纹连接（图 6-47）、丝口连接（图 6-48）和销轴连接（图 6-49）。

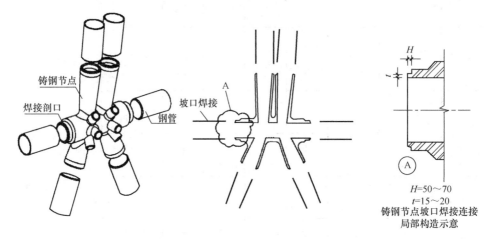

$H=50\sim70$
$t=15\sim20$
铸钢节点坡口焊接连接
局部构造示意

图 6-46　铸钢件与钢构件采用焊缝连接

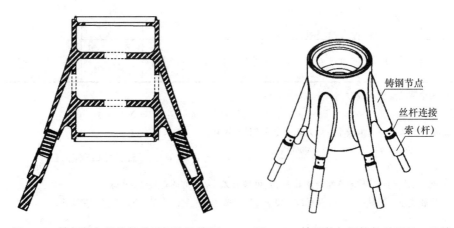

图 6-47　铸钢件与钢构件采用螺纹连接图　　图 6-48　铸钢件与钢构件采用丝口连接

2）铸钢节点的壁厚、圆角可参考有关铸造工艺书籍进行设计。

（5）铸钢节点应满足承载力极限状态的要求，节点应力应符合下式要求：

$$\sqrt{\frac{1}{2}\left[(\sigma_1-\sigma_2)^2+(\sigma_2-\sigma_3)^2+(\sigma_3-\sigma_1)^2\right]}\leqslant\beta_{\mathrm{f}}f \tag{6-54}$$

式中　σ_1、σ_2、σ_3——计算点处在相邻构件荷载设计值作用下的第一、第二、第三主应力；

　　　　β_{f}——强度增大系数。当各主应力均为压应力时，$\beta_{\mathrm{f}}=1.2$；当各主应力均为拉应力时，$\beta_{\mathrm{f}}=1.0$，且最大主应力应满足 $\sigma_1\leqslant1.1f$；其他情况时，$\beta_{\mathrm{f}}=1.1$。

铸钢节点内部各点的应力应按规范的规定计算。必要时进行铸钢节点试验验证。

(6) 铸钢节点可采用有限元法确定其受力状态，并可根据实际情况对其承载力进行试验验证。

(7) 铸钢节点应根据铸件轮廓尺寸、夹角大小与铸造工艺确定最小壁厚、内圆角半径与外圆角半径。铸钢件壁厚不宜大于 150mm，应避免壁厚急剧变化，壁厚变化斜率不宜大于 1/5。内部肋板厚度不宜大于外侧壁厚。

(8) 对于除铸钢空心球节点、铸钢相贯节点外的几何构形复杂的铸钢节点，如铸钢节点试验的破坏承载力不小于荷载设

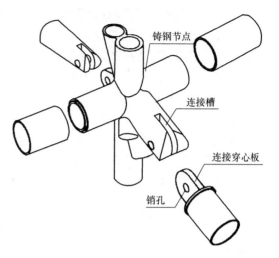

图 6-49 铸钢件与钢构件采用销轴连接

计值的 2.5 倍，且弹塑性有限元分析所得的极限承载力不小于荷载设计值的 3 倍时，铸钢节点的计算可不按照上条的规定。

(9) 铸钢节点与其他构件连接处的连接焊缝或连接螺栓的承载力应等于或大于相连构件的承载力。受拉的焊缝连接宜采用焊透的对接焊缝。

(10) 铸钢节点的有限元分析宜采用实体单元。在铸钢节点与相邻构件连接处、铸钢节点内外表面拐角处等易于产生应力集中的部位，实体单元的最大边长不应大于该处最薄壁厚，其余部位的单元尺度可适当增大，但单元尺度变化宜平缓。

2. 铸钢空心球的承载力设计值。

铸钢空心球的受压、受拉承载力设计值可分别按下列公式计算：

(1) 受压承载力

$$N_c = 0.35\eta_c(1 + d/D)\pi(d + r)tf \tag{6-55}$$

式中　N_c——受压铸钢空心球的受压承载力设计值；

　　　d——与铸钢球相连的受压钢管外径；

　　　r——外侧倒角半径；

　　　D——铸钢空心球的外径；

　　　t——铸钢空心球的壁厚；

　　　f——铸钢抗压强度设计值；

　　　η_c——受压空心球的加肋承载力提高系数，无加肋时，$\eta_c = 1.0$；有加肋时，$\eta_c = 1.4$。

(2) 受拉承载力

$$N_t = \sqrt{3}/3\eta_t\pi(d + r)tf \tag{6-56}$$

式中　N_t——受拉铸钢空心球的受拉承载力设计值；

　　　f——铸钢抗拉强度设计值；

　　　η_t——受拉空心球的加肋承载力提高系数，无加肋时，$\eta_t = 1.0$；有加肋时，$\eta_t = 1.1$。

3. 铸钢节点设计时焊接面之间的距离 L（图 6-50）应大于下列数值：

当 b 小于 200mm，并且：

两个焊接面均为方管，150mm；

两个焊接面一方管一圆管，100mm；

两个焊接面均为圆管，50mm；

当 b 大于等于 200mm，并且：

两个焊接面均为方管，$150+(b-200)\times350/800$mm；

两个焊接面一方管一圆管，$100+(b-200)\times250/800$mm；

两个焊接面均为圆管，$50+(b-200)\times200/800$mm。

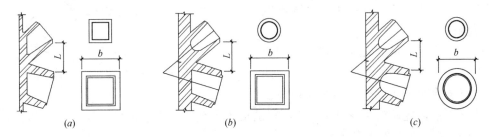

图 6-50　铸钢节点焊接面之间的距离

4. 铸钢节点焊接注意事项。

（1）宜少采用厚度 150mm 以上的铸钢件，如必须采用，应提出对 150mm 以上铸钢节点的强度指标及节点性能，并建议进行足尺铸钢节点试验和材料性能试验；

（2）应补充铸钢节点与普通钢管连接处的技术要求。

根据《铸钢节点应用技术规程》CECS 235：2008 的 3.2.1 条及表 A.1.2-2，给出了厚度在 100mm 以下的强度指标，对于 100mm 以上的铸钢强度没有给出。根据《铸钢节点应用技术规程》CECS 235：2008 的 3.1.6 条，对于 100～150mm 之间厚度的铸钢强度指标可不折减。但对于 150mm 以上厚度的铸钢节点，由于铸件较厚，铸造时表面与芯部冷却速度差异较大，导致芯部结晶组织与力学性能明显差别于表面部分，即表现为芯部的强度、伸长率及冲击功相较表面出现明显下降。由于铸钢的强度较低，当前根据《铸钢节点应用技术规程》CECS 235：2008 的 3.2.1 条规定，强度最高的 G20Mn5QT 的抗拉、抗压和抗弯强度设计值只有 235MPa。为保证焊缝延性，异种材料焊接时，焊材按与低强度母材相匹配的原则选用。

（3）当钢板的强度较高（如采用 Q355、Q390、Q420 及以上）时，导致铸钢与钢板组件拼接位置难以达到等强，为保证拼接位置的等强连接，可采用以下措施：①采用加垫板的改进铸钢节点坡口形式，详见图 6-51（a）；②将与铸钢节点连接处钢板厚度加厚到

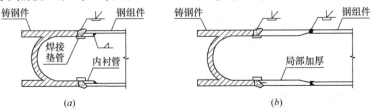

图 6-51　为保证拼接位置等强连接采取的措施

与铸钢厚度等厚，此时应注意接口处内力的协调，详见图 6-51（b）。

6.7.7 大跨度空间网架工程抗震球铰支座

1. 抗震球铰支座。

（1）抗震球铰支座由专业厂家生产，并对支座承载力、变形能力等性能负责，设计院进行复核。

（2）设计应明确抗震球铰支座的参数要求，包括最大竖向压力、最大竖向拔力、最大水平剪力、最大转角、支座顶板尺寸、支座底板尺寸。单向和双向滑动铰支座还应补充各方向的滑移量，滑移量应满足温度和大震组合下的支座水平变形要求。

（3）抗震球铰支座可采用铸钢、钢板机械加工等形式。如采用铸钢，应对铸钢材质的性能、厚度提出要求，不宜采用 150mm 以上厚度的铸钢件。

（4）与抗震球铰支座对应的埋件，应可靠的传递与支座承载力要求匹配的荷载。设计时考虑水平剪力引起的附加弯矩对埋件设计的影响，见图 6-52（a）。

（5）滑动支座应补充在最大滑移量时，由于竖向压力偏心引起的附加弯矩对于上部和下部结构的影响，见图 6-52（b）。

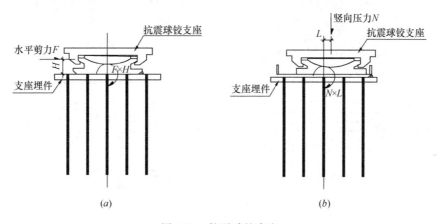

图 6-52 抗震球铰支座

（a）水平剪力引起附加弯矩图；（b）竖向力偏心引起附加弯矩

（6）抗震球铰支座在大跨结构中应用越来越广泛，但生产厂商水平参差不齐，设计院应对厂家的支座设计进行复核，但应明确支座的责任主体是厂商。铸钢件越厚，内部缺陷可能越多，材料离散性越大。埋件应补充在拉力、水平剪力以及剪力引起的弯矩组合作用下埋件的承载力计算。工程实例见图 6-53。

（7）大跨度钢结构计算时，应根据下部支承结构形式及支座构造确定边界条件；对于体形复杂的大跨度钢结构，应采用包含下部支承结构的整体模型计算。

2. 某网架工程抗震球铰支座实例。

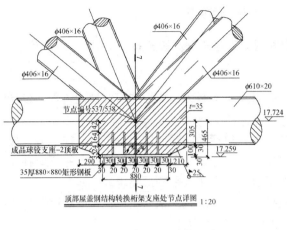

φ406×16 φ406×16

φ406×16 φ406×16

φ610×20

节点编号537/538

17.724

$t=35$

305 465

成品球铰支座-2顶板

17.259

35厚880×880矩形钢板

30 20 20 20 20 30
290
30 30 30 30 30 30 30 210
880
25

顶部屋盖钢结构转换桁架支座处节点详图 1:20

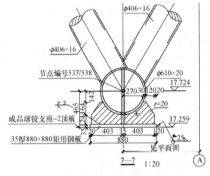

φ406×16

φ406×16 φ406×16

节点编号537/538 φ610×20

17.724

270 30 20 20

$t=20$

465

成品球铰支座-2顶板

17.259

35厚880×880矩形钢板

120 403 35 403 120
880
见平面图
25

7—7 1:20 Ⓐ

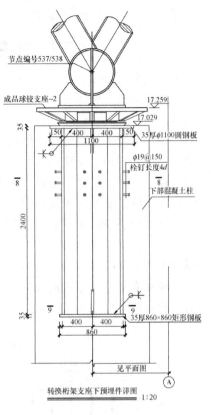

节点编号537/538

成品球铰支座-2

17.259

17.029

35

150 400 400 150
1100
35厚φ1100圆钢板

φ19@150
栓钉长度4d

下部混凝土柱

2400

35厚860×860矩形钢板

400 400
860

见平面图

转换桁架支座下预埋件详图 1:20 Ⓐ

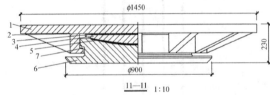

φ1450

230

φ900

11—11 1:10

序号	名称	材质	数量
1	上支座板	ZG20Mn/Q345C	1
2	不锈钢板	1Cr 18Ni9Ti	1
3	平面滑板	MHP	1
4	中间球冠板	Q235C	1
5	球面滑板	MHP	1
6	下支座板	ZG20Mn/Q345C	1
7	侧面滑板	MHP	4

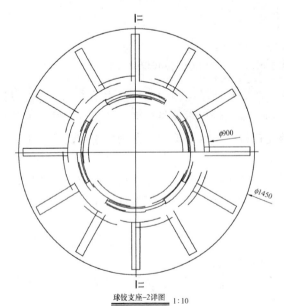

φ900

φ1450

球铰支座-2详图 1:10

说明:
1. 性能指标:
   竖向压力设计值: 8450kN;
   竖向拉力设计值: 400kN.
   水平剪力合力设计值: 5360kN;
   转角: 0.03rad.
2. 滑动材料采用MHP滑板,滑板设计抗压强度60MPa,极限抗压强度200MPa,安装板表面储油槽内涂以5201-2硅脂润滑油。
3. 外露钢构件均采用喷漆防锈处理。
4. 支座与上下部结构采用焊接,手工焊采用E50型焊条,CO_2气体保护焊采用H08Mn$_2$SiA焊丝。
5. 其他加工技术要求与检验方法参见《桥梁球型支座》GB/T 17955—2009。
6. 本支座适用于钢屋盖上固定铰支座。

图 6-53 某网架工程抗震球铰支座实例

6.8 网架连接节点设计例题

【**例 6-1**】两向交叉网架连接节点的设计（角钢杆件十字形节点板）

1. 设计条件

网架连接节点采用十字形连接板的焊接和高强度螺栓混合连接，x 向采用 10.9 级的 M22 高强度螺栓摩擦型连接，y 向采用焊接连接，而且交替采用，以利于划分安装单元和拼装。交汇于节点杆件的截面和内力如图 6-54 所示，杆件及节点板（厚度 $t=12\text{mm}$）等均采用 Q235 钢，连接螺栓为高强度螺栓，焊条为 E43$\times\times$型焊条，手工焊接。

2. 上弦节点连接计算

1）十字板计算

十字板厚度为 $t_P=12\text{mm}$

十字板竖向连接角焊缝按与十字板竖向截面面积的等强度考虑，则由公式（6-1）得：

$$h_f = \frac{t_P f}{2 \times 0.7 f_f^w} = \frac{12 \times 215}{2 \times 0.7 \times 160}$$

$$= 11.5\text{mm} \longrightarrow \text{取 } h_f = 12\text{mm}$$

2）盖板厚度取与十字板厚度相同，即为 12mm；盖板的尺寸应按配置螺栓的构造要求来确定。

3）y 向的上弦角钢与十字板的连接焊缝计算

上弦角钢肢背塞焊缝的焊脚尺寸 $h_f=6\text{mm}$，按构造要求采用满焊；

设角钢肢尖角焊缝的焊脚尺寸 $h_{f2}=8\text{mm}$，焊缝计算长度 $l_{w2}=240\text{mm}$，则角钢肢尖角焊缝的强度，由公式（4-4）~公式（4-6）得：

$$\tau_N = \frac{N_1 - N_2}{2 \times 0.7 h_{f2} l_{w2}} = \frac{760 - 630}{2 \times 0.7 \times 0.8 \times 24} = 4.84\text{kN/cm}^2$$

$$\sigma_M = \frac{6(N_1 - N_2)e}{2 \times 0.7 h_{f2} l_{w2}^2} = \frac{6(760 - 630) \times 9.05}{2 \times 0.7 \times 0.8 \times 24^2} = 10.94\text{kN/cm}^2$$

$$\sigma_{fs} = \sqrt{\left(\frac{\sigma_M}{\beta_f}\right)^2 + \tau_N^2} = \sqrt{\left(\frac{10.94}{1.22}\right)^2 + 4.84^2}$$

$$= 10.19\text{kN/cm}^2 < f_f^w = 16\text{kN/cm}^2\text{（可）}$$

4）腹杆与十字板的连接焊缝计算（图 6-54 剖面 2-2）

杆件内力 $N=284\text{kN}$

设角钢肢尖角焊缝的焊脚尺寸 $h_{f2}=7\text{mm}$，焊缝计算长度为 160mm，$a=\dfrac{e_s}{l_{wv}}=\dfrac{32}{160}=0.20$。由 $a=0.20$，查表 6-1 得：$\beta=1.28$，则焊缝的强度由公式（6-8）近似地得：

$$\sigma_f = \frac{N_{sv}}{0.7 h_f l_{wv} \beta} = \frac{284/2}{0.7 \times 0.7 \times 16 \times 1.28}$$

$$= 14.15\text{kN/cm}^2 < 16\text{kN/cm}^2$$

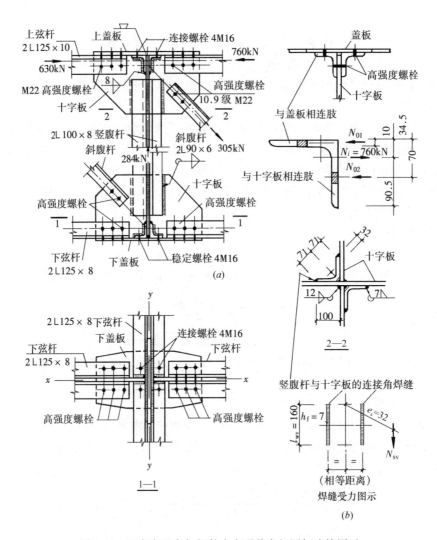

图 6-54　两向交叉角钢杆件十字形节点板网架连接图示

5）x 向的上弦角钢与十字板和盖板连接的高强度螺栓计算

由上弦角钢传给十字板和盖板的内力（图 6-54b），由公式（6-2）和公式（6-4）得：

传给盖板的内力：

$$N_{01} = \frac{N_i(a - Z_0)}{a - t/2} = \frac{760(7 - 3.45)}{7 - 0.5} = 415\text{kN}$$

传给十字板的内力：

$$N_{02} = N_i - N_{01} = 760 - 415 = 345\text{kN}$$

上弦角钢与盖板相连（单剪）所需的高强度螺栓数目，由公式（6-5）得：

$$n_{01} = \frac{N_{01}}{N_v^{bH}} = \frac{415}{77.0} = 5.4(\text{个}) \longrightarrow 采用 6 个$$

上弦角钢与十字板相连（双剪）所需的高强度螺栓数目由公式（6-6）得：

$$n_{02} = \frac{N_{02}}{N_v^{bH}} = \frac{345}{2 \times 77.0} = 2.2(\text{个}) \longrightarrow \text{采用 3 个}$$

x 向的斜腹杆与十字板相连（双剪）所需的高强度螺栓数目，由公式（6-7）得：

$$n = \frac{N}{N_v^{bH}} = \frac{305}{153.9} = 1.98(\text{个}) \longrightarrow \text{采用 2 个}$$

3. 下弦节点连接计算（略）

【例 6-2】 四角锥网架焊接空心球节点的设计

1. 设计条件

汇交于网架下弦中间节点的杆件截面、夹角和内力如图 6-55 所示，节点采用焊接空心球连接，钢球及杆件所用材料均为 Q235 钢，焊条为 E43×× 型焊条，手工焊接。

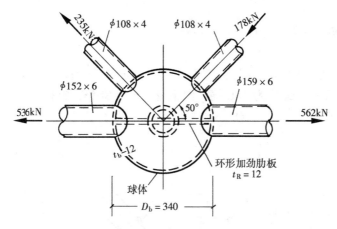

图 6-55 网架下弦中间节点空心球连接图示

2. 节点连接设计与计算

1）空心钢球的设计与计算

（1）空心钢球外径的确定

腹杆与下弦杆轴线间的夹角为 $\theta = 50°$

下弦杆与腹杆外径之和：

$$d_1 + d_2 = 159 + 108 = 267\text{mm}$$

由表 6-2 查得空心钢球的最小外径：

$$D_b = 340\text{mm}$$

根据构造要求，应在空心球内增设环形加劲肋（图 6-55）。

（2）空心钢球壁厚的确定

按构造要求，取空心钢球的壁厚：

$$t_b = \frac{D}{30} = \frac{340}{30} = 11.3\text{mm} \longrightarrow \text{取 } t_b = 12\text{mm}$$

（3）空心钢球的承载力设计值计算

受拉空心钢球的承载力设计值，由公式（6-10）得：

$$N_t = \eta_0 \left(0.29 + 0.54 \frac{d}{D} \right) \pi l d f$$

$$= 1.0 \times \left(0.29 + 0.54 \times \frac{152}{340} \right) \times 3.14 \times 12 \times 152 \times 215$$

$$= 654370 \text{N} = 654.3 \text{kN} > 562 \text{kN}$$

（4）空心钢球的连接焊缝

空心钢球采用焊接成型，其连接焊缝采用完全焊透的坡口对接焊缝。

2）钢管杆件与空心钢球的连接焊缝计算

下弦杆与空心钢球的连接，腹杆与空心钢球的连接，均采用完全焊透的坡口对接焊缝连接，此时视焊缝与母材等强度，不必进行焊缝的强度计算。

3）空心钢球内环形加劲肋的细部构造及其与空心钢球的连接，参照图6-15（b）所示要求确定。

【例6-3】 四角锥网架螺栓球节点的设计

1. 设计条件

汇交于网架下弦中间节点的杆件截面和内力如图6-56所示；节点采用螺栓球连接，钢球为45号钢，高强度螺栓为40B钢，圆钢管杆件、锥头、封板、套筒为Q235钢，开槽圆柱端紧固螺钉采用40Cr钢制成。

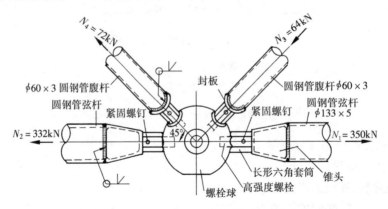

图6-56　网架螺栓球节点连接图示

2. 节点连接设计与计算

1）连接球体和杆件的高强度螺栓直径的确定

（1）受拉下弦杆连接所需高强度螺栓的有效面积，由公式（6-17）转换得：

$$A_e^{bH} = \frac{N_{tmax}}{\psi f_t^{bH}} = \frac{350}{0.93 \times 43} = 8.75 \text{cm}^2$$

按表6-5选用性能等级为10.9级的M39高强度螺栓，$A_e = 9.76 \text{cm}^2 > 8.75 \text{cm}^2$（可）

（2）受拉腹杆连接所需高强度螺栓的有效面积，由公式（6-17）转换得：

$$A_e^{bH} = \frac{72}{1 \times 43} = 1.67 \text{cm}^2$$

按表6-5选用性能等级为10.9级的M20高强度螺栓，$A_e = 2.45 \text{cm}^2 > 1.67 \text{cm}^2$（可）

连接下弦杆的高强度螺栓直径为M39；连接腹杆的高强度螺栓直径为M20。

高强度螺栓的细部尺寸可参照图 6-23 确定。

2）螺栓球直径的确定

设高强度螺栓拧入螺栓球的长度与高强度螺栓直径的比值 $\xi=1.1$，两相邻杆件轴线间的夹角 $\theta=45°$，长形六角套筒外接圆直径与高强度螺栓直径的比值 $\eta=1.8$，则螺栓球的直径，由公式（6-13）和公式（6-14）得：

$$D=\sqrt{\left(\frac{D_2}{\sin\theta}+d_1\cot\theta+2\xi d_1\right)^2+\eta^2 d_1^2}$$

$$=\sqrt{\left(\frac{20}{\sin45°}+39\times\cot45°+2\times1.1\times39\right)^2+1.8^2\times39^2}$$

$$=168.4\text{mm}$$

或 $$D=\sqrt{\left(\frac{\eta d_2}{\sin\theta}+\eta d_1\cot\theta\right)^2+\eta^2 d_1^2}$$

$$=\sqrt{\left(\frac{1.8\times20}{\sin45°}+1.8\times39\times\cot45°\right)^2+1.8^2\times39^2}$$

$$=140\text{mm}$$

螺栓球直径采用 $D=170\text{mm}$（查表 6-4 得 $D=193\text{mm}$）。

3）长形六角套筒和开槽圆柱端紧固螺钉的确定

长形六角套筒的外形尺寸应符合扳手开口尺寸系列的要求；其外接圆的直径为高强度螺栓直径的 1.8 倍；端部要保持平整。

长形六角套筒内孔无螺纹，孔径比高强度螺栓直径大 1mm。

弦杆采用的开槽圆柱端紧固螺钉为 M8（对应的螺栓直径为 M39）；

腹杆采用的开槽圆柱端紧固螺钉为 M5（对应的螺栓直径为 M20）；

开槽圆柱端紧固螺钉的细部尺寸，可参照表 6-4 和表 6-6 确定。

（1）弦杆连接用六角套筒的长度由公式（6-29）和公式（6-28）得：

高强度螺栓杆上的滑槽长度：

$$a=\xi d-c+d_s+4=1.1\times39-6+8+4=50\text{mm}$$

六角套筒的长度

$$L_n=a+b_1+b_2=50+4+6=60\text{mm}$$

（2）腹杆连接用六角套筒的长度由公式（6-29）和公式（6-28）得：

高强度螺栓杆上的滑槽长度

$$a=\xi d-c+d_s+4=1.1\times20-4+5+4=27\text{mm}$$

六角套筒的长度：

$$L_n=a+b_1+b_2=27+4+6=37\text{mm}$$

长形六角套筒的细部尺寸可参照图 6-27 来确定。

长形六角套筒的端部承压应力验算（略）。

4）腹杆用封板和弦杆用锥头的确定

（1）腹杆用封板的厚度，由公式（6-30）得（见图 6-29）：

$$t=\sqrt{\frac{2N(R-r)}{\pi Rf_y}}=\sqrt{\frac{2\times72(3-1.28)}{3.14\times3\times23.5}}$$

$$=1.06\text{cm}=10.6\text{mm}<\frac{d}{5}=\frac{60}{5}$$

$$=12\text{mm}\longrightarrow 取\ t=14\text{mm}$$

（2）锥头的任何截面均应与被连接的下弦圆钢管的截面等强度，而且锥头筒壁任何截面的最小厚度不应小于下弦圆钢管的壁厚加 2mm。

锥头底板和计算直径近似地

$$2R=1.8d+5\approx76\text{mm}(d=39)$$

则锥头底板的厚度，由公式（6-30）得（见图 6-29）：

$$t=\sqrt{\frac{2N(R-r)}{\pi Rf_y}}=\sqrt{\frac{2\times350(3.8-2.5)}{3.14\times3.8\times23.5}}$$

$$=2.5\text{cm}=25\text{mm}>\frac{d}{6}=\frac{133}{6}$$

$$\approx22\text{mm}\longrightarrow 取\ t=25\text{mm}$$

锥头的长度应根据下弦圆钢管直径、锥头底板连接高强度螺栓的构造要求，锥头斜向筒壁的斜度＝1/6 等要求来确定（此处略）。

5）封板与腹杆圆钢管和锥头与弦杆圆钢管的连接，应满足等强度的要求。因此，其连接焊缝应采用完全焊透的坡口对接焊缝，其细部构造应符合图 6-28 所示的要求。

【例 6-4】板式橡胶支座节点的设计

1. 设计条件

网架支座支承在强度等级为 C25 的钢筋混凝土柱上，由网架计算结果得：支座压力（即支座反力）$R=699.2$kN，由恒载产生的支座反力 $R_g=524$kN，支座节点最大水平位移为 28mm，转角为 $\theta=1.8\times10^{-4}$ 弧度（rad）。网架用于最低气温为 -20℃的地区；支座

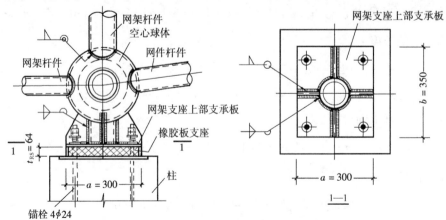

图 6-57　板式橡胶支座节点连接图示

242

采用图 6-57 所示的板式橡胶支座。

2. 支座节点连接的设计与计算

1）支座上部支承板以上部分的连接与计算与一般的铰接屋架支座和网架平板压力支座相同，这里从略。

2）板式橡胶支座的设计与计算

（1）支座平面尺寸的确定

支座反力 $R=699.2$ kN

按表 6-17 选定支座的平面尺寸 $a\times b=300\text{mm}\times350\text{mm}$，支座总厚度 $t_{RS}=64\text{mm}$，橡胶层总厚度 $t_R=49\text{mm}$。

（2）板式橡胶支座验算

① 支座应力由公式（6-50）得：

$$\sigma_c=\frac{R}{ab}=\frac{699200}{300\times350}=6.66\text{N/mm}^2<f_c=11.9\text{N/mm}^2$$

由表 6-9 查得：

$$\left.\begin{array}{l}[\sigma_R]_{max}=7.84\text{N/mm}^2>\sigma_c\\ [\sigma_R]_{min}=1.96\text{N/mm}^2<\sigma_c\end{array}\right\}\text{符合构造要求}（\text{即}[\sigma_R]_{max}>[\sigma_R]_{min}）$$

② 支座橡胶层总厚度由公式（6-51）得：

$$t_R=\frac{S_H}{[\tan\alpha]}=\frac{28}{0.7}=40\text{mm}<0.2a=0.2\times300=60\text{mm}$$

实际 $t_R=49\text{mm}<60\text{mm}$　符合稳定要求。

③ 支座压缩变形由公式（6-52）得：

$$\Delta t_R=\frac{Rt_R}{abE_R}=\frac{669200\times49}{300\times350\times435.2}=0.72\text{mm}$$

$$\frac{1}{2}a\theta_{max}=\frac{1}{2}\times300\times1.8\times10^{-4}=0.027\text{mm}<\Delta t_R（\text{可}）$$

$$0.05t_R=0.05\times49=2.45\text{mm}>\Delta t_R（\text{可}）$$

满足支座最小压缩变形量的要求。

④ 支座抗滑移验算

由公式（6-53）得：

支座滑动力：

$$G_Rab\frac{S_H}{t_R}=1.1\times300\times350\times\frac{28}{49}=66000\text{N}=66\text{kN}$$

$$（\text{通常取}G_R=1.1\text{N/mm}^2）$$

支座抗滑力：

$$\mu R_g=0.3\times524=157.2\text{kN}>66\text{kN}$$

满足抗滑要求。

第7章 门式刚架结构
连接节点设计

7.1 门式刚架的形式

1. 门式刚架的种类很多，从外形分为单跨（图 7-1a）、双跨（图 7-1b）、多跨（图 7-1c）刚架，以及带挑檐的（图 7-1d）和带毗屋的（图 7-1e）刚架。在上述多跨刚架的中间柱与斜梁的连接可采用铰接（即俗称摇摆柱）。由于生产工艺要求，也可采用连续多跨双坡刚架（图 7-1f）和单坡刚架（图 7-1g）。

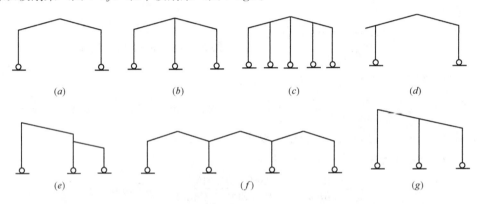

图 7-1 门式刚架形式示例

(a) 单跨刚架；(b) 双跨刚架；(c) 多跨刚架；(d) 带挑檐刚架；
(e) 带毗屋刚架；(f) 多跨双坡刚架；(g) 单坡刚架

2. 若按构件体系，则可分为实腹式和格构式两种。实腹式门式刚架可做成等截面或变截面，在有桥式吊车的门式刚架中，往往柱为等截面、梁为变截面；而一般房屋的梁、柱均采用变截面，这样可以节省材料。实腹式门式刚架构造简单，净空宽敞，外形美观，在轻型房屋，特别是大型商场等公共场所中，已占有巨大份额。由于其构件整齐、刚度较大、制作简单，加之运输、安装都方便，因此备受用户欢迎。

格构式门式刚架，用钢量比实腹式门式刚架稍低，但制造较繁，特别是杆件之间只能采用手工焊；而且从钢材价格上讲，薄壁型钢或钢管较普通板材费用高，故没有特殊要求，一般很少采用。

实腹式门式刚架的梁、柱截面，应根据跨度、高度、荷载等因素，采用变截面或等截面焊接 H 型钢或者轧制 H 型钢。为了节省材料，梁、柱普遍采用变截面（当设有桥式吊车时，柱宜采用等截面，梁仍可采用变截面）。横梁与柱采用刚接，柱与基础采用铰接。当房屋内设有 5t 以上桥式吊车时，宜将柱脚设计成刚接。当建筑物要求高、柱顶位移小，而风荷载较大、建筑物较高时，柱脚也可采用刚接。

7.2 门式刚架连接

这里重点介绍门式刚架连接材料和指标。

1. 高强度螺栓连接时，钢材摩擦面的抗滑移系数 μ 应按表 7-1 的规定采用，涂层连接面的抗滑移系数 μ 应按表 7-2 的规定采用。

钢材摩擦面的抗滑移系数 μ 表 7-1

连接处构件接触面的处理方法		构件钢号	
		Q235	Q355
普通钢结构	抛丸（喷砂）	0.35	0.40
	抛丸（喷砂）后生赤锈	0.45	0.45
	钢丝刷清除浮锈或未经处理的干净轧制面	0.30	0.35
冷弯薄壁型钢结构	抛丸（喷砂）	0.35	0.40
	热轧钢材轧制面清除浮锈	0.30	0.35
	冷轧钢材轧制面清除浮锈	0.25	—

注：1. 钢丝刷除锈方向应与受力方向垂直；
　　2. 当连接构件采用不同钢号时，μ 按相应较低的取值；
　　3. 采用其他方法处理时，其处理工艺及抗滑移系数值均需要由试验确定。

涂层连接面的抗滑移系数 μ 表 7-2

表面处理要求	涂装方法及涂层厚度	涂层类别	抗滑移系数 μ
抛丸除锈，达到 Sa2 $\frac{1}{2}$ 级	喷涂或手工涂刷，50～75μm	醇酸铁红	0.15
		聚氨酯富锌	
		环氧富锌	
	喷涂或手工涂刷，50～75μm	无机富锌	0.35
		水性无机富锌	
	喷涂，30～60μm	锌加（ZINA）	0.45
	喷涂，80～120μm	防滑防锈硅酸锌漆（HES-2）	

注：当设计要求使用其他涂层（热喷铝、镀锌等）时，其钢材表面处理要求、涂层厚度及抗滑移系数均需由试验确定。

2. 单个高强度螺栓的预拉力设计值应按表 7-3 的规定采用。

单个高强度螺栓的预拉力设计值 P（kN） 表 7-3

螺栓的性能等级	螺栓公称直径（mm）					
	M16	M20	M22	M24	M27	M30
8.8 级	80	125	150	175	230	280
10.9 级	100	155	190	225	290	355

3. 钢结构构件的壁厚和板件宽厚比应符合下列规定：

（1）用于檩条和墙梁的冷弯薄壁型钢，壁厚不宜小于 1.5mm。用于焊接主刚架构件腹板的钢板，厚度不宜小于 4mm；当有根据时，腹板厚度可取不小于 3mm。

（2）构件中受压板件的宽厚比，不应大于现行《冷弯薄壁型钢结构技术规范》GB 50018 规定的宽厚比限值；主刚架构件受压板件中，工字形截面构件受压翼缘板自由外伸宽度 b 与其厚度 t 之比，不应大于 $15\sqrt{235/f_y}$；工字形截面梁、柱构件腹板的计算高度 h_w 与其厚度 t_w 之比，不应大于 250。当受压板件的局部稳定临界应力低于钢材屈服强度时，应按实际应力验算板件的稳定性，或采用有效宽度计算构件的有效截面，并验算构件的强度和稳定。

4. 当地震作用组合的效应控制结构设计时，门式刚架轻型房屋钢结构的抗震构造措施应符合下列规定：

（1）工字形截面构件受压翼缘板自由外伸宽度 b 与其厚度 t 之比，不应大于 $13\sqrt{235/f_y}$；工字形截面梁、柱构件腹板的计算高度 h_w 与其厚度 t_w 之比，不应大于 160；

（2）在檐口或中柱的两侧三个檩距范围内，每道檩条处屋面梁均应布置双侧隔撑；边柱的檐口墙檩处均应双侧设置隔撑；

（3）当柱脚刚接时，锚栓的面积不应小于柱子截面面积的 0.15 倍；

（4）纵向支撑采用圆钢或钢索时，支撑与柱子腹板的连接应采用不能相对滑动的连接；

（5）柱的长细比不应大于 150。

7.3 隔 撑 设 计

1. 当实腹式门式刚架的梁、柱翼缘受压时，应在受压翼缘侧布置隔撑与檩条或墙梁相连接。

2. 隔撑应按轴心受压构件设计。轴力设计值 N 可按下式计算，当隔撑成对布置时，每根隔撑的计算轴力可取计算值的 $\frac{1}{2}$。

$$N = Af/(60\cos\theta) \tag{7-1}$$

式中　A——被支撑翼缘的截面面积（mm^2）；

　　　f——被支撑翼缘钢材的抗压强度设计值（N/mm^2）；

　　　θ——隔撑与檩条轴线的夹角（°）。

3. 屋面斜梁和檩条之间设置的隔撑满足下列条件时，下翼缘受压的屋面斜梁的平面外计算长度可考虑隔撑的作用，在屋面斜梁的两侧均设置隔撑（图 7-2）。

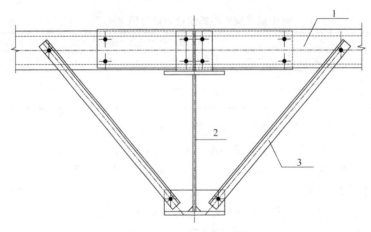

图 7-2　屋面斜梁的隔撑

1—檩条；2—钢梁；3—隔撑

4. 门式刚架轻型房屋的檩条和墙梁可以对刚架构件提供支撑，减小钢架构件平面外无支撑长度；檩条、墙梁与钢架梁、柱外翼缘相连点是钢构件的外侧支点，隔撑与钢架梁、柱内翼缘相连点是钢构件的内侧支点。隔撑宜连接在内翼缘（图 7-3a），也可连接内翼缘附近的腹板（图 7-3b）或连接板上（图 7-3c），距内翼缘的距离不大于 100mm。

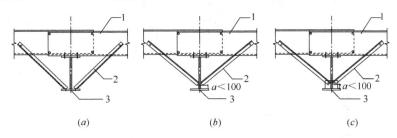

图 7-3　隔撑与梁柱的连接

（a）隔撑与梁柱内翼缘连接；（b）隔撑与梁柱腹板连接；（c）隔撑与连接板连接

1—檩条或墙梁；2—隔撑；3—梁或柱

5. 抗风柱下端与基础的连接可铰接，也可刚接。在屋面材料能够适应较大变形时，抗风柱柱顶可采用固定连接（图 7-4），作为屋面斜梁的中间竖向铰支座。

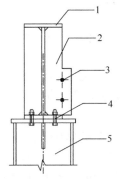

图 7-4　抗风柱与端部刚架连接

1—厂房端部屋面梁；2—加劲肋；3—屋面支撑连接孔；4—抗风柱与屋面梁的连接；5—抗风柱

7.4　圆钢支撑与刚架连接节点设计

1. 圆钢支撑与刚架连接节点可用连接板连接（图 7-5）。

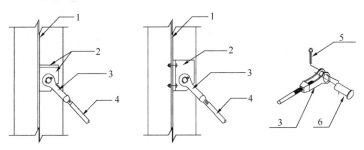

图 7-5　圆钢支撑与连接板连接

1—腹板；2—连接板；3—U 形连接夹；4—圆钢；5—开口销；6—插销

2. 当圆钢支撑直接与梁柱腹板连接，应设置垫块或垫板且尺寸 B 不小于 4 倍圆钢支撑直径（图 7-6）。

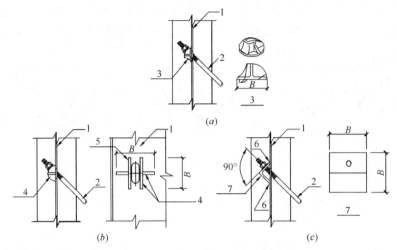

图 7-6　圆钢支撑与腹板连接

(a) 弧形垫块；(b) 弧形垫板；(c) 角钢垫块

1—腹板；2—圆钢；3—弧形垫块；4—弧形垫板，厚度≥10mm；

5—单面焊；6—焊接；7—角钢垫块，厚度≥12mm

3. 吊挂在屋面上的普通集中荷载宜通过螺栓或自攻钉直接作用在檩条的腹板上，也可在檩条之间加设冷弯薄壁型钢作为扁担支承吊挂荷载，冷弯薄壁型钢扁担与檩条间的连接宜采用螺栓或自攻钉连接。

4. 檩条与刚架的连接和檩条与拉条的连接应符合下列规定：

（1）屋面檩条与刚架斜梁宜采用普通螺栓连接，檩条每端应设两个螺栓（图 7-7）。檩条连接宜采用檩托板，檩条高度较大时，檩托板处宜设加劲板。嵌套搭接方式的 Z 形连续檩条，当有可靠依据时可不设檩托，由 Z 形檩条翼缘用螺栓连于刚架上。

（2）连续檩条的搭接长度 $2a$ 不宜小于 10% 的檩条跨度（图 7-8），嵌套搭接部分的檩条应采用螺栓连接，按连续檩条支座处弯矩验算螺栓连接强度。

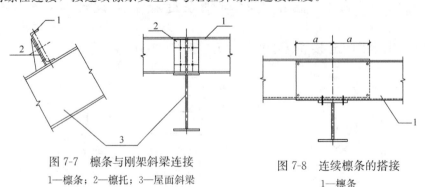

图 7-7　檩条与刚架斜梁连接　　　　图 7-8　连续檩条的搭接

1—檩条；2—檩托；3—屋面斜梁　　　　　　1—檩条

（3）檩条之间的拉条和撑杆应直接连于檩条腹板上，并采用普通螺栓连接（图 7-9a），斜拉条端部宜弯折或设置垫块（图 7-9b、c）。

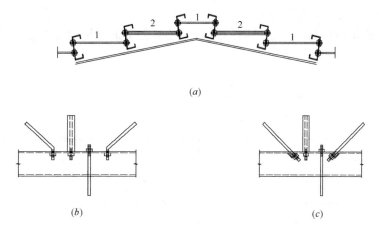

(a)

(b)   (c)

图 7-9 拉条和撑杆与檩条连接

1—拉条；2—撑杆

（4）屋脊两侧檩条之间可用槽钢、角钢和圆钢相连（图 7-10）。

(a)   (b)

图 7-10 屋脊檩条连接

（a）屋脊檩条用槽钢相连；（b）屋脊檩条用圆钢相连

7.5 连接和节点设计

7.5.1 焊   接

1. 当被连接板件的最小厚度大于 4mm 时，其对接焊缝、角焊缝和部分熔透对接焊缝的强度，应分别按现行《钢结构设计标准》GB 50017 的规定计算；当最小厚度不大于 4mm 时，正面角焊缝的强度增大系数 β_f 取 1.0。焊接质量等级的要求应按现行《钢结构工程施工质量验收标准》GB 50205 的规定执行。

2. 当 T 形连接的腹板厚度不大于 8mm，并符合下列规定时，可采用自动或半自动埋弧焊接单面角焊缝（图 7-11）。

（1）单面角焊缝适用于仅承受剪力的焊缝；

（2）单面角焊缝仅可用于承受静力荷载和间接承受动力荷载的、非露天和不接触强腐蚀介质的结构构件；

（3）焊脚尺寸、焊喉及最小根部熔深应符合表 7-4 的要求；

（4）经工艺评定合格的焊接参数、方法不得变更；

（5）柱与底板的连接，柱与牛腿的连接，梁端板的连接，吊车梁及支承局部吊挂荷载的吊架等，除非设计

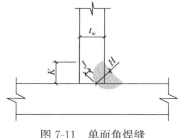

图 7-11 单面角焊缝

专门规定，不得采用单面角焊缝；

（6）由地震作用控制结构设计的门式刚架轻型房屋钢结构构件不得采用单面角焊缝连接。

单面角焊缝参数（mm）   表 7-4

腹板厚度 t_w	最小焊脚尺寸 k	有效厚度 H	最小根部熔深 J（焊丝直径 1.2～2.0）
3	3.0	2.1	1.0
4	4.0	2.8	1.2
5	5.0	3.5	1.4
6	5.5	3.9	1.6
7	6.0	4.2	1.8
8	6.5	4.6	2.0

3. 刚架构件的翼缘与端板或柱底板的连接，当翼缘厚度大于 12mm 时宜采用全熔透对接焊缝，并应符合现行《气焊、焊条电弧焊、气体保护焊和高能束焊的推荐坡口》GB/T 985.1 和《埋弧焊的推荐坡口》GB/T 985.2 的相关规定；其他情况宜采用等强连接的角焊缝或角对接组合焊缝，并应符合现行《钢结构焊接规范》GB 50661 的相关规定。

4. 牛腿上、下翼缘与柱翼缘的焊接应采用坡口全熔透对接焊缝，焊缝等级为二级；牛腿腹板与柱翼缘板间的焊接应采用双面角焊缝，焊脚尺寸不应小于牛腿腹板厚度的 0.7 倍。

5. 柱子在牛腿上、下翼缘 600mm 范围内，腹板与翼缘的连接焊缝应采用双面角焊缝。

6. 当采用喇叭形焊缝时应符合下列规定：

（1）喇叭形焊缝可分为单边喇叭形焊缝（图 7-12）和双边喇叭形焊缝（图 7-13）。单边喇叭形焊缝的焊脚尺寸 h_f 不得小于被连接板的厚度。

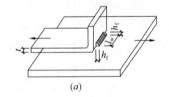 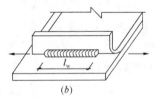 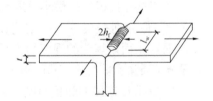

图 7-12　单边喇叭形焊缝

（a）作用力垂直于焊缝轴线方向；（b）作用力平行于焊缝轴线方向
t—被连接板的最小厚度；h_f—焊脚尺寸；l_w—焊缝有效长度

图 7-13　双边喇叭形焊缝

t—被连接板的最小厚度；h_f—焊脚尺寸；
l_w—焊缝有效长度

（2）当连接板件的最小厚度不大于 4mm 时，喇叭形焊缝连接的强度应按对接焊缝计算，其焊缝的抗剪强度可按下式计算：

$$\tau = \frac{N}{t l_w} \leqslant \beta f_t \tag{7-2}$$

式中　N——轴心拉力或轴心压力设计值（N）；

　　　t——被连接板件的最小厚度（mm）；

l_w——焊缝有效长度（mm），等于焊缝长度扣除 2 倍焊脚尺寸；

β——强度折减系数；当通过焊缝形心的作用力垂直于焊缝轴线方向时（图 7-12a），$\beta=0.8$；当通过焊缝形心的作用力平行于焊缝轴线方向时（图 7-12b），$\beta=0.7$；

f_t——被连接板件钢材抗拉强度设计值（N/mm²）。

（3）当连接板件的最小厚度大于 4mm 时，喇叭形焊缝连接的强度应按角焊缝计算。

1）单边喇叭形焊缝的抗剪强度可按下式计算：

$$\tau = \frac{N}{h_\mathrm{f} l_\mathrm{w}} \leqslant \beta f_\mathrm{f}^\mathrm{w} \tag{7-3}$$

2）双边喇叭形焊缝的抗剪强度可按下式计算：

$$\tau = \frac{N}{2 h_\mathrm{f} l_\mathrm{w}} \leqslant \beta f_\mathrm{f}^\mathrm{w} \tag{7-4}$$

式中　h_f——焊脚尺寸（mm）；

β——强度折减系数；当通过焊缝形心的作用力垂直于焊缝轴线方向时（图 7-12a），$\beta=0.75$；当通过焊缝形心的作用力平行于焊缝轴线方向时（图 7-12b），$\beta=0.7$；

f_f^w——角焊缝强度设计值（N/mm²）。

（4）在组合构件中，组合件间的喇叭形焊缝可采用断续焊缝。断续焊缝的长度不得小于 8t 和 40mm，断续焊缝间的净距不得大于 15t（对受压构件）或 30t（对受拉构件），t 为焊件的最小厚度。

7.5.2 节 点 设 计

1. 节点设计应传力简捷，构造合理，具有必要的延性；应便于焊接，避免应力集中和过大的约束应力；应便于加工及安装，容易就位和调整。

2. 刚架构件间的连接，可采用高强度螺栓端板连接。高强度螺栓直径应根据受力确定，可采用 M16～M24 螺栓。高强度螺栓承压型连接可用于承受静力荷载和间接承受动力荷载的结构；重要结构或承受动力荷载的结构应采用高强度螺栓摩擦型连接；用来耗能的连接接头可采用承压型连接。

3. 门式刚架横梁与立柱连接节点，可采用端板竖放（图 7-14a）、平放（图 7-14b）和斜放（图 7-14c）三种形式。斜梁与刚架柱连接节点的受拉侧，宜采用端板外伸式，与斜梁端板连接的柱的翼缘部位应与端板等厚；斜梁拼接时宜使端板与构件外边缘垂直（图 7-14d），应采用外伸式连接，并使翼缘内外螺栓群中心与翼缘中心重合或接近。连接节点处的三角形短加劲板长边与短边之比宜大于 1.5∶1，不满足时可增加板厚。

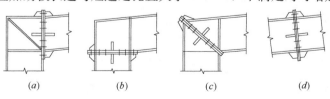

图 7-14　刚架连接节点

（a）端板竖放；（b）端板平放；（c）端板斜放；（d）斜梁拼接

4. 端板螺栓宜成对布置。螺栓中心至翼缘板表面的距离，应满足拧紧螺栓时的施工要求，不宜小于45mm。螺栓端距不应小于2倍螺栓孔径，螺栓中距不应小于3倍螺栓孔径。当端板上两对螺栓间最大距离大于400mm时，应在端板中间增设一对螺栓。

5. 当端板连接只承受轴向力和弯矩作用或剪力小于其抗滑移承载力时，端板表面可不作摩擦面处理。

6. 端板连接应按所受最大内力和按能够承受不小于较小被连接截面承载力的一半设计，并取两者的大值。

7. 端板连接节点设计应包括连接螺栓设计、端板厚度确定、节点域剪应力验算、端板螺栓处构件腹板强度、端板连接刚度验算，并应符合下列规定：

（1）连接螺栓应按现行《钢结构设计标准》GB 50017 验算螺栓在拉力、剪力或拉剪共同作用下的强度。

（2）端板厚度 t 应根据支承条件确定（图7-15），各种支承条件端板区格的厚度应分别按下列公式计算：

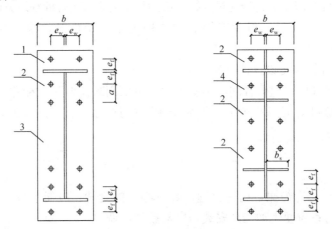

图 7-15　端板支承条件
1—伸臂；2—两边；3—无肋；4—三边

1）伸臂类区格

$$t \geqslant \sqrt{\frac{6e_f N_t}{bf}} \tag{7-5}$$

2）无加劲肋类区格

$$t \geqslant \sqrt{\frac{3e_w N_t}{(0.5a + e_w)f}} \tag{7-6}$$

3）两邻边支承类区格
当端板外伸时

$$t \geqslant \sqrt{\frac{6e_f e_w N_t}{[e_w b + 2e_f(e_f + e_w)]f}} \tag{7-7}$$

当端板平齐时

$$t \geqslant \sqrt{\frac{12e_f e_w N_t}{[e_w b + 4e_f(e_f + e_w)]f}} \tag{7-8}$$

4) 三边支承类区格

$$t \geqslant \sqrt{\frac{6e_f e_w N_t}{[e_w(b+2b_s)+4e_f^2]f}}$$ (7-9)

式中 N_t ——一个高强度螺栓的受拉承载力设计值（N/mm²）；

e_w、e_f ——分别为螺栓中心至腹板和翼缘板表面的距离（mm）；

b、b_s ——分别为端板和加劲肋板的宽度（mm）；

a ——螺栓的间距（mm）；

f ——端板钢材的抗拉强度设计值（N/mm²）。

5) 端板厚度取各种支承条件计算确定的板厚最大值，但不应小于 16mm 及 0.8 倍的高强度螺栓直径。

（3）门式刚架斜梁与柱相交的节点域（图 7-16a），应按下式验算剪应力，当不满足式（7-10）要求时，应加厚腹板或设置斜加劲肋（图 7-16b）。

$$\tau = \frac{M}{d_b d_c t_c} \leqslant f_v$$ (7-10)

式中 d_c、t_c ——分别为节点域的宽度和厚度（mm）；

d_b ——斜梁端部高度或节点域高度（mm）；

M ——节点承受的弯矩（N·mm），对多跨刚架中间柱处，应取两侧斜梁端弯矩的代数和或柱端弯矩；

f_v ——节点域钢材的抗剪强度设计值（N/mm²）。

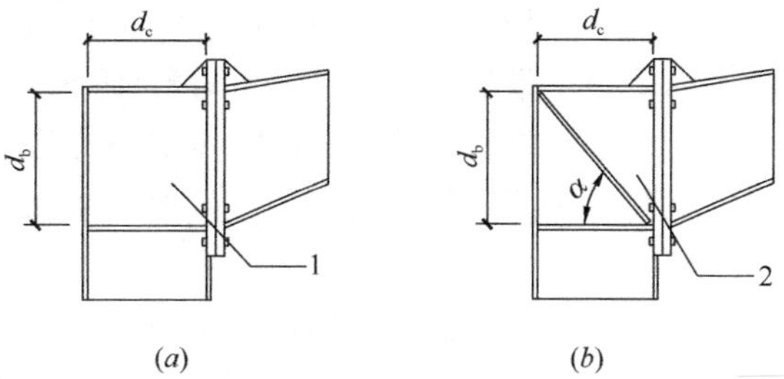

图 7-16 节点域
1—节点域；2—使用斜向加劲肋补强的节点域

（4）端板螺栓处构件腹板强度应按下列公式计算：

当 $N_{t2} \leqslant 0.4P$ 时 $\quad\quad\quad \dfrac{0.4P}{e_w t_w} \leqslant f$ (7-11)

当 $N_{t2} > 0.4P$ 时 $\quad\quad\quad \dfrac{N_{t2}}{e_w t_w} \leqslant f$ (7-12)

式中 N_{t2} ——翼缘内第二排一个螺栓的轴向拉力设计值（N）；

P ——1 个高强度螺栓的预拉力设计值（N）；

e_w ——螺栓中心至腹板表面的距离（mm）；

t_w ——腹板厚度（mm）；

f ——腹板钢材的抗拉强度设计值（N/mm²）。

（5）端板连接刚度应按下列规定进行验算：

1) 梁柱连接节点刚度应满足下式要求：

$$R \geqslant 25EI_b/l_b$$ (7-13)

式中　　R——刚架梁柱转动刚度（N·mm）；

I_b——刚架横梁跨间的平均截面惯性矩（mm^4）；

l_b——刚架横梁跨度（mm），中柱为摇摆柱时，取摇摆柱与刚架柱距离的 2 倍；

E——钢材的弹性模量（N/mm^2）。

2）梁柱转动刚度应按下列公式计算：

$$R = \frac{R_1 R_2}{R_1 + R_2} \tag{7-14}$$

$$R_1 = G h_1 d_c t_p + E d_b A_{st} \cos^2 \alpha \sin \alpha \tag{7-15}$$

$$R_2 = \frac{6 E I_e h_1^2}{1.1 e_f^3} \tag{7-16}$$

式中　　R_1——与节点域剪切变形对应的刚度（N·mm）；

R_2——连接的弯曲刚度，包括端板弯曲、螺栓拉伸和柱翼缘弯曲所对应的刚度（N·mm）；

h_1——梁端翼缘板中心间的距离（mm）；

t_p——柱节点域腹板厚度（mm）；

I_e——端板惯性矩（mm^4）；

e_f——端板外伸部分的螺栓中心到其加劲肋外边缘的距离（mm）；

A_{st}——两条斜加劲肋的总截面积（mm^2）；

α——斜加劲肋倾角（°）；

G——钢材的剪变模量（N/mm^2）。

8. 屋面梁与摇摆柱连接节点应设计成铰接节点，采用端板横放的顶接连接方式（图 7-17）。

图 7-17　屋面梁和摇摆柱连接节点

9. 吊车梁承受动力荷载，其构造和连接节点应符合下列规定：

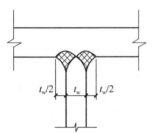

图 7-18　焊透的 T 形连接焊缝
t_w—腹板厚度

（1）焊接吊车梁的翼缘板与腹板的拼接焊缝宜采用加引弧板的熔透对接焊缝，引弧板割去处应予打磨平整。焊接吊车梁的翼缘与腹板的连接焊缝严禁采用单面角焊缝。

（2）在焊接吊车梁或吊车桁架中，焊透的 T 形接头宜采用对接与角接组合焊缝（图 7-18）。

（3）焊接吊车梁的横向加劲肋不得与受拉翼缘相焊，但可与受压翼缘焊接。横向加劲肋宜在距受拉下翼缘 50～100mm 处断开（图 7-19），其与腹板的连接焊缝不宜在肋下端起落弧。当吊车梁受拉翼缘与支撑相连时，不宜采用焊接。

（4）吊车梁与制动梁的连接，可采用高强度螺栓摩擦型连接或焊接。吊车梁与刚架上柱的连接处宜设长圆孔（图 7-20a）；吊车梁与牛腿处垫板宜采用焊接连接（图 7-20b）；吊车梁之间应采用高强度螺栓连接。

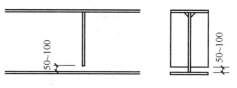

图 7-19　横向加劲肋设置

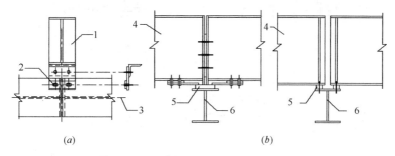

图 7-20　吊车梁连接节点
（a）吊车梁与上柱连接；（b）吊车梁与牛腿连接
1—上柱；2—长圆孔；3—吊车梁中心线；4—吊车梁；5—垫板；6—牛腿

10. 抽柱处托架或托梁宜与柱采用铰接连接（图 7-21a），当托架或托梁挠度较大时，也可采用刚接连接，但柱应考虑由此引起的弯矩影响。屋面梁搁置在托架或托梁上宜采用铰接连接（图 7-21b）。当采用刚接时，则托梁应选择抗扭性能较好的截面。托架或托梁连接尚应考虑屋面梁产生的水平推力。

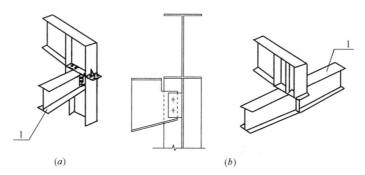

图 7-21　托梁连接节点
（a）托梁与柱连接；（b）屋面梁与托梁连接
1—托梁

11. 女儿墙立柱可直接焊于屋面梁上（图 7-22），应按悬臂构件计算其内力，并应对女儿墙立柱与屋面梁连接处的焊缝进行计算。

12. 气楼或天窗可直接焊于屋面梁或槽钢托梁上（图 7-23）。当气楼间距与屋面钢梁相同时，槽钢托梁可取消。气楼支架及其连接应进行计算。

13. 柱脚节点应符合下列规定：

（1）门式刚架柱脚宜采用平板式铰接柱脚（图 7-24），也可采用刚接柱脚（图 7-25）。

（2）计算带有柱间支撑的柱脚锚栓在风荷载作用下的上拔力时，应计入柱间支撑产生

255

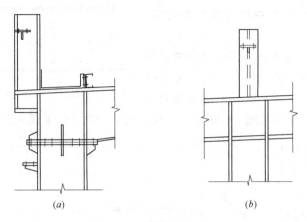

图 7-22　女儿墙连接节点

(a) 角部立柱连接；(b) 中间立柱连接

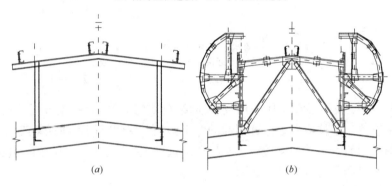

图 7-23　气楼大样

(a) 气楼一；(b) 气楼二

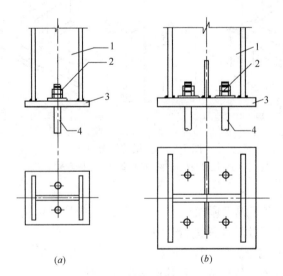

图 7-24　铰接柱脚

(a) 两个锚栓柱脚；(b) 四个锚栓柱脚

1—柱；2—双螺母及垫板；3—底板；4—锚栓

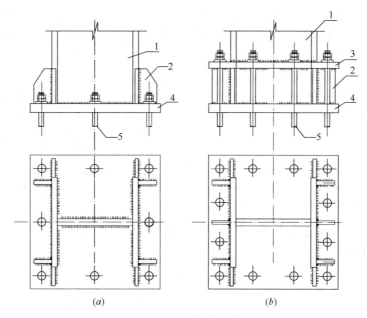

图 7-25　刚接柱脚

(a) 带加劲肋；(b) 带靴梁

1—柱；2—加劲板；3—锚栓支承托座；4—底板；5—锚栓

的最大竖向分力，且不考虑活荷载、雪荷载、积灰荷载和附加荷载影响，恒载分项系数应取 1.0。计算柱脚锚栓的受拉承载力时，应采用螺纹处的有效截面面积。

（3）带靴梁的锚栓不宜受剪，柱底受剪承载力按底板与混凝土基础间的摩擦力取用，摩擦系数可取 0.4，计算摩擦力时应考虑屋面风吸荷载产生的上拔力的影响。当剪力由不带靴梁的锚栓承担时，应将螺母、垫板与底板焊接，柱底的受剪承载力可按 0.6 倍的锚栓受剪承载力取用。当柱底水平剪力大于受剪承载力时，应设置抗剪键。

（4）柱脚锚栓应采用 Q235 钢或 Q355 钢制作。锚栓端部应设置弯钩或锚件，且应符合现行《混凝土结构设计规范》GB 50010 的有关规定。锚栓的最小锚固长度 l_a（投影长度）应符合表 7-5 的规定，且不应小于 200mm。锚栓直径 d 不宜小于 24mm，且应采用双螺母。

锚栓的最小锚固长度　　　　　　　　　　　　　　　　　表 7-5

锚栓钢材	混凝土强度等级					
	C25	C30	C35	C40	C45	≥C50
Q235	20d	18d	16d	15d	14d	14d
Q355	25d	23d	21d	19d	18d	17d

7.5.3　构　件　焊　缝

1. 钢结构构件的各种连接焊缝，应根据产品加工图样要求的焊缝质量等级选择相应的焊接工艺进行施焊，在产品加工时，同一断面上拼板焊缝间距不宜小于 200mm。

2. 焊接作业环境应符合现行《钢结构焊接规范》GB 50661 的有关规定。

3. 焊缝无损探伤应按现行《焊缝无损检测　超声检测　技术、检测等级和评定》GB/T 11345 和《钢结构超声波探伤及质量分级法》JG/T 203 的规定进行探伤。焊缝质量等级和探伤比例应符合表 7-6 的规定。

焊缝质量等级　　　　　　　　　　　　　　　　　　　　　　　表 7-6

焊缝质量等级		一级	二级	三级
内部缺陷 超声波探伤	评定等级	Ⅱ	Ⅲ	—
	检验等级	B 级	B 级	—
	探伤比例	100%	20%	—

注：探伤比例的计数方法：对同一类型的焊缝，工厂制作焊缝按每条焊缝计算百分比；现场安装焊缝按每一接头焊缝累计长度计算百分比；当探伤长度不小于 200mm 时，不应少于一条焊缝。

4. 经探伤检验不合格的焊缝，除应将不合格部位的焊缝返修外，尚应加倍进行复检；当复检仍不合格时，应将该焊缝进行 100% 探伤检查。

5. 基础顶面直接作为柱的支承面和基础顶面预埋钢板或支座作为柱的支承面时，支承面、地脚螺栓（锚栓）的偏差不应大于表 7-7 规定的允许偏差。

支承面、地脚螺栓（锚栓）的允许偏差　　　　　　　　　　　　表 7-7

项目		允许偏差（mm）
支承面	标高	±3.0
	水平度	$L/1000$
地脚螺栓	螺栓中心偏差	5.0
	螺栓露出长度	+20.0 0
	螺纹长度	+20.0 0
预留孔中心偏差		10.0

注：L 为柱脚底板的最大平面尺寸。

6. 柱基础二次浇筑的预留空间，当柱脚铰接时不宜大于 50mm，柱脚刚接时不宜大于 100mm。柱脚安装时柱标高精度控制，可采用在底板下的地脚螺栓上加调整螺母的方法进行（图 7-26）。

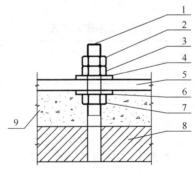

图 7-26　柱脚的安装

1—地脚螺栓；2—止退螺母；3—紧固螺母；4—螺母垫板；5—钢柱底板；
6—底部螺母垫板；7—调整螺母；8—钢筋混凝土基础；9—二次浇筑的细石混凝土

7.5.4　高强度螺栓

1. 对进入现场的高强度螺栓连接副应进行复检，复检的数据应符合现行《钢结构工程施工质量验收标准》GB 50205 的规定，对于大六角头高强度螺栓连接副的扭矩系数复检数据除应符合规定外，尚可作为施拧的参数。

2. 对于高强度螺栓摩擦型连接，应按现行《钢结构工程施工质量验收标准》GB 50205 的规定和设计文件要求对摩擦面的抗滑移系数进行测试。

3. 安装时使用临时螺栓的数量，应能承受构件自重和连接校正时外力作用，每个节点上穿入的数量不宜少于 2 个。连接用高强度螺栓不得兼作临时螺栓。

4. 高强度螺栓的安装严禁强行敲打入孔，扩孔可采用合适的铰刀及专用扩孔工具进行，修正后的最大孔径应小于 1.2 倍螺栓直径，不应采用气割扩孔。

5. 高强度螺栓连接的钢板接触面应平整，接触面间隙小于 1.0mm 时可不处理；1.0~3.0mm 时，应将高出的一侧磨成 1:10 的斜面，打磨方向应与受力方向垂直；大于 3.0mm 的间隙应加垫板，垫板两面的处理方法应与连接板摩擦面的处理方法相同。

6. 高强度螺栓连接副的拧紧应分为初拧、复拧、终拧，宜按由螺栓群节点中心位置顺序向外缘拧紧的方法施拧，初拧、复拧、终拧应在 24h 内完成。

7. 大六角头高强度螺栓施工扭矩的验收，可先在螺杆和螺母的侧面画一条直线，然后将螺母拧松约 60°，再用扭矩扳手重新拧紧，使端线重合，此时测得的扭矩应在施工前测得扭矩±10% 范围内方为合格。

8. 每个节点扭矩抽检螺栓连接副数应为 10%，且不应少于一个螺栓连接副。抽验不符合要求的，应重新抽样 10% 检查。当仍不合格，欠拧、漏拧的应补拧，超拧的应更换螺栓。扭矩检查应在施工 1h 后且 24h 内完成。

7.5.5　焊接及其他紧固件

1. 安装定位焊接应符合下列规定：
（1）现场焊接应由具有焊接合格证的焊工操作，严禁无合格证者施焊；
（2）采用的焊接材料型号应与焊件材质相匹配；
（3）焊缝厚度不应超过设计焊缝高度的 2/3，且不应大于 8mm；
（4）焊缝长度不宜小于 25mm。

2. 普通螺栓连接应符合下列规定：
（1）每个螺栓一端不得垫两个以上垫圈，不得用大螺母代替垫圈；
（2）螺栓拧紧后，尾部外露螺纹不得少于两个螺距；
（3）螺栓孔不应采用气割扩孔。

3. 当构件的连接为焊接和高强度螺栓混用的连接方式时，应按先栓接、后焊接的顺序施工。

4. 自钻自攻螺钉、拉铆钉、射钉等与连接钢板应紧固密贴，外观排列整齐。其规格尺寸应与被连接钢板相匹配，其间距、边距等应符合设计要求。

5. 射钉、拉铆钉、地脚锚栓应根据制造厂商的相关技术文件和设计要求进行工程质量验收。

6. 房屋纵向释放温度应力的措施是采用长圆孔；吊车轨道采用斜切留缝的措施；吊车梁与吊车梁端部连接采用碟形弹簧。

门式刚架轻型房屋钢结构横向无吊车跨可以在屋面梁支承处采用椭圆孔或可以滑动的支座释放温度应力。

门式刚架轻型房屋钢结构横向每一跨均有吊车时，应计算温度应力；设置高低跨可显著降低温度应力。

图 7-27 是横向刚架设置温度缝的一个构造，其要点是：①滑动面要采取措施减小摩擦力。采用滚轴或者聚四氟乙烯板（特氟隆板）摩擦系数为 0.04，可以最大限度地减小摩擦力，可以在轻型钢结构屋面采用（屋面无额外的设备荷载）。采用滚轴时，应验算梁和牛腿腹板的局部承压强度。②起支承作用的一侧钢柱，宜适当加强。

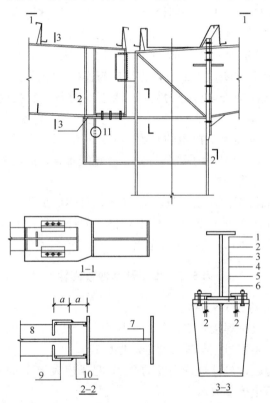

图 7-27　刚架横向温度缝节点图

1—梁下翼缘；2—1mm 不锈钢板包裹；3—4mm 聚四氟乙烯板；4—聚四氟乙烯专用表面处理剂；
5—强力结构胶；6—牛腿上翼缘板；7—钢柱；8—钢梁；9—前挡；10—侧挡板；11—纵向刚性系杆

7.6　门式刚架的柱脚和牛腿

1. 门式刚架轻型房屋钢结构的柱脚，宜采用平板式铰接柱脚（图 7-28a、b）；当采用刚接柱脚时，其构造见图 7-28 (c)、(d)。

变截面柱下端的宽度应视具体情况确定，但不宜小于 200mm。

（1）柱脚锚栓应采用 Q235 钢或 Q355 钢制作。锚栓的锚固长度按 11 章表 11-40 选

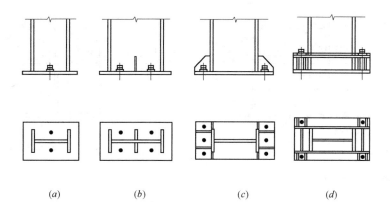

图 7-28　门式刚架轻型房屋钢结构的柱脚
(*a*) 一对锚栓的铰接柱脚；(*b*) 两对锚栓的铰接柱脚；(*c*) 带加劲肋的刚接柱脚；
(*d*) 带靴梁的刚接柱脚

用，锚栓端部应按规定设置弯钩或锚板。锚栓的直径不宜小于 24mm，且应采用双螺帽。

（2）计算有柱间支撑的柱脚锚栓在风荷载作用下的上拔力时，应计入柱间支撑产生的最大竖向分力，且不考虑活荷载（或雪荷载）、积灰荷载和附加荷载的影响，恒荷载分项系数应取 1.0。

（3）柱脚锚栓不宜用于承受柱脚底部的水平剪力。此水平剪力可由底板与混凝土基础间的摩擦力（摩擦系数可取 0.4）或设置抗剪键承受。抗剪键的做法有多种，本书只举图 7-30 的简单形式供参考。计算柱脚锚栓的受拉承载力时，应采用螺纹处的有效截面面积。

2. 牛腿的构造和计算

（1）牛腿的构造系由上、下盖板和腹板组成的工字形截面，并与柱翼缘对焊。为了加强牛腿的刚度，宜在集中力 F 作用的对应处，上盖板表面设置垫板，腹板的两边设横向加劲肋。为了防止柱翼缘的变形，在牛腿的上、下盖板与柱翼缘同一标高处，应设置柱的横向加劲肋。加劲肋的厚度为 10mm。

牛腿的截面形式应根据集中力 F 的大小和 F 到柱翼缘的远近及其他因素决定，采用变截面（图 7-29*a*）或等截面（图 7-29*b*），应由设计人员灵活掌握。

（2）牛腿的计算

$$\sigma = \frac{M}{W_0} \leqslant f \tag{7-17}$$

$$\tau_v = \frac{F}{t_w h_w} \leqslant f_v \tag{7-18}$$

式中　　$M = F \cdot e$；

　　　W_0——牛腿根部的净截面模量；

　　　t_w——腹板厚度；

　　　h_w——腹板高度。

（3）牛腿与柱连接焊缝构造与计算

牛腿的上、下翼缘与柱宜采用完全焊透的对接 V 形焊缝，此时焊缝与钢材等强，因此不必计算。当采用角焊缝时，其焊脚尺寸应由计算求得：

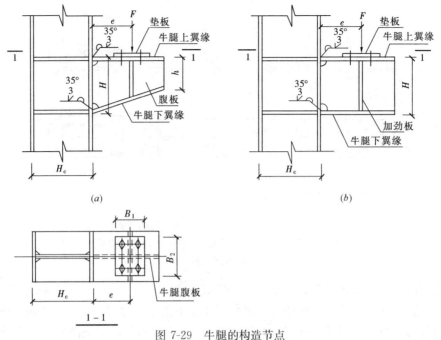

图 7-29 牛腿的构造节点

(a) 牛腿构造节点 (一)；(b) 牛腿构造节点 (二)

$$N_t = \frac{M}{H} \tag{7-19}$$

$$\sigma_t = \frac{N_t}{2 \cdot 0.7 \cdot h_w l_w} \leqslant f_f^w \tag{7-20}$$

（4）柱脚基础顶面抗剪键构造和计算

典型的抗剪键是焊接在柱脚底板上的一小段型钢。当为锚栓预留的孔洞中灌入混凝土且柱脚灌浆就位（固定）后，抗剪键就埋入在基础中，作用在柱子上的剪力就可以通过抗剪键的竖向面与混凝土基础间的横向承压传递到基础。图 7-30.1 和图 7-30.2 给出了两种

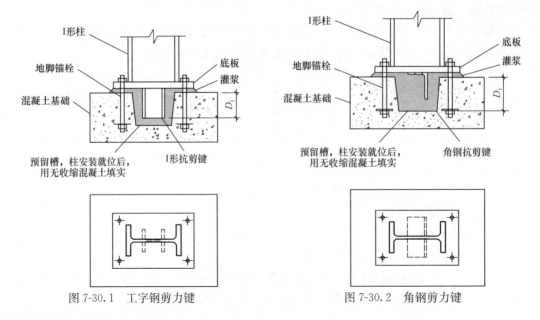

图 7-30.1 工字钢剪力键   图 7-30.2 角钢剪力键

常用的抗剪键，一种是小段角钢，可以传递相对较小的剪力；另一种是I形截面，可以传递较大的剪力。抗剪键的力学模型见图7-30.3。柱脚的剪力由埋入混凝土基础中的抗剪键竖向表面产生的压力来承担。由于抗剪键水平反力与柱脚底板剪力之间的偏心，会产生次弯矩，从而在底板处产生一对竖向力、一个拉力和一个压力（$N_{sec,Ed}$），拉力可以由锚栓或者抗剪键自身承担。这里，可保守地假设拉力由抗剪键承担。在底板与灌浆层之间产生的额外压力可以忽略不计，尽管这个压力在底板校核中会使柱翼缘对应的T形件区域的压力增大。

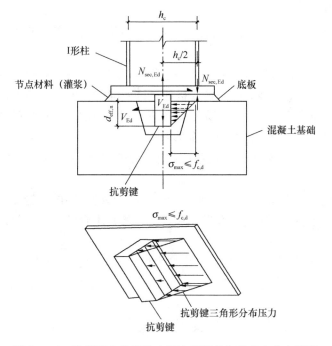

图 7-30.3 抗剪键上作用的力及次弯矩产生的应力分布模型

剪力键设计模型的简化假定：

（1）I形截面抗剪键的两个翼缘传递柱脚剪力能力相同。

（2）在混凝土基础中的整个角钢肢宽或者翼缘有效深度上的压力为三角形分布，见图 7-30.3。

（3）抗剪键的有效深度 $d_{eff,n}$ 等于抗剪键的高度 d_n 减去柱脚底板下灌浆层的厚度。通常，假定灌浆层的厚度为 30mm，很少超过 50mm。

（4）次弯矩由作用于柱脚底板的一对拉压力平衡。一个是作用于抗剪键的法向拉力；一个是作用于柱底板与灌浆层之间、作用点通过柱翼缘中心的压力。假设抗剪键置于柱中心，灌浆层为 30mm 厚，则可得轴向拉力设计值：

I形截面抗剪键：一个抗剪键翼缘拉力 N_{Ed}，由下式得到：

$$N_{Ed} = V_{Ed}\left(\frac{d_{eff,n}}{3} + 30\right)\left(\frac{1}{h_n - t_{fn}}\right) + V_{Ed}\left(\frac{d_{eff,n}}{3} + 30\right) \times \frac{2}{h_c} \times \frac{1}{2}$$

$$= V_{Ed}\left(\frac{d_{eff,n}}{3} + 30\right)\left(\frac{1}{h_n - t_{fn}} + \frac{1}{h_c}\right)$$

角钢抗剪键：竖肢承受轴向拉力 $N_{Ed} = V_{Ed}\left(\frac{d_{eff,n}}{3} + 30\right)\frac{2}{h_c}$。

1）为防止抗剪键从混凝土基础中拔出，抗剪键需满足下述构造要求：

I形截面抗剪键截面高度：$h_n \leqslant 0.4h_c$。

I形截面抗剪键在基础中的有效高度：$60\text{mm} \leqslant d_{eff,n} \leqslant 1.5h_n$

角钢抗剪键在基础中有效高度：$60\text{mm} \leqslant d_{eff,n} \leqslant 1.5b_n$

在铰接柱脚中，抗剪键的构造限制是为了避免柱脚被设计成刚接柱脚。

2）埋入混凝土中的I形或角钢抗剪键要能承受较小的局部弯矩。为满足这个假设，下面给出最大宽厚比：

I形截面抗剪键：最大翼缘宽厚比：$b_{fn}/t_{fn} \leqslant 20$（大部分热轧型钢都满足此项要求，$t_{fn}$为I形截面翼缘厚度）

角钢抗剪键：单肢最大宽厚比：$d_n/t_{an} \leqslant 10$（并不是所有的热轧角钢都满足此项要求）

对于I形截面抗剪键，剪力是从柱底板通过抗剪键的腹板来传递的。底板下的弯矩则是由翼缘的一对拉压力来平衡，而不是由锚栓来承担。由次弯矩产生的拉力则由两翼缘分担。柱子的腹板也需要抵抗由此得到的全部剪力。

3）对于角钢抗剪键，剪力和由次弯矩产生的法向力均由竖向肢来抵抗。竖向肢顶部的弯矩可以忽略。

基本设计原则是需要保证抗剪竖向表面与混凝土基础之间的接触面应力不超过混凝土的强度，同时也不能超过抗剪键（角肢、翼缘和腹板）本身的强度。另外，还需要进行补充验算。

4）校核在抗剪键单肢或翼缘中的二次拉力作用下柱腹板承载力。

5）校核抗剪键与底板之间的角焊缝在水平剪力和二次拉力作用下的承载力。

7.7 吊车梁的连接节点和构造

1. 吊车梁等直接承受动力荷载重复作用的高强度螺栓连接，其疲劳计算应符合下列原则：

（1）抗剪摩擦型连接可不进行疲劳验算，但其连接处开孔主体金属应进行疲劳计算；

（2）栓焊并用连接应力应按全部剪力由焊缝承担的原则，对焊缝进行疲劳计算；

（3）严禁使用塞焊、槽焊、电渣焊和气电立焊连接；

（4）焊接连接中，当拉应力与焊缝轴线垂直时，严禁采用部分焊透对接焊缝、背面不清根的无衬垫焊缝；

（5）不同厚度板材或管材对接时，均应加工成斜坡过渡；接口的错边量小于较薄板件厚度时，宜将焊缝焊成斜坡状，或将较厚板的一面（或两面）及管材的外壁（或内壁）在焊前加工成斜坡，其坡度最大允许值为1:4。

2. 需要验算疲劳的吊车梁、吊车桁架及类似结构应符合下列规定：

（1）焊接吊车梁的翼缘板宜用一层钢板。当采用两层钢板时，外层钢板宜沿梁通长设置，并应在设计和施工中采用措施使上翼缘两层钢板紧密接触。

（2）支承夹钳或刚性料耙硬钩起重机以及类似起重机的结构，不宜采用吊车桁架和制动桁架。

（3）焊接吊车桁架应符合下列规定：

1）在桁架节点处，腹杆与弦杆之间的间隙 a 不宜小于50mm，节点板的两侧边宜做成半径 r 不小于60mm的圆弧；节点板边缘与腹杆轴线的夹角 θ 不应小于30°（图7-31）；节点板与角钢弦杆的连接焊缝，起落弧点应至少缩进5mm［图7-31 (a)］；节点板与H形截面弦杆的T形对接与角接组合焊缝应予焊透，圆弧处不得有起落弧缺陷，其中重级工作制吊车桁架的圆弧处应予打磨，使之与弦杆平缓过渡［图7-31 (b)］；

2）杆件的填板当用焊缝连接时，焊缝起落弧点应缩进至少5mm［图7-31 (c)］，重级工作制吊车桁架杆件的填板应采用高强度螺栓连接。

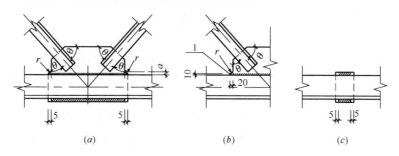

图7-31 吊车桁架节点

(a) 节点板与角钢弦杆的连接焊缝；(b) 节点板与弦杆的T形对接与角接组合焊缝；(c) 角钢与填板焊接

1—用砂轮磨去

（4）吊车梁翼缘板或腹板的焊接拼接应采用加引弧板和引出板的焊透对接焊缝，引弧板和引出板割去处应予打磨平整。焊接吊车梁和焊接吊车桁架的工地整段拼接应采用焊接或高强度螺栓的摩擦型连接。

（5）在焊接吊车梁或吊车桁架中，焊透的T形连接对接与角接组合焊缝焊趾距腹板的距离宜采用腹板厚度的一半和10mm中的较小值（图7-32）。

（6）吊车梁横向加劲肋宽度不宜小于90mm。在支座处的横向加劲肋应在腹板两侧成对设置，并与梁上下翼缘刨平顶紧。中间横向加劲肋的上端应与梁上翼缘刨平顶紧，在重级工作制吊车梁中，中间横向加劲肋亦应在腹板两侧成对布置；而中、轻级工作制吊车梁则可单侧设置或两侧错开设置。在焊接吊车梁中，横向加劲肋（含短加劲肋）不得与受拉翼缘相焊，但可与受压翼缘焊接。端部支承加劲肋可与梁上下翼缘相焊，中间横向加劲肋的下端宜在距受拉下翼缘50～100mm处断开，其与腹板的连接焊缝不宜在肋下端起落弧。当吊车梁受拉翼缘（或吊车桁架下弦）与支撑连接时，不宜采用焊接。

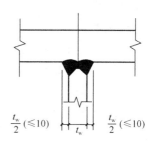

图7-32 焊透的T形连接对接与角接组合焊缝

（7）直接铺设轨道的吊车桁架上弦，其构造要求应与连续吊车梁相同。

（8）重级工作制吊车梁中，上翼缘与柱或制动桁架传递水平力的连接宜采用高强度螺栓的摩擦型连接，而上翼缘与制动梁的连接可采用高强度螺栓摩擦型连接或焊缝连接。吊车梁端部与柱的连接构造应设法减少由于吊车梁弯曲变形而在连接处产生的附加应力。

（9）当吊车桁架和重级工作制吊车梁跨度等于或大于12m，或轻、中级工作制吊车梁跨度等于或大于18m时，宜设置辅助桁架和下翼缘（下弦）水平支撑系统。当设置垂直支撑时，其位置不宜在吊车梁或吊车桁架竖向挠度较大处。对吊车桁架，应采取构造措施，以防止其上弦因轨道偏心而扭转。

（10）重级工作制吊车梁的受拉翼缘板（或吊车桁架的受拉弦杆）边缘，宜为轧制边或自动气割边；当用手工气割或剪切机切割时，应沿全长刨边。

（11）吊车梁的受拉翼缘（或吊车桁架的受拉弦杆）上不得焊接悬挂设备的零件，并不宜在该处打火或焊接夹具。

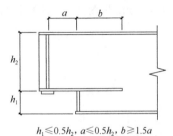

$h_1 \leqslant 0.5h_2$, $a \leqslant 0.5h_2$, $b \geqslant 1.5a$

图 7-33　直角式突变支座构造

（12）起重机钢轨的连接构造应保证车轮平稳通过。当采用焊接长轨且用压板与吊车梁连接时，压板与钢轨间应留有水平空隙（约 1mm）。

（13）起重量 $Q \geqslant 1000$kN（包括吊具重量）的重级工作制（A6～A8 级）吊车梁，不宜采用变截面。简支变截面吊车梁不宜采用圆弧式突变支座，宜采用直角式突变支座。重级工作制（A6～A8 级）简支变截面吊车梁应采用直角式突变支座，支座截面高度 h_2 不宜小于原截面高度的 2/3，支座加劲板距变截面处距离 a 不宜大于 $0.5h_2$，下翼缘连接长度 b 不宜小于 $1.5a$（图 7-33）。

7.8　门式刚架及节点设计实例

【例 7】单跨双坡门式刚架

1. 设计条件

刚架跨度 12m，柱高 5m，柱距 6m，屋面坡度 1/10，柱网及平面布置见图 7-34，立面见图 7-35，刚架形式及几何尺寸见图 7-36。屋面及墙面为压型钢板复合板。檩条及墙梁为薄壁卷边 C 型钢，檩条间距为 1.5m，钢材采用 Q235 钢，焊条 E43 型。

2. 荷载

（1）永久荷载标准值（水平投影）

屋面板及保温屋	0.35kN/m²
檩条、拉条、支撑等	0.05kN/m²
悬挂设备及照明等	0.10kN/m²
合　计	0.50kN/m²

（2）可变荷载标准值

屋面活载（不上人屋面）0.50kN/m²。

（3）风荷载标准值

基本风压值 0.5kN/m²；地面粗糙度系数按 B 类取值；风荷载高度变化系数按现行国家标准《建筑结构荷载规范》GB 50009 的规定采用。当高度小于 10m 时按 10m 高度处的数值采用，μ_z＝1.0；风荷载体型系数按《建筑结构荷载规范》GB 50009—2012 表 7.3.1 取用。

3. 屋面构件设计

（1）压型钢板

压型钢板型号选用 W750 型（YX135-125-750），钢板厚为 0.60mm。

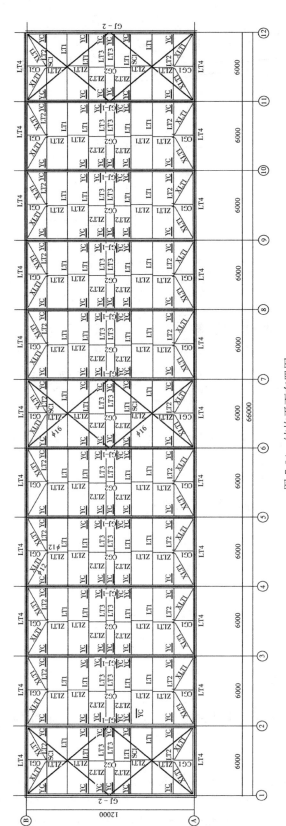

图 7-34 结构平面布置图

注：LT3、LT4 为双 C 型焊接檩条

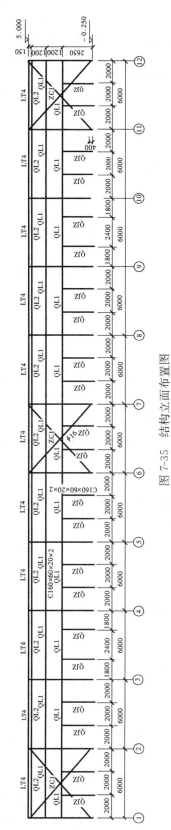

图 7-35 结构立面布置图

注：1. 刚架柱已经局部稳定验算；2. 考虑墙板竖向荷载直接传至地梁，未设墙梁拉条；

3. 墙架梁 QL1、QL2 及墙架柱 QLZ 均为 C 型钢

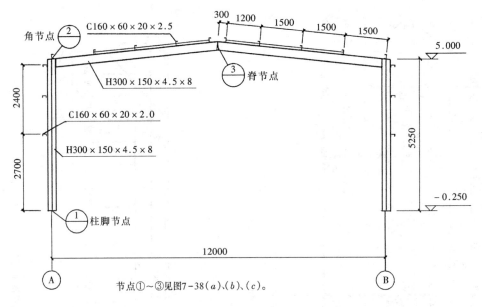

节点①～③见图7-38（a）、（b）、（c）。

图 7-36　GJ-1 形式及几何尺寸图

（2）檩条

檩条截面选用冷弯 C 型薄壁卷边槽钢（mm）$160 \times 60 \times 20 \times 2.5$，檩条间距 1.5m，跨中设置 $\phi12$ 拉条一道。

4. 屋面支撑系统

屋面水平支撑采用两端带丝扣的 $\phi12$ 柔性拉杆，双 C 型焊接檩条代替压杆。支撑间距 6m，见图 7-34。

5. 柱间支撑布置

柱间支撑采用两端带丝扣的 $\phi16$ 圆钢柔性支撑，其布置见图 7-35。

6. 墙架布置

墙架选用冷弯薄壁（C 型）卷边槽钢（mm）$C160 \times 60 \times 20 \times 2$ 组成，其布置见图7-35。

7. 刚架及节点设计

（1）刚架杆件截面选择

刚架杆件截面详见图 7-37（a），屋脊、檐角为刚接，柱脚均为刚接。

（2）刚架荷载

刚架主要承受静载、活载和风载。由于刚架体系质量较轻，地震荷载不起控制作用，因此这里仅列出静载、活载和风载作用下的荷载标准值，见图 7-37(b)～(d)。

（3）刚架内力

上述刚架内力是按中间刚架 GJ-1 算出的结果，其内力值见图 7-37(e)～(h)。由于篇幅关系，端部刚架 GJ-2 的计算结果未予列出。

（4）杆件验算

杆件验算包括刚架梁、柱、支撑、屋面构件、墙架构件等的强度、稳定和变形。本例采用钢结构计算程序 STS 进行计算分析（具体过程未予列出）。由于本例跨度及截面均较小，仅在刚架上翼缘拐角附近及屋脊附近设置了檩条隅撑，经计算柱翼缘的局部满足要

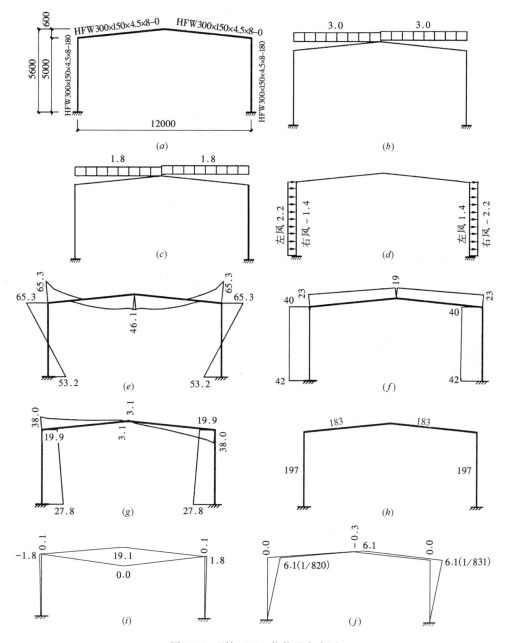

图 7-37　刚架 GJ-1 荷载及内力图

(*a*) 框架立面图；(*b*) 恒载图（kN/m）；(*c*) 活载图（kN/m）；(*d*) 风载图（kN/m）；
(*e*) 弯矩包络图（kN·m）；(*f*) 轴力包络图（kN）；(*g*) 剪力包络图（kN）；(*h*) 钢结
构应力图（N/mm²）；(*i*) 钢梁挠度（静＋活）图（mm）；(*j*) 风载位移图（mm）

求，故在墙梁处未设置墙梁隅撑。

（5）连接节点验算

刚架连接节点主要是柱脚节点、角节点和脊节点三处，见图 7-38。下面分别对这三
种节点进行验算。其他节点如屋面体系节点、墙架体系节点、支撑体系节点的专门验算
从略。

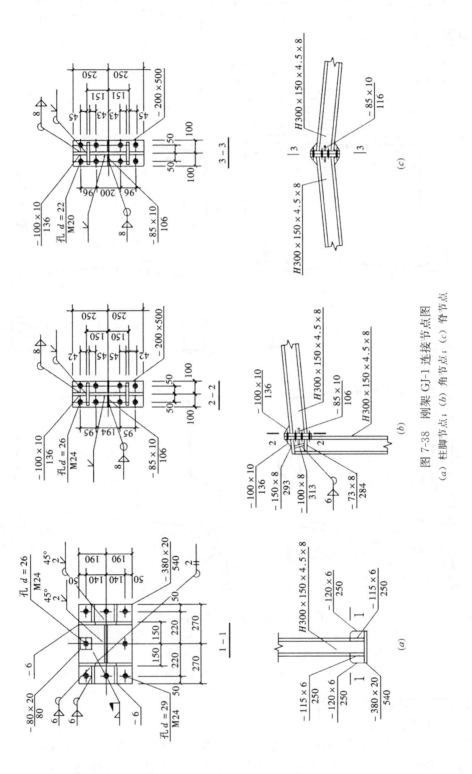

图 7-38　刚架 GJ-1 连接节点图
(a) 柱脚节点; (b) 角节点; (c) 脊节点

270

1）柱脚节点验算

从图 7-37（e）～（g）得知 $M=53.2$kN·m，$N=42$kN，$Q=27.8$kN。柱脚选用图 7-38（a）的形式与构造，地脚螺栓选用 M24（Q235 钢），底板为$-540\times380\times20$，一个地脚螺栓所承受的拉力为

$$P=M/3L-N/n=53.2\times10^6/3\times440-42000/8=35053\text{N}$$

M24 锚栓的有效面积 $A_0=352.5$mm^2，Q235 锚栓的强度设计值 $f=140$N/mm^2，锚栓应力为：

$$f_k=P/A_0=35053/352.5=99\text{N/mm}^2<f\text{（安全）}$$

以上是对地脚锚栓的验算，对于底板与加劲板的厚度以及各处焊缝的应力均需按有关公式验算。

2）梁与柱连接节点计算

梁柱连接角节点采用 10.9 级 M24 高强度螺栓摩擦型连接，构件接触面采用抛丸处理，抗滑移系数 $\mu=0.45$，每个高强度螺栓的预拉力 P 值查表 3-24 为 225kN。由图 7-37(e)～(g)，连接处的内力值 $N=23$kN，$V=38$kN，$M=65.3$kN·m。

螺栓强度验算按公式（3-101）、公式（3-102）及图 7-38，最外排每个螺栓的拉力为

$$N_1=\frac{My_1}{\Sigma y_i^2}-\frac{N}{n}=\frac{65.3\times0.192}{4(0.192^2+0.097^2)}-\frac{23}{8}$$

$$=64.9<N_t^{bH}=0.8P=0.8\times225=180\text{kN（可）}$$

螺栓群的抗剪，由于剪力小，不起控制作用，可不验算。

对于端板必须通过计算确定其厚度。设端板厚度 $t=20$mm，按公式（7-7）两边支承外伸类端板计算

$$t\geqslant\sqrt{\frac{6e_fe_wN_t}{[e_wb+2e_f(e_f+e_w)]f}}$$

$$=\sqrt{\frac{6\times42\times45\times64900}{[45\times200+2\times42\times(42+45)]\times205}}$$

$$=14.8<20\text{mm}$$

梁柱节点域按公式（7-10）验算

$\tau=\dfrac{M}{d_bd_ct_c}=\dfrac{65300000}{200\times200\times10}=109\text{N/mm}^2<125\text{N/mm}^2$，可以不加斜加劲肋。为了增强节点域，图中仍按构造增加了斜加劲肋。

3）脊节点验算

脊节点为刚接，采用 10.9 级 M24 高强度螺栓摩擦型连接。构件接触面采用抛丸处理，摩擦面间的抗滑移系数 $\mu=0.45$，每个高强度螺栓的预拉力按表 3-24 为 225kN，由图 7-37(e)～(g)，连接处的内力值 $N=19$kN，$V=3.1$kN，$M=46.1$kN·m。

螺栓强度验算按公式（3-101）及图 7-37，每个螺栓的拉力为

$$N_1 = \frac{M y_1}{\Sigma y_i^2} - \frac{N}{n} = \frac{46.1 \times 0.196}{4 \times (0.196^2 + 0.1^2)} - \frac{19}{8}$$

$$= 44.2 < 0.8 \times 225 = 180 \text{kN}$$

端板厚度 $t=18$mm，按公式（7-7）两边支承外伸类端板计算

$$t \geqslant \sqrt{\frac{6 e_f e_w N_t}{[e_w b + 2 e_f (e_f + e_w)] f}} = \sqrt{\frac{6 \times 45 \times 45 \times 19000}{[45 \times 200 + 2 \times 45 \times (45 + 45)] \times 205}}$$

$$= 8.1 < 18 \text{mm}$$

第8章 多层及高层钢结构的连接节点设计

8.1 概　要

1. 本章所述及的多层及高层钢结构的连接节点设计，主要是梁与梁的拼接连接节点设计、次梁与主梁的连接节点设计、柱与柱的拼接连接节点设计、梁与柱的连接节点设计、支撑与梁柱的连接构造，以及柱脚的连接节点设计（图 8-1）。在多年的钢结构发展之后，工程实践内容越来越丰富，除了原来传统的结构形式外，出现了许多新的钢结构内容，钢结构设计标准、规范、规程也做了更新。根据《钢结构设计标准》GB 50017—2017、《建筑抗震设计规范》GB 50011—2010、《高层民用建筑钢结构技术规程》JGJ 99—

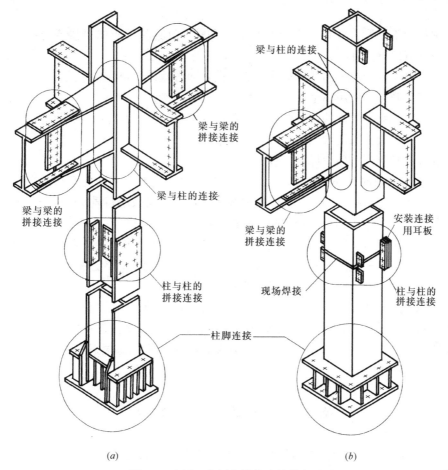

(a)   *(b)*

图 8-1　多层、高层钢结构连接节点图示

（*a*）梁柱均为 H 形或工字形截面；（*b*）梁为 H 形或工字形截面，柱为箱形截面

2015、《钢板剪力墙技术规程》JGJ/T 380—2015、《钢管混凝土结构技术规范》GB 50936—2014、《建筑消能减震技术规程》JGJ 297—2013 等相关技术标准和工程实际做法，增加了钢板剪力墙连接节点设计，钢骨钢管混凝土连接节点设计，消能减震连接节点设计，组合楼板连接节点设计，高层钢结构连接节点设计和抗震性能化的连接节点设计内容。

2. 多层及高层钢结构的连接节点，按其构造形式及其力学特性，可以分为铰接连接节点、刚性连接节点和半刚性连接节点。从连接形式和连接方法来看，在多层及高层钢结构中，主要是采用焊接连接和高强度螺栓连接。

按照钢结构房屋连接焊缝的重要性，其中关键性焊缝分别为：

(1) 框架结构的梁翼缘与柱的连接焊缝；

(2) 框架结构的抗剪连接板与柱的连接焊缝；

(3) 框架结构的梁腹板与柱的连接焊缝；

(4) 节点域及其上下各 600mm 范围内的柱翼缘与柱腹板间或箱形柱壁板间的连接焊缝。

3. 多层及高层钢结构连接节点的连接，可采用焊接、高强度螺栓连接，或将焊接和高强度螺栓连接混合应用，即在一个连接节点中各自的连接面上，分别采用焊接连接和高强度螺栓连接。

对于常用的工字形、H 形和箱形截面的梁和柱，其连接节点的拼接或连接，通常采用的连接方法有以下几种组合：

(1) 翼缘采用完全焊透的坡口对接焊缝连接，而腹板采用角焊缝连接；

(2) 翼缘和腹板都采用完全焊透的坡口对接焊缝连接；

(3) 翼缘采用完全焊透的坡口对接焊缝连接，而腹板采用摩擦型高强度螺栓连接；

(4) 翼缘和腹板都采用摩擦型高强度螺栓连接；

(5) 翼缘和腹板都采用角焊缝连接。

4. 设计连接节点时，连接板应尽可能采用与母材强度等级相同的钢材。当采用焊接连接时，应采用与母材强度相适应的焊条或焊丝和焊剂；当采用高强度螺栓连接时，在同一个连接节点中，应采用同一直径和同一性能等级的高强度螺栓。

5. 在高层钢结构中，构件的内力较大、板件较厚，因此在连接节点设计中应注意连接节点的合理构造，避免采用易于产生过大约束应力和层状撕裂的连接形式和连接方法，使结构具有良好的延性，而且便于加工制造和安装。

6. 多层及高层钢结构的连接节点设计，有非抗震设计和抗震设计之分，即按结构处于弹性受力状态设计和考虑结构进入弹塑性阶段设计。当按多高层抗震设计时，须按第8.14 节和第 8.15 节的有关要求进行节点连接的承载力验算。γ_{RE} 根据 GB 50010—2010 第5.4.2、5.4.3 条选取。

8.2　梁与梁的拼接连接

1. 本节所述及的梁与梁的拼接连接，主要是用于柱外带悬臂梁段与中间梁段的施工现场拼接，或大跨度梁中间区段的安装拼接（图 8-1）。

2. 梁的轴向力一般情况下，相对于弯矩和剪力而言，其数值较小；当梁与钢筋混凝土楼板或组合楼板有可靠的连接时，此轴向力在设计上往往不予考虑。因此，梁通常按其承受的弯矩和剪力进行拼接连接设计。

8.2.1 H形（或工字形）截面梁的拼接连接设计

（一）一般要求

1. 设计梁的拼接连接时，除了满足连接处的强度和刚度的要求外，尚应考虑施工安装的方便。图 8-2 为 H 形截面梁的拼接连接示例。

2. 梁的拼接连接节点，一般应设在内力较小的位置，但考虑施工安装的方便性，通常是设在距梁端 1.0m 左右的位置处。因而，作为刚性连接的拼接连接节点，如果将梁翼缘的连接按实际内力进行设计，则有损于梁的连续性，可能造成建筑物的实际情况与设计时内力分析模型的不协调，并降低结构的延性。因此，对于要求结构有较好延性的抗震设计和按塑性设计的结构，其连接节点应按板件截面面积的等强度条件进行设计。

3. 梁翼缘的拼接连接，当采用高强度螺栓连接时，内侧连接板的厚度要比外侧连接板的厚度大。因此，在决定连接板的尺寸时，应尽可能使连接板的重心与梁翼缘的重心相重合。

上下翼缘连接板的净截面模量应大于上下翼板的净截面模量。

4. 梁腹板按实际内力进行拼接连接时，无论如何，其连接承载力不应小于按腹板截面面积等强度条件所确定的腹板承载力的 1/2。

（二）连接设计

1. 在 H 形（或工字形）截面梁的拼接连接节点中，当为刚性连接时，通常采用的连接形式有：

（1）翼缘和腹板均采用高强度螺栓摩擦型连接（图 8-2e、f）；

（2）翼缘采用完全焊透的坡口对接焊缝连接，腹板采用高强度螺栓摩擦型连接（图8-2d）；

（3）翼缘和腹板均采用完全焊透的坡口对接焊缝连接（图 8-2c）。

当翼缘和腹板采用完全焊透的坡口对接焊缝连接，并采用引弧板施焊时，可视为焊缝与翼缘板和腹板是等强度的，不必进行连接焊缝的强度计算。

对翼缘采用完全焊透的坡口对接焊缝连接，腹板采用高强度螺栓摩擦型连接的拼接连接设计，可参照本小节第 3～6 条的要求确定腹板所需的高强度螺栓数目；而翼缘连接焊缝则视为与翼缘板等强度，不必进行焊缝的强度计算。

2. 翼缘和腹板采用高强度螺栓摩擦型连接的设计计算方法有以下四种：

（1）等强度设计法（按本小节第 3 条的要求进行）；

（2）实用设计法（按本小节第 4 条的要求进行）；

（3）精确计算设计法（按本小节第 5 条的要求进行）；

（4）常用的简化设计法（按本小节第 6 条的要求进行）。

3. 等强度设计法是按被连接的梁翼缘和腹板的净截面面积的等强度条件来进行拼接连接的。它多用于结构按抗震设计或按弹塑性设计中梁的拼接连接设计，以保证构件的连续性和具有良好的延性。

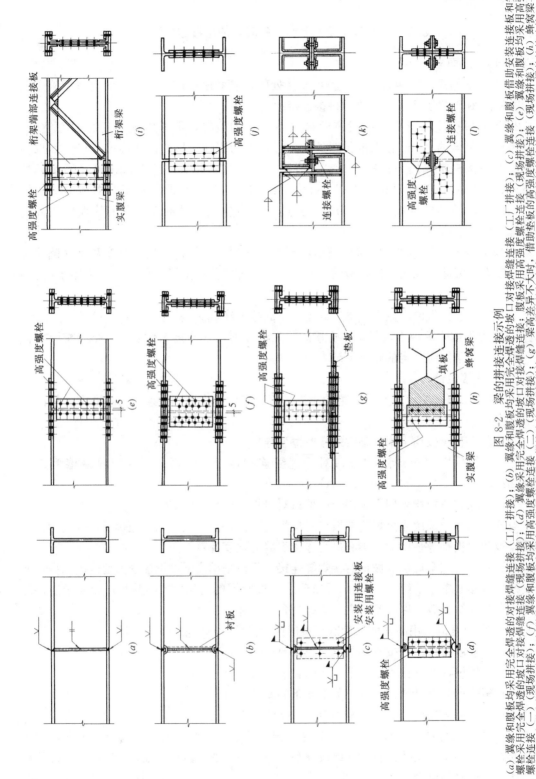

图 8-2 梁的拼接连接示例

(a) 翼缘和腹板均采用完全焊透的对接焊缝连接（工厂拼接）；(b) 翼缘和腹板均采用完全焊透的坡口对接焊缝连接（现场拼接）；(c) 翼缘采用完全焊透的坡口对接焊缝连接（现场拼接），腹板采用高强度螺栓连接；(d) 翼缘采用完全焊透的坡口对接焊缝连接（现场拼接），腹板采用高强度螺栓连接；(e) 翼缘和腹板均采用高强度螺栓连接（一）（现场拼接）；(f) 翼缘和腹板均采用高强度螺栓连接（二），借助垫板的高强度螺栓连接；(g) 梁高差异不大时，借助垫板的高强度螺栓连接；(h) 蜂窝梁连接；(i) 桁架梁与实腹梁的高强度螺栓连接；(j) 梁的铰接连接（一）；(k) 梁的铰接连接（二）；(l) 梁的铰接连接（三）

但在等强度设计法中，由于翼缘和腹板的连接螺栓配置不能先行准确确定，因此翼缘和腹板的净截面面积开始可近似地分别取翼缘和腹板毛截面面积的 0.85 倍，以便估算螺栓的数目及其配置。

采用等强度设计法进行梁的拼接连接节点设计时，按以下要求考虑。

（1）作用于梁拼接处的内力有弯矩和剪力（图 8-3）。梁的拼接连接按等强度设计法的设计内力值可按下列公式计算：

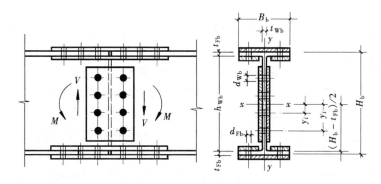

图 8-3　梁拼接连接处的内力图示（一）

弯矩 $$M_n^b = W_n^b f \tag{8-1}$$
剪力 $$V_n^b = A_{nw}^b f_v \tag{8-2}$$

式中　W_n^b ——梁扣除高强度螺栓孔后的净截面模量，可按下式计算：

$$W_n^b = I_n^b/(0.5H_b) \tag{8-3}$$

　　I_n^b ——梁扣除高强度螺栓孔后的净截面惯性矩，可按下式计算：

$$I_n^b = I_0^b - \frac{2n_{FP}d_{Fb}t_{Fb}^3}{12} - 2n_{FP}d_{Fb}t_{Fb}\left(\frac{H_b - t_{Fb}}{2}\right)^2 - \sum_i \left(\frac{1}{12}t_{wb}d_{wb}^3 + t_{wb}d_{wb}y_i^2\right) \tag{8-4}$$

　　H_b ——梁的截面高度；

　　I_0^b ——梁的毛截面惯性矩；

　　n_{FP} ——梁单侧翼缘计算削弱截面上的高强度螺栓数目，对并列布置 $n_{FP}=2$ 或 $n_{FP}=4$，对错列布置可近似取 $n_{FP} \approx 3$；

　　d_{Fb} ——梁翼缘的高强度螺栓孔径；

　　t_{Fb} ——梁的翼缘厚度；

　　t_{wb} ——梁的腹板厚度；

　　d_{wb} ——梁腹板的高强度螺栓孔径；

　　y_i ——梁截面中和轴至腹板的高强度螺栓孔中心的距离；

　　A_{nw}^b ——梁腹板扣除高强度螺栓孔后的净截面面积，可按下式计算（也可近似地取腹板毛截面面积的 0.85 倍）：

$$A_{nw}^b = t_{wb}h_{wb} - n_{wP}t_{wb}d_{wb} \tag{8-5}$$

　　h_{wb} ——梁腹板的高度；

　　n_{wP} ——梁腹板计算削弱截面上的高强度螺栓数目；

　　f ——钢材的抗拉、抗压和抗弯强度设计值；

　　f_v ——钢材的抗剪强度设计值。

（2）梁单侧翼缘连接所需的高强度螺栓数目，应按下式计算：

$$n_{Fb} \geqslant \frac{W_n^b f}{(H_b - t_{Fb})N_v^{bH}}$$ （8-6）

式中　N_v^{bH}——一个摩擦型高强度螺栓的抗剪承载力设计值，可按第 11 章采用。

（3）梁腹板连接所需的高强度螺栓数目，应按下式计算：

$$n_{wb} \geqslant \frac{A_{nw}^b f_v}{N_v^{bH}}$$ （8-7）

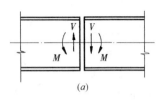

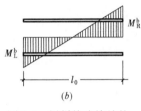

图 8-4　梁拼接连接处的
内力图示（二）

4. 实用设计法是按被连接的梁翼缘的净截面面积的等强度条件进行翼缘的拼接连接，而腹板的连接除对作用在拼接连接处的剪力进行计算外，尚应以腹板净截面面积的抗剪承载力设计值的 1/2 或梁两端的作用弯矩之和除以梁的净跨长度所得到的剪力来确定（图 8-4）。

采用实用设计法进行梁的拼接连接节点设计时，可按以下要求确定。

（1）按本节第 3 条的要求，梁的拼接连接按等强度条件的设计内力值为：

弯矩　　　　　　　$M_n^b = W_n^b f$　　　　　（8-1）*

剪力　　　　　　　$V_n^b = A_{nw}^b f_v$　　　　（8-2）*

（2）梁单侧翼缘连接所需的高强度螺栓数目，应按公式（8-6）计算。即：

$$n_{Fb} \geqslant \frac{W_n^b f}{(H_b - t_{Fb})N_v^{bH}}$$ （8-6）*

（3）梁腹板连接所需的高强度螺栓数目，应按下列公式计算：

$$n_{wb} = \frac{V}{N_v^{bH}}$$ （8-6a）

$$或 \quad n_{wb} = \frac{A_{nw}^b f_v}{2N_v^{bH}}$$ （8-6b）$\left.\begin{matrix} \\ \\ \\ \end{matrix}\right\}$ 取三者中的较大者

$$或 \quad n_{wb} = \frac{(M_L^b + M_R^b)}{l_0 N_v^{bH}}$$ （8-6c）

式中　　　　V——作用在拼接连接处的剪力；

　　M_L^b、M_R^b——作用在梁左右两端的弯矩；

　　　　l_0——梁的净跨长度。

5. 精确计算设计法是按被连接的梁以翼缘和腹板各自分担作用于拼接连接处的弯矩 M，并以梁翼缘承担弯矩 M_F，腹板同时承担弯矩 M_w 和全部剪力 V（图 8-5）来进行拼接连接的设计。

采用精确计算设计法进行梁的拼接连接节点设计时，可按以下要求确定。

（1）作用在拼接连接处的弯矩 M，按下列公式分配：

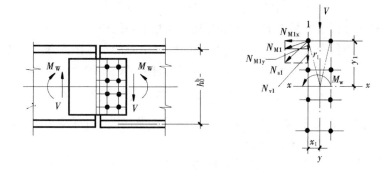

图 8-5　腹板的高强度螺栓受力图示

对翼缘
$$M_{\mathrm{F}} = \frac{I_{\mathrm{F}}^{\mathrm{b}}}{I_0^{\mathrm{b}}} M \qquad (8\text{-}8a)$$

对腹板
$$M_{\mathrm{W}} = \frac{I_{\mathrm{w}}^{\mathrm{b}}}{I_0^{\mathrm{b}}} M \qquad (8\text{-}8b)$$

式中　I_0^{b}——梁的毛截面惯性矩，可按下式计算：
$$I_0^{\mathrm{b}} = I_{\mathrm{F}}^{\mathrm{b}} + I_{\mathrm{w}}^{\mathrm{b}} \qquad (8\text{-}9)$$

　　$I_{\mathrm{F}}^{\mathrm{b}}$——梁翼缘的毛截面惯性矩，可按下式计算：
$$I_{\mathrm{F}}^{\mathrm{b}} = \frac{1}{2} B_{\mathrm{b}} t_{\mathrm{Fb}} (H_{\mathrm{b}} - t_{\mathrm{Fb}})^2 + \frac{1}{6} B_{\mathrm{b}} t_{\mathrm{Fb}}^3 \qquad (8\text{-}10)$$

　　B_{b}——梁翼缘的宽度；

　　$I_{\mathrm{w}}^{\mathrm{b}}$——梁腹板的毛截面惯性矩，可按下式计算：
$$I_{\mathrm{w}}^{\mathrm{b}} = \frac{1}{12} t_{\mathrm{wb}} (H_{\mathrm{b}} - 2t_{\mathrm{Fb}})^3 \qquad (8\text{-}11)$$

　　M——作用在拼接连接处的弯矩。

（2）梁单侧翼缘连接所需的高强度螺栓数目，应按下式计算：
$$n_{\mathrm{Fb}} \geqslant \frac{M_{\mathrm{F}}}{h_0^{\mathrm{b}} N_{\mathrm{v}}^{\mathrm{bH}}} \qquad (8\text{-}12)$$

式中　h_0^{b}——梁的计算高度。

（3）梁腹板连接中，受力最大的高强度螺栓所承受的剪力，应按下列公式计算（图8-5）：

弯矩 M_{w} 作用下受力最大的一个高强度螺栓所承受的剪力为：
$$N_{\mathrm{M1}} = \frac{M_{\mathrm{w}} r_1}{\sum_i (x_i^2 + y_i^2)} \qquad (8\text{-}13)$$

$$N_{\mathrm{M1x}} = \frac{M_{\mathrm{w}} y_1}{\sum_i (x_i^2 + y_i^2)} \qquad (8\text{-}14)$$

$$N_{\mathrm{M1y}} = \frac{M_{\mathrm{w}} x_1}{\sum_i (x_i^2 + y_i^2)} \qquad (8\text{-}15)$$

剪力 V 作用下一个高强度螺栓所承受的前力为：
$$N_{\mathrm{v1}} = \frac{V}{n_{\mathrm{wb}}} \qquad (8\text{-}16)$$

在弯矩 M_{w} 和剪力 V 共同作用下，受力最大的一个高强度螺栓所承受的剪力为：

$$N_{sl} = \sqrt{(N_{Mlx})^2 + (N_{Mly} + N_{vl})^2} \leqslant N_v^{bH} \qquad (8\text{-}17)$$

式中　　　r_1——边行受力最大的一个螺栓至螺栓群中心的距离；

$\quad\quad x_1$、y_1——边行受力最大的一个螺栓至螺栓群中心的水平距离和垂直距离；

$\quad\quad x_i$、y_i——任一个高强度螺栓至螺栓群中心的水平距离和垂直距离；

$\sum_i (x_i^2 + y_i^2)$——连接板一侧所有高强度螺栓到螺栓中心距离的平方和。

6. 常用简化设计法是假设作用在梁拼接处的弯矩 M 完全由翼缘承担，而剪力完全由腹板承担，这样来进行拼接连接设计的。

采用常用简化设计法进行梁的拼接连接节点设计时，可按以下要求确定。

（1）梁单侧翼缘连接所需的高强度螺栓数目，应按下式计算：

$$n_{Fb} \geqslant \frac{M}{h_0^b N_v^{bH}} \qquad (8\text{-}18)$$

（2）梁腹板连接所需的高强度螺栓数目，应按公式(8-19)～公式(8-21)计算：

$$n_{wb} = \frac{V}{N_v^{bH}} \qquad (8\text{-}19)$$

或

$$n_{wb} = \frac{A_{nw}^b f_v}{2 N_v^{bH}} \qquad (8\text{-}20)$$

或

$$n_{wb} = \frac{M_L^b + M_R^b}{l_0 N_v^{bH}} \qquad (8\text{-}21)$$

取三者中的较大者

7. 梁翼缘和腹板的拼接连接板的截面尺寸，可按以下要求确定（图 8-6）。

（1）为使拼接连接节点具有足够的强度，并保持梁刚度的连续性，在确定梁的翼缘和腹板的拼接连接板时，一般情况下均应同时满足下列公式的要求：

$$A_{nF}^{PL} \geqslant A_{nF}^b \qquad (8\text{-}22)$$

$$A_{nw}^{PL} \geqslant A_{nw}^b \qquad (8\text{-}23)$$

$$W_n^{PL} \geqslant W_n^b \qquad (8\text{-}24)$$

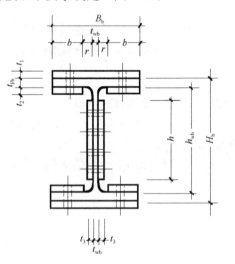

式中　A_{nF}^{PL}——梁单侧翼缘连接板扣除高强度螺栓孔后的净截面面积；

$\quad\quad A_{nF}^b$——梁单侧翼缘扣除高强度螺栓孔后的净截面面积，按下式计算：

$$A_{nF}^b = t_{Fb} B_b - n_{Fp} t_{Fb} d_{Fb} \qquad (8\text{-}25)$$

图 8-6　拼接连接板配置图示

$\quad\quad A_{nw}^{PL}$——梁腹板拼接连接板扣除高强度螺栓孔后的净截面面积；

$\quad\quad A_{nw}^b$——梁腹板扣除高强度螺栓孔后的截面面积，按公式（8-5）计算；

$\quad\quad W_n^{PL}$——梁翼缘和腹板的拼接连接板扣除高强度螺栓孔后的净截面模量；

$\quad\quad W_n^b$——梁扣除高强度螺栓孔后的净截面模量，按公式（8-3）计算。

（2）梁翼缘拼接连接板的设置，原则上应采用双剪连接；当翼缘宽度较窄，构造上采用双剪连接有困难时，亦可采用单剪连接，但此时宜用于内力较小的场合。

在确定翼缘的拼接连接板时，应考虑连接板的对称性和互换性特点。通常情况下，翼缘外侧拼接连接板的宽度可取与翼缘同宽。

根据上述第（1）项的要求，翼缘拼接连接板的厚度，可按下列公式计算：

当采用双剪连接时（图 8-6）：

$$t_1 = \frac{1}{2}t_{Fb} + 2 \sim 5\text{mm} \qquad 且不宜小于 8\text{mm} \qquad (8\text{-}26)$$

$$t_2 = \frac{t_{Fb}B_b}{4b} + 3 \sim 6\text{mm} \qquad 且不宜小于 10\text{mm} \qquad (8\text{-}27)$$

式中　b——内侧拼接连接板的宽度。

当采用单剪连接时：

$$t_1 = t_{Fb} + 3 \sim 6\text{mm} \qquad 且不宜小于 10\text{mm} \qquad (8\text{-}28)$$

（3）梁腹板的拼接连接板，一般均应在腹板两侧成对配置，即采用双剪连接（图 8-6）。

根据上述第（1）项的要求，腹板拼接连接板的厚度，可按下式计算：

$$t_3 = \frac{t_{wb}h_{wb}}{2h} + 1 \sim 3\text{mm} \qquad 且不宜小于 6\text{mm} \qquad (8\text{-}29)$$

式中　h_{wb}——梁的腹板高度；

　　　　h——腹板拼接连接板（垂直方向）的长度。

8. 梁翼缘的拼接连接，当采用完全焊透的坡口对接焊缝连接时，拼接连接处腹板上的弧形切口和衬板的尺寸，详见国标多高层民用建筑钢结构节点构造详图要求来确定，一般可参照图 8-7 所示的要求采用，腹板拼接具体计算可参考图集的附录公式。

《多、高层建筑钢结构节点连接》03SG519-1

附录 B　钢梁翼缘用焊接腹板用高强度螺栓摩擦型拼接的计算假定及计算公式

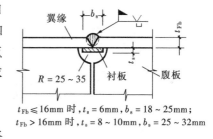

$t_{Fb} \leqslant 16\text{mm}$ 时，$t_s = 6\text{mm}$，$b_s = 18 \sim 25\text{mm}$；
$t_{Fb} > 16\text{mm}$ 时，$t_s = 8 \sim 10\text{mm}$，$b_s = 25 \sim 32\text{mm}$

图 8-7　翼缘衬板和腹板弧形切口尺寸图示

B. 1　腹板拼接板及每侧的高强度螺栓，按拼接处的弯矩和剪力设计值计算。即腹板拼接板及每侧的高强度螺栓承受拼接截面的全部剪力及按刚度分配到腹板上的弯矩，但其拼接强度不应低于原截面抗弯承载力的 50%。

B. 2　当翼缘为焊接、腹板为高强度螺栓摩擦型连接时，由于一般采用先栓后焊的方法，因此在计算中，应考虑对翼缘施焊时其焊接高温对腹板连接螺栓预拉力的损失，损失后连接螺栓的抗剪承载力取 $0.9N_v^b$。

B. 3　梁腹板用螺栓拼接的计算公式

根据梁截面尺寸合理布置的螺栓群，分别取梁截面最大抗弯设计值的 kM_{max}（$k = 0.5 \sim 0.9$，按 0.1 进级）和 M_n，按截面模量分配在腹板上的弯矩和待定的剪力同时作用在拼接一侧螺栓群的中心处，使螺栓群角点处螺栓的受力刚好达到其最大抗剪承载力设计值时，反求出螺栓群可承受多大剪力这一思路来编制的。在该部分的选用表中，绝大多数规格的 H 型钢梁，均各选用了 3 种不同螺栓直径、3 种不同摩擦系数、2 种不同强度等级的摩擦型连接的高强度螺栓。选用者只要根据钢梁在拼接缝处的弯矩和剪力设计值（计算时已考虑了取连接一侧螺栓群中心截面处的弯矩，如图 B.3 所示），就可极其方便地进行多方案的选用。

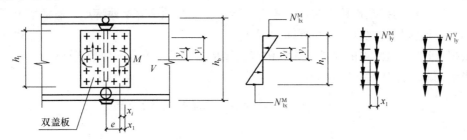

图 B.3

B.3.1 螺栓群在弯矩和剪力作用下，角点螺栓所受剪力的计算公式

$$\sqrt{(N_{1y}^V + N_{1y}^M)^2 + (N_{1x}^M)^2} \leqslant 0.9N_v^b \quad \text{(B.3.1-1)}$$

式中　$N_{1y}^V = \dfrac{V}{mn}$

$$N_{1y}^M = \frac{(kM_x + Ve)(I_{wj}/I_{xj})x_1}{\sum(x_i^2 + y_i^2)} \qquad N_{1x}^M = \frac{(kM_x + Ve)(I_{wj}/I_{xj})y_1}{\sum(x_i^2 + y_i^2)}$$

设 $\lambda = I_{wj}/I_{xj}$　$k_n = \sum(x_i^2 + y_i^2)$　$Y = \lambda kM_x$ 代入式 (B.3.1-1)

经整理后得

$$V = \frac{-b + \sqrt{b^2 - 4ac}}{2a} \quad \text{(B.3.1-2)}$$

式中　$a = \dfrac{1}{m^2 n^2} + \dfrac{2\lambda e x_1}{mnk_n} + \dfrac{(\lambda e)^2(x_1^2 + y_1^2)}{k_n^2}$

$$b = \frac{2Yx_1}{mnk_n} + \frac{2Y\lambda e(x_1^2 + y_1^2)}{k_n^2} \qquad c = \frac{Y^2(x_1^2 + y_1^2)}{k_n^2} - (0.9N_v^b)^2$$

I_{xj}、I_{wj}——分别表示梁和梁腹板绕 x 轴的净截面惯性矩；

$0.9N_v^b$——见 B.2 条的说明。

B.3.2 确定腹板拼接板的厚度（应取下列四项 t_s^M、t_s^V、t_s^S、t_s^A 中的最大者）。

1）根据螺栓群受的弯矩求板厚

节点板弯应力

$$f = \frac{M \cdot h_s}{2 \cdot I_j}$$

$$M = (kM_x + Ve)\frac{I_{wj}}{I_{xj}}$$

式中节点板净截面惯性矩　$I_j = \left(\dfrac{1}{12} \times t_s^M \times h_s^3 - I_0\right) \times n_f$

$$t_s^M = \frac{M \cdot h_s}{2f\left[h_b^3/12 - (\sum y_i^2/n) \times (d + 2)\right]} \quad \text{(B.3.2-1)}$$

式中　h_s——节点拼接板高度；

I_0——螺栓孔绕 x 轴的惯性矩。

2）根据螺栓群受的剪力求板厚：在腹板拼接处，由于有很多螺栓孔削弱，应力分布很复杂，我国现行钢结构规范尚无梁腹板净截面剪应力的明确规定。苏联规范规定采用

$\tau=\dfrac{V}{b_0 h_{\mathrm{w}}}\times\dfrac{s}{s-d_0}$（$s$ 为螺栓孔间距）。此式相当于假定腹板净截面均匀承受全部剪力。本图集就采用这一假定。

$$t_{\mathrm{s}}^{\mathrm{V}}=\frac{V}{n_{\mathrm{f}}\left[h_{\mathrm{b}}-m(d+2)\right]f_{\mathrm{v}}} \tag{B.3.2-2}$$

3）根据螺栓间距 s 确定板的厚度

$$t_{\mathrm{s}}^{\mathrm{s}}\geqslant s/12 \tag{B.3.2-3}$$

4）原则上应使拼接板的截面面积不小于腹板的截面面积

$$t_{\mathrm{s}}^{\mathrm{A}}=\frac{\left[h_{\mathrm{w}}-m(d+2)\right]\cdot t_{\mathrm{w}}}{2\cdot\left[h_{\mathrm{s}}-m(d+2)\right]} \tag{B.3.2-4}$$

8.2.2 箱形截面梁的拼接连接

1. 箱形截面梁的拼接连接，原则上均应按被连接翼缘和腹板的截面面积的等强度条件进行设计。

2. 组合箱形截面梁的拼接连接，通常采用与被连接板件等强度的完全焊透的坡口对接焊缝连接，并采用引弧板施焊，此时不必进行焊缝强度的计算。

3. 组合箱形截面梁的拼接连接节点示例如图 8-8 所示。

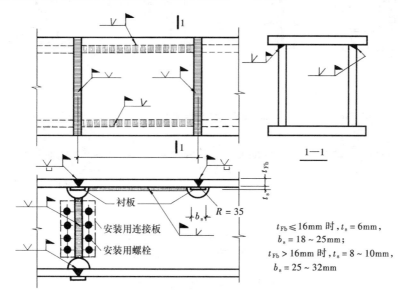

图 8-8 箱形梁采用焊缝连接的拼接示例

8.3 次梁与主梁的连接

8.3.1 连 接 构 造

1. 在主梁的侧面（横方向）连接次梁时，通常有以下两种作法：

（1）将主梁作为次梁的支点，并将次梁的两端与主梁的连接作为铰接连接来处理（即简支梁形式，图 8-9a）。

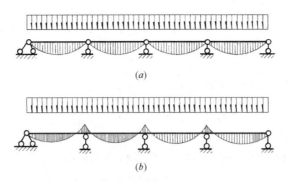

图 8-9　次梁两端与主梁连接的内力图示

(*a*) 铰接连接（简支梁形式）；(*b*) 刚性连接（连续梁形式）

（2）将主梁作为次梁的支点，并将次梁的两端与主梁的连接作为刚性连接来处理（即连续梁形式，图 8-9*b*）。

2. 次梁两端与主梁的连接采用铰接连接还是刚性连接，应视具体情况而定；图 8-10 为 H 形（工字形）截面的次梁与主梁的连接节点示例。

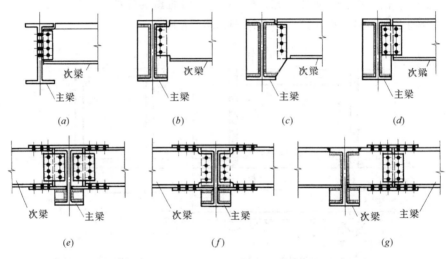

图 8-10　次梁两端与主梁的连接示例

(*a*) ～ (*d*) 铰接连接；(*e*) ～ (*g*) 刚性连接

8.3.2　连　接　设　计

1. 次梁两端与主梁为铰接连接时，在连接计算中通常是忽视主梁的扭转影响，只考虑次梁端部与主梁连接之间的剪力作用；但在计算连接螺栓或焊缝时，除了考虑作用在次梁端部的剪力外，尚应考虑由于偏心所产生附加弯矩的影响。

次梁两端与主梁的连接，当采用高强度螺栓摩擦型连接时（图 8-11），可按以下要求确定。

施工条件较差的高空安装焊缝应乘以折减系数 0.9。

（1）高强度螺栓的连接应按以下要求计算：

1）次梁端部剪力作用下，一个高强度螺栓（连接一侧）所受的力为：

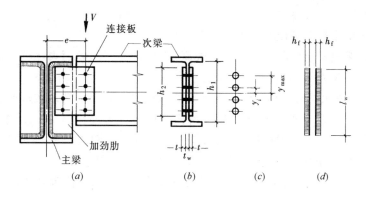

图 8-11　次梁与主梁连接的计算图示

$$N_{\mathrm{v}} = \frac{V}{n} \tag{8-30}$$

2）偏心弯矩 $M_{\mathrm{e}} = V \cdot e$ 作用下，边行受力最大的一个高强度螺栓所受的力为（图 8-11c）：

$$N_{\mathrm{M}} = \frac{M_{\mathrm{e}} y_{\mathrm{max}}}{\sum y_i^2} \tag{8-31}$$

3）在剪力和偏心弯矩共同作用下，边行受力最大的一个高强度螺栓所受的力为：

$$N_{\mathrm{smax}} = \sqrt{(N_{\mathrm{v}})^2 + (N_{\mathrm{M}})^2} \leqslant N_{\mathrm{v}}^{\mathrm{bH}} \tag{8-32}$$

式中　$N_{\mathrm{v}}^{\mathrm{bH}}$——一个摩擦型高强度螺栓单面抗剪承载力设计值。

（2）连接次梁的主梁加劲肋与主梁的连接焊缝，通常采用双面直角角焊缝（图 8-11d）。设角焊缝的焊脚尺寸为 h_{f}，焊缝计算长度为 l_{w}（通常仅考虑主梁腹板部分有效），则在剪力 V 和偏心弯矩 M_{e} 共同作用下，可近似地按下列公式计算焊缝的强度：

$$\tau_{\mathrm{v}} = \frac{V}{2 \times 0.7 h_{\mathrm{f}} l_{\mathrm{w}}} \tag{8-33}$$

$$\sigma_{\mathrm{M}} = \frac{M_{\mathrm{e}}}{W_{\mathrm{w}}} \tag{8-34}$$

$$\sigma_{\mathrm{fs}} = \sqrt{(\tau_{\mathrm{v}})^2 + (\sigma_{\mathrm{M}})^2} \leqslant f_{\mathrm{f}}^{\mathrm{w}} \tag{3-22}^*$$

式中　W_{w}——角焊缝的截面模量。

（3）连接板的截面尺寸，应按以下要求确定。

连接板的长度和宽度应按螺栓连接的构造要求确定。

连接板的厚度 t，当采用双剪连接时（图 8-11b）：

$$t = \frac{t_{\mathrm{w}} h_1}{2 h_2} + 1 \sim 3\mathrm{mm} \quad 且不宜小于 6\mathrm{mm} \tag{8-35}$$

当采用单剪连接时：

$$t = \frac{t_{\mathrm{w}} h_1}{h_2} + 2 \sim 4\mathrm{mm} \quad 且不宜小于 8\mathrm{mm} \tag{8-36}$$

式中　h_1——次梁腹板的高度；

t_w——次梁腹板的厚度；

h_2——次梁腹板连接板的（垂直方向）长度。

2.《多、高层建筑钢结构节点连接》03SG519-1 附录 A　次梁与主梁（或与柱）连接的计算假定及计算公式

A.1　假定连接板与次梁为一体，支点在主梁腹板的中心线上。其连接螺栓和连接板除承受次梁的剪力外，尚应考虑由于连接偏心所产生的附加弯矩 $M = Ve$ 的作用（e 为偏心距）。在计算连接板及其连接焊缝时，为安全起见，反过来视连接板与主梁（或与柱）为一体，支点在连接螺栓线上。而连接焊缝也承受 V 及 $M = Ve$ 的作用。

A.2　螺栓群在剪力和偏心弯矩作用下，螺栓群可承受的最大剪力设计值，由下式求得：

$$\sqrt{(N_{1y}^V + N_{1y}^M)^2 + (N_{1x}^M)^2} \leqslant N_v^b \tag{A.2-1}$$

式中　$N_{1y}^V = \dfrac{V}{m \cdot n}$

$N_{1y}^M = \dfrac{V \cdot e \cdot x_1}{\Sigma(x_i^2 + y_i^2)}$

$N_{1x}^M = \dfrac{V \cdot e \cdot y_1}{\Sigma(x_i^2 + y_i^2)}$

并设　$k_n = \Sigma(x_i^2 + y_i^2)$

将其代入式（A.2-1）经整理后，可得到螺栓群可承受的最大剪力设计值为：

$$V = \sqrt{1/W}\, N_v^b \tag{A.2-2}$$

式中：$W = \left[\dfrac{1}{(mn)^2} + \dfrac{2ex_1}{mnk_n} + \dfrac{e^2(x_1^2 + y_1^2)}{k_n^2} \right]$

N_{1y}^V、N_{1y}^M、N_{1x}^M——分别为螺栓群在梁端剪力和偏心弯矩作用下在角点螺栓上所产生的竖向剪力和水平剪力；

m、n——分别为螺栓的行数、列数，其他符号的意义见图 A.2；

x_i 和 x_1——在图中分别为 0。

N_v^b 为单个螺栓的抗剪设计值，其取值如下：

当为摩擦型高强度螺栓时，其抗剪承载力设计值为

$$N_v^b = 0.9 n_f \mu \cdot P$$

式中　n_f——传力摩擦面数目；

μ——摩擦面的抗滑移系数；

P——每个高强度螺栓的预拉力。

当为普通螺栓或高强度螺栓承压型连接时，其抗剪承载力设计值取下列"抗剪时"与"承压时"中之较小者：

1）抗剪时：$N_v^b = n_v A_e f_v^b$（n_v 为受剪面数目）

2）承压时：$N_c^b = d \Sigma t \cdot f_c^b$（$d$ 为螺栓杆直径）

A_e——普通螺栓取螺杆的毛截面面积，承压型连接高强度螺栓取螺纹处的有效截面面积；

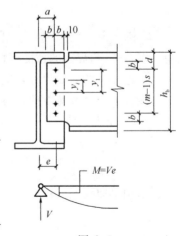

图 A.2

f_v^b、f_c^b——螺栓的抗剪和承压强度设计值；

    $\sum t$——在同一受力方向承压构件的较小总厚度。

当 $N_c^b \leqslant N_v^b$ 取 $N_c^b = N_v^b$

A.3 确定支承板的厚度（取下列各式中之最大者）

A.3.1 根据螺栓群可承受的最大剪力设计值求支承板厚（如图 A.3.1 所示）

$$t_s^v = \frac{V}{h_n f_v} = \frac{V}{[2b + (m-1)s - m(d+2)]f_v} \tag{A.3.1}$$

式中　d——螺栓公称直径。

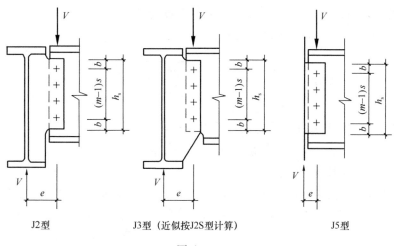

J2型　　　　J3型（近似按J2S型计算）　　　　J5型

图 A.3.1

A.3.2 根据螺栓群所受的偏心弯矩 $M = Ve$ 求板厚

$$t_s^M = \frac{Veh_s}{2n_s f\left[\dfrac{1}{12}h_s^3 - \dfrac{\sum y_i^2}{n}(d+2)\right]} \tag{A.3.2}$$

式中　$h_s = (m-1)s + 2b$（h_s 为主梁上支承板或柱上竖向板的高度）；

    n_s——单剪时，$n_s = 1$；双剪时，取夹板数 $n_s = 2$。

A.3.3 根据构造要求确定支承板的厚度

$$t_s^s \geqslant s/12 \quad （s 为螺栓间距） \tag{A.3.3}$$

A.3.4 根据支承板的宽度 b_s 求板厚

$$t_s^{bs} \geqslant b_s/15 \tag{A.3.4-1}$$

在 J2、J3 型连接中尚应根据偏心距的尺寸确定支承板的厚度

$$t_s^e \geqslant (e - 0.5t_w)/15 \tag{A.3.4-2}$$

注：在 J2、J3 型连接中，由于支承板的板宽超过主梁翼缘外伸宽度较多，此时其支承板的计算板宽 b_s 可取从连接螺栓孔算起至腹板边缘的距离。此时，主梁腹板厚度近似取 $t_w = 10\text{mm}$。

A.4 确定焊在主梁上（或柱翼缘上）的连接板的焊脚尺寸

A.4.1 根据焊缝的合成应力求角焊缝的焊脚尺寸

采用双面角焊缝，且只考虑其支承板与柱或主梁腹板的连接焊缝有效。为此，在焊缝中的合成剪应力为

$$\sqrt{\left(\frac{\sigma_f^M}{\beta}\right)^2+(\tau_f^V)^2}\leqslant f_f^w \tag{A.4.1-1}$$

式中 $\sigma_f^M=\dfrac{6Ve}{2n_s0.7h_fl_w^2}$；$\tau_f^V=\dfrac{V}{2n_s0.7h_fl_w}$；$\beta=1.22$

n_s——焊在主梁上支承板（或柱上竖向板）的个数；

h_s——为支承板的高度，$h_s=(m-1)s+2b$（s 为孔距，b 为板边距）。

将其代入公式（A.4.1-1），经整理后得角焊缝所需的焊脚尺寸为：

$$h_f=\frac{V}{2.39n_sf_f^w(h_s-10)^2}\sqrt{(8.4e)^2+[1.71(h_s-10)]^2} \tag{A.4.1-2}$$

注：式中的 (h_s-10) 是现行规范式中 h_s-2h_f 的近似取值。

A.4.2 根据角焊缝焊脚尺寸的最小构造要求，求焊脚尺寸。其

$$h_f\geqslant1.5\sqrt{t}\quad(mm) \tag{A.4.2}$$

式中 t——较厚焊件厚度（mm）。

3. 次梁两端与主梁为刚性连接时（即图 8-10e、f、g 次梁作为连续梁设计），次梁翼缘的连接螺栓（或焊缝）、连接板尺寸和厚度及次梁腹板的连接螺栓（或焊缝）、连接板尺寸和厚度等；可参照 8.2.1 节（二）3～7 的有关要求确定。

8.4 梁的侧向支承和梁腹板开洞的补强以及变截面和支座构造

1. 采用塑性设计的结构，应按以下要求设置梁的侧向支承杆，而且侧向支承杆尚应具有足够的强度和刚度。

（1）为防止框架横梁（主梁）的侧向屈曲，在主梁与柱连接节点处的塑性区段应设置主梁的侧向支承杆—隔撑（对梁而言，塑性区段为距梁端 1/10 的梁跨长或梁的 2 倍截面高度处）。

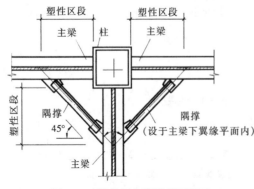

图 8-12 梁的侧向隔撑设置图示

在主梁与柱连接节点处的塑性区段设置的主梁侧向隔撑，当楼板为钢筋混凝土结构，且与主梁的上翼缘有可靠的抗剪连接时，则可认为楼板对主梁的上翼缘具有充分的支承作用。因此，只需在相互垂直的主梁下翼缘平面内在距柱轴线 1/8～1/10 梁跨处设置侧向隔撑，此时隔撑可起到支承相互垂直的两根主梁的作用（图 8-12）。

（2）为阻止框架横梁（主梁）受压翼缘的侧向移动，在次梁与主梁的连接节点

处可按以下情况设置主梁的侧向支承杆—角撑（图 8-13）。

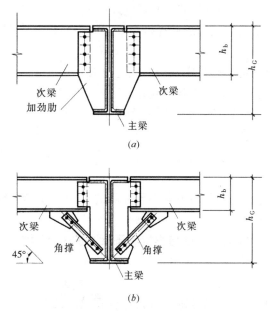

图 8-13 主梁侧向角撑设置图示

(a) $h_b > h_G/2$ 的情况；(b) $h_b \leqslant h_G/2$ 的情况

① 当相互连接的次梁高度大于主梁高度的 1/2 时，可不设置主梁的侧向角撑，但应按图 8-13（a）所示设置主梁加劲肋。

② 当相互连接的次梁高度小于或等于主梁高度的 1/2 时，应按图 8-13（b）所示设置主梁的侧向角撑。

（3）主梁的侧向隔撑或角撑可近似地按轴心受压构件计算：

强度

$$\sigma_{cs} = \frac{N_{cs}}{\varphi A_s} \leqslant f^s \tag{8-37}$$

长细比

$$\lambda \leqslant 130 \sqrt{\frac{235}{f_y^s}} \tag{8-38}$$

式中　N_{cs}——主梁的侧向隔撑或角撑所承受的轴心压力，按下式计算：

$$N_{cs} = \frac{A_{Fb} f^F}{85 \sin\alpha} \sqrt{f_y^F / 235} \tag{8-39}$$

A_{Fb}——主梁受压翼缘的截面面积；

f^F——主梁所用钢材的抗压强度设计值；

f_y^F——主梁所用钢材的屈服强度设计值；

φ——轴心受压构件的稳定系数（取截面两主轴稳定系数中较小者），根据其长细比、钢材屈服强度及截面分类按《钢结构设计标准》GB 50017 采用；

A_s——隔撑或角撑的截面面积；

f^s——隔撑或角撑所用钢材的抗压强度设计值；

f^s_y——隔撑或角撑所用钢材的屈服强度设计值。

（4）隔撑或角撑与梁的连接焊缝或连接螺栓，应根据所承受的轴心压力 N_{cs} 来确定。

2. 腹板开孔要求。

（1）腹板开孔梁应满足整体稳定及局部稳定要求，并应进行下列计算：

1）实腹及开孔截面处的受弯承载力验算；

2）开孔处顶部及底部 T 形截面受弯剪承载力验算。

（2）腹板开孔梁，当孔形为圆形或矩形时，应符合下列要求：

1）圆孔孔口直径不宜大于梁高的 1/2 倍，矩形孔口高度不宜大于梁高的 1/2 倍，矩形孔口长度不宜大于梁高及 3 倍孔高。

2）相邻圆形孔口边缘间的距离不宜小于梁高的 1 倍，矩形孔口与相邻孔口的距离不宜小于梁高 1 倍及矩形孔口长度。

3）开孔处梁上下 T 形截面高度均不宜小于梁高的 0.15 倍，矩形孔口上下边缘至梁翼缘外皮的距离不宜小于梁高的 1/4 倍。

4）开孔长度（或直径）与 T 形截面高度的比值不宜大于 12。

5）不应在距梁端相当于梁高范围内设孔，抗震设防的结构不应在隔撑与梁柱连接区域范围内设孔。

（3）开孔腹板补强宜符合下列要求：

H 形（或工字形）截面梁由于设备管线等横向贯穿而需在腹板开洞时，应按以下要求进行补强。

补强的设计原则一般可考虑梁腹板开洞处截面上的作用弯矩由翼缘承担，剪力由开洞腹板和补强板件共同承担。因此，开洞处的梁腹板和补强板的截面面积之和应大于原腹板的截面面积，同时补强板件应采用与母材强度等级相同的钢材。

1）圆形孔直径小于或等于 1/3 梁高时，可不予补强；当大于 1/3 梁高时，可用环形加劲肋加强（图 8-14a），也可用套管（图 8-14b）或环形补强板（图 8-14c）加强。

2）圆形孔口加劲肋截面不宜小于 100mm×10mm，加劲肋边缘至孔口边缘的距离不宜大于 12mm；圆形孔口用套管补强时，其厚度不宜小于梁腹板厚度；用环形板补强时，若在梁腹板两侧设置，环形板的厚度可稍小于腹板厚度，其宽度可取 75～125mm。

3）矩形孔口的边缘宜采用纵向和横向加劲肋加强，矩形孔口上下边缘的水平纵向加劲肋端部宜伸至孔口边缘以外单面加劲肋宽度的 2 倍；当矩形孔口长度大于梁高时，其横向加劲肋应沿梁全高设置；当梁腹板的开洞为矩形孔且孔洞较大时，孔洞将对梁的承载力有较大的影响。一般情况下，矩形孔的孔宽不宜大于 1/2 梁高，孔长不得大于 750mm。当矩形孔长度大于梁高时，其横向加劲肋应沿梁全高设置。矩形孔加劲肋截面不宜小于 125mm×18mm。矩形孔口加劲肋截面总宽度不宜小于翼缘宽度的 1/2，厚度不宜小于翼缘厚度；当孔口长度大于 500mm 时，应在梁腹板两面设置加劲肋（图 8-14d）。

（4）腹板开孔梁材料的屈服强度不应大于 420N/mm²。

3. 梁的变截面和梁上起柱的构造

（1）为满足降板做法或者设备净空要求，工字钢变截面及弯折做法一，见图 8-15.1。

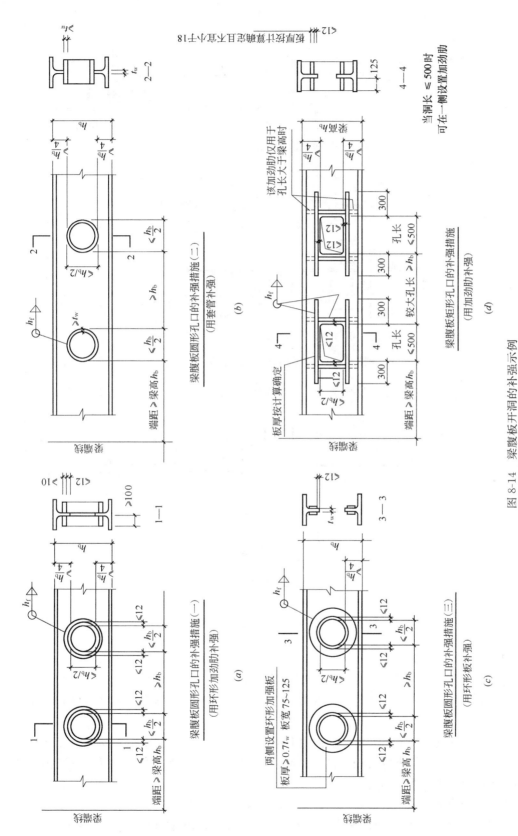

图 8-14 梁腹板开洞的补强示例

注：图中角焊缝的焊脚尺寸 h_f（mm）不得小于 $1.5\sqrt{t}$，t 为较厚焊件厚度（mm），且不宜小于较薄焊件厚度的 1.2 倍。

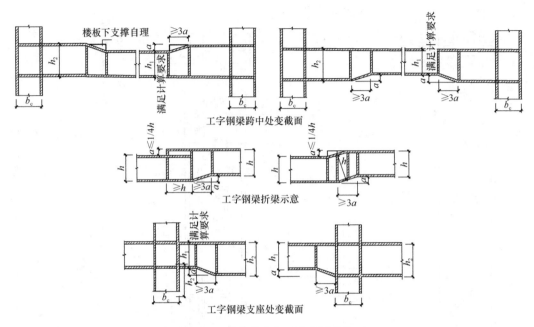

图 8-15.1　工字钢梁变截面及弯折构造（一）

为满足降板做法或者设备净空要求，工字钢变截面及弯折做法二，见图 8-15.2。

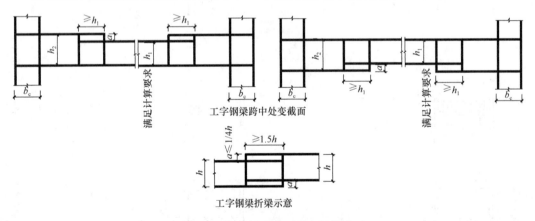

图 8-15.2　工字钢梁变截面及弯折构造（二）

（2）托柱钢梁柱脚构造

托柱钢梁做法可参考图 8-16.1，除满足计算要求外，还应注意以下问题：①托柱钢梁与柱截面中线重合；②不考虑楼板对梁的有利作用；③托柱框架钢梁抗震等级宜提高一级考虑。

当梁上柱的腹板与梁垂直时，柱内力大部分通过托柱梁的翼缘传递，翼缘处于面外受力的不利状态，对应梁上柱翼缘设置的加劲肋完全落于托柱梁的翼缘上，传力途径仍然是依靠翼缘，设计中应予以考虑。

（3）梁的构造要求

1）当弧曲杆沿弧面受弯时宜设置加劲肋，在强度和稳定计算中应考虑其影响。

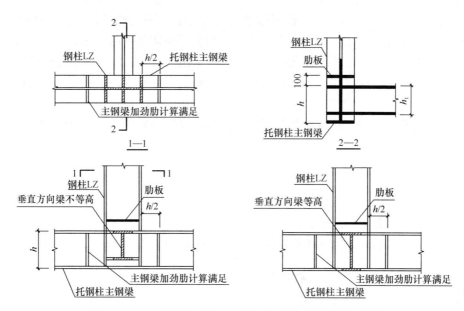

图 8-16.1　工字形截面梁上生根工字形截面柱的刚性连接

2）焊接梁的翼缘宜采用一层钢板；当采用两层钢板时，外层钢板与内层钢板厚度之比宜为 0.5～1.0。不沿梁通长设置的外层钢板，其理论截断点处的外伸长度 l_1，应符合下列规定：

① 端部有正面角焊缝：

当 $h_f \geqslant 0.75t$ 时：

$$l_1 \geqslant b \tag{8-40.1}$$

当 $h_f < 0.75t$ 时：

$$l_1 \geqslant 1.5b \tag{8-40.2}$$

② 端部无正面角焊缝：

$$l \geqslant 2b \tag{8-40.3}$$

式中　b——外层翼缘板的宽度（mm）；

　　　t——外层翼缘板的厚度（mm）；

　　　h_f——侧面角焊缝和正面角焊缝的焊脚尺寸（mm）。

（4）支座

1）梁的支承加劲肋应符合下列规定：

① 应按承受梁支座反力或固定集中荷载的轴心受压构件计算其在腹板平面外的稳定性；此受压构件的截面应包括加劲肋和加劲肋每侧 $15h_w\varepsilon_k$ 范围内的腹板面积，计算长度取 h_0；

② 当梁支承加劲肋的端部为刨平顶紧时，应按其所承受的支座反力或固定集中荷载计算其端面承压应力；突缘支座的突缘加劲肋的伸出长度不得大于其厚度的 2 倍；当端部为焊接时，应按传力情况计算其焊缝应力；

③ 支承加劲肋与腹板的连接焊缝，应按传力需要进行计算。

2）梁或桁架支于砌体或混凝土上的平板支座，应验算下部砌体或混凝土的承压强度，底板厚度应根据支座反力对底板产生的弯矩进行计算，且不宜小于 12mm。

梁的端部支承加劲肋的下端，按端面承压强度设计值进行计算时，应刨平顶紧，其中突缘加劲板的伸出长度不得大于其厚度的 2 倍，并宜采取限位措施（图 8-16.2）。

3）在梁的支座处，当不设置支承加劲肋时，也应按式（3-45）计算腹板计算高度下边缘的局部压应力，但 ψ 取 1.0。支座集中反力的假定分布长度，应根据支座具体尺寸按式（3-47）计算。

4）弧形支座（图 8-16.3a）和辊轴支座（图 8-16.3b）的支座反力 R 应满足下式要求：

$$R \leqslant 40ndlf^2/E \tag{8-41.1}$$

式中　d——弧形表面接触点曲率半径 r 的 2 倍；

　　　n——辊轴数目，对弧形支座 $n=1$；

　　　l——弧形表面或滚轴与平板的接触长度（mm）。

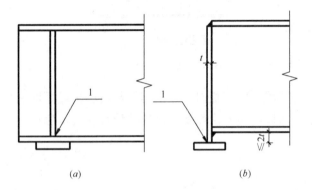

图 8-16.2　梁的支座

（a）平板支座；（b）突缘支座

1—刨平顶紧；t—端板厚度

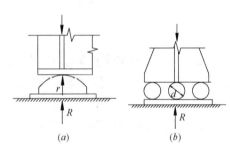

图 8-16.3　弧形支座与辊轴支座示意图

（a）弧形支座；（b）辊轴支座

5）铰轴支座节点（图 8-16.4）中，当两相同半径的圆柱形弧面自由接触面的中心角 $\theta \geqslant 90°$ 时，其圆柱形枢轴的承压应力应按下式计算：

$$\sigma = \frac{2R}{dl} \leqslant f \tag{8-41.2}$$

式中　d——枢轴直径（mm）；

　　　l——枢轴纵向接触面长度（mm）。

6）板式橡胶支座设计应符合下列规定：

① 板式橡胶支座的底面面积可根据承压条件确定；

② 橡胶层总厚度应根据橡胶剪切变形条件确定；

③ 在水平力作用下，板式橡胶支座应满足稳定性和抗滑移要求；

④ 支座锚栓按构造设置时数量宜为 2~4 个，直径不宜小于 20mm；对于受拉锚栓，其直径及数量应按计算确定，并应

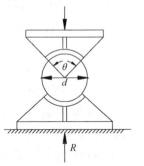

图 8-16.4　铰轴式支座示意图

设置双螺母以防止松动；

⑤ 板式橡胶支座应采取防老化措施，并应考虑长期使用后因橡胶老化进行更换的可能性；

⑥ 板式橡胶支座宜采取限位措施。

8.5 柱与柱的拼接连接

8.5.1 一 般 要 求

1. 柱与柱的拼接连接节点，理想的情况应是设置在内力较小的位置。但是，在现场从施工的难易和提高安装效率方面考虑，通常框架柱的拼接连接接头宜设置在框架梁上方1.3m附近。为了便于制造和安装，减少柱的拼接连接节点数目，一般情况下，柱的安装单元以三层为一根。特大或特重的柱，其安装单元应根据起重、运输、吊装等机械设备的能力来确定。

2. 通常情况下，作用于柱拼接连接节点处的内力有轴心压力 N、弯矩 M 和剪力 V（图 8-17）。

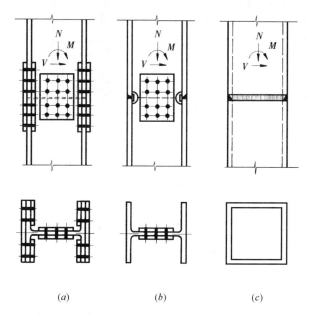

图 8-17 柱拼接处内力图示
(a) 拼接连接一；(b) 拼接连接二；(c) 拼接连接三

当拼接连接处的内力小于柱承载力设计值的一半时，从柱的连续性来衡量拼接连接节点的性能，其设计用内力应取柱承载力设计值的1/2。

非抗震设防的高层钢结构，当在拼接连接处不产生拉力，且被连接的柱端面经过铣平加工且紧密结合时，其轴心压力和弯矩的25%分别由柱端面直接传递。也就是说，符合上述要求的柱的拼接节点连接，可分别按轴心压力和弯矩的75%来计算，而剪力是不能通过柱端接触面传递的。

3. 箱形截面柱通常是在工厂采用四块钢板组合焊接而成。其四个角部的焊缝一般是采用部分焊透的 V 形或 J 形焊缝，其焊脚尺寸 s（从坡口根部至焊缝表面的最短距离），可根据实际作用的水平剪力来计算确定。但任何情况下，s 均不应小于 $t_w/2$（图 8-18），对组成节点板域的部分及水平加劲隔板外侧 600mm 的范围内，应采用完全焊透的坡口焊缝（图 8-18）。

4. 柱的拼接连接，对 H 形截面柱，其翼缘通常采用完全焊透的坡口对接焊缝连接，腹板采用高强度螺栓连接（图 8-17b）；也可全部采用高强度螺栓连接（图 8-17a）。对箱形截面或圆管形截面柱，采用完全焊透的坡口对接焊缝连接（图 8-17c）。

柱的拼接连接，当采用高强度螺栓连接时（图 8-19），翼缘和腹板的拼接连接板应尽可能成对设置（图 8-19a），而且两侧连接板的面积分布应尽可能与柱的截面相一致；在有弯矩作用的拼接连接节点中，拼接连接板的截面面积和截面抵抗矩均应大于母材的截面面积和截面抵抗矩。

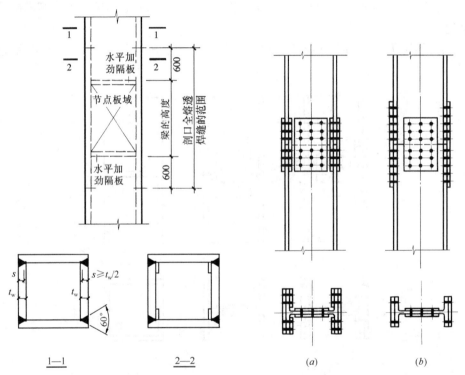

图 8-18 组合箱形截面柱四个角部的
焊缝连接图示

图 8-19 采用高强度螺栓连接的柱的拼接示例
(a) 翼缘和腹板均为双剪连接；(b) 翼缘为
单剪连接，腹板为双剪连接

5. 柱的拼接连接，当采用完全焊透的坡口对接焊缝连接时，尚须采取以下措施。

（1）为保证上、下柱拼接连接焊缝根部的间隙，可根据具体情况选用以下方法：

① 利用柱腹板的拼接连接板支承上柱；

② 采用上、下柱腹板（端面经加工）的端面紧密接触；

③ 在工厂预先按要求于拼接处设置连接衬板，并将经加工的端面紧密接触；

④ 采用上述方法的组合。

（2）为确保柱的拼接连接节点的安装质量和架设安全，在柱的拼接处须适当设置安装耳板作为临时固定（图 8-20～图 8-22）。此时，安装耳板的长度、宽度和厚度及其连接焊缝、临时固定的螺栓数目，应根据柱子安装单元的自重和安装时可能出现的最大阵风及其他施工荷载来确定。但无论如何，安装耳板的厚度不应小于 10mm；安装耳板与柱的连接，当采用双面角焊缝时，其焊脚尺寸不宜小于 8mm；连接螺栓数目上柱和下柱各为 3 个，直径不应小于 20mm；安装耳板的长度和宽度可根据连接螺栓设置的构造要求和焊接操作的极限尺寸来确定。

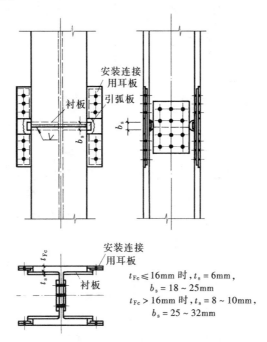

图 8-20　H 形截面柱拼接连接设置安装耳板的示例

图 8-20 为 H 形截面柱的拼接连接节点，翼缘采用完全焊透的坡口对接焊缝连接，而腹板采用高强度螺栓连接时，设置安装耳板的示例。

图 8-21 为箱形截面柱的拼接连接节点，沿柱全周采用完全焊透的坡口对接焊缝连接时，设置安装耳板、水平加劲隔板和衬板的示例。

图 8-22 为圆管形截面柱的拼接连接节点，沿柱圆周采用完全焊透的坡口对接焊缝连接时，设置安装耳板和环形衬板的示例。

6. 柱需要改变截面时，一般应尽可能地保持截面高度不变，而采用改变翼缘厚度（或板件厚度）的办法。若需改变柱截面高度时，一般常将变截面段设于梁与柱连接节点处，使柱在层间保持等截面。这样，柱外带悬臂梁段的不规则连接在工厂完成，以保证制作和安装质量。

变截面段的坡度，一般可在 1:4～1:6 的范围内采用，通常取 1:5 或 1:6。

对边列柱可采用图 8-23（a）和图 8-24（a）所示的做法，但其连接尚应考虑由于上下柱重心偏离所产生的附加弯矩的影响。

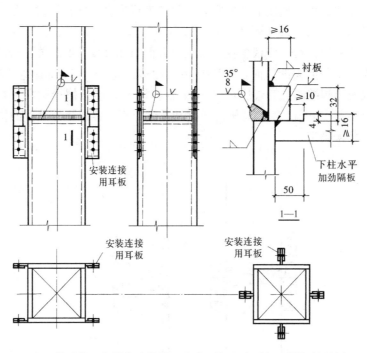

图 8-21 箱形截面柱拼接连接设置安装耳板和水平加劲隔板的示例

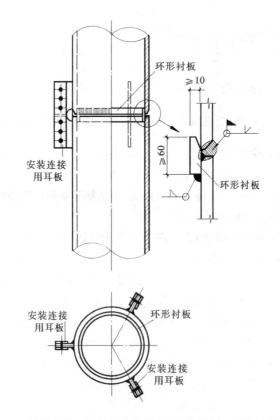

图 8-22 圆管形截面柱拼接连接设置安装耳板和环形衬板的示例

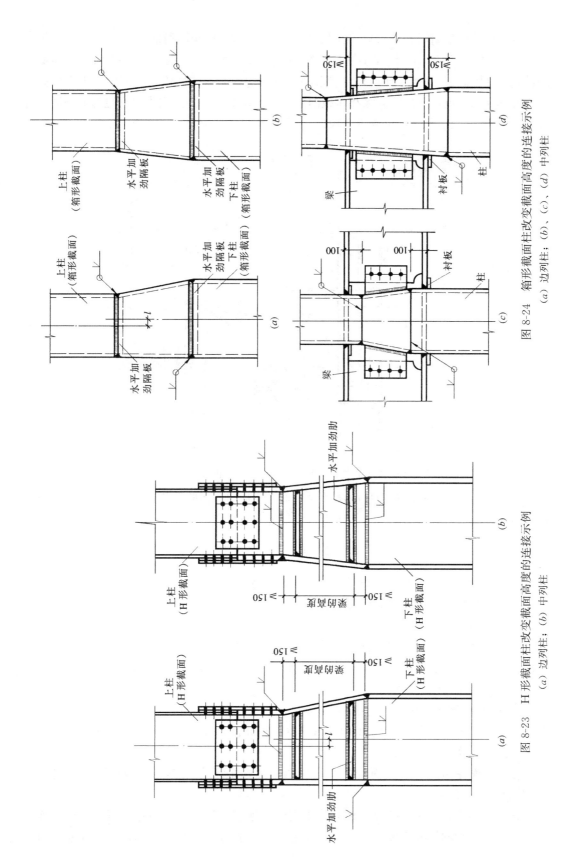

图 8-24　箱形截面柱改变截面高度的连接示例
(a) 边列柱；(b)、(c)、(d) 中列柱

图 8-23　H 形截面柱改变截面高度的连接示例
(a) 边列柱；(b) 中列柱

对中列柱可采用图 8-23 (b) 和图 8-24 (b) ~ (d) 所示的做法。

7. 下柱为十字形钢骨混凝土柱与上柱的箱形截面钢柱的连接，存在着两种不同截面的过渡段（图 8-25）；为了使上柱（箱形截面柱）的内力能均衡传递给下柱（十字形截面柱）的翼缘和腹板，下柱的翼缘和腹板的连接焊缝相对于上柱的内力要有足够的长度（过渡段长度），一般情况下，可取过渡段的长度 $L \geqslant h_c + 200\text{mm}$（图 8-25）。

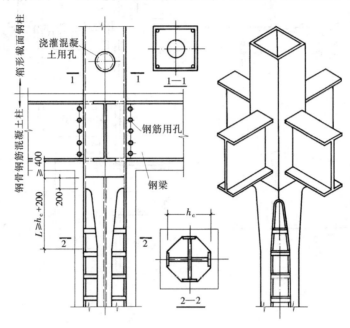

图 8-25　箱形截面柱与十字形截面柱的连接示例

另外，由于在上柱的箱形柱内浇灌混凝土是困难的，在验算箱形柱与十字形柱界限处的应力时，不宜考虑钢筋混凝土的作用，应尽量采用自密实混凝土。

8.5.2　连　接　设　计

1. 柱的拼接连接节点，其设计计算方法通常有：

（1）等强度设计法（按本节第 2 条的要求进行）；

（2）实用设计法（按本节第 3 条的要求进行）。

2. 等强度设计法是按被连接柱翼缘和腹板的净截面面积的等强度条件来进行拼接连接的设计。它多用于抗震设计或按弹塑性设计结构中柱的拼接连接设计，以确保结构体的连续性、强度和刚度。

当柱的拼接连接采用焊接连接时，通常采用完全焊透的坡口对接焊缝连接，并采用引弧板施焊（图 8-20～图 8-22）。此时，视焊缝与被连接翼缘和腹板是等强度的，不必进行焊缝的强度计算。

箱形截面柱和圆管形截面柱的拼接连接通常是采用完全焊透的坡口对接焊缝连接（图 8-21 和图 8-22）。

H 形截面柱的拼接连接有：柱翼缘采用焊缝连接，腹板采用高强度螺栓摩擦型连接（图 8-20）。翼缘的焊缝连接，通常也是采用完全焊透的坡口对接焊缝连接，并采用引弧板施焊（图 8-20）。此时，视焊缝与被连接的翼缘是等强度的，不必进行焊缝强度的计算；而腹板连接所需的摩擦型连接的高强度螺栓及其拼接连接板，可按全部采用高强度螺栓进行拼接连接的有关要求来确定。

H 形截面柱的拼接连接还有：柱翼缘和腹板全部采用高强度螺栓摩擦型连接（图 8-19 和图 8-26）。

采用等强度设计法进行柱翼缘和腹板全部采用摩擦型连接高强度螺栓的拼接连接设计时，可按以下要求确定。

（1）作用于柱拼接连接处的内力有轴心压力、弯矩和剪力（图 8-26）。柱的拼接连接按等强度设计法的设计内力值，可按下列公式计算：

轴心压力

$$N_a^c = A_n^c f \tag{8-42}$$

$$= (2A_{nF}^c + A_{nw}^c) f \tag{8-43}$$

$$= 2A_{nF}^c f + A_{nw}^c f \tag{8-44}$$

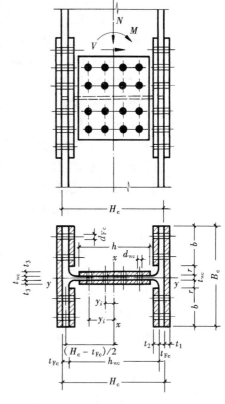

图 8-26　柱的拼接连接图示

弯矩

$$M_n^c = W_n^c f \tag{8-45}$$

剪力

$$V_n^c = A_{nw}^c f_v \tag{8-46}$$

式中　W_n^c——柱扣除高强度螺栓孔后的净截面模量，可按下式计算

$$W_n^c = I_n^c / (0.5H_c) \tag{8-47}$$

I_n^c——柱扣除高强度螺栓孔后的净截面惯性矩，可按下式计算：

$$I_n^c = I_0^c - \frac{2n_{FP}d_{Fc}t_{Fc}^3}{12} - 2n_{FP}d_{Fc}t_{Fc}\left(\frac{H_c - t_{Fc}}{2}\right)^2 - \sum_i \left(\frac{1}{12}t_{wc}d_{wc}^3 + t_{wc}d_{wc}y_i^2\right) \tag{8-48}$$

I_0^c——柱的毛截面惯性矩，可按下式计算：

$$I_0^c = I_F^c + I_w^c \tag{8-49}$$

I_F^c——柱翼缘的毛截面惯性矩，可按下式计算：

$$I_F^c = \frac{1}{2}B_c t_{Fc}(H_c - t_{Fc})^2 + \frac{1}{6}B_c t_{Fc}^3 \tag{8-50}$$

I_w^c——柱腹板的毛截面惯性矩，可按下式计算：

$$I_w^c = \frac{1}{12}t_{wc}(H_c - 2t_{Fc})^3 \tag{8-51}$$

H_c——柱的截面高度；

B_c——柱的截面宽度（翼缘宽度）；

n_{FP}——柱单侧翼缘计算削弱截面上的高强度螺栓数目，对并列布置 $n_{FP}=2$ 或 $n_{FP}=4$，对错列布置可近似取 $n_{FP}=3$；

d_{Fc}——柱翼缘的高强度螺栓孔径；

t_{Fc}——柱翼缘的厚度；

t_{wc}——柱腹板的厚度；

d_{wc}——柱腹板的高强度螺栓孔径；

y_i——柱截面中和轴至腹板的高强度螺栓孔中心的距离；

A_n^c——柱扣除高强度螺栓孔后的净截面面积；

A_{nF}^c——柱单侧翼缘扣除高强度螺栓孔后的净截面面积，可按下式计算：

$$A_{nF}^c = B_c t_{Fc} - n_{FP} d_{Fc} t_{Fc} \qquad (8\text{-}52)$$

A_{nw}^c——柱腹板扣除高强度螺栓孔后的净截面面积，可按下式计算（也可近似地取腹板毛截面面积的 0.85 倍）：

$$A_{nw}^c = t_{wc} h_{wc} - n_{wP} t_{wc} d_{wc} \qquad (8\text{-}53)$$

h_{wc}——柱腹板的高度；

n_{wP}——柱腹板计算削弱截面上的高强度螺栓数目；

f——钢材的抗拉、抗压和抗弯强度设计值；

f_v——钢材的抗剪强度设计值。

（2）按照等强度条件，拼接连接的承载力设计值应等于柱子板件的承载力设计值。柱子在轴心压力、弯矩和剪力共同作用下，柱翼缘的等强度条件是：

$$\frac{N_n^c}{A_n^c} + \frac{M_n^c}{W_n^c} = f$$

因此柱翼缘的拼接连接则取 M_n^c 作为设计内力值（即 $M_n^c = W_n^c f$）。此时，柱子单侧翼缘连接所需的高强度螺栓数目应按下式计算：

$$n_{Fc} \geqslant \frac{W_n^c f}{(H_c - t_{Fc}) N_v^{bH}} \qquad (8\text{-}54)$$

（3）同理，按照等强度条件，柱子在轴心压力、弯矩和剪力共同作用下，柱腹板的等强度条件是：

$$\left(\frac{N_{nw}^c}{A_{nw}^c}\right)^2 + 3\left(\frac{V_n^c}{A_{nw}^c}\right)^2 = f^2$$

因此柱腹板的拼接连接则取 N_{nw}^c 作为设计内力值（即 $N_{nw}^c = A_{nw}^c f$）。

此时柱腹板连接所需的高强度螺栓数目，应按下式计算：

$$n_{wc} \geqslant \frac{A_{nw}^c f}{N_v^{bH}} \qquad (8\text{-}55)$$

3. 实用设计法是以被连接柱翼缘和腹板各自的截面面积分担作用在拼接连接处的轴心压力 N，柱翼缘同时承受轴心压力 N_F 和绕强轴的全部弯矩 M，以及腹板同时承受轴心

压力 N_w 和全部剪力 V 来进行拼接连接设计的。

采用实用设计法来进行柱翼缘和腹板全部采用摩擦型连接的高强度螺栓的拼接连接设计时，可按以下要求确定。

（1）在轴心压力 N_F 和弯矩 M 共同作用下，柱单侧翼缘连接所需的高强度螺栓数目应按下式计算：

$$n_{Fc} \geqslant \left(\frac{A_F}{A} \cdot N + \frac{M}{H_c - t_{Fc}} \right) / N_v^{bH} \tag{8-56}$$

式中　A_F——柱单侧翼缘的毛截面面积；

　　　A——柱的毛截面面积；

　　　N——作用在拼接连接处的轴心压力；

　　　M——作用在拼接连接处绕强轴的弯矩。

（2）在轴心压力 N_w 和剪力 V 共同作用下，柱腹板连接所需的高强度螺栓数目，应按下式计算：

$$n_{wc} \geqslant \sqrt{\left(\frac{A_w}{A} \cdot N \right)^2 + V^2} \bigg/ N_v^{bH} \tag{8-57}$$

式中　A_w——柱腹板的毛截面面积；

　　　V——作用在拼接连接处的剪力。

4. 柱翼缘和腹板的拼接连接板的截面尺寸，可按以下要求确定（图 8-26）。

（1）为使拼接连接节点具有足够的强度，保持柱刚度的连续性，在确定柱翼缘和腹板的拼接连接板时，应同时满足下列公式的要求：

$$A_{nF}^{PL} \geqslant A_{nF}^c \tag{8-58}$$

$$A_{nw}^{PL} \geqslant A_{nw}^c \tag{8-59}$$

$$W_n^{PL} \geqslant W_n^c \tag{8-60}$$

式中　A_{nF}^{PL}——柱单侧翼缘拼接连接板扣除高强度螺栓孔后的净截面面积；

　　　A_{nF}^c——柱单侧翼缘扣除高强度螺栓孔后的净截面面积，按公式（8-52）计算；

　　　A_{nw}^{PL}——柱腹板拼接连接板扣除高强度螺栓孔后的净截面面积；

　　　A_{nw}^c——柱腹板扣除高强度螺栓孔后的净截面面积，按公式（8-53）计算；

　　　W_n^{PL}——柱翼缘和腹板的拼接连接板扣除高强度螺栓孔后的净截面模量；

　　　W_n^c——柱扣除高强度螺栓孔后的净截面模量，按公式（8-47）计算。

（2）柱翼缘拼接连接板的设置，原则上应采用双剪连接（图 8-19a 和图 8-26）；当翼缘宽度较窄，构造上采用双剪连接有困难时，亦可采用单剪连接（图 8-19b），但只宜用于内力较小的情况。

在确定柱翼缘的拼接连接板时，应考虑连接板的对称性和互换性的施工特点。通常情况下，翼缘外侧拼接连接板的宽度可取与翼缘同宽。

根据上述第（1）项的要求，翼缘拼接连接板的厚度，可按下列公式计算。

当采用双剪连接时（图 8-26）：

$$t_1 = \frac{1}{2} t_{Fc} + 2 \sim 5\text{mm} \quad \text{且不宜小于 8mm} \tag{8-61}$$

$$t_2 = \frac{t_{Fc}B_c}{4b} + 3 \sim 6\text{mm} \quad \text{且不宜小于 } 10\text{mm} \tag{8-62}$$

当采用单剪连接时（图 8-19b）：

$$t_1 = t_{Fc} + 3 \sim 6\text{mm} \quad \text{且不宜小于 } 10\text{mm} \tag{8-63}$$

式中　b——翼缘内侧拼接连接板的宽度。

（3）柱腹板的拼接连接板一般均应在腹板的两侧成对设置，即应采用双剪连接（图 8-26）。

根据上述第（1）项的要求，腹板拼接连接板的厚度，可按下式计算：

$$t_3 = \frac{t_{wc}h_{wc}}{2h} + 1 \sim 3\text{mm} \quad \text{且不宜小于 } 6\text{mm} \tag{8-64}$$

式中　h_{wc}——柱的腹板高度；

　　　h——腹板拼接连接板（水平方向）的长度。

8.6 梁 与 柱 的 连 接

8.6.1 一 般 要 求

1. 设计梁与柱的连接节点时，其基本原则是必须能安全地传递被连接板件的压力（或拉力）、弯矩和剪力等。

2. 梁与柱的连接通常是采用柱贯通型的连接形式，梁贯通型的连接形式多用于钢骨混凝土柱中的十字形钢柱，或在框架顶层中梁压柱时，框架的顶层梁可采用梁贯通型的连接形式。

梁与 H 形截面柱的连接，还可分在强轴方向的连接和在弱轴方向的连接。

3. 梁与柱的连接，按梁对柱的约束刚度（转动刚度）大致可分为三类：即铰接连接、半刚性连接和刚性连接。

（1）当梁与柱为铰接连接时，连接只能传递梁端的剪力，而不能传递梁端弯矩或只能传递很少量的弯矩。梁与柱的铰接连接一般仅将梁的腹板与柱翼缘或腹板相连，或将梁简支于设置在柱的支托上；其连接可采用焊接或高强度螺栓连接；当连接与梁端剪力存在偏心时，连接除了按梁端剪力计算外，尚须考虑偏心弯矩的影响。

（2）梁与柱的半刚性连接，除能传递梁端剪力外，还能传递一定数量的梁端弯矩，但这与梁端截面所能承担的弯矩相比，一般只有 25% 左右。

（3）梁与柱的刚性连接，除能传递梁端剪力外，还能传递梁端截面的弯矩，而且这种连接能保持被连接构件的连续性。

梁与柱的铰接连接和半刚性连接，在实际上多用于一些比较次要的连接上；对高层建筑钢结构的框架梁和框架柱主要连接，应采用刚性连接。

图 8-27 为梁与柱的铰接连接节点示例。

图 8-28 为梁与柱的半刚性连接节点示例。

图 8-29 为梁与柱的刚性连接节点示例。

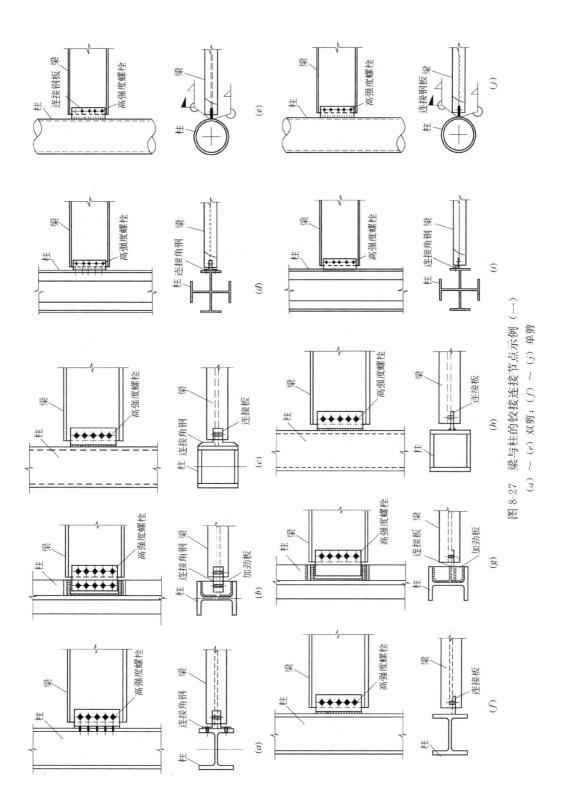

图 8-27　梁与柱的铰接连接节点示例（一）

(a) ~ (e) 双剪；(f) ~ (j) 单剪

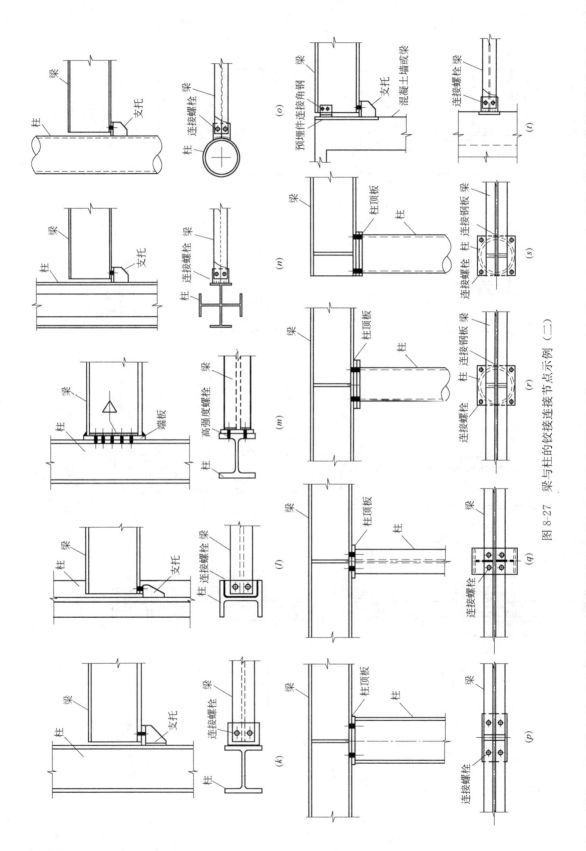

图 8-27 梁与柱的铰接连接节点示例（二）

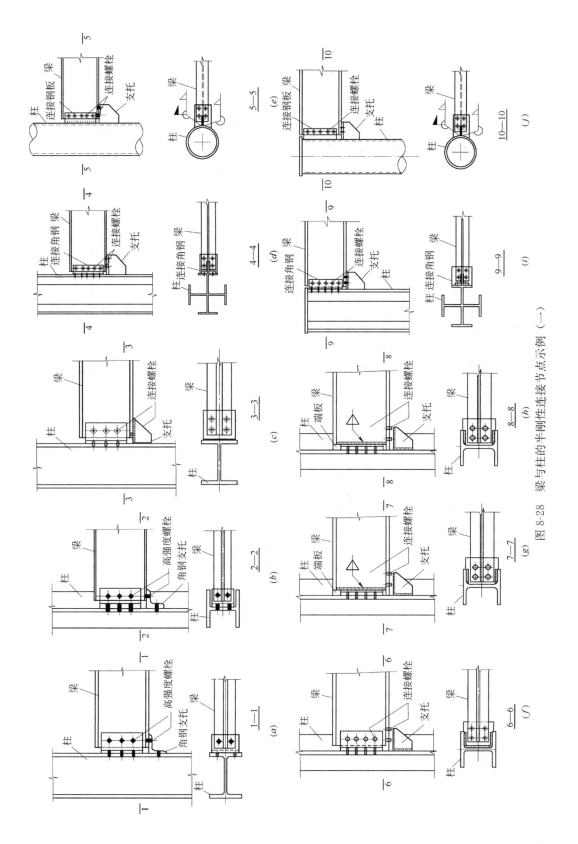

图 8-28　梁与柱的半刚性连接节点示例（一）

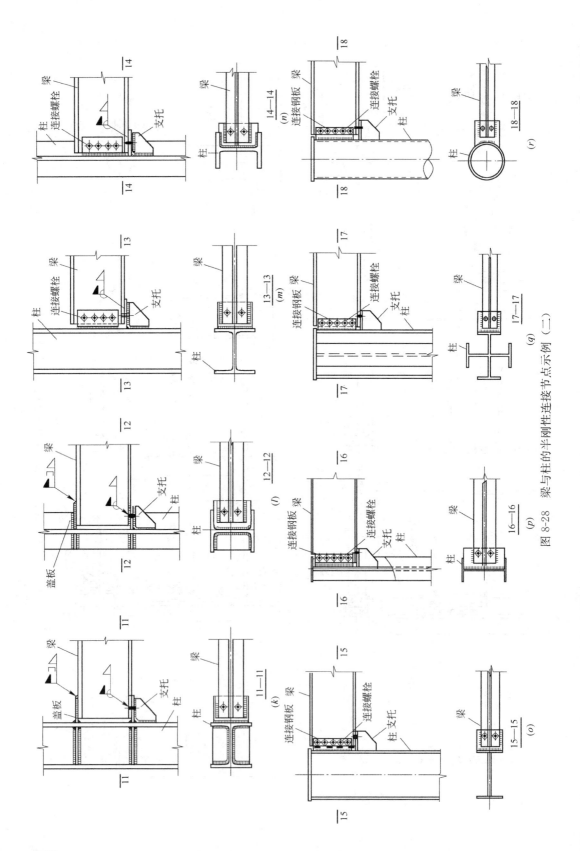

图 8-28　梁与柱的半刚性连接节点示例（二）

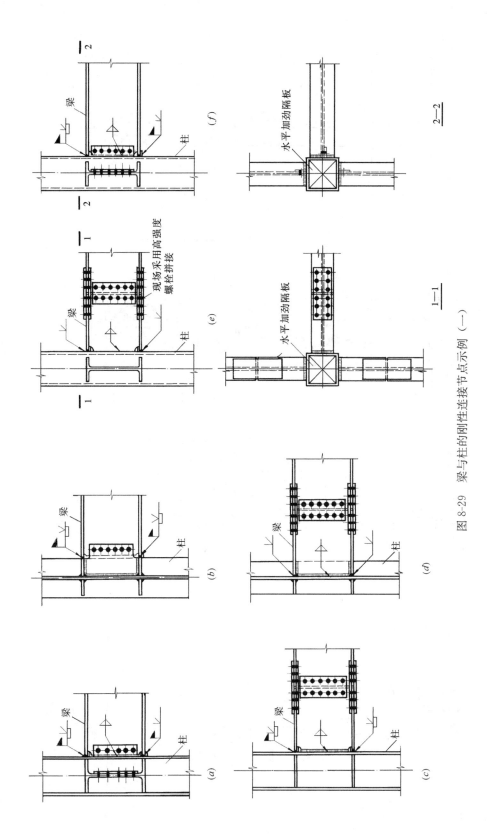

图 8-29 梁与柱的刚性连接节点示例（一）

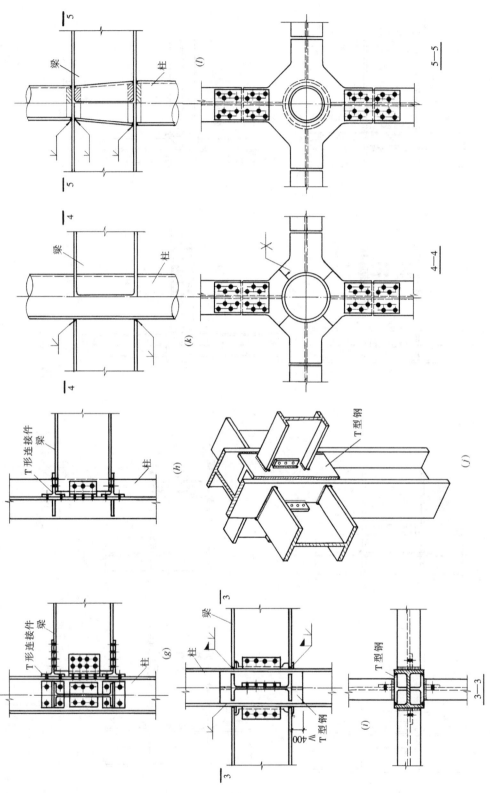

图 8-29 梁与柱的刚性连接节点示例 (二)

为简化计算，特别是对整个结构体系的设计计算，通常多采用假定梁与柱的连接节点为完全刚接或完全铰接进行，因此，在本节中不涉及梁与柱的半刚性连接节点的设计计算。

8.6.2 连 接 设 计

（一）梁与柱的铰接连接

1. 梁与柱的铰接连接，通常有如图 8-27 所示的连接形式，其连接设计应根据所选择的形式确定。

2. 梁与柱的铰接连接，当采用连接板与柱的连接为双面角焊缝连接，且连接板与梁腹板的连接为高强度螺栓摩擦型连接时（图 8-30），焊缝和高强度螺栓的连接计算，除了考虑作用在梁端部的剪力外，尚应考虑由于偏心所产生的附加弯矩（$M_e = Ve$）的影响。此时，其连接可按以下要求确定。

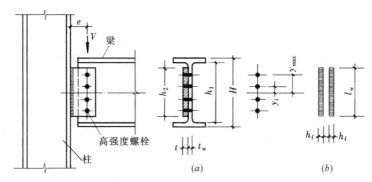

图 8-30　梁与柱的铰接连接计算图示（一）

（a）单剪连接；（b）角焊缝强度

（1）当采用图 8-30 所示的单侧连接板连接时，连接板的厚度可按公式（8-36）计算。

（2）高强度螺栓摩擦型连接（图 8-30a 所示的单剪连接）可按公式（8-30）～公式（8-32）计算。

（3）连接板与柱相连的角焊缝强度（图 8-30b），可按公式（8-33）～公式（8-35）计算。

3. 梁与柱的铰接连接，当采用连接角钢与柱和梁相连，并采用高强度螺栓摩擦型连接时，高强度螺栓的计算除了考虑作用在梁端部的剪力外，尚应考虑由于偏心所产生的附加弯矩的影响（图 8-31）。此时，其连接可按以下要求确定。

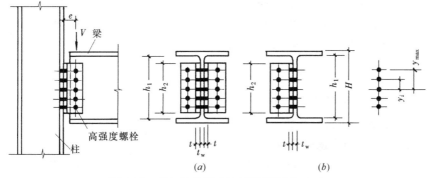

图 8-31　梁与柱的铰接连接计算图示（二）

（a）双剪连接；（b）单剪连接

（1）连接角钢的厚度可按公式（8-35）和公式（8-36）计算。即：

当采用双剪连接时（图 8-31a）：

$$t = \frac{t_w h_1}{2 h_2} + 1 \sim 3mm \quad 且不宜小于 6mm \tag{8-35}*$$

当采用单剪连接时（图 8-31b）：

$$t = \frac{t_w h_1}{h_2} + 2 \sim 4mm \quad 且不宜小于 8mm \tag{8-36}*$$

（2）连接角钢与梁腹板相连的高强度螺栓（图 8-31a、b），可按公式（8-30）～公式（8-32）计算。即：

在梁端剪力作用下，一个高强度螺栓所受的力为：

$$N_v = \frac{V}{n} \tag{8-30}*$$

在偏心弯矩 M_e 作用下，边行受力最大的一个高强度螺栓所受的力为：

$$N_M = \frac{M_e y_{max}}{\Sigma y_i^2} \tag{8-31}*$$

在剪力和偏心弯矩共同作用下，边行受力最大的一个高强度螺栓所受的力为：

$$N_{smax} = \sqrt{(N_v)^2 + (N_M)^2} \leqslant N_v^{bH} \tag{8-32}*$$

式中 N_v^{bH}——一个高强度螺栓摩擦型连接的双面抗剪或单面抗剪承载力设计值。

（3）连接角钢与柱翼缘相连的高强度螺栓摩擦型连接，是同时承受摩擦面间的剪力和螺栓杆轴方向外拉力的作用（图 8-31a、b），其连接应按以下要求确定。

① 由于偏心弯矩 $M_e = Ve$ 作用，边行受力最大的一个高强度螺栓杆轴方向所产生的拉力，可按下式计算：

$$N_{tmax}^{bH} = \frac{M_e y_{max}}{m \Sigma y_i^2} \leqslant 0.8P \tag{8-65}$$

式中 m——高强度螺栓的纵列数；

P——每一个高强度螺栓的预应力。

② 同时承受摩擦面间的剪切和螺栓杆轴方向的外拉力时，边行受力最大的一个高强度螺栓的受剪承载力设计值，可按下式计算：

$$N_{vt}^{bH} = 0.9 n_f \mu (P - 1.25 N_{tmax}^{bH}) \tag{8-66}$$

式中 n_f——传力摩擦面数目；

μ——摩擦面的抗滑移系数。

③ 连接所需的高强度螺栓数目：

$$n = \frac{V}{N_{vt}^{bH}} \tag{8-67}$$

中式 V——作用于梁端部的剪力。

4. 梁与柱的支托连接和 T 形件受拉连接

（1）梁与柱的铰接连接，当采用将梁简支于设置在柱的支托上时（图 8-32），支托及其连接焊缝除了考虑作用于梁端部的剪力外，尚应考虑由于偏心所产生的附加弯矩 $M_e = Fe$ 的影响。此时，其连接可按以下要求确定。

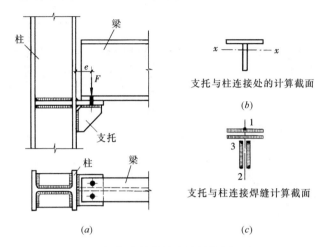

支托与柱连接处的计算截面

(b)

支托与柱连接焊缝计算截面

(a)　　　　　　　　　　(c)

图 8-32　梁与柱的铰接连接计算图示（三）
(a) 铰接连接；(b) 连接处计算截面；(c) 焊缝计算截面

1）设置在柱的支托板件的厚度，一般不应小于梁翼缘厚度加 2mm，且不宜小于 10mm。

2）支托在与柱翼缘连接处的截面（图 8-32b）强度，可按下列公式计算：

正应力：
$$\sigma = \frac{Fe}{W_x} \leqslant f \tag{8-68}$$

剪应力：
$$\tau = \frac{VS}{It_w} \leqslant f_v \tag{8-69}$$

折算应力：
$$\sigma_c = \sqrt{\sigma^2 + 3\tau^2} \leqslant 1.1f \tag{8-70}$$

式中　W_x——对 x 轴截面模量；

　　　　I——截面惯性矩；

　　　　S——计算剪应力处以上截面对中和轴的面积矩；

　　　　t_w——支托腹板的厚度。

3）支托与柱翼缘的连接一般是采用双面角焊缝连接（图 8-32c）。此时，焊缝强度应按公式(3-16)～公式(3-18)计算。即：

$$\sigma_{M1} = \frac{Fe}{W_{w1}} \leqslant \beta_1 f_f^w \tag{3-16}*$$

$$\sigma_{fa2} = \sqrt{\left(\frac{Fe}{\beta_f W_{w2}}\right)^2 + \left(\frac{F}{A_{wW}}\right)^2} \leqslant f_f^w \tag{3-17}*$$

$$\sigma_{fa3} = \sqrt{\left(\frac{Fe}{\beta_1 W_{w3}}\right)^2 + \left(\frac{F}{A_{wW}}\right)^2} \leqslant f_f^w \tag{3-18}*$$

4）连接螺栓一般是采用与母材相适应的 2 个 M20～M24 普通 C 级螺栓。

（2）受拉连接接头

1）沿螺栓杆轴方向受拉连接接头（图 8-33），由 T 形受拉件与高强度螺栓连接承受并传递拉力，适用于吊挂 T 形件连接节点或梁柱 T 形件连接节点。

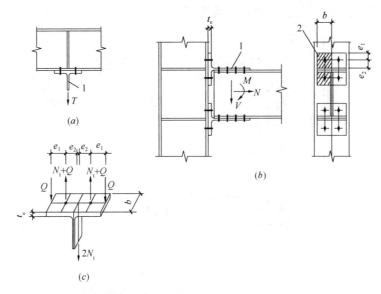

图 8-33　T 形受拉件连接接头
（a）吊挂 T 形件连接节点；（b）梁柱 T 形连接节点；（c）T 形件受拉件受力简图
1—T 形受拉件；2—计算单元

2）T 形件受拉连接接头的构造应符合下列规定：

① T 形受拉件的翼缘厚度不宜小于 16mm，且不宜小于连接螺栓的直径；

② 有预拉力的高强度螺栓受拉连接接头中，高强度螺栓预拉力及其施工要求应与摩擦型连接相同；

③ 螺栓应紧凑布置，其间距除应符合《钢结构高强度螺栓连接技术规程》JGJ 82—2011 第 4.3.3 条规定外，尚应满足 $e_1 \leqslant 1.25e_2$ 的要求；

④ T 形受拉件宜选用热轧剖分 T 型钢。

3）计算不考虑撬力作用时，T 形受拉连接接头应按下列规定计算确定 T 形件翼缘板厚度与连接螺栓。

① T 形件翼缘板的最小厚度 t_{ec} 按下式计算：

$$t_{ec} = \sqrt{\frac{4e_2 N_t^b}{bf}} \tag{8-71}$$

式中　b——按一排螺栓覆盖的翼缘板（端板）计算宽度（mm）；

　　e_1——螺栓中心到 T 形件翼缘边缘的距离（mm）；

　　e_2——螺栓中心到 T 形件腹板边缘的距离（mm）。

② 一个受拉高强度螺栓的受拉承载力应满足下式要求：

$$N_t \leqslant N_t^b \tag{8-72}$$

式中 N_t —— 一个高强度螺栓的轴向拉力 (kN)。

4) 计算考虑撬力作用时，T 形受拉连接接头应按下列规定计算确定 T 形件翼缘板厚度、撬力与连接螺栓。

① 当 T 形件翼缘厚度小于 t_{ec} 时应考虑撬力作用影响，受拉 T 形件翼缘板厚度 t_e 按下式计算：

$$t_e \geqslant \sqrt{\frac{4e_2 N_t}{\phi b f}} \tag{8-73}$$

式中 ϕ —— 撬力影响系数，$\phi = 1 + \delta\alpha'$；

δ —— 翼缘板截面系数，$\delta = 1 - \dfrac{d_0}{b}$，$d_0$ 为螺栓孔径；

α' —— 系数，当 $\beta \geqslant 1.0$ 时，α' 取 1.0；当 $\beta < 1.0$ 时，$\alpha' = \dfrac{1}{\delta}\left(\dfrac{\beta}{1-\beta}\right)$，且满足 $\alpha' \leqslant 1.0$；

β —— 系数，$\beta = \dfrac{1}{\rho}\left(\dfrac{N_t^b}{N_t} - 1\right)$；

f —— 钢材的抗拉、弯、压强度设计值；

ρ —— 系数，$\rho = \dfrac{e_2}{e_1}$。

② 撬力 Q 按下式计算：

$$Q = N_t^b\left[\delta\alpha\rho\left(\frac{t_e}{t_{ec}}\right)^2\right] \tag{8-74}$$

式中 α —— 系数，$\alpha = \dfrac{1}{\delta}\left[\dfrac{N_t}{N_t^b}\left(\dfrac{t_{ec}}{t_e}\right)^2 - 1\right] \geqslant 0$。

③ 考虑撬力影响时，高强度螺栓的受拉承载力应按下列规定计算：

按承载能力极限状态设计时应满足下式要求：

$$N_t + Q \leqslant 1.25 N_t^b \tag{8-75}$$

按正常使用极限状态设计时应满足下式要求：

$$N_t + Q \leqslant N_t^b \tag{8-76}$$

（二）梁与柱的刚性连接

1. 梁与柱的刚性连接，通常多采用柱为贯通型的连接形式，其连接示例如图 8-29 所示。

梁与柱的刚性连接形式归纳起来，可分为以下四大类：

（1）梁端与柱的连接全部采用焊缝连接（图 8-29a）；

（2）梁翼缘与柱的连接采用焊缝连接，梁腹板与柱的连接采用高强度螺栓摩擦型连接（图 8-29b）；

（3）梁端与柱的连接采用普通 T 形连接件的高强度螺栓连接（图 8-29g）；

（4）端板连接类型梁和柱可以采用端板连接，见图 8-34。

在梁与柱的刚性连接中，当从柱悬伸短梁时，悬伸短梁与柱的连接应按梁与柱的连接进行设计（图 8-36a）；而悬伸短梁与中间区段梁的连接，则应按梁与梁的拼接连接进行

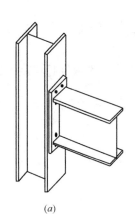
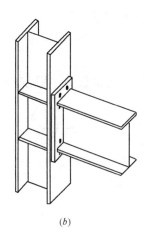
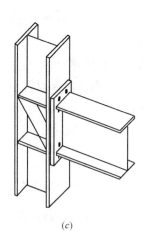

(a)   (b)   (c)

图 8-34　梁柱端板连接
(a) 无加劲肋；(b) 横向加劲肋；(c) 斜向加劲肋

设计，见第 8.2.1 节（二）条。外伸式端板连接接头计算：

  1）外伸式端板连接为梁或柱端头焊以外伸端板，再以高强度螺栓连接组成的接头（图 8-35）。接头可同时承受轴力、弯矩与剪力，适用于钢结构框架（刚架）梁柱连接节点。

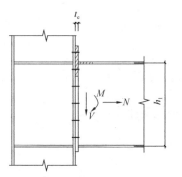
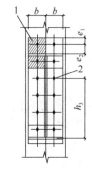

图 8-35　外伸式端板连接接头
1—受拉 T 形件；2—第三排螺栓

  2）外伸式端板连接接头的构造应符合下列规定：

  ① 端板连接宜采用摩擦型高强度螺栓连接；

  ② 端板的厚度不宜小于 16mm，且不宜小于连接螺栓的直径；

  ③ 连接螺栓至板件边缘的距离在满足螺栓施拧条件下应采用最小间距紧凑布置；端板螺栓竖向最大间距不应大于 400mm；螺栓布置与间距除应符合《钢结构高强度螺栓连接技术规程》JGJ 82—2011 第 4.3.3 条规定外，尚应满足 $e_1 \leqslant 1.25e_2$ 的要求；

  ④ 端板直接与柱翼缘连接时，相连部位的柱翼缘板厚度不应小于端板厚度；

  ⑤ 端板外伸部位宜设加劲肋；

  ⑥ 梁端与端板的焊接宜采用熔透焊缝。

  3）计算不考虑撬力作用时，应按下列规定计算确定端板厚度与连接螺栓。计算时，接头在受拉螺栓部位按 T 形件单元（图 8-35 阴影部分）计算。

  ① 端板厚度应按高强度螺栓公式（8-71）计算。

  ② 受拉螺栓按 T 形件（图 8-35 阴影部分）对称于受拉翼缘的两排螺栓均匀受拉计算，每个螺栓的最大拉力 N_t 应符合下式要求：

$$N_t = \frac{M}{n_2 h_1} + \frac{N}{n} \leqslant N_t^b \tag{8-77}$$

式中　M——端板连接处的弯矩；

　　　N——端板连接处的轴拉力，轴力沿螺栓轴向为压力时不考虑（$N = 0$）；

　　　n_2——对称布置于受拉翼缘侧的两排螺栓的总数（如图 8-35 中 $n_2 = 4$）；

　　　h_1——梁上、下翼缘中心间的距离。

③ 当两排受拉螺栓承载力不能满足公式（8-77）要求时，可计入布置于受拉区的第三排螺栓共同工作，此时最大受拉螺栓的拉力 N_t 应符合下式要求：

$$N_t = \frac{M}{h_1 \left[n_2 + n_3 \left(\frac{h_3}{h_1} \right)^2 \right]} + \frac{N}{n} \leqslant N_t^b \tag{8-78}$$

式中　n_3——第三排受拉螺栓的数量（如图 8-35 中 $n_3 = 2$）；

　　　h_3——第三排螺栓中心至受压翼缘中心的距离（mm）。

④ 除抗拉螺栓外，端板上其余螺栓按承受全部剪力计算，每个螺栓承受的剪力应符合下式要求：

$$N_v = \frac{V}{n_v} \leqslant N_v^b \tag{8-79}$$

式中　n_v——抗剪螺栓总数。

4）计算考虑撬力作用时，应按下列规定计算确定端板厚度、撬力与连接螺栓。计算时接头在受拉螺栓部位按 T 形件单元（图 8-35 阴影部分）计算。

① 端板厚度应按公式（8-73）计算；

② 作用于端板的撬力 Q 应按公式（8-74）计算；

③ 受拉螺栓按对称于梁受拉翼缘的两排螺栓均匀受拉承担全部拉力计算，每个螺栓的最大拉力应符合下式要求：

$$\frac{M}{n_t h_1} + \frac{N}{n} + Q \leqslant 1.25 N_t^b \tag{8-80}$$

当轴力沿螺栓轴向为压力时，取 $N = 0$。

④ 除抗拉螺栓外，端板上其余螺栓可按承受全部剪力计算，每个螺栓承受的剪力应符合式（8-79）的要求。

5）端板连接节点构造

端板连接的梁柱刚接节点应符合下列规定：

① 端板宜采用外伸式端板。端板的厚度不宜小于螺栓直径；

② 节点中端板厚度与螺栓直径应由计算决定，计算时宜计入撬力的影响；

③ 节点区柱腹板对应于梁翼缘部位应设置横向加劲肋，其与柱翼缘围隔成的节点域应按《钢结构设计标准》GB 50017—2017 第 12.3.3 条进行抗剪强度的验算，强度不足时宜设斜加劲肋加强。

④ 连接应采用高强度螺栓，螺栓间距应满足《钢结构设计标准》GB 50017—2017 表 11.5.2 的规定；

⑤ 螺栓应成对称布置，并应满足拧紧螺栓的施工要求。

2. 设计梁与柱的刚性连接节点时，应满足以下要求。

（1）梁翼缘和腹板与柱的连接，在梁端弯矩和剪力共同作用下，应具有足够的承载力。

（2）梁翼缘的内力以集中力作用于柱的部分，不能产生局部破坏；因此，应根据情况设置水平加劲肋（对 H 形截面柱）或水平加劲隔板（对箱形或圆管形截面柱）。

（3）连接节点板域，即由节点处柱翼缘板和水平加劲肋或水平加劲隔板所包围的板的部分（图 8-36 板节点域），在节点弯矩和剪力共同作用下，应具有足够的承载力和变形能力。

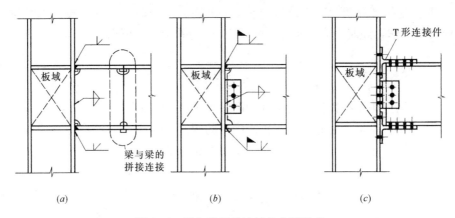

图 8-36　梁与柱刚性连接的主要形式

（4）抗震设计的结构或按塑性设计的结构，采用焊缝或高强度螺栓连接的梁柱连接节点，应保证梁或柱的端部在形成塑性铰时具有充分的转动能力。

3. 梁与柱的刚性连接，其设计计算方法有：

（1）常用设计法；

（2）精确计算法。

4. 在梁与柱（强轴）刚性连接的常用设计法中，考虑梁端内力向柱传递时，原则上梁端弯矩全部由梁翼缘承担，梁端剪力全部由梁腹板承担；同时，梁腹板与柱的连接除对梁端剪力进行计算外，尚应以腹板净截面面积的抗剪承载力设计值的 1/2 或梁的左右两端作用弯矩的和除以梁净跨长度所得到的剪力来确定。

通常情况下，梁翼缘与柱的连接多采用设有引弧板的完全焊透的坡口对接焊缝连接，梁腹板与柱的连接可采用双面角焊缝连接，或高强度螺栓摩擦型连接（图 8-37），其连接可按以下要求确定。

（1）梁翼缘与柱相连的完全焊透的坡口对接焊缝的强度，当采用引弧板施焊时：

$$\sigma = \frac{M}{h_{0b} b_{Fb} t_{Fb}} \leqslant f_t^w \text{ 或 } f_c^w \tag{8-81}$$

式中　M——梁端的弯矩；

f_t^w、f_c^w——对接焊缝的抗拉或抗压强度设计值。

（2）梁腹板或连接板与柱相连的双面角焊缝的焊脚尺寸 h_f 为：

$$h_f = \frac{V}{2 \times 0.7 l_w f_f^w} \tag{8-82}$$

或

$$h_f = \frac{A_{nw} f_v}{4 \times 0.7 l_w f_f^w} \tag{8-83}$$

或

$$h_f = \frac{M_L^b + M_R^b}{2 \times 0.7 l_w f_f^w l_0} \tag{8-84}$$

取三者中的较大者

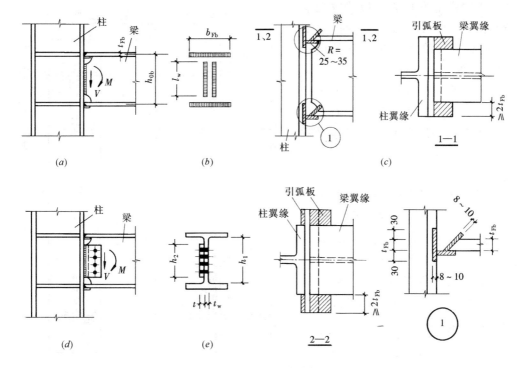

图 8-37 梁与柱的刚性连接计算图示（一）

式中 V——梁端的剪力；

A_{nw}——梁腹板在连接处的净截面面积；

M_L^b、M_R^b——梁左右两端的弯矩；

l_0——梁的净跨长度；

l_w——角焊缝的计算长度。

（3）梁腹板与连接板采用摩擦型高强度螺栓单剪连接时，所需的高强度螺栓数目为：

$$n_{wb} = \frac{V}{N_v^{bH}} \qquad (8\text{-}6a)$$

或 $\quad n_{wb} = \frac{A_{nw}f_v}{2N_v^{bH}} \qquad (8\text{-}6b)$ $\Bigg\}$ 取三者中的较大者

或 $\quad n_{wb} = \frac{M_L^b + M_R^b}{l_0 N_v^{bH}} \qquad (8\text{-}6c)$

式中 N_v^{bH}——一个摩擦型高强度螺栓的单面抗剪承载力设计值。

（4）连接板的厚度可按公式（8-36）计算。即

$$t = \frac{t_w h_1}{h_2} + 2 \sim 4\text{mm}, \text{且不宜小于 8mm} \qquad (8\text{-}36)^*$$

式中 h_1——梁腹板的高度；

t_w——梁腹板的厚度；

h_2——连接板的（垂直方向）长度。

5. 梁与柱（强轴）刚性连接的精确计算法，是以梁翼缘和腹板各自的截面惯性矩分

担作用于梁端的弯矩 M，以梁翼缘承担弯矩 M_F，并以腹板同时承担弯矩 M_w 和梁端全部剪力 V 进行连接设计（图 8-38）的。

(1) 当梁翼缘与柱的连接采用完全焊透的坡口对接焊缝连接、而梁腹板与柱的连接采用双面角焊缝连接时（图 8-38a），其连接可按以下要求确定。

① 由于对接焊缝与角焊缝的抗拉强度设计值不同，计算焊缝的强度时，可先将翼缘的对接焊缝面积（$b_{Fb} \times t_{Fb}$）换算为等效的角焊缝面积（$b_{we}^c \times t_{Fb}$）。

令焊缝的有效厚度不变，翼缘对接焊缝的长度即可按下式换算为等效的角焊缝长度 b_{we}^c。

$$b_{we}^c = b_{Fb} \times \frac{f_t^w}{f_f^w} \qquad (8\text{-}85)$$

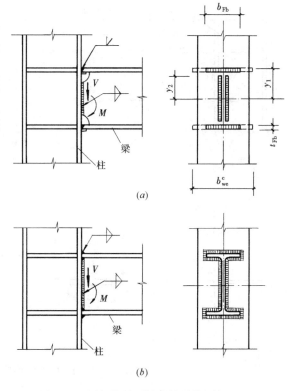

图 8-38　梁与柱的刚性连接计算图示（二）

式中　b_{Fb}——梁翼缘的宽度（即对接焊缝的有效长度）；

f_t^w——对接焊缝的抗拉强度设计值；

f_f^w——角焊缝的抗拉强度设计值。

② 梁翼缘等效角焊缝的强度可按下列公式计算：

$$M_{wF}^c = \frac{I_{wF}^c}{I_w^c} M \qquad (8\text{-}86)$$

$$\sigma_M = \frac{M_{wF}^c}{W_{wF}^c} \leqslant \beta_f f_f^w \qquad (8\text{-}86a)$$

式中　I_w^c——等效角焊缝的全截面惯性矩，可按下式计算：

$$I_w^c = I_{wF}^c + I_{ww} \qquad (8\text{-}87)$$

I_{wF}^c——梁翼缘等效角焊缝的截面惯性矩；

I_{ww}——梁腹板角焊缝的截面惯性矩；

W_{wF}^c——梁翼缘等效角焊缝的截面模量，可按下式计算：

$$W_{wF}^c = \frac{I_{wF}^c}{y_1} \qquad (8\text{-}88)$$

y_1——翼缘焊缝外边缘至焊缝中和轴的距离（图 8-39a）。

③ 梁腹板角焊缝的强度可按下列公式计算：

$$M_{ww}^c = \frac{I_{ww}}{I_w^c} M \qquad (8\text{-}89)$$

$$\sigma_M = \frac{M_{ww}^c}{W_{ww}} \leqslant \beta_f f_f^w \tag{8-90}$$

$$\tau_v = \frac{V}{2 \times 0.7 h_f l_w} \leqslant f_f^w \tag{8-91}$$

$$\sigma_{fs} = \sqrt{\left(\frac{\sigma_M}{\beta_f}\right)^2 + (\tau)^2} \leqslant f_f^w \tag{8-92}$$

式中 W_{ww}——梁腹板角焊缝的截面模量，可按下式计算：

$$W_{ww} = \frac{I_{ww}}{y_2} \tag{8-93}$$

y_2——腹板角焊缝外边缘至焊缝中和轴的距离（图 8-38a）。

（2）梁翼缘和腹板与柱的连接，全部采用双面角焊缝（即沿梁端全周采用角焊缝与柱相连，如图 8-38b 所示），通常用于梁端作用内力较小的场合。此时，其连接可按以下要求确定。

① 梁翼缘与柱相连的角焊缝的强度，可按下列公式计算：

$$M_{wF} = \frac{I_{wF}}{I_w} M \tag{8-94}$$

$$\sigma_M = \frac{M_{wF}}{W_{wF}} \leqslant \beta_f f_f^w \tag{8-95}$$

式中 I_w——角焊缝的全截面惯性矩；

I_{wF}——梁翼缘角焊缝的截面惯性矩；

W_{wF}——梁翼缘角焊缝的截面模量。

② 梁腹板与柱相连的角焊缝的强度，可按下列公式计算：

$$M_{ww} = \frac{I_{ww}}{I_w} M \tag{8-96}$$

$$\sigma_M = \frac{M_{ww}}{W_{ww}} \leqslant \beta_f f_f^w \tag{8-97}$$

$$\tau_v = \frac{V}{2 \times 0.7 h_f l_w} \leqslant f_f^w \tag{8-98}$$

$$\sigma_{fa} = \sqrt{\left(\frac{\sigma_M}{\beta_f}\right)^2 + (\tau_v)^2} \leqslant f_f^w \tag{8-99}$$

式中 I_{ww}——腹板角焊缝的截面惯性矩；

W_{ww}——腹板角焊缝的截面模量。

6. 当柱为 H 形截面，且梁与柱（强轴）为刚性连接时，柱水平加劲肋的设置及其连接，应按以下要求确定（图 8-39）。

（1）水平加劲肋应设置于柱上相连梁的上下翼缘的位置上，且水平加劲肋的水平中心线应与梁翼缘的水平中心线相重合；此时，梁翼缘的内力作为集中力作用于柱上。为了保证连接节点处不致产生局部破坏，水平加劲肋应按以下要求分别在与梁上下翼缘对应处柱腹板的两侧成对设置。

① 对主要承重框架柱：

当 $N \leqslant t_{wc} (t_{Fb} + 5t_0) f$ 时，柱的水平加劲肋宜按本条第（1）项之④的构造要求设置。

② 对主要承重框架柱：

当 $N > t_{wc} (t_{Fb} + 5t_0) f$ 时，水平加劲肋的截面面积 A，应按下式确定，同时尚应满足构造上的要求。

$$A_s \geqslant \frac{N - t_{wc} (t_{Fb} + 5t_0) f}{f} \quad (8\text{-}100)$$

$$A = 2b_s t_s \quad (8\text{-}101)$$

式中 N——作用于梁翼缘的力（$N = M/h_{0b}$）；

t_{wc}——柱腹板的厚度；

t_{Fb}——梁翼缘的厚度；

t_0——由柱翼缘外侧至柱腹板圆角根部或焊缝焊脚的距离，可按下式计算：

$$t_0 = t_{Fc} + r_c \quad (8\text{-}102)$$

t_{Fc}——柱翼缘的厚度；

r_c——柱翼缘与腹板弧形交角的半径或焊脚的尺寸；

b_s——水平加劲肋的宽度，按下式计算：

$$b_s = b_{es} + r_c \quad (8\text{-}103)$$

b_{es}——水平加劲肋的有效宽度（图 8-39b），按以下要求确定：

当 $(b_{Fc} - 20\text{mm} - 2t_{Fc}) \leqslant b_{Fb}$ 时，

$$b_{es} = (b_{Fc} - 20\text{mm} - 2r_c - t_{wc})/2 \quad (8\text{-}104)$$

当 $(b_{Fc} - 20\text{mm} - 2t_{Fc}) > b_{Fb}$ 时，

$$b_{es} = (b_{Fb} + 2t_{Fc} - 2r_c - t_{wc})/2 \quad (8\text{-}105)$$

t_s——水平加劲肋的厚度。

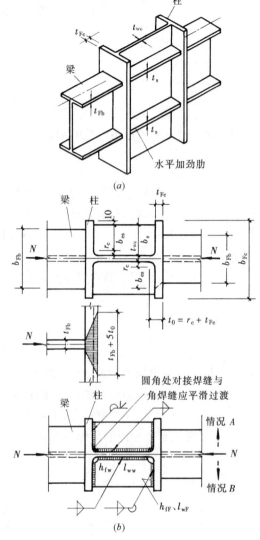

图 8-39 柱的水平加劲肋设置图示

③ 对按抗震设计或按塑性设计的框架柱，柱的水平加劲肋应按梁翼缘截面面积的等强度条件于柱腹板两侧成对设置，此时一对水平加劲肋的截面面积（$A_s = 2b_s t_s$）可按下式计算：

$$A_s = A_{Fb} - t_{wc} (t_{Fb} + 5t_0) \quad (8\text{-}106)$$

式中 A_{Fb}——梁单侧翼缘的截面面积。

④ 任何情况下，水平加劲肋应满足以下的构造要求：

a. 水平加劲肋的自由外伸宽度（$b_s = b_{es} + r_c$）与其厚度 t_s 之比，应符合下式的要求：

$$\frac{b_s}{t_s} \leqslant 18\sqrt{\frac{235}{f_y}} \tag{8-107}$$

$b.$ 水平加劲肋按构造要求，其厚度一般取 $t_s \geqslant 0.7t_{Fb}$，且不宜小于 10mm。当按抗震设计或按塑性设计要求，或在柱的弱轴方向亦与梁连接时，水平加劲肋的厚度应等于或大于与柱相连的梁中较厚的翼缘厚度，即 $t_s \geqslant t_{Fb}$。

（2）柱的水平加劲肋与柱翼缘和柱腹板的焊缝连接（图 8-39）通常有：

① 水平加劲肋与柱翼缘采用完全焊透的坡口对接焊缝连接，与柱腹板采用双面角焊缝连接（图 8-39a）；此时，柱翼缘的坡口对接焊缝可视为与母材等强，不必进行强度计算；与柱腹板的连接角焊缝可近似地按水平加劲肋截面面积的抗拉或抗压承载力设计值的 1/2 进行计算：

$$h_{fw} \geqslant \frac{b_s t_s f/2}{2 \times 0.7 l_{ww} f_f^w} \text{ 且不宜小于 } 0.7t_{wc} \tag{8-108}$$

② 水平加劲肋与柱翼缘和腹板均采用双面角焊缝连接（图 8-39b）时，可近似地按柱翼缘的角焊缝和腹板的角焊缝各承担水平加劲肋截面面积的抗拉或抗压承载力设计值的 1/2 进行计算：

$$h_{fF} \geqslant \frac{b_s t_s f/2}{2 \times 0.7 l_{wF} f_f^w} \text{ 且不宜大于 } 0.7t_{wc} \tag{8-109}$$

$$h_{fw} \geqslant \frac{b_s t_s f/2}{2 \times 0.7 l_{ww} f_f^w} \text{ 且不宜大于 } 0.7t_{wc} \tag{8-108}^*$$

式中　l_{ww}——与柱腹板相连的角焊缝计算长度；

　　　l_{wF}——与柱翼缘相连的角焊缝计算长度。

（3）兼作与弱轴方向的梁进行连接的水平加劲肋（图 8-40），无论是刚性连接还是铰接连接，其厚度应按本条第（1）项④的构造要求确定；垂直加劲肋的厚度取与柱腹板的厚度相同。

水平加劲肋与柱翼缘通常采用完全焊透的坡口对接焊缝连接，与柱腹板采用双面角焊

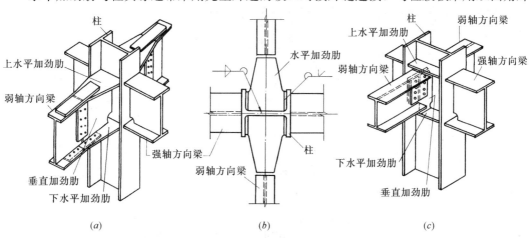

图 8-40　兼作与弱轴方向的梁进行连接的水平加劲肋的设置图示

（a）强轴和弱轴方向均为刚性连接；（b）水平加劲肋与柱翼缘和腹板的连接；

（c）强轴方向为刚性连接，弱轴方向为铰接连接

缝连接（图 8-40b），其连接计算可按本条第（2）项①的要求进行。

垂直加劲肋与柱腹板和上下水平加劲肋的连接焊缝，通常采用双面角焊缝，其焊脚尺寸不宜小于 $0.7t_{wc}$。

（4）当柱两侧的梁高度不相等，或垂直相交的两个方向的梁高度不相等时，柱在对应于每根梁上下翼缘位置处，均应设置水平加劲肋（图 8-41a、b），或将截面高度较小的梁的腹板局部加高（图 8-41c），或适当调整有相互关联的梁的截面高度，以协调和简化水平加劲肋的设置，改善节点的构造和连接。

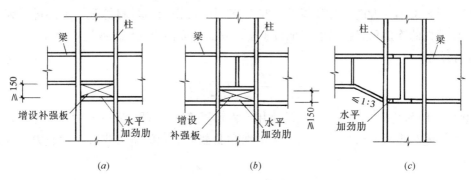

图 8-41 梁高度不同时柱中水平加劲肋的设置图示

7. 当柱为箱形截面或圆管形截面，与柱相连的梁的高度均相等，且梁与柱的连接均为刚性连接时，柱在对应于梁上下翼缘位置处均应设置水平加劲隔板（肋）。

箱形截面柱或圆管形截面柱的水平加劲隔板（肋）的设置，根据其不同的连接形式，可分为：

① 内连式水平加劲隔板（图 8-42a）；

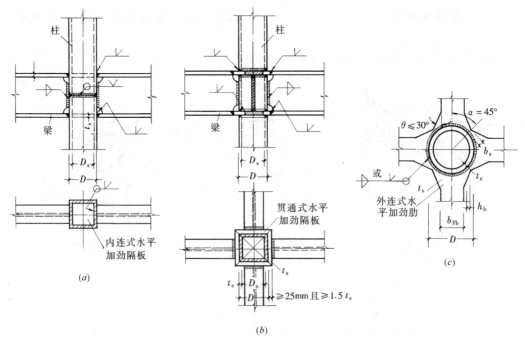

图 8-42 柱的水平加劲隔板（肋）的设置图示

② 贯通式水平加劲隔板（图 8-42b）；

③ 外连式水平加劲肋（图 8-42c）。

（1）内连式水平加劲隔板和贯通式水平加劲隔板的设置（图 8-42a、b），应符合以下要求：

① 水平加劲隔板的厚度，应等于或大于与柱相连的梁中较厚翼缘的厚度，即 $t_s \geqslant t_{Fb}$（max）。

② 水平加劲隔板的宽厚比（或径厚比），应符合下式要求：

$$\frac{D_s}{t_s} \leqslant 48\sqrt{\frac{235}{f_y}} \tag{8-110}$$

式中　D_s——水平加劲隔板的宽度或直径；

　　　t_s——水平加劲隔板的厚度。

③ 水平加劲隔板与柱的连接，原则上采用完全焊透的坡口对接焊缝连接，此时不必进行焊缝强度的计算。

（2）外连式水平加劲肋（即在柱外设置环形水平加劲肋，图 8-42c）多用于截面较小的箱形截面柱或圆管形截面柱，其设置应符合以下要求：

① 外连式水平加劲肋的厚度，应等于或大于与柱相连的梁中较厚翼缘的厚度，即 $t_s \geqslant t_{Fb}$（max）。

② 外连式水平加劲肋的自由外伸宽度（b_s）与其厚度 t_s 之比（图 8-42c），应符合公式（8-103）的要求。即：

$$\frac{b_s}{t_s} \leqslant 18\sqrt{\frac{235}{f_y}} \tag{8-107}^*$$

③ 外连式水平加劲肋与柱相连，当采用完全焊透的坡口对接焊缝连接时，可视焊缝与母材等强而不必进行焊缝的强度计算。

外连式水平加劲肋与柱相连，当采用双面角焊缝连接时，应按与柱相连梁的较厚翼缘截面面积 $[b_{Fb} \times t_{Fb}]$（max）的等强度条件来确定；此时，可近似地按下列公式计算角焊缝的焊脚尺寸 h_f。

对箱形截面柱：

$$h_f \geqslant \frac{b_{Fb} \times t_{Fb} \times f}{2 \times 0.7 D f_f^w} \tag{8-111}$$

对圆管形截面柱：

$$h_f \geqslant \frac{b_{Fb} \times t_{Fb} \times f}{2 \times 0.7 \left(\frac{\pi D}{4}\right) f_f^w} \tag{8-112}$$

但当 $t_c > t_s$ 时，$h_f \leqslant t_s$；

当 $t_c \leqslant t_s$ 时，$h_f \leqslant t_c$。

式中　b_{Fb}、t_{Fb}——与柱相连的较厚翼缘梁的翼缘宽度和厚度；

　　　D——箱形柱的截面高度（或宽度）或圆管形截面柱的直径；

　　　t_c——箱形截面柱或圆管形截面柱的壁厚。

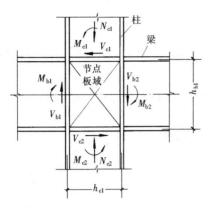

图 8-43 梁与柱刚性连接节点的
内力图示

8. 梁与柱刚性连接时，由柱翼缘和水平加劲肋（隔板）所包围的节点板域在节点弯矩和剪力共同作用下的抗剪强度（图 8-43）及其补强，应按以下要求确定。

（1）节点板域

1）节点域的抗剪承载力应满足下式要求：

$$\psi(M_{b1}+M_{b2})/V_p \leqslant \frac{4}{3}f_{yv} \qquad (8\text{-}113)$$

式中 M_{b1}、M_{b2} ——分别为节点域左、右梁端作用的弯矩设计值（kN·m）；

V_p ——节点域的有效体积，可按（2）条的规定计算。

2）节点域的有效体积可按下列公式确定：

工字形截面柱（绕强轴） $V_p = h_{b1}h_{c1}t_p$（图 8-44a）   (8-114)

工字形截面柱（绕弱轴） $V_p = 2h_{b1}bt_f$ (8-115)

箱形截面柱 $V_p = (16/9)h_{b1}h_{c1}t_p$（图 8-44b）   (8-116)

圆管截面柱 $V_p = (\pi/2)h_{b1}h_{c1}t_p$（图 8-44c）   (8-117)

式中 h_{b1} ——梁翼缘中心间的距离（mm）；

h_{c1} ——工字形截面柱翼缘中心间的距离、箱形截面壁板中心间的距离和圆管截面柱管壁中线的直径（mm）；

t_p ——柱腹板和节点域补强板厚度之和，或局部加厚时的节点域厚度，箱形柱为一块腹板的厚度，圆管柱为壁厚（mm）；

t_f ——柱的翼缘厚度（mm）；

b ——柱的翼缘宽度（mm）。

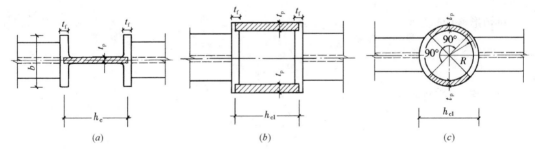

(a)   (b)   (c)

图 8-44 节点板域的体积计算图示

(a) 工字形截面柱；(b) 箱形截面柱；(c) 圆管形截面柱

十字形截面柱（图 8-45）

$$V_p = \varphi h_{b1}(h_{c1}t_p + 2bt_f) \qquad (8\text{-}118)$$

$$\varphi = \frac{\alpha^2 + 2.6(1+2\beta)}{\alpha^2 + 2.6} \qquad (8\text{-}119)$$

$$\alpha = h_{b1}/b \qquad (8\text{-}120)$$

$$\beta = A_f/A_w \qquad (8\text{-}121)$$

$$A_f = bt_f \qquad (8\text{-}122)$$

$$A_w = h_{c1}t_p \qquad (8\text{-}123)$$

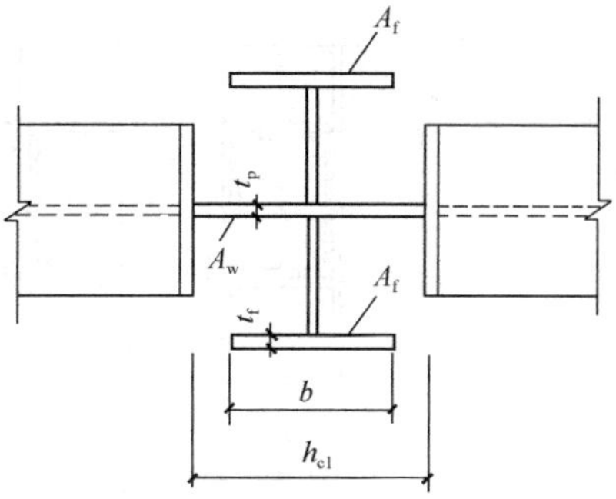

图 8-45　十字形柱的节点域体积

3）柱与梁连接处，在梁上下翼缘对应位置应设置柱的水平加劲肋或隔板。加劲肋（隔板）与柱翼缘所包围的节点域的稳定性，应满足下式要求：

$$t_p \geqslant (h_{0b} + h_{0c})/90 \qquad (8\text{-}124)$$

式中　t_p——柱节点域的腹板厚度，箱形柱时为一块腹板的厚度（mm）；

h_{0b}、h_{0c}——分别为梁腹板、柱腹板的高度（mm）。

4）抗震设计时节点域的屈服承载力应满足下式要求，当不满足时应进行补强或局部改用较厚柱腹板。

$$\psi(M_{pb1} + M_{pb2})/V_p \leqslant (4/3)f_v/\gamma_{RE} \qquad (8\text{-}125)$$

式中　ψ——折减系数，三、四级时取 0.6，一、二级时取 0.7；

M_{pb1}、M_{pb2}——分别为节点域两侧梁段截面的全塑性受弯承载力（N·mm）；

f_v——钢材的抗剪强度设计值。

（2）当节点板域的抗剪强度不能满足公式（8-113）的要求时（即 $\tau_P > 4/3f_v$），应对柱腹板增设补强板。但通常情况下，箱形截面柱、圆管形截面柱，以及十字形截面柱中节点板域的抗剪强度，均能满足公式（8-113）的要求，不需对柱腹板增设补强板。因此，节点板域的补强多用于 H 形截面柱。

对 H 形截面柱，当不能满足公式（8-113）的要求时，所需腹板的总厚度和补强板的厚度，可按下列公式计算：

所需腹板总厚度：

$$t_{wcs} = \frac{3(M_{b1} + M_{b2})}{4h_{b1}h_{c1}f_v} \qquad (8\text{-}126)$$

补强板的厚度：

$$t_s = t_{wcs} - t_{wc} \qquad (8\text{-}127)$$

通常情况下，可在柱腹板的单侧或两侧成对设置补强板，而且每块补强板的厚度不宜小于 6mm。

增设的补强板与柱腹板的连接，通常采用角焊缝沿四周连续施焊，其焊脚尺寸 h_f 为：

当 $t_s = 6 \sim 8$mm 时，$h_f = 5 \sim 6$mm；

$t_s > 8$mm 时，$h_f = 0.7t_s$。

图 8-46.1 为 H 形截面柱节点板域的补强示例。

（3）钢框架的节点域应按《建筑抗震设计规范》GB 50011—2010 公式（8.2.5-3）、公式（8.2.5-8）验算其抗剪强度、稳定性和屈服的要求。当不满足公式要求时，可采用

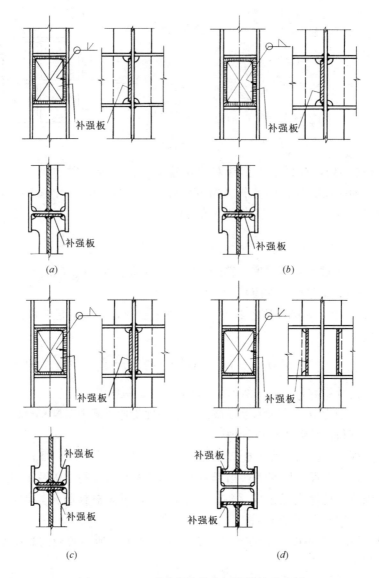

(a)　　　　　　　　　　　　(b)

(c)　　　　　　　　　　　　(d)

图 8-46.1　H 形截面柱节点板域的补强示例

图 8-46.2 所示方法加强。

9. H 形截面梁与 H 形截面柱采用普通 T 形连接件和全部高强度螺栓的刚性连接（图 8-47），通常假定梁端的弯矩由梁翼缘承担并通过 T 形连接件传给柱子，而剪力则由梁腹板承担来进行连接设计。此时，T 形连接件的尺寸及其连接可按以下原则确定。

（1）与梁翼缘和柱翼缘相连的 T 形连接件的尺寸，可按与梁翼缘截面面积等强度的条件来确定，同时应符合构造上的要求。

① T 形连接件与梁翼缘和柱翼缘的连接所用高强度螺栓的数目，可按下列公式计算（此时，假定 $R=0$，图 8-47c）：

与梁翼缘连接的高强度螺栓数目：

$$n_{\mathrm{Fb}} \geqslant \frac{M_{\mathrm{b}}}{h_{\mathrm{b}} N_{\mathrm{V}}^{\mathrm{bH}}} \tag{8-128}$$

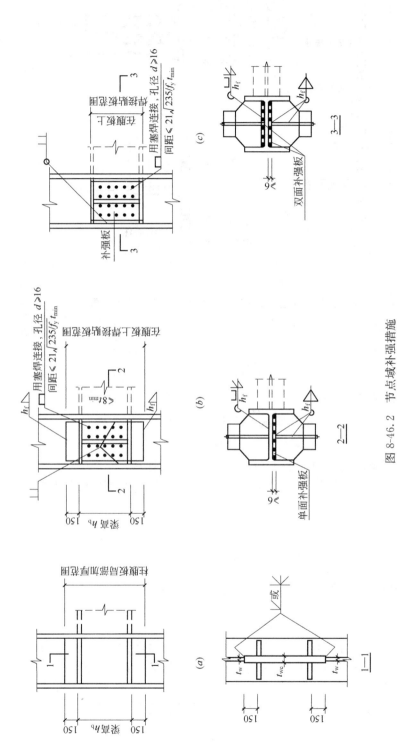

图 8-46.2　节点域补强措施

（a）焊接工字形柱柱腹板在节点域的补强措施（一）（将柱腹板在节点域局部加厚在节点域的补强措施（将柱腹板加厚板在节点域局部加厚在节点域的补强措施（将柱翼缘板伸过水平加劲肋，与柱翼缘用填充对接焊，与腹板用角焊缝连接，在板域范围用塞焊连接；当节点域厚度不足部分小于腹板厚度时，用单面补强）；（c）H型钢柱腹板在节点域用塞焊连接；当节点域厚度不足部分超过腹板厚度时则用双面补强）；（b）H型钢柱腹板在节点域的补强措施（二）（补强板限制在节点域范围内，补强板与柱翼缘和水平加劲肋的均采用填充对接焊，在板域范围内用塞焊连接；当节点域厚度不足部分超过腹板厚度时则用双面补强）

329

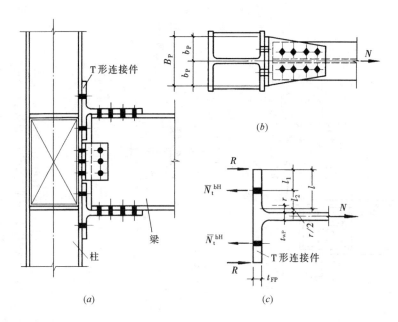

图 8-47　梁与柱的刚性连接采用普通 T 形连接件连接的计算图示

与柱翼缘连接的高强度螺栓数目：

$$n_{Fcb} \geqslant \frac{M_b}{h_b N_t^{bH}} \tag{8-129}$$

式中　M_b——与柱相连的梁端弯矩；

$\quad\quad N_V^{bH}$——一个高强度螺栓的抗剪承载力设计值；

$\quad\quad N_t^{bH}$——一个高强度螺栓的抗拉承载力设计值。

② T 形连接件翼缘厚度 t_{FP}（图 8-47c），可按下列公式计算。

假定 $R=0$，根据实际配置的高强度螺栓数目，则每个高强度螺栓所承担的拉力为：

$$\overline{N}_t^{bH} = \frac{M_b}{h_b n_{Fc}} \tag{8-130}$$

此时，在 T 形连接件翼缘根部处产生的弯矩为：

$$\overline{M}_t = \overline{N}_t^{bH} l_2 \tag{8-131}$$

T 形连接件翼缘厚度 t_{FP} 为：

$$t_{FP} \geqslant \sqrt{\frac{6\overline{M}_t}{b_P f}} \tag{8-132}$$

式中　l_2——从高强度螺栓中心至 T 形连接件翼缘内弧中心的距离（图 8-47c）；

$\quad\quad b_P$——T 形连接件翼缘宽度 B_P 范围内，按每个高强度螺栓的分布宽度（图 8-47b）；

$\quad\quad f$——钢材的抗弯强度设计值。

③ 根据假定的 T 形连接件尺寸，可近似地按下式计算反力（撬力）R：

$$R = \left[\frac{\dfrac{1}{2} - \dfrac{b_P t_{FP}^4}{30 l_1 l_2^2 A_{eb}}}{\dfrac{3 l_1}{4 l_2}\left(\dfrac{l_1}{4 l_2} + 1\right) + \dfrac{b_P t_{FP}^4}{30 l_1 l_2^2 A_{eb}}} \right] \overline{N}_t^{bH} \tag{8-133}$$

式中 l_1——高强度螺栓的边距；

A_{eb}——一个高强度螺栓在螺纹处的有效截面面积。

④ 在反力 R 作用下，T 形连接件翼缘连接用高强度螺栓的抗拉承载力和 T 形连接件翼缘的厚度可按以下要求进行校核。

$a.$ T 形连接件翼缘高强度螺栓的抗拉承载力应符合下式要求：

$$R+\overline{N}_{\text{t}}^{\text{bH}}\leqslant N_{\text{t}}^{\text{bH}} \tag{8-134}$$

$b.$ 根据公式（8-132）算得的 T 形连接件翼缘的厚度 t_{FP} 和求出的相应反力 R，计算在 T 形连接件翼缘处所产生的弯矩是否同时符合下列公式的要求。

$$\left.\begin{aligned}M_1&=Rl_1\\M_2&=R\ (l_1+l_2)\ -\overline{N}_{\text{t}}^{\text{bH}}l_2\end{aligned}\right\}\leqslant\overline{N}_{\text{t}}^{\text{bH}}l_2=\overline{M}_{\text{t}} \tag{8-135}\ (8-136)$$

当不能满足公式（8-135）、公式（8-136）的要求时，应将 M_1 和 M_2 两者中的较大者置换公式（8-132）中的 $\overline{M}_{\text{t}}$ 来重新计算 T 形连接件翼缘的厚度；如仍未满足要求，则按上述进行循环计算，直至符合要求为止。

（2）与梁腹板和柱翼缘相连的 T 形连接件的尺寸，可按与梁腹板截面面积的等强度条件（抗剪承载力）来确定；同时，应符合构造上的要求，并与连接梁翼缘的 T 形连接件的尺寸相协调。

T 形连接件与梁腹板和柱翼缘相连的高强度螺栓数目，可近似地按下式计算：

$$n_{\text{Fc}}^{\text{w}}=n_{\text{wb}}^{\text{w}}\geqslant\frac{V}{N_{\text{V}}^{\text{bH}}} \tag{8-137}$$

式中 n_{Fc}^{w}——与柱翼缘连接的高强度螺栓数目；

n_{wb}^{w}——与梁腹板连接的高强度螺栓数目；

V——连接处的梁端剪力。

（3）柱子水平加劲肋的设置，通常情况下，应按与梁翼缘截面面积等强度的条件来确定。此时，一对水平加劲肋的截面面积（$A_{\text{s}}=2b_{\text{s}}t_{\text{s}}$），可近似地按下式计算：

$$A_{\text{s}}=A_{\text{Fb}}-t_{\text{wc}}\ (2t_{\text{FP}}+t_{\text{wP}}+5t_0) \tag{8-138}$$

式中 A_{Fb}——梁单侧翼缘的截面面积；

t_{wc}——柱腹板的厚度；

t_{FP}——T 形连接件的翼缘厚度；

t_{wP}——T 形连接件的腹板厚度。

有关柱子水平加劲肋设置的其他要求，可按本节第 6 条的规定处理。

（4）节点板域的抗剪强度计算和补强措施，可按本节第 8 条的有关要求确定。

8.7 支撑与梁柱的连接

8.7.1 基 本 要 求

1. 作为支撑构架主要是承受侧向水平力。支撑杆的截面通常采用：双角钢或双槽钢组合截面、H 形截面和箱形截面；其端部与梁柱的连接，或与梁柱中间部位的连接，均应能充分的传递支撑杆件的内力，同时尚应留有一定的富余量；当按抗震设计或按塑性设计时，其连接节点的最大承载力，尚须满足第8.7.3节2、3条的要求。

采用双角钢或双槽钢组合截面的支撑，一般是通过节点板与梁柱连接（图8-48a）；侧向刚度要求较高的结构或大型重要结构，则应采用既能抗拉又具有良好抗压性能的H形截面或箱形截面的支撑；而且，支撑与梁柱的连接通常是借助相同截面的悬伸支承杆来实现（图8-48b、c），支撑杆件本身则采用拼接连接。

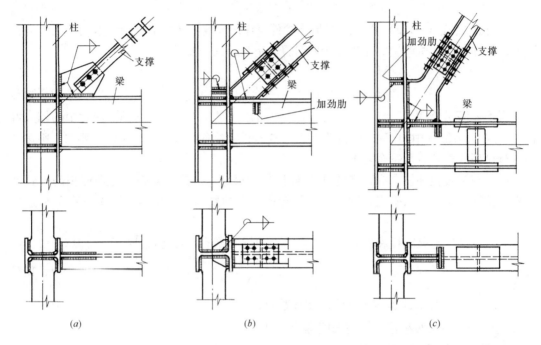

图8-48 支撑与梁柱（强轴）连接节点示例（一）

(a) 节点板连接；(b)、(c) 悬伸支撑杆连接

2. 除特设的偏心支撑外，一般支撑的重心线应与梁柱重心线三者交汇于一点，否则应考虑由于偏心产生的附加弯矩的影响。

3. 为了对整体结构的塑性发展以及对有抗震要求的结构有利于耗能减震，有意将支撑杆件的轴线偏离梁柱轴线交点，做成特设的偏心支撑，以建立一个均衡的支撑框架（图8-54）。但此时，应考虑由于偏心支撑框架上下方的不连续而对梁、柱和楼板的不利影响。

4. 支撑端部与梁柱的连接，原则上应按支撑杆件截面等强度的条件来确定；即使杆件内力很小，也应按支撑杆件承载力设计值的1/2来进行连接设计。

在设计支撑端部与梁柱的连接时，应将支撑的内力（拉力或压力）分解为水平分力和垂直分力，把它们分别作用于梁的翼缘和柱的翼缘或腹板上，然后进行连接设计。

对H形截面的支撑，或端部为H形截面而中间区段为箱形截面的支撑，为使作用于支撑翼缘的内力能顺畅地传给梁和柱，应分别在梁柱与支撑翼缘连接处设置垂直加劲肋和水平加劲肋（或水平加劲隔板）。另外，加劲肋（隔板）的尺寸、厚度及其连接应分别按支撑翼缘内力的垂直分力和水平分力来确定，同时应满足构造上的要求，并与梁柱的截面尺寸和梁柱的补强板件相协调。

8.7.2 支撑与梁柱的连接节点形式

1. 在 H 形截面梁柱连接节点处，沿柱强轴方向设置支撑的连接形式示例：

（1）图 8-48（a）为支撑杆件采用双角钢或双槽钢组合截面的节点板连接节点示例。

（2）图 8-48（b）、（c）为支撑杆件采用 H 型钢，端部采用相同截面的悬伸支承杆与梁柱相连时，支撑杆件在现场采用高强度螺栓进行拼接连接的示例。

2. 在 H 形截面梁柱连接节点处，沿柱弱轴方向设置支撑的连接形式示例：

（1）图 8-49（a）为支撑杆件采用双角钢或双槽钢组合截面的节点板连接节点示例。

（2）图 8-49（b）为支撑杆件采用 H 型钢，连接节点板沿柱的高度与柱翼缘进行等强度焊接，支撑杆件则与节点板采用高强度螺栓连接的示例。但在这种情况下，支撑截面高度要与柱子的腹板高度相协调。

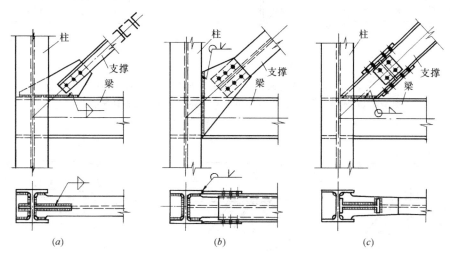

图 8-49　支撑与梁柱（弱轴）连接节点示例（二）
（a）单节点板连接；（b）双节点板连接；（c）悬伸支撑杆连接

（3）图 8-49（c）为支撑杆件采用 H 型钢，端部采用相同截面的悬伸支承杆与梁柱相连时，支撑杆件在现场采用高强度螺栓进行拼接连接的示例。这种形式适用于柱的截面高度较大的情况。如果柱的截面高度不大，将给工厂的焊接带来困难。

3. 在 H 形截面梁与箱形截面柱连接节点处设置支撑的连接形式示例：

（1）图 8-50（a）为支撑杆件采用双角钢或双槽钢组合截面的节点板连接节点示例。

（2）图 8-50（b）为支撑杆件采用 H 型钢，连接节点板沿柱的高度与柱翼缘进行等强度焊接，支撑杆件则与节点板采用高强度螺栓连接的示例。但在这种情况下，两侧节点板的设置部位要与支撑截面高度相协调。

（3）图 8-50（c）为支撑杆件采用 H 型钢，端部采用相同截面的悬伸支承杆与梁柱相连时，支撑杆件在现场采用高强度螺栓进行拼接连接的示例。

4. 图 8-51 为人字形支撑杆件与 H 形截面梁下翼缘的连接示例。这些形式同样适用于 V 形支撑的连接，但此时支撑杆件将改为与梁上翼缘连接。为了约束梁在平面外的变形，应视具体情况在节点处对梁设置侧向支承杆。

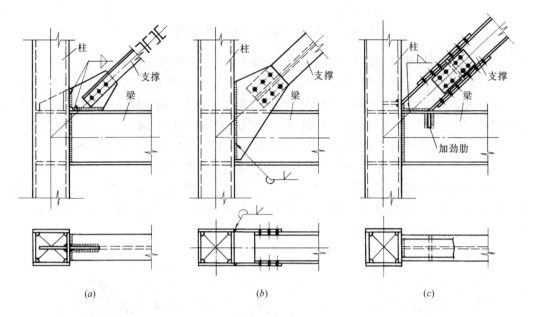

图 8-50 支撑与梁柱（箱形柱）连接节点示例（三）

（a）单节点板连接；（b）双节点板连接；（c）悬伸支撑杆连接

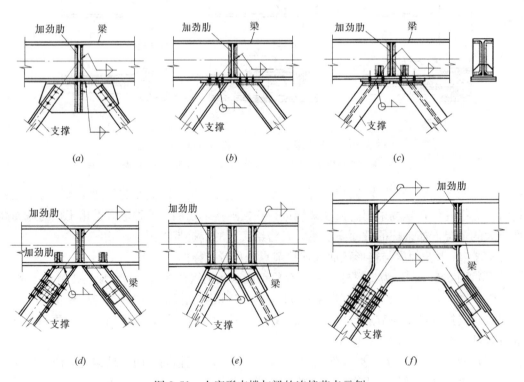

图 8-51 人字形支撑与梁的连接节点示例

（a）支撑杆件采用双角钢组合截面的节点板连接；（b）支撑杆件采用双槽钢组合截面的端封板连接；

（c）支撑杆件采用 H 型钢且弱轴垂直于支撑面的端封板连接；（d）、（f）支撑杆件采用 H 型

钢的悬伸支承杆连接；（e）支撑杆件采用 H 型钢且弱轴垂直于支撑面的节点直接焊接

5. 图 8-52 为十字形交叉支撑的中间连接节点示例。图 8-53 为交叉支撑相交在横梁处的连接节点示例。

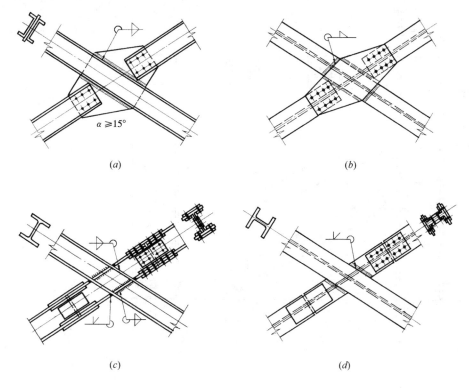

(a)　　　　　　　　　　(b)

(c)　　　　　　　　　　(d)

图 8-52　十字形交叉支撑的中间连接节点示例
(a) 支撑杆件采用双槽钢组合截面的连接；(b)、(d) 支撑杆件采用 H 型
钢且弱轴垂直于支撑面的连接；(c) 支撑杆件采用 H 型钢的连接

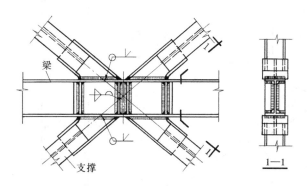

图 8-53　交叉支撑相交在横梁的连接节点示例

6. 特设的偏心支撑（八字形），是有意将支撑轴线偏离梁柱轴线的交点，使支撑与梁之间或支撑与柱之间形成一段耗能短梁或短柱。这种偏心支撑在大地震时可以调节框架的刚度、增大变形能力并提高吸收能量（耗能）的能力，具有稳定的恢复力特性。

图 8-54 为支撑杆件采用 H 型钢和箱形截面，端部设置悬伸支承杆与梁柱相连时，支撑杆件在现场采用高强度螺栓进行拼接连接的示例。

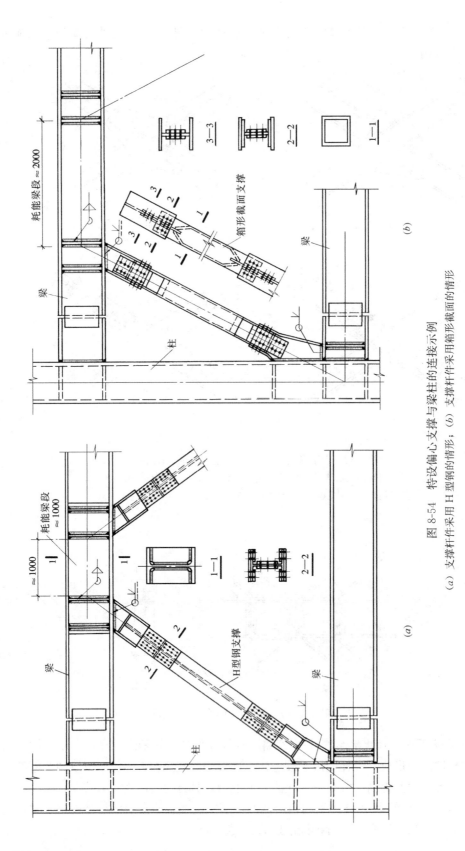

图 8-54　特设偏心支撑与梁柱的连接示例

(a) 支撑杆件采用 H 型钢的情形；(b) 支撑杆件采用箱形截面的情形

8.7.3 中心支撑、偏心支撑与屈曲支撑的布置和连接节点计算及构造

1. 按《建筑抗震设计规范》GB 50011—2010 的要求，钢框架结构支撑的一般规定。

采用框架-支撑结构的钢结构房屋应符合下列规定：

(1) 支撑框架在两个方向的布置均宜基本对称，支撑框架之间楼盖的长宽比不宜大于 3。

(2) 抗震三、四级钢框架且高度不大于 50m 的钢结构宜采用中心支撑，也可采用偏心支撑、屈曲约束支撑等消能支撑。

(3) 设置地下室时，框架-支撑（抗震墙板）结构中竖向连续布置的支撑（抗震墙板）应延伸至基础；钢框架柱应至少延伸至地下一层，其竖向荷载应直接传至基础。

(4) 钢框架-支撑结构的斜杆可按端部铰接杆计算；其框架部分按刚度分配计算得到的地震层剪力应乘以调整系数，达到不小于结构底部总地震剪力的 25% 和框架部分计算最大层剪力 1.8 倍两者的较小值。

(5) 中心支撑框架的斜杆轴线偏离梁柱轴线交点不超过支撑杆件的宽度时，仍可按中心支撑框架分析，但应计及由此产生的附加弯矩。

(6) 偏心支撑框架中，与消能梁段相连构件的内力设计值，应按下列要求调整：

1) 支撑斜杆的轴力设计值，应取与支撑斜杆相连接的消能梁段达到受剪承载力时支撑斜杆轴力与增大系数的乘积；其增大系数，一级不应小于 1.4，二级不应小于 1.3，三级不应小于 1.2；

2) 位于消能梁段同一跨的框架梁内力设计值，应取消能梁段达到受剪承载力时框架梁内力与增大系数的乘积；其增大系数，一级不应小于 1.3，二级不应小于 1.2，三级不应小于 1.1；

3) 框架柱的内力设计值，应取消能梁段达到受剪承载力时柱内力与增大系数的乘积；其增大系数，一级不应小于 1.3，二级不应小于 1.2，三级不应小于 1.1。

2. 中心支撑。

(1) 中心支撑框架宜采用交叉支撑，也可采用人字支撑或单斜杆支撑，不宜采用 K 形支撑；支撑的轴线宜交汇于梁柱构件轴线的交点，偏离交点时的偏心距不应超过支撑杆件宽度，并应计入由此产生的附加弯矩。当中心支撑采用只能受拉的单斜杆体系时，应同时设置不同倾斜方向的两组斜杆，且每组中不同方向单斜杆的截面面积在水平方向的投影面积之差不应大于 10%。见图 8-55.1。

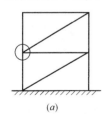 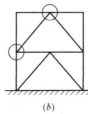 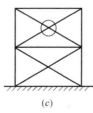 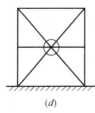 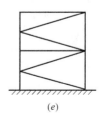

|(a)|(b)|(c)|(d)|(e)|

图 8-55.1 中心支撑布置立面图

(a) 单斜杆；(b) 人字形斜杆；(c) 十字交叉斜杆；(d) 交叉支撑在横梁处相交；(e) K 形斜杆体系

注：○圈内为中心支撑连接节点

（2）中心支撑框架构件的抗震承载力验算，应符合下列规定：

1）支撑斜杆的受压承载力应按下式验算：

$$N/(\varphi A_{br}) \leqslant \psi f/\gamma_{RE} \tag{8-139}$$

$$\psi = 1/(1 + 0.35\lambda_n) \tag{8-140}$$

$$\lambda_n = (\lambda/\pi)\sqrt{f_{ay}/E} \tag{8-141}$$

式中 N——支撑斜杆的轴向力设计值；

A_{br}——支撑斜杆的截面面积；

φ——轴心受压构件的稳定系数；

ψ——受循环荷载时的强度降低系数；

λ、λ_n——支撑斜杆的长细比和正则化长细比；

E——支撑斜杆钢材的弹性模量；

f、f_{ay}——分别为钢材强度设计值和屈服强度；

γ_{RE}——支撑稳定破坏承载力抗震调整系数。

2）人字支撑和 V 形支撑的框架梁在支撑连接处应保持连续，并按不计入支撑支点作用的梁验算重力荷载和支撑屈曲时不平衡力作用下的承载力；不平衡力应按受拉支撑的最小屈服承载力和受压支撑最大屈曲承载力的 0.3 倍计算。必要时，人字支撑和 V 形支撑可沿竖向交替设置或采用拉链柱。

注：顶层和出屋面房间的梁可不执行本款。

（3）钢框架-中心支撑结构的抗震构造措施

1）中心支撑的杆件长细比和板件宽厚比限值应符合下列规定：

① 支撑杆件的长细比，按压杆设计时，不应大于 $120\sqrt{235/f_{ay}}$；一、二、三级中心支撑不得采用拉杆设计；四级采用拉杆设计时，其长细比不应大于 180。

② 支撑杆件的板件宽厚比，不应大于表 8-1 规定的限值。采用节点板连接时，应注意节点板的强度和稳定性。

钢结构中心支撑板件宽厚比限值　　　　　　　　　　　　　　表 8-1

板件名称	一级	二级	三级	四级
翼缘外伸部分	8	9	10	13
工字形截面腹板	25	26	27	33
箱形截面壁板	18	20	25	30
圆管外径与壁厚比	38	40	40	42

注：表列数值适用于 Q235 钢，采用其他牌号钢材应乘以 $\sqrt{235/f_{ay}}$，圆管应乘以 $235/f_{ay}$。

2）中心支撑节点的构造应符合下列要求：

① 一、二、三级，支撑宜采用 H 型钢制作，两端与框架可采用刚接构造，梁柱与支撑连接处应设置加劲肋；一级和二级采用焊接工字形截面的支撑时，其翼缘与腹板的连接宜采用全熔透连续焊缝。

② 支撑与框架连接处，支撑杆端宜做成圆弧。

③ 梁在其与 V 形支撑或人字形支撑相交处，应设置侧向支撑；该支撑点与梁端支撑点间的侧向长细比（λ_y）及支撑力，应符合现行《钢结构设计标准》GB 50017 关于塑性设计的规定。

④ 若支撑和框架采用节点板连接，应符合现行《钢结构设计标准》GB 50017 关于节点板在连接杆件每侧有不小于 30°夹角的规定；一、二级时，支撑端部至节点板最近嵌固点（节点板与框架构件连接焊缝的端部）在沿支撑杆件轴线方向的距离，不应小于节点板厚度的 2 倍。

⑤ 当支撑杆件为填板连接的组合截面时，可采用节点板进行连接（图 8-55.2）。为保证支撑两端的节点板不发生出平面失稳，在支撑端部与节点板约束点连线之间应留有 2 倍节点板厚的间隙。

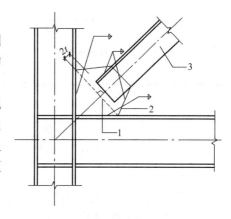

图 8-55.2 组合支撑杆件端部与单壁
节点板的连接
1—假设约束；2—单壁节点板；
3—组合支撑杆；t—节点板的厚度

节点板约束点连线应与支撑杆轴线垂直，以免支撑受扭。中心支撑的连接见图 8-55.3。

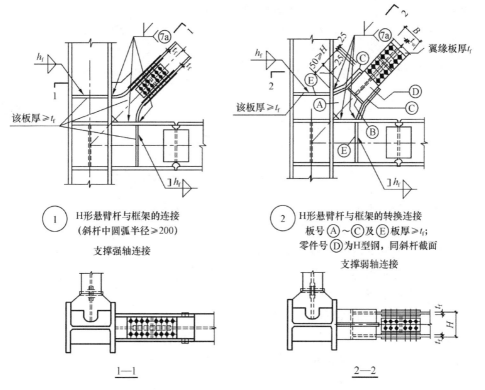

图 8-55.3 中心支撑的连接

3. 偏心支撑（图 8-56.1）。

（1）偏心支撑框架的每根支撑应至少有一端与框架梁连接，并在支撑与梁交点和柱之间或同一跨内另一支撑与梁交点之间形成消能梁段。

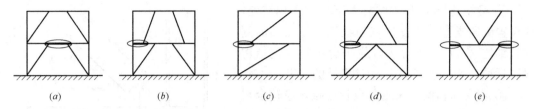

图 8-56.1　偏心支撑布置立面图

(a) 门架式 1；(b) 门架式 2；(c) 单斜杆式；(d) 人字形式；(e) V 形形式

注：圈内为偏心支撑耗能段

（2）偏心支撑框架构件的抗震承载力验算，应符合下列规定：

1）消能梁段的受剪承载力应符合下列要求：

当 $N \leqslant 0.15Af$ 时

$$V \leqslant \phi V_l / \gamma_{RE} \tag{8-142}$$

$$V_l = 0.58 A_w f_{ay} \text{ 或 } V_l = 2M_{lp}/a，取较小值$$

$$A_w = (h - 2t_f) t_w$$

$$M_{lp} = f W_p$$

当 $N > 0.15Af$ 时

$$V \leqslant \phi V_{lc} / \gamma_{RE} \tag{8-143}$$

$$V_{lc} = 0.58 A_w f_{ay} \sqrt{1 - [N/(Af)]^2}$$

$$\text{或 } V_{lc} = 2.4 M_{lp} [1 - N/(Af)] / a，取较小值$$

式中　N、V——分别为消能梁段的轴力设计值和剪力设计值；

　　V_l、V_{lc}——分别为消能梁段受剪承载力和计入轴力影响的受剪承载力；

　　　　M_{lp}——消能梁段的全塑性受弯承载力；

　　A、A_w——分别为消能梁段的截面面积和腹板截面面积；

　　　　W_p——消能梁段的塑性截面模量；

　　a、h——分别为消能梁段的净长和截面高度；

　　t_w、t_f——分别为消能梁段的腹板厚度和翼缘厚度；

　　f、f_{ay}——消能梁段钢材的抗压强度设计值和屈服强度；

　　　　ϕ——系数，可取 0.9；

　　　γ_{RE}——消能梁段承载力抗震调整系数，取 0.75。

2）支撑斜杆与消能梁段连接的承载力不得小于支撑的承载力。若支撑需抵抗弯矩，支撑与梁的连接应按抗压弯连接设计。

（3）偏心支撑框架消能梁段的钢材屈服强度不应大于 345MPa。消能梁段及与消能梁段同一跨内的非消能梁段，其板件的宽厚比不应大于表 8-2 规定的限值。

板件名称		宽厚比限值
翼缘外伸部分		8
腹板	当 $N/(Af) \leqslant 0.14$ 时	$90[1-1.65N/(Af)]$
	当 $N/(Af) > 0.14$ 时	$33[2.3-N/(Af)]$

注：表列数值适用于 Q235 钢，当材料为其他钢号时应乘以 $\sqrt{235/f_{ay}}$，$N/(Af)$ 为梁轴压比。

（4）偏心支撑框架的支撑杆件长细比不应大于 $120\sqrt{235/f_{ay}}$，支撑杆件的板件宽厚比不应超过现行《钢结构设计标准》GB 50017 规定的轴心受压构件在弹性设计时的宽度比限值。

（5）消能梁段的构造应符合下列要求：

1）当 $N > 0.16Af$ 时，消能梁段的长度应符合下列规定：

当 $\rho (A_w/A) < 0.3$ 时

$$a < 1.6M_{lp}/V_l \tag{8-144}$$

当 $\rho (A_w/A) \geqslant 0.3$ 时

$$a \leqslant [1.15-0.5\rho (A_w/A)] 1.6M_{lp}/V_l \tag{8-145}$$

$$\rho = N/V \tag{8-146}$$

式中　a——消能梁段的长度；

　　　ρ——消能梁段轴向力设计值与剪力设计值之比。

2）消能梁段的腹板不得贴焊补强板，也不得开洞。

3）消能梁段与支撑连接处，应在其腹板两侧配置加劲肋，加劲肋的高度应为梁腹板高度，一侧的加劲肋宽度不应小于 $(b_f/2-t_w)$，厚度不应小于 $0.75t_w$ 和 10mm 的较大值。

4）消能梁段应按下列要求在其腹板上设置中间加劲肋：

① 当 $a \leqslant 1.6M_{lp}/V_l$ 时，加劲肋间距不大于 $(30t_w-h/5)$；

② 当 $2.6M_{lp}/V_l < a \leqslant 5M_{lp}/V_l$ 时，应在距消能梁段端部 $1.5b_f$ 处配置中间加劲肋；且中间加劲肋间距不应大于 $(52t_w-h/5)$；

③ 当 $1.6M_{lp}/V_l < a \leqslant 2.6M_{lp}/V_l$ 时，中间加劲肋的间距宜在上述两者间线性插入；

④ 当 $a > 5M_{lp}/V_l$ 时，可不配置中间加劲肋；

⑤ 中间加劲肋应与消能梁段的腹板等高，当消能梁段截面高度不大于 640mm 时，可配置单侧加劲肋；消能梁段截面高度大于 640mm 时，应在两侧配置加劲肋，一侧加劲肋的宽度不应小于 $(b_f/2-t_w)$，厚度不应小于 t_w 和 10mm。

（6）消能梁段与柱的连接应符合下列要求：

1）消能梁段与柱连接时，其长度不得大于 $1.6M_{lp}/V_l$，且应满足相关标准的规定。

2）消能梁段翼缘与柱翼缘之间应采用坡口全熔透对接焊缝连接，消能梁段腹板与柱之间应采用角焊缝（气体保护焊）连接；角焊缝的承载力不得小于消能梁段腹板的轴力、剪力和弯矩同时作用时的承载力。

3）消能梁段与柱腹板连接时，消能梁段翼缘与横向加劲板间应采用坡口全熔透焊缝，其腹板与柱连接板间应采用角焊缝（气体保护焊）连接；角焊缝的承载力不得小于消能梁段腹板的轴力、剪力和弯矩同时作用时的承载力。

（7）消能梁段两端上下翼缘应设置侧向支撑，支撑的轴力设计值不得小于消能梁段翼缘轴向承载力设计值的 6%，即 $0.06b_ft_ff$。

（8）偏心支撑框架梁的非消能梁段上下翼缘，应设置侧向支撑，支撑的轴力设计值不得小于梁翼缘轴向承载力设计值的 2%，即 $0.02b_ft_ff$。

偏心支撑的连接见图 8-56.2～图 8.56-4。

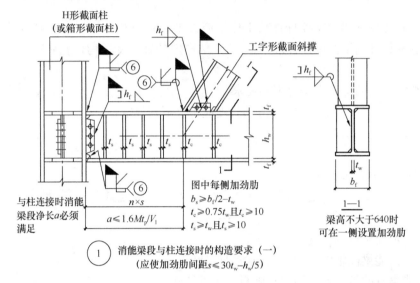

图 8-56.2　偏心支撑的连接（一）

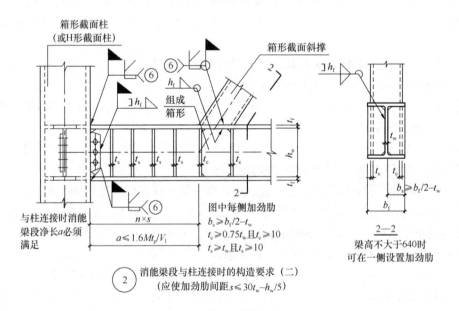

图 8-56.3　偏心支撑的连接（二）

4. 屈曲约束支撑

（1）屈曲约束支撑的设计应符合下列规定：

1）采用屈曲约束支撑时，宜采用人字支撑、成对布置的单斜杆支撑等形式，不应采用 K 形或 X 形，支撑与柱的夹角宜在 35°~55°之间。屈曲约束支撑受压时，其设计参数、性能检验和作为一种消能部件的计算方法可按相关要求设计。

2）屈曲约束支撑宜设计为轴心受力构件。

3）耗能型屈曲约束支撑在多遇地震作用下应保持弹性，在设防地震和罕遇地震作用下应进入屈服；承载型屈曲约束支撑在设防地震作用下应保持弹性，在罕遇地震作用下可进入屈服，但不能用作结构体系的主要耗能构件。

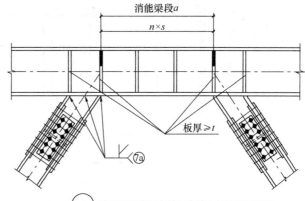

图 8-56.4 偏心支撑的连接（三）

4）在罕遇地震作用下，耗能型屈曲约束支撑的连接部分应保持弹性。

（2）屈曲约束支撑与结构的连接节点设计应符合下列规定：

1）屈曲约束支撑与结构的连接宜采用高强度螺栓或销栓连接，也可采用焊接连接。

2）当采用高强度螺栓连接时，螺栓数目 n 可由下式确定：

$$n \geqslant \frac{1.2N_{ymax}}{0.9n_f \mu P} \tag{8-147.1}$$

式中　n_f——螺栓连接的剪切面数量；

　　　μ——摩擦面的抗滑移系数，按现行《钢结构设计标准》GB 50017 的有关规定采用；

　　　P——每个高强度螺栓的预拉力（kN），按现行《钢结构设计标准》GB 50017 的有关规定采用。

3）当采用焊接连接时，焊缝的承载力设计值 N_f 应满足下式要求：

$$N_f \geqslant 1.2N_{ymax} \tag{8-147.2}$$

式中　N_{ymax}——屈曲约束支撑的极限承载力（N）。

4）梁柱等构件在与屈曲约束支撑相连接的位置处应设置加劲肋。

5）在罕遇地震作用下，屈曲约束支撑与结构的连接节点板不应发生强度破坏与平面外屈曲破坏。见图 8-57.1~图 8-57.5。

（3）《屈曲约束支撑应用技术规程》T/CECS 817—2021 有关屈曲约束支撑与结构的连接与节点计算：

1）一般规定

① 屈曲约束支撑通过节点板与主体结构连

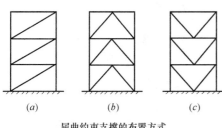

图 8-57.1 屈曲约束支撑布置立面图
（a）单斜杆；（b）人字形斜杆；（c）V 形斜杆

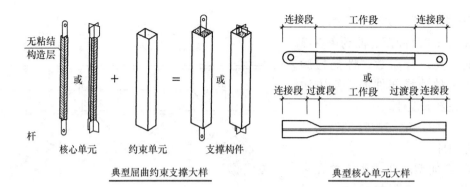

图 8-57.2 屈曲约束支撑构件组成

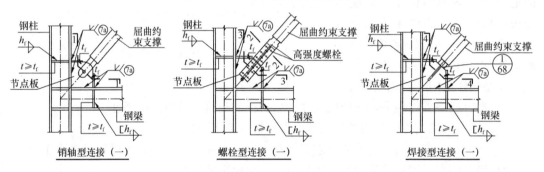

图 8-57.3 屈曲约束支撑的连接（一）

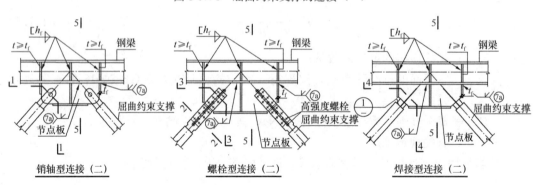

图 8-57.4 屈曲约束支撑的连接（二）

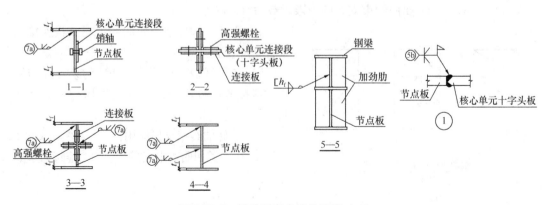

图 8-57.5 屈曲约束支撑的连接（三）

接，屈曲约束支撑与节点板的连接可采用螺栓连接、销轴连接、焊接连接；节点板与主体结构的连接可采用螺栓连接、焊接连接。当屈曲约束支撑、节点板以及连接部位构造较复杂时，宜进行精细化结构设计建模，并应结合试验确定支撑对主体结构的作用和可靠性。

② 屈曲约束支撑的轴线宜交汇于梁柱构件轴线的交点，偏离交点时的偏心距不宜超过支撑杆件宽度，并应计入由此产生的附加弯矩。屈曲约束支撑采用人字形或 V 形的布置形式时，应采取合理的措施限制与支撑相连的梁侧向变形和扭转变形。当与屈曲约束支撑相连的梁侧向变形和扭转变形得不到限制时，应计入梁侧向刚度和扭转刚度对节点平面外稳定性的影响。

③ 屈曲约束支撑在 1.2 倍设计承载力或极限承载力作用下，节点板和预埋件应处于弹性工作状态。节点板的稳定性验算应符合现行国家标准《钢结构设计标准》GB 50017 的有关规定。同时节点板应具有足够的平面外刚度，在屈曲约束支撑达到极限承载力之前，节点板不应出现失稳破坏。

2）屈曲约束支撑、节点板与主体结构的连接

① 屈曲约束支撑与节点板采用焊接连接时，应采用坡口对接焊，焊接的强度验算应符合现行国家标准《钢结构设计标准》GB 50017 的有关规定，焊缝质量等级要求二级及其以上；屈曲约束支撑与节点板采用螺栓连接时，螺栓与连接板的验算应符合现行国家标准《钢结构设计标准》GB 50017 的有关规定；屈曲约束支撑与节点板采用销轴连接时，屈曲约束支撑耳板、节点板与销轴的设计应符合现行国家标准《钢结构设计标准》GB 50017 的有关规定，销轴与屈曲约束支撑耳板、节点板间的间隙不宜大于 0.3mm。

② 节点板与现浇及装配式钢筋混凝土结构的连接宜采用预埋件。新建钢筋混凝土结构的预埋件、锚筋、锚板和锚栓的设计应符合现行国家标准《混凝土结构设计规范》GB 50010 的有关规定；既有钢筋混凝土结构的预埋件、锚筋、锚板和锚栓的设计应符合现行行业标准《混凝土结构后锚固技术规程》JGJ 145 的有关规定。预埋件与节点板宜采用焊接连接，焊接的强度验算应符合现行国家标准《钢结构设计标准》GB 50017 的有关规定。

③ 节点板与钢结构及组合结构连接时宜采用螺栓连接或焊接连接，焊接的强度验算或螺栓与连接板的验算应符合现行国家标准《钢结构设计标准》GB 50017 的有关规定。对于采用耗能型屈曲约束支撑的钢结构，当屈曲约束支撑设计承载力的水平分力与对应消能子结构钢梁的轴向屈服承载力（按标准值计算）之比不超过 0.3，且节点板未设置边肋时，宜在验算该支撑角部节点板与梁柱连接焊缝的强度时计入梁柱开合效应的影响。当节点板设置边肋或屈曲约束支撑类型为承载型屈曲约束支撑或结构类型为钢筋混凝土结构、组合结构时，在验算该类节点焊缝承载力时可忽略开合效应的影响，仅按照支撑力进行单独设计。

3）节点板的设计与构造

节点板宜在自由边设置边肋。

当采用焊接连接或螺栓连接时，节点板的中心加劲肋长度应符合下列公式的规定：

$$L_1 > L_1^* \tag{8-148.1}$$

$$L_1^* = \left(\frac{C_j}{f \times t} - \eta_1 \frac{L_m \cos\alpha}{2} - \eta_2 \frac{L_m \sin\alpha}{2} \right) \Big/ (\eta_1 \sin\alpha + \eta_2 \cos\alpha) \tag{8-148.2}$$

$$\eta_1 = \frac{1}{\sqrt{1+2\cos(90°-\alpha)}} \qquad (8\text{-}148.3)$$

$$\eta_2 = \frac{1}{\sqrt{1+2\cos\alpha}} \qquad (8\text{-}148.4)$$

式中　L_1——中心加劲肋的长度（mm）；

L_1^*——中心加劲肋长度的最小值（mm）；

L_m——屈曲约束支撑与节点板相连接的宽度（mm，图 8-57.6 中 $\overline{EF}$ 的长度）；

t——节点板厚度（mm）；

f——节点板的强度设计值（N/mm²），按照现行国家标准《钢结构设计标准》GB 50017 确定；

α——支撑轴线与梁轴线的夹角；

η_1——$\overline{AB}$ 的抗拉折减系数；

η_2——$\overline{AC}$ 的抗拉折减系数。

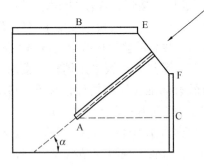

图 8-57.6　焊接连接中的节点板屈服力计算中的长度取值示意

当采用焊接连接或螺栓连接时，节点板的屈服力的计算应符合下列规定：

① 节点板自由边未设置边肋时，节点板的屈服力应符合下列公式的规定：

$$P_y \geqslant \alpha_1 f(\eta_1 L_2 t + \eta_2 L_3 t) \qquad (8\text{-}148.5)$$

$$\alpha_1 = 1 + p \times \frac{L_1 - L_1^*}{L_{1\max} - L_1^*} \qquad (8\text{-}148.6)$$

$$L_2 = L_1 \sin\alpha + \frac{L_m \cos\alpha}{2} \qquad (8\text{-}148.7)$$

$$L_3 = L_1 \cos\alpha + \frac{L_m \sin\alpha}{2} \qquad (8\text{-}148.8)$$

② 节点板自由边设置边肋时，节点板的屈服力应符合下列公式的规定：

$$P_{y,s} \geqslant \alpha_2 f(\eta_1 L_2 t + \eta_2 L_3 t) \qquad (8\text{-}148.9)$$

$$\alpha_2 = q\alpha_1 \qquad (8\text{-}148.10)$$

式中　P_y——无边肋条件下的节点板屈服力（N）；

$P_{y,s}$——有边肋条件下的节点板屈服力（N）；

L_2——图 8-57.6 中弯折线 $\overline{AB}$ 的长度（mm）；

L_3——图 8-57.6 中弯折线 $\overline{AC}$ 的长度（mm）；

α_1——无边肋条件下长度影响的修正系数；

p——长度放大系数，取 0.1；

α_2——边肋作用的修正系数；

q——屈服力放大系数，取 1.08。

当屈曲约束支撑与节点板采用螺栓连接或焊接连接时，节点板的平面内轴向刚度的计算可按下列规定执行：

① 节点板自由边未设置边肋时，平面内轴向刚度可按下式计算：

$$K_{\mathrm{J}} = \frac{2Et}{\sqrt{3}} \frac{1}{\ln\left|\dfrac{\sqrt{3}L_{\mathrm{m}} + \sqrt{3}(L_{\mathrm{h}} - t) + 2L_1}{\sqrt{3}L_{\mathrm{m}} + \sqrt{3}(L_{\mathrm{h}} - t)} \times \dfrac{\sqrt{3}L_{\mathrm{m}} + 2L_1 + L_{\mathrm{j}} + 2L_{\mathrm{s}}}{\sqrt{3}L_{\mathrm{m}} + 2L_1}\right|} \tag{8-148.11}$$

② 节点板自由边设置边肋时，平面内轴向刚度可按下式计算：

$$K_{\mathrm{J,s}} = \beta \times K_{\mathrm{J}} \tag{8-148.12}$$

式中　E——节点钢材材料的弹性模量（N/mm²）；

　　　β——计入初始缺陷和边肋作用的修正系数，β 取 1.1；

　　L_{s}——图 8-57.7 中 $\overline{AI}$ 的长度（mm）；

　　L_{j}——图 8-57.7 中 $\overline{IJ}$ 的长度（mm）；

　　L_{h}——平面外方向连接部分的宽度（mm）。

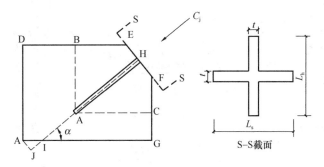

图 8-57.7　节点板刚度计算中的长度取值示意

8.8　柱 脚 节 点 设 计

1. 柱脚节点作为结构的整体，不仅设计，而且在工厂制作、现场安装等都必须保证质量。作为钢结构的柱脚，亦即钢柱与钢筋混凝土基础或基础梁的连接节点，设计时必须明确地反映出来，才能使施工者有足够的认识，以保证施工的质量。

2. 柱脚按结构的内力分析，可大体分为铰接连接柱脚和刚性固定连接（刚接）柱脚两大类。但是，在工程实际应用中，介于两者之间的半刚性固定柱脚的情况也是常有的：即使作为铰接柱脚和刚性固定柱脚的处理，实际上也并不是理想的铰和完全的刚接。

根据对柱脚的受力分析，铰接柱脚和刚性固定柱脚还可分为以下几种形式：

柱脚 $\begin{cases} \text{铰接柱脚} \quad\text{仅传递垂直力和水平力} \\ \text{（图 8-58）} \\ \text{刚性固定} \begin{cases} \text{外露式柱脚} \\ \text{埋入式柱脚} \\ \text{外包式柱脚} \end{cases} \begin{array}{l} \text{除了传递垂直力和水平} \\ \text{力外，还要传递弯矩} \end{array} \\ \text{（图 8-61）} \end{cases}$

347

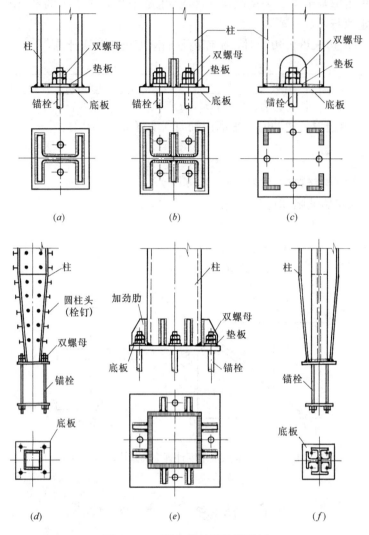

图 8-58　工程中的铰接柱脚示例

高层钢结构中的柱脚，一般多采用刚性固定柱脚。

8.8.1　铰接柱脚的设计

1. 这里所述及的铰接柱脚仅承受轴心压力和水平剪力。

图 8-58 为工程中的铰接柱脚示例。

2. 铰接柱脚底板的长度和宽度可按下式确定，同时应符合构造上的要求。

$$\sigma_c = \frac{N}{LB} \leqslant f_c \tag{8-149}$$

式中　N——柱的轴心压力；

　　　L——柱脚底板的长度；

　　　B——柱脚底板的宽度；

f_c——柱脚底板下混凝土的轴心抗压强度设计值，按表 2-8 采用。

3. 柱脚底板的厚度可按下式确定，同时不应小于柱中较厚板件的厚度，且不宜小于 20mm。

$$t_{Pb} \geqslant \sqrt{\frac{6M_{imax}}{f}}$$ (8-150)

式中　M_{imax}——根据柱脚底板下混凝土基础的反力和底板的支承条件确定的最大弯矩。通常情况下，对无加劲肋的底板可近似地按悬臂板考虑；另外，对 H 形截面柱，还应按三边支承板考虑；对箱形截面柱的箱内底板部分，还应按四边支承板考虑；对圆管形截面柱的管内底板部分，还应按周边支承圆板考虑。据此，可按下列公式计算：

① 对悬臂板：
$$M_1 = \frac{1}{2} \sigma_c a_1^2$$ (8-151)

a_1——底板的悬臂长度。

② 对三边支承板：
$$M_2 = \alpha \sigma_c a_2^2$$ (8-152)

α——与 b_2/a_2 有关的系数，按表 8-6 采用；

a_2——计算区格内，板的自由长度。

③ 对四边支承板：
$$M_3 = 0.048 \sigma_c a_3^2$$ (8-153)

a_3——箱形截面柱的箱内正方形底板的边长。

④ 对圆形周边支承板：
$$M_4 = 0.21 \sigma_c r^2$$ (8-154)

r——圆管形截面柱的管内圆形底板的半径。

当柱脚底板下混凝土基础的反力较大时，为避免底板过厚，也可设置加劲肋予以加强；此时，底板的厚度、加劲肋的高度和厚度、板件的相互连接等，应根据底板的区格情况和支承条件，参照刚性固定露出式柱脚的有关要求确定。

4. 底板与柱子下端的连接焊缝，应分别按以下情况确定。

（1）对无加劲肋的柱脚，当沿 H 形截面柱的周边采用角焊缝连接时（图 8-59a），其强度应按下列公式计算：

$$\sigma_{Nc} = \frac{N}{A_{ew}} \leqslant \beta_f f_f^w$$ (8-155)

$$\tau_v = \frac{V}{A_{eww}} \leqslant f_f^w$$ (8-156)

$$\sigma_{fs} = \sqrt{\left(\frac{\sigma_{Nc}}{\beta_f}\right)^2 + \tau_v^2} \leqslant f_f^w$$ (8-157)

式中　N——柱的轴心压力；

A_{ew}——沿柱截面周边的角焊缝总的有效截面面积；

V——柱脚处的水平剪力；

A_{eww}——柱腹板处的角焊缝有效截面面积。

（2）对无加劲肋柱脚，当 H 形截面柱翼缘采用完全焊透的对接焊缝，腹板采用角焊缝连接时（图 8-59b），其强度可近似地按下列公式计算：

$$\sigma_{Nc} = \frac{N}{2A_F + A_{eww}} \leqslant \beta_f f_f^w \tag{8-158}$$

$$\tau_v = \frac{V}{A_{eww}} \leqslant f_f^w \tag{8-156}*$$

$$\sigma_{fs} = \sqrt{\left(\frac{\sigma_{Nc}}{\beta_f}\right)^2 + \tau_v^2} \leqslant f_f^w \tag{8-157}*$$

式中 A_F——单侧翼缘的截面面积。

（3）对无加劲肋的柱脚，当沿柱周边采用完全焊透的坡口对接焊缝时（图 8-59c），可视焊缝与柱截面是等强度的，不必进行焊缝强度的验算。

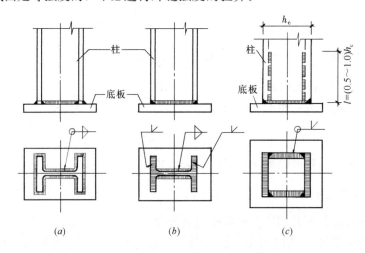

图 8-59 底板与柱下端的连接焊缝图示

(a) 周边为角焊缝连接；(b) 翼缘为完全焊透的坡口对接焊缝，腹板为角焊缝连接；
(c) 周边为完全焊透的坡口对接焊缝连接

（4）通常情况下，柱脚底板与柱下端的连接焊缝，无论有无加劲肋，可按无加劲肋进行计算。当加劲肋与柱和底板的连接焊缝质量有可靠保证时，也可采用底板与柱下端和加劲肋的连接焊缝的截面性能进行计算。

5. 铰接柱脚的锚栓仅作安装过程的固定之用，因此锚栓的直径通常根据其与钢柱板件厚度和底板厚度相协调的原则来确定；一般可在 20～42mm 的范围内采用，且不宜小于 20mm。

锚栓的数目常采用 2 个或 4 个，同时尚应与钢柱的截面形式、截面大小及安装要求相协调。其布置形式通常如图 8-58 所示。

锚栓应设置弯钩或锚板、锚梁，此时其锚固长度一般不宜小于 25d（d——锚栓直径）。

柱脚底板的锚栓孔径，宜取锚栓直径加 5～10mm；锚栓垫板的锚栓孔径，取锚栓直径加 2mm。锚栓垫板的厚度通常取与底板厚度相同。

在柱子安装校正完毕后，应将锚栓垫板与底板相焊牢，焊脚尺寸不宜小于 10mm；锚栓应采用双螺母紧固；为防止螺母松动，螺母与锚栓垫板尚应进行点焊。

埋设锚栓时，一般宜采用锚栓固定架，以保证锚栓位置的正确。

6. 在铰接柱脚中，锚栓通常不能用以承受柱脚底部的水平剪力。而柱脚底部的水平剪力应由柱脚底板与其下部的混凝土或水泥砂浆之间的摩擦力来抵抗。此时，其摩擦力 V_{fb}（抗剪承载力）应符合下式的要求。即

$$V_{\mathrm{fb}} = 0.4N \geqslant V \tag{8-159}$$

当不能满足上式要求时，可按图 8-60 所示的形式设置抗剪键。

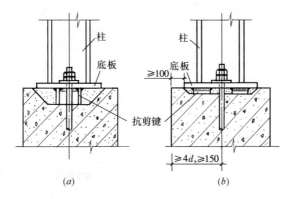

图 8-60 抗剪连接件设置图示

8.8.2 刚性固定柱脚的设计

1. 刚性固定柱脚除了承受轴心压力和水平剪力外，还要承受弯矩。

2. 多层及高层钢结构中的刚性固定柱脚，按其构造形式可分为：

(1) 外露式柱脚；

(2) 埋入式柱脚；

(3) 外包式柱脚。

图 8-61 为工程中的刚性固定柱脚示例。

(一) 刚性固定外露式柱脚的设计

1. 设计注意事项

(1) 刚性固定外露式柱脚主要由底板、加劲肋（加劲板）、锚栓及锚栓支承托座等组成（图 8-62），各部分的板件都应具有足够的强度和刚度，而且相互间应有可靠的连接。

(2) 为满足柱脚的嵌固，提高其承载力和变形能力，柱脚底部（柱脚处）在形成塑性铰之前，不容许锚栓和底板发生屈曲，也不容许基础混凝土被压坏。因此，设计外露式柱脚时应注意：

1) 为提高柱脚底板的刚度和减小底板的厚度，应采用增设加劲肋和锚栓支承托座等补强措施。

2) 设计锚栓时，应使锚栓的屈服在底板和柱构件的屈服之后。因此，要求设计上对锚栓应留有 15%～20% 的富余量。

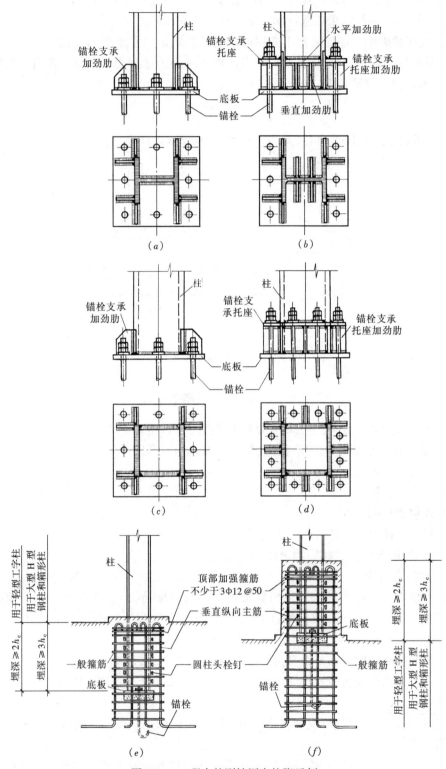

图 8-61 工程中的刚性固定柱脚示例

(a) ～ (d) 外露式柱脚；(e) 埋入式柱脚；(f) 外包式柱脚

3）为提高柱脚的初期回转刚度和抗滑移刚度，对锚栓应施加预拉力，预加拉力的大小宜控制在 5～8kN/cm² 的范围，作为预加拉力的施工方法宜采用扭角法。

4）柱脚底板下部二次浇灌的细石混凝土或水泥砂浆，将给予柱脚初期刚度很大的影响，因此应灌以高强度微膨胀细石混凝土或高强度膨胀水泥砂浆。通常是采用强度等级为 C40 的细石混凝土或强度等级为 M50 的膨胀水泥砂浆。

2. 一般构造要求

（1）刚性固定外露式柱脚，一般均应设置加劲肋（加劲板），以加强柱脚的刚度；当荷载大、嵌固要求高时，尚须增设锚栓支承托座等补强措施。

（2）柱脚底板的长度、宽度和厚度应按以下（3）～（5）条的要求确定；同时，尚应满足构造上的要求。通常，底板的厚度不应小于柱子较厚板件的厚度，且不宜小于 30mm。

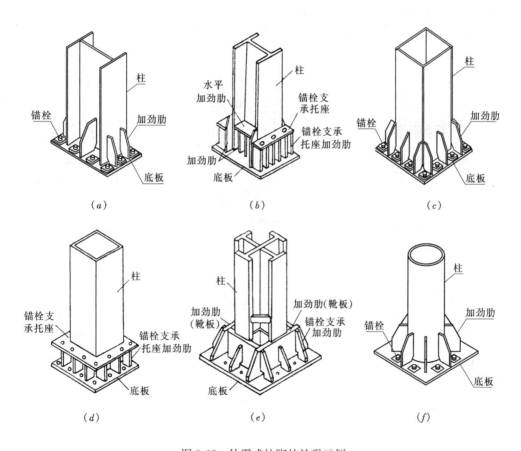

图 8-62　外露式柱脚的补强示例

通常情况下，底板的长度和宽度先根据柱子的截面尺寸和锚栓设置的构造要求确定；当荷载大时，为减小底板下基础的分布反力和底板的厚度，多采用图 8-59 所示的做法，增设加劲肋（加劲板）和锚栓支承托座等补强措施，以扩展底板的长度和宽度。此时，底板的长度和宽度扩展的外伸尺寸（相对于柱子截面的高度和宽度的边端距离），每侧不宜超过底板厚度的 $18\sqrt{\dfrac{235}{f_y}}$ 倍。

当底板尺寸较大时，为在底板下二次浇灌混凝土或水泥砂浆，并保证能紧密充满，应在底板上开设直径 80～105mm 的排气孔数个，具体位置可根据柱脚的构造来确定。

（3）一般加劲肋（加劲板）的高度和厚度，应根据其承受底板下混凝土基础的分布反力，按本节 3(1) 条的要求确定。其高度通常不宜小于 250mm，厚度不宜小于 12mm，并应与柱子的板件厚度和底板厚度相协调。

由于锚栓支承托座加劲肋或锚栓加劲肋是对称地设置在垂直于弯矩作用平面的受拉侧和受压侧，锚栓支承托座加劲肋或锚栓加劲肋的高度和厚度，应取其承受底板下混凝土基础的分布反力的锚栓拉力两者中的较大者，按本节 3(1) 条的要求确定。通常，其高度不宜小于 300mm，厚度不宜小于 16mm，并应与柱子的板件厚度和底板厚度相协调。

锚栓支承托座顶板和锚栓垫板的厚度，一般取底板厚度的 0.5～0.7 倍。

锚栓支承托座加劲肋的上端与支承托座顶板的连接宜刨平顶紧。

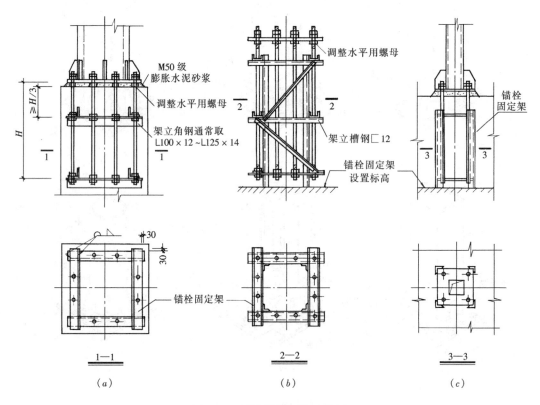

图 8-63　锚栓固定架设置示例

（4）钢结构柱脚安装节点类型较多，常用的有外露式、插入式、包脚式等柱脚安装节点类型。这里，主要推荐常用的外露式柱脚安装节点和插入式柱脚安装节点两种。外露式柱脚安装节点又分垫层调标高柱脚安装节点和螺母调标高柱脚安装节点两种。这两种柱脚安装节点各有利弊，垫层调标高柱脚安装节点采用比较多，读者可根据自己的设计经验和施工单位的施工习惯选用。插入式柱脚安装节点常用于轻型柱。见图 8-64。

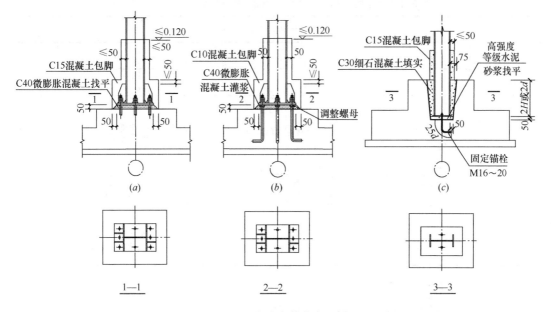

图 8-64　柱脚安装节点示例

(a) 垫层调标高柱脚安装节点；(b) 螺母调标高整安装节点；(c) 插入式柱脚安装节点

(5) 锚栓在柱脚端弯矩作用下承受拉力，同时作为安装过程的固定之用。因此，其直径和数目应按本节 3(1) 条的要求确定。但无论如何，尚须按构造要求配置锚栓。锚栓的数目在垂直于弯矩作用平面的每侧不应小于 2 个，同时尚应与钢柱的截面形式和大小，以及安装要求相协调；其直径一般可在 30～76mm 的范围内采用，且不宜小于30mm。

锚栓应设置锚板和锚梁，此时锚栓的锚固长度均不宜小于 25d。

柱脚底板和锚栓支承托座顶板的锚栓孔径，宜取锚栓直径加 5～10mm；锚栓垫板的锚栓孔径，取锚栓直径加 2mm。

在柱子安装校正完毕后，应将锚栓垫板与底板或锚栓支承托座顶板相焊牢，焊脚尺寸不宜小于 10mm；锚栓应采用双螺母紧固，为防止螺母松动，螺母与锚栓垫板尚应进行点焊。

为使锚栓能准确地锚固于设计位置，应采用刚度强的固定架，以避免锚栓在浇灌混凝土过程中移位。图 8-63 为设置锚栓固定架的示例。

(6) 加劲肋（加劲板）、锚栓支承加劲肋、锚栓支承托座加劲肋，以及锚栓支承托座顶板，与柱脚底板和柱子板件等均采用焊缝连接。其焊缝形式和焊脚尺寸一般可按构造要求确定；当角焊缝的焊脚尺寸满足 $h_f \geqslant 1.5 \sqrt{t_p}$ 时 $[t_p = \max(t_1, t_2)]$，可参考表 8-3 采用。

3. 细部设计计算

(1) 柱脚底板的长度 L 和宽度 B，应根据设置的加劲肋等补强板件和锚栓的构造特点（图 8-65），按下列公式先行确定，并应符合本条的有关要求。

$t=\min(t_1, t_2)$											
t	10	12	14	16	18	20	22	25	28	30	32	36
h_f	6	6	8	8	10	10	12	14	14	16	16	18

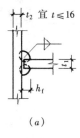

（a）

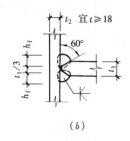

（b）

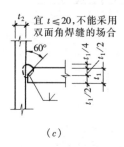

（c）

$$L=h+2l_1+2l_2 \qquad (8\text{-}160)$$
$$B=b+2b_1+2b_2 \qquad (8\text{-}161)$$

式中　h——柱的截面高度；

l_1——底板长度方向补强板件或锚栓支承托座板件的尺寸，可参考表 8-4 中的数值确定；

l_2——底板长度方向的边距，一般取 $l_2=$ 10~30mm；

b——柱的截面宽度；

b_1——底板宽度方向补强板件或锚栓支承托座板件的尺寸，可参考表 8-4 确定；

b_2——底板宽度方向的边距，一般取 $b_2=$10~30mm。

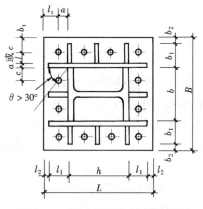

图 8-65　底板长度尺寸计算图示

底板长度尺寸计算参考数值（mm）　　表 8-4

螺栓直径	a	l_t 或 b_t	c	螺栓直径	a	l_t 或 b_t	c
20	60	40	50	56	105	110	140
22	65	45	55	60	110	120	150
24	70	50	60	64	120	130	160
27	70	55	70	68	130	135	170
30	75	60	75	72	140	145	180
33	75	65	85	76	150	150	190
36	80	70	90	80	160	160	200
39	85	80	100	85	170	170	210
42	85	85	105	90	180	180	230
45	90	90	110	95	190	190	240
48	90	95	120	100	200	200	250
52	100	105	130				

（2）刚性固定外露式柱脚在柱脚端弯矩 M、轴心压力 N 和水平剪力 V 共同作用下，应按表 8-5 所列公式和要求，分别计算底板下混凝土基础的受压应力、受拉侧锚栓的总拉力或锚栓的总有效面积、水平抗剪承载力。

当柱脚的水平抗剪承载力 $V_{fb} < V$ 时，应在柱脚底板下设置抗剪键（图 8-59）或在柱脚处增设抗剪插筋并局部浇灌细石混凝土。

刚性固定外露式柱脚底板下的混凝土受压应力、受拉侧锚栓的总拉力或总有效面积，

以及水平抗剪承载力的计算公式　　　　　　　　　　　　表 8-5

底板下的混凝土受压应力分布图示	 (a)	 (b)	 (c)
偏心距 e 判别式	$e \leqslant L/6$	$L/6 < e \leqslant (L/6 + l_t/3)$	$e > (L/6 + l_t/3)$
底板下的混凝土最大受压应力	$\sigma_c = \dfrac{N}{LB}(1 + 6e/L) \leqslant \beta_c f_c$ 　　　　　　(8-162)	$\sigma_c = \dfrac{2N}{3B(L/2-e)} \leqslant \beta_c f_c$ 　　　　　　(8-163)	$\sigma_c = \dfrac{2N(e+L/2-l_t)}{Bx_n(L-l_t-x_n/3)}$ $\leqslant \beta_c f_c$　　(8-164)
受拉侧锚栓的总拉力或锚栓的总有效面积	$T_a = 0$	$T_a = 0$	$T_a = \dfrac{N(e-L/2+x_n/3)}{L-l_t-x_n/3}$ 或 $A_e^a = T_a/f_t^a$　　(8-165)
水平抗剪承载力	$V_{fb} = 0.4N \geqslant V$　(8-166)		$V_{fb} = 0.4(N+T_a) \geqslant V$ 　　　　　　(8-167)

注：表中　e—偏心距（$e = M/N$）；

　　　　f_c—底板下混凝土的轴心抗压强度设计值，按表 2-8 采用；

　　　　β_c—底板下混凝土局部承压时的轴心抗压强度设计值提高系数，按《混凝土结构设计规范》GB 50010 的规定采用；

　　　　T_a—受拉侧锚栓的总拉力；

　　　　V_{fb}—底板底面与混凝土或水泥砂浆之间的摩擦力；

　　　　f_t^a—锚栓的抗拉强度设计值，按表 2-5 采用；

　　　　A_e^a—受拉侧锚栓的总有效面积，根据总有效面积 A_e^a，可直接按第 11 章表 11-40 确定锚栓的直径和数目；

　　　　l_t—由受拉侧底板边缘至受拉锚栓中心的距离；

　　　　x_n—底板受压区的长度，可按下式试算；也可根据底板下的混凝土强度等级，按图 8-66～图 8-70 确定；

$$x_n^3 + 3(e-L/2)x_n^2 - \frac{6nA_e^a}{B}(e+L/2-l_t)(L-l_t-x_n) = 0 \qquad (8-168)$$

　　　　n—钢材的弹性模量与混凝土弹性模量之比。

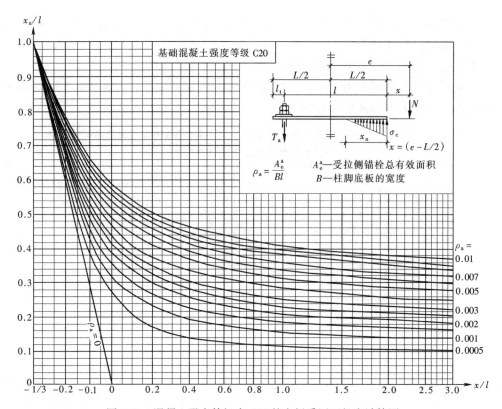

图 8-66　混凝土强度等级为 C20 的底板受压区长度计算图

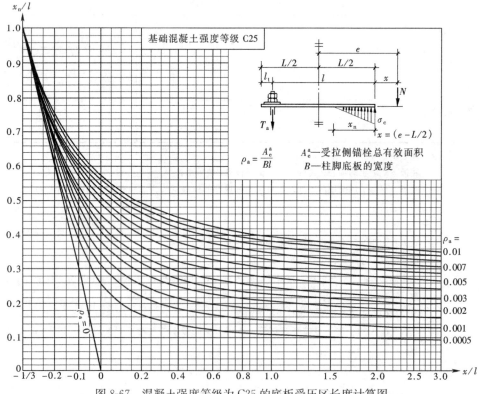

图 8-67　混凝土强度等级为 C25 的底板受压区长度计算图

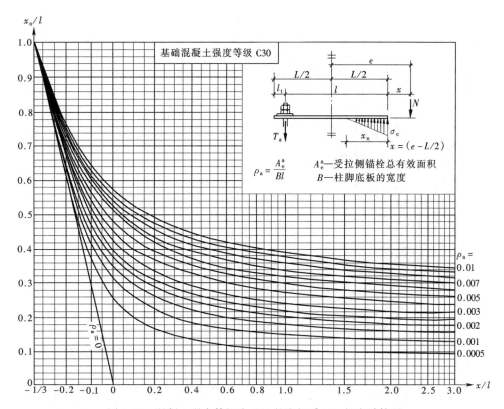

图 8-68　混凝土强度等级为 C30 的底板受压区长度计算图

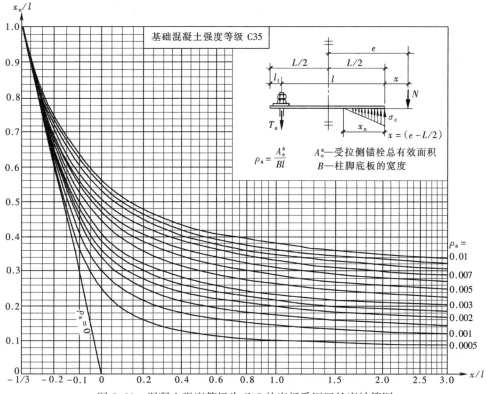

图 8-69　混凝土强度等级为 C35 的底板受压区长度计算图

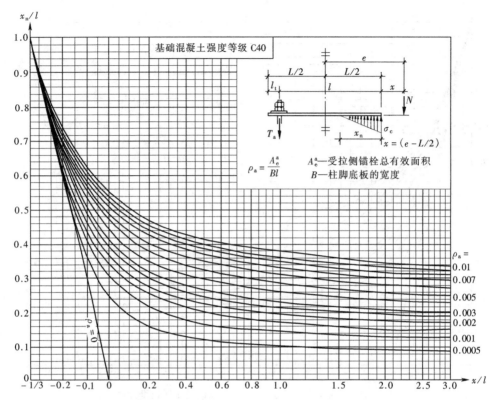

图 8-70　混凝土强度等级为 C40 的底板受压区长度计算图

（3）柱脚底板的厚度 t_{Pb}，应同时符合下列公式的要求，而且不应小于柱较厚板件厚度，且不宜小于 30mm。

$$t_{Pb} \geqslant \sqrt{\frac{6M_{imax}}{f}} \tag{8-150}^*$$

$$t_{Pb} \geqslant \sqrt{\frac{6 \bar{N}_{ta} l_{ai}}{(D + 2l_{ai}) f}} \tag{8-169}$$

式中　M_{imax}——根据柱脚底板下的混凝土基础反力和底板的支承条件，分别按悬臂板、三边支承板、两相邻边支承板、四边支承板、周边支承板、两相对边支承板计算得到的最大弯矩，其值可按以下要求确定：

①对悬臂板：
$$M_1 = \frac{1}{2}\sigma_c a_1^2 \tag{8-151}^*$$

　　σ_c——计算区格内底板下混凝土基础的最大分布反力，按表 8-5 中的公式（8-162）或公式（8-163）、公式（8-164）计算得到；

　　a_1——底板的悬臂长度。

②对三边支承板和两相邻边支承板：$M_2 = \alpha \sigma_c a_2^2 \tag{8-152}^*$

　　α——与 b_2/a_2 有关的系数，按表 8-6 采用；

（a）三边支承板

b_2/a_2	0.30	0.35	0.40	0.45	0.50	0.55	0.60	0.65	0.70	0.75	0.80	0.85
α	0.027	0.036	0.044	0.052	0.060	0.068	0.075	0.081	0.087	0.092	0.097	0.101

（b）两相邻边支承板

b_2/a_2	0.90	0.95	1.00	1.10	1.20	1.30	1.40	1.50	1.75	2.00	>2.00
α	0.105	0.109	0.112	0.117	0.121	0.124	0.126	0.128	0.130	0.132	0.133

注：当 $b_2/a_2 < 0.3$ 时，按悬伸长度为 b_2 的悬臂板计算。

　　a_2——计算区格内，板的自由边长度；对两相邻边支承板，应按表 8-6 中的图示确定。

　③对四边支承板：

$$M_3 = \beta \sigma_c a_3^2 \tag{8-170}$$

　　β——与 b_3/a_3 有关的系数，按表 8-7 采用；

　　a_3、b_3——计算区格内，板的短边和长边。

　④ 对圆形周边支承板：

$$M_4 = 0.21 \sigma_c r^2 \tag{8-154}^*$$

四边支承板

b_3/a_3	1.00	1.05	1.10	1.15	1.20	1.25	1.30	1.35	1.40	1.45
β	0.048	0.052	0.055	0.059	0.063	0.066	0.069	0.072	0.075	0.078
b_3/a_3	1.50	1.55	1.60	1.65	1.70	1.75	1.80	1.90	2.00	>2.00
β	0.081	0.084	0.086	0.089	0.091	0.093	0.095	0.099	0.102	0.125

　　r——圆形板的半径。

　⑤对两对边支承板：

$$M_5 = \frac{1}{8} \sigma_c a_5^2 \tag{8-171}$$

　　a_5——两相对边支承板的跨度；

　　$\overline{N}_{ta}$——一个锚栓所承受的拉力；

　　l_{ai}——从锚栓中心至底板支承边的距离，如图 8-71 所示；

　　D——锚栓的孔径。

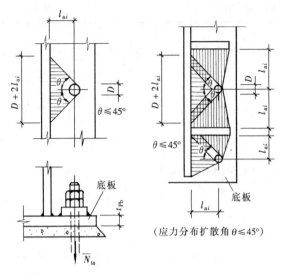

当锚栓拉力 $\overline{N}_{ta}$ 由两个或三个支承边承受时，锚栓拉力相应地由各支承边分担，而每个支承边的有效长度应根据扩散角 $\theta \leqslant 45°$ 来确定。

（4）底板与柱下端的连接焊缝，可按以下要求确定。

1）当柱下端面和底板的接触面不采用铣平加工的紧密结合传力时，其连接焊缝应按柱身下端内力组合中的最不利弯矩、轴心压力和水平剪力进行计算。

2）当柱下端面和底板的接触面采用铣平加工且紧密结合传力时，其连接焊缝可按柱身下端内力组合中的最不利弯矩和轴心压力的 75%，以及水平剪力进行计算。

图 8-71　承受锚栓拉力的底板计算图示

3）通常情况下，底板与柱下端的连接焊缝，无论是否设有加劲肋等补强板件，可按无加劲肋的情况进行计算。当加劲肋等补强板件与底板和柱的连接焊缝质量有可靠保证时，也可采用柱下端和加劲肋等补强板件与底板的连接焊缝的截面性能来进行计算。

当不考虑加劲肋等补强板件与底板连接焊缝的作用时，底板与柱下端的连接焊缝，可按以下情况确定。

①当沿 H 形截面柱周边采用角焊缝连接时（图 8-59a），其强度应按下列公式计算：

$$\sigma_{Nc} = \frac{N}{A_{ew}} \leqslant \beta_f f_f^w \tag{8-155}*$$

$$\sigma_{Mc} = \frac{M}{W_{ew}} \leqslant \beta_f f_f^w \tag{8-172}$$

$$\tau_v = \frac{V}{A_{eww}} \leqslant f_f^w \tag{8-156}*$$

$$\sigma_{fs} = \sqrt{\left(\frac{\sigma_{Nc} + \sigma_{Mc}}{\beta_f}\right)^2 + \tau_v^2} \leqslant f_f^w \tag{8-173}$$

式中　N、M、V——作用于柱脚处的轴心压力、弯矩和水平剪力；

　　　　A_{ew}——沿柱截面周边的角焊缝的总有效截面面积；

　　　　W_{ew}——沿柱截面周边的角焊缝的总有效截面模量；

　　　　A_{eww}——柱腹板处的角焊缝的有效截面面积。

②H 形截面柱当翼缘采用完全焊透的坡口对接焊缝，而腹板采用角焊缝连接时（图 8-59b），其强度可近似地按下列公式计算：

$$\sigma_{Nc} = \frac{N}{2A_F + A_{eww}} \leqslant \beta_f f_f^w \tag{8-158}*$$

$$\sigma_{Mc} = \frac{M}{W_F} \leqslant \beta_f f_f^w \tag{8-174}$$

$$\tau_v = \frac{V}{A_{eww}} \leqslant f_f^w \tag{8-156}*$$

ⓐ 对翼缘：
$$\sigma_f = \sigma_{Nc} + \sigma_{Mc} \leqslant \beta_f f_f^w \tag{8-175}$$

ⓑ 对腹板：
$$\sigma_{fs} = \sqrt{\left(\frac{\sigma_{Nc}}{\beta_f}\right)^2 + \tau_v^2} \leqslant f_f^w \tag{8-157}*$$

式中　A_F——单侧翼缘的截面面积；

　　　W_F——翼缘的截面模量。

③当沿柱周边采用完全焊透的坡口对接焊缝时（图8-59c），可视焊缝与柱截面是等强度的，不必进行焊缝强度的验算。

（5）垂直设置的一般加劲肋（加劲板）的强度及其与柱板件和柱脚底板的连接、锚栓支承加劲肋或锚栓支承托座加劲肋的强度及其与柱板件和柱脚底板的连接（图8-72），可近似地按下列公式计算，同时连接焊缝尚应符合表8-3所示的构造要求，且加劲肋的宽度与厚度之比（b_{Ri}/t_{Ri}）不宜超过 $18\sqrt{\dfrac{235}{f_y}}$。

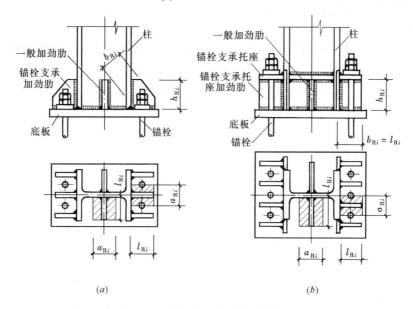

图 8-72　柱脚垂直加劲肋计算图示

（a）设有锚栓支承加劲肋和一般加劲肋；（b）设有锚栓支承托座加劲肋和一般加劲肋

$$\tau_R = \frac{V_i}{h_{Ri}t_{Ri}} \leqslant f_v \tag{8-176}$$

$$\tau_f = \frac{V_i}{2h_e l_w} \leqslant f_f^w \tag{8-177}$$

式中　V_i——作用剪力，按以下情况采用：

①对一般加劲肋（加劲板），应取其承受底板下混凝土基础的分布反力按悬臂支承得到的剪力，即

$$V_i = a_{Ri} l_{Ri} \sigma_c \tag{8-178}$$

② 对锚栓支承加劲肋或锚栓支承托座加劲肋，应取其承受底板下混凝土基础的分布反力按悬臂支承得到的剪力（$V_i = a_{Ri}l_{Ri}\sigma_c$）和锚栓拉力所产生的剪力（$V_i = \overline{N}_{ta}$）两者中的较大者；

以上 a_{Ri}——加劲肋所承受的底板区格宽度；

　　　l_{Ri}——加劲肋所承受的底板区格长度；

　　　σ_c——底板下混凝土基础的分布反力，按表 8-5 所列公式计算得到；

　　　h_{Ri}——加劲肋或锚栓支承加劲肋或锚栓支承托座加劲肋的高度；

　　　t_{Ri}——加劲肋或锚栓支承加劲肋或锚栓支承托座加劲肋的厚度；

　　　h_e——连接角焊缝的有效厚度；

　　　l_w——角焊缝的计算长度。

（6）刚性固定外露式柱脚底部设置标高，可从以下两方面考虑确定：

1）以柱脚加劲肋顶面（图 8-72a 设锚栓支承加劲肋时）或锚栓顶面（图 8-72b 设锚栓支承托座时）的高度低于楼地面 10～15cm 来确定。

2）在柱脚处采用细石混凝土，将柱脚补强板件和锚栓等局部包起来（图 8-73）。

（二）刚性固定埋入式柱脚的设计

1. 设计注意事项

（1）刚性固定埋入式柱脚是直接将钢柱埋入钢筋混凝土基础或基础梁的柱脚（图 8-61e）。其埋入办法：一是预先将钢柱脚按要求组装固定在设计标高上，然后浇灌基础或基础梁的混凝土；另一种是预先按要求浇灌基础或基础梁的混凝土，在浇灌混凝土时，按要求留出安装钢柱脚用的插入杯口，待安装好钢柱脚后，再用混凝土强度等级比基础高一级的混凝土灌实。通常情况下，前一种方法对提高和确保钢柱脚和钢筋混凝土基础或基础梁的组合效应和整体刚度有利，所以在工程实际中多被采用。

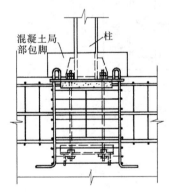

图 8-73　柱脚的局部包
脚处理图示

（2）在埋入式柱脚中，钢柱的埋入深度是影响柱脚的固定度、承载力和变形能力的重要因素；而且，有时对于中柱、边柱和角柱，其埋入深度也不尽相同，这就需要选择易于进行钢筋混凝土补强的埋入深度来处置。钢柱的埋入深度的构造要求，应按以下（6）的规定采用。

（3）为防止钢柱的局部压屈和局部变形，在钢柱向钢筋混凝土基础或基础梁传递水平力处压应力最大值的附近，设置水平加劲肋是一个有效的补强措施；对箱形截面柱和圆管形截面柱除设置水平加劲的环形横隔外，在箱内和管内浇灌混凝土也将获得良好的效果。

（4）为防止基础或基础梁中混凝土早期的压坏和剪坏，应配置补强钢筋，合理地确定钢柱周边的钢筋混凝土保护层厚度及其配筋很重要。

在中柱、边柱和角柱中，其钢筋混凝土保护层厚度有时不尽一致，特别在边柱和角柱的柱脚中，对没有设置基础梁的一侧，钢柱翼缘面处的钢筋混凝土保护层厚度：中柱不得小于 250mm；边柱、角柱的外侧不宜小于 400mm。

（5）配置在钢柱埋入部分中的钢筋，除基础或基础梁应有的配筋外，尚应在钢柱周边增设补强垂直纵向主筋、架立筋、箍筋、顶部加强箍筋、基础梁主筋在钢柱埋入部分水平方向弯折处的加强箍筋。

(6) 在整体框架的内力分析时，对柱脚部分的刚度和刚度区域应留有一定的富余量，刚度区域的高度应比基础或基础梁混凝土顶面高出 1.2 倍的钢柱截面高度。

2. 一般构造要求

(1) 在埋入式柱脚中，钢柱埋入基础或基础梁的深度 S_d，一般可在以下范围内采用。

对轻型工字柱：

$$S_d \geqslant 2.0h_c$$

对大型截面 H 型钢柱、箱形截面柱和圆管形截面柱：

$$S_d \geqslant 3.0h_c$$

式中 h_c——钢柱的截面高度或管径。

对边柱和角柱的钢柱埋入深度，尚应符合第 8.8.2 节（二)3(5)的要求。

(2) 埋入式柱脚钢柱脚底板的长度、宽度和厚度，通常是根据柱的轴心压力按第 8.8.2 节(一)3(3)、(4) 的要求确定，同时应满足构造上的要求。通常，钢柱脚底板的厚度不宜小于钢柱的较厚板件厚度，且不宜小于 20mm。

(3) 根据埋入式柱脚内力的传递特点［参见以下 (8)］，钢柱脚的锚栓一般仅作安装过程固定之用。因此，锚栓的直径，通常是根据其与钢柱板件厚度和底板厚度相协调的原则来确定，一般可在 20~42mm 的范围内采用，且不宜小于 20mm。

铰接柱脚，锚栓的数目常采用 2 个或 4 个，同时应与钢柱的截面形式、截面大小，以及安装要求相协调。其布置形式如图 8-58 所示。

锚栓应设置弯钩，或锚板，或锚梁，其锚固长度不宜小于 25d（d 为锚栓直径）。

柱脚底板的锚栓孔径，宜取锚栓直径加 5~10mm；锚栓垫板的锚栓孔径，取锚栓直径加 2mm。垫板的厚度取与柱脚底板厚度相同。

在柱安装校正完毕后，应将锚栓垫板与底板焊牢，其焊脚尺寸不宜小于 10mm；锚栓应采用双螺母紧固；为防止螺母松动，螺母与锚栓垫板宜进行点焊。

在埋设锚栓时，一般宜采用锚栓固定架，以确保锚栓位置的正确。

(4) 当轴心压力较大，有必要设置加劲肋时，加劲肋的尺寸、厚度及其与底板和钢柱板件的连接焊缝，可参照表 8-3 和第 8.8.2 节(一)3(4)的有关要求确定。

(5) 焊于钢柱埋入部分的抗剪圆柱头栓钉，应按第 8.8.2 节（二)3(5)的要求确定。但对 H 形截面柱强轴左右两侧的翼缘、箱形截面柱两轴的每侧、圆管形截面柱两轴的每侧（90°扇面），其圆柱头栓钉数目不宜小于 8ϕ16；栓钉杆长度可在 (4~6) d 的范围内采用（d——栓钉直径）；圆柱头栓钉直径可在 ϕ13、ϕ16、ϕ19、ϕ22 中采用，通常采用 ϕ16 和 ϕ19。

(6) 在钢柱向钢筋混凝土基础或基础梁传递水平力处压应力最大值的附近，应对钢柱采取以下的补强措施。

1) 对 H 形截面柱应在腹板的两侧成对设置水平加劲肋（图 8-74a），水平加劲肋的厚度一般宜等于或大于钢柱翼缘的厚度，加劲肋的宽度与厚度之比 (b_s/t_s) 不宜超过 18 $\sqrt{\dfrac{235}{f_y}}$；其连接焊缝宜根据最大持力加劲肋的强度 ($b_s t_s f$) 来确定，通常加劲肋与钢柱翼缘的连接多采用对接焊缝，与腹板的连接焊缝多采用双面角焊缝，焊脚尺寸不宜小于8mm。

2）对箱形截面柱和圆管形截面柱除在箱内和管内设置水平加劲环形隔板外，尚应在箱内和管内浇灌与基础或基础梁相同强度等级的混凝土；填充混凝土的高度，应比箱外或管外基础或基础梁混凝土顶面高出 $1.5h_c$（图 8-74b）。

水平加劲环形隔板的厚度，一般宜等于或大于钢柱腹板的厚度，环形隔板的内环直径不应小于80mm；环形隔板与钢柱的连接，可采用坡口对接焊缝或单面角焊缝，焊脚尺寸不宜小于8mm。

3）必要时，可在柱内水平加劲肋或水平加劲隔板的对应位置增设柱外水平加劲肋，并将基础梁纵向主筋与柱外水平加劲肋相互焊接。

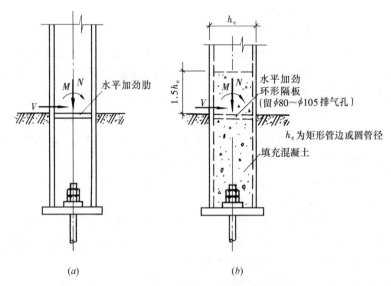

图 8-74　埋入式柱脚的钢柱加劲补强图示
(a) H 形截面柱；(b) 箱形截面柱或圆管形截面柱

（7）埋入式柱脚钢柱的钢筋混凝土保护层厚度，应按以下要求确定。

1）对在钢柱四边均设有基础梁的中柱，钢柱翼缘外侧面的钢筋混凝土保护层厚度不宜小于18cm，同时应满足补强配筋和基础梁配筋设置的要求。

2）对边柱和角柱，在没有设置基础梁的一侧，钢柱翼缘外侧面的钢筋混凝土保护层厚度，应按第 8.8.2 节（二）3(5)的要求确定，且不宜小于40cm。

3）虽是中柱，但当有的边没有设置基础梁时，可按边柱和角柱的情况来确定。

（8）为确保埋入的钢柱和钢筋混凝土基础或基础梁的整体性，在钢柱埋入处的配筋应符合以下的要求。

1）在埋入的钢柱四周所配置的垂直纵向主筋，应按第 8.8.2 节（二）3(7)的要求确定，同时应符合最小含钢率（=0.2%）的要求，且其配筋不宜小于 4ϕ22，并应在上端设置弯钩；垂直纵向主筋的锚固长度 l_a（钢柱脚底板底面以下部分的埋置深度）不应小于 $35d$（d——钢筋直径）；当垂直纵向主筋的中距大于 200mm 时，应增设直径为 ϕ16 的垂直纵向架立筋；在埋入处的顶部应配置不少于 3ϕ12@50 的加强箍筋；一般箍筋为 Φ10@100

（图 8-75）。

2）在钢柱埋入处，基础梁的主筋必须固定在钢柱和垂直纵向主筋的外侧，并在基础梁主筋水平方向的弯折扩展处，配置 3Φ12@50 的加强箍筋（图 8-75）。

3）在角柱中或有必要时，在埋入的钢柱外围，有时尚应配置双层垂直纵向主筋和复合箍筋。

3. 细部设计计算

（1）基于埋入式柱脚内力传递的复杂性，因此在进行柱脚的细部设计计算时，通常采用以下的假定（图 8-76）。

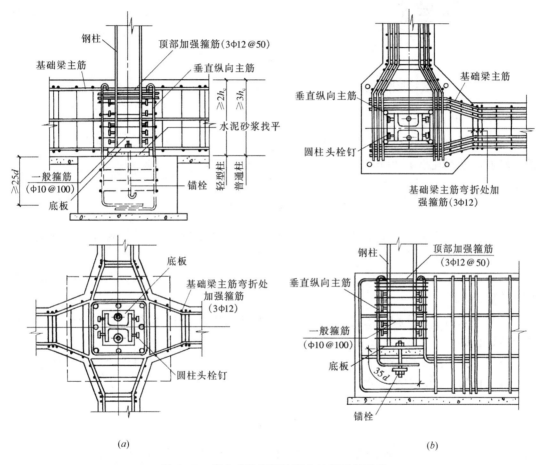

(a)

(b)

图 8-75　埋入式柱脚钢柱埋入处的配筋图示

(a) 中柱的场合；(b) 角柱或边柱的场合

1）轴心压力 N 由埋入的钢柱的柱脚底板直接传给钢筋混凝土基础或基础梁；

2）弯矩 M 的传递有两种方式：

① 全部弯矩 M 由焊于埋入的钢柱翼缘上的抗剪圆柱头栓钉传给钢筋混凝土基础或基础梁；在实际工程设计中，多采用这种传递形式；

② 全部弯矩 M 由埋入的钢柱的翼缘与基础或基础梁的混凝土承压力来传递；

3）柱脚顶部的水平剪力 V 由埋入的钢柱的翼缘与基础或基础梁的混凝土承压力来传递；

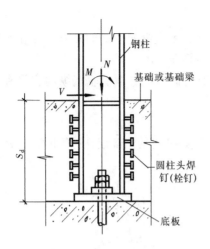

图 8-76 埋入式柱脚作用内力图示

4）不考虑埋入的钢柱的翼缘与基础或基础梁混凝土在承压应力状态下，由于钢柱翼缘与混凝土摩擦产生的抵抗力；

5）不考虑埋入的钢柱翼缘与基础或基础梁混凝土的粘结作用；

6）在确定埋入的钢柱周边对称配置的垂直纵向主筋的面积时，不考虑由钢柱承担的弯矩 M。

（2）埋入的钢柱柱脚底板长度和宽度，可按公式（8-160）确定，同时应满足构造上的要求。

$$\sigma_c = \frac{N}{LB} \leqslant f_c \qquad (8\text{-}149)^*$$

式中　N——柱的轴心压力。

（3）埋入的钢柱的柱脚底板厚度，可按公式（8-147）确定，同时不应小于柱中较厚板件厚度，且不宜小于 20mm。

$$t_{Pb} \geqslant \sqrt{\frac{6M_{imax}}{f}} \qquad (8\text{-}150)^*$$

式中　M_{imax}——根据柱脚底板下混凝土基础反力和底板的支承条件所确定的最大弯矩，可按第 8.8.1 节 3 的有关要求确定。

（4）埋入的钢柱与底板的连接焊缝，可近似地根据柱轴心压力的大小，按第 8.8.1 节 4 的要求计算确定。

（5）埋入的钢柱柱脚的固定锚栓，一般仅作安装固定之用，锚栓的直径选择和设置要求等应符合第 8.8.2 节(二)2(3)的构造要求。

（6）考虑弯矩由焊于埋入的钢柱翼缘（外侧）的抗剪圆柱头栓钉传递，每侧翼缘需要的圆柱头栓钉数目，应按下式计算，同时且不宜小于 $8\phi16$。

$$n_v^c \geqslant \frac{N_F}{N_v^c} \qquad (8\text{-}179)$$

式中　N_F——由于弯矩 M 的作用，在埋入的钢柱单侧翼缘产生的轴向压力，可按下式计算：

$$N_F = \frac{M}{h_c} \qquad (8\text{-}180)$$

M——作用于钢柱埋入处顶部的弯矩；

h_c——埋入的钢柱的截面高度；

N_v^c——一个圆柱头栓钉受剪承载力设计值，应按下式计算，也可按表 8-8 采用：

$$N_v^c = 0.43A_s\sqrt{E_c f_{cc}} \leqslant 0.7A_s f \qquad (8\text{-}181)$$

A_s——圆柱头焊钉钉杆的截面面积；

E_c——混凝土的弹性模量；

f_{cc}——混凝土的轴心抗压强度设计值；

f——圆柱头焊钉所用钢材的抗拉强度设计值。

一个圆柱头焊钉的受剪承载力设计值 N_v^c（kN） 表 8-8

圆柱头焊钉直径 (mm)	混凝土强度等级					
	C15	C20	C25	C30	C35	C40
13	23.18	28.82	33.77	38.29	42.38	45.44
16	35.12	43.66	51.15	58.00	64.19	68.83
19	49.52	61.57	72.13	81.79	90.52	97.06
22	66.40	82.54	96.70	109.65	121.36	130.13

（7）当柱脚内力的传递没有特殊的要求，也不作特殊的处理时，钢柱的埋入深度和钢柱翼缘外侧面的钢筋混凝土保护层厚度，应按以下要求确定。

1）钢柱埋入基础和基础梁的深度 S_d（图 8-76），一般可在以下范围内采用。

对轻型工字形截面柱：

$$S_d \geqslant 2.0 h_c$$

对大截面 H 型钢柱、箱形截面柱和圆管形截面柱：

$$S_d \geqslant 3.0 h_c$$

式中 h_c——钢柱的截面高度或管径。

对边柱或角柱的埋入深度，应同时符合公式（8-182）和公式（8-183）的要求。

2）埋入式柱脚钢柱翼缘外侧面的钢筋混凝土保护层厚度 C_{Rc}，应按以下情况确定。

① 对中柱（图 8-77a）：保护层厚度 $C_{Rc} \geqslant 25\text{cm}$，同时尚应满足补强配筋和基础梁配筋的设置要求。

② 对边柱和角柱（图 8-77b、c）：钢柱的埋入深度 S_d 和保护层厚度 C_{Rc}，应同时符合下列公式的要求，且 C_{Rc} 不宜小于 40cm。

$$\frac{S_d}{h_c} \geqslant 0.60 \times \sqrt{\frac{b_c t_{Fc}}{h_c} \times \frac{10 f_y}{\sqrt{f_{ck}}}} \tag{8-182}$$

$$\frac{b_c + 2 C_{Rc}}{t_{Fc}} \geqslant 1.5 \times \sqrt{\frac{b_c}{t_{Fc}} \times \frac{h_c}{S_d} \times \frac{10 f_y}{\sqrt{f_{ck}}}} \tag{8-183}$$

式中 S_d——钢柱的埋入深度（cm）；

h_c——钢柱的截面高度（cm），对圆管形截面柱，取 $h_c = D$（管径）；

b_c——钢柱的截面宽度（cm），对圆管形截面柱，近似取 $b_c \approx 0.7D$；

t_{Fc}——钢柱的翼缘厚度（cm），对圆管形截面柱为管壁厚度；

C_{Rc}——钢柱的钢筋混凝土保护层厚度（cm）；

f_y——柱子钢材的屈服强度（kN/cm²）；

f_{ck}——基础或基础梁混凝土的轴心抗压强度标准值（kN/cm²），可按表 2-8 采用。

3）埋入式柱脚埋入钢筋混凝土的深度 d 应符合下列公式的要求和表 8-9 的规定：

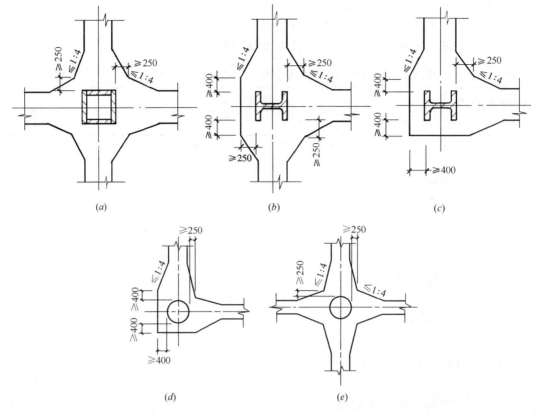

图 8-77　埋入式柱脚的钢柱翼缘外侧面的钢筋混凝土保护层厚度图示

(a) 中柱的场合；(b) 边柱的场合；(c) 角柱的场合；(d) 圆钢管角柱；(e) 圆钢管中柱

H 形、箱形截面柱：

$$\frac{V}{b_{f}d}+\frac{2M}{b_{f}d^{2}}+\frac{1}{2}\sqrt{\left(\frac{2V}{b_{f}d}+\frac{4M}{b_{f}d^{2}}\right)^{2}+\frac{4V^{2}}{b_{f}^{2}d^{2}}}\leqslant f_{c} \tag{8-184}$$

圆管柱：

$$\frac{V}{Dd}+\frac{2M}{Dd^{2}}+\frac{1}{2}\sqrt{\left(\frac{2V}{Dd}+\frac{4M}{Dd^{2}}\right)^{2}+\frac{4V^{2}}{D^{2}d^{2}}}\leqslant 0.8f_{c} \tag{8-185}$$

式中　M、V——柱脚底部的弯矩（N·mm）和剪力设计值（N）；

　　　　d——柱脚埋深（mm）；

　　　　b_{f}——柱翼缘宽度（mm）；

　　　　D——钢管外径（mm）；

　　　　f_{c}——混凝土抗压强度设计值，应按现行《混凝土结构设计规范》GB 50010 的规定采用（N/mm²）。

（8）埋入式柱脚的钢柱受压侧翼缘处的基础或基础梁混凝土的受压应力，应符合下式要求：

$$\sigma_{c}=\frac{\left(M+V\cdot\dfrac{S_{d}}{2}\right)}{W_{c}}\leqslant f_{c} \tag{8-186}$$

式中 M——作用于钢柱埋入处顶部的弯矩；

V——作用于钢柱埋入处顶部的水平剪力；

S_d——钢柱的埋入深度；

W_c——相当于埋入的钢柱翼缘宽度和钢柱埋入深度的混凝土截面的模量，可按下式计算：

$$W_c = \frac{b_{Fc} S_d^2}{6} \tag{8-187}$$

b_{Fc}——柱的翼缘宽度。

（9）设置在埋入的钢柱四周的垂直纵向主筋，应分别在垂直于弯矩作用平面的受拉侧和受压侧对称配置。此时，可近似按下式计算：

$$A_s = \frac{M_{bc}}{h_s f_{ys}} \tag{8-188}$$

式中 M_{bc}——作用于钢柱脚底部的弯矩，按下式计算：

$$M_{bc} = M_0 + V \cdot S_d \tag{8-189}$$

M_0——柱脚的设计弯矩；

V——柱脚的设计剪力；

h_s——受拉侧与受压侧纵向主筋合力点间的距离；

f_{ys}——钢筋抗拉强度设计值，按表 2-10 采用。

对双向受弯的柱脚，其两方向的垂直纵向主筋也应在双轴对称配置。此时，可近似地分别根据各向的作用弯矩按公式（8-188）计算所需要的钢筋面积进行配置。

顶部加强箍筋、一般箍筋及其他构造钢筋，应按第 8.8.2 节(二)2(7)的要求确定。

（三）刚性固定外包式柱脚的设计

1. 设计注意事项

（1）刚性固定包脚式柱脚，就是按一定的要求将钢柱脚采用钢筋混凝土包起来（图 8-61f）。外包式柱脚的设定位置，有在楼面、地面之上的，也有在楼面、地面之下的，这应视具体情况而定。

（2）设计外包式柱脚的包脚钢筋混凝土部分时应注意：

1）弯曲屈服在先，剪切屈服在后，其极限抗弯承载力应高于钢柱的全塑性弯矩；

2）在基础梁形成塑性铰时，尚未达到其极限承载力；

3）包脚钢筋混凝土部分的垂直纵向主筋，要有足够的锚固长度，而且在顶部要设弯钩。

（3）外包式柱脚的钢筋混凝土包脚高度，截面尺寸和箍筋配置（特别是顶部加强箍筋），对柱脚的内力传递和恢复力特性起着重要的作用。因此，设计中应使混凝土的包脚有足够的高度和足够的保护层厚度，并要适当配置补强箍筋，且其细部尺寸尚应符合构造上的要求。

2. 一般构造要求

（1）在外包式柱脚中，钢筋混凝土的包脚高度 H_{Rc}，一般可在以下范围内采用。

对轻型工字形截面柱：

$$H_{Rc} \geqslant 2.0h_c$$

对大型截面 H 型钢柱、箱形截面柱和圆管形截面柱：

$$H_{Rc} \geqslant 3.0h_c$$

式中　h_c——钢柱的截面高度或管径。

（2）包脚式柱脚的钢柱脚底板长度、宽度和厚度，可根据柱轴心压力 N 按第 8.8.1 节 3 的要求确定；钢柱脚底板的厚度一般不宜小于 20mm。

（3）钢柱脚锚栓除锚固长度应按以下要求确定外，其余的构造要求均按第 8.8.2 节（二）2(3) 的要求确定。

锚栓的锚固长度：

当不设锚板或锚梁时，$l_a \geqslant 30d$（不含弯钩）；

当设有锚板或锚梁时，$l_a \geqslant 25d$（d——锚栓直径）。

（4）当轴心压力较大，有必要设置加劲肋时，加劲肋的尺寸、厚度及其与钢柱板件和柱脚底板的连接焊缝，可参照表 8-3 和第 8.8.2 节（一）3(4) 的有关要求确定。

（5）焊于包脚范围内钢柱的抗剪圆柱头栓钉的配置，应按第 8.8.2 节（二）2(4) 和第 8.8.2 节（三）3(4) 的要求确定。

（6）外包式柱脚底板应位于基础梁或筏板的混凝土保护层内包脚处钢柱翼缘外侧面的钢筋混凝土保护层厚度，一般不应小于 18cm，同时不宜小于钢柱截面高度的 0.3 倍，混凝土强度等级不宜低于 C30 且尚应满足配筋的构造要求。

（7）包脚钢筋混凝土部分垂直纵向主筋的配置，可按第 8.8.2 节（三）3(4) 的要求确定；同时，尚应符合最小含钢率（$\rho_{min} = 0.2\%$）的要求，且不宜小于 $4\phi22$，并应在上端设置弯钩；垂直纵向主筋的锚固长度 l_{aE}（钢柱脚底板底面以下部分的埋置深度）不应小于 $35d$（d——钢筋直径）；当竖向主筋的中距大于 200mm 时，应增设 $\phi16$ 的竖向架立钢筋；在外包式柱脚的顶部应配置不少于 $3\phi12@50$ 的加强箍筋，一般箍筋为 $\phi10@100$（图 8-74）。且竖向主筋的上部弯钩下弯长度不应小于 150mm（图 8-78）。

3. 细部设计计算

（1）在进行包脚式柱脚的细部设计计算时，通常采用以下的假定（图 8-79）：

1）轴心压力 N 由钢柱脚底板直接传给钢筋混凝土基础或基础梁；

2）弯矩 M 由焊于钢柱翼缘的抗剪圆

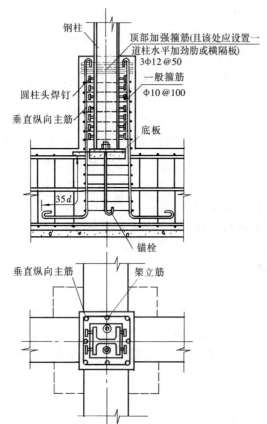

图 8-78　外包式柱脚的配筋图示

柱头栓钉传给包脚部分的钢筋混凝土，并通过包脚部分的钢筋混凝土传给钢筋混凝土基础或基础梁；

3）包脚处顶部的水平剪力 V 由包脚混凝土和水平箍筋共同承担；

4）在确定包脚部分钢柱周边的垂直纵向主筋的配置时，不考虑钢柱承担弯矩 M。

（2）包脚部分内钢柱的柱脚底板长度和宽度，可按公式（8-149）确定，同时应满足构造上的要求。

$$\sigma_c = \frac{N}{LB} \leqslant f_{cc} \qquad (8\text{-}149)^*$$

柱脚底板的厚度，可按公式（8-150）确定，同时不应小于柱的较厚板件厚度，且不宜小于 20mm。

$$t_{Pb} \geqslant \sqrt{\frac{6M_{imax}}{f}} \qquad (8\text{-}150)^*$$

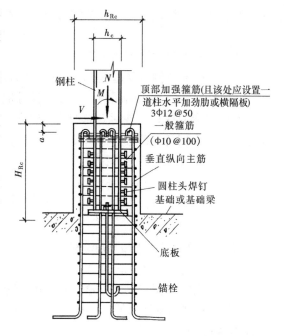

图 8-79　外包式柱脚作用内力图示

式中　M_{imax}——根据柱脚底板下的混凝土基础反力和底板的支承条件所确定的最大弯矩，可按第 8.8.1 节 3 的有关要求确定。

（3）钢柱与柱脚底板的连接焊缝，可近似地根据柱轴心压力的大小，按第 8.8.1 节 4 的要求计算确定。

（4）钢柱脚的固定锚栓，一般仅作安装固定之用，除了锚固长度应符合第 8.8.2 节（二）2(2) 的要求外，其余的构造要求均按第 8.8.2 节（二）2(3) 的要求确定。

（5）考虑弯矩 M 由焊于包脚内钢柱翼缘外侧的抗剪圆柱头栓钉传递。因此，每侧翼缘需要焊接的圆柱头栓钉数目，可按公式（8-179）* 计算，同时且不宜小于 8φ16。

$$n_v^c \geqslant \frac{N_F}{N_v^c} \qquad (8\text{-}179)^*$$

式中　N_F——由于弯矩 M 的作用，在包脚部分内钢柱单侧翼缘产生的轴向压（拉）力，可按公式（8-180）* 计算：

$$N_F = \frac{M}{h_c} \qquad (8\text{-}180)^*$$

M——作用于钢柱包脚顶部的弯矩；

h_c——包脚部分内钢柱的截面高度；

N_v^c——一个圆柱头焊钉的受剪承载力设计值，可按公式（8-181）计算，也可按表 8-6 采用。

（6）设置在包脚部分内钢柱四周的垂直纵向主筋（图 8-78），应分别在垂直于弯矩作用平面的受拉侧和受压侧对称配置；此时，可近似地按下式计算：

$$A_s = \frac{M_{bRc}}{h_s f_{ys}} \qquad (8\text{-}190)$$

式中 M_{bRc}——作用在包脚柱底部的弯矩，可按下式计算：

$$M_{bRc} = M + V \cdot H_{Rc} \tag{8-191}$$

H_{Rc}——外包式柱脚的包脚高度；

h_s——受拉侧与受压侧垂直纵向主筋合力点的距离；

f_{ys}——普通热轧钢筋的抗拉强度设计值，按表 2-10 采用。

对双向受弯的柱脚，其两方向的垂直纵向主筋也应在双轴对称配置，此时可近似地分别根据各向的作用弯矩按公式（8-190）计算所需的钢筋面积进行配置。

（7）包脚部分一般箍筋的配置（图 8-79），可近似地按以下要求确定。

1）作用于包脚柱底部的水平剪力 V_{bRc}，可近似地按下式计算：

$$V_{bRc} = \frac{M_{bRc}}{H_{Rc} - a} = \frac{M + V \cdot H_{Rc}}{H_{Rc} - a} \tag{8-192}$$

式中 H_{Rc}——外包式柱脚的包脚高度；

a——包脚顶部箍筋的保护层厚度。

2）包脚部分仅配置一般水平箍筋时，其斜截面的抗剪承载力，可近似地按以下情况确定。

① 对 H 形截面钢柱的外包式柱脚（图 8-80a），应同时符合下列公式的要求（取两者中的较小者）：

$$V_{cs} = 0.07 b_{Rc} h_0 f_{cc} + 0.5 f_{ys} \frac{A_{sv}}{s} h_0 \geqslant V_{bRc} \tag{8-193}$$

$$V_{cs} = 2 \times 0.07 b_e h_0 f_{cc} + f_{ys} \frac{A_{sv}}{s} h_0 \geqslant V_{bRc} \tag{8-194}$$

式中 A_{sv}——配置在同一截面内箍筋各肢的全部截面面积，可按下式计算：

$$A_{sv} = n A_{sv1} \tag{8-195}$$

n——在同一截面内箍筋的肢数；

A_{sv1}——单肢箍筋的截面面积；

s——沿包脚高度方向的箍筋间距；

b_{Rc}——包脚部分的截面宽度；

b_e——包脚部分钢柱翼缘位置处的混凝土有效宽度；

h_0——包脚部分的截面有效高度；

f_{ys}——箍筋的抗拉强度设计值，按表 2-10 采用。

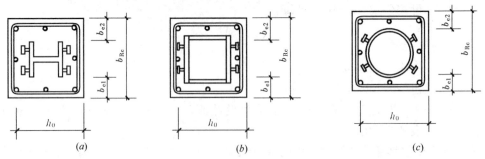

图 8-80 包脚钢筋混凝土的截面有效宽度图示

$(b_e = b_{e1} + b_{e2})$

（a）H 形截面钢柱的情况；（b）箱形截面钢柱的情况；（c）圆管形截面钢柱的情况

② 对箱形截面钢柱的包脚式柱脚（图 8-80b）和圆管形截面钢柱的包脚式柱脚（图 8-80c）：

$$V_{cs} = 0.07 b_e h_0 f_{cc} + 0.5 f_{ys} \frac{A_{sv}}{s} h_0 \geqslant V_{bRc} \qquad (8\text{-}196)$$

8.9 钢板剪力墙连接节点设计

钢板剪力墙包括非加劲钢板剪力墙、加劲钢板剪力墙、防屈曲钢板剪力墙、钢板组合剪力墙、开缝钢板剪力墙等。钢板剪力墙是承受水平剪力为主的钢板墙体，鱼尾板是用于钢板墙与框架之间连接使用的连接钢板。有关钢板剪力墙的技术要求见《钢板剪力墙技术规程》JGJ/T 380—2015。

8.9.1 钢板剪力墙一般分类及平面布置

1. 应根据使用条件、建筑功能以及技术经济性能要求确定钢板剪力墙类型，可选用的类型包括非加劲钢板剪力墙（图 8-81a、b）、加劲钢板剪力墙（图 8-81c）、防屈曲钢板剪力墙（图 8-81d）、钢板组合剪力墙（图 8-81e）及开缝钢板剪力墙（图 8-81f）等。

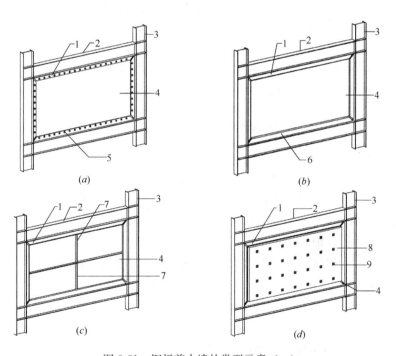

图 8-81 钢板剪力墙的类型示意（一）

（a）螺栓连接非加劲钢板剪力墙；（b）焊接连接非加劲钢板剪力墙；

（c）加劲钢板剪力墙；（d）防屈曲钢板剪力墙

1—鱼尾板；2—边框梁；3—边框柱；4—内嵌钢板；5—螺栓连接；6—焊接连接；

7—加劲肋；8—预制混凝土盖板；9—垫片

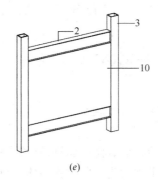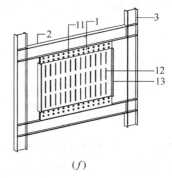

(e) (f)

图 8-81 钢板剪力墙的类型示意（二）

(e) 钢板组合剪力墙；(f) 开缝钢板剪力墙

10—内填混凝土双侧外包钢板（内侧设置加劲肋和栓钉）；11—高强度螺栓（摩擦型连接）；

12—竖向切割缝（激光或等离子切割）；13—边缘加劲肋

2. 钢板剪力墙平面布置宜规则、对称；竖向宜连续布置，承载力与刚度宜自下而上逐渐减小。同一楼层内同方向抗侧力构件宜采用同类型的钢板剪力墙。钢板剪力墙宜按不承受竖向荷载设计计算，并应采用相应的构造和施工措施来实现计算假定。

当钢板剪力墙承受竖向荷载时，应考虑竖向荷载对受剪承载力的影响。

在罕遇地震作用下，周边框架梁柱不应先于钢板剪力墙破坏。

钢板剪力墙的设计应符合下列规定：

1）钢板剪力墙的节点，不应先于钢板剪力墙和框架梁柱破坏；

2）与钢板剪力墙相连周边框架梁柱腹板厚度不应小于钢板剪力墙厚度；

3）钢板剪力墙上开设洞口时，应按等效原则予以补强。

8.9.2 钢板剪力墙的节点设计与连接构造

1. 一般规定

1）节点及连接应便于安装及检验。

2）钢板剪力墙承受竖向荷载时，节点及连接设计计算应考虑竖向荷载的影响。

3）钢板剪力墙与边缘构件的连接设计应符合下列规定：

① 连接承载力设计值不应小于钢板剪力墙承载力设计值；

② 抗震设计时，连接极限承载力应大于钢板剪力墙的屈服承载力。

4）钢板剪力墙与边缘构件可直接连接或采用鱼尾板作为过渡连接。当采用鱼尾板过渡连接时，鱼尾板与钢柱、钢梁应采用熔透焊缝焊接，并且鱼尾板厚度不应小于钢板剪力墙厚度。

5）钢板剪力墙与鱼尾板可采用焊接连接或高强度螺栓连接。当采用焊接连接时，钢板剪力墙与鱼尾板应等强连接；当采用高强度螺栓连接时，端部连接应加强，螺栓不宜少于两排两列布置。

6）钢板剪力墙与边缘构件的连接时间应在设计文件中提出明确要求。

2. 钢板剪力墙与边缘构件螺栓连接

1）钢板剪力墙与边缘构件的螺栓连接应符合现行《钢结构设计标准》GB 50017 和

《钢结构高强度螺栓连接技术规程》JGJ 82 的有关规定。

2）非加劲钢板剪力墙与边缘构件采用螺栓连接时，应避免螺栓受力集中而发生逐个失效。

3）钢板剪力墙通过鱼尾板与边缘构件螺栓连接时（图 8-82），钢板剪力墙中螺栓连接计算应符合螺栓规程及现行《钢结构设计标准》GB 50017 的有关规定。

3. 钢板剪力墙与边缘构件直接焊接时应符合下列规定：

1）鱼尾板仅作为连接垫板使用，鱼尾板与钢板剪力墙的安装，可采用水平或竖向槽孔，鱼尾板的厚度及宽度应满足安装要求；

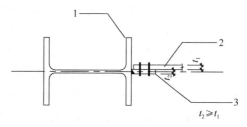

图 8-82　与边缘构件的螺栓连接示意
1—边缘构件；2—钢板剪力墙钢板；
3—鱼尾板（过渡连接）

2）钢板剪力墙与柱的焊接，采用对接焊缝，对接焊缝质量等级不应低于二级，鱼尾板尾部与钢板剪力墙采用角焊缝现场焊接；

3）钢板剪力墙钢板厚度不小于 22mm 时，钢板与钢梁连接宜采用 K 形熔透焊（图 8-83）。

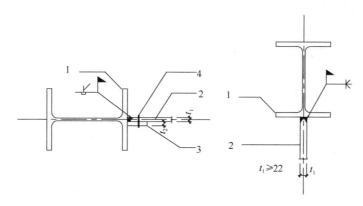

图 8-83　与边缘构件直接焊接连接
1—边缘构件；2—钢板剪力墙钢板；3—鱼尾板（垫板）；4—安装螺栓（可开槽形孔）

4）与钢板剪力墙相连的钢梁腹板厚度不应小于钢板剪力墙厚度；当钢板剪力墙贯穿楼层时，钢梁翼缘可采用加劲肋代替，加劲肋截面不应小于所需钢梁截面。加劲肋与柱子的焊缝质量等级应与梁柱节点的焊缝质量等级一致。

5）加劲肋与钢板剪力墙的焊缝、横向加劲肋与柱的焊缝、横向加劲肋与竖向加劲肋的焊缝，可根据加劲肋的厚度选择双面角焊缝或坡口熔透焊缝，应达到与加劲肋等强，焊缝质量等级不宜低于二级。

4. 钢板剪力墙底脚构造宜符合下列规定：

1）钢板剪力墙与基础的连接，可采用锚栓与分布式抗剪键组合使用、二次灌浆调平的连接形式，锚栓应承担墙底拉力，抗剪键应承担水平剪力，并应验算墙底及抗剪键连接处混凝土局部承压能力；

2）钢板剪力墙的墙脚底板厚度应通过计算确定，并且不宜小于 20mm。

8.9.3 非加劲钢板剪力墙连接节点构造

1. 一般规定

1) 非加劲钢板剪力墙可利用钢板屈曲后强度承担剪力。

2) 非加劲钢板剪力墙宜在主体结构封顶后与周边框架进行连接。

3) 非加劲钢板剪力墙与周边框架可采用四边连接或两边连接。

4) 承受竖向荷载的非加劲钢板剪力墙，应考虑竖向荷载对承载力的影响。

5) 非加劲钢板剪力墙的简化分析模型宜符合《钢板剪力墙技术规程》JGJ/T 380—2015 的规定；当有可靠依据时，也可采用其他分析模型。

6) 非加劲钢板剪力墙的相对高厚比宜符合下列公式规定：

$$\lambda \leqslant 600 \tag{8-197}$$

$$\lambda = \frac{H_e}{t_w \varepsilon_k} \tag{8-198}$$

式中 λ ——钢板剪力墙的相对高厚比；

H_e ——钢板剪力墙的净高度（mm）；

t_w ——钢板剪力墙的厚度（mm）；

ε_k ——钢号修正系数，取 $\sqrt{235/f_y}$ ；

f_y ——钢材的屈服强度（N/mm²）。

2. 构造要求

1) 非加劲钢板剪力墙与框架梁、框架柱可采用鱼尾板过渡连接方式（图 8-84）。鱼尾板与边缘构件宜采用焊接连接，鱼尾板厚度应大于钢板厚度。

2) 钢板与鱼尾板采用高强度螺栓连接时，单个高强度螺栓承受的剪力设计值和拉力设计值应按下列公式计算：

$$N_v = f_u A_0 \tag{8-199}$$

$$N_t = 0.1 f A_0 \tag{8-200}$$

墙板与框架梁相连鱼尾板连接时，

$$A_0 = L_e t_w / (\sqrt{2} n_h) \tag{8-201}$$

墙板与框架柱相连鱼尾板连接时，

$$A_0 = H_e t_w / (\sqrt{2} n_v) \tag{8-202}$$

式中 N_v ——单个高强度螺栓剪力设计值（N）；

f_u ——钢板剪力墙所用钢材的极限抗拉强度最小值（N/mm²）；

N_t ——单个高强度螺栓拉力设计值（N）；

A_0 ——单个高强度螺栓承担拉力带的截面面积（mm²）；

n_h ——墙板上侧或下侧与鱼尾板连接时设置的螺栓个数；

n_v ——墙板左侧或右侧与鱼尾板连接时设置的螺栓个数。

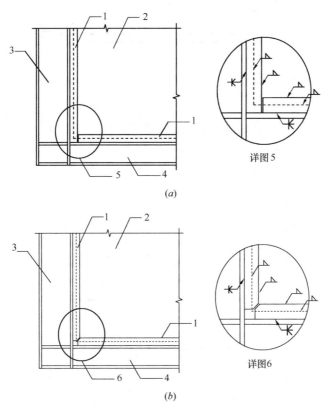

图 8-84　角部不同的构造措施

（*a*）第一种构造措施；（*b*）第二种构造措施

1—鱼尾板；2—钢板；3—框架柱；4—框架梁；5—详图；6—详图

8.9.4　加劲钢板剪力墙连接节点构造

加劲钢板剪力墙与边缘构件可采用焊接或高强度螺栓连接，剪力墙与边缘构件间宜采用鱼尾板过渡。加劲钢板剪力墙的加劲肋与内嵌钢板可采用焊接或螺栓连接。

1. 加劲钢板剪力墙的加劲肋可采用水平布置（图 8-85*a*）、竖向布置（图 8-85*b*）、水平与竖向混合布置（图 8-85*c*）以及斜向交叉布置（图 8-85*d*）。

2. 加劲钢板剪力墙的加劲肋宜采用单板、开口或闭口截面形式的热轧型钢或冷弯薄壁型钢等加劲构件（图 8-86、图 8-87），可单侧布置或双侧布置。

当水平加劲肋与竖向加劲肋混合布置时，竖向加劲肋宜通长布置。

8.9.5　防屈曲钢板剪力墙和钢板组合剪力墙连接节点构造

1. 防屈曲钢板剪力墙与边缘构件宜采用鱼尾板过渡，鱼尾板与边缘构件宜采用焊接连接；鱼尾板与钢板剪力墙可采用焊接或高强度螺栓连接，混凝土盖板与钢板剪力墙可采用对拉螺栓连接（图 8-88）。

2. 钢板组合剪力墙的墙体外包钢板和内填混凝土之间的连接构造（图 8-89）可采用栓钉、T 形加劲肋、缀板或对拉螺栓，也可混合采用这四种连接方式。

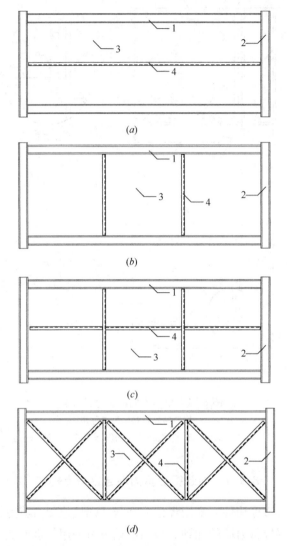

图 8-85　加劲肋的布置形式示意

（a）加劲肋水平布置；（b）加劲肋竖向布置；（c）加劲肋水平与竖向混合布置；

（d）加劲肋斜向交叉布置

1—框架梁；2—框架柱；3—钢板；4—加劲肋

3. 当钢板组合剪力墙的墙体连接构造采用栓钉或对拉螺栓时，栓钉或对拉螺栓的间距与外包钢板厚度的比值应符合下式规定：

$$s_{st}/t_{sw} \leqslant 40\varepsilon_k \tag{8-203}$$

式中　s_{st} ——墙体栓钉或对拉螺栓间距（mm）；

ε_k ——钢号修正系数，取 $\sqrt{235/f_y}$；

f_y ——钢材的屈服强度（N/mm²）。

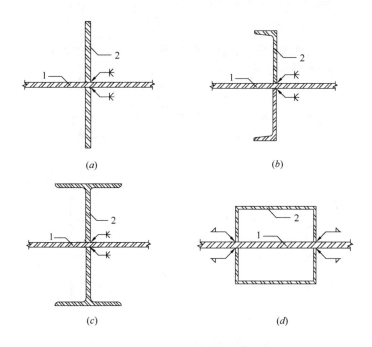

图 8-86　焊接加劲肋示意

（a）单板加劲肋；（b）热轧型钢加劲肋（角钢）；（c）热轧型钢加劲肋（T形截面）；

（d）焊接钢板闭口加劲肋

1—钢板；2—加劲肋

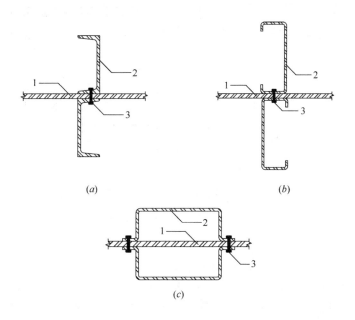

图 8-87　栓接加劲肋示意

（a）热轧型钢加劲肋；（b）冷弯薄壁型钢加劲肋；（c）冷弯薄壁型钢闭口加劲肋

1—钢板；2—加劲肋；3—高强度螺栓

381

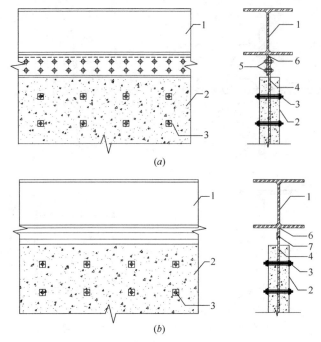

图 8-88　防屈曲钢板剪力墙与周边框架的连接方式示意

(a) 螺栓连接方式；(b) 焊接连接方式

1—钢梁；2—预制混凝土盖板；3—对拉螺栓；4—内嵌钢板；

5—高强度螺栓；6—鱼尾板；7—焊缝

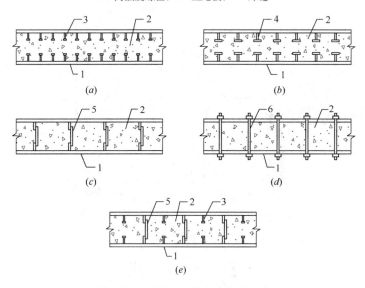

图 8-89　钢板组合剪力墙构造示意

(a) 栓钉连接；(b) T 形加劲肋连接；(c) 缀板连接；(d) 对拉螺栓连接；(e) 混合连接

1—外包钢板；2—混凝土；3—栓钉；4—T 形加劲肋；5—缀板；6—对拉螺栓

4. 单个栓钉或对拉螺栓的拉力应符合下列公式规定：

$$T_{st} \leqslant T_{ust} \tag{8-204}$$

$$T_{st} = \alpha_{st} t_{sw} s_{sth} f_y \tag{8-205}$$

式中　T_{st}——单个栓钉或对拉螺栓的拉力设计值（N）；

T_{ust}——单个栓钉的受拉承载力设计值（N），对拉螺栓的受拉承载力按现行《钢结构设计标准》GB 50017 的有关规定执行；

α_{st}——连接件拉力系数，可取为 0.03；

t_{sw}——剪力墙墙体单片钢板的厚度（mm）；

s_{sth}——栓钉水平方向的间距（mm）；

f_{y}——钢材的屈服强度（N/mm^2）。

5. 单个栓钉的受拉承载力应符合下列公式规定：

$$T_{ust} \leqslant A_{st} f_{sty} \tag{8-206}$$

$$T_{ust} = 24\psi_{st} f_c^{0.5} h_{st}^{1.5} \tag{8-207}$$

$$\psi_{st} = s_{st}^2/(9h_{st}^2) \tag{8-208}$$

式中　A_{st}——栓钉钉杆截面面积（mm^2）；

f_{sty}——栓钉的抗拉屈服强度（N/mm^2）；

ψ_{st}——考虑栓钉间距影响的调整系数，当 s_{st} 不小于 $3h_{st}$ 时，$\psi_{st} = 1$；当 s_{st} 小于 $3h_{st}$ 时，应按公式（8-208）计算；

s_{st}——墙体栓钉或对拉螺栓间距（mm）；

h_{st}——栓钉钉杆的高度（mm）。

6. 栓钉连接件的直径不宜大于钢板厚度的 1.5 倍，栓钉的长度宜大于 8 倍的栓钉直径。

7. 采用 T 形加劲肋的连接构造时，加劲肋的钢板厚度不应小于外包钢板厚度的 1/5，且不应小于 5mm。T 形加劲肋腹板高度 b_1 不应小于 10 倍的加劲肋钢板厚度，端板宽度 b_2 不应小于 5 倍的加劲肋钢板厚度（图 8-90）。

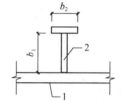

图 8-90　T 形加劲肋
构造示意
1—外包钢板；
2—T 形加劲肋

8. 钢板组合剪力墙厚度超过 800mm 时，内填混凝土内可配置水平和竖向分布钢筋。分布钢筋的配筋率不宜小于 0.25%，间距不宜大于 300mm，且栓钉连接件宜穿过钢筋网片。

9. 钢板组合剪力墙厚度超过 800mm 时，墙体钢板之间宜设缀板或对拉螺栓等对拉构造措施。

10. 墙体钢板与边缘钢构件之间宜采用焊接连接。

8.10　钢骨混凝土连接节点设计

8.10.1　钢骨混凝土分类和材料

钢骨混凝土有现浇式和装配式两种。实腹式钢骨混凝土构件具有较好的抗震性能，而空腹式钢骨混凝土构件的抗震性能与普通钢筋混凝土构件基本相同。因此，目前在抗震结构中多采用实腹式钢骨混凝土构件。实腹式钢骨通常采用由钢板焊接拼制成或直接轧制而成的工字形、圆形截面、箱形、十字形等形式。钢骨混凝土构件可应用于多高层建筑及一般构筑物中，目前在我国主要应用于高层建筑中。钢骨混凝土构件包括钢骨、钢筋及混凝土三种材料，应符合《组合结构设计规范》JGJ 138—2016 等相关规范的要求。

1. 钢骨混凝土构件，是指具有刚度和承载力并配置于混凝土构件中的钢构件，可采用钢板材或型材焊接拼制形成，也可直接采用轧制钢型材，分为实腹式和空腹式两种形式，一般主要适用于实腹式钢骨。有钢骨混凝土梁、钢骨混凝土柱、钢骨混凝土剪力墙及筒体结构等。

2. 钢骨构件的钢材应符合现行国家标准的抗拉强度、伸长率、屈服强度、冷弯试验、冲击韧性等要求和硫磷及碳含量的限制值，钢材的屈强比不应高于 0.85，应具有可焊性，符合现行国家标准国产结构钢材的力学性能及强度设计值要求。

3. 钢骨部分的焊接材料、焊接工艺等，手工焊接用焊、自动焊或半自动焊，应符合现行国家标准。焊缝的强度设计值应按现行国家标准，钢骨部分使用的高强度螺栓应符合现行《钢结构设计标准》GB 50017 的规定，钢骨混凝土构件中使用的栓钉应符合现行《圆柱头焊钉》GB/T 10433 的规定。栓钉的力学性能中，抗拉强度最小值大于 400N/mm^2，屈服强度大于 240N/mm^2。钢骨混凝土构件中，混凝土的强度等级不宜低于 C30。钢骨混凝土构件中对钢筋、混凝土材料要求以及材料指标都与现行《混凝土结构设计规范》GB 50010 相同。

8.10.2 现浇钢骨混凝土结构框架梁柱节点形式

在现浇钢骨混凝土结构中，框架梁柱节点有下列三种节点形式：
1. 钢骨混凝土梁-钢骨混凝土柱的连接
2. 钢梁-钢骨混凝土柱的连接
3. 钢筋混凝土梁-钢骨混凝土柱的连接

8.10.3 钢骨混凝土梁-钢骨混凝土柱的连接

1. 节点区钢骨部分的连接构造应符合钢结构的节点连接要求，见图 8-91。在柱钢骨的梁翼缘水平位置处应设置加劲肋，其构造应便于混凝土浇灌并保证其密实。柱中钢骨和主筋的布置应为梁中主筋贯穿留出通道。梁中主筋不应穿过柱钢骨翼缘，也不得与柱钢骨直接焊接。钢骨腹板部分设置钢筋贯穿孔时，截面缺损率不应超过腹板面积的 20%。

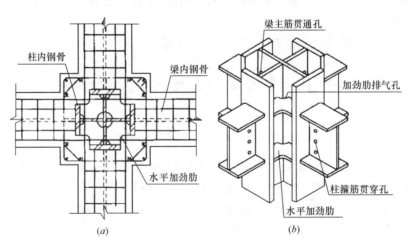

图 8-91 节点钢骨连接形式
(a) 节点平面；(b) 梁、柱钢骨的连接

节点核心区的箍筋的直径和间距应按计算确定，箍筋间距不宜大于 150mm，箍筋直径不小于柱端箍筋加密区的箍筋直径。

2. 对于钢骨混凝土梁-钢骨混凝土柱节点，梁内及柱内的纵向主筋宜穿过节点区，保持其连续性。节点连接可采用下列形式：

1）梁纵向主筋从钢骨柱翼缘侧边通过，在钢骨腹板中开孔贯通，见图 8-92。

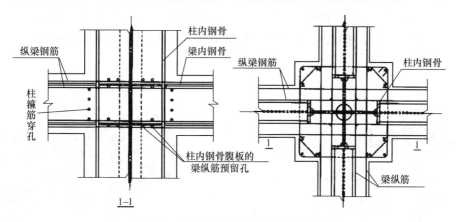

图 8-92　柱内钢骨腹板的梁纵筋预留孔

2）梁纵向主筋直接和焊接在钢骨柱上的连接套筒连接，在套筒水平位置处，柱钢骨内应设置加劲肋。柱的水平加劲肋间距宜大于 100mm，以便于焊接及混凝土浇灌，见图 8-93。连接套筒的钢材不应低于 Q355B 的低合金高强度结构钢。与钢骨柱翼缘的焊接可采用部分熔透与角接组合焊缝，并满足与连接套筒的等强度要求。连接套筒水平方向的净间距不宜小于 30mm 和套筒外径。

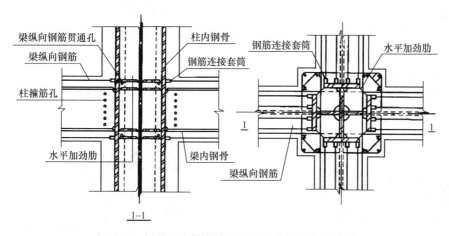

图 8-93　梁纵向主筋直接和钢骨柱上连接套筒连接

8.10.4　钢筋混凝土梁-钢骨混凝土柱的节点连接

1. 钢筋混凝土梁-钢骨混凝土柱的节点连接可采用下列几种形式：

1）梁中部分主筋从柱钢骨翼缘侧边通过，在柱钢骨腹板中开孔贯通，部分主筋和柱钢骨上焊接的连接套筒连接，在柱钢骨内应设置加劲肋，见图 8-94。连接套筒应满足相应规范的要求。

2）在柱钢骨上设置一段短钢梁，短钢梁与梁内部分主筋搭接（图8-95）。该短钢梁的抗弯承载力不应小于钢筋混凝土截面的受弯承载力。短钢梁的高度应不小于0.8倍梁高，长度应不小于梁截面高度的2倍，并且应满足梁内主筋的求搭接长度要求。在短钢梁的上、下翼缘上应设置栓钉连接件，栓钉的直径不小于19mm，栓钉的间距不大于200mm，且栓钉中心至钢骨板材边缘的距离不小于60mm。梁内应有不少于1/3主筋的面积穿过钢骨混凝土柱连续配置。从梁端至短钢梁端部以外2倍梁高范围内，应按钢筋混凝土梁端箍筋加密区的要求配置箍筋。

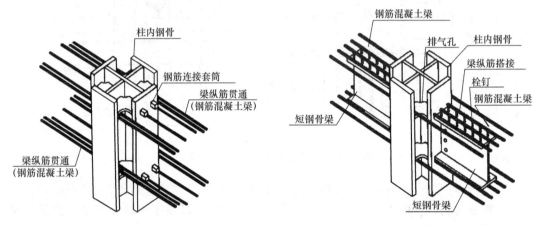

图 8-94　梁的部分主筋与连接套筒连接　　　　图 8-95　梁的部分纵筋与短钢骨搭接

3）梁内部分主筋穿过钢骨混凝土柱连续配置，部分主筋可在柱两侧与柱钢骨伸出的钢牛腿可靠焊接，见图8-96，钢牛腿的长度应满足梁内主筋强度充分发挥的焊接长度要求。从梁端至钢牛腿端部以外2倍梁高范围内，应按钢筋混凝土梁端箍筋加密区的要求配置箍筋。

4）钢骨混凝土柱的一侧为钢骨混凝土梁，另一侧为钢筋混凝土梁且均为刚性连接时，宜将一段梁钢骨伸入钢筋混凝土梁内，柱钢骨通过钢骨梁与钢筋混凝土梁连接（图8-97），

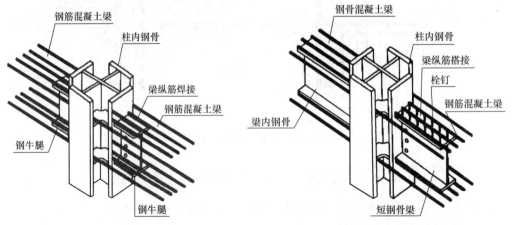

图 8-96　梁的部分纵筋焊于钢牛腿上　　　　图 8-97　框架节点两侧分别为钢骨
混凝土梁和钢筋混凝土梁

该段钢骨梁的长度不小于 1/4 钢筋混凝土梁的净跨度，并应在钢骨梁全长上下翼缘上设置栓钉连接件，栓钉的直径不小于 19mm，栓钉的间距不大于 200mm，并且栓钉中心至钢骨板材边缘的距离不小于 60mm。梁端至钢骨梁截断处以外 2 倍梁高范围内，应按钢筋混凝土梁端箍筋加密区的要求配置箍筋。

2. 当柱钢骨与梁钢骨上、下翼缘连接处设置的加劲肋为非贯通时（图 8-98），应按下列方法计算加劲肋：

1）加劲肋的截面面积，应满足下列公式的要求：

$$A_s \geqslant \frac{P - f'_{ssy} t_{cw} (t_{bf} + 5d_f)}{f_{ssy}}$$

$$(8\text{-}209)$$

2）加劲肋板的板长 b_s 按下式计算：

$$b_s = \frac{\sqrt{3}}{2} \cdot \frac{A_s}{t_s} \qquad (8\text{-}210)$$

3）柱钢骨腹板厚度应满足下式的要求：

$$t_{cw} \geqslant \frac{P}{f_{ssy}[t_{bf} + 2(a + b_s)]} (8\text{-}211)$$

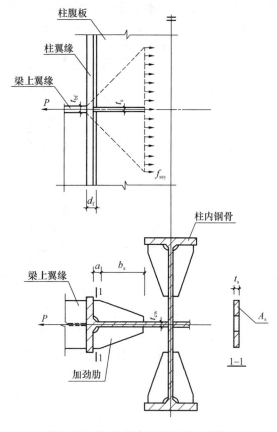

图 8-98　梁-柱节点非贯通式加劲肋

式中　P——由梁钢骨翼缘作用于柱钢骨的集中力，可取 $P = f_{ssy} A_{sf}$，A_{sf} 为梁钢骨翼缘的面积；

A_s——计算所需加劲肋的截面积；

f'_{ssy}——柱钢骨腹板前端的抗压强度；

f_{ssy}——柱钢骨腹板的抗拉强度；

t_{cw}——柱钢骨腹板厚度；

t_{bf}——梁钢骨翼缘厚度；

d_f——柱钢骨翼缘外表面至腹板圆弧截止处或角焊缝边缘的距离；

t_s——加劲肋板的厚度。

8.10.5　柱 与 柱 的 连 接

1. 当结构下部采用钢骨混凝土柱、上部采用钢筋混凝土柱时，其间应设置过渡层，见图 8-99，过渡层柱应按下列方法设计：

1）过渡层柱应按钢筋混凝土柱设计，并在柱全高范围内按现行《高层建筑混凝土结构技术规程》JGJ 3 钢筋混凝土柱箍筋加密区的规定配置箍筋。

2）下部钢骨混凝土柱内的钢骨应伸至过渡层柱顶部的梁高度范围内截断；过渡层柱钢骨截面可减小，可按构造要求设置，并需在钢骨翼缘上设置栓钉，见图 8-99。栓钉的直径不小于 19mm，水平及竖向中心距不大于 300mm，并且栓钉中心至钢骨板材边缘的距离不小于 60mm。当有可靠依据时，可按计算确定栓钉数量。

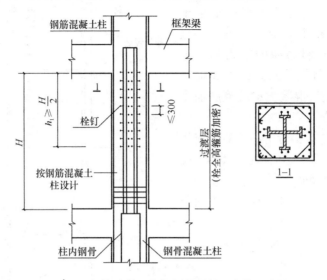

图 8-99　钢筋混凝土柱与钢骨混凝土柱的过渡层

2. 当结构下部采用钢骨混凝土柱、上部采用钢柱时，其间应设置过渡层，见图 8-100。过渡层柱应按下列方法设计：

1）过渡层柱按钢柱设计，且不小于过渡层上一层钢柱截面，并按构造要求设置外包钢筋混凝土。过渡层钢柱伸入下部钢骨混凝土柱内的长度由梁下皮至 2 倍钢柱截面高度处，与钢骨混凝土柱内的钢骨相连，并在该伸入范围内的钢柱翼缘上应设置栓钉。栓钉的直径不小于 19mm，水平及竖向中心距不大于 300mm，且栓钉中心至钢骨板材边缘的距离不小于 60mm。当有可靠依据时，可按计算确定栓钉数量。

2）过渡层钢柱外包钢筋混凝土后，其截面刚度（计入外包混凝土）应为下部钢骨混

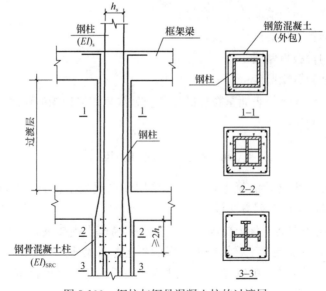

图 8-100　钢柱与钢骨混凝土柱的过渡层

凝土柱的截面刚度与上部钢柱刚度的中间值，宜取$(0.4\sim0.6)[(EI)_c+(EI)_s]$，其中$(EI)_c$为过渡层下部钢骨混凝土柱的截面刚度，$(EI)_s$为过渡层上部钢柱截面刚度。过渡层外包混凝土的厚度按刚度要求确定，但不得小于50mm。外包混凝土的配筋按构造要求确定。

3. 钢骨混凝土柱需改变截面时，应按下列方法设计：

1) 钢骨混凝土柱内的钢骨需要改变截面面积时，宜保持钢骨的截面高度不变，而改变钢骨翼缘的宽度、厚度或腹板厚度。

2) 若需要改变柱内钢骨的截面高度时，宜采用逐步减小腹板截面高度的过渡段，并在变截面段的上端和下端设置水平加劲板。当变截面过渡段位于梁-柱节点处，变截面段的上、下端，距离梁内钢骨顶面和底面不宜小于150mm。具体做法同钢柱变截面做法。

8.10.6 梁 与 墙 的 连 接

1. 钢骨混凝土结构中，梁与墙的连接有下列几种形式：

1) 钢骨混凝土梁与钢骨混凝土墙中钢骨柱连接；

2) 钢筋混凝土梁与钢骨混凝土墙中钢骨柱连接；

3) 钢梁与钢骨混凝土墙中钢骨柱连接；

4) 钢骨混凝土梁与钢筋混凝土墙连接；

5) 钢梁与钢筋混凝土墙连接。

各种梁墙连接，可采用梁与柱的连接方法进行设计。墙内竖向筋应避开钢梁翼缘，水平筋可穿过梁腹板。

2. 钢骨混凝土梁中的钢骨以及钢梁与钢筋混凝土墙的连接，均宜做成铰接。铰接连接可采用在钢筋混凝土墙中设置预埋件的方式，将焊在预埋件上的连接板与钢梁腹板用高强度螺栓连接（图8-101.1a）；也可采用在墙内设置构造钢骨带短牛腿的连接方式（图8-101.1b）；当墙较厚时，也可将钢梁支承在墙窝中，采用焊接式螺栓的支座连接方式（图8-101.1c）。钢骨混凝土梁中的纵向主筋应锚入墙中，锚固长度应符合现行《混凝土结构设计规范》GB 50010 的有关规定。

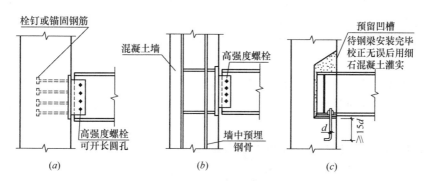

图 8-101.1　钢骨与钢筋混凝土墙的铰接连接示意图
（a）设置预埋件；（b）设置构造钢骨带牛腿；（c）焊接式螺栓支座

3. 钢骨混凝土梁或钢梁需要与钢筋混凝土墙刚接时，可采用钢筋混凝土墙中设置钢骨、形成钢骨混凝土墙的方法（图8-101.2）。梁中钢骨或钢梁与墙中钢骨柱形成刚性连接，连接方式应符合中关于钢骨混凝土梁或钢梁与钢骨混凝土柱的连接要求。钢骨混凝土梁中的纵向主筋应锚入墙中，锚固长度应符合现行《混凝土结构设计规范》GB 50010 的有关规定。钢骨混凝土柱脚的连接同钢结构柱脚设计。

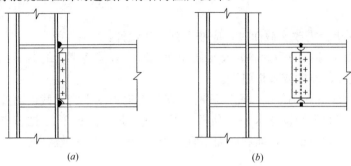

图 8-101.2　梁与墙的连接构造

(a) 刚性连接；(b) 刚性连接

8.10.7　装配式劲性柱混合梁框架结构

1. 采用劲性柱、混合梁及混凝土叠合楼板，通过可靠连接方式进行连接并与现场后浇混凝土形成整体的装配整体式框架结构，称为装配式劲性柱混合梁框架结构。装配式劲性柱混合梁框架结构钢材的材料性能应符合现行《钢结构设计标准》GB 50017 及《高层民用建筑钢结构技术规程》JGJ 99 的有关规定。钢筋、混凝土的材料性能应符合现行《混凝土结构设计规范》GB 50010 的有关规定。装配式劲性柱混合梁框架结构混凝土最低强度等级应符合相关规定。节点和接缝处的后浇混凝土强度等级不应低于预制构件的混凝土强度等级。连接用焊接材料、螺栓的性能应符合现行《钢结构设计标准》GB 50017 的有关规定。锚栓可采用 Q235、Q355 钢制作，并应符合现行《碳素结构钢》GB/T 700 及《低合金高强度结构钢》GB/T 1591 的有关规定。圆柱头焊钉应符合现行《电弧螺柱焊用圆柱头焊钉》GB/T 10433 的有关规定。灌浆材料的性能指标应符合现行《水泥基灌浆材料应用技术规范》GB/T 50448 的有关规定。劲性柱承载力计算应符合现行《钢管混凝土结构技术规范》GB 50936 的有关规定。混合梁的混凝土正截面受弯承载力计算应符合现行《混凝土结构设计规范》GB 50010 的有关规定。

2. 连接计算

劲性柱承载力计算应符合现行《钢管混凝土结构技术规范》GB 50936 的有关规定。混合梁的混凝土正截面受弯承载力计算应符合现行《混凝土结构设计规范》GB 50010 的有关规定。

混合梁与劲性柱连接节点域受剪承载力应按下列公式计算：

$$V_{\mathrm{j}} = V_1 + V_2 + V_{\mathrm{c}} \tag{8-212.1}$$

$$V_1 = \frac{A_{\mathrm{w}}}{\sqrt{3}} \sqrt{f_{\mathrm{v1}}^2 + \sigma_{\mathrm{sN}}^2 - \sigma_{\theta\mathrm{t}}^2 + \sigma_{\mathrm{sN}}\sigma_{\theta\mathrm{t}}} \tag{8-212.2}$$

$$\sigma_{\mathrm{sN}} = \frac{N}{\alpha_{\mathrm{E}} A_{\mathrm{c,j}} + A_{\mathrm{s,j}}} \tag{8-212.3}$$

$$\sigma_{\theta t} = p \cdot r'/t' \qquad (8\text{-}212.4)$$

$$p = \frac{\sigma_{sN}(2r't' - t'^2)}{(r' - t')^2} \qquad (8\text{-}212.5)$$

$$r' = B/\sqrt{\pi} \qquad (8\text{-}212.6)$$

$$t' = 2t/\sqrt{\pi} \qquad (8\text{-}212.7)$$

$$V_2 = \frac{A_g f_{v2}}{\sqrt{3}} \qquad (8\text{-}212.8)$$

$$V_c = \tau_p A_{c,j} \qquad (8\text{-}212.9)$$

式中　V_j ——混合梁与劲性柱连接节点域受剪承载力设计值（N，图 8-102）；

　　　V_1 ——劲性柱钢管腹板受剪承载力设计值（N）；

　　　V_2 ——竖向加劲板受剪承载力设计值（N）；

　　　V_c ——劲性柱钢管内混凝土受剪承载力设计值（N）；

　　　A_w ——劲性柱钢管腹板截面面积（mm²）；

　　　f_{v1} ——劲性柱钢管腹板的抗剪强度设计值（MPa）；

　　　σ_{sN} ——竖向轴力对劲性柱钢管腹板产生的压应力（MPa）；

　　　N ——劲性柱轴向压力设计值（N）；

　　　$\sigma_{\theta t}$ ——等效圆形截面劲性柱钢管腹板受到的环向拉应力（MPa）；

　　　p ——外层钢管对混凝土约束产生的侧压力（MPa）；

　　　r' ——正方形截面钢管等效为圆形截面钢管的外径（mm，图 8-103）；

　　　t' ——正方形截面钢管等效为圆形截面钢管的壁厚（mm，图 8-103）；

　　　B ——正方形截面劲性柱钢管宽度（mm）；

　　　t ——正方形截面劲性柱钢管壁厚（mm）；

　　　α_E ——钢材弹性模量与混凝土的弹性模量比值；

　　　$A_{c,j}$ ——劲性柱钢管内混凝土截面面积（mm²）；

　　　$A_{s,j}$ ——劲性柱钢管截面面积（mm²）；

　　　A_g ——竖向加劲板的抗剪截面面积，取节点核心区竖向加劲板的水平截面面积（mm²）；

　　　f_{v2} ——竖向加劲板的抗剪强度设计值（MPa）；

　　　τ_p ——混凝土抗剪强度设计值（MPa）。

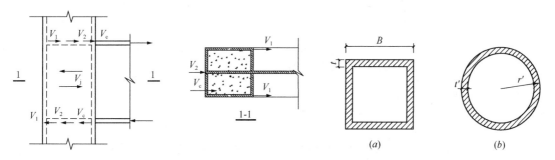

图 8-102　梁柱连接节点域抗剪受力示意　　　　　　图 8-103　钢管截面示意

　　　　　　　　　　　　　　　　　　　　　　　　　（a）正方形截面钢管；

　　　　　　　　　　　　　　　　　　　　　　　　　（b）等效圆形截面钢管

3. 连接及节点

1）相同截面钢管拼接时，上下钢管之间应采用全熔透坡口焊缝，接缝位置宜设置在叠合板叠合层平面位置处，且应在接缝处设置连接内衬（图8-104）。连接内衬插入上下钢管的长度 l 宜相同，且不宜小于100mm，厚度不宜小于5mm，外径宜比钢管内径小2mm。

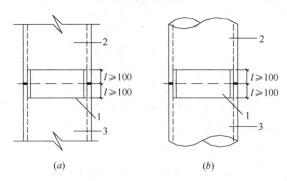

图8-104 相同截面钢管拼接方式示意

（a）正方形截面钢管劲性柱；（b）圆形截面钢管劲性柱

1—连接内衬；2—上节柱；3—下节柱

2）不同截面正方形钢管拼接时应符合下列规定：

① 当上节柱外壁与下节外壁之间的差距 S 不大于25mm时，可采用顶板拼接方式（图8-105），顶板厚度 t 不应小于20mm且应符合下列公式要求：

$$t_0 \geqslant S - t_u + t_d \tag{8-213.1}$$

$$t_u \leqslant t_d \tag{8-213.2}$$

式中　t_0——顶板厚度（mm）；

　　　t_u——上节柱钢管的壁厚（mm）；

　　　t_d——下节柱钢管的壁厚（mm）。

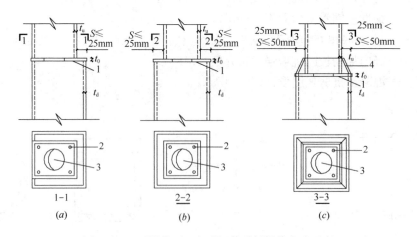

图8-105 不同截面正方形钢管顶板拼接方式示意

（a）拼接方式一；（b）拼接方式二；（c）拼接方式三

1—顶板；2—透气孔；3—浇筑孔；4—上柱外壁加劲肋

② 当上节柱外壁与下节柱外壁间的差距 S 大于 25mm 但不大于 50mm 时，可采用上节柱加劲拼接方式（图 8-105c），顶板厚度 t_0 不应小于 20mm 且符合下式要求：

$$t_0 \geqslant t_d + 2 \tag{8-214}$$

式中　t_0——顶板厚度（mm）；

　　　t_d——下节柱钢管的壁厚（mm）。

③ 当上节柱外壁与下节柱外壁间的差距 S 大于 50mm 时，宜采用台锥形拼接方式，台锥的上下两端均宜设置开孔隔板，台锥壁厚不应小于所连接的钢管壁厚，台锥斜度不宜大于 1：6（图 8-106）。

4. 不同截面圆形钢管拼接时，宜采用一段变直径钢管对接（图 8-107）。变径钢管的上下两端均宜设置开孔隔板，变径钢管的壁厚不应小于所连接的钢管壁厚，变径段的斜度不宜大于 1：6，变径段宜设置在楼盖结构高度范围内。

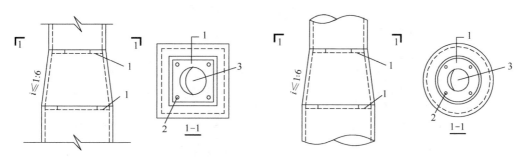

图 8-106　不同截面正方形钢管台锥形　　　　图 8-107　不同截面钢管拼接方式
拼接方式示意　　　　　　　　　1—开孔隔板；2—透气孔；3—浇筑孔
1—开孔隔板；2—透气孔；3—浇筑孔

5. 劲性柱钢管拼接用顶板及开孔隔板上的透气孔孔径不宜小于 25mm，混凝土浇筑孔的孔径不应小于 200mm。

6. 劲性柱钢管分段接头在现场连接时，宜加焊内套圈和必要的焊缝定位件。

7. 劲性柱与混合梁的连接构造应符合下列规定（图 8-108）：

1）劲性柱和混合梁预留的工字形钢接头腹板处应通过连接板和高强度螺栓连接，连接板应采用双板，每个连接板的厚度不宜小于工字形钢接头腹板厚度的 0.7 倍，且不应小于螺栓间距的 1/12；翼缘之间应采用全熔透坡口焊缝焊接；

2）劲性柱与混合梁的工字形钢接头长度之和 L_0 不应小于 0.16L 及 1.3h 的较大值，且应小于 0.25L，L 为相邻劲性柱钢管壁间的距离，h 为混合梁的高度；

3）混合梁与劲性柱连接后，应在工字形钢接头处绑扎封闭箍筋，箍筋间距不应大于 100mm，箍筋直径不应小于 8mm。

8. 主次梁刚性连接节点构造应符合下列规定：

1）主次梁中间节点处（图 8-109a），主梁应沿次梁轴线方向埋置工字形钢接头，钢接头伸出长度应与次梁工字形钢接头的伸出长度相等；

2）主次梁边节点处（图 8-109b），主梁应沿次梁轴线方向埋置工字形钢接头，钢接头伸出长度应与次梁工字形钢接头的伸出长度相等，工字形钢接头埋入部分应伸过支座中心

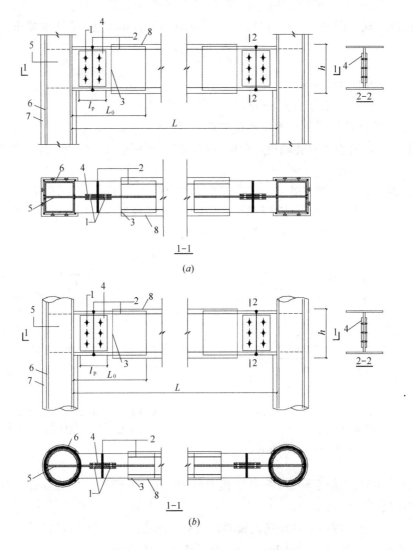

图 8-108 混合梁与劲性柱连接构造

(a) 正方形截面钢管劲性柱；(b) 圆形截面钢管劲性柱

1—高强度螺栓；2—焊接；3—梁预制与现浇混凝土分界面；4—连接板；5—竖向加劲板；

6—劲性柱钢管；7—劲性柱外包混凝土；8—梁混凝土保护层

线，且其腹板上宜打孔穿加强筋，加强筋的长度不宜小于 1500mm；

3）工字形钢接头上翼缘应沿梁轴线方向焊接栓钉，栓钉间距应符合规程的规定；

4）主梁与次梁连接处的工字形钢接头的腹板通过连接板及高强度螺栓连接，上下翼缘采用全熔透坡口焊缝连接。

9. 主次梁铰接连接节点构造应符合下列规定（图 8-110）：

1）主梁与次梁连接处的工字形钢接头的腹板通过连接板及高强度螺栓连接；

2）主梁与次梁连接处的工字形钢接头翼缘间距 δ，不宜小于 10mm 且不宜大于 12mm。

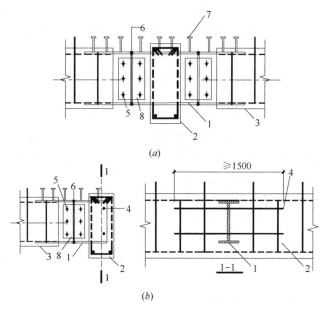

图 8-109　主次梁刚性连接节点构造

(a) 主次梁中间节点；(b) 主次梁边节点

1—主梁与次梁连接工字钢接头；2—主梁；3—次梁；4—加强筋；

5—高强度螺栓；6—焊接；7—栓钉；8—连接板

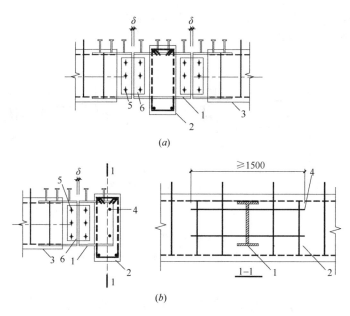

图 8-110　主次梁铰接连接节点构造

(a) 主次梁中间节点；(b) 主次梁边节点；

1—主梁与次梁连接工字钢接头；2—主梁；3—次梁；

4—加强筋；5—高强度螺栓；6—连接板

8.11 钢管混凝土结构连接和节点设计

8.11.1 钢管混凝土 (圆管) 连接和节点设计

圆钢管混凝土是将混凝土填入薄壁圆形钢管内而形成的组合结构，具有承载力高和延性大的优点。圆钢管混凝土是一种高强高性能的结构形式，具有良好的施工性能，适合用于大跨度、高层、重载以及抗震和防爆要求高的结构工程中的受压构件。

1. 钢梁与钢管混凝土柱的刚接连接应符合下列规定：

1) 连接的受弯承载力设计值和受剪承载力设计值，分别不应小于相连构件的受弯承载力设计值和受剪承载力设计值；采用高强度螺栓连接时，应采用摩擦型高强度螺栓，不得采用承压型高强度螺栓；

2) 连接的受弯承载力应由梁翼缘与柱的连接提供，连接的受剪承载力应由梁腹板与柱的连接提供。

2. 实心钢管混凝土柱连接和梁柱节点

等直径钢管对接时宜设置环形隔板和内衬钢管段，内衬钢管段也可兼作为抗剪连接件，并应符合下列规定：

1) 上下钢管之间应采用全熔透坡口焊缝，坡口可取 35°，直焊缝钢管对接处应错开钢管焊缝；

2) 内衬钢管仅作为衬管使用时 (图 8-111a)，衬管管壁厚度宜为 4～6mm，衬管高度宜为 50mm，其外径宜比钢管内径小 2mm。

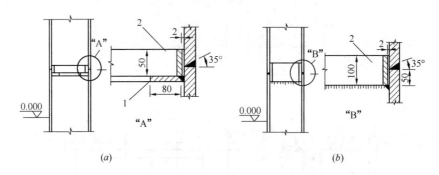

图 8-111　等直径钢管对接构造
(a) 仅作为衬管用时；(b) 同时作为抗剪连接件时
1—环形隔板；2—内衬钢管

3. 建筑工程中空心钢管混凝土柱梁节点可按实心钢管混凝土结构进行，且应采用外加强环的连接方式，见图 8-112。其中，c 为钢梁翼缘宽度的 0.7 倍。

4. 法兰盘螺栓连接宜采用有加劲板连接方式，也可采用无加劲板连接方式 (图 8-113)。法兰盘螺栓连接计算见第 3 章。

5. 空心钢管混凝土构件对接连接采用剪力板螺栓连接时 (图 8-114)，应符合下列规定：

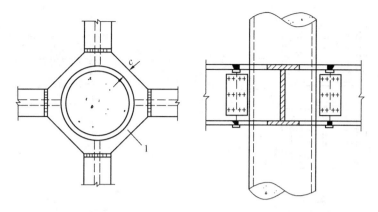

图 8-112　钢梁与钢管混凝土柱采用外加强环连接构造示意图

1—外加强环

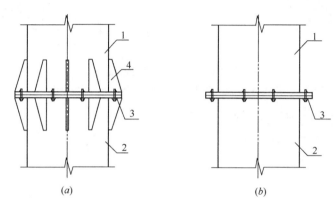

图 8-113　法兰盘螺栓连接

(a) 有加劲肋；(b) 无加劲肋

1—上节柱；2—下节柱；3—法兰盘；4—加劲肋

1) 剪力板螺栓连接应由连接板、剪力螺栓板（沿圆周均匀分布）和内钢管组成。

2) 最外一排每个螺栓所承受的剪力应按下列公式计算：

$$N_{\mathrm{v}} = \max\left(\frac{M}{0.375n_0 d_0} + \frac{N}{n_0}, \ \frac{M}{0.375n_0 d_0} - \frac{N}{n_0}\right) \Big/ m \leqslant N_{\mathrm{v}}^{\mathrm{b}} \tag{8-215}$$

$$N_{\mathrm{v}}^{\mathrm{b}} = n_{\mathrm{v}}(\pi d^2/4) f_{\mathrm{v}}^{\mathrm{b}} \tag{8-216}$$

式中　M——接头处所作用的外弯矩设计值（N·mm）；

N——接头处所作用的轴心拉（压）力设计值（N）；

d_0——螺栓所在位置中心的直径（mm）；

n_0——剪力板的组数；

m——每一排剪力板螺栓的数量；

$N_{\mathrm{v}}^{\mathrm{b}}$——一个螺栓抗剪承载力设计值（N）；

n_{v}——螺栓受剪面数目，单剪时 $n_{\mathrm{v}}=1$，双剪时 $n_{\mathrm{v}}=2$；

d——螺栓杆直径（mm）；

$f_{\mathrm{v}}^{\mathrm{b}}$——普通螺栓的抗剪强度设计值（MPa）。

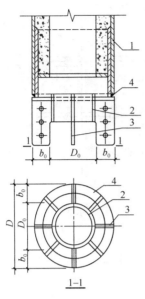
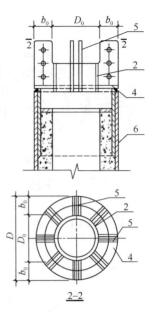

图 8-114　剪力板螺栓连接

1—上节柱；2—内短钢管；3—单剪力板；4—连接板；5—双剪力板；6—下节柱

3）除符合计算规定外，螺栓直径不宜小于 16mm。

4）剪力板的厚度应符合式（8-217）的要求，并不宜小于 6mm。

$$t_0 \geqslant \frac{mN_v}{\mu(b_0 - d)f} \tag{8-217}$$

8.11.2　钢管混凝土（矩形管）连接节点设计

矩形钢管混凝土是将混凝土填入薄壁矩形钢管内，并由矩形钢管和混凝土共同承受荷载的组合构件。矩形钢管壁对混凝土和混凝土对钢管壁互相有约束作用，充分发挥各自的优点，矩形钢管混凝土具有承载力高、延性大、柱截面小、施工方便的多项优点。

1. 梁柱连接

节点的形式应构造简单、整体性好、传力明确、安全可靠、节约材料和施工方便。节点设计应做到构造合理，使节点具有必要的延性，能保证焊接质量并避免出现应力集中和过大的约束应力。

2. 矩形钢管混凝土柱与钢梁的连接可采用下列形式：

1）带短梁内隔板式连接。矩形钢管内设隔板，柱外预焊短钢梁；钢梁的缘与柱边预设短钢梁的翼缘焊接，钢梁的腹板与短钢梁的腹板用双夹板高强度螺栓摩擦型连接（图 8-115）。

2）外伸内隔板式连接。矩形钢管内设隔板，隔板贯通钢管壁，钢管与隔板焊接；钢梁腹板与柱钢管壁通过连接板采用高强度螺栓摩擦型连接；钢梁翼缘与外伸的内隔板焊接（图 8-116）。

3）外隔板式连接。钢梁腹板与柱外预设的连接件采用高强度螺栓摩擦型连接；柱外设水平外隔板，钢梁翼缘与外隔板焊接（图 8-117）。

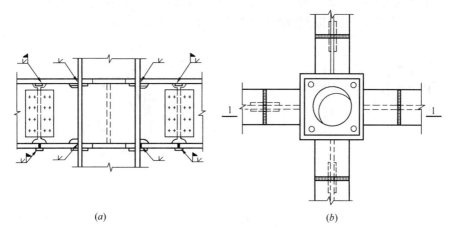

(a)　　　　　　　　　　　　　(b)

图 8-115　带短梁内隔板式梁柱连接

(a) 节点剖面 1-1；(b) 节点平面

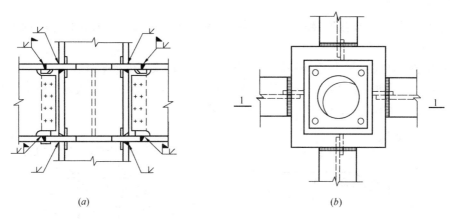

(a)　　　　　　　　　　　　　(b)

图 8-116　外伸内隔板式梁柱连接

(a) 节点剖面 1-1；(b) 节点平面

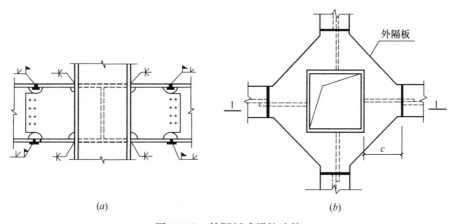

(a)　　　　　　　　　　　　　(b)

图 8-117　外隔板式梁柱连接

(a) 节点剖面 1-1；(b) 节点平面

4）内隔板式连接。钢梁腹板与柱钢管壁通过连接板采用高强度螺栓摩擦型连接；矩形钢管混凝土柱内设隔板，钢梁翼缘与柱钢管壁焊接（图8-118）。

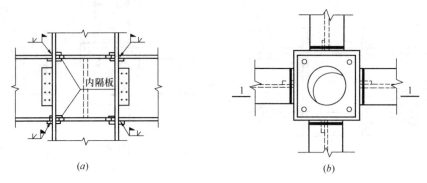

（a）   （b）

图8-118　内隔板式梁柱连接

（a）节点剖面1-1；（b）节点平面

5）当为8度设防Ⅲ、Ⅳ类场地和9度设防时，柱与钢梁的刚性连接宜采用能将塑性铰外移的骨形连接。

6）当钢梁与柱为铰接连接时，钢梁翼缘与钢管可不焊接。腹板连接采用内隔板式连接形式。

3. 矩形钢管混凝土柱与现浇钢筋混凝土梁的连接可采用下列形式：

1）环梁-钢承重销式连接。在钢管外壁焊半穿心钢牛腿，柱外设八角形钢筋混凝土环梁；梁端纵筋锚入钢筋混凝土环梁传递弯矩（图8-119）。

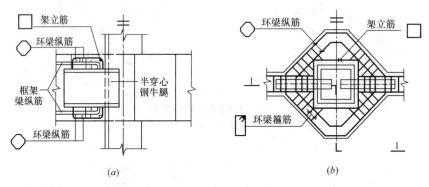

（a）   （b）

图8-119　环梁-钢承重销式连接节点

（a）节点剖面1-1；（b）节点平面

2）穿筋式连接。柱外设矩形钢筋混凝土环梁，在钢管外壁焊水平肋钢筋（或水平肋板），通过环梁和肋钢筋（或肋板）传递梁端剪力；框架梁纵筋通过预留孔穿越钢管传递弯矩（图8-120）。

4. 矩形钢管混凝土柱隔板构造

1）矩形钢管混凝土柱的内隔板厚度应满足板件的宽厚比限值，且不小于钢梁翼缘的厚度。钢管外隔板的挑出宽度 c 应满足下式要求：

$$100\text{mm} \leqslant c \leqslant 15t_{\text{j}}\sqrt{235/f_{\text{y}}} \tag{8-218}$$

式中　t_{j}——隔板厚度；

f_{y}——外隔板材料的屈服强度。

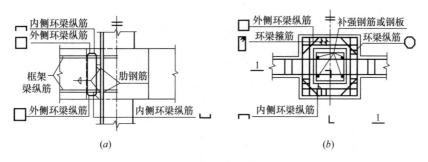

图 8-120 穿筋式节点

(a) 节点剖面 1-1；(b) 节点平面

2）矩形钢管混凝土柱内隔板与柱的焊接应采用坡口全熔透焊。钢管内隔板上应设置混凝土浇筑孔，其孔径不应小于 200mm；内隔板四角应设透气孔，其孔径宜为 25mm（图 8-121）。梁柱刚性节点构造见图 8-122。

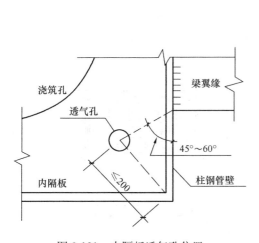

图 8-121 内隔板透气孔位置

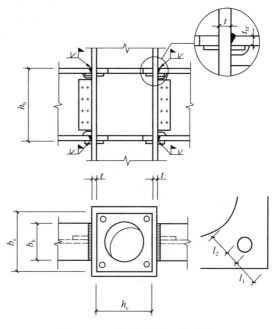

图 8-122 带内隔板的刚性节点

5.柱脚构造

1）外包式柱脚（图 8-123）

2）埋入式柱脚底板埋入基础的深度宜为柱截面高度的 2～3 倍。柱脚底板应采用预埋锚栓连接，必要时可在埋入部分的柱身上设置抗剪键传递柱子承受的拉力（图 8-124、图 8-125）。灌入的混凝土应采用微膨胀细石混凝土，其强度等级应高于基础混凝土。

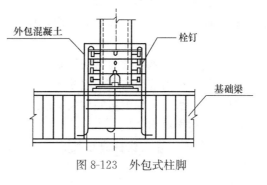

图 8-123 外包式柱脚

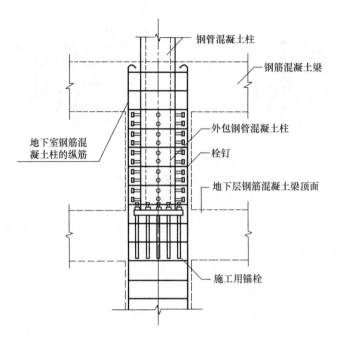

图 8-124 延伸到地下室的柱脚

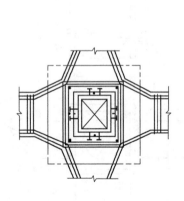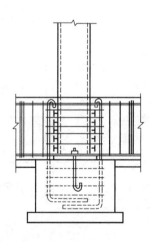

图 8-125 设置抗剪键

3）外露式柱脚（图 8-126）应满足下列构造要求：

（1）锚栓应有足够的锚固长度，防止柱脚在轴拉力或弯矩作用下将锚栓从基础中拔出。锚栓应采用双重螺帽拧紧或采取其他措施防止松动。

（2）底板除满足强度要求外，尚应具有足够的面外刚度。

（3）底板应与基础顶面密切接触。

（4）柱底剪力可由底板与混凝土间的摩擦传递，摩擦系数可取 0.4。当基础顶面预埋钢板时，柱底板与预埋钢板间应采取剪力传递措施。当剪力大于摩擦力或柱脚受拉时，宜采用抗剪键传递剪力。

4）外包式、埋入式柱脚可按现行《高层民用建筑钢结构技术规程》JGJ 99 的规定计算。

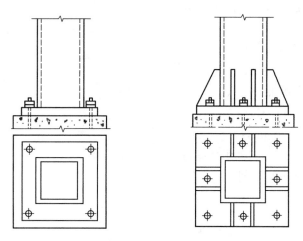

图 8-126　外露式柱脚

6. 支撑与梁柱采用销轴连接时（图 8-127a），应符合下列规定：

1）销轴孔径与销轴直径相差不宜大于 1mm，销轴连接耳板（图 8-127b）孔中心离两侧边缘距离 b_e 应相等，连接耳板宽厚比 b_e/t_e 宜小于 4，且销轴孔边距板边缘距离 a_e 及销轴连接耳板孔中心离两侧边缘距离 b_e 应符合下列公式要求：

$$a_e \geqslant \frac{4}{3}(2t_e + 16) \tag{8-219}$$

$$b_e \geqslant 2t_e + 16 \tag{8-220}$$

式中　a_e——销轴孔边距板边缘距离（mm）；

　　　　b_e——连接耳板两侧边缘与销轴孔边缘净距（mm）；

　　　　t_e——耳板厚度（mm）。

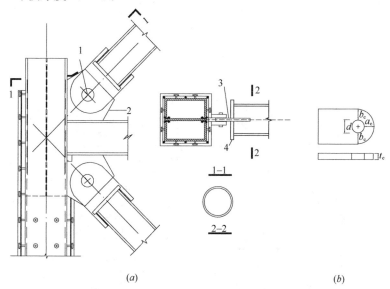

(a) 　　　　　　　　　　　　　　　　(b)

图 8-127　支撑与梁柱销轴连接的构造示意

（a）销轴连接；（b）连接耳板

1—销轴；2—节点板；3—连接耳板；4—盖板

2）销轴承压强度应按下列公式验算：

$$\sigma_c \leqslant f_c^b \tag{8-221.1}$$

$$\sigma_c = \frac{N_t}{dt_e} \tag{8-221.2}$$

式中 σ_c——销轴截面压应力（MPa）；

N_t——杆件轴向拉力设计值（N）；

d——销轴直径（mm）；

f_c^b——销轴连接中耳板的承压强度设计值（MPa）。

3）销轴抗剪强度应按下列公式验算：

$$\tau_b \leqslant f_v^b \tag{8-222}$$

$$t_1 \geqslant \frac{t_f}{2} \tag{8-223}$$

$$t_2 \geqslant \frac{t_f B_f}{4b_2} \tag{8-224}$$

$$\tau_b = \frac{N_t}{n_v \pi \dfrac{d^2}{4}} \tag{8-225}$$

式中 τ_b——销轴截面剪应力（MPa）；

n_v——销轴受剪面数目；

f_v^b——销轴的抗剪强度设计值（MPa）。

7. H 型钢支撑与梁柱采用高强度螺栓连接时（图 8-128），梁柱节点处宜焊接斜杆，斜杆半径不应小于 200mm，支撑与斜杆的上下翼缘应采用三块连接板连接，腹板应采用两块连接板连接，翼缘连接板板厚 t_1 不宜小于 8mm，翼缘连接板板厚 t_2 不宜小于 10mm，腹板连接板板厚 t_b 不宜小于 6mm，且应符合下式要求：

$$t_b \geqslant \frac{h_w t_w}{2h} \tag{8-226}$$

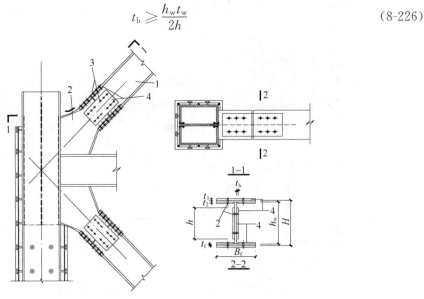

图 8-128　支撑与梁柱高强度螺栓连接构造示意

1—支撑；2—斜杆；3—高强度螺栓；4—连接板

图中及式中 t_f——H型钢支撑翼缘厚度（mm）；

t_1——H型钢支撑翼缘外侧连接板的厚度（mm）；

t_2——H型钢支撑翼缘内侧连接板的厚度（mm）；

t_b——H型钢支撑腹板连接板的厚度（mm）；

h——H型钢支撑腹板连接板的高度（mm）；

B_f——H型钢支撑翼缘的宽度（mm）；

h_w——H型钢支撑腹板的高度（mm）；

t_w——H型钢支撑腹板的厚度（mm）。

8. H型钢支撑与梁柱采用焊接连接时（图 8-129），支撑与斜杆的上下翼缘及腹板应采用全熔透坡口焊缝连接。

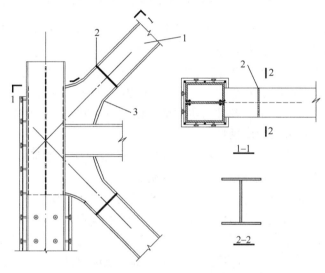

图 8-129　支撑与梁柱焊接连接构造示意
1—支撑；2—焊接；3—斜杆

8.12　钢结构消能减震隔震结构连接与节点设计

8.12.1　消能减震的设防目标和消能器的选择

1. 消能减震设计指在房屋结构中设置消能器，通过消能器的相对变形和相对速度提供附加阻尼，以消耗输入结构的地震能量，达到预期的防震、减震要求。

2. 设置消能减震结构装置，其抗震设防目标是：当遭受低于本地区抗震设防烈度的多遇地震影响时，消能部件正常工作，主体结构不受损坏或不需要修理可继续使用；当遭受相当于本地区抗震设防烈度的设防地震影响时，消能部件正常工作，主体结构可能发生损坏，但经一般修理仍可继续使用；当遭受高于本地区抗震设防烈度的罕遇地震影响时，消能部件不应丧失功能，主体结构不致倒塌或发生危及生命的严重破坏。

3. 消能器的选择包括消能器类型和规格的选择。在概念设计阶段，消能器类型的选择应综合考虑结构类型、周围环境、设防目标、消能器耗能机理、价格及安装、施工、维修费用等因素，考虑选择消能器。

4. 消能器可分为速度相关型、位移相关型和复合型消能器三类。速度相关型消能器（黏滞消能器、黏弹性消能器）利用与速度有关的黏性抵抗地震作用，从黏滞材料的运动中获得阻尼力，消能能力取决于消能器两端相对速度的大小，速度越大，提供的阻尼力越大，消能能力也越强；位移相关型消能器（摩擦消能器、金属消能器等）利用材料的塑性滞回变形耗散能量，消能能力与消能器两端相对位移的大小有关，相对位移越大，消能能力越强。复合型消能器是利用两种以上的消能原理或机制进行耗能的消能器。

5. 消能器是通过内部材料或构件的摩擦，弹塑性滞回变形或黏（弹）性滞回变形来耗散或吸收能量的装置。包括位移相关型消能器、速度相关型消能器和复合型消能器。

8.12.2 消能器与主体结构连接要求

1. 消能器与支撑、支承构件的连接，应符合钢构件连接、钢与钢筋混凝土构件连接、钢与钢管混凝土构件连接构造的规定。

2. 消能器与支撑、连接件之间宜采用高强度螺栓连接或销轴连接，也可采用焊接。

3. 在消能器极限位移或极限速度对应的阻尼力作用下，与消能器连接的支撑、墙、支墩应处于弹性工作状态；消能部件与主体结构相连的预埋件、节点板等应处于弹性工作状态，且不应出现滑移或拔出等破坏。

4. 支撑及连接件一般采用钢构件，也可采用钢管混凝土或钢筋混凝土构件。对支撑材料和施工有特殊规定时，应在设计文件中注明。

5. 钢筋混凝土构件作为消能器的支撑构件时，其混凝土强度等级不应低于C30。

6. 消能部件的安装可在主体结构完成后进行或在主体结构施工时进行，消能器安装完成后不应出现影响消能器正常工作的变形，且计算分析时应考虑消能部件安装次序的影响。

7. 消能器与支撑构件和主体结构的连接，考虑到施工制作方便和易于更换，一般采用螺栓连接或销栓连接。

8. 通过对经历过实际地震考验的消能减震结构调研分析，发现消能部件存在一定的侧向失稳现象，其原因在于建筑结构的复杂性及不规则性，使得按照平面框架理论分析设计的消能部件与实际情况可能存在较大偏差，而侧向失稳与否直接关系到消能器的减震效果。因此，在消能减震设计中，需保证在地震作用下，消能部件和消能部件与结构构件相连的节点不会发生侧向失稳或破坏等问题，以保证消能器正常工作。

9. 消能减震结构抗震性能化设计，消能减震结构应结合建筑实际需求选择性能水准和性能目标。隔震和消能减震设计时，隔震装置和消能部件应符合下列要求：

（1）隔震装置和消能部件的性能参数应经试验确定。

（2）隔震装置和消能部件的设置部位，应采取便于检查和替换的措施。

（3）设计文件上应注明对隔震装置和消能部件的性能要求，安装前应按规定进行检测，确保性能符合要求。建筑结构的隔震设计和消能减震设计，尚应符合相关专门标准的规定；也可按抗震性能目标的要求进行性能化设计。

（4）隔震支座应进行竖向承载力验算和罕遇地震下水平位移的验算。

（5）消能减震部件在罕遇地震作用下，不应发生低周疲劳破坏及与之连接节点的破坏，且消能性能应稳定。金属位移型消能部件不应在基本风压作用下屈服。

8.12.3　消能部件的连接与构造

（一）一般规定

1. 消能器与主体结构的连接一般分为：支撑型、墙型、柱型、门架式和腋撑型等，设计时应根据工程具体情况和消能器的类型合理选择连接形式。

2. 当消能器采用支撑型连接时，可采用单斜支撑布置、V 形和人字形等布置，不宜采用 K 形布置。支撑宜采用双轴对称截面，宽厚比或径厚比应满足现行行业标准《高层民用建筑钢结构技术规程》JGJ 99 的要求。

3. 消能器与支撑、节点板、预埋件的连接可采用高强度螺栓、焊接或销轴，高强度螺栓及焊接的计算、构造要求应符合现行《钢结构设计标准》GB 50017 的规定。

4. 预埋件、支撑和支墩、剪力墙及节点板应具有足够的刚度、强度和稳定性。

5. 消能器的支撑或连接元件或构件、连接板应保持弹性。

6. 与位移相关型或速度相关型消能器相连的预埋件、支撑和支墩、剪力墙及节点板的作用力取值应为消能器在设计位移或设计速度下对应阻尼力的 1.2 倍。

（二）预埋件计算

1. 预埋件的锚筋应按拉剪构件或纯剪构件计算总截面面积。预埋件的锚筋和锚板设计应符合现行《混凝土结构设计规范》GB 50010 和《混凝土结构后锚固技术规程》JGJ 145 的规定。

2. 支撑和支墩、剪力墙计算

支墩、剪力墙应按消能器附加的水平剪力进行截面验算。

支撑和支墩、剪力墙的计算长度应符合下列规定：

1) 采用单斜消能部件时，支撑计算长度应取支撑与消能器连接处到主体结构预埋连接板连接中心处的距离。

2) 采用人字形支撑时，支撑计算长度应取布置消能器水平梁平台底部到主体结构预埋连接板连接中心处的距离。

3) 采用柱型支撑时，支撑计算长度应取消能器上连接板或下连接板到主体结构梁底或顶面的距离。

3. 与速度线性相关型消能器连接的支撑、支墩、剪力墙的刚度应满足要求，与其他类型消能器连接的支撑、支墩、剪力墙的刚度不宜小于消能器有效刚度的 2 倍。

（三）节点板计算

1. 节点板设计时应验算节点板构件的截面、节点板与预埋板间高强度螺栓或焊缝的强度。

2. 节点板在抗拉、抗剪作用下的强度应按下列公式计算：

$$\sigma = \frac{N}{\Sigma(\eta_i A_i)} \leqslant f \tag{8-227.1}$$

$$\eta_i = \frac{1}{\sqrt{1 + 2\cos^2\alpha_i}} \tag{8-227.2}$$

式中　N——作用于节点板上消能器作用力，按计算作用值的规定取值（kN）；

A_i——第 i 段破坏面的截面积，$A_i = tl_i$；当为螺栓连接时，应取净截面面积（m²）；

η_i——第 i 段的拉剪折算系数；

f——钢材的抗拉和抗剪强度设计值（N/mm²）；

α_i——第 i 段破坏线与拉力轴线的夹角；

t——板件厚度（mm）；

l_i——第 i 段破坏段的长度（mm），应取板件中最危险的破坏线的长度（图 8-130）。

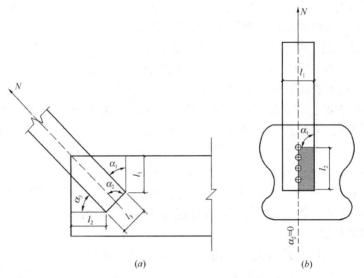

图 8-130　节点板的拉、剪撕裂

（a）焊接；（b）螺栓连接

3. 节点板在压力作用下的稳定性，应符合下列规定：

（1）对梁柱相交处有斜向支撑或消能器的节点，其节点板 c/t 不得大于 $22\sqrt{235/f_y}$。当 c/t 不大于 $15\sqrt{235/f_y}$ 时，可不进行稳定验算；否则，按本条第 3 款进行计算。

（2）对框架梁上的节点，其节点板 c/t 不得大于 $17.5\sqrt{235/f_y}$。当 c/t 不大于 $10\sqrt{235/f_y}$ 时，节点板的稳定承载力可取为 $0.8b_e t f$；当 c/t 大于 $10\sqrt{235/f_y}$ 时，按本条第 3 款进行计算。

（3）设有斜向支撑或消能器的节点板，在其轴向压力作用下，节点板 $\overline{BA}$、$\overline{AC}$ 和 $\overline{CD}$ 的稳定性应满足下列要求（图 8-131、图 8-132）：

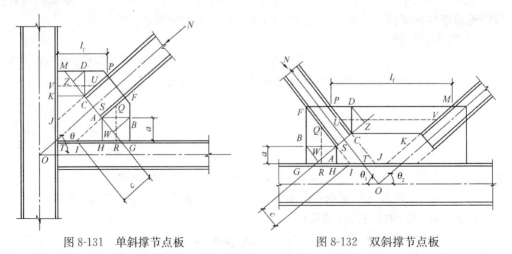

图 8-131　单斜撑节点板　　　　图 8-132　双斜撑节点板

$\overline{BA}$区：

$$\frac{b_1}{(b_1+b_2+b_3)}N\sin\theta_1 \leqslant l_1 t_s \varphi_1 f \qquad (8\text{-}228)$$

$\overline{AC}$区：

$$\frac{b_2}{(b_1+b_2+b_3)}N \leqslant l_2 t_s \varphi_2 f \qquad (8\text{-}229)$$

$\overline{CD}$区：

$$\frac{b_3}{(b_1+b_2+b_3)}N\cos\theta_1 \leqslant l_3 t_s \varphi_3 f \qquad (8\text{-}230)$$

式中　　　　N——作用于节点板上的轴力（一般为消能器的极限承载力，kN）；

　　　　　　t_s——节点板厚度（mm）；

l_1、l_2、l_3——分别为屈折线$\overline{BA}$、$\overline{AC}$、$\overline{CD}$的长度（mm）；

φ_1、φ_2、φ_3——各受压区板件的轴心受压稳定系数，可按现行《钢结构设计标准》

　　　　　　GB 50017中 b 类截面查取；其相应的长细比分别为：$\lambda_1 = 2.77\dfrac{\overline{QR}}{t}$，

　　　　　　$\lambda_2 = 2.77\dfrac{\overline{ST}}{t}$，$\lambda_3 = 2.77\dfrac{\overline{UV}}{t}$；式中，$\overline{QR}$、$\overline{ST}$、$\overline{UV}$为$\overline{BA}$、$\overline{AC}$、$\overline{CD}$

　　　　　　三区受压板件的中线长度；其中，$\overline{ST}=c$；b_1、b_2、b_3 为各屈折线段

　　　　　　在有效宽度线上的投影长度，b_1、b_2、b_3 分别为$\overline{WA}$、$\overline{AC}$、$\overline{CZ}$的

　　　　　　长度。

4. 屈曲约束支撑连接节点应能够承担 V 形、人字形支撑产生的竖向力差值。

（四）消能器与结构连接的构造要求

1. 预埋件的锚筋应与钢板牢固连接，锚筋的锚固长度宜大于 20 倍锚筋直径，并且不应小于 250mm。当无法满足锚固长度的要求时，应采取其他有效的锚固措施。

2. 支撑长细比、宽厚比应符合现行《钢结构设计标准》GB 50017 和《高层民用建筑钢结构技术规程》JGJ 99 中心支撑的规定。

3. 剪力墙、支墩沿长度方向全截面箍筋应加密，并配置网状钢筋。

4. 消能器一般由消能元件或构件和非消能构件组成，如金属消能器由连接板和消能板组成、黏滞消能器由消能黏滞材料和非消能的缸体、活塞、密封圈等组成。为避免因材料缺陷、安装偏差、超强地震作用的突增等因素引起的非消能构件失效而导致消能器无法正常工作的情形，消能器中非消能构件必须具有足够的安全储备。为此，在消能器设计时，非消能元件或构件承载能力应大于消能器 1.5 倍极限阻尼力选取。

8.12.4 隔 震 设 计

1. 设置隔震层以隔离水平地震动的房屋，称为隔震设计。

隔震设计指在房屋基础、底部或下部结构与上部结构之间设置由橡胶隔震支座和阻尼装置等部件组成具有整体复位功能的隔震层，以延长整个结构体系的自振周期，减少输入上部结构的水平地震作用，达到预期防震要求。隔震层宜设置在结构的底部或下部，其橡胶隔震支座应设置在受力较大的位置，间距不宜过大，其规格、数量和分布应根据竖向承载力、侧向刚度和阻尼的要求通过计算确定。

隔震层与上部结构的连接，应符合下列规定：

（1）隔震层顶部应设置梁板式楼盖，且应符合下列要求：

1）隔震支座的相关部位应采用现浇混凝土梁板结构，现浇板厚度不应小于 160mm；

2）隔震层顶部梁、板的刚度和承载力，宜大于一般楼盖梁板的刚度和承载力；

3）隔震支座附近的梁、柱应计算冲切和局部承压，加密箍筋并根据需要配置网状钢筋。

（2）隔震支座和阻尼装置的连接构造，应符合下列要求：

1）隔震支座和阻尼装置应安装在便于维护人员接近的部位；

2）隔震支座与上部结构、下部结构之间的连接件，应能传递罕遇地震下支座的最大水平剪力和弯矩；

3）外露的预埋件应有可靠的防锈措施。预埋件的锚固钢筋应与钢板牢固连接，锚固钢筋的锚固长度宜大于 20 倍锚固钢筋直径，且不应小于 250mm。

2.《建筑隔震设计标准》GB/T 51408—2021 附录 C　隔震支座连接设计

C.0.1　隔震橡胶支座水平变形后（图 C.0.1），隔震支墩及连接部位的附加弯矩应按下式计算：

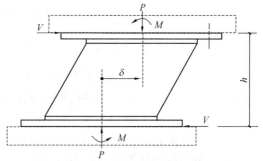

$$M = \frac{P\delta + Vh}{2} \qquad (C.0.1)$$

式中　M——隔震支墩及连接部位所受弯矩（N·mm）；

　　　P——上部结构传递的竖向力（N）；

　　　δ——支座的水平剪切变形（mm）；

　　　V——支座所受水平剪力（N）；

　　　h——支座的总高度（含连接板，mm）。

图 C.0.1　隔震支墩及连接部位变形示意图

C.0.2　隔震支墩混凝土局部受压最大压应力（图 C.0.2）应符合下列公式规定：

$$\sigma_c = P \frac{4(1 - \cos\theta)}{\left[\dfrac{\sin\theta(2 + \cos^2\theta)}{3} - \theta\cos\theta - nP_g\pi\cos\theta\right]D_e^2} \leqslant 1.35\beta_c\beta_1 f_{ck} \qquad (C.0.2\text{-}1)$$

$$\theta = \arccos\left(\frac{r - X_n}{r}\right) \qquad (C.0.2\text{-}2)$$

$$P_g = \frac{A_s}{\pi D_e^2/4} \qquad (C.0.2\text{-}3)$$

$$D_e = D_o + 4t_f \qquad (C.0.2\text{-}4)$$

$$A_b = \pi r^2 \qquad (C.0.2\text{-}5)$$

$$X_n = \left(0.5 + \frac{1 + 2nP_g\left(\dfrac{r_s}{r}\right)^2}{16(1 + nP_g)\dfrac{\delta}{D_e}}\right)D_e \qquad (C.0.2\text{-}6)$$

$$r = D_e/2 \qquad (C.0.2\text{-}7)$$

式中　σ_c——隔震支墩混凝土局部受压最大压应力值（Pa）；

　　　θ——支墩混凝土受压区对应的圆心角的一半（rad）；

n——螺栓与混凝土的弹性模量比；

P_g——螺栓配筋率，螺栓总面积与支墩有效混凝土柱截面直径的比值；

D_e——上下支墩有效混凝土柱截面直径（mm）；

D_o——隔震支座有效直径（mm）；

t_f——连接板厚度（mm）；

β_c——混凝土强度影响系数：当混凝土强度等级不超过 C50 时，取 1.0；当混凝土强度等级为 C80 时，取 0.8；其间按线性内插法确定；

β_l——混凝土局部受压时的强度提高系数，取 $\sqrt{\dfrac{A_b}{A_l}}$ 和 1.6 二者的较小值，其中 A_l 表示支墩截面面积（mm^2），A_b 表示局部受压面积（mm^2）；

f_{ck}——支墩混凝土轴心抗压强度标准值（N/mm^2）；

X_n——中性轴位置；

r_s——螺栓布置的半径（mm）；

r——上下支墩有效混凝土柱截面半径（mm）。

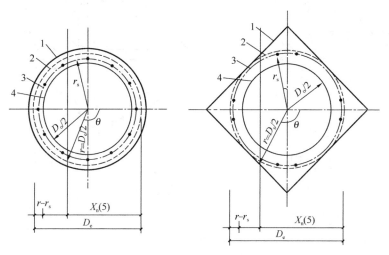

图 C.0.2　隔震支墩有效混凝土柱截面应力分布

1—连接板；2—有效混凝土截面轮廓；3—螺栓中轴线；4—隔震支座；5—受压区

C.0.3　隔震支座连接螺栓强度验算（图 C.0.3）应符合下列公式规定：

$$\left(\frac{F_B}{A_b f_{yt}^b}\right)^2 + \left(\frac{V}{n_b A_b f_v^b}\right)^2 \leqslant 1 \tag{C.0.3-1}$$

$$F_B = \frac{M_r L_{max}}{\sum L_i^2} + \frac{F_u}{n_b} \tag{C.0.3-2}$$

$$M_r = \frac{Vh}{2} \tag{C.0.3-3}$$

式中　F_B——螺栓拉力（N）；

A_b——单个螺栓截面积（mm^2）；

f_{yt}^b——螺栓抗拉设计强度（N/mm^2）；

n_b——螺栓数量；

f_v^b——螺栓抗剪设计强度（N/mm²）；

M_r——支座水平剪力产生的附加弯矩（N·mm）；

L_{max}——螺栓到中性轴的最大距离（mm）；

L_i——螺栓到中性轴的距离（mm），其中中性轴距离隔震支座中心为$\dfrac{\delta}{2}$；

F_u——支座提离力（N）。

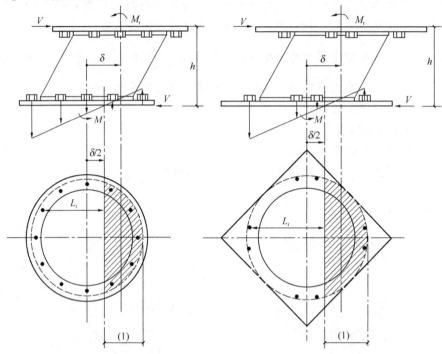

图 C.0.3　连接螺栓受力简图

1—受压区

C.0.4　隔震支座预埋件设计（图 C.0.4）应符合下列规定：

1　与连接螺栓相连锚筋强度验算应符合下式规定：

$$\sigma_B = \frac{F_B}{A_{ab}} \leqslant f_{yt}^{ab} \qquad (C.0.4\text{-}1)$$

式中　σ_B——与连接螺栓相连锚筋的受拉应力（MPa）；

A_{ab}——单个锚筋截面积（mm²）；

f_{yt}^{ab}——锚筋抗拉设计强度（N/mm²）。

2　与连接螺栓相连锚筋的锚固长度应符合下式规定，且不小于250mm：

$$l_{ab} \geqslant \alpha_c \frac{\sigma_B}{f_t} d_{ab} \qquad (C.0.4\text{-}2)$$

式中　l_{ab}——与螺栓相连锚筋的锚固长度（mm）；

α_c——锚筋的外形系数，光圆表面取0.16，带肋表面取0.14；

f_t——混凝土轴心抗拉强度设计值（N/mm²）；

d_{ab}——锚筋直径（mm）。

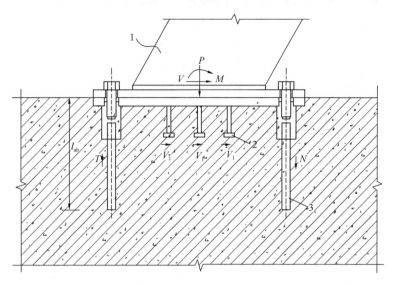

图 C.0.4 预埋件受力情况示意图

1—橡胶隔震支座；2—栓钉；3—锚杆

3 预埋板中部栓钉受剪承载力设计值应由下列公式确定：

$$V_1 = \frac{V}{n_{st}} \leqslant N_v^{st} \qquad\qquad (C.0.4\text{-}3)$$

$$V_1 \leqslant 0.7 A_{st} \gamma_c f_{st} \qquad\qquad (C.0.4\text{-}4)$$

式中 V_1 ——单根栓钉所承受的剪力（N）；

$\quad\ n_{st}$ ——栓钉数量；

$\quad\ N_v^{st}$ ——单根栓钉受剪承载力设计值（N/mm²）；

$\quad\ A_{st}$ ——单根栓钉截面积（mm²）；

$\quad\ \gamma_c$ ——栓钉材料抗拉强度最小值与屈服强度之比；

$\quad\ f_{st}$ ——栓钉抗拉强度设计值（N/mm²）；当栓钉材料性能等级为 4.6 级时，f_{st} 取 215N/mm²，γ_c 取 1.67。

3. 上海市 TJ 屈曲约束支撑应用

（1）根据工程应用模式的不同，屈曲约束支撑分为耗能型屈曲约束支撑、屈曲约束支撑型阻尼器及承载型屈曲约束支撑三种类型。

（2）屈曲约束支撑（buckling restrained brace）指由芯材、约束芯材屈曲的套筒和位于芯材与套筒间的无粘结材料及填充材料组成的一种支撑构件，可作为消能减震结构构件、阻尼器及承载结构构件使用。亦称"防屈曲支撑"。

（3）屈曲约束支撑型阻尼器在多遇地震阶段的设计方法可按《建筑抗震设计规范》GB 50011—2010 第 12.3 节位移相关型消能器的设计方法。

（4）有抗震要求的承载型屈曲约束支撑应满足中震不屈服的设计要求。

（5）耗能型屈曲约束支撑和屈曲约束支撑型阻尼器在常遇地震和罕遇地震下的验算应采用弹塑性分析方法。

4. 耗能型屈曲约束支撑和承载型屈曲约束支撑在风载或多遇地震与其他静力荷载组合下最大轴力设计值 N 应符合下式要求：

$$N \leqslant 0.9 N_{ysc} / \eta_y \tag{8-231}$$

$$N_{ysc} = \eta_y f_{ay} A_1 \tag{8-232}$$

式中　N ——屈曲约束支撑轴力设计值；

　　　N_{ysc} ——芯板的受拉或受压屈服承载力，根据芯材约束屈服段的截面面积来计算；

　　　A_1 ——约束屈服段的钢材截面面积；

　　　f_{ay} ——芯材的屈服强度标准值，按表 8-9.1 采用；

　　　η_y ——芯材的超强系数，按表 8-9.2 采用，当有实测数据应以实测为准，但实测值不应大于表中数字的 15%。

<table>
<tr><td colspan="2">芯材的屈服强度标准值　　表 8-9.1</td></tr>
<tr><td>材料牌号</td><td>f_{ay}（MPa）</td></tr>
<tr><td>Q100LY</td><td>80</td></tr>
<tr><td>Q160LY</td><td>140</td></tr>
<tr><td>Q225LY</td><td>205</td></tr>
<tr><td>Q235</td><td>235</td></tr>
<tr><td>Q355</td><td>355</td></tr>
<tr><td>Q390</td><td>390</td></tr>
<tr><td>Q420</td><td>420</td></tr>
</table>

<table>
<tr><td colspan="2">芯材的超强系数　　表 8-9.2</td></tr>
<tr><td>材料牌号</td><td>η_y</td></tr>
<tr><td>Q100LY</td><td>1.25</td></tr>
<tr><td>Q160LY</td><td>1.15</td></tr>
<tr><td>Q225LY</td><td>1.10</td></tr>
<tr><td>Q235</td><td>1.15</td></tr>
<tr><td>Q355</td><td>1.10</td></tr>
<tr><td>Q390、Q420</td><td>1.05</td></tr>
</table>

5. 节点设计要求

屈曲约束支撑的连接承载力设计值应符合下列公式要求：

耗能型屈曲约束支撑和屈曲约束支撑型阻尼器：

$$F_c \geqslant 1.2\omega N_{ysc} \tag{8-233}$$

承载型屈曲约束支撑：

$$F_c \geqslant 1.2 N_{ysc} \tag{8-234}$$

式中　F_c ——承受屈曲约束支撑轴力的连接作用力设计值；

　　　ω ——应变强化调整系数，根据表 8-9.3 采用；

　　　N_{ysc} ——屈曲约束支撑屈服承载力。

<table>
<tr><td colspan="2">芯材的应变强化调整系数　　　　　　　表 8-9.3</td></tr>
<tr><td>材料型号</td><td>ω</td></tr>
<tr><td>Q100LY、Q160LY</td><td>2.4</td></tr>
<tr><td>Q225LY</td><td>1.5</td></tr>
<tr><td>Q235、Q355、Q390、Q420</td><td>1.5</td></tr>
</table>

6. 连接方法

（1）屈曲约束支撑构件与钢框架、钢筋混凝土框架的连接可采用高强度螺栓连接（图 8-133.1)或销轴连接（图 8-133.2)，亦可采用焊接连接（图 8-133.3）。

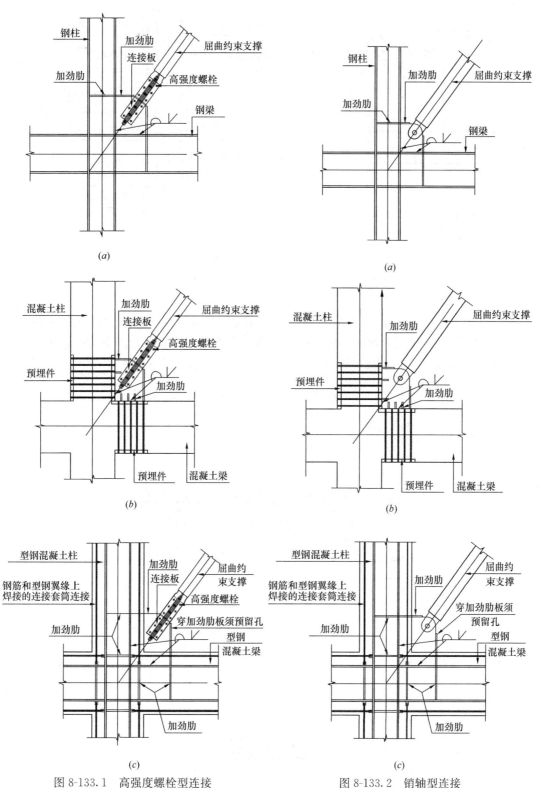

图 8-133.1　高强度螺栓型连接

(a) 与钢框架连接；(b) 与钢筋混凝土框架连接；
(c) 与型钢混凝土结构的连接

图 8-133.2　销轴型连接

(a) 与钢框架连接；(b) 与钢筋混凝土框架连接；
(c) 与型钢混凝土结构的连接

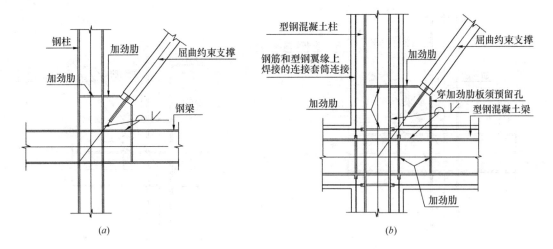

图 8-133.3 焊接型连接

(a) 与钢框架连接；(b) 与型钢混凝土结构的连接

（2）节点设计要求

1）根据"强节点弱构件"的抗震设计原则，耗能型屈曲约束支撑的连接应在屈曲约束支撑发生应变强化以后仍保持弹性；而对于承载型屈曲约束支撑，则可适当降低安全系数。

2）对于重要工程，承载型屈曲约束支撑还应满足罕遇地震下不屈曲的性能目标要求。

8.12.5 消能部件减震隔震的连接与构造实例

（一）阻尼器钢结构工程

某阻尼器钢结构工程及阻尼器安装节点。

1. 阻尼器结构示意图

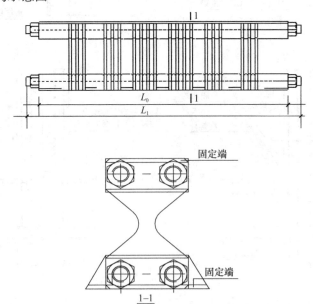

2. 此种阻尼器由六组钢板和钢棒组合而成，安装在人字形支撑顶部、新加剪力墙和框架梁之间，在地震作用下由于框架层间相对变形引起装置顶部和底部的水平运动，使阻

尼器钢板弯曲屈服产生弹塑性滞回变形来耗散地震能量；而同时，为了防止屈曲采用普通钢板对芯材进行加固，加固的钢板也作为钢支撑与梁柱节点连接的埋板。在埋板上面采用塞口焊接的方法使阻尼器墙体钢筋与钢板连成一体，实现加固结构与阻尼器的可靠连接。在地震来临时共同工作，达到减震、耗能的作用。阻尼器焊接时，根据安装要求需要两端同时焊接，因此在施焊时两端同时进行，保证阻尼器两边因焊接产生的变形一致。阻尼器上部及两端均为满焊，阻尼器底部只焊接每侧的五个脚，阻尼器焊缝均为 V 形焊缝。焊接时采用间断焊，焊缝饱满、均匀。

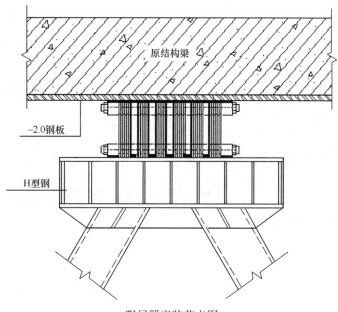

阻尼器安装节点图

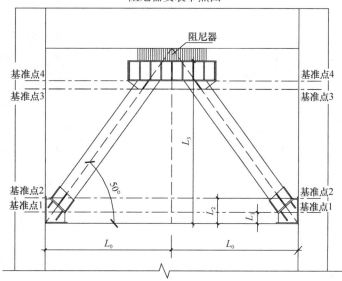

阻尼器钢支撑节点定位放线图

（二）某高烈度设防工程隔震支座结构工程节点实例

地面层 0.000，柱脚下设置隔震支座，柱墩边设置黏滞阻尼器。

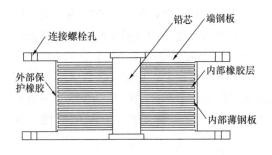

铅芯橡胶隔震支座结构示意图

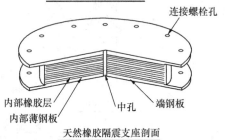

铅芯橡胶隔震支座剖面

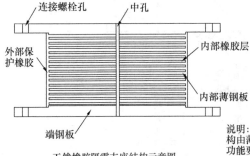

天然橡胶隔震支座结构示意图

铅芯橡胶隔震支座剖面

天然橡胶隔震支座剖面

说明：隔震支座一般分为铅芯和无铅芯两种，一般为圆柱形，主要结构由薄钢板和橡胶层经过特殊工艺，交替叠合而成，具体参数根据使用功能要求设计确定。

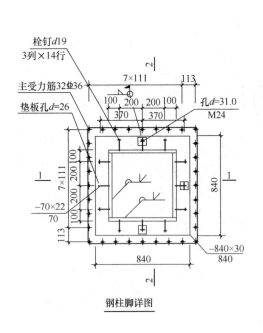

钢柱脚详图

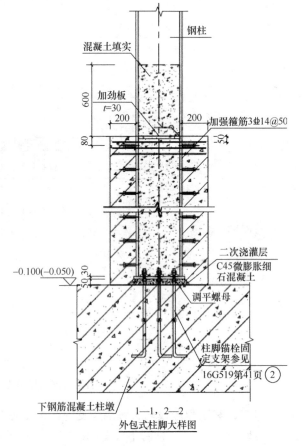

1—1，2—2
外包式柱脚大样图

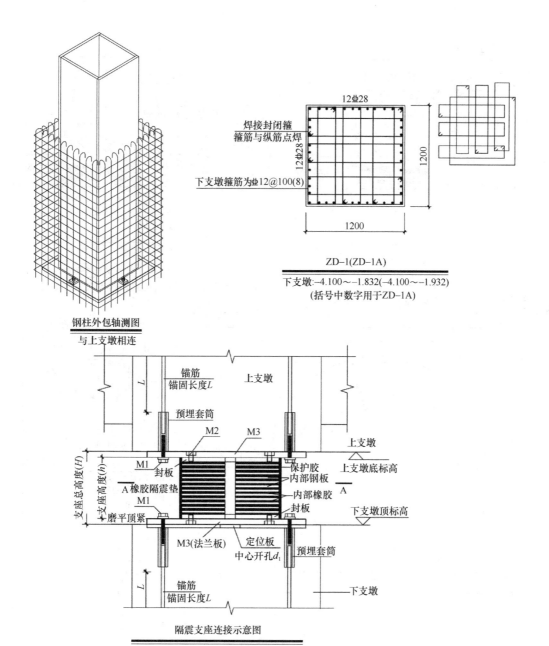

12Φ28

焊接封闭箍
箍筋与纵筋点焊

12Φ28

下支墩箍筋为Φ12@100(8)

1200

1200

ZD-1(ZD-1A)

下支墩:-4.100~-1.832(-4.100~-1.932)
(括号中数字用于ZD-1A)

钢柱外包轴测图
与上支墩相连

锚筋
锚固长度L

上支墩

预埋套筒

M2   M3

M1

封板

上支墩

上支墩底标高

保护胶
内部钢板

A橡胶隔震垫

内部橡胶

支座总高度(H)

支座高度(h)

M1

封板

A

磨平顶紧

下支墩顶标高

M3(法兰板)

定位板
中心开孔d_1

预埋套筒

锚筋
锚固长度L

下支墩

隔震支座连接示意图

锚筋在套筒中连接长度不计入锚固长度

419

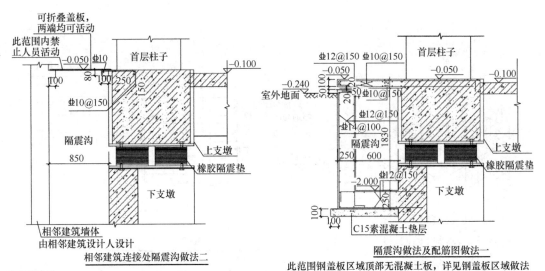

相邻建筑连接处隔震沟做法二

可折叠盖板，两端均可活动
此范围内禁止人员活动
首层柱子
−0.050 Φ10 −0.100
100 80 100 250 150
Φ10@150
隔震沟 850
上支墩
橡胶隔震垫
下支墩
相邻建筑墙体
由相邻建筑设计人设计

隔震沟做法及配筋图做法一
此范围钢盖板区域顶部无混凝土板，详见钢盖板区域做法

Φ12@150 Φ10@150 首层柱子
−0.050 −0.050 −0.100
−0.240
室外地面
50 100 20
Φ10@150
Φ12@150
Φ14@100
隔震沟 1830
上支墩
橡胶隔震垫
250 600
Φ12@150
−2.000 250
下支墩
100 100
C15素混凝土垫层

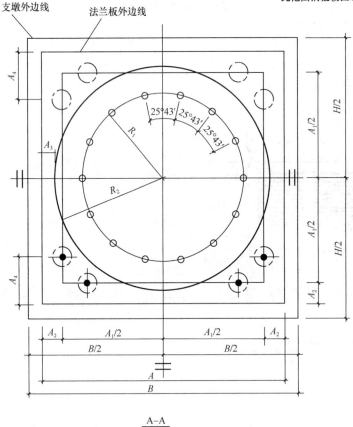

A−A

隔震支座直径=1000mm；$B-A \geq 100$；其中，B、H分别为支墩短边和长边

支墩外边线　法兰板外边线
A_4　A_3　R_1　R_2　25°43′　25°43′　25°43′
$H/2$　$A_1/2$　$A_1/2$　$H/2$　A_2
A_2　$A_1/2$　$A_1/2$　A_2
$B/2$　$B/2$
A
B

隔震支座连接参数表

隔震支座型号	LRB1000
M1(外螺栓)(8.8级普通螺栓)	8−M36×2
M2(内螺栓)(8.8级普通螺栓)	14−M27×2
封板厚度(mm)	28
M3(法兰板Q355)(mm×mm×mm)	42×1100×1100×2
定位板(mm×mm×mm)	5×1100×1100×2
定位板中心开孔直径d_1(mm)	300
箍筋	8Φ36×2
锚固长度L(mm)	900
R_1(mm)	400
R_2(mm)	510
A_1(mm)	940
A_2/A_4(mm)	80/250
A_3(mm)	40
预埋套筒(45号钢)	$\phi60×130$
支座高度	348
支座总度	432

注：B、H为混凝土上下支墩尺寸，R表示铅芯橡胶支座，N表示天然橡胶支座。

LRB表示带铅芯隔震支座，支座性能要求详见参数表。

带铅芯隔震支座力学性能参数

类型	符号	单位	LRB1000
使用数量	N	套	68
竖向刚度	K_V	kN/mm	5836
等效水平刚度（剪应变）	K_{eq}	kN/mm	3.57
屈服前刚度	K_u	kN/mm	20
屈服后刚度	K_d	kN/mm	1.8
屈服力	Q_d	kN/mm	250

黏滞阻尼器数量及参数如下表所示。

阻尼器名称	阻尼系数 C (kN·m/s)	阻尼指数 α	最大阻尼器力 (kN)	设计行程 (mm)	设计速度 (mm/s)	数量 (套)
VFD-1	1400	0.3	750	±600	125	12

隔震支座及阻尼器预埋件安装图纸应与相关土建结构、建筑施工图结合使用。

橡胶隔震支座设计说明

1. 本施工图务必同上部主体结构施工图，基础部分结构施工图和到场橡胶支座及其技术资料核对无误后方可施工。

2. 橡胶隔震支座及连接件由厂家配套提供，橡胶支座设置于上支墩底、下支墩顶。

3. 焊接构件应避免钢板翘扭变形并对焊缝进行清检，表面磨平，用 E50 焊条。

4. 预埋件安装时必须保持表面水平，用水平尺校平，妥善固定，平面位置对中误差不大于±5mm。下埋件中间孔混凝土浇完后应压平，保证下埋件钢板下的混凝土密实。

5. 材料：隔震支座上下混凝土等级为 C40，支墩纵筋采用 HRB400；标准螺栓 M2 为 8.8 级普通螺栓。

6. 外露部分钢构件涂防锈漆；上罩涂锌白漆各两遍。

7. 本图橡胶支座上下支墩尺寸为最小尺寸，设计中可根据与之相连接的构件尺寸而作调整。

8. 隔震支座的安装，±0.000m 标高层的楼梯踏步，房屋周边的室外地坪等的施工可按照《建筑结构隔震构造详图》03SG610-1 图集和《叠层橡胶支座隔震技术规程》CECS 126:2001 设计施工。务必保证地震时上部建筑可水平移动。

9. 橡胶隔震支座的物理力学性能指标应符合《建筑隔震橡胶支座》JG/T 118—2018 行业标准要求，出厂需经检验，并出具有效检验报告，物理力学性能指标应符合《橡胶隔震垫参数表》要求。

10. 隔震建筑与相邻非隔震建筑物或构筑物之间应留有不小于 400mm 的间距，与相邻隔震建筑物之间应留有不小于 600mm 的间距。

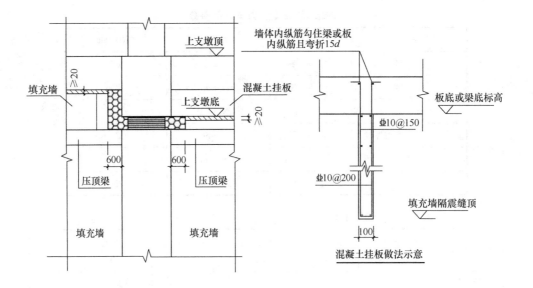

墙体内纵筋勾住梁或板
内纵筋且弯折15d

上支墩顶

填充墙

混凝土挂板

上支墩底

≥20

≥20

板底或梁底标高

$\underline{\Phi}10@150$

600

600

压顶梁

压顶梁

$\underline{\Phi}10@200$

填充墙隔震缝顶

100

填充墙

填充墙

混凝土挂板做法示意

隔震层填充墙做法示意 1:50

有混凝土挂板与无混凝土挂板隔震支座的填充墙示意

 柔性填充材料
或中空

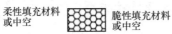 脆性填充材料
或中空

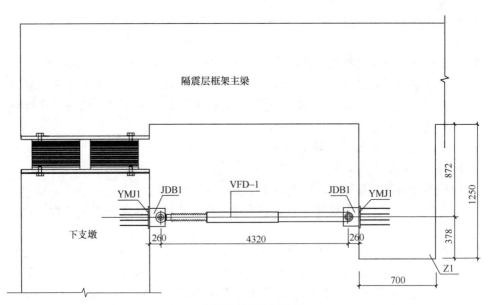

隔震层框架主梁

下支墩

YMJ1 JDB1 VFD-1 JDB1 YMJ1

260 4320 260

872

1250

378

Z1

700

黏滞阻尼器安装大样图

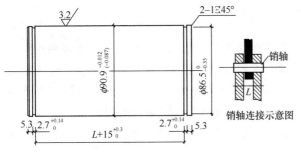

阻尼器设计说明：

1. 阻尼器及连接件由厂家配套提供，预埋板及钢板采用 Q355B 级钢；本图中隔震支墩是参考相应的专业厂家的支座参数进行设计的，甲方待确定专业厂家后需经设计院核准修改后方可施工。

2. 焊接构件应避免钢板翘扭变形并对焊缝进行清检，表面磨平，用 E50 焊条。

3. 预埋件安装时必须保持表面水平，用水平尺校平，妥善固定，平面位置对中误差不大于±5mm。下埋件中间孔混凝土浇完后应压平，保证下埋件钢板下的混凝土密实。

销轴连接示意图

技术要求

1. 热处理 HRC28～32；
2. 配轴用弹性挡圈（GB 894.1～86-80），轴外径 $\phi90$；
3. 槽底倒角 $B=0.2$；
4. 销材质 40Cr；
5. 与销轴配合的节点板孔的公差为 $\phi90\ (^{+0.08}_{0})$；
6. 表面镀锌 $10～20\mu m$。
7. 未注尺寸按线性中级公差判别。

销轴大样图

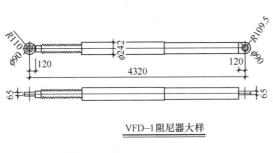

VFD-1阻尼器大样

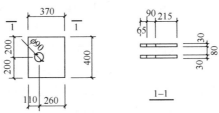

1-1

JDB1节点板详图

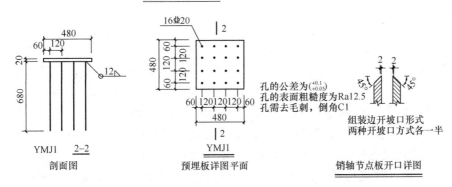

孔的公差为 $(^{+0.1}_{+0.05})$
孔的表面粗糙度为 Ra12.5
孔需去毛刺，倒角 C1

组装边坡口形式
两种开坡口方式各一半

YMJ1 2-2
剖面图

YMJ1
预埋板详图平面

销轴节点板开口详图

(三) 某项目屈曲支撑结构工程实例

1. 屈曲约束支撑

屈曲约束支撑可分为承载型屈曲约束支撑和消能型屈曲约束支撑。承载型屈曲约束支撑是指利用屈曲约束的原理来提高支撑的设计承载力，保证支撑在屈服前不会发生失稳破坏，从而充分发挥钢材强度的承载结构构件，其设计要求宜符合现行《建筑抗震设计规范》GB 50011 的规定；消能型屈曲约束支撑是利用屈曲约束的原理来提高支撑的设计承载力，防止核心单元产生屈曲或失稳，保证核心单元能产生拉压屈服，利用屈服后滞回变形来耗散地震能量。

2. 屈曲约束支撑的构成

分为横向构成与纵向构成。

(1) 横向构成分为 3 个部分：核心钢支撑、无粘结构造层和屈曲约束机构（约束单元，图 E-1）。

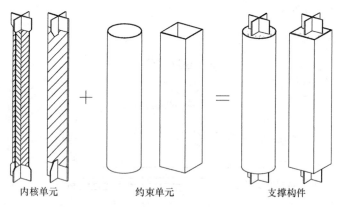

内核单元　　　约束单元　　　支撑构件

图 E-1　屈曲约束支撑的典型构成

核心钢支撑又称芯材或核心受力单元，是屈曲约束支撑中主要受力元件，由特定强度的钢材制成，一般采用低强度钢材。常见的截面形式（图 E-2）为十字形、T 形、双 T 形、一字形或管形，分别适用于不同的刚度要求和耗能需求。

无粘结构造层用来有效减少或消除芯材受约束段与砂浆之间的剪力，可采用橡胶、聚乙烯、硅胶、乳胶等。由于约束机构作用，核心单元的耗能段可能会在高阶模态下发生微幅屈曲。此外，还需要足够的空间容许芯材在受压时膨胀；否则，由于核心单元与约束机构接触而引起的摩擦力会迫使约束机构承受轴向力，因此无粘结构造层和核心单元间需要留一定的间隙。但另一方面，如果间隙太大，核心单元的耗能段的屈曲变形和相关曲率会非常大，会减小屈服段的低周疲劳寿命；间隙过大时，可能会导致核心单元的耗能段产生屈曲失稳。因此，间隙一般取 1~2mm。

屈曲约束机构主要起约束作用，一般不承受轴力，可采用钢管、钢筋混凝土或钢管混凝土为约束机构（图 E-2）。根据屈曲约束机构的不同，可将屈曲约束支撑分为钢管混凝土型屈曲约束支撑、钢筋混凝土型屈曲约束支撑和全钢型屈曲约束支撑（图 E-2）。

(2) 纵向构成指核心钢支撑的组成，分为 3 个部分：工作段、过渡段和连接段(图 E-3)。

① 工作段：又称耗能段。该部分可采用不同的截面形式，由于要求支撑在反复荷载下屈服耗能，因此需使用延性较好、屈服点低的钢材。同时，要求钢材的屈服强度值稳

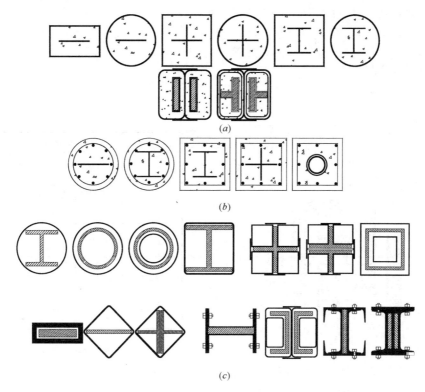

图 E-2　常用截面形式

(a) 外包钢管混凝土型屈曲约束支撑截面；(b) 外包钢筋混凝土型屈曲约束支撑截面；(c) 全钢型屈曲约束支撑截面

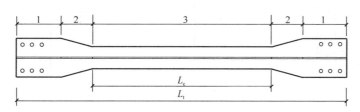

图 E-3　核心钢支撑

1—连接段；2—过渡段；3—耗能段；L_c—耗能段长度；L_t—支撑长度

定，这对屈曲约束支撑框架能力设计的可靠性非常重要。

② 过渡段：该部分也包在屈曲约束机构内，通常是耗能段的延伸部分。为确保其在弹性阶段工作，因此需要增加构件截面面积。可以通过增加耗能段的截面宽度实现（截面的转换需要平缓过渡以避免应力集中），也可通过焊接加劲肋来增加截面积。

③ 连接段：该部分通常是过渡段的延伸部分，它穿出屈曲约束机构与框架连接。为便于现场安装通常为螺栓连接，也可采用焊接连接。这部分的设计需考虑安装公差，以便于安装和拆卸，防止局部屈曲。

对于屈曲约束支撑节点所连接杆件部分的应力分析，不能简单地采用构件模型进行评估，必须建立节点区域局部的详细模型以分析塑性变形的集中程度。在设计消能器时，必须考虑到在结构总体达到极限承载力前不产生上述的局部损伤。因此，屈曲约束支撑的设计过程中必须考虑支撑连接部位在屈曲约束支撑最大承载力的受力性能及整体稳定性。

3. 某项目屈曲支撑抗震设计工程实例（图 E-4～图 E-10）

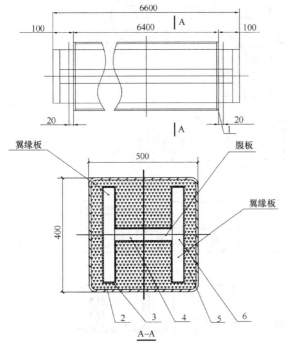

序号	代号	名称	数量	材料		
1		封头板	2	Q235, $t=6$mm		
2		约束套筒	1	Q235		
3		自粘卷材		厚度 2mm		
4		腹板	1	Q235, $t=40$mm		
5		混凝土		C30		
6		翼缘板		Q235, $t=40$mm		
7		压缩块	8	泡沫板		

图 E-4　屈曲支撑构件加工图一

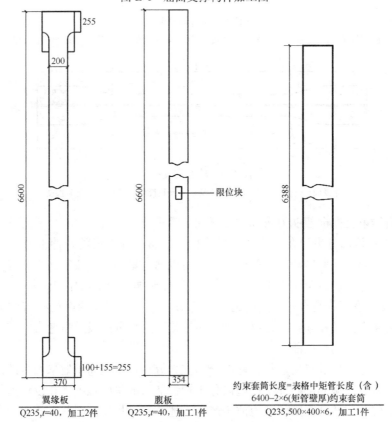

图 E-5　屈曲支撑构件加工图二

426

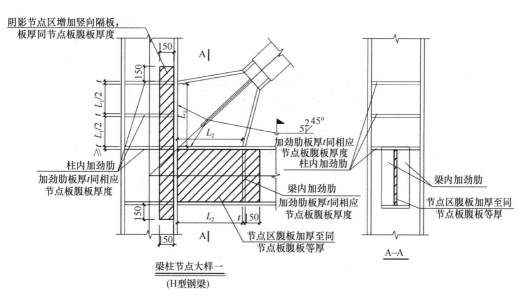

图 E-6　梁柱节点大样一

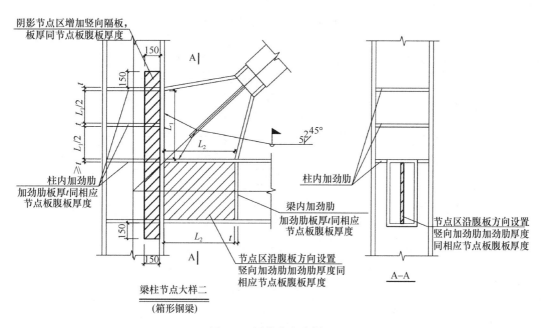

图 E-7　梁柱节点大样二

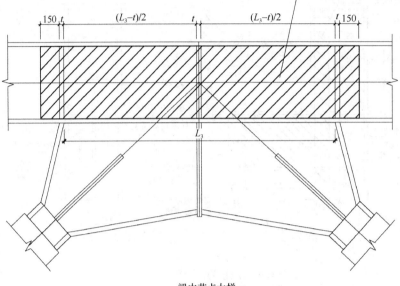

节点区腹板加厚至同节点板腹板等厚

梁中节点大样一
(H形钢梁)

图 E-8　梁中节点大样一

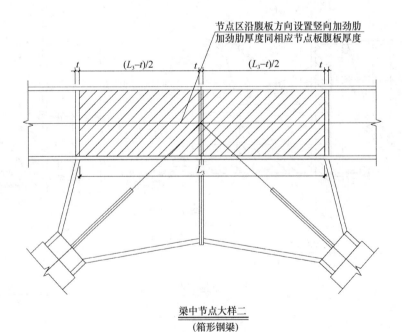

节点区沿腹板方向设置竖向加劲肋
加劲肋厚度同相应节点板腹板厚度

梁中节点大样二
(箱形钢梁)

图 E-9　梁中节点大样二

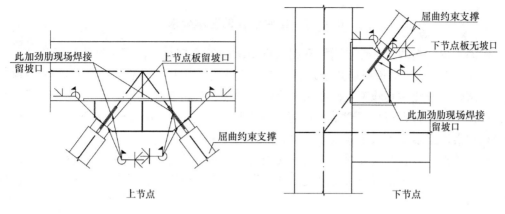

上节点   下节点

焊缝通图
焊缝等级二级

图 E-10　节点焊缝通用图

8.13　组合楼盖结构连接节点设计

组合楼板是在楼承板上现浇混凝土，楼承板和混凝土共同承受荷载的楼板，目前一般分为压型钢板组合楼板与钢筋桁架组合楼板两种。压型钢板和钢筋桁架板，统称为楼板钢承板。

8.13.1　组合楼盖楼板类型

见图 8-134。

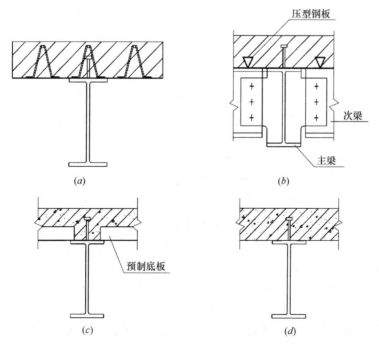

图 8-134　组合楼盖楼板类型

（*a*）钢筋桁架组合楼板；（*b*）压型钢板组合楼板；（*c*）混凝土叠合楼板；（*d*）现浇钢筋混凝土楼板

8.13.2　组合楼盖的基本要求

钢筋和混凝土的力学性能指标和耐久性要求应符合现行《混凝土结构设计规范》GB 50010 的规定。栓钉的规格应符合现行《电弧螺柱焊用圆柱头焊钉》GB/T 10433 的有关规定。组合楼板应对其施工及使用两个阶段分别按承载能力极限状态和正常使用极限状态进行设计，并应符合现行《建筑结构可靠性设计统一标准》GB 50068—2018 的规定。组合楼板用混凝土强度等级不应低于 C20。

施工阶段未设置可靠支撑的现浇混凝土组合楼板、混凝土叠合板，应进行施工阶段和使用阶段设计。施工阶段设置可靠支撑的现浇混凝土组合楼板、混凝土叠合楼板，可仅进行使用阶段设计。

现浇混凝土组合楼板应具有必要的刚度，并满足下列要求：

1. 施工阶段钢筋桁架楼承板或压型钢板的挠度不应大于板跨度的 1/180，且不应大于 20mm。使用阶段组合楼板的挠度不应大于板跨的 1/200。

（1）压型钢板组合楼板用压型钢板宜采用闭口型或缩口型，其材质和材料性能应符合现行《建筑用压型钢板》GB/T 12755 的有关规定。用于冷弯压型钢板的基板应选用热浸镀锌钢板，不宜选用镀铝锌板。镀锌层应符合现行《连续热镀锌薄钢板和钢带》GB/T 2518 的规定。钢板的强度标准值应具有不小于 95% 的保证率。压型钢板组合楼板设计，压型钢板应沿强边（顺肋）方向按单向板计算。压型钢板应根据施工时临时支撑情况，按单跨、两跨或多跨计算；压型钢板承载力和构造应满足现行《冷弯薄壁型钢结构技术规范》GB 50018 的要求。对使用阶段受弯受剪承载力极限状态计算，正常使用极限状态验算挠度和最大裂缝宽度。

（2）钢筋桁架板施工阶段可采用弹性分析方法分别计算钢筋桁架和底模焊点的荷载效应。计算钢筋桁架时，全部荷载由桁架承担；计算底模焊点时，荷载全部由底模承担。使用阶段，钢筋桁架弦杆可作为混凝土中配置的上、下受力钢筋与混凝土共同工作，不考虑钢筋桁架整体、桁架腹杆及底模的作用。钢筋桁架板在施工过程中承担混凝土湿重和施工荷载，使用阶段钢筋桁架与混凝土共同作用，因此也是一种组合楼板。

2. 楼盖应具有良好的刚度、强度和整体性，宜采用钢-混凝土组合楼盖。

（1）一般楼层现浇楼板厚度不宜小于 110mm，同时应考虑板内预埋管线施工的要求；屋面板厚度不宜小于 120mm，宜双层双向配筋；

（2）普通地下室顶板厚度不宜小于 160mm；作为上部结构嵌固部位的地下室顶的楼盖应采用梁板结构，楼板厚度不宜小于 180mm，混凝土强度等级不宜低于 C30，应采用双层双向配筋，且每层每个方向的配筋率不宜小于 0.25%。

3. 用于压型钢板组合楼板的压型钢板有开口型、缩口型和闭口型，住宅结构中压型钢板宜采用闭口型或缩口型（图 8-135）。压型钢板可仅作模板用，也可在使用阶段参与受力。仅作模板使用的组合楼板的底板可不进行防火保护，楼板中钢筋保护层的厚度（不含底板厚度）应满足耐火极限要求。压型钢板组合楼板耐火验算应符合现行《高层民用建筑钢结构技术规程》JGJ 99 的规定。当压型钢板组合楼板不满足耐火要求时，可对压型钢板组合楼板进行防火保护，或者按压型钢板仅作模板使用进行设计。

4. 钢筋桁架组合楼板、钢筋桁架板应根据施工时楼承板临时支撑情况，按单跨、两

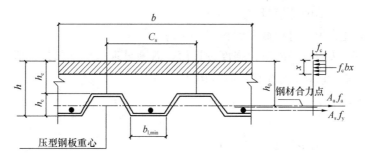

图 8-135　组合板的受弯计算简图

跨或多跨计算。计算时可取钢筋桁架板一个单元（图 8-136）。多跨连续组合楼板采用弹性分析计算内力时，可考虑塑性内力重分布，但支座弯矩调幅不应大于 15%。

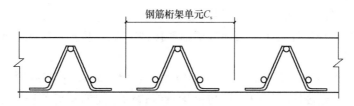

图 8-136　钢筋桁架板计算单元

8.13.3　组合楼板与钢梁的连接节点

楼板的现浇混凝土与钢梁应通过抗剪连接件可靠连接，抗剪连接件宜采用圆柱头焊钉；混凝土叠合楼板的预制板应通过预埋件与钢梁可靠连接，连接方式宜采用焊接连接。组合梁中的抗剪连接件宜采用栓钉，也可采用槽钢、弯筋等其他类型的连接件。栓钉、槽钢及弯筋连接件的设置方式如图 8-137.1 所示。

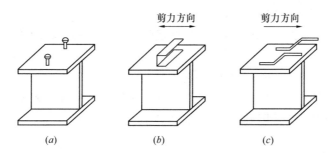

图 8-137.1　连接件的设置方式
(a) 栓钉连接件；(b) 槽钢连接件；(c) 弯筋连接件

1. 抗剪连接件的计算

（1）组合梁的抗剪连接件宜采用圆柱头焊钉，也可采用槽钢或有可靠依据的其他类型连接件（图 8-137.1）。单个抗剪连接件的受剪承载力设计值应由下列公式确定：

1）圆柱头焊钉连接件：

$$N_v^c = 0.43A_s\sqrt{E_c f_c} \leqslant 0.7A_s f_u \tag{8-235}$$

式中 E_c——混凝土的弹性模量（N/mm²）；

　　　A_s——圆柱头焊钉钉杆截面面积（mm²）；

　　　f_u——圆柱头焊钉极限抗拉强度设计值，需满足现行《电弧螺柱焊用圆柱头焊钉》
GB/T 10433 的要求（N/mm²）。

　　2）槽钢连接件：

$$N_v^c = 0.26(t + 0.5t_w)l_c\sqrt{E_c f_c} \qquad (8\text{-}236)$$

式中 t——槽钢翼缘的平均厚度（mm）；

　　　t_w——槽钢腹板的厚度（mm）；

　　　l_c——槽钢的长度（mm）。

　　槽钢连接件通过肢尖肢背两条通长角焊缝与钢梁连接，角焊缝按承受该连接件的受剪承载力设计值 N_v^c 进行计算。

　　（2）抗剪连接件的设置应符合下列规定：

　　1）圆柱头焊钉连接件钉头下表面或槽钢连接件上翼缘下表面与翼板底部钢筋顶面的距离 h_{e0} 不宜小于 30mm；

　　2）连接件沿梁跨度方向的最大间距不应大于混凝土翼板（包括板托）厚度的 3 倍，且不大于 300mm；连接件的外侧边缘与钢梁翼缘边缘之间的距离不应小于 20mm；连接件的外侧边缘至混凝土翼板边缘间的距离不应小于 100mm；连接件顶面的混凝土保护层厚度不应小于 15mm。

　　（3）圆柱头焊钉连接件除应满足《钢结构设计标准》GB 50017—2017 第 14.7.4 条的要求外，尚应符合下列规定：

　　1）当焊钉位置不正对钢梁腹板时，如钢梁上翼缘承受拉力，则焊钉钉杆直径不应大于钢梁上翼缘厚度的 1.5 倍；如钢梁上翼缘不承受拉力，则焊钉钉杆直径不应大于钢梁上翼缘厚度的 2.5 倍；

　　2）焊钉长度不应小于其杆径的 4 倍；

　　3）焊钉沿梁轴线方向的间距不应小于杆径的 6 倍，垂直于梁轴线方向的间距不应小于杆径的 4 倍；

　　4）用压型钢板作底模的组合梁，焊钉钉杆直径不宜大于 19mm，混凝土凸肋宽度不应小于焊钉钉杆直径的 2.5 倍；焊钉高度 h_d 应符合 $h_d \geqslant h_c + 30$ 的要求（图 8-137.2）。

　　（4）槽钢连接件一般采用 Q235 钢，截面不宜大于[12.6。

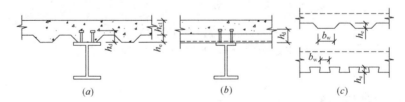

图 8-137.2　用压型钢板作混凝土翼板底模的组合梁

(a) 肋与钢梁平行的组合梁截面；(b) 肋与钢梁垂直的组合梁截面；(c) 压型钢板作底模的楼板剖面

2. 连接为栓钉

抗剪连接件采用圆柱头焊钉时，焊钉设置应符合以下规定（图 8-138，表 8-10）：

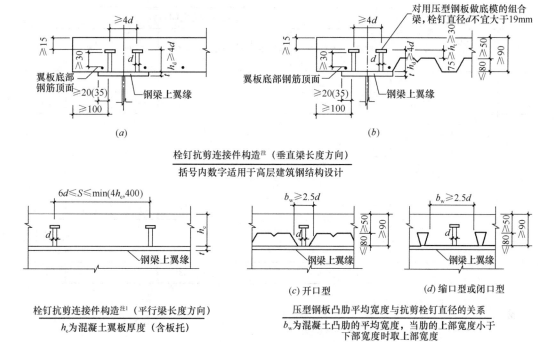

栓钉抗剪连接件构造注（垂直梁长度方向）

括号内数字适用于高层建筑钢结构设计

栓钉抗剪连接件构造注1（平行梁长度方向）
h_c 为混凝土翼板厚度（含板托）

(c) 开口型   (d) 缩口型或闭口型

压型钢板凸肋平均宽度与抗剪栓钉直径的关系
b_w 为混凝土凸肋的平均宽度，当肋的上部宽度小于
下部宽度时取上部宽度

注：当栓钉位置不正对钢梁腹板时，钢梁上翼缘受拉时应取 $d \leq 1.5t$，
钢梁上翼缘不受拉时应取 $d \leq 2.5t$。

图 8-138　圆柱头焊钉设置

(a) 组合梁翼板为现浇混凝土平板；(b) 组合梁翼板为压型钢板—混凝土组合楼板；

(c) 开口型；(d) 缩口型或闭口型

（1）焊钉应穿透压型钢板或钢筋桁架楼承板的底板将焊钉焊牢在钢梁上；

（2）焊钉钉杆直径宜采用 16mm、19mm；当焊钉位置不正对钢梁腹板时，如钢梁上翼缘承受拉力，则杆径不应大于钢梁上翼缘厚度的 1.5 倍；如钢梁上翼缘不承受拉力，杆径不应大于钢梁上翼缘厚度的 2.5 倍；压型钢板组合楼板中，杆径不宜大于 19mm，并且不应大于压型钢板凹槽宽度的 0.4 倍；

（3）焊钉长度不应小于杆径的 4 倍，并且应高出压型钢板顶面 30mm；

（4）焊钉沿梁轴线方向间距不应小于杆径的 6 倍，不应大于楼板厚度的 4 倍，并且不应大于 400mm；焊钉垂直于梁轴线方向间距不应小于杆径的 4 倍，并且不应大于 400mm；

（5）焊钉顶面混凝土保护层厚度不应小于 15mm，焊钉中心至钢梁上翼缘侧边的距离不应小于 35mm。

单排圆柱头栓钉每延米抗剪承载力设计值（kN）　　　　表 8-10

栓钉（4.6 级）		混凝土强度等级	N_v^c（kN）	沿梁长度方向间距 S（mm）						
直径（mm）	截面积（mm²）			S=150	S=175	S=200	S=250	S=300	S=350	S=400
8	50.3	C25	12.5	83	71	62	50	42	36	31
		≥C30	12.6	84	72	63	51	42	36	32

栓钉（4.6级）		混凝土强度等级	N_v^c (kN)	沿梁长度方向间距 S (mm)						
直径 (mm)	截面积 (mm²)			$S=150$	$S=175$	$S=200$	$S=250$	$S=300$	$S=350$	$S=400$
10	78.5	C25	19.5	130	111	97	78	65	56	49
		≥C30	19.7	132	113	99	79	66	56	49
13	132.7	C25	32.9	220	188	165	132	110	94	82
		≥C30	33.4	222	191	167	133	111	95	83
16	201.1	C25	49.9	333	285	250	200	166	143	125
		≥C30	50.5	337	289	253	202	168	144	126
19	283.5	C25	70.4	469	402	352	281	235	201	176
		≥C30	71.3	475	407	356	285	238	204	178
22	380.1	C25	94.4	629	539	472	377	315	270	236
		≥C30	95.5	637	546	478	382	318	273	239

3. 连接为弯筋（图 8-139，表 8-11）

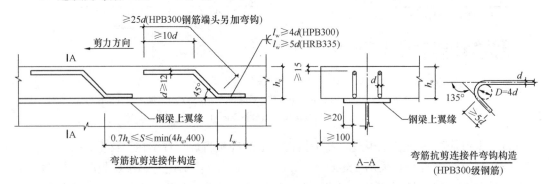

图 8-139 连接为弯筋

注：1. 弯筋连接件应成对布置。
2. 弯筋连接件弯折方向应与混凝土翼板对钢梁的水平剪力方向相同。
3. 在梁跨中纵向水平剪力方向变化的区段，必须在两个方向均设置弯起钢筋。
4. h_c 为混凝土翼板厚度（含板托）。

单排弯起钢筋每延米抗剪承载力设计值（kN）　　　　　表 8-11

弯起钢筋			N_v^c (kN)	沿梁长度方向间距 S (mm)						
种类	直径 (mm)	截面积 (mm²)		$S=150$	$S=175$	$S=200$	$S=250$	$S=300$	$S=350$	$S=400$
HPB300	12	113.1	23.8	158	136	119	95	79	68	59
	14	153.9	32.3	216	185	162	129	108	92	81
	16	201.1	42.2	281	241	211	169	141	121	106
	18	254.5	53.4	356	305	267	214	178	153	134
	20	314.2	66.0	440	377	330	264	220	188	165
	22	380.1	79.8	532	456	399	319	266	228	200

弯起钢筋			N_v^c (kN)	沿梁长度方向间距 S (mm)						
种类	直径 (mm)	截面积 (mm²)		$S=150$	$S=175$	$S=200$	$S=250$	$S=300$	$S=350$	$S=400$
HRB335	12	113.1	33.9	226	194	170	136	113	97	85
	14	153.9	46.2	308	264	231	185	154	132	115
	16	201.1	60.3	402	345	302	241	201	172	151
	18	254.5	76.3	509	436	382	305	254	218	191
	20	314.2	94.2	628	539	471	377	314	269	236
	22	380.1	114	760	652	570	456	380	326	285

4. 连接为槽钢（图 8-140，表 8-12）

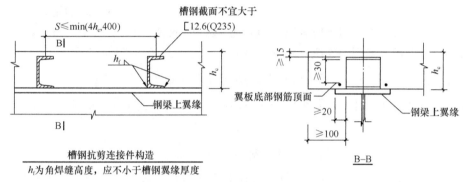

图 8-140　连接为槽钢

单个热轧普通槽钢抗剪承载力设计值（kN）　　　表 8-12

热轧普通 槽钢截面	混凝土强度 等级	每厘米槽钢 抗剪承载力	沿梁宽度方向槽钢长度（mm）			
			150	200	250	300
[6.3	C25	14.9	223.5	298	372.5	447
	C30	16.9	253.5	338	422.5	507
[8	C25	15.8	237	316	395	474
	C30	17.9	268.5	358	447.5	537
[10	C25	16.7	250.5	334	417.5	501
	C30	19.0	285	380	475	570
[12.6	C25	17.6	264	352	440	528
	C30	20.0	300	400	500	600

8.13.4　组合梁抗剪连接件设计

1. 连接件的形式和构造要求

抗剪连接件是将钢梁与混凝土翼板组合在一起共同工作的关键部件。除了传递钢梁与混凝土之间的纵向剪力外，抗剪连接件还起到防止混凝土翼板与钢梁之间竖向分离的作用。除了抗剪连接件之外，钢梁与混凝土间的粘结力和摩擦力也可以发挥一定的抗剪性用。型钢混凝土主要即主要依靠此类粘结力和摩擦力来保证两种材料的共同工作。但与抗剪连接件所能够提供的承载力相比，粘结作用往往无法有效保证组合作用的发挥。因此，目前几乎所有形式的钢混凝土组合梁都采用连接件作为钢梁与混凝土翼板间的剪力传递构造。

抗剪连接件分为刚性连接件和柔性连接件。刚性连接件变形小，较少采用；柔性连接件在剪力作用下刚度小、延性好，可以使组合梁的界面剪力重新分布，剪跨内剪力分布均匀。柔性连接件广泛应用于建筑和桥梁结构中，有栓钉、弯筋、槽钢、角钢等。

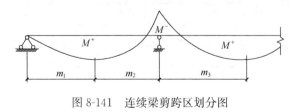

图 8-141　连续梁剪跨区划分图

2. 当采用柔性抗剪连接件时，抗剪连接件的计算应以弯矩绝对值最大点及支座为界限，划分为若干个区段（图 8-141），逐段进行布置。每个剪跨区段内钢梁与混凝土翼板交界面的纵向剪力 V_s 应按下列公式确定：

（1）正弯矩最大点到边支座区段，即 m_1 区段，V_s 取 Af 和 $b_e h_{c1} f_c$ 中的较小者。

（2）正弯矩最大点到中支座（负弯矩最大点）区段，即 m_2 和 m_3 区段：

$$V_s = \min\{Af, b_e h_{c1} f_c\} + A_{st} f_{st} \tag{8-237}$$

按完全抗剪连接设计时，每个剪跨区段内需要的连接件总数 n_f，按下式计算：

$$n_f = V_s / N_v^c \tag{8-238}$$

部分抗剪连接组合梁，其连接件的实配个数不得少于 n_f 的 50%。

按式（8-238）算得的连接件数量，可在对应的剪跨区段内均匀布置。当在此剪跨区段内有较大集中荷载作用时，应将连接件个数 n_f 按剪力图面积比例分配后再各自均匀布置。

上面两式中　A_{st}——负弯矩区混凝土翼板有效宽度范围内的纵向钢筋截面面积（mm^2）；

f_{st}——钢筋抗拉强度设计值（N/mm^2）；

A——钢梁的截面面积（mm^2）；

f_c——混凝土抗压强度设计值（N/mm^2）；

h_{c1}——混凝土板厚；

f——钢梁的钢材强度设计值。

（3）位于负弯矩区段的抗剪连接件，其受剪承载力设计值 N_v^c 应乘以折减系数 0.9。

（4）在进行组合梁截面承载能力验算时，跨中及中间支座处混凝土翼板的有效宽度 b_e（图 8-135）应按下式计算：

$$b_e = b_0 + b_1 + b_2 \tag{8-239}$$

式中　b_0——板托顶部的宽度：当板托倾角 $\alpha < 45°$ 时，应按 $\alpha = 45°$ 计算；当无板托时，则取钢梁上翼缘的宽度；当混凝土板和钢梁不直接接触（如之间有压型钢板分隔）时，取栓钉的横向间距，仅有一列栓钉时取 0（mm）；

b_1、b_2——梁外侧和内侧的翼板计算宽度，当塑性中和轴位于混凝土板内时，各取梁等效跨径 l_e 的 1/6。此外，b_1 尚不应超过翼板实际外伸宽度 S_1；b_2 不应超过相邻钢梁上翼缘或板托间净距 S_0 的 1/2（mm）；

l_e——等效跨径。对于简支组合梁，取为简支组合梁的跨度；对于连续组合梁，中间跨正弯矩区取为 $0.6l$，边跨正弯矩区取为 $0.8l$，l 为组合梁跨度，支座负弯矩区取为相邻两跨跨度之和的 20%（mm）。

8.13.5 压型钢板组合楼板连接节点设计

1. 压型钢板组合楼板的支座

（1）压型钢板在钢梁上的支承长度不应小于 50mm。见图 8-142。

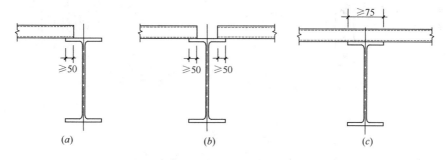

图 8-142 压型钢板在钢梁上的支承

（a）边梁；（b）中间梁（压型钢板不连续）；（c）中间梁（压型钢板连续）

（2）压型钢板支承在混凝土或砌体上（图 8-143）

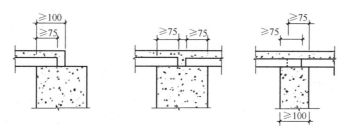

图 8-143 压型钢板支承在混凝土或砌体上

（3）与剪力墙侧面连接

组合楼板支承于剪力墙侧面时，宜支承在剪力墙侧面设置的预埋件上，剪力墙内宜预留钢筋并与组合楼板负弯矩钢筋连接，埋件设置以及预留钢筋的锚固长度应符合现行国家标准《混凝土结构设计规范》GB 50010 的规定（图 8-144）。

2. 压型钢板组合楼板的洞口节点设计

当组合楼板在与柱相交处被切断，且梁上翼缘外侧至柱外侧的距离大于 75mm 时，应采取加强措施。可采取在柱上或梁上翼缘焊支托方式（图 8-145）进行处理。当柱为开口型截面（如 H 形截面）时，可在梁上翼缘柱截面开口处设水平加劲肋。

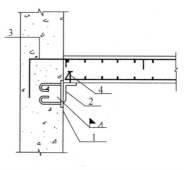

图 8-144 组合楼板与剪力墙连接构造

1—预埋件；2—角钢或槽钢；

3—剪力墙内预留钢筋；4—栓钉

（1）箱形柱

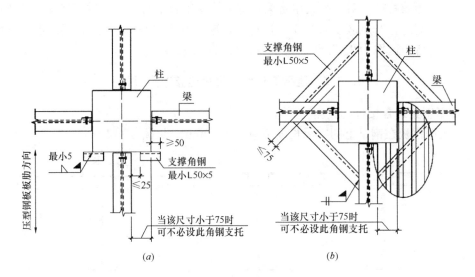

图 8-145　箱形柱

(*a*) 在柱上设角钢；(*b*) 在梁上翼缘设角钢

（2）工字钢柱（图 8-146）

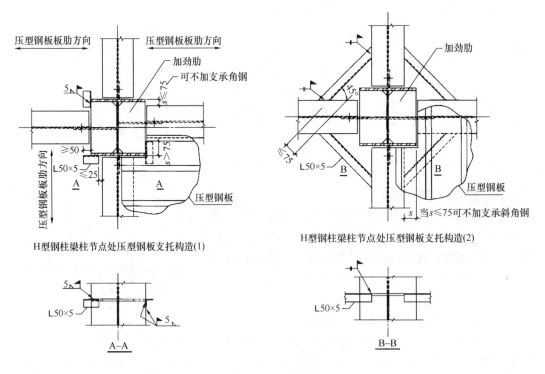

H型钢柱梁柱节点处压型钢板支托构造(1)

H型钢柱梁柱节点处压型钢板支托构造(2)

图 8-146　工字钢柱

3. 压型钢板组合楼板的开洞处理

组合楼板开圆孔孔径或长方形边长不大于 300mm 时，可不采取加强措施；组合楼板开洞尺寸在 300～750mm 时，应采取有效加强措施。当压型钢板的波高不小于 50mm，且孔洞周边无较大集中荷载时，可按图 8-147 在垂直板肋方向设置角钢或附加钢筋。

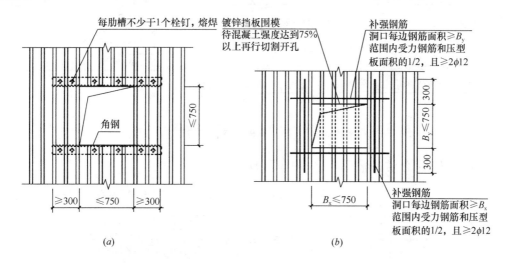

图 8-147　压型钢板组合楼板开洞加强措施一
（a）开洞加强措施之一；（b）开洞加强措施之二

组合楼板开洞尺寸在 300～750mm 之间，且孔洞周边有较大集中荷载时或组合楼板开洞尺寸在 750～1500mm 之间时，应采取有效加强措施。可按图 8-148 沿顺肋方向加槽钢或角钢并与其邻近的结构梁连接，在垂直肋方向加角钢或槽钢并与顺肋方向的槽钢或角钢连接。当洞口尺寸过大不满足条件时，应加设次梁。

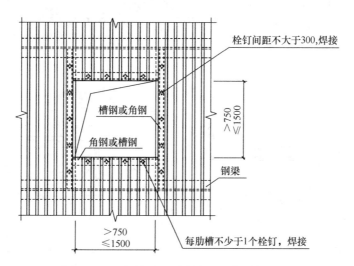

图 8-148　压型钢板组合楼板开洞加强措施二

4. 压型钢板组合楼板悬挑收边构造

注意：当板肋与梁平行且悬挑长度大于 250mm 时，应按一般混凝土悬挑板的要求施工。见图 8-149。

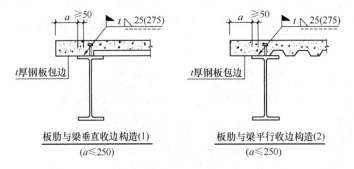

悬挑长度a与包边板厚t的关系:

悬挑长度a(mm)	包边板厚t(mm)
0～75	1.2
75～125	1.5
125～180	2.0
180～250	2.6

板肋与梁垂直收边构造(1)　　　　　板肋与梁平行收边构造(2)
(a≤250)　　　　　　　　　　　　(a≤250)

图 8-149　压型钢板悬挑收边构造

5. 压型钢板组合楼板降板构造 (图 8-150)

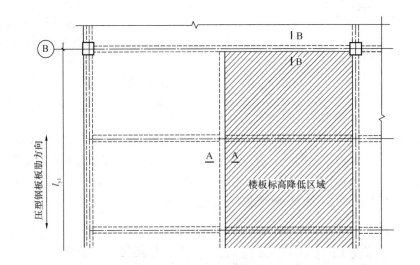

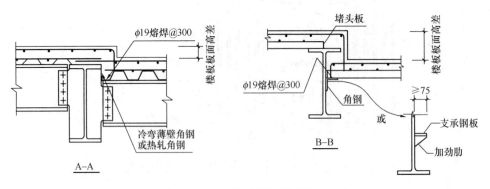

图 8-150　压型钢板楼板降板构造

440

8.13.6　钢筋桁架组合楼板连接节点设计

1. 钢筋桁架组合楼板纵横剖面（图 8-151）

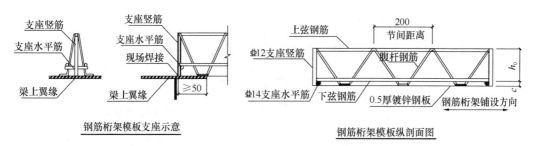

图 8-151　钢筋桁架组合楼板纵横剖面

2. 支座节点（图 8-152）

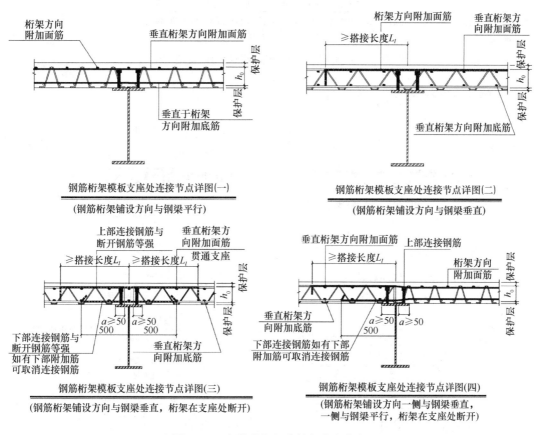

图 8-152　钢筋桁架组合楼板支座节点

3. 与剪力墙连接节点（图 8-153）

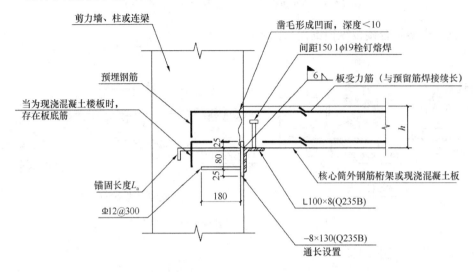

核心筒外楼板与混凝土墙、柱、连梁侧面连接做法

注：1.本连接做法仅适用于核心筒外楼板厚度不大于150mm的情况。
　　2.锚筋与锚板采用T形压力埋弧焊

图 8-153　钢筋桁架组合楼板与剪力墙连接节点

4. 端部收边做法（图 8-154）

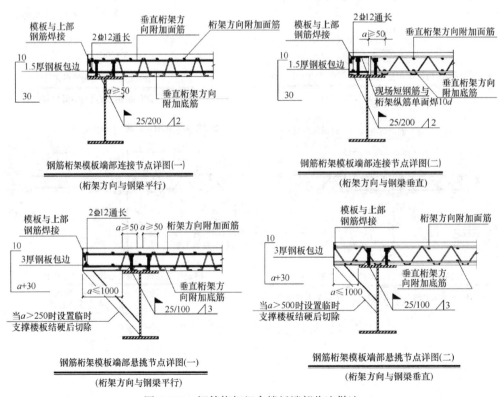

图 8-154　钢筋桁架组合楼板端部收边做法

5. 组合楼板在与钢柱相交处被切断，柱边板底应设支承件，板内应布置附加钢筋。
见图 8-155。

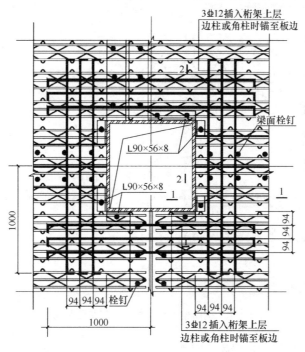

钢筋桁架模板钢柱边做法

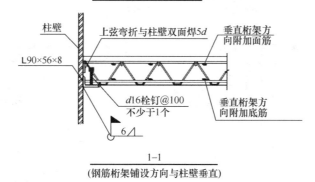

1—1
(钢筋桁架铺设方向与柱壁垂直)

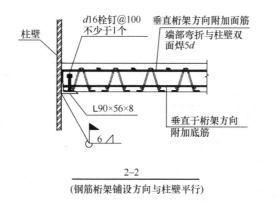

2—2
(钢筋桁架铺设方向与柱壁平行)

图 8-155　钢筋桁架组合楼板柱边板底做法

6. 钢筋桁架组合楼板无梁洞口节点（图 8-156）

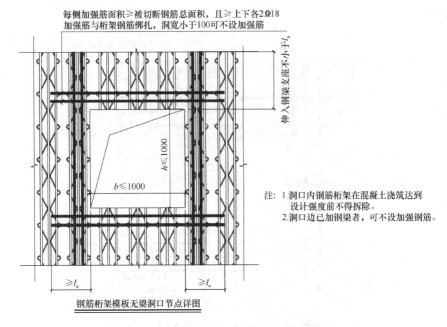

每侧加强筋面积≥被切断钢筋总面积，且≥上下各2±18
加强筋与桁架钢筋绑扎，洞宽小于100可不设加强筋

伸入钢梁支座不小于l_a

$h≤1000$

$b≤1000$

≥l_a ≥l_a

钢筋桁架模板无梁洞口节点详图

注：1. 洞口内钢筋桁架在混凝土浇筑达到
设计强度前不得拆除。
2. 洞口边已加钢梁者，可不设加强钢筋。

图 8-156 钢筋桁架组合楼板洞口加强做法

7. 钢筋桁架组合楼板降板做法（图 8-157）

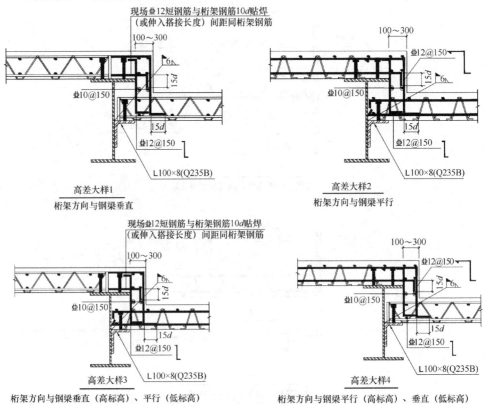

现场±12短钢筋与桁架钢筋10d贴焊
（或伸入搭接长度）间距同桁架钢筋

100～300

6

$15d$

±10@150

$15d$

±12@150

L100×8(Q235B)

高差大样1
桁架方向与钢梁垂直

100～300

±12@150

$15d$

6

±10@150

$15d$

±12@150

L100×8(Q235B)

高差大样2
桁架方向与钢梁平行

现场±12短钢筋与桁架钢筋10d贴焊
（或伸入搭接长度）间距同桁架钢筋

100～300

6

$15d$

±10@150

$15d$

±12@150

L100×8(Q235B)

高差大样3
桁架方向与钢梁垂直（高标高）、平行（低标高）

100～300

±12@150

$15d$

6

±10@150

$15d$

±12@150

L100×8(Q235B)

高差大样4
桁架方向与钢梁平行（高标高）、垂直（低标高）

图 8-157 钢筋桁架组合楼板降板做法

8. 钢筋桁架组合楼板，组合楼板开洞，孔洞切断桁架上下弦钢筋时（图 8-158），孔洞边应设加强钢筋。

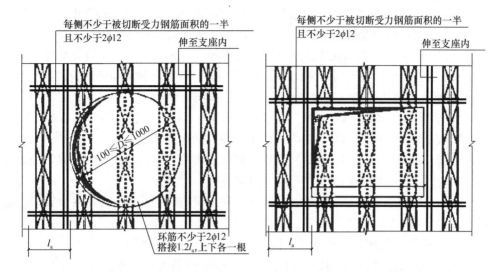

图 8-158　组合楼板开洞构造措施

当孔洞边有较大的集中荷载或洞边长大于 1000mm 时，应在孔洞周边设置边梁。

8.14　高层钢结构的抗震连接节点设计

8.14.1　抗震设计要求

完整的建筑结构抗震设计包括三个方面的内容与要求，概念设计、抗震计算与构造措施。概念设计在总体上把握抗震设计的主要原则，弥补由于地震作用及结构地震反应的复杂性而造成抗震计算不准确的不足；抗震计算为建筑抗震设计提供定量保证；构造措施则为保证抗震概念与抗震计算的有效提供保障。结构抗震设计上述三个方面的内容是一个不可割裂的整体，忽略任何一部分，都可能使抗震设计失效。连接节点设计作为抗震设计的重要部分，包含在概念设计、抗震计算与构造措施全过程中。建筑抗震时钢结构连接节点设计必须做到"强节点""弱杆件"，保证地震作用连接节点不先于杆件破坏。钢结构抗震构件塑性耗能区连接的极限承载力，应大于与其相连构件充分发生塑性变形时的承载力。高层钢结构应进行合理的结构布置，应具有明确的计算简图和合理的荷载和作用的传递途径；对有抗震设防要求的建筑，应有多道抗震防线；结构构件和体系应具有良好的变形能力和消耗地震能量的能力；对可能出现的薄弱部位，应采取有效的加强措施。

8.14.2　连接设计

（一）一般规定

高层民用建筑是指 10 层及 10 层以上或房屋高度大于 28m 的住宅建筑以及房屋高度大于 24m 的其他高层民用建筑。本节内容中，《高层民用建筑钢结构技术规程》JGJ 99—2015 为主要技术标准。

1. 高层民用建筑钢结构的连接，非抗震设计的结构应按现行国家标准《钢结构设计标准》GB 50017 的有关规定执行结构处于弹性受力阶段设计。抗震设计时，构件按多遇地震作用下内力组合设计值选择截面；连接设计应符合构造措施要求，按弹塑性设计，连接的极限承载力应大于构件的全塑性承载力。高层民用钢结构连接点设计按照《建筑抗震设计规范》GB 50011—2010 和《高层民用建筑钢结构技术规程》JGJ 99—2015 的有关规定及要求执行。要求抗震设防的结构，当风荷载起控制作用时，仍应满足抗震设防的构造要求。

2. 钢框架抗侧力构件的梁与柱连接应符合下列规定：

（1）梁与 H 形柱（绕强轴）刚性连接以及梁与箱形柱或圆管柱刚性连接时，弯矩由梁翼缘和腹板受弯区的连接承受，剪力由腹板受剪区的连接承受。

（2）梁与柱的连接宜采用翼缘焊接和腹板高强度螺栓连接的形式，也可采用全焊接连接。一、二级时梁与柱宜采用加强型连接或骨式连接。

（3）梁腹板用高强度螺栓连接时，应先确定腹板受弯区的高度，并应对设置于连接板上的螺栓进行合理布置，再分别计算腹板连接的受弯承载力和受剪承载力。

3. 钢框架抗侧力结构构件的连接系数 α 应按表 8-13 的规定采用。

4. 梁与柱刚性连接时，梁翼缘与柱的连接、框架柱的拼接、外露式柱脚的柱身与底板的连接以及伸臂桁架等重要受拉构件的拼接，均应采用一级全熔透焊缝，其他全熔透焊缝为二级。非熔透的角焊缝和部分熔透的对接与角接组合焊缝的外观质量标准应为二级。现场一级焊缝宜采用气体保护焊。

钢构件连接的连接系数 α 表 8-13

母材牌号	梁柱连接		支撑连接、构件拼接		柱　脚	
	母材破坏	高强度螺栓破坏	母材或连接板破坏	高强度螺栓破坏		
Q235	1.40	1.45	1.25	1.30	埋入式	1.2 (1.0)
Q355	1.35	1.40	1.20	1.25	外包式	1.2 (1.0)
Q355GJ	1.25	1.30	1.10	1.15	外露式	1.0

注：1. 屈服强度高于 Q355 的钢材，按 Q355 的规定采用；
    2. 屈服强度高于 Q355GJ 的 GJ 钢材，按 Q355GJ 的规定采用；
    3. 括号内的数字用于箱形柱和圆管柱；
    4. 外露式柱脚是指刚接柱脚，只适用于房屋高度 50m 以下。

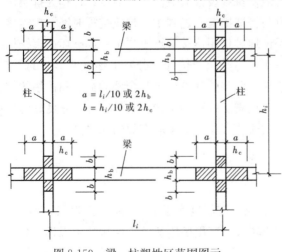

图 8-159 梁、柱塑性区范围图示

焊缝的坡口形式和尺寸，宜根据板厚和施工条件，按现行《钢结构焊接规范》GB 50661 的要求选用。高层钢结构加强层及上、下各一层的竖向构件和连接部位的抗震构造措施，应按规定的结构抗震等级提高一级。加强层的竖向构件及连接部位，尚应根据计算结果设计其抗震加强措施。

5. 按抗震设计的高层钢结构框架，在强震作用下，塑性区一般将出现在距梁端或柱端 1/10 跨长或 2

倍截面高度的范围内（图 8-159）。为使梁或柱的塑性区具有充分的转动能力，设计连接节点时需校核的主要项目有：

（1）连接节点的最大承载力；

（2）梁、柱塑性区的局部稳定；

（3）与柱相连的受弯梁的侧向支承点的距离。

另外，设置在梁或柱翼缘作用力方向上的高强度螺栓的数目不应小于 3 个，且螺栓孔等对梁或柱全截面的削弱率不应大于 25%。

6. 构件拼接和柱脚计算时，构件的受弯承载力应考虑轴力的影响。构件的全塑性受弯承载力 M_p 应按下列规定以 M_{pc} 代替：

（1）对 H 形截面和箱形截面构件应符合下列规定：

1）H 形截面（绕强轴）和箱形截面

当 $N/N_y \leqslant 0.13$ 时 $\qquad M_{pc} = M_p$ (8-240)

当 $N/N_y > 0.13$ 时 $\qquad M_{pc} = 1.15(1 - N/N_y)M_p$ (8-241)

2）H 形截面（绕弱轴）

当 $N/N_y \leqslant A_w/A$ 时 $\qquad M_{pc} = M_p$ (8-242)

当 $N/N_y > A_w/A$ 时

$$M_{pc} = \left[1 - \left(\frac{N - A_w f_y}{N_y - A_w f_y} \right)^2 \right] M_p \qquad (8-243)$$

（2）圆形空心截面的 M_{pc} 可按下列公式计算：

当 $N/N_y \leqslant 0.2$ 时 $\qquad M_{pc} = M_p$ (8-244)

当 $N/N_y > 0.2$ 时 $\qquad M_{pc} = 1.25(1 - N/N_y)M_p$ (8-245)

式中 N——构件轴力设计值（N）；

N_y——构件的轴向屈服承载力（N）；

A——H 形截面或箱形截面构件的截面面积（mm^2）；

A_w——构件腹板截面积（mm^2）；

f_y——构件腹板钢材的屈服强度（N/mm^2）。

（3）高层民用建筑钢结构承重构件的螺栓连接，应采用高强度螺栓摩擦型连接。考虑罕遇地震时连接滑移，螺栓杆与孔壁接触，极限承载力按承压型连接计算。

（4）高强度螺栓连接受拉或受剪时的极限承载力，应按《高层民用建筑钢结构技术规程》JGJ 99—2015 附录 F 的规定计算。

7. 梁、柱等构件的全塑性弯矩，可分别按以下情况确定。

无轴心力作用时，构件的全塑性弯矩为：

$$M_P = W_P f_y \qquad (8-246)$$

式中 W_P——构件截面的塑性模量，可按下列公式计算：

（1）箱形截面（图 8-160a）

$$W_{Px} = Bt_F(H - t_F) + \frac{1}{2}(H - 2t_F)^2 t_w \qquad (8-247)$$

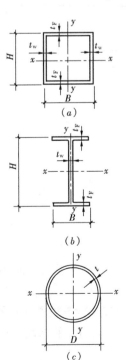

图 8-160 构件截面图示

447

$$W_{Py} = Ht_w(B - t_w) + \frac{1}{2}(B - 2t_w)^2 t_F \qquad (8\text{-}248)$$

当 $H=B$，$t_w=t_F$ 时，

$$W_{Px} = W_{Py}$$

（2）H 形截面（图 8-160b）

$$W_{Px} = Bt_F(H - t_F) + \frac{1}{4}(H - 2t_F)^2 t_w \qquad (8\text{-}249)$$

$$W_{Py} = \frac{1}{2}B^2 t_F + \frac{1}{4}(H - 2t_F)t_w^2 \qquad (8\text{-}250)$$

（3）圆管形截面（图 8-160c）

$$W_{Px} = W_{Py} = 4(D - t)^2 t \qquad (8\text{-}251)$$

8. 按抗震设计的高层钢结构，其连接节点的最大承载力可分别按以下要求确定：

（1）焊缝的极限承载力应按下列公式计算：

对接焊缝受拉

$$N_u = A_f^w f_u \qquad (8\text{-}252)$$

角焊缝受剪

$$V_u = 0.58 A_f^w f_u \qquad (8\text{-}253)$$

式中　A_f^w——焊缝的有效受力面积；

　　　f_u——构件母材的抗拉强度最小值。

（2）高强度螺栓连接的极限受剪承载力，应取下列两式计算的较小者：

$$N_{vu}^b = 0.58 n_f A_n^b f_u^b \qquad (8\text{-}254)$$

$$N_{cu}^b = d\sum t f_{cu}^b \qquad (8\text{-}255)$$

式中　N_{vu}^b、N_{cu}^b——分别为一个高强度螺栓的极限受剪承载力和对应的板件极限承压力；

　　　n_f——螺栓连接的剪切面数量；

　　　A_n^b——螺栓螺纹处的有效截面面积；

　　　f_u^b——螺栓钢材的抗拉强度最小值；

　　　d——螺栓杆直径；

　　　$\sum t$——同一受力方向的钢板厚度之和；

　　　f_{cu}^b——螺栓连接板的极限承压强度，取 $1.5 f_u$。

（3）有螺栓孔等削弱的杆件最大承载力，可按下列公式计算：

对轴心拉力　　　$\left. \begin{aligned} N_u &= A_n f_u \\ N_u &= net f_u \end{aligned} \right\}$ 取两者中的较小者 　　$(8\text{-}256.1)$
$(8\text{-}256.2)$

对剪力　　　$V_u = A_n f_u / \sqrt{3}$ 　　　　　　　　$(8\text{-}257)$

式中　A_n——扣除螺栓孔等以后的净截面面积；

　　　e——拉力方向的端距；

　　　t——受拉杆件在连接处的厚度。

（二）梁与柱刚性连接的计算

1. 梁与柱的刚性连接应按下列公式验算：

$$M_u^j \geqslant \alpha M_p \qquad (8\text{-}258)$$

$$V_u^j \geqslant \alpha(\sum M_p / l_n) + V_{Gb} \qquad (8\text{-}259)$$

式中　M_u^j——梁与柱连接的极限受弯承载力（kN·m）；

　　　M_p——梁的全塑性受弯承载力（kN·m）（加强型连接按未扩大的原截面计算），考虑轴力影响时按第 8.14.2 节（一）6 的 M_{pc} 计算；

　ΣM_p——梁两端截面的塑性受弯承载力之和（kN·m）；

　　　V_u^j——梁与柱连接的极限受剪承载力（kN）；

　　V_{Gb}——梁在重力荷载代表值（9 度尚应包括竖向地震作用标准值）作用下，按简支梁分析的梁端截面剪力设计值（kN）；

　　　l_n——梁的净跨（m）；

　　　α——连接系数，按表 8-13 的规定采用。

2. 梁与柱连接的受弯承载力应按下列公式计算：

$$M_j = W_e^j \cdot f \tag{8-260}$$

梁与 H 形柱（绕强轴）连接时

$$W_e^j = 2I_e/h_b \tag{8-261}$$

梁与箱形柱或圆管柱连接时

$$W_e^j = \frac{2}{h_b}\left\{ I_e - \frac{1}{12}t_{wb}(h_{0b} - 2h_m)^3 \right\} \tag{8-262}$$

式中　M_j——梁与柱连接的受弯承载力（N·mm）；

　　　W_e^j——连接的有效截面模量（mm³）；

　　　I_e——扣除过焊孔的梁端有效截面惯性矩（mm⁴）；当梁腹板用高强度螺栓连接时，为扣除螺栓孔和梁翼缘与连接板之间间隙后的截面惯性矩；

h_b、h_{0b}——分别为梁截面和梁腹板的高度（mm）；

　　　t_{wb}——梁腹板的厚度（mm）；

　　　f——梁的抗拉、抗压和抗弯强度设计值（N/mm²）；

　　　h_m——梁腹板的有效受弯高度（mm），应按以下第 3 条的规定计算。

3. 梁腹板的有效受弯高度 h_m 应按下列公式计算（图 8-161）：

H 形柱（绕强轴）　　$h_m = h_{0b}/2$ $\tag{8-263}$

箱形柱时　　$h_m = \dfrac{b_j}{\sqrt{\dfrac{b_j t_{wb} f_{yb}}{t_{fc}^2 f_{yc}} - 4}}$ $\tag{8-264}$

圆管柱时　　$h_m = \dfrac{b_j}{\sqrt{\dfrac{k_1}{2}}\sqrt{k_2\sqrt{\dfrac{3k_1}{2}} - 4}}$ $\tag{8-265}$

当箱形柱、圆管柱 $h_m < S_r$ 时，取

$$h_m = S_r \tag{8-266}$$

当箱形柱 $h_m > \dfrac{d_j}{2}$ 或 $\dfrac{b_j t_{wb} f_{yb}}{t_{fc}^2 f_{yc}} \leqslant 4$ 时，

取 $h_m = \dfrac{d_j}{2}$ $\tag{8-267}$

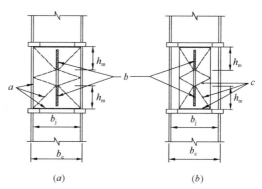

图 8-161　工字梁与箱形柱和圆管柱
连接的符号说明

（a）箱形柱；（b）圆管柱

a—壁板的屈服线；b—梁腹板的屈服区；

c—钢管壁的屈服线

当圆管柱 $h_m > \dfrac{d_j}{2}$ 或 $k_2\sqrt{\dfrac{3k_1}{2}} \leqslant 4$ 时，取 $h_m = \dfrac{d_j}{2}$ $\hspace{2cm}$ (8-268)

式中 $\quad d_j$ ——箱形柱壁板上下加劲肋内侧之间的距离（mm）；

$\qquad b_j$ ——箱形柱壁板屈服区宽度（mm），$b_j = b_c - 2t_{fc}$；

$\qquad b_c$ ——箱形柱壁板宽度或圆管柱的外径（mm）；

$\qquad h_m$ ——与箱形柱或圆管柱连接时，梁腹板（一侧）的有效受弯高度（mm）；

$\qquad S_r$ ——梁腹板过焊孔高度，高强度螺栓连接时为剪力板与梁翼缘间间隙的距离（mm）；

$\qquad h_{0b}$ ——梁腹板高度（mm）；

$\qquad f_{yb}$ ——梁钢材的屈服强度（N/mm²）；当梁腹板用高强度螺栓连接时，为柱连接板钢材的屈服强度（N/mm²）；

$\qquad f_{yc}$ ——柱钢材屈服强度（N/mm²）；

$\qquad t_{fc}$ ——箱形柱壁板厚度（mm）；

$\qquad t_{wb}$ ——梁腹板厚度（mm）；

$\quad k_1、k_2$ ——圆管柱有关截面和承载力指标。

$$k_1 = b_j/t_{fc}, \quad k_2 = t_{wb}f_{yb}/(t_{fc}f_{yc}) \hspace{2cm} (8\text{-}269)$$

4. 抗震设计时，梁与柱连接的极限受弯承载力应按下列规定计算（图 8-162）：

（1）梁端连接的极限受弯承载力

$$M_u^j = M_{uf}^j + M_{uw}^j \hspace{1.5cm} (8\text{-}270)$$

（2）梁翼缘连接的极限受弯承载力

$$M_{uf}^j = A_f(h_b - t_{fb})f_{ub} \hspace{1cm} (8\text{-}271)$$

（3）梁腹板连接的极限受弯承载力

$$M_{uw}^j = m \cdot W_{wpe} \cdot f_{yw} \hspace{1cm} (8\text{-}272)$$

$$W_{wpe} = \frac{1}{4}(h_b - 2t_{fb} - 2S_r)^2 t_{wb}$$
$$\hspace{6cm}(8\text{-}273)$$

（4）梁腹板连接的受弯承载力系数 m 应按下列公式计算：

H 形柱（绕强轴）

$$m = 1 \hspace{3cm} (8\text{-}274)$$

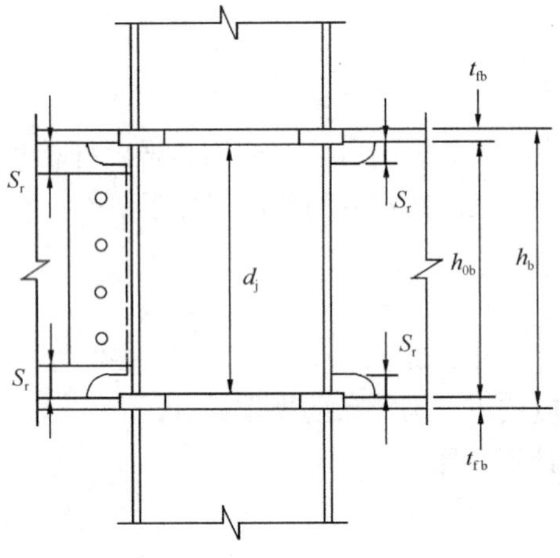

图 8-162　梁柱连接

t_{fb} ——梁翼缘厚度

箱形柱 $\hspace{2cm} m = \min\left\{1, 4\,\dfrac{t_{fc}}{d_j}\sqrt{\dfrac{b_j \cdot f_{yc}}{t_{wb} \cdot f_{yw}}}\right\} \hspace{2cm} (8\text{-}275)$

圆管柱 $\hspace{1.5cm} m = \min\left\{1, \dfrac{8}{\sqrt{3}k_1 \cdot k_2 \cdot r}\left[\sqrt{k_2\sqrt{\dfrac{3k_1}{2}} - 4} + r\sqrt{\dfrac{k_1}{2}}\right]\right\} \hspace{1cm} (8\text{-}276)$

式中 $\quad W_{wpe}$ ——梁腹板有效截面的塑性截面模量（mm³）；

$\qquad f_{yw}$ ——梁腹板钢材的屈服强度（N/mm²）；

$\qquad h_b$ ——梁截面高度（mm）；

$\qquad d_j$ ——柱上下水平加劲肋（横隔板）内侧之间的距离（mm）；

b_j ——箱形柱壁板内侧的宽度或圆管柱内直径（mm），$b_j = b_c - 2t_{fc}$；

r ——圆钢管上下横隔板之间的距离与钢管内径的比值，$r = d_j/b_j$；

t_{fc} ——箱形柱或圆管柱壁板的厚度（mm）；

f_{yc} ——柱钢材屈服强度（N/mm²）；

t_{fb}、t_{wb} ——分别为梁翼缘和梁腹板的厚度（mm）；

f_{ub} ——梁翼缘钢材抗拉强度最小值（N/mm²）。

5. 梁腹板与 H 形柱（绕强轴）、箱形柱或圆管柱的连接，应符合下列规定：

（1）连接板应采用与梁腹板相同强度等级的钢材制作，其厚度应比梁腹板大 2mm。连接板与柱的焊接，应采用双面角焊缝，在强震区焊缝端部应围焊，对焊缝的厚度要求与梁腹板与柱的焊缝要求相同。

（2）采用高强度螺栓连接时（图 8-163），承受弯矩区和承受剪力区的螺栓数应按弯矩在受弯区引起的水平力和剪力作用在受剪区（图 8-164）分别进行计算，计算时应考虑连接的不同破坏模式取较小值。

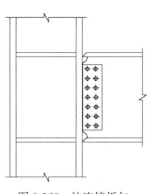

图 8-163　柱连接板与
梁腹板的螺栓连接

对承受弯矩区：

$$\alpha V_{um}^j \leqslant N_u^b = \min\{n_1 N_{vu}^b, n_1 N_{cu1}^b, N_{cu2}^b, N_{cu3}^b, N_{cu4}^b\} \tag{8-277}$$

对承受剪力区：

$$V_u^j \leqslant n_2 \cdot \min\{N_{vu}^b, N_{cu1}^b\} \tag{8-278}$$

式中　　n_1、n_2 ——分别为承受弯矩区（一侧）和承受剪力区需要的螺栓数；

V_{um}^j ——为弯矩 M_{uw}^j 引起的承受弯矩区的水平剪力（kN）；

α ——连接系数，按表 8-13 的规定采用；

$N_{vu}^b, N_{cu1}^b, N_{cu2}^b, N_{cu3}^b, N_{cu4}^b$ ——按《高层民用建筑钢结构技术规程》JGJ 99—2015 附录 F 中的第 F.1.1 条、第 F.1.4 条的规定计算。

（3）腹板与柱焊接时（图 8-165），应设置定位螺栓。腹板承受弯矩区内应验算弯应力与剪应力组合的复合应力，承受剪力区可仅按所承受的剪力进行受剪承载力验算。

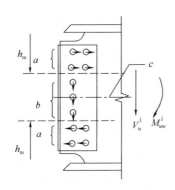

图 8-164　梁腹板与柱连接时
高强度螺栓连接的内力分担

a—承受弯矩区；b—承受剪力区；c—梁轴线

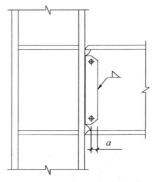

图 8-165　柱连接板与
梁腹板的焊接连接

a—不小于 50mm

（三）梁与柱连接的形式和构造要求

1. 框架梁与柱的连接宜采用柱贯通型。在互相垂直的两个方向都与梁刚性连接时，宜采用箱形柱。箱形柱壁板厚度小于 16mm 时，不宜采用电渣焊焊接隔板。

2. 冷成型箱形柱应在梁对应位置设置隔板，并应采用隔板贯通式连接。柱段与隔板的连接应采用全熔透对接焊缝（图 8-166）。隔板宜采用 Z 向钢制作。其外伸部分长度 e 宜为 25～30mm，以便将相邻焊缝热影响区隔开。

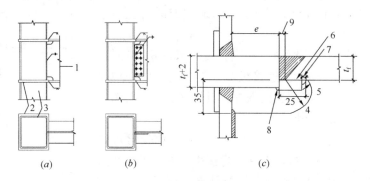

图 8-166　框架梁与冷成型箱形柱隔板的连接

(*a*) 梁与柱工厂焊接；(*b*) 梁翼缘焊接腹板栓接；(*c*) 梁翼缘焊接详图

1—H 形钢梁；2—横隔板；3—箱形柱；4—大圆弧半径≈35mm；5—小圆弧
半径≈10mm；6—衬板厚度 8mm 以上；7—圆弧端点至衬板边缘 5mm；
8—隔板外侧衬板边缘采用连续焊缝；9—焊根宽度 7mm，坡口角度 35°

3. 当梁与柱在现场焊接时，梁与柱连接的过焊孔，可采用常规型（图 8-167）和改进型（图 8-168）两种形式。采用改进型时，梁翼缘与柱的连接焊缝应采用气体保护焊。

梁翼缘与柱翼缘间应采用全熔透坡口焊缝，抗震等级一、二级时，应检验焊缝的 V 形切口冲击韧性，其夏比冲击韧性在 -20℃ 时不低于 27J。

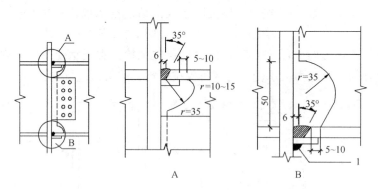

图 8-167　常规型过焊孔

1—h_w≈5mm，长度等于翼缘总宽度

梁腹板（连接板）与柱的连接焊缝，当板厚小于 16mm 时，可采用双面角焊缝，焊缝的有效截面高度应符合受力要求，并且不得小于 5mm。当腹板厚度等于或大于 16mm 时，应采用 K 形坡口焊缝。设防烈度 7 度（0.15g）及以上时，梁腹板与柱的连接焊缝应采用围焊，围焊在竖向部分的长度 l 应大于 400mm 且连续施焊（图 8-169）。

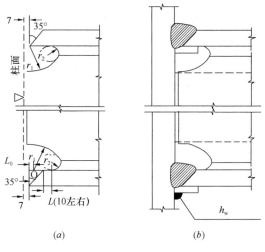

图 8-168　改进型过焊孔

(a) 坡口和焊接孔加工；(b) 全焊透焊缝

$r_1 = 35mm$ 左右；$r_2 = 10mm$ 以上；

O 点位置：$t_f < 22mm$：$L_0 (mm) = 0$

$t_f \geqslant 22mm$：$L_0 (mm) = 0.75 t_f - 15$，t_f 为下翼缘板厚

$h_w \approx 5mm$，长度等于翼缘总宽度

图 8-169　围焊的施焊要求

4. 梁与柱的加强型连接或骨式连接包含下列形式，有依据时也可采用其他形式，塑性铰外移见图 8-170、图 8-171。

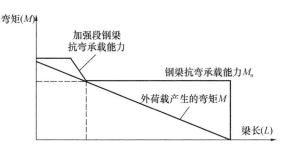

图 8-170　塑性铰外移梁端连接节点
设计原理（一）加强式节点

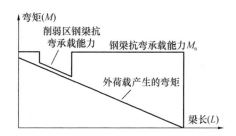

图 8-171　塑性铰外移梁端连接节点
设计原理（二）削弱式节点

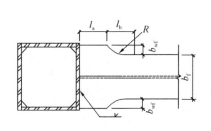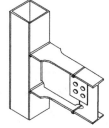

图 8-172　梁翼缘扩翼式连接

（1）梁翼缘扩翼式连接（图 8-172），图中尺寸应按下列公式确定：

$$l_a = (0.50 \sim 0.75)b_f \tag{8-279}$$

$$l_b = (0.30 \sim 0.45)h_b \tag{8-280}$$

$$b_{wf} = (0.15 \sim 0.25)b_f \tag{8-281}$$

$$R = \frac{l_b^2 + b_{wf}^2}{2b_{wf}} \tag{8-282}$$

式中　h_b——梁的高度（mm）；

$\quad\quad$ b_f——梁翼缘的宽度（mm）；

$\quad\quad$ R——梁翼缘扩翼半径（mm）。

（2）梁翼缘局部加宽式连接（图8-173），图中尺寸应按下列公式确定：

$$l_a = (0.50 \sim 0.75)h_b \tag{8-283}$$

$$b_s = (1/4 \sim 1/3)b_f \tag{8-284}$$

$$b_s' = 2t_f + 6 \tag{8-285}$$

$$t_s = t_f \tag{8-286}$$

式中　t_f——梁翼缘厚度（mm）；

$\quad\quad$ t_s——局部加宽板厚度（mm）。

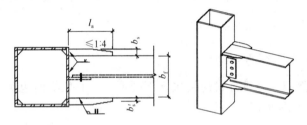

图 8-173　梁翼缘局部加宽式连接

（3）梁翼缘盖板式连接（图8-174）：

$$l_{cp} = (0.5 \sim 0.75)h_b \tag{8-287}$$

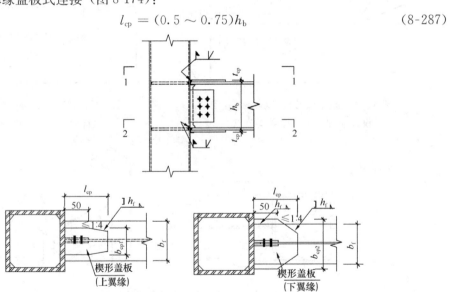

图 8-174　梁翼缘盖板式连接

$$b_{cp1} = b_f - 3t_{cp} \qquad (8-288)$$

$$b_{cp2} = b_f + 3t_{cp} \qquad (8-289)$$

$$t_{cp} \geqslant t_f \qquad (8-290)$$

式中　t_{cp}——楔形盖板厚度（mm）。

（4）梁翼缘板式连接（图 8-175），图中尺寸应按下列公式确定：

$$l_{tp} = (0.5 \sim 0.8)h_b \qquad (8-291)$$

$$b_{tp} = b_f + 4t_f \qquad (8-292)$$

$$t_{tp} = (1.2 \sim 1.4)t_f \qquad (8-293)$$

式中　t_{tp}——梁翼缘板厚度（mm）。

（5）梁骨式连接（图 8-176），切割面应采用铣刀加工。图中尺寸应按下列公式确定：

$$a = (0.5 \sim 0.75)b_f \qquad (8-294)$$

$$b = (0.65 \sim 0.85)h_b \qquad (8-295)$$

$$c = 0.25b_b \qquad (8-296)$$

$$R = (4c^2 + b^2)/(8c) \qquad (8-297)$$

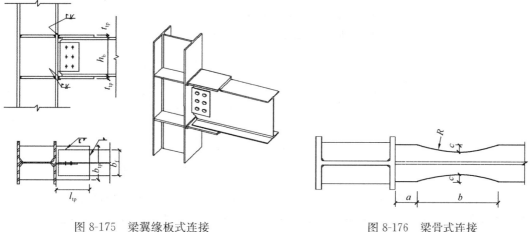

图 8-175　梁翼缘板式连接　　　　　　　　图 8-176　梁骨式连接

5. 梁与 H 形柱（绕弱轴）刚性连接时（图 8-177），加劲肋应伸至柱翼缘以外 75mm，并以变宽度形式伸至梁翼缘，与后者用全熔透对接焊缝连接。加劲肋应两面设置（无梁外侧加劲肋厚度不应小于梁翼缘厚度之半）。翼缘加劲肋应大于梁翼缘厚度，以协调翼缘的允许偏差。梁腹板与柱连接板用高强度螺栓连接。

6. 框架梁与柱刚性连接时，应在梁翼缘的对应位置设置水平加劲肋（隔板）。对抗震设计的结构，水平加劲肋（隔板）厚度不得小于梁翼缘厚度加 2mm，其钢材强度不得低于梁翼缘的钢材强度，其外侧应与梁翼缘外侧对齐（图 8-178）。对非抗震设计的结构，水平加劲肋（隔板）应能传递梁翼缘的集中力，厚度应由计算确定；当内力较小时，其厚度不得小于梁翼缘厚度的 1/2，并应符合板件宽厚比限值。水平加劲肋宽度应从柱边缘后退 10mm。

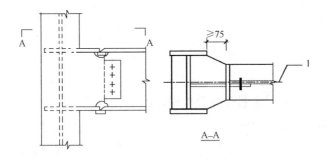

图 8-177　梁与 H 形柱弱轴刚性连接
1—梁柱轴线

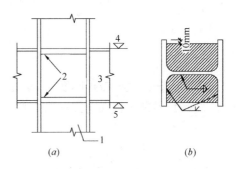

图 8-178　柱水平加劲肋与梁翼缘外侧对齐
（a）水平加劲肋标高；（b）水平加劲肋
位置和焊接方法
1—柱；2—水平加劲肋；3—梁；
4—强轴方向梁上端；5—强轴方向梁下端

7. 当柱两侧的梁高不等时，每个梁翼缘对应位置均应按本条的要求设置柱的水平加劲肋。加劲肋的间距不应小于 150mm，且不应小于水平加劲肋的宽度（图 8-179a）。当不能满足此要求时，应调整梁的端部高度，可将截面高度较小的梁腹板高度局部加大，腋部翼缘的坡度不得大于 1∶3（图 8-179b）。当与柱相连的梁在柱的两个相互垂直的方向高度不等时，应分别设置柱的水平加劲肋（图 8-179c）。

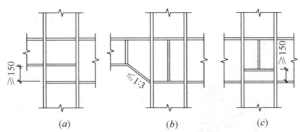

图 8-179　柱两侧梁高不等时的水平加劲肋
（c）柱两侧的梁高不等之一；（b）柱两侧的梁高不等之二；（c）与柱相连的梁在柱的两个相互垂直的方向高度不等

8. 当节点域厚度不满足第 8.6.2 节（二）8 的要求时，对焊接组合柱宜将腹板在节点域局部加厚（图 8-180.1），腹板加厚的范围应伸出梁上下翼缘外不小于 150mm；对轧制 H 形钢柱，可贴焊补强板加强（图 8-180.2）。

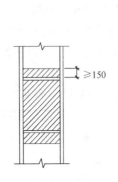

图 8-180.1　节点域
的加厚

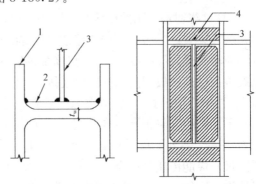

图 8-180.2　补强板的设置
1—翼缘；2—补强板；3—弱轴方向梁腹板；4—水平加劲肋

456

9. 梁与柱铰接时（图 8-181），与梁腹板相连的高强度螺栓，除应承受梁端剪力外，尚应承受偏心弯矩的作用，偏心弯矩 M 应按下式计算。当采用现浇钢筋混凝土楼板将主梁和次梁连成整体时，可不计算偏心弯矩的影响。

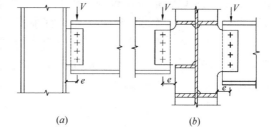

$$M = V \cdot e \qquad (8\text{-}298)$$

图 8-181　梁与柱的铰接
(a) 绕柱强轴连接；(b) 绕柱弱轴连接

（四）柱与柱的连接

1. 柱与柱的连接应符合下列规定：

（1）钢框架宜采用 H 形柱、箱形柱或圆管柱，钢骨混凝土柱中钢骨宜采用 H 形或十字形。

（2）框架柱的拼接处至梁面的距离应为 1.2～1.3m 或柱净高的一半，取两者的较小值。抗震设计时，框架柱的拼接应采用坡口全熔透焊缝；非抗震设计时，框架柱的拼接也可采用部分熔透焊缝。

（3）采用部分熔透焊缝进行柱拼接时，应进行承载力验算。当内力较小时，设计弯矩不得小于柱全塑性弯矩的一半。

2. 箱形柱宜为焊接柱，其角部的组装焊缝一般应采用 V 形坡口部分熔透焊缝。当箱形柱壁板的 Z 向性能有保证，通过工艺试验确认不会引起层状撕裂时，可采用单边 V 形坡口焊缝。

箱形柱含有组装焊缝一侧与框架梁连接后，其抗震性能低于未设焊缝的一侧，应将不含组装焊缝的一侧置于主要受力方向。

组装焊缝厚度不应小于板厚的 1/3，且不应小于 16mm，抗震设计时不应小于板厚的 1/2（图 8-182.1a）。当梁与柱刚性连接时，应在框架梁翼缘的上、下 500mm 范围内采用全熔透焊缝；柱宽度大于 600mm 时，应在框架梁翼缘的上、下 600mm 范围内采用全熔透焊缝（图 8-182.1b）。

十字形柱应由钢板或两个 H 形钢焊接组合而成（图 8-182.2）；组装焊缝均应采用部分熔透的 K 形坡口焊缝，每边焊接深度不应小于 1/3 板厚。

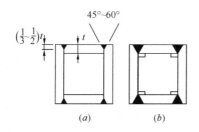

图 8-182.1　箱形组合柱的角部组装焊缝
(a) 组装焊缝；(b) 全熔透焊缝

图 8-182.2　十字形柱的组装焊缝

3. 在柱的工地接头处应设置安装耳板，耳板厚度应根据阵风和其他施工荷载确定，并不得小于 10mm。耳板宜仅设于柱的一个方向的两侧。

4. 非抗震设计的高层民用建筑钢结构，当柱的弯矩较小且不产生拉力时，可通过上下柱接触面直接传递 25% 的压力和 25% 的弯矩，此时柱的上下端应磨平顶紧，并应与柱轴线垂直。坡口焊缝的有效深度 t_e 不宜小于板厚的 1/2（图 8-183）。

5. H 形柱在工地的接头，弯矩应由翼缘和腹板承受，剪力应由腹板承受，轴力应由翼缘和腹板分担。翼缘接头宜采用坡口全熔透焊缝，腹板可采用高强度螺栓连接。当采用全焊接接头时，上柱翼缘应开 V 形坡口，腹板应开 K 形坡口。

6. 箱形柱的工地接头应全部采用焊接（图 8-184）。非抗震设计时，可按本款 4 的规定执行。

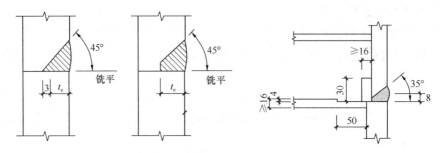

图 8-183 柱接头的部分熔透焊缝　　　　图 8-184 箱形柱的工地焊接

下节箱形柱的上端应设置隔板并与柱口齐平，厚度不宜小于 16mm。其边缘应与柱口截面一起刨平。在上节箱形柱安装单元的下部附近，尚应设置上柱隔板，其厚度不宜小于 10mm。柱在工地接头的上下侧各 100mm 范围内，截面组装焊缝应采用坡口全熔透焊缝。

7. 当需要改变柱截面积时，柱截面高度宜保持不变而改变翼缘厚度。当需要改变柱截面高度时，对边柱宜采用图 8-185(a) 的做法，对中柱宜采用图 8-185(b) 的做法，变截面的上下端均应设置隔板。当变截面段位于梁柱接头时，可采用图 8-185(c) 的做法，变截面两端距梁翼缘不宜小于 150mm。

8. 十字形柱与箱形柱相连处，在两种截面的过渡段中，十字形柱的腹板应伸入箱形柱内，其伸入长度不应小于钢柱截面高度加 200mm（图 8-186）。与上部钢结构相连的钢骨混凝土柱，沿其全高应设栓钉，栓钉间距和列距在过渡段内宜采用 150mm，最大不得超过 200mm；在过渡段外不应大于 300mm。

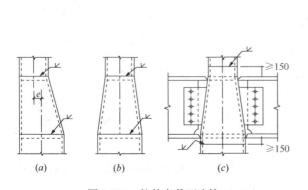

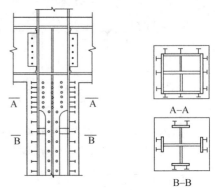

图 8-185 柱的变截面连接　　　　　图 8-186 十字形柱与箱形柱的连接
(a) 边柱；(b) 中柱；(c) 梁柱接头

（五）梁与梁的连接和梁腹板设孔的补强

1. 梁的拼接应符合下列规定：

（1）翼缘采用全熔透对接焊缝，腹板用高强度螺栓摩擦型连接；

（2）翼缘和腹板均采用高强度螺栓摩擦型连接；

（3）三、四级和非抗震设计时可采用全截面焊接；

（4）抗震设计时，应先做螺栓连接的抗滑移承载力计算，然后再进行极限承载力计算；非抗震设计时，可只做抗滑移承载力计算。

2. 梁拼接的受弯、受剪承载力应符合下列规定：

（1）梁拼接的受弯、受剪极限承载力应满足下列公式要求：

$$M^j_{ub,sp} \geqslant \alpha M_p \tag{8-299}$$

$$V^j_{ub,sp} \geqslant \alpha(2M_p/l_n) + V_{Gb} \tag{8-300}$$

（2）框架梁的拼接，当全截面采用高强度螺栓连接时，其在弹性设计时计算截面的翼缘和腹板弯矩宜满足下列公式要求：

$$M = M_f + M_w \geqslant M_j \tag{8-301}$$

$$M_f \geqslant (1 - \psi \cdot I_w/I_0)M_j \tag{8-302}$$

$$M_w \geqslant (\psi \cdot I_w/I_0)M_j \tag{8-303}$$

式中　$M^j_{ub,sp}$——梁拼接的极限受弯承载力（kN·m）；

$V^j_{ub,sp}$——梁拼接的极限受剪承载力（kN）；

M_f、M_w——分别为拼接处梁翼缘和梁腹板的弯矩设计值（kN·m）；

M_j——拼接处梁的弯矩设计值原则上应等于$W_b f_y$，当拼接处弯矩较小时，不应小于$0.5W_b f_y$，W_b为梁的截面塑性模量，f_y为梁钢材的屈服强度（MPa）；

I_w——梁腹板的截面惯性矩（m⁴）；

I_0——梁的截面惯性矩（m⁴）；

ψ——弯矩传递系数，取0.4；

α——连接系数，按表8-13的规定采用。

3. 抗震设计时，梁的拼接应按第8.14.2节（一）6的要求考虑轴力的影响；非抗震设计时，梁的拼接可按内力设计，腹板连接应按受全部剪力和部分弯矩计算，翼缘连接应按所分配的弯矩计算。

4. 次梁与主梁的连接宜采用简支连接，必要时也可采用刚性连接（图8-187）。

5. 抗震设计时，框架梁受压翼缘根据需要设置侧向支撑（图8-188），在出现塑性铰

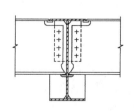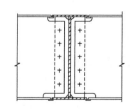

图 8-187　梁与梁的刚性连接

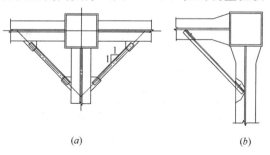

图 8-188　梁的隅撑设置

（a）可靠连接；（b）加强型或骨式连接

的截面上、下翼缘均应设置侧向支承。当梁上翼缘与楼板有可靠连接时，固端梁下翼缘在梁端 0.15 倍梁跨附近均宜设置隔撑（图 8-188a）；梁端采用加强型连接或骨式连接时，应在塑性区外设置竖向加劲肋，隔撑与偏置 45° 的竖向加劲肋在梁下翼缘附近相连（图 8-188b），该竖向加劲肋不应与翼缘焊接。梁端下翼缘宽度局部加大，对梁下翼缘侧向约束较大时，视情况也可不设隔撑。相邻两支承点间的构件长细比，应符合现行《钢结构设计标准》GB 50017 对塑性设计的有关规定。

6. 当管道穿过钢梁时，腹板中的孔口应予补强。补强时，弯矩可仅由翼缘承担，剪力由孔口截面的腹板和补强板共同承担，并符合下列规定：

（1）不应在距梁端相当于梁高的范围内设孔，抗震设计的结构不应在隔撑范围内设孔。孔口直径不得大于梁高的 1/2。相邻圆形孔口边缘间的距离不得小于梁高，孔口边缘至梁翼缘外皮的距离不得小于梁高的 1/4。

圆形孔直径小于或等于 1/3 梁高时，可不予补强。当大于 1/3 梁高时，可用环形加劲肋加强（图 8-189.1a），也可用套管（图 8-189.1b）或环形补强板（图 8-189.1c）加强。

圆形孔口加劲肋截面不宜小于 100mm×10mm，加劲肋边缘至孔口边缘的距离不宜大于 12mm。圆形孔口用套管补强时，其厚度不宜小于梁腹板厚度。用环形板补强时，若在梁腹板两侧设置，环形板的厚度可稍小于腹板厚度，其宽度可取 75~125mm。

（2）矩形孔口与相邻孔口间的距离不得小于梁高或矩形孔口长度之较大值。孔口上下边缘至梁翼缘外皮的距离不得小于梁高的 1/4。矩形孔口长度不得大于 750mm，孔口高度不得大于梁高的 1/2，其边缘应采用纵向和横向加劲肋加强。

矩形孔口上下边缘的水平加劲肋端部宜伸至孔口边缘以外各 300mm。当矩形孔口长度大于梁高时，其横向加劲肋应沿梁全高设置（图 8-189.2）。

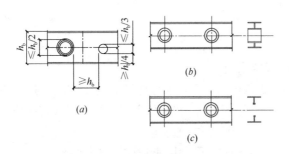

图 8-189.1　梁腹板圆形孔口的补强
(a) 环形加劲肋；(b) 套管；(c) 环形补强板

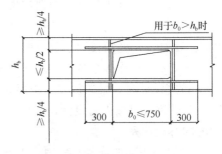

图 8-189.2　梁腹板矩形孔口的补强

矩形孔口加劲肋截面不宜小于 125mm×18mm。当孔口长度大于 500mm 时，应在梁腹板两侧设置加劲肋。

（六）钢柱脚

1. 钢柱柱脚包括外露式柱脚、外包式柱脚和埋入式柱脚三类（图 8-190.1c）。抗震设计时，宜优先采用埋入式；外包式柱脚可在有地下室的高层民用建筑中采用。各类柱脚均应进行受压、受弯、受剪承载力计算，其轴力、弯矩、剪力的设计值取钢柱底部的相应设计值。各类柱脚构造应分别符合下列规定：

（1）钢柱外露式柱脚应通过底板锚栓固定于混凝土基础上（图 8-190.1a），高层民用建筑的钢柱应采用刚接柱脚。三级及以上抗震等级时，锚栓截面面积不宜小于钢柱下端截面积的 20%。

(2) 钢柱外包式柱脚由钢柱脚和外包混凝土组成，位于混凝土基础顶面以上 (图 8-190.1b)，钢柱脚与基础的连接应采用抗弯连接。外包混凝土的高度不应小于钢柱截面高度的 2.5 倍，且从柱脚底板到外包层顶部箍筋的距离与外包混凝土宽度之比不应小于 1.0。外包层内纵向受力钢筋在基础内的锚固长度 (l_a，l_{aE}) 应根据现行《混凝土结构设计规范》GB 50010 的有关规定确定，且四角主筋的上、下都应加弯钩，弯钩投影长度不应小于 15d；外包层中应配置箍筋，箍筋的直径、间距和配箍率应符合现行《混凝土结构设计规范》GB 50010 中钢筋混凝土柱的要求；外包层顶部箍筋应加密且不应少于 3 道，其间距不应大于 50mm。外包部分的钢柱翼缘表面宜设置栓钉。

(3) 钢柱埋入式柱脚是将柱脚埋入混凝土基础内 (图 8-190.1c)，H 形截面柱的埋置深度不应小于钢柱截面高度的 2 倍，箱形柱的埋置深度不应小于柱截面长边的 2.5 倍，圆管柱的埋置深度不应小于柱外径的 3 倍；钢柱脚底板应设置锚栓与下部混凝土连接。钢柱埋入部分的侧边混凝土保护层厚度要求 (图 8-190.2a)：C_1 不得小于钢柱受弯方向截面高度的一半，且不小于 250mm；C_2 不得小于钢柱受弯方向截面高度的 2/3，且不小于 400mm。

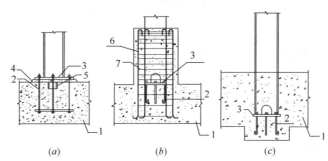

图 8-190.1　柱脚的不同形式
(a) 外露式柱脚；(b) 外包式柱脚；(c) 埋入式柱脚
1—基础；2—锚栓；3—底板；4—无收缩砂浆；5—抗剪键；6—主筋；7—箍筋

钢柱埋入部分的四角应设置竖向钢筋，四周应配置箍筋，箍筋直径不应小于 10mm，其间距不大于 250mm；在边柱和角柱柱脚中，埋入部分的顶部和底部尚应设置 U 形钢筋 (图 8-190.2b)，U 形钢筋的开口应向内；U 形钢筋的锚固长度应从钢柱内侧算起，锚固长度 (l_a，l_{aE}) 应根据现行《混凝土结构设计规范》GB 50010 的有关规定确定。埋入部分的柱表面宜设置栓钉。

在混凝土基础顶部，钢柱应设置水平加劲肋。当箱形柱壁板宽厚比大于 30 时，应在埋入部分的顶部设置隔板；也可在箱形柱的埋入部分填充混凝土，当混凝土填充至基础顶部以上 1 倍箱形截面高度时，埋入部分的顶部可不设隔板。

(4) 钢柱柱脚的底板均应布置锚栓按抗弯连接设计 (图 8-190.3)，锚栓埋入长度不应小于其直径的 25 倍，锚栓底部应设锚板或弯钩，锚板厚度宜大于 1.3 倍锚栓直径。应保证锚栓四周及底部的混凝土有足够厚度，避免基础冲切破坏；锚栓应按混凝土基础要求设置保护层。

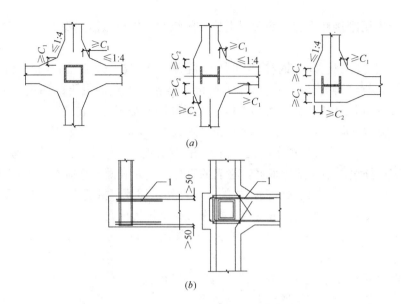

(a)

(b)

图 8-190.2　埋入式柱脚的其他构造要求

(a) 埋入式钢柱脚的保护层厚度；(b) 边柱 U 形加强筋的设置示意

1—U 形加强筋（两根）

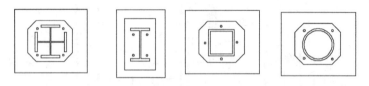

图 8-190.3　抗弯连接钢柱底板形状和锚栓的配置

（5）埋入式柱脚不宜采用冷成型箱形柱。

2. 外露式柱脚的设计应符合下列规定：

（1）钢柱轴力由底板直接传至混凝土基础，按现行《混凝土结构设计规范》GB 50010 验算柱脚底板下混凝土的局部承压，承压面积为底板面积。

（2）在轴力和弯矩作用下计算所需锚栓面积，应按下式验算：

$$M \leqslant M_1 \tag{8-304}$$

式中　M——柱脚弯矩设计值（kN·m）；

　　　M_1——在轴力与弯矩作用下按钢筋混凝土压弯构件截面设计方法计算的柱脚受弯承载力（kN·m）。设截面为底板面积，由受拉边的锚栓单独承受拉力，混凝土基础单独承受压力，受压边的锚栓不参加工作，锚栓和混凝土的强度均取设计值。

（3）抗震设计时，在柱与柱脚连接处，柱可能出现塑性铰的柱脚极限受弯承载力应大于钢柱的全塑性抗弯承载力，应按下式验算：

$$M_u \geqslant M_{pc} \tag{8-305}$$

式中　M_{pc}——考虑轴力时柱的全塑性受弯承载力（kN·m），按第 8.14.2 节（一）6 的规定计算；

M_u——考虑轴力时柱脚的极限受弯承载力（kN·m），按本条第（2）款中计算 M_1 的方法计算，但锚栓和混凝土的强度均取标准值。

（4）钢柱底部的剪力可由底板与混凝土之间的摩擦力传递，摩擦系数取 0.4；当剪力大于底板下的摩擦力时，应设置抗剪键，由抗剪键承受全部剪力；也可由锚栓抵抗全部剪力，此时底板上的锚栓孔直径不应大于锚栓直径加 5mm，且锚栓垫片下应设置盖板，盖板与柱底板焊接，并计算焊缝的抗剪强度。当锚栓同时受拉、受剪时，单根锚栓的承载力应按下式计算：

$$\left(\frac{N_t}{N_t^a}\right)^2 + \left(\frac{V_v}{V_v^a}\right)^2 \leqslant 1 \qquad (8\text{-}306)$$

式中　N_t——单根锚栓承受的拉力设计值（N）；

　　　V_v——单根锚栓承受的剪力设计值（N）；

　　　N_t^a——单根锚栓的受拉承载力（N），取 $N_t^a = A_e f_t^a$；

　　　V_v^a——单根锚栓的受剪承载力（N），取 $V_v^a = A_e f_v^a$；

　　　A_e——单根锚栓截面面积（mm²）；

　　　f_t^a——锚栓钢材的抗拉强度设计值（N/mm²）；

　　　f_v^a——锚栓钢材的抗剪强度设计值（N/mm²）。

3. 外包式柱脚的设计应符合下列规定：

（1）柱脚轴向压力由钢柱底板直接传给基础，按现行《混凝土结构设计规范》GB 50010 验算柱脚底板下混凝土的局部承压，承压面积为底板面积。

（2）弯矩和剪力由外包层混凝土和钢柱脚共同承担，按外包层的有效面积计算（图 8-191.1）。柱脚的受弯承载力应按下式验算：

$$M \leqslant 0.9 A_s f h_0 + M_1 \qquad (8\text{-}307)$$

式中　M——柱脚的弯矩设计值（N·mm）；

　　　A_s——外包层混凝土中受拉侧的钢筋截面面积（mm²）；

　　　f——受拉钢筋抗拉强度设计值（N/mm²）；

　　　h_0——受拉钢筋合力点至混凝土受压区边缘的距离（mm）；

　　　M_1——钢柱脚的受弯承载力（N·mm），按本节第 2 条外露式钢柱脚 M_1 的计算方法计算。

（3）抗震设计时，在外包混凝土顶部箍筋处，柱可能出现塑性铰的柱脚极限受弯承载力应大于钢柱的全塑性受弯承载力(图 8-191.2)。柱脚的极限受弯承载力应按下列公式验算：

$$M_u \geqslant \alpha M_{pc} \qquad (8\text{-}308)$$

$$M_u = \min\{M_{u1}, M_{u2}\} \qquad (8\text{-}309)$$

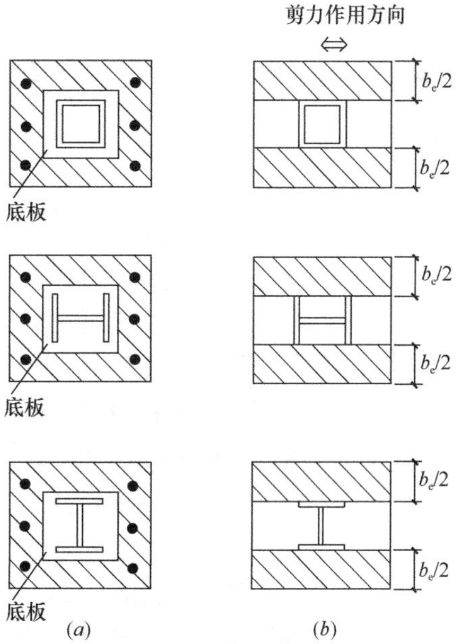

图 8-191.1　斜线部分为外包式钢筋混凝土的有效面积

(a) 受弯时的有效面积；(b) 受剪时的有效面积

$$M_{u1} = M_{pc}/(1-l_r/l) \qquad (8\text{-}310)$$

$$M_{u2} = 0.9A_s f_{yk} h_0 + M_{u3} \qquad (8\text{-}311)$$

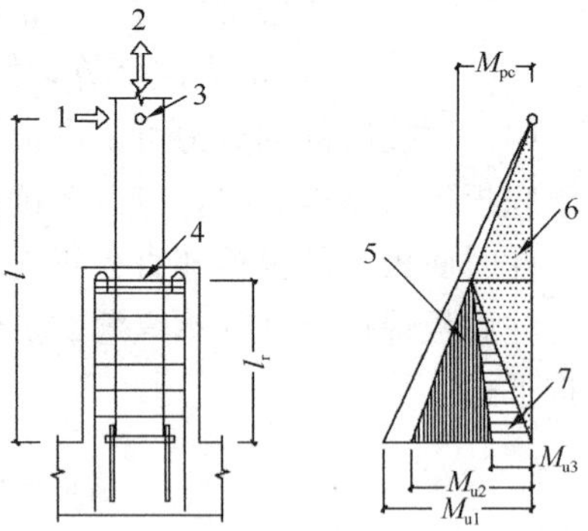

式中　M_u——柱脚连接的极限受弯承载力（N·mm）；

　　　M_{pc}——考虑轴力时，钢柱截面的全塑性受弯承载力（N·mm），按第 8.14.2 节（一）6 的规定计算；

　　　M_{u1}——考虑轴力影响，外包混凝土顶部箍筋处钢柱弯矩达到全塑性受弯承载力 M_{pc} 时，按比例放大的外包混凝土底部弯矩（N·mm）；

　　　l——钢柱底板到柱反弯点的距离（mm），可取柱脚所在层层高的 2/3；

　　　l_r——外包混凝土顶部箍筋到柱底板的距离（mm）；

　　　M_{u2}——外包钢筋混凝土的抗弯承载力（N·mm）与 M_{u3} 之和；

　　　M_{u3}——钢柱脚的极限受弯承载力（N·mm），按本节第 2 条外露式钢柱脚 M_u 的计算方法计算；

　　　α——连接系数，按表 8-13 的规定采用；

　　　f_{yk}——钢筋的抗拉强度最小值（N/mm²）。

（4）外包层混凝土截面的受剪承载力应满足下式要求：

$$V \leqslant b_e h_0 (0.7f_t + 0.5f_{yv}\rho_{sh}) \qquad (8\text{-}312)$$

抗震设计时尚应满足下列公式要求：

$$V_u \geqslant M_u/l_r \qquad (8\text{-}313)$$

$$V_u = b_e h_0 (0.7f_{tk} + 0.5f_{yvk}\rho_{sh}) + M_{u3}/l_r \qquad (8\text{-}314)$$

式中　V——柱底截面的剪力设计值（N）；

　　　V_u——外包式柱脚的极限受剪承载力（N）；

　　　b_e——外包层混凝土的截面有效宽度（mm，图 8-191.1b）；

　　　f_{tk}——混凝土轴心抗拉强度标准值（N/mm²）；

　　　f_t——混凝土轴心抗拉强度设计值（N/mm²）；

　　　f_{yv}——箍筋的抗拉强度设计值（N/mm²）；

　　　f_{yvk}——箍筋的抗拉强度标准值（N/mm²）；

　　　ρ_{sh}——水平箍筋的配箍率；$\rho_{sh} = A_{sh}/(b_e s)$，当 $\rho_{sh}>1.2\%$ 时，取 1.2%；A_{sh} 为配置在同一截面内箍筋的截面面积（mm²）；s 为箍筋的间距（mm）。

4. 埋入式柱脚的设计应符合下列规定：

（1）柱脚轴向压力由柱脚底板直接传给基础，应按现行《混凝土结构设计规范》GB 50010验算柱脚底板下混凝土的局部承压，承压面积为底板面积。

图 8-191.2　极限受弯承载力时外包式柱脚的受力状态

1—剪力；2—轴力；3—柱的反弯点；4—最上部箍筋；5—外包钢筋混凝土的弯矩；6—钢柱的弯矩；7—作为外露式柱脚的弯矩

（2）抗震设计时，在基础顶面处柱可能出现塑性铰的柱脚应按埋入部分钢柱侧向应力分布（图 8-192），验算在轴力和弯矩作用下基础混凝土的侧向抗弯极限承载力。埋入式柱脚的极限受弯承载力不应小于钢柱全塑性抗弯承载力；与极限受弯承载力对应的剪力不应大于钢柱的全塑性抗剪承载力，应按下列公式验算：

$$M_u \geqslant \alpha M_{pc} \qquad (8\text{-}315)$$

$$V_u = M_u/l \leqslant 0.58 h_w t_w f_y \qquad (8\text{-}316)$$

$$M_u = f_{ck} b_c l \left[\sqrt{(2l + h_B)^2 + h_B{}^2} - (2l + h_B) \right]$$

$$(8\text{-}317)$$

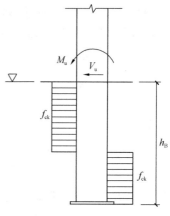

图 8-192 埋入式柱脚混凝土的侧向应力分布

式中　M_u——柱脚埋入部分承受的极限受弯承载力（N·mm）；

M_{pc}——考虑轴力影响时钢柱截面的全塑性受弯承载力（N·mm），按第 8.14.2 节(一)6 的规定计算；

　l——基础顶面到钢柱反弯点的距离（mm），可取柱脚所在层层高的 2/3；

　b_c——与弯矩作用方向垂直的柱身宽度，对 H 形截面柱应取等效宽度（mm）；

h_B——钢柱脚埋置深度（mm）；

f_{ck}——基础混凝土抗压强度标准值（N/mm²）；

　α——连接系数，按表 8-13 的规定采用。

（3）采用箱形柱和圆管柱时埋入式柱脚的构造应符合下列规定：

1）截面宽厚比或径厚比较大的箱形柱和圆管柱，其埋入部分应采取措施防止在混凝土侧压力下被压坏。常用方法是填充混凝土（图 8-193b）；或在基础顶面附近设置内隔板或外隔板（图 8-193c、d）。

2）隔板的厚度应按计算确定，外隔板的外伸长度不应小于柱边长（或管径）的 1/10。对于有抗拔要求的埋入式柱脚，可在埋入部分设置栓钉（图 8-193a）。

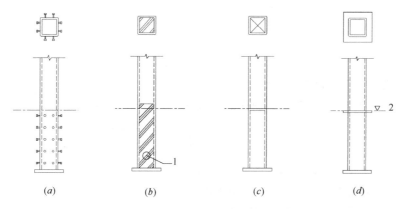

图 8-193 埋入式柱脚的抗压和抗拔构造

(a) 设置栓钉；(b) 填充混凝土；(c) 设置内隔板；(d) 设置外隔板

1—灌注孔；2—基础顶面

（4）抗震设计时，在基础顶面处钢柱可能出现塑性铰的边（角）柱的柱脚埋入混凝土基础部分的上、下部位均需布置 U 形钢筋加强，可按下列公式验算 U 形钢筋的数量：

1）当柱脚受到由内向外作用的剪力时（图 8-194a）：

$$M_{\mathrm{u}} \leqslant f_{\mathrm{ck}} b_{\mathrm{c}} l\left[\frac{T_{\mathrm{y}}}{f_{\mathrm{ck}} b_{\mathrm{c}}}-l-h_{\mathrm{B}}+\sqrt{(l+h_{\mathrm{B}})^{2}-\frac{2 T_{\mathrm{y}}(l+a)}{f_{\mathrm{ck}} b_{\mathrm{c}}}}\right] \qquad (8-318)$$

2）当柱脚受到由外向内作用的剪力时（图 8-194b）：

$$M_{\mathrm{u}} \leqslant-(f_{\mathrm{ck}} b_{\mathrm{c}} l^{2}+T_{\mathrm{y}} l)+f_{\mathrm{ck}} b_{\mathrm{c}} l \sqrt{l^{2}+\frac{2 T_{\mathrm{y}}(l+h_{\mathrm{B}}-a)}{f_{\mathrm{ck}} b_{\mathrm{c}}}} \qquad (8-319)$$

式中　　M_{u} ——柱脚埋入部分由 U 形加强筋提供的侧向极限受弯承载力（N·mm），可取 M_{pc}；

T_{y} ——U 形加强筋的受拉承载力（N/mm²），$T_{\mathrm{y}}=A_{\mathrm{t}} f_{\mathrm{yk}}$，$A_{\mathrm{t}}$ 为 U 形加强筋的截面面积（mm²）之和，f_{yk} 为 U 形加强筋的强度标准值（N/mm²）；

f_{ck} ——基础混凝土的受压强度标准值（N/mm²）；

a ——U 形加强筋合力点到基础上表面或到柱底板下表面的距离（mm，图 8-194）；

l ——基础顶面到钢柱反弯点的高度（mm），可取柱脚所在层层高的 2/3；

h_{B} ——钢柱脚埋置深度（mm）；

b_{c} ——与弯矩作用方向垂直的柱身尺寸（mm）。

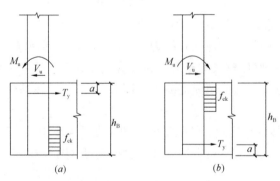

图 8-194　埋入式钢柱脚 U 形加强筋计算简图
（a）剪力由内向外作用；（b）剪力由外向内作用

（七）中心支撑与框架连接

1. 中心支撑与框架连接和支撑拼接的设计承载力应符合下列规定：

（1）抗震设计时，支撑在框架连接处和拼接处的受拉承载力应满足下式要求：

$$N_{\mathrm{ubr}}^{\mathrm{j}} \geqslant \alpha A_{\mathrm{br}} f_{\mathrm{y}} \qquad (8-320)$$

式中　　$N_{\mathrm{ubr}}^{\mathrm{j}}$ ——支撑连接的极限受拉承载力（N）；

α ——连接系数，按表 8-13 的规定采用；

A_{br} ——支撑斜杆的截面面积（mm²）；

f_{y} ——支撑斜杆钢材的屈服强度（N/mm²）。

（2）中心支撑的重心线应通过梁与柱轴线的交点，当受条件限制有不大于支撑杆件宽度的偏心时，节点设计应计入偏心造成的附加弯矩的影响。

2. 当支撑翼缘朝向框架平面外，且采用支托式连接时（图 8-195a、b），其平面外计算长度可取轴线长度的 0.7 倍；当支撑腹板位于框架平面内时（图 8-195c、d），其平面外计算长度可取轴线长度的 0.9 倍。

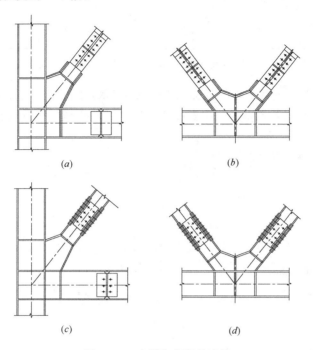

图 8-195 支撑与框架的连接

3. 中心支撑与梁柱连接处的构造应符合下列规定：

（1）柱和梁在与 H 形截面支撑翼缘的连接处，应设置加劲肋。加劲肋应按承受支撑翼缘分担的轴心力对柱或梁的水平或竖向分力计算。H 形截面支撑翼缘与箱形柱连接时，在柱壁板的相应位置应设置隔板（图 8-195）。H 形截面支撑翼缘端部与框架构件连接处，宜做成圆弧。支撑通过节点板连接时，节点板边缘与支撑轴线的夹角不应小于 30°。

（2）抗震设计时，支撑宜采用 H 型钢制作，在构造上两端应刚接。当采用焊接组合截面时，其翼缘和腹板应采用坡口全熔透焊缝连接。

（3）当支撑杆件为填板连接的组合截面时，可采用节点板进行连接（图 8-196）。为保证支撑两端的节点板不发生出平面失稳，在支撑端部与节点板约束点连线之间应留有 2 倍节点板厚的间隙。节点板约束点连线应与支撑杆轴线垂直，以免支撑受扭。

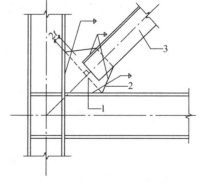

图 8-196 组合支撑杆件端部与
单壁节点板的连接
1—假设约束；2—单壁节点板；
3—组合支撑杆；t—节点板的厚度

（八）偏心支撑框架的构造要求

1. 消能梁段及与消能梁段同一跨内的非消能梁段，其板件的宽厚比不应大于表 8-14

规定的限值。

偏心支撑框架梁板件宽厚比限值   表 8-14

板 件 名 称		宽厚比限值
翼缘外伸部分		8
腹板	当 $N/(Af) \leqslant 0.14$ 时	$90[1-1.65N/(Af)]$
	当 $N/(Af) > 0.14$ 时	$33[2.3-N/(Af)]$

注：表列数值适用于 Q235 钢，当材料为其他钢号时应乘以 $\sqrt{235/f_y}$，$N/(Af)$ 为梁轴压比。

2. 偏心支撑框架的支撑杆件的长细比不应大于 $120\sqrt{235/f_y}$，支撑杆件的板件宽厚比不应大于现行《钢结构设计标准》GB 50017 规定的轴心受压构件在弹性设计时的宽厚比限值。

3. 消能梁段的净长应符合下列规定：

(1) 当 $N \leqslant 0.16Af$ 时，其净长不宜大于 $1.6M_{lp}/V_l$。

(2) 当 $N > 0.16Af$ 时：

1) $\rho(A_w/A) < 0.3$ 时

$$a \leqslant 1.6M_{lp}/V_l \tag{8-321}$$

2) $\rho(A_w/A) \geqslant 0.3$ 时

$$a \leqslant [1.15 - 0.5\rho(A_w/A)]1.6M_{lp}/V_l \tag{8-322}$$

$$\rho = N/V \tag{8-323}$$

式中　a——消能梁段净长（mm）；

ρ——消能梁段轴力设计值与剪力设计值之比值；

N——消能梁段的轴力设计值（N）；

V——消能梁段的剪力设计值（N）；

V_l——消能梁段不计入轴力影响的受剪承载力（N）；

M_{lp}——消能梁段的全塑性受弯承载力（N·mm）；

A_w——消能梁段腹板截面面积（mm²）；

A——消能梁段的截面面积（mm²）。

4. 消能梁段的腹板不得贴焊补强板，也不得开洞。

5. 消能梁段的腹板应按下列规定设置加劲肋（图 8-197）：

(1) 消能梁段与支撑连接处，应在其腹板两侧设置加劲肋，加劲肋的高度应为梁腹板高度，一侧的加劲肋宽度不应小于($b_f/2-t_w$)，厚度不应小于 $0.75t_w$ 和 10mm 的较大值；

(2) 当 $a \leqslant 1.6M_{lp}/V_l$ 时，中间加劲肋间距不应大于（$30t_w - h/5$）；

(3) 当 $2.6M_{lp}/V_l < a \leqslant 5M_{lp}/V_l$ 时，应在距消能梁段端部 $1.5b_f$ 处设置中间加劲肋，且中间加劲肋间距不应大于（$52t_w - h/5$）；

(4) 当 $1.6M_{lp}/V_l < a \leqslant 2.6M_{lp}/V_l$ 时，中间加劲肋的间距可取本条（2）、（3）两款间的线性插入值；

(5) 当 $a > 5M_{lp}/V_l$ 时，可不设置中间加劲肋；

(6) 中间加劲肋应与消能梁段的腹板等高，当消能梁段截面的腹板高度不大于

640mm 时，可设置单侧加劲肋；消能梁段截面腹板高度大于 640mm 时，应在两侧设置加劲肋，一侧加劲肋的宽度不应小于（$b_{\rm f}/2 - t_{\rm w}$），厚度不应小于 $t_{\rm w}$ 和 10mm 的较大值；

（7）加劲肋与消能梁段的腹板和翼缘之间可采用角焊缝连接，连接腹板的角焊缝的受拉承载力不应小于 $fA_{\rm st}$，连接翼缘的角焊缝的受拉承载力不应小于 $fA_{\rm st}/4$，$A_{\rm st}$ 为加劲肋的横截面面积。

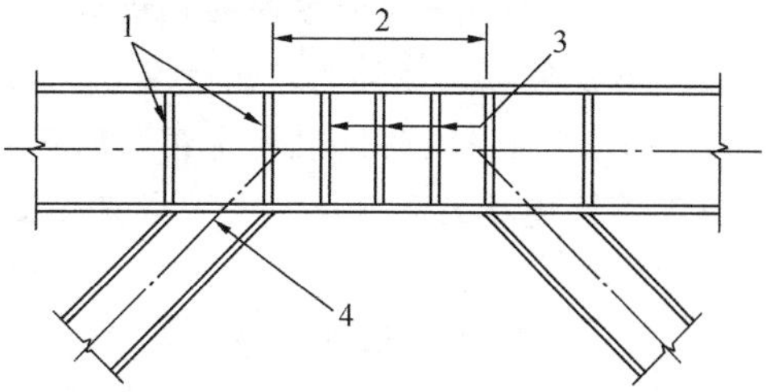

图 8-197　消能梁段的腹板加劲肋设置
1—双面全高设加劲肋；2—消能梁段上、下翼缘均设侧向支撑；3—腹板高大于 640mm 时设双面中间加劲肋；
4—支撑中心线与消能梁段中心线交于消能梁段内

6. 消能梁段与柱的连接应符合下列规定：

（1）消能梁段与柱翼缘应采用刚性连接，且应符合第 8.14.2 节（二）与（三）中框架梁与柱刚性连接的规定。

（2）消能梁段与柱翼缘连接的一端采用加强型连接时，消能梁段的长度可从加强的端部算起，加强的端部梁腹板应设置加劲肋，加劲肋应符合本款第 5 条的要求。

7. 支撑与消能梁段的连接应符合下列规定：

（1）支撑轴线与梁轴线的交点，不得在消能梁段外；

（2）抗震设计时，支撑与消能梁段连接的承载力不得小于支撑的承载力；当支撑端有弯矩时，支撑与梁连接的承载力应按抗压弯设计。

8. 消能梁段与支撑连接处，其上、下翼缘应设置侧向支撑，支撑的轴力设计值不应小于消能梁段翼缘轴向极限承载力的 6%，即 $0.06f_{\rm y}b_{\rm f}t_{\rm f}$。$f_{\rm y}$ 为消能梁段钢材的屈服强度，$b_{\rm f}$、$t_{\rm f}$ 分别为消能梁段翼缘的宽度和厚度。

9. 与消能梁段同一跨框架梁的稳定不满足要求时，梁的上、下翼缘应设置侧向支撑，支撑的轴力设计值不应小于梁翼缘轴向承载力设计值的 2%，即 $0.02fb_{\rm f}t_{\rm f}$。f 为框架梁钢材的抗拉强度设计值，$b_{\rm f}$、$t_{\rm f}$ 分别为框架梁翼缘的宽度和厚度。

（九）《高层民用建筑钢结构技术规程》JGJ 99—2015 高强度螺栓连接计算附录 F

F.1　一　般　规　定

F.1.1　高强度螺栓连接的极限承载力应取下列公式计算得出的较小值：

$$N_{\rm vu}^{\rm b} = 0.58n_{\rm f}A_{\rm e}^{\rm b}f_{\rm u}^{\rm b} \tag{F.1.1-1}$$

$$N_{\rm cu}^{\rm b} = d\sum tf_{\rm cu}^{\rm b} \tag{F.1.1-2}$$

式中　$N_{\rm vu}^{\rm b}$——1 个高强度螺栓的极限受剪承载力（N）；

$N_{\rm cu}^{\rm b}$——1 个高强度螺栓对应的板件极限承载力（N）；

$n_{\rm f}$——螺栓连接的剪切面数量；

$A_{\rm e}^{\rm b}$——螺栓螺纹处的有效截面面积（mm²）；

$f_{\rm u}^{\rm b}$——螺栓钢材的抗拉强度最小值（N/mm²）；

$f_{\rm cu}^{\rm b}$——螺栓连接板件的极限承压强度（N/mm²），取 $1.5f_{\rm u}$；

d——螺栓杆直径（mm）；

$\sum t$——同一受力方向的钢板厚度（mm）之和。

F.1.2 高强度螺栓连接的极限受剪承载力，除应计算螺栓受剪和板件承压外，尚应计算连接板件以不同形式的撕裂和挤穿，取各种情况下的最小值。

F.1.3 螺栓连接的受剪承载力应满足下式要求：

$$N_{u}^{b} \geqslant \alpha N \tag{F.1.3}$$

式中 N——螺栓连接所受拉力或剪力（kN），按构件的屈服承载力计算；

N_{u}^{b}——螺栓连接的极限受剪承载力（kN）；

α——连接系数，按表8-13的规定采用。

F.1.4 高强度螺栓连接的极限受剪承载力应按下列公式计算：

1 仅考虑螺栓受剪和板件承压时：

$$N_{u}^{b} = \min\{nN_{vu}^{b}, nN_{cu1}^{b}\} \tag{F.1.4-1}$$

2 单列高强度螺栓连接时：

$$N_{u}^{b} = \min\{nN_{vu}^{b}, nN_{cu1}^{b}, N_{cu2}^{b}, N_{cu3}^{b}\} \tag{F.1.4-2}$$

3 多列高强度螺栓连接时：

$$N_{u}^{b} = \min\{nN_{vu}^{b}, nN_{cu1}^{b}, N_{cu2}^{b}, N_{cu3}^{b}, N_{cu4}^{b}\} \tag{F.1.4-3}$$

4 连接板挤穿或拉脱时，承载力 $N_{cu2}^{b} \sim N_{cu4}^{b}$ 可按下式计算：

$$N_{cu}^{b} = (0.5A_{ns} + A_{nt})f_{u} \tag{F.1.4-4}$$

式中 N_{u}^{b}——螺栓连接的极限承载力（N）；

N_{vu}^{b}——螺栓连接的极限受剪承载力（N）；

N_{cu1}^{b}——螺栓连接同一受力方向的板件承压承载力（N）之和；

N_{cu2}^{b}——连接板边拉脱时的受剪承载力（N，图F.1.4b）；

N_{cu3}^{b}——连接板件沿螺栓中心线挤穿时的受剪承载力（N，图F.1.4c）；

N_{cu4}^{b}——连接板件中部拉脱时的受剪承载力（N，图F.1.4a）；

f_{u}——构件母材的抗拉强度最小值（N/mm²）；

A_{ns}——板区拉脱时的受剪截面面积（mm²，图F.1.4）；

A_{nt}——板区拉脱时的受拉截面面积（mm²，图F.1.4）；

n——连接的螺栓数。

F.1.5 高强度螺栓连接在两个不同方向受力时应符合下列规定：

1 弹性设计阶段，高强度螺栓摩擦型连接在摩擦面间承受两个不同方向的力时，可根据力作用方向求出合力，验算螺栓的承载力是否符合要求，螺栓受剪和连接板承压的强度设计值应按弹性设计时的规定取值。

2 弹性设计阶段，高强度螺栓摩擦型连接同时承受摩擦面间剪力和螺栓杆轴方向的外拉力时（如端板连接或法兰连接），其承载力应按下式验算：

$$\frac{N_{v}}{N_{v}^{b}} + \frac{N_{t}}{N_{t}^{b}} \leqslant 1 \tag{F.1.5}$$

式中 N_{v}、N_{t}——所考虑高强度螺栓承受的剪力和拉力设计值（kN）；

N_{v}^{b}——高强度螺栓仅承受剪力时的抗剪承载力设计值（kN）；

N_{t}^{b}——高强度螺栓仅承受拉力时的抗拉承载力设计值（kN）。

3 极限承载力验算时，考虑罕遇地震作用下摩擦面已滑移，摩擦型连接成为承压型

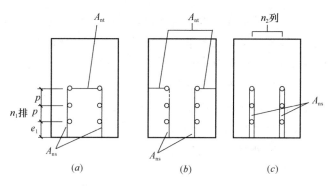

图 F.1.4 拉脱举例（计算示意）

中部拉脱 $A_{ns} = 2\{(n_1 - 1)p + e_1\}t$

板边拉脱 $A_{ns} = 2\{(n_1 - 1)p + e_1\}t$

整列挤穿 $A_{ns} = 2n_2\{(n_1 - 1)p + e_1\}t$

(a) 中部拉脱；(b) 板边拉脱；(c) 整列挤穿

连接，只能考虑一个方向受力。在梁腹板的连接和拼接中，当工字梁与 H 形柱（绕强轴）连接时，梁腹板全高可同时受弯和受剪，应验算螺栓由弯矩和剪力引起的螺栓连接极限受剪承载力的合力。螺栓群角部的螺栓受力最大，其由弯矩和剪力引起的按本规程式（F.1.4-2）和式（F.1.4-3）分别计算求得的较小者得出的两个剪力，应根据力的作用方向求出合力，进行验算。

F.2 梁拼接的极限承载力计算

F.2.1 梁拼接采用的极限承载力应按下列公式计算：

$$M_u^j \geqslant \alpha M_{pb} \tag{F.2.1-1}$$

$$M_u^j = M_{uf}^j + M_{uw}^j \tag{F.2.1-2}$$

$$V_u^j \leqslant n_w N_{vu}^b \tag{F.2.1-3}$$

式中　　M_{pb} ——梁的全塑性截面受弯承载力（kN·m）；

　　　　α ——连接系数，按表 8-13 确定；

　　　　V_u^j ——梁拼接的极限受剪承载力；

　　　　n_w ——腹板连接一侧的螺栓数；

　　　　N_{vu}^b ——一个高强度螺栓的极限受剪承载力（kN）。

F.2.2 梁翼缘拼接的极限受弯承载力应按下列公式计算：

$$M_{uf1}^j = A_{nf} f_u (h_b - t_f) \tag{F.2.2-1}$$

$$M_{uf2}^j = A_{ns} f_{us} (h_{bs} - t_{fs}) \tag{F.2.2-2}$$

$$M_{uf3}^j = n_2 \{(n_1 - 1)p + e_{f1}\} t_f f_u (h_b - t_f) \tag{F.2.2-3}$$

$$M_{uf4}^j = n_2 \{(n_1 - 1)p + e_{s1}\} t_{fs} f_{us} (h_{bs} - t_{fs}) \tag{F.2.2-4}$$

$$M_{uf5}^j = n_3 N_{vu}^b h_b \tag{F.2.2-5}$$

式中　　M_{uf1}^j ——翼缘正截面净面积决定的最大受弯承载力(N·mm)；

　　　　M_{uf2}^j ——翼缘拼接板正截面净面积决定的拼接最大受弯承载力（N·mm）；

　　　　M_{uf3}^j ——翼缘沿螺栓中心线挤穿时的最大受弯承载力（N·mm）；

M_{uf4}^j ——翼缘拼接板沿螺栓中心线挤穿时的最大受弯承载力（N·mm）；

M_{uf5}^j ——高强度螺栓受剪决定的最大受弯承载力（N·mm）；

A_{nf} ——翼缘正截面净面积（mm²）；

A_{ns} ——翼缘拼接板正截面净面积（mm²）；

f_u ——翼缘钢材抗拉强度最小值（N/mm²）；

f_{us} ——拼接板钢材抗拉强度最小值（N/mm²）；

h_b ——上、下翼缘外侧之间的距离（mm）；

h_{bs} ——上、下翼缘拼接板外侧之间的距离（mm）；

n_1 ——翼缘拼接螺栓每列中的螺栓数；

n_2 ——翼缘拼接螺栓（沿梁轴线方向）的列数；

n_3 ——翼缘拼接（一侧）的螺栓数；

e_{f1} ——梁翼缘板相邻两列螺栓横向中心间的距离（mm）；

e_{s1} ——翼缘拼接板相邻两列螺栓横向中心间的距离（mm）；

t_f ——梁翼缘板厚度（mm）；

t_{fs} ——翼缘拼接板板厚（mm，两块时为其和）。

F.2.3 梁腹板拼接的极限承载力应按下列公式计算

$$M_{uw}^j = \min\{M_{uw1}^j, M_{uw2}^j, M_{uw3}^j, M_{uw4}^j, M_{uw5}^j\} \qquad (F.2.3-1)$$

$$M_{uw1}^j = W_{pw} f_u \qquad (F.2.3-2)$$

$$M_{uw2}^j = W_{sn} f_{us} \qquad (F.2.3-3)$$

$$M_{uw3}^j = (\sum r_i^2 / r_m) e_{w1} t_w f_u \qquad (F.2.3-4)$$

$$M_{uw4}^j = (\sum r_i^2 / r_m) e_{s1} t_{ws} f_{us} \qquad (F.2.3-5)$$

$$M_{uw5}^j = \frac{\sum r_i^2}{r_m} \left\{ \sqrt{(N_{vu}^b)^2 - \left(\frac{V_j y_m}{n_w r_m}\right)^2} - \frac{V_j x_m}{n_w r_m} \right\} \qquad (F.2.3-6)$$

$$r_m = \sqrt{x_m^2 + y_m^2} \qquad (F.2.3-7)$$

式中 M_{uw1}^j ——梁腹板的极限受弯承载力（N·mm）；

M_{uw2}^j ——腹板拼接板正截面决定的极限受弯承载力（N·mm）；

M_{uw3}^j ——腹板横向单排螺栓拉脱时的极限受弯承载力（N·mm）；

M_{uw4}^j ——腹板拼接板横向单排螺栓拉脱时的极限受弯承载力（N·mm）；

M_{uw5}^j ——腹板螺栓决定的极限受弯承载力（N·mm）；

W_{pw} ——梁腹板全截面塑性截面模量（mm³）；

W_{sn} ——腹板拼接板正截面净面积截面模量（mm³）；

e_{w1} ——梁腹板受力方向的端距（mm）；

e_{s1} ——腹板拼接板受力方向的端距（mm）；

t_w ——梁腹板的板厚（mm）；

t_{ws} ——腹板拼接板板厚（mm，两块时为厚度之和）；

r_i、r_m ——腹板螺栓群中心至所计算螺栓的距离（mm），r_m 为 r_i 的最大值；

N_{vu}^b ——一个螺栓的极限受剪承载力（N）；

V_j ——腹板拼接处的设计剪力（N）；

x_m、y_m——分别为最外侧螺栓至螺栓群中心的横标距和纵标距（mm）。

F.2.4 当梁拼接进行截面极限承载力验算时，最不利截面应取通过翼缘拼接最外侧螺栓孔的截面。当沿梁轴线方向翼缘拼接的螺栓数 n_f 大于该方向腹板拼接的螺栓数 n_w 加 2 时（图 F.2.4a），有效截面为直虚线；当沿梁轴线方向的梁翼缘拼接的螺栓数 n_f 小于或等于该方向腹板拼接的螺栓数 n_w 加 2 时（图 F.2.4b），有效截面位置为折虚线。

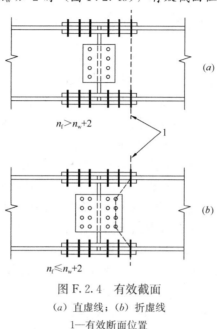

图 F.2.4 有效截面

(a) 直虚线；(b) 折虚线

1—有效断面位置

8.15 钢结构抗震性能化的连接节点设计

8.15.1 一 般 规 定

本节适用于抗震设防烈度不高于 8 度（0.20g），结构高度不高于 100m 的框架结构、支撑结构和框架-支撑结构的构件和节点的抗震性能化设计。地震动参数和性能化设计原则应符合现行《建筑抗震设计规范》GB 50011 的规定。钢结构建筑的抗震设防类别应按现行国家标准《建筑工程抗震设防分类标准》GB 50223 的规定采用。对于更高烈度和更高的钢结构工程，没有提及，是抗震性能化设计的初步探索。因为钢结构有较好的延性，应有更好的抗震性能，待研究和实践更充分后，应该有广阔的适用空间。目前，《钢结构设计标准》GB 50017—2017 抗震性能化设计不同于《建筑抗震设计规范》GB 50011—2010 和《高层民用建筑钢结构技术规程》JGJ 99—2015，本节内容按《钢结构设计标准》GB 50017—2017 主要是对钢结构连接和节点的性能化设计。抗震性能化设计是随着经济水平发展提高，抗震思路从保证人员生命安全到保证社会财产安全的必然要求。

8.15.2 钢结构抗震性能化设计思路

随着钢结构应用的急剧增长，结构形式日益丰富，不同的结构体系和截面特性的钢结构，其结构延性差异较大，为贯彻国家提出的"鼓励用钢、合理用钢"的经济政策，根据现行《建筑抗震设计规范》GB 50011 及《构筑物抗震设计规范》GB 50191 规定的抗震设计原则，针对钢结构的特点，新钢标增加了钢结构的抗震性能设计内容。根据性能设计的钢结构，其抗震设计准则为：验算本地区抗震设防烈度的多遇地震作用的构件承载力和结构弹性变形（小震不坏）、根据其延性验算设防地震作用下的承载力（中震可修）、验算罕遇地震作用的弹塑性变形（大震不倒）。对于很多结构，地震作用并不是结构设计的主要控制因素，其构件实际具有的受震承载力很高，因此，抗震构造可适当降低，从而降低能耗、节省造价。

抗震设计的本质是控制地震施加给建筑物的能量，弹性变形与塑性变形（延性）均可消耗能量。在能量输入相同的条件下，结构延性越好，弹性承载力要求越低；反之，结构延性差，则弹性承载力要求高，在新钢标中简称为"高延性-低承载力"和"低延性-高承载力"两种抗震设计思路，均可达成大致相同的设防目标。结构根据预先设定的延性等级确定对应的地震作用设计方法，称为"性能化设计方法"。

结构遵循现有的抗震规范规定，采用的也是某种性能化设计的手段，不同点仅在于地震作用按小震设计意味着延性仅有一种选择。由于设计条件及要求的多样化，实际工程按照某类特定延性的要求实施，有时将导致设计不合理，甚至难以实现。大部分钢结构由薄壁板件构成，针对结构体系的多样性及其不同的设防要求，采用合理的抗震设计思路才能在保证抗震设防目标的前提下减少结构的用钢量。虽然大部分多高层结构适合采用高延性一低承载力的设计思路，但是对于多层钢框架结构，在低烈度区采用低延性-高承载力的抗震思路可能更合理，单层工业厂房也更适合采用低延性一高承载力的抗震设计思路。对于高烈度区的结构及较高的钢框架结构，设计中不应采用低延性结构，建议采用高延性一低承载力的抗震设计思路。性能化设计的核心思想，即通过"高延性-低承载力"或"低延性-高承载力"的抗震设计思路，在结构的延性和承载力之间找到一个平衡点，达到最优设计结果；对高延性结构可适当放宽承载力要求，对高承载力结构可适当放宽延性要求（图 8-198）。应对结构的构件和节点部位产生塑性变形的先后次序进行控制，并应采用能力设计法进行补充验算。

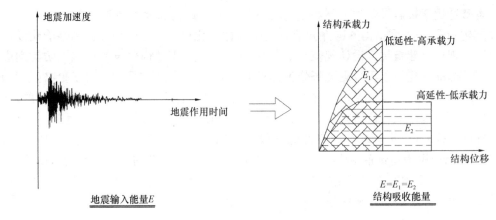

图 8-198　抗震性能化设计

1. 钢结构构件的抗震性能化设计应根据建筑的抗震设防类别、设防烈度、场地条件、结构类型和不规则性，结构构件在整个结构中的作用、使用功能和附属设施功能的要求、投资大小、震后损失和修复难易程度等，经综合分析比较选定其抗震性能目标。构件塑性耗能区的抗震承载性能等级及其在不同地震动水准下的性能目标可按表 8-15 划分。

构件塑性耗能区的抗震承载性能等级和目标 表 8-15

承载性能等级	地震动水准		
	多遇地震	设防地震	罕遇地震
性能 1	完好	完好	基本完好
性能 2	完好	基本完好	基本完好～轻微变形
性能 3	完好	实际承载力满足高性能系数的要求	轻微变形
性能 4	完好	实际承载力满足较高性能系数的要求	轻微变形～中等变形
性能 5	完好	实际承载力满足中性能系数的要求	中等变形
性能 6	基本完好	实际承载力满足低性能系数的要求	中等变形～显著变形
性能 7	基本完好	实际承载力满足最低性能系数的要求	显著变形

注：性能 1～性能 7 的性能目标依次降低，性能系数的高、低取值见《钢结构设计标准》GB 50017—2017 第 17.2 节。

2. 钢结构构件的抗震性能化设计可采用下列基本步骤和方法：

（1）按现行《建筑抗震设计规范》GB 50011 的规定进行多遇地震作用验算，结构承载力及侧移应满足其规定，位于塑性耗能区的构件进行承载力计算时，可考虑将该构件刚度折减形成等效弹性模型。

（2）抗震设防类别为标准设防类（丙类）的建筑，可按表 8-16 初步选择塑性耗能区的承载性能等级。

塑性耗能区承载性能等级参考选用表 表 8-16

设防烈度	单层	$H \leqslant 50\text{m}$	$50\text{m} < H \leqslant 100\text{m}$
6 度（0.05g）	性能 3～7	性能 4～7	性能 5～7
7 度（0.10g）	性能 3～7	性能 5～7	性能 6～7
7 度（0.15g）	性能 4～7	性能 5～7	性能 6～7
8 度（0.20g）	性能 4～7	性能 6～7	性能 7

注：H 为钢结构房屋的高度，即室外地面到主要屋面板板顶的高度（不包括局部突出屋面的部分）。

（3）按《钢结构设计标准》GB 50017—2017 第 17.2 节的有关规定进行设防地震下的承载力抗震验算：

1）建立合适的结构计算模型进行结构分析；

2）设定塑性耗能区的性能系数、选择塑性耗能区截面，使其实际承载性能等级与设定的性能系数尽量接近；

3）其他构件承载力标准值应进行计入性能系数的内力组合效应验算，当结构构件承载力满足延性等级为 V 级的内力组合效应验算时，可忽略机构控制验算；

4）必要时，可调整截面或重新设定塑性耗能区的性能系数。

（4）构件和节点的延性等级应根据设防类别及塑性耗能区最低承载性能等级按表 8-17 确定，并按《钢结构设计标准》GB 50017—2017 第 17.3 节的规定，对不同延性等级的相应要求采取抗震措施。

设防类别	塑性耗能区最低承载性能等级						
	性能 1	性能 2	性能 3	性能 4	性能 5	性能 6	性能 7
适度设防类（丁类）	—	—	—	V 级	IV 级	III 级	II 级
标准设防类（丙类）	—	—	V 级	IV 级	III 级	II 级	I 级
重点设防类（乙类）	—	V 级	IV 级	III 级	II 级	I 级	—
特殊设防类（甲类）	V 级	IV 级	III 级	II 级	I 级	—	—

注：I 级至 V 级，结构构件延性等级依次降低。

（5）当塑性耗能区的最低承载性能等级为性能 5、性能 6 或性能 7 时，通过罕遇地震下结构的弹塑性分析或按构件工作状态形成新的结构等效弹性分析模型，进行竖向构件的弹塑性层间位移角验算，应满足现行《建筑抗震设计规范》GB 50011 的弹塑性层间位移角限值；当所有构造要求均满足结构构件延性等级为 I 级的要求时，弹塑性层间位移角限值可增加 25%。整个结构中不同部位的构件、同一部位的水平构件和竖向构件，可有不同的性能系数；塑性耗能区及其连接的承载力应符合"强节点弱杆件"的要求；

3. 塑性耗能区的连接计算应符合下列规定：

（1）与塑性耗能区连接的极限承载力应大于与其连接构件的屈服承载力。

（2）梁与柱刚性连接的极限承载力应按下列公式验算：

$$M_{u}^{j} \geqslant \eta_{j} W_{E} f_{y} \tag{8-324}$$

$$V_{u}^{j} \geqslant 1.2 \left[2(W_{E} f_{y})/l_{n} \right] + V_{Gb} \tag{8-325}$$

（3）与塑性耗能区的连接及支撑拼接的极限承载力应按下列公式验算：

支撑连接和拼接 $\quad N_{ubr}^{j} \geqslant \eta_{j} A_{br} f_{y} \tag{8-326}$

梁的连接 $\quad M_{ub,sp}^{j} \geqslant \eta_{j} W_{Ec} f_{y} \tag{8-327}$

（4）柱脚与基础的连接极限承载力应按下式验算：

$$M_{u,base}^{j} \geqslant \eta_{j} M_{pc} \tag{8-328}$$

式中　　V_{Gb}——梁在重力荷载代表值作用下，按简支梁分析的梁端截面剪力效应（N）；

　　　　M_{pc}——考虑轴心影响时柱的塑性受弯承载力；

M_{u}^{j}、V_{u}^{j}——分别为连接的极限受弯、受剪承载力（N/mm²）；

N_{ubr}^{j}、$M_{ub,sp}^{j}$——分别为支撑连接和拼接的极限受拉（压）承载力（N）、梁拼接的极限受弯承载力（N·mm）；

　　　　W_{E}——构件塑性耗能区截面模量（mm³），按《钢结构设计标准》GB 50017—2017 表 17.2.2-2 取值；

$M_{u,base}^{j}$——柱脚的极限受弯承载力（N·mm）；

　　　　η_{j}——连接系数，可按表 8-18 采用，当梁腹板采用改进型过焊孔时，梁柱刚性连接的连接系数可乘以不小于 0.9 的折减系数。

η_{j} 连接系数 表 8-18

母材牌号	梁柱连接		支撑连接、构件拼接		柱脚	
	焊接	螺栓连接	焊接	螺栓连接		
Q235	1.40	1.45	1.25	1.30	埋入式	1.2

母材牌号	梁柱连接		支撑连接、构件拼接		柱脚	
	焊接	螺栓连接	焊接	螺栓连接		
Q355	1.30	1.35	1.20	1.25	外包式	1.2
Q355GJ	1.25	1.30	1.15	1.20	外露式	1.2

注：1. 屈服强度高于 Q355 的钢材，按 Q355 的规定采用；

    2. 屈服强度高于 Q355GJ 的 GJ 钢材，按 Q355GJ 的规定采用；

    3. 翼缘焊接腹板栓接时，连接系数分别按表中连接形式取用。

4. 当框架结构的梁柱采用刚性连接时，H 形和箱形截面柱的节点域抗震承载力应符合下列规定：

当与梁翼缘平齐的柱横向加劲肋的厚度不小于梁翼缘厚度时，H 形和箱形截面柱的节点域抗震承载力验算应符合下列规定：

（1）当结构构件延性等级为 I 级或 II 级时，节点域的承载力验算应符合下式要求：

$$\alpha_p \frac{M_{pb1} + M_{pb2}}{V_p} \leqslant \frac{4}{3} f_{yv} \tag{8-329}$$

（2）当结构构件延性等级为 III 级、IV 级或 V 级时，节点域的承载力应符合下式要求：

$$\frac{M_{b1} + M_{b2}}{V_p} \leqslant f_{ps} \tag{8-330}$$

式中　M_{b1}、M_{b2}——分别为节点域两侧梁端的设防地震性能组合的弯矩，应按《钢结构设计标准》GB 50017—2017 第 17.2.3 条计算，非塑性耗能区内力调整系数可取 1.0 （N·mm）；

    M_{pb1}、M_{pb2}——分别为与框架柱节点域连接的左、右梁端截面的全塑性受弯承载力（N·mm）；

    V_p——节点域的体积，应按本节第 5 条的规定计算（mm³）；

    f_{ps}——节点域的抗剪强度，应按本节第 5 条的规定计算（N/mm²）；

    α_p——节点域弯矩系数，边柱取 0.95，中柱取 0.85。

5. 当梁柱采用刚性连接，对应于梁翼缘的柱腹板部位设置横向加劲肋时，节点域应符合下列规定：

（1）当横向加劲肋厚度不小于梁的翼缘板厚度时，节点域的受剪正则化宽厚比 $\lambda_{n,s}$ 不应大于 0.8；对单层和低层轻型建筑，$\lambda_{n,s}$ 不得大于 1.2。节点域的受剪正则化宽厚比 $\lambda_{n,s}$ 应按下式计算：

当 $h_c/h_b \geqslant 10$ 时：

$$\lambda_{n,s} = \frac{h_b/t_w}{37\sqrt{5.34 + 4(h_b/h_c)^2}} \frac{1}{\varepsilon_k} \tag{8-331}$$

当 $h_c/h_b < 10$ 时：

$$\lambda_{n,s} = \frac{h_b/t_w}{37\sqrt{4 + 5.34(h_b/h_c)^2}} \frac{1}{\varepsilon_k} \tag{8-332}$$

式中　h_c、h_b——分别为节点域腹板的宽度和高度。

（2）节点域的承载力应满足下式要求：

$$\frac{M_{b1} + M_{b2}}{V_p} \leqslant f_{ps} \qquad (8\text{-}333)$$

H 形截面柱：

$$V_p = h_{b1}h_{c1}t_w \qquad (8\text{-}334)$$

箱形截面柱：

$$V_p = 1.8h_{b1}h_{c1}t_w \qquad (8\text{-}335)$$

圆管截面柱：

$$V_p = (\pi/2)h_{b1}d_ct_c \qquad (8\text{-}336)$$

式中　M_{b1}、M_{b2}——分别为节点域两侧梁端弯矩设计值（N·mm）；

　　　　V_p——节点域的体积（mm³）；

　　　　h_{c1}——柱翼缘中心线之间的宽度和梁腹板高度（mm）；

　　　　h_{b1}——梁翼缘中心线之间的高度（mm）；

　　　　t_w——柱腹板节点域的厚度（mm）；

　　　　d_c——钢管直径线上管壁中心线之间的距离（mm）；

　　　　t_c——节点域钢管壁厚（mm）；

　　　　f_{ps}——节点域的抗剪强度（N/mm²）。

（3）节点域的受剪承载力 f_{ps} 应据节点域受剪正则化宽厚比 $\lambda_{n,s}$ 按下列规定取值：

1）当 $\lambda_{n,s} \leqslant 0.6$ 时，$f_{ps} = \dfrac{4}{3}f_v$；

2）当 $0.6 < \lambda_{n,s} \leqslant 0.8$ 时，$f_{ps} = \dfrac{1}{3}(7 - 5\lambda_{n,s})f_v$；

3）当 $0.8 < \lambda_{n,s} \leqslant 1.2$ 时，$f_{ps} = [1 - 0.75(\lambda_{n,s} - 0.8)]f_v$；

4）当轴压比 $\dfrac{N}{Af} > 0.4$ 时，受剪承载力 f_{ps} 应乘以修正系数，当 $\lambda_{n,s} \leqslant 0.8$ 时，修正系数可取为 $\sqrt{1 - \left(\dfrac{N}{Af}\right)^2}$。

当框架结构的梁柱采用刚性连接时，H 形和箱形截面柱的节点域受剪正则化宽厚比 $\lambda_{n,s}$ 限值应符合表 8-19 的规定。

H 形和箱形截面柱节点域受剪正则化宽厚比 $\lambda_{n,s}$ 的限值 表 8-19

结构构件延性等级	Ⅰ级、Ⅱ级	Ⅲ级	Ⅳ级	Ⅴ级
$\lambda_{n,s}$	0.4	0.6	0.8	1.2

注：节点受剪正则化宽厚比 $\lambda_{n,s}$，应按式（8-331）或式（8-332）计算。

（4）当节点域厚度不满足式（8-333）的要求时，对 H 形截面柱节点域可采用下列补强措施：

1）加厚节点域的柱腹板，腹板加厚的范围应伸出梁的上下翼缘外不小于 150mm。

2）节点域处焊贴补强板加强，补强板与柱加劲肋和翼缘可采用角焊缝连接，与柱腹板采用塞焊连成整体，塞焊点之间的距离不应大于较薄焊件厚度的 $21\varepsilon_k$ 倍。

3）设置节点域斜向加劲肋加强。

$$\varepsilon_k = \sqrt{235/f_{yk}}$$

4）节点域补强的具体做法和详图构造见图 8-46.2。

6. 支撑系统的节点计算应符合下列规定：

（1）交叉支撑结构、成对布置的单斜支撑结构的支撑系统，上、下层支撑斜杆交汇处节点的极限承载力不宜小于按下列公式确定的竖向不平衡剪力 V 的 η_j 倍。其中，η_j 为连接系数，应按表 8-18 采用。

$$V = \eta\varphi A_{\text{br1}} f_y \sin\alpha_1 + A_{\text{br2}} f_y \sin\alpha_2 + V_G \quad (8\text{-}337)$$

$$V = A_{\text{br1}} f_y \sin\alpha_1 + \eta\varphi A_{\text{br2}} f_y \sin\alpha_2 - V_G \quad (8\text{-}338)$$

（2）人字形或 V 形支撑，支撑斜杆、横梁与立柱的汇交点，节点的极限承载力不宜小于按下式计算的剪力 V 的 η_j 倍。

$$V = A_{\text{br}} f_y \sin\alpha + V_G \quad (8\text{-}339)$$

式中 V——支撑斜杆交汇处的竖向不平衡剪力；

φ——支撑稳定系数；

V_G——在重力荷载代表值作用下的横梁梁端剪力（对于人字形或 V 形支撑，不应计入支撑的作用）；

η——受压支撑剩余承载力系数，可按《钢结构设计标准》GB 50017—2017 式（17.2.4-3）计算。

（3）当同层同一竖向平面内有两个支撑斜杆汇交于一个柱子时，该节点的极限承载力不宜小于左右支撑屈服和屈曲产生的不平衡力的 η_j 倍。

7. 柱脚的承载力验算应符合下列规定：

（1）支撑系统的立柱柱脚的极限承载力，不宜小于与其相连斜撑的 1.2 倍屈服拉力产生的剪力和组合拉力。

（2）柱脚进行受剪承载力验算时，剪力性能系数不宜小于 1.0。

（3）对于框架结构或框架承担总水平地震剪力 50% 以上的双重抗侧力结构中框架部分的框架柱柱脚，采用外露式柱脚时，锚栓宜符合下列规定：

1）实腹柱刚接柱脚，按锚栓毛截面屈服计算的受弯承载力不宜小于钢柱全截面塑性受弯承载力的 50%；

2）格构柱分离式柱脚，受拉肢的锚栓毛截面受拉承载力标准值不宜小于钢柱分肢受拉承载力标准值的 50%；

3）实腹柱铰接柱脚，锚栓毛截面受拉承载力标准值不宜小于钢柱最薄弱截面受拉承载力标准值的 50%。

8.15.3 基 本 抗 震 措 施

1. 抗震设防的钢结构节点连接应符合《钢结构焊接规范》GB 50661—2011 第 5.7 节的规定，结构高度大于 50m 或地震烈度高于 7 度的多高层钢结构截面板件宽厚比等级不宜采用 S5 级；截面板件宽厚比等级采用 S5 级的构件，其板件经 $\sqrt{\sigma_{\max}/f_y}$ 修正后宜满足 S4 级截面要求。

2. 构件塑性耗能区应符合下列规定：

（1）塑性耗能区板件间的连接应采用完全焊透的对接焊缝。

（2）位于塑性耗能区的梁或支撑宜采用整根材料，当热轧型钢超过材料最大长度规格时，可进行等强拼接。

（3）位于塑性耗能区的支撑不宜进行现场拼接。

（4）在支撑系统之间，直接与支撑系统构件相连的刚接钢梁，当其在受压斜杆屈曲前屈服时，应按框架结构的框架梁设计，非塑性耗能区内力调整系数可取 1.0，截面板件宽厚比等级宜满足受弯构件 S1 级要求。

3. 截面板件宽厚比等级，梁柱支撑长细比要求

（1）进行受弯和压弯构件计算时，截面板件宽厚比等级及限值应符合表 8-20 的规定，其中参数 α_0 应按下式计算：

$$\alpha_0 = \frac{\sigma_{\max} - \sigma_{\min}}{\sigma_{\max}}$$

式中 $\sigma_{\max}$ ——腹板计算边缘的最大压应力（N/mm²）；

         $\sigma_{\min}$ ——腹板计算高度另一边缘相应的应力（N/mm²），压应力取正值，拉应力取负值。

压弯和受弯构件的截面板件宽厚比等级及限值   表 8-20

构件	截面板件宽厚比等级		S1 级	S2 级	S3 级	S4 级	S5 级
压弯构件（框架柱）	H形截面	翼缘 b/t	$9\varepsilon_k$	$11\varepsilon_k$	$13\varepsilon_k$	$15\varepsilon_k$	20
		腹板 h_0/t_w	$(33+13\alpha_0^{1.3})\varepsilon_k$	$(38+13\alpha_0^{1.39})\varepsilon_k$	$(40+18\alpha_0^{1.5})\varepsilon_k$	$(45+25\alpha_0^{1.66})\varepsilon_k$	250
	箱形截面	壁板（腹板）间翼缘 b_0/t	$30\varepsilon_k$	$35\varepsilon_k$	$40\varepsilon_k$	$45\varepsilon_k$	—
	圆钢管截面	径厚比 D/t	$50\varepsilon_k^2$	$70\varepsilon_k^2$	$90\varepsilon_k^2$	$100\varepsilon_k^2$	—
受弯构件（梁）	工字形截面	翼缘 b/t	$9\varepsilon_k$	$11\varepsilon_k$	$13\varepsilon_k$	$15\varepsilon_k$	20
		腹板 h_0/t_w	$65\varepsilon_k$	$72\varepsilon_k$	$93\varepsilon_k$	$124\varepsilon_k$	250
	箱形截面	壁板（腹板）间翼缘 b_0/t	$25\varepsilon_k$	$32\varepsilon_k$	$37\varepsilon_k$	$42\varepsilon_k$	—

注：1. ε_k 为钢号修正系数，其值为 235 与钢材牌号中屈服点数值的比值的平方根；

     2. b 为工字形、H 形截面的翼缘外伸宽度，t、h_0、t_w 分别是翼缘厚度、腹板净高和腹板厚度，对轧制型截面，腹板净高不包括翼缘腹板过渡处圆弧段；对于箱形截面，b_0、t 分别为壁板间的距离和壁板厚度；D 为圆管截面外径；

     3. 箱形截面梁及单向受弯的箱形截面柱，其腹板限值可根据 H 形截面腹板采用；

     4. 腹板的宽厚比可通过设置加劲肋减小；

     5. 当按《建筑抗震设计规范》GB 50011 第 9.2.14 条第 2 款的规定设计，且 S5 级截面的板件宽厚比小于 S4 级经 ε_σ 修正的板件宽厚比时，可视作 C 类截面，ε_σ 为应力修正因子，$\varepsilon_\sigma = \sqrt{f_y/\sigma_{\max}}$。

（2）当按《钢结构设计标准》GB 50017—2017 第 17 章进行抗震性能化设计时，支撑截面板件宽厚比等级及限值应符合表 8-21 的规定。

截面板件宽厚比等级		BS1 级	BS2 级	BS3 级
H 形截面	翼缘 b/t	$8\varepsilon_k$	$9\varepsilon_k$	$10\varepsilon_k$
	腹板 h_0/t_w	$30\varepsilon_k$	$35\varepsilon_k$	$42\varepsilon_k$
箱形截面	壁板间翼缘 b_0/t	$25\varepsilon_k$	$28\varepsilon_k$	$32\varepsilon_k$
角钢	角钢肢宽厚比 w/t	$8\varepsilon_k$	$9\varepsilon_k$	$10\varepsilon_k$
圆钢管截面	径厚比 D/t	$40\varepsilon_k^2$	$56\varepsilon_k^2$	$72\varepsilon_k^2$

注：w 为角钢平直段长度。

（3）梁柱板件宽厚比

钢框架梁、柱板件宽厚比限值，应符合表 8-22 的规定。

钢框架梁、柱板件宽厚比限值　　　表 8-22

板件名称		抗震等级				非抗震设计
		一级	二级	三级	四级	
柱	工字形截面翼缘外伸部分	10	11	12	13	13
	工字形截面腹板	43	45	48	52	52
	箱形截面壁板	33	36	38	40	40
	冷成型方管壁板	32	35	37	40	40
	圆管（径厚比）	50	55	60	70	70
梁	工字形截面和箱形截面翼缘外伸部分	9	9	10	11	11
	箱形截面翼缘在两腹板之间部分	30	30	32	36	36
	工字形截面和箱形截面腹板	$(72\sim120)\rho$	$(72\sim100)\rho$	$(80\sim110)\rho$	$(85\sim120)\rho$	$(85\sim120)\rho$

注：1. $\rho=N/(Af)$ 为梁轴压比；
2. 表列数值适用于 Q235 钢，采用其他牌号应乘以 $\sqrt{235/f_y}$，圆管应乘以 $235/f_y$；
3. 冷成型方管适用于 Q235GJ 钢或 Q355GJ 钢；
4. 工字形梁和箱形梁的腹板宽厚比，对一、二、三、四级分别不宜大于 60、65、70、75。

（4）框架柱长细比宜符合表 8-23 的要求。

框架柱长细比要求　　　表 8-23

结构构件延性等级	Ⅴ级	Ⅳ级	Ⅰ级、Ⅱ级、Ⅲ级
$N_p/(Af_y)\leqslant0.15$	180	150	$120\varepsilon_k$
$N_p/(Af_y)>0.15$		$125\left[1-N_p/(Af_y)\right]\varepsilon_k$	

（5）框架梁应符合下列规定：

1）结构构件延性等级对应的塑性耗能区（梁端）截面板件宽厚比等级和设防地震性能组合下的最大轴力 N_{E2}、按《钢结构设计标准》GB 50017—2017 式（17.2.4-1）计算的剪力 V_{pb} 应符合表 8-24 的要求。

结构构件延性等级对应的塑性耗能区（梁端）截面板件宽厚比等级和轴力、剪力限值　　　表 8-24

结构构件延性等级	Ⅴ级	Ⅳ级	Ⅲ级	Ⅱ级	Ⅰ级
截面板件宽厚比最低等级	S5	S4	S3	S2	S1
N_{E2}	—	$\leqslant0.15Af$		$\leqslant0.15Af_y$	
V_{pb}（未设置纵向加劲肋）	—	$\leqslant0.5h_wt_wf_v$		$\leqslant0.5h_wt_wf_{vy}$	

注：单层或顶层无需满足最大轴力与最大剪力的限值。

2）当梁端塑性耗能区为工字形截面时，尚应符合下列要求之一：

① 工字形梁上翼缘有楼板且布置间距不大于 2 倍梁高的加劲肋；

② 工字形梁受弯正则化长细比 $\lambda_{n,b}$ 限值符合表 8-25 的要求；

③ 上、下翼缘均设置侧向支承。

工字形梁受弯正则化长细比 $\lambda_{n,b}$ 限值　　　　　表 8-25

结构构件延性等级	Ⅰ级、Ⅱ级	Ⅲ级	Ⅳ级	Ⅴ级
上翼缘有楼板	0.25	0.40	0.55	0.80

注：受弯正则化长细比 $\lambda_{n,b}$ 应按《钢结构设计标准》GB 50017—2017 式（6.2.7-3）计算。

（6）支撑长细比应符合表 8-26 的规定。

支撑长细比、截面板件宽厚比等级　　　　　表 8-26

抗侧力构件	结构构件延性等级			支撑长细比	支撑截面板件宽厚比最低等级	备　注
	支撑结构	框架-中心支撑结构	框架-偏心支撑结构			
交叉中心支撑或对称设置的单斜杆支撑	Ⅴ级	Ⅴ级	—	符合《钢结构设计标准》GB 50017—2017 第 7.4.6 条的规定；当内力计算时不计入压杆作用，按只受拉斜杆计算时，符合《钢结构设计标准》GB 50017—2017 第 7.4.7 条的规定	符合《钢结构设计标准》GB 50017—2017 第 7.3.1 条的规定	—
	Ⅳ级	Ⅲ级	—	$65\varepsilon_k < \lambda \leqslant 130$	BS3	—
	Ⅲ级	Ⅱ级	—	$33\varepsilon_k < \lambda \leqslant 65\varepsilon_k$	BS2	—
				$130 < \lambda \leqslant 180$	BS2	
	Ⅱ级	Ⅰ级	—	$\lambda \leqslant 33\varepsilon_k$	BS1	—
人字形或Ⅴ形中心支撑	Ⅴ级	Ⅴ级	—	符合《钢结构设计标准》GB 50017—2017 第 7.4.6 条的规定	符合《钢结构设计标准》GB 50017—2017 第 7.3.1 条的规定	—
	Ⅳ级	Ⅲ级	—	$65\varepsilon_k < \lambda \leqslant 130$	BS3	与支撑相连的梁截面板件宽厚比等级不低于 S3 级
	Ⅲ级	Ⅱ级	—	$33\varepsilon_k < \lambda \leqslant 65\varepsilon_k$	BS2	与支撑相连的梁截面板件宽厚比等级不低于 S2 级
	Ⅲ级	Ⅱ级	—	$130 < \lambda \leqslant 180$	BS2	框架承担 50% 以上总水平地震剪力；与支撑相连的梁截面板件宽厚比等级不低于 S1 级
	Ⅱ级	Ⅰ级	—	$\lambda \leqslant 33\varepsilon_k$	BS1	与支撑相连的梁截面板件宽厚比等级不低于 S1 级
				采用屈曲约束支撑	—	

抗侧力构件	结构构件延性等级			支撑长细比	支撑截面板件宽厚比最低等级	备 注
	支撑结构	框架-中心支撑结构	框架-偏心支撑结构			
偏心支撑	—	—	Ⅰ级	$\lambda \leqslant 120\varepsilon_k$	符合《钢结构设计标准》GB 50017—2017 第 7.3.1 条的规定	消能梁段截面板件宽厚比要求应符合现行《建筑抗震设计规范》GB 50011 的有关规定

注：λ 为支撑的最小长细比。

4. 当框架结构塑性耗能区延性等级为Ⅰ级或Ⅱ级时，梁柱刚性节点应符合下列规定：

(1) 梁翼缘与柱翼缘焊接时，应采用全熔透焊缝。

(2) 在梁翼缘上下各 600mm 的节点范围内，柱翼缘与柱腹板间或箱形柱壁板间的连接焊缝应采用全熔透焊缝。在梁上、下翼缘标高处设置的柱水平加劲肋或隔板的厚度不应小于梁翼缘厚度。

(3) 梁腹板的过焊孔应使其端部与梁翼缘和柱翼缘间的全熔透坡口焊缝完全隔开，并宜采用改进型过焊孔，亦可采用常规型过焊孔。

(4) 梁翼缘和柱翼缘焊接孔下焊接衬板长度不应小于翼缘宽度加 50mm 和翼缘宽度加两倍翼缘厚度；与柱翼缘的焊接构造（图 8-199）应符合下列规定：

1) 上翼缘的焊接衬板可采用角焊缝，引弧部分应采用绕角焊；

2) 下翼缘衬板应采用从上部往下熔透的焊缝与柱翼缘焊接。

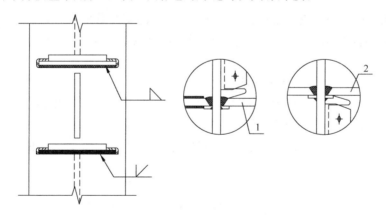

图 8-199　衬板与柱翼缘的焊接构造

1—下翼缘；2—上翼缘

5. 当梁柱刚性节点采用骨形节点（图 8-200）时，应符合下列规定：

(1) 内力分析模型按未削弱截面计算时，无支撑框架结构侧移限值应乘以 0.95；钢梁的挠度限值应乘以 0.90；

(2) 进行削弱截面的受弯承载力验算时，削弱截面的弯矩可按梁端弯矩的 0.80 倍进行验算；

(3) 梁的线刚度可按等截面计算的数值乘以 0.90 倍计算；

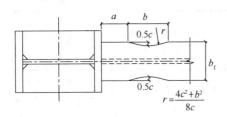

图 8-200 骨形节点

$$r = \frac{4c^2 + b^2}{8c}$$

（4）强柱弱梁应满足《钢结构设计标准》GB 50017—2017 式（17.2.5-3）、式（17.2.5-4）的要求；

（5）骨形削弱段应采用自动切割，可按图 8-200 设计，尺寸 a、b、c 可按下列公式计算：

$$a = (0.5 \sim 0.75)b_{\mathrm{f}} \tag{8-340}$$

$$b = (0.65 \sim 0.85)h_{\mathrm{b}} \tag{8-341}$$

$$c = (0.15 \sim 0.25)b_{\mathrm{f}} \tag{8-342}$$

式中 b_{f}——框架梁翼缘宽度（mm）；

h_{b}——框架梁截面高度（mm）。

6. 当梁柱节点采用梁端加强的方法来保证塑性铰外移要求时，应符合下列规定：

（1）加强段的塑性弯矩的变化宜与梁端形成塑性铰时的弯矩图相接近；

（2）采用盖板加强节点时，盖板的计算长度应以离开柱子表面 50mm 处为起点；

（3）采用翼缘加宽的方法时，翼缘边的斜角不应大于 1：2.5；加宽的起点和柱翼缘间的距离宜为（0.3~0.4）h_{b}，h_{b} 为梁截面高度；翼缘加宽后的宽厚比不应超过 $13\varepsilon_{\mathrm{k}}$；

（4）当柱子为箱形截面时，宜增加翼缘厚度；

（5）当框架梁上覆混凝土楼板时，其楼板钢筋应可靠锚固。

7. 中心支撑结构应符合下列规定：

（1）支撑宜成对设置，各层同一水平地震作用方向的不同倾斜方向杆件截面水平投影面积之差不宜大于 10%；

（2）交叉支撑结构、成对布置的单斜杆支撑结构的支撑系统，当支撑斜杆的长细比大于 130，内力计算时可不计入压杆作用仅按受拉斜杆计算；当结构层数超过两层时，长细比不应大于 180。

8. 钢支撑连接节点应符合下列规定：

（1）支撑和框架采用节点板连接时，支撑端部至节点板最近嵌固点在沿支撑杆件轴线方向的距离，不宜小于节点板的 2 倍；

（2）人字形支撑与横梁的连接节点处应设置侧向支承，轴力设计值不得小于梁轴向承载力设计值的 2%。

9. 当结构构件延性等级为 I 级时，消能梁段的构造应符合下列规定：

（1）当 $N_{\mathrm{p},l} > 0.16Af_{\mathrm{y}}$ 时，消能梁段的长度应符合下列规定：

当 $\rho(A_{\mathrm{w}}/A) < 0.3$ 时：

$$a < 1.6W_{\mathrm{p},l}f_{\mathrm{y}}/V_{l} \tag{8-343}$$

当 $\rho(A_{\mathrm{w}}/A) \geqslant 0.3$ 时：

$$a < [1.15 - 0.5\rho(A_{\mathrm{w}}/A)]1.6W_{\mathrm{p},l}f_{\mathrm{y}}/V_{l} \tag{8-344}$$

$$\rho = N_{\mathrm{p},l}/V_{\mathrm{p},l} \tag{8-345}$$

式中 a——消能梁段的长度（mm）；

$V_{p,l}$——设防地震性能组合的消能梁段剪力（N）；

$N_{p,l}$——设防地震性能组合的消能梁段轴力（N），按《钢结构设计标准》GB 50017—2017 公式（17.2.2-4）计算；

V_l——消能梁段受剪承载力（N），按《钢结构设计标准》GB 50017—2017 公式（17.2.8-1）～公式（17.2.8-4）计算；

$W_{p,l}$——消能梁段的全塑性截面模量（mm^4）；

A_w——消能梁段腹板截面面积（m^2）；

A——消能梁段的截面面积（mm^2）。

（1）消能梁段的腹板不得贴焊补强板，也不得开孔。

（2）消能梁段与支撑连接处应在其腹板两侧配置加劲肋，加劲肋的高度应为梁腹板高度，一侧的加劲肋宽度不应小于（$b_f/2-t_w$），厚度不应小于 $0.75t_w$ 和 10mm 中的较大值。

（3）消能梁段应按下列要求在其腹板上设置中间加劲肋：

1）当 $a \leqslant 1.6W_{p,l}f_y/V_l$ 时，加劲肋间距不应大于（$30t_w-h/5$）；

2）当 $2.6W_{p,l}f_y/V_l < a \leqslant 5W_{p,l}f_y/V_l$ 时，应在距消能梁端部 $1.5b_f$ 处配置中间加劲肋，且中间加劲肋间距不应大于（$52t_w-h/5$）；

3）当 $1.6W_{p,l}f_y/V_l < a \leqslant 2.6W_{p,l}f_y/V_l$ 时，中间加劲肋的间距宜在上述两者间采用线性插入法确定；

4）当 $a > 5W_{p,l}f_y/V_l$ 时，可不配置中间加劲肋；

5）中间加劲肋应与消能梁段的腹板等高；当消能梁段截面高度不大于 640mm 时，可配置单向加劲肋；当消能梁段截面高度大于 640mm 时，应在两侧配置加劲肋，一侧加劲肋的宽度不应小于（$b_f/2-t_w$），厚度不应小于 t_w 和 10mm 中的较大值。

（4）消能梁段与柱连接时，其长度不得大于 $1.6W_{p,l}f_y/V_l$，且应满足相关标准的规定。

（5）消能梁段两端上、下翼缘应设置侧向支撑，支撑的轴力设计值不得小于消能梁段翼缘轴向承载力设计值的 6%。

10. 实腹式柱脚采用外包式、埋入式及插入式柱脚的埋入深度应符合现行《建筑抗震设计规范》GB 50011 或《构筑物抗震设计规范》GB 50191 的有关规定。

8.16 高层钢结构连接节点设计例题

【例 8-1】梁与梁的拼接连接节点设计

1. 设计条件

H 形截面梁采用 H500×200×10.2×16.0（内圆弧半径 $r=21$），拼接连接节点设置在距梁端 1.0m 处；作用在拼接连接处的弯矩 $M=245.9$kN·m，剪力 $V=210.6$kN；梁及其拼接连接板均采用 Q235 钢；翼缘和腹板的连接均采用 10.9 级的 M20 高强度螺栓摩擦型双剪连接，螺栓孔径为 $\phi21.5$。

设计采用常用的简化设计法，弯矩全部由翼缘承担，剪力全部由腹板承担（对有特殊要求的重要结构，可用精确计算法，腹板应承受弯矩）。

2. 拼接连接计算

(1) 梁单侧翼缘连接所需的高强度螺栓数目 n_{Fb}，由公式（8-18）求得：

$$n_{Fb} = \frac{M_x}{h_0^b N_v^{bH}} = \frac{24590}{(50-1.6) \times 125.6} = 4.0(\text{个}) \rightarrow \text{采用 6 个}$$

（一个 10.9 级的 M20 高强度螺栓摩擦型连接的承载力设计值 N_v^{bH} 按表 11-38 采用；当采用双剪连接且构件在连接处接触面的处理方法为喷砂时，$N_v^{bH}=125.6\text{kN}$）

(2) 梁腹板连接所需的高强度螺栓数目 n_{wb}，由公式（8-19）得：

$$n_{wb} = \frac{V}{N_v^{bH}} = \frac{210.6}{125.6} = 1.7 \ （\text{个}）$$

由公式（8-20）得：

$$n_{wb} = \frac{A_{nw}^b f_v}{2N_v^{bH}} = \frac{(50-2\times1.6) \times 1.02 \times 0.85 \times 12.5}{2 \times 125.6}$$

$$= 2(\text{个}) \longrightarrow \text{考虑拼接的刚性，采用 5 个}$$

(3) 翼缘外侧拼接连接板的厚度，由公式（8-26）得：

$$t_1 = \frac{1}{2}t_{Fb} + 3 = \frac{1}{2} \times 16 + 3$$

$$= 11\text{mm} \longrightarrow \text{采用}（-12 \times 200 \times 445）$$

翼缘内侧拼接连接板的宽度 b 为：

$$b = [200 - (10.2 + 2 \times 21)]/2 = 73.9\text{mm} \quad \text{取 } b = 73\text{mm}$$

翼缘内侧拼接连接板的厚度，由公式（8-27）得：

$$t_2 = \frac{t_{Fb}B_b}{4b} + 4 = \frac{16 \times 200}{4 \times 73} + 4 = 15\text{mm} \quad \text{取 } t_2 = 16\text{mm}$$

如果考虑内侧拼接连接板的截面面积与外侧拼接连接板截面面积相等，则

$$t_2 = \frac{11 \times 200}{2 \times 73} = 15.1\text{mm} \longrightarrow \text{采用 } 2 \times (-16 \times 73 \times 445)$$

腹板两侧拼接连接板的厚度，由公式（8-29）得：

$$t_3 = \frac{t_{wb}h_{wb}}{2h} + 1 = \frac{10.2 \times (500 - 2 \times 16)}{2 \times 360} + 1$$

$$= 7.6\text{mm} \longrightarrow \text{采用 } 2 \times (-8 \times 165 \times 360)$$

拼接连接板的尺寸和高强度螺栓的配置，如图 8-201 所示。

(4) 拼接连接板的校核

1) 净截面面积的校核

对翼缘：

梁单侧翼缘的净截面面积：

$$A_{nF}^b = 1.6 \times 20 - 2 \times 1.6 \times 2.15 = 25.12\text{cm}^2$$

单侧翼缘拼接连接板的净截面面积：

$$A_{nF}^{PL} = (20 - 2 \times 2.15) \times 1.2 + (7.3 - 2.15) \times 1.6 \times 2$$

$$= 35.32\text{cm}^2 > A_{nF}^b = 25.12\text{cm}^2 \quad （\text{可}）$$

对腹板：

梁腹板的净截面面积：

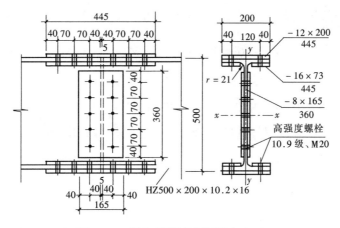

图 8-201　梁与梁拼接连接图示（一）

$$A_{nw}^b = 1.02 \times (50 - 2 \times 1.6) - 5 \times 1.02 \times 2.15 = 36.77 cm^2$$

腹板拼接连接板的净截面面积：

$$A_{nw}^{PL} = (36 - 5 \times 2.15) \times 0.8 \times 2 = 40.4 cm^2 > A_{nw}^b = 36.77 cm^2 \quad （可）$$

2）拼接连接板刚性的校核

① 梁的截面特性

梁的毛截面惯性矩：

$$I_{0x}^b = 48197 cm^4$$

梁上的螺栓孔截面惯性矩：

$$I_{xR}^b = \left(\frac{2.15 \times 1.6^3}{12} \times 2 + 2.15 \times 1.6 \times 24.2^2 \times 2 \right) \times 2$$

$$+ \left(\frac{1.02 \times 2.15^3}{12} \times 5 + 1.02 \times 2.15 \times 14^2 \times 2 + 1.02 \times 2.15 \times 7^2 \times 2 \right)$$

$$= 8061 + 1079 = 9140 cm^4$$

扣除螺栓孔后梁的净截面惯性矩：

$$I_{nx}^b = I_{0x}^b - I_{xR}^b = 48197 - 9140 = 39057 cm^4$$

梁的净截面模量：

$$W_{nx}^b = \frac{39057}{25} = 1562 cm^3$$

②拼接连接板的截面特性

拼接连接板的毛截面惯性矩：

$$I_{0x}^{PL} = \left(\frac{20 \times 1.2^3}{12} + 20 \times 1.2 \times 25.6^2 + \frac{7.3 \times 1.6^3}{12} \times 2 \right.$$

$$\left. + 7.3 \times 1.6 \times 22.6^2 \times 2 \right) \times 2 + \frac{0.8 \times 36^3}{12} \times 2$$

$$= 55336 + 6221 = 61557 cm^4$$

拼接连接板上的螺栓孔截面惯性矩：

$$I_{xR}^{PL} = \left(\frac{2.15 \times 1.2^3}{12} \times 2 + 2.15 \times 1.2 \times 25.6^2 \times 2 \right.$$

$$+ \frac{2.15 \times 1.6^3}{12} \times 2 + 2.15 \times 1.6 \times 22.6^2 \times 2) \times 2$$

$$+ \left(\frac{0.8 \times 2.15^3}{12} \times 5 + 0.8 \times 2.15 \times 14^2 \times 2 + 0.8 \times 2.15 \times 7^2 \times 2 \right) \times 2$$

$$= 13796 + 1692 = 15488 \text{cm}^4$$

拼接连接板扣除螺栓孔后的净截面惯性矩:

$$I_{nx}^{PL} = I_{0x}^{PL} - I_{xR}^{PL} = 61557 - 15488 = 46069 \text{cm}^4$$

拼接连接板的净截面抵抗矩:

$$W_{nx}^{PL} = \frac{46069}{26.2}$$

$$= 1758 \text{cm}^3 > W_{nx}^{b} = 1562 \text{cm}^3 \quad (可)$$

(5) 梁的强度校核

对弯矩 $\sigma = \dfrac{M_x}{W_{nx}^b} = \dfrac{24590}{1562} = 15.74 \text{kN/cm}^2 < f = 21.5 \text{kN/cm}^2 \quad (可)$

对剪力 $\tau = \dfrac{V}{A_{nv}^b} = \dfrac{210.6}{36.77} = 5.73 \text{kN/cm}^2 < f_v = 12.5 \text{kN/cm}^2 \quad (可)$

【例 8-2】 梁与梁的拼接连接节点抗震设计

1. 设计条件

跨度为 9.0m 的 H 形截面梁采用 H600×220×12×19 (内圆弧半径 $r = 24$),拼接连接节点设置在距梁端 1.2m 处;梁及其拼接连接板均采用 Q235 钢 (极限抗拉强度最小值 $f_u = 37.5 \text{kN/cm}^2$,屈服强度 $f_y = 23.5 \text{kN/cm}^2$);翼缘和腹板的连接均采用 10.9 级的 M22 高强度螺栓摩擦型双剪连接,螺栓孔径为 $\phi 23.5$。

设计是采用等强度设计法,并按抗震设计要求进行梁的拼接连接计算。

2. 拼接连接计算

(1) 梁单侧翼缘和腹杆的净截面面积估算和相应的连接螺栓数目估算:

净截面面积估算: $A_{nF}^a = 22 \times 1.9 \times 0.85 = 35.53 \text{cm}^2$

$$A_{nw}^a = (60 - 2 \times 1.9) \times 1.2 \times 0.85 = 57.32 \text{cm}^2$$

连接螺栓数目估算:

$$n_{Fb}^a = \frac{A_{nF}^a f}{N_v^{bH}} = \frac{35.53 \times 20.5}{153.9} = 4.7 (个) \longrightarrow 采用 6 个$$

$$n_{wb}^a = \frac{A_{nw}^a f_v}{N_v^{bH}} = \frac{57.32 \times 12.0}{153.9} = 4.5 (个) \longrightarrow 采用 6 个$$

(一个 10.9 级的 M22 高强度螺栓摩擦型连接的承载力设计值 N_v^{bH} 按表 11-38 采用;当采用双剪连接且构件在连接处接触面的处理方法为喷砂时,$N_v^{bH} = 153.9 \text{kN}$)

(2) 翼缘外侧拼接连接板的厚度,由公式 (8-26) 得:

$$t_1 = \frac{1}{2}t_{Fb} + 3$$

$$= \frac{1}{2} \times 19 + 3 = 12.5\text{mm} \longrightarrow \text{采用}(-14 \times 220 \times 485)$$

翼缘内侧拼接连接板的宽度 b 为：
$$b = [220 - (12 + 2 \times 24)]/2 = 80\text{mm}$$

翼缘内侧拼接连接板的厚度，由公式（8-27）得：
$$t_2 = \frac{t_{Fb}B_b}{4b} + 4$$

$$= \frac{19 \times 220}{4 \times 80} + 4 = 17.1\text{mm}，取 t_2 = 18\text{mm}。$$

如果考虑内侧拼接连接板的截面面积与外侧拼接连接板截面面积相等，则
$$t_2 = \frac{14 \times 220}{2 \times 80} = 19.25\text{mm} \longrightarrow \text{采用} 2 \times (-18 \times 80 \times 485)$$

腹板两侧拼接连接板的厚度，由公式（8-29）得：
$$t_3 = \frac{t_{wb}h_{wb}}{2h} + 1$$

$$= \frac{12 \times (600 - 2 \times 19)}{2 \times 480} + 1 = 8.0\text{mm} \longrightarrow \text{采用} 2 \times (-8 \times 165 \times 480)$$

拼接连接板的尺寸和高强度螺栓的配置，如图 8-202 所示。

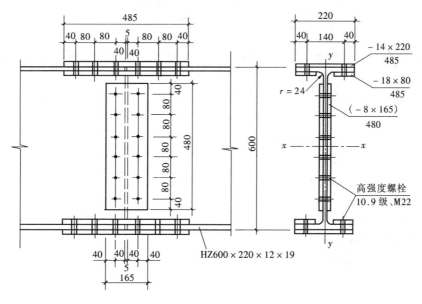

图 8-202　梁与梁的拼接连接图示（二）

（3）梁的截面特性

1）梁的毛截面面积、毛截面惯性矩和毛截面模量为：
$$A_0^b = 156\text{cm}^2 \qquad I_{0x}^b = 92080\text{cm}^4 \qquad W_{0x}^b = 3069\text{cm}^3$$

2）梁上的螺栓孔截面惯性矩：

$$I_{xR}^b = \left(\frac{2.35 \times 1.9^3}{12} \times 2 + 2.35 \times 1.9 \times 29.05^2 \times 2\right) \times 2$$

$$+ \left(\frac{1.2 \times 2.35^3}{12} \times 6 + 1.2 \times 2.35 \times 20^2 \times 2 + 1.2 \times 2.35 \times 12^2 \times 2\right.$$

$$\left. + 1.2 \times 2.35 \times 4^2 \times 2\right) = 15078 + 3166 = 18244 \text{cm}^4$$

3）扣除螺栓孔后的净截面惯性矩：

$$I_{nx}^b = I_{0x}^b - I_{xR}^b = 92080 - 18244 = 73836 \text{cm}^4$$

4）梁的净截面模量：

$$W_{nx}^b = \frac{73836}{30} = 2461 \text{cm}^3$$

5）梁单侧翼缘的净截面面积：

$$A_{nF}^b = 1.9 \times 22 - 2 \times 1.9 \times 2.35 = 32.87 \text{cm}^2$$

6）梁腹板的净截面面积：

$$A_{nw}^b = 1.2 \times (60 - 2 \times 1.9) - 6 \times 1.2 \times 2.35 = 50.52 \text{cm}^2$$

（4）梁的拼接连接按等强度设计法的设计内力值，由公式（8-1）和公式（8-2）得：

弯矩　　　　$M_n^b = W_{nx}^b f = 2461 \times 20.5 = 50450.5 \text{kN} \cdot \text{cm}$

剪力　　　　$V_n^b = A_{nw}^b f_v = 50.52 \times 12.0 = 606.2 \text{kN}$

（5）校核在第 1 项中计算的连接螺栓数目，由公式（8-6）和公式（8-7）得：

$$n_{Fb} = \frac{W_{nx}^b f}{(H_b - t_{Fb}) N_v^{bH}}$$

$$= \frac{50450.5}{(60 - 1.9) \times 153.9} = 5.6(\text{个}) < 6 \text{个} \quad (\text{可})$$

$$n_{wb} = \frac{A_{nw}^b f_v}{N_v^{bH}} = \frac{606.2}{153.9} = 3.9(\text{个}) < 6 \text{个} \quad (\text{可})$$

（6）拼接连接板的校核

1）净截面面积的校核

单侧翼缘拼接连接板的净截面面积：

$$A_{nF}^{PL} = (22 - 2 \times 2.35) \times 1.4 + (8 - 2.35) \times 1.8 \times 2$$

$$= 24.22 + 20.34 = 44.56 \text{cm}^2 > A_{nF}^b = 32.87 \text{cm}^2 \quad (\text{可})$$

腹板拼接连接板的净截面面积：

$$A_{nw}^{PL} = (48 - 6 \times 2.35) \times 0.8 \times 2$$

$$= 54.24 \text{cm}^2 > A_{nw}^b = 50.52 \text{cm}^2 \quad (\text{可})$$

2) 拼接连接板刚性的校核

拼接连接板的毛截面惯性矩：

$$I_{0x}^{PL} = \left(\frac{22 \times 1.4^3}{12} + 22 \times 1.4 \times 30.7^2 + \frac{8 \times 1.8^3}{12} \times 2 + 8 \times 1.8 \times 27.2^2 \times 2 \right) \times 2$$

$$+ \frac{0.8 \times 48^3}{12} \times 2$$

$$= 100698 + 14746$$

$$= 115444 \text{cm}^4$$

拼接连接板上的螺栓孔截面惯性矩：

$$I_{xR}^{PL} = \left(\frac{2.35 \times 1.4^3}{12} \times 2 + 2.35 \times 1.4 \times 30.7^2 \times 2 + \frac{2.35 \times 1.8^3}{12} \times 2 \right.$$

$$\left. + 2.35 \times 1.8 \times 27.2^2 \times 2 \right) \times 2 + \left(\frac{0.8 \times 2.35^3}{12} \times 6 \right.$$

$$\left. + 0.8 \times 2.35 \times 20^2 \times 2 + 0.8 \times 2.35 \times 12^2 \times 2 + 0.8 \times 2.35 \times 4^2 \times 2 \right) \times 2$$

$$= 24928 + 4222$$

$$= 29150 \text{cm}^4$$

拼接连接板扣除螺栓孔后的净截面惯性矩：

$$I_{nx}^{PL} = I_{0x}^{PL} - I_{xR}^{PL} = 115444 - 29150$$

$$= 86294 \text{cm}^4$$

拼接连接板的净截面模量：

$$W_{nx}^{PL} = \frac{86294}{31.4}$$

$$= 2748 \text{cm}^3 > W_{nx}^{b} = 2461 \text{cm}^4 \quad （可）$$

（7）按抗震设计要求对拼接连接节点的最大承载力的校核

1) 梁的全塑性弯矩由公式（8-249）得：

$$M_{Px}^{b} = W_{Px}^{b} f_y$$

$$= \left[B_b t_{Fb} (H_b - t_{Fb}) + \frac{1}{4} (H_b - 2t_{Fb})^2 t_{wb} \right] f_y$$

$$= \left[22 \times 1.9 \times (60 - 1.9) + \frac{1}{4} (60 - 2 \times 1.9)^2 \times 1.2 \right] \times 23.5$$

$$= 75962.5 \text{kN} \cdot \text{cm}$$

2) 拼接连接节点的最大承载力的校核

对弯矩

梁翼缘拼接连接板的净截面抗拉最大承载力的相应最大弯矩：

$$M_{u1} = A_{nF1}^{PL} f_u (H_b + t_1) + A_{nF2}^{PL} f_u (H_b - 2t_{Fb} - t_2)$$

$$= 24.22 \times 37.0 \times (60 + 1.4) + 20.34 \times 37.0 \times (60 - 2 \times 1.9 - 1.8)$$

$$= 95963 \text{kN} \cdot \text{cm}$$

梁翼缘连接高强度螺栓的抗剪最大承载力的相应最大弯矩：

$$M_{u2} = 0.75 n_f n A_e^{bH} f_u^{bH} (H_b - t_{Fb})$$

$$= 0.75 \times 2 \times 6 \times 3.03 \times 104 \times (60 - 1.9)$$

$$= 164776.2 \text{kN} \cdot \text{cm} > M_{u1}$$

梁翼缘板的边端截面抗拉最大承载力的相应最大弯矩：

$$M_{u3} = n e t_{Fb} f_u (H_b - t_{Fb})$$

$$= 6 \times 4 \times 1.9 \times 37.0 \times (60 - 1.9)$$

$$= 98026 \text{kN} \cdot \text{cm} > M_{u1}$$

翼缘拼接连接板边端截面抗拉最大承载力的相应最大弯矩：

$$M_{u4} = n e f_u [t_1 (H_b + t_1) + t_2 (H_b - 2t_{Fb} - t_2)]$$

$$= 6 \times 4 \times 37.0 \times [1.4 \times (60 + 1.4) + 1.8 \times (60 - 2 \times 1.9 - 1.8)]$$

$$= 163285 \text{kN} \cdot \text{cm} > M_{u1}$$

$$M_u = \min(M_{u1}, M_{u2}, M_{u3}, M_{u4})$$

$$= 95963 \text{kN} \cdot \text{cm} > 1.2 M_{px}^b = 1.2 \times 75962.5$$

$$= 91155 \text{kN} \cdot \text{cm} \quad (\text{可})$$

对剪力

梁腹板净截面面积的抗剪最大承载力：

$$V_{u1} = A_{nw}^b f_u / \sqrt{3}$$

$$= 50.52 \times 37.0 / \sqrt{3} = 1079 \text{kN}$$

梁腹板拼接连接板净截面面积的抗剪最大承载力：

$$V_{u2} = A_{nw}^{PL} f_u / \sqrt{3}$$

$$= 54.24 \times 37.0 / \sqrt{3} = 1159 \text{kN} > V_{u1}$$

腹板连接高强度螺栓的抗剪最大承载力：

$$V_{u3} = 0.75 n_f n A_e^{bH} f_u^{bH}$$

$$= 0.75 \times 2 \times 6 \times 3.03 \times 104 = 2836.1 \text{kN} > V_{u1}$$

$$V_u = \min(V_{u1}, V_{u2}, V_{u3})$$

$$= 1079 \text{kN} > 1.4 V_{pn} = 1.4 \frac{2 M_{px}^b}{l_b} \quad \text{注：} l_b \text{— 梁的跨度}$$

$$= 1.4 \times \frac{2 \times 75962.5}{900}$$

$$= 236.3 \text{kN} \quad (\text{可})$$

3）螺栓孔对梁截面的削弱率校核

梁的毛截面面积：$A_0 = 156.0 \text{cm}^2$

螺栓孔的削弱面积：
$$A_R = 2.35 \times 1.9 \times 4 + 2.35 \times 1.2 \times 6 = 34.78 \text{cm}^2$$

螺栓孔对梁截面的削弱率：
$$\mu_R = \frac{A_R}{A_0} \times 100\%$$
$$= \frac{34.78}{156.0} \times 100\% = 22.3\% < 25\% \quad (可)$$

【例 8-3】 柱与柱的拼接连接节点设计（含抗震设计）

1. 设计条件

层高为 3.6m 的 H 形截面柱采用 HM390×300×10×16（内圆弧半径 $r=13$），拼接连接节点设置在柱下部距楼板面 1.2m 处；作用在拼接连接处的轴心压力 $N=1180$kN，绕强轴的弯矩 $M_x=10800$kN·cm，剪力 $V=250$kN；柱及其拼接连接板均采用 Q235 钢（极限抗拉强度最小值 $f_u=37.0$kN/cm²，屈服强度 $f_y=23.5$kN/cm²，抗拉、抗压、抗弯强度设计值 $f=21.5$kN/cm²）；翼缘和腹板的连接均采用 10.9 级的 M20 高强度螺栓摩擦型双剪连接，螺栓孔径为 $\phi21.5$。

设计采用的是实用设计法，作用于拼接连接处的轴心压力 N 是按被连接的柱翼缘和腹板各自的截面面积比例分担；柱翼缘同时承受轴心压力 N_F 和绕强轴的全部弯矩 M_x；腹板同时承受轴心压力 N_w 和全部剪力 V。

另外，为供参考，同时采用等强度设计法进行拼接连接的抗震设计。

2. 实用设计法设计

【拼接连接计算】

（1）柱的截面特性
$$A = 133.3 \text{cm}^2$$
$$A_F = 30 \times 1.6 = 48.0 \text{cm}^2$$
$$A_w = (39 - 2 \times 1.6) \times 1.0 = 35.8 \text{cm}^2$$
$$I_{0x}^0 = 37363 \text{cm}^4$$
$$W_{0x}^0 = 1916 \text{cm}^3$$

（2）柱截面的初始应力状态

受压应力 $\quad\quad \sigma_c = \dfrac{N}{A} = \dfrac{1180}{133.3} = 8.9 \text{kN/cm}^2$

弯曲应力 $\quad\quad \sigma_b = \dfrac{M_x}{W_{0x}} = \dfrac{10800}{1916} = 5.6 \text{kN/cm}^2 < \sigma_c$

剪力 $\quad\quad \tau = \dfrac{V}{0.85 A_w} = \dfrac{250}{0.85 \times 35.8} = 8.2 \text{kN/cm}^2 < f_v$

由于 $\sigma_b < \sigma_c$，所以在柱拼接连接处不会产生拉应力。

最小连接校核

弯矩 $\quad\quad M_a = W_{0x} f = 1916 \times 21.5 = 41194 \text{kN·cm}$

轴心压力 $\quad\quad N_a = Af = 133.3 \times 21.5 = 2886 \text{kN}$

剪力 $\quad\quad V_a = A_w f_v = 35.8 \times 12.5 = 447.5 \text{kN}$

$$\frac{M_x}{M_a} + \frac{N}{N_a} = \frac{10800}{41194} + \frac{1180}{2886} = 0.67 > \frac{1}{2}$$

$$\frac{V}{V_a} = \frac{250}{448} = 0.56 > \frac{1}{2}$$

（可按作用的 N、M、V 进行拼接连接设计）

（3）柱单侧翼缘连接所需的高强度螺栓数目 n_{Fc}，由公式（8-56）得：

$$n_{Fc} = \left(\frac{A_F}{A} \cdot N + \frac{M_x}{H_c - t_{Fc}} \right) \Big/ N_v^{bH}$$

$$= \left(\frac{48}{133} \times 1180 + \frac{10800}{39 - 1.6} \right) \Big/ 125.6$$

$$= 5.6(个) \longrightarrow 采用 6 个$$

（4）柱腹板连接所需的高强度螺栓数目 n_{wc}，由公式（8-57）得：

$$n_{wc} = \sqrt{\left(\frac{A_w}{A} \cdot N \right)^2 + V^2} \Big/ N_v^{bH}$$

$$= \sqrt{\left(\frac{35.8}{133} \times 1180 \right)^2 + 250^2} \Big/ 125.6$$

$$= 3.2(个) \longrightarrow 采用 4 个$$

（5）翼缘外侧拼接连接板的厚度，由公式（8-61）得：

$$t_1 = \frac{1}{2} t_{Fc} + 2$$

$$= \frac{1}{2} \times 16 + 2 = 10.0 \text{mm} \longrightarrow 采用(-12 \times 300 \times 365)$$

翼缘内侧拼接连接板的宽度 b：

$$b = [300 - (10 + 2 \times 13)]/2$$

$$= 132 \text{mm} \quad 取 b = 136 \text{mm}(采用错列布置螺栓)$$

翼缘内侧拼接连接板的厚度，由公式（8-62）得：

$$t_2 = \frac{t_{Fc} B_c}{4b} + 3$$

$$= \frac{16 \times 300}{4 \times 130} + 3 = 12.2 \text{mm}$$

如果考虑内侧拼接连接板的截面面积与外侧拼接连接板截面面积相等，则

$$t_2 = \frac{12 \times 300}{2 \times 130} = 13.8 \text{mm} \longrightarrow 采用 2 \times (-14 \times 130 \times 365)$$

腹板两侧拼接连接板的厚度，由公式（8-64）得

$$t_3 = \frac{t_{wc} h_{wc}}{2h} + 1$$

$$= \frac{10 \times (390 - 2 \times 16)}{2 \times 280} + 1 = 7.4 \text{mm} \longrightarrow 采用 2 \times (-10 \times 165 \times 280)$$

拼接连接板的尺寸和高强度螺栓的配置，如图 8-203（a）所示。

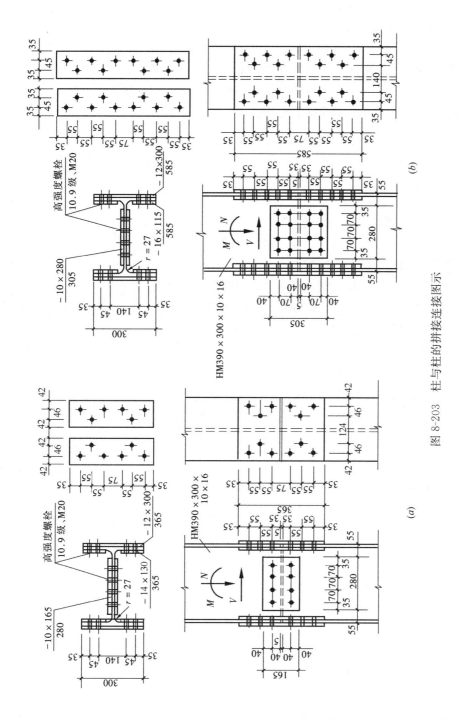

高强度螺栓
10.9级、M20

-12×300 585
-16×115 585
$r = 27$
-10×280 305
300

HM390 × 300 × 10 × 16

(b)

高强度螺栓
10.9级、M20

-12×300 365
-14×130 365
$r = 27$
-10×165 280
300

HM390 × 300 × 10 × 16

(a)

图 8-203　柱与柱的拼接连接图示

(6) 拼接连接板的校核

1) 净截面面积的校核

对翼缘：

柱单侧翼缘板的净截面面积：

$$A_{nF}^c = 1.6 \times 30 - 3 \times 1.6 \times 2.15 = 37.68 \text{cm}^2$$

（由于采用错列布置螺栓，此处近似地取翼缘削弱截面上的螺栓数目 $n_F \approx 3$。以下均同）

柱单侧翼缘拼接连接板的净截面面积：

$$A_{nF}^{PL} = (30 - 3 \times 2.15) \times 1.2 + (13.0 \times 2 - 3 \times 2.15) \times 1.4$$

$$= 28.26 + 27.37 = 55.65 \text{cm}^2 > A_{nF}^a = 37.68 \text{cm}^2 \quad （可）$$

对腹板：

柱腹板的净截面面积：

$$A_{nw}^c = 1.1 \times (39 - 2 \times 1.6) - 4 \times 1.0 \times 2.15 = 27.2 \text{cm}^2$$

柱腹板拼接连接板的净截面面积：

$$A_{nw}^{PL} = (28 - 4 \times 2.15) \times 1.0 \times 2$$

$$= 38.8 \text{cm}^2 > A_{nw}^c = 20.2 \text{cm}^2 \quad （可）$$

2) 拼接连接板刚性的校核

①柱的截面特性

柱上的螺栓孔截面惯性矩：

$$I_{xR}^c = \left(\frac{2.15 \times 1.6^3}{12} \times 3 + 2.15 \times 1.6 \times 18.7^2 \times 3 + \frac{1.0 \times 2.15^3}{12} \times 2 \right.$$

$$\left. + 1.0 \times 2.15 \times 10.5^2 + 1.0 \times 2.15 \times 3.5^2 \right) \times 2$$

$$= 7806 \text{cm}^4$$

扣除螺栓孔后柱的净截面惯性矩：

$$I_{nx}^c = I_{0x}^c - I_{0R}^c = 37363 - 7806 = 29557 \text{cm}^4$$

柱的净截面模量：

$$W_{nx}^c = \frac{29557}{19.5} = 1516 \text{cm}^3$$

②拼接连接板的截面特性

拼接连接板的毛截面惯性矩：

$$I_{0x}^{PL} = \left(\frac{30 \times 1.2^3}{12} + 30 \times 1.2 \times 20.1^2 + \frac{13 \times 1.4^3}{12} \times 2 \right.$$

$$\left. + 13 \times 1.4 \times 17.2^2 \times 2 \right) \times 2 + \frac{1.0 \times 28^3}{12} \times 2$$

$$= 50646 + 3659 = 54305 \text{cm}^4$$

拼接连接板上的螺栓孔截面惯性矩：

$$I_{xR}^{PL} = \left(\frac{2.15 \times 1.2^3}{12} \times 3 + 2.15 \times 1.2 \times 20.1^2 \times 3 \right.$$

$$+ \frac{2.15 \times 1.4^3}{12} \times 3 + 2.15 \times 1.4 \times 17.2^2 \times 3\Big) \times 2$$

$$+ \Big(\frac{1.0 \times 2.15^3}{12} \times 4 + 1.0 \times 2.15 \times 10.5^2 \times 2$$

$$+ 1.0 \times 2.15 \times 3.5^2 \times 2 \Big) \times 2$$

$$= 11602 + 1060 = 12662 \text{cm}^4$$

拼接连接板扣除螺栓孔后的净截面惯性矩：

$$I_{nx}^{PL} = I_{0x}^{PL} - I_{xR}^{PL} = 54305 - 12662 = 41643 \text{cm}^4$$

拼接连接板的净截面模量：

$$W_{nx}^{PL} = \frac{41643}{20.7} = 2012 \text{cm}^3 > W_{nx}^c = 1516 \text{cm}^3 \quad （可）$$

3. 等强度设计法的抗震设计

【拼接连接计算】

（1）由第二项实用设计法设计得：

$$A_{nF}^{PL} = 55.65 \text{cm}^2 > A_{nF}^c = 37.68 \text{cm}^2 \quad （可）$$

$$A_{nw}^{PL} = 38.8 \text{cm}^2 > A_{nw}^c = 27.2 \text{cm}^2 \quad （可）$$

$$W_{nx}^{PL} = 2012 \text{cm}^3 > W_{nx}^c = 1516 \text{cm}^3 \quad （可）$$

拼接连接板的厚度：

$$t_1 = 12 \text{mm}, t_2 = 14 \text{mm}, t_3 = 10 \text{mm}$$

（2）按等强度条件，柱单侧翼缘在轴心压力和弯矩共同作用下，其拼接连接所需的高强度螺栓数目，由公式（8-54）得：

$$n_{Fc} = \frac{W_{nx}^c f}{(H_c - t_{Fc}) N_v^{bH}} = \frac{1516 \times 21.5}{(39 - 1.6) \times 125.6} = 6.9（个）\longrightarrow 采用 10 个$$

（3）按等强度条件，柱腹板在轴心压力和剪力共同作用下，其拼接连接所需的高强度螺栓数目，由公式（8-55）得：

$$n_{wc} = \frac{A_{nw}^c f}{N_v^{bH}} = \frac{27.2 \times 21.5}{125.6} = 5（个）\longrightarrow 采用 8 个$$

拼接连接板的尺寸和高强度螺栓的配置，如图 8-205 (b) 所示。

（4）拼接连接节点最大承载力的校核

1）梁的全塑性弯矩由公式（8-249）和公式（8-252）得：

$$M_{Px}^c = W_p f_y$$

$$= \Big[B_c t_{Fc} (H_c - t_{Fc}) + \frac{1}{4} (H_c - 2t_{Fc})^2 t_{wc} \Big] f_y$$

$$= \Big[30 \times 1.6 \times (39 - 1.6) + \frac{1}{4} (39 - 2 \times 1.6)^2 \times 1.0 \Big] \times 23.5 = [1795 + 320] \times 23.5$$

$$= 49712 \text{kN} \cdot \text{cm}$$

2）拼接连接节点最大承载力的校核

对弯矩：

柱翼缘拼接连接板净截面抗拉最大承载力的相应最大弯矩：
$$M_{\text{u1}} = A_{\text{nF1}}^{\text{c}} f_{\text{u}} (H_{\text{c}} + t_1) + A_{\text{uF2}}^{\text{c}} f_{\text{u}} (H_{\text{c}} - 2t_{\text{Fc}} - t_2)$$
$$= 28.26 \times 37.0 \times (39 + 1.2) + 27.37 \times 37.6 \times (39 - 2 \times 1.6 - 1.4)$$
$$= 76870\text{kN} \cdot \text{cm}$$

柱翼缘连接高强度螺栓抗剪最大承载力的相应最大弯矩：
$$M_{\text{u2}} = 0.75 n_{\text{f}} n A_{\text{e}}^{\text{bH}} f_{\text{u}}^{\text{bH}} (H_{\text{c}} - t_{\text{Fc}})$$
$$= 0.75 \times 2 \times 10 \times 2.45 \times 104 \times (39 - 1.6)$$
$$= 142942.8\text{kN} \cdot \text{cm} > M_{\text{u1}}$$

柱翼缘板边端截面抗拉最大承载力的相应最大弯矩：
$$M_{\text{u3}} = n e t_{\text{Fc}} f_{\text{u}} (H_{\text{c}} - t_{\text{Fc}})$$
$$= 10 \times 4.2 \times 1.6 \times 37.0 \times (39 - 1.6)$$
$$= 94248\text{kN} \cdot \text{cm} > M_{\text{u1}}$$

柱翼缘拼接连接板边端截面抗拉最大承载力的相应最大弯矩：
$$M_{\text{u4}} = n e f_{\text{u}} [t_1 (H_{\text{c}} + t_1) + t_2 (H_{\text{c}} - 2t_{\text{Fc}} - t_2)]$$
$$= 10 \times 3.5 \times 37.5 \times [1.2 \times (39 + 1.2) + 1.6 \times (39 - 2 \times 1.9 - 1.6)]$$
$$= 151055.0\text{kN} \cdot \text{cm} > M_{\text{u1}}$$
$$M_{\text{u}} = \min(M_{\text{u1}}, M_{\text{u2}}, M_{\text{u3}}, M_{\text{u4}}) = 77909.8\text{kN} \cdot \text{cm} > 1.2M_{\text{Px}}$$
$$= 1.2 \times 49712 = 59654\text{kN} \cdot \text{cm} \quad (可)$$

对剪力：

柱腹板净截面面积的抗剪最大承载力：
$$V_{\text{u1}} = A_{\text{nw}}^{\text{c}} f_{\text{u}} / \sqrt{3}$$
$$= 27.2 \times 37.5 / \sqrt{3} = 588.9\text{kN}$$

柱腹板拼接连接板净截面面积的抗剪最大承载力：
$$V_{\text{u2}} = A_{\text{nw}}^{\text{PL}} f_{\text{u}} / \sqrt{3}$$
$$= 38.8 \times 37.5 / \sqrt{3} = 840.1\text{kN} > V_{\text{u1}}$$

柱腹板连接高强度螺栓的抗剪最大承载力：
$$V_{\text{u3}} = 0.75 n_{\text{f}} n A_{\text{e}}^{\text{bH}} f_{\text{u}}^{\text{bH}}$$
$$= 0.75 \times 2 \times 8 \times 2.45 \times 104 = 3057.6\text{kN} > V_{\text{u1}}$$
$$V_{\text{u}} = \min(V_{\text{u1}}, V_{\text{u2}}, V_{\text{u3}})$$
$$= 588.9\text{kN} > 1.3V_{\text{pn}} = 1.3 \frac{2M_{\text{Px}}^{\text{c}}}{h_{\text{c}}}$$
$$= 1.3 \times \frac{2 \times 49712}{360} = 359.7\text{kN} \quad (可)$$

(5) 螺栓孔对柱截面的削弱率校核

柱的毛截面面积：$\qquad A_0 = 133.3\text{cm}^2$

螺栓孔的削弱面积：
$$A_{\text{R}} = 2.15 \times 1.6 \times 6 + 2.15 \times 1.0 \times 4 = 29.2\text{cm}^2$$

螺栓孔对柱截面的削弱率：

$$\mu_R = \frac{A_R}{A_0} \times 10\%$$

$$= \frac{29.2}{133.3} \times 100\% = 21.9\% < 25\% \quad (\text{可})$$

【例 8-4】 次梁与主梁的铰接连接设计

1. 设计条件

如图 8-204 所示，次梁梁端与主梁的连接为铰接。作用于次梁梁端的垂直剪力 $V = 178.0\text{kN}$；次梁、主梁及其连接板均采用 Q235 钢；次梁与连接板的连接采用 10.9 级的 M20 高强度螺栓摩擦型双剪连接，螺栓孔径为 $\phi21.5$；主梁加劲肋与主梁的连接采用双面角焊缝连接，焊条为 E43×× 型焊条、手工焊。

设计如图 8-204 所示的次梁与主梁的铰接连接时，通常是忽视主

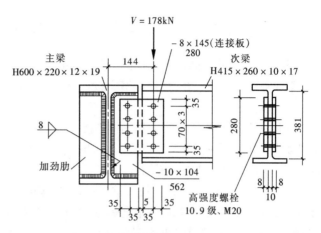

图 8-204　次梁与主梁的铰接连接图示

梁的扭转影响，且仅将次梁的垂直剪力传给主梁；但在计算连接高强度螺栓和连接焊缝时，除了考虑次梁端部垂直剪力外，尚应考虑由于偏心所产生的附加弯矩的影响。

2. 连接计算

（1）在次梁端部垂直剪力作用下，连接一侧的每个高强度螺栓所受的力，由公式（8-30）得：

$$N_v = \frac{V}{n} = \frac{178}{4} = 44.5\text{kN}$$

（2）由于偏心弯矩 M_e（$M_e = Ve$）作用，边行受力最大的一个高强度螺栓所受的力，由公式（8-31）得：

$$N_M = \frac{M_e y_{max}}{\Sigma y_i^2} = \frac{178 \times 14.4 \times 10.5}{(3.5^2 + 10.5^2) \times 2} = 109.9\text{kN}$$

（3）在垂直剪力和偏心弯矩共同作用下，边行受力最大的一个高强度螺栓所受的力，由公式（8-32）得：

$$N_{smax} = \sqrt{N_v^2 + N_M^2} = \sqrt{44.5^2 + 109.9^2}$$

$$= 118.6\text{kN} < N_v^{bH} = 125.6\text{kN} \quad (\text{可})$$

（4）主梁加劲肋（兼作连接次梁用）与主梁的连接角焊缝，采用 $h_f = 6\text{mm}$，焊缝计算长度仅考虑与主梁腹板连接部分有效，此时焊缝的强度由公式（8-33）、公式（8-34）和公式（8-34a）得：

$$\tau_v = \frac{V}{2 \times 0.7 h_f l_w} = \frac{178}{2 \times 0.7 \times 0.6 \times (60 - 3.8 - 4.8)}$$

$$= 4.12\text{kN/cm}^2$$

$$\sigma_M = \frac{M_c}{W_w} = \frac{6 \times 178 \times 14.4}{2 \times 0.7 \times 0.6 \times 51.4^2} = 6.93\text{kN/cm}^2$$

$$\sigma_{fs} = \sqrt{\tau_v^2 + \sigma_M^2} = \sqrt{4.12^2 + 6.93^2}$$
$$= 8.06\text{kN/cm}^2 < f_f^w = 16.0\text{kN/cm}^2$$

（5）连接板的厚度由公式（8-35）得：

$$t = \frac{t_w h_1}{2h_2} + 1 = \frac{10 \times 381}{2 \times 280} + 1 = 7.8\text{mm} \longrightarrow \text{采用 } t = 8\text{mm}$$

连接板的尺寸和高强度螺栓的配置，如图 8-204 所示。

【例 8-5】 梁与柱的刚性连接节点设计（含抗震设计）

1. 设计条件

作用在 H 形截面梁与 H 形截面柱连接节点处的弯矩和剪力如图 8-205 所示；H 形截面梁的跨度为 8.0m，采用 HN500×200×10×16（$r=13$），H 形截面柱采用 HM390×300×10×16（$r=27$），梁、柱及其连接板均采用 Q235 钢（极限抗拉强度最小值 $f_u = 37.5\text{kN/cm}^2$，屈服强度 $f_y = 23.5\text{kN/cm}^2$，抗拉、抗压、抗弯强度设计值 $f = 21.5\text{kN/cm}^2$）。梁与柱的连接形式为：（1）梁翼缘采用完全焊透的坡口对接焊缝连接，腹板采用双面角焊缝连接（图 8-205a）。（2）梁翼缘采用完全焊透的坡口对接焊缝连接，腹板采用 10.9 级的 M20 摩擦型高强度螺栓单剪连接（图 8-205b），双行排列，每行 4 个。

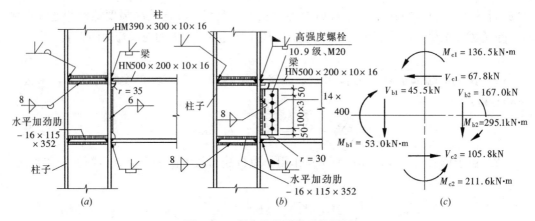

图 8-205 梁与柱的刚性连接图示

设计采用常用设计法，梁端弯矩全部由翼缘承担，梁端剪力全部由腹板承担。

另外，为供参考，最后按抗震设计要求对梁与柱连接节点的最大承载力进行校核。

2. 连接计算

设计用内力：$M_x = 29510\text{kN·cm}$，$V = 167.0\text{kN}$

（1）梁与柱的连接，当翼缘采用完全焊透的坡口对接焊缝连接，腹板采用双面角焊缝连接时：

1）梁翼缘完全焊透的对接焊缝的强度，由公式（8-81）得：

$$\sigma_M = \frac{M_x}{h_{0b} b_{Fb} t_{Fb}} = \frac{29510}{(50 - 1.6) \times 20 \times 1.6}$$
$$= 19.05\text{kN/cm}^2 < f = 21.5\text{kN/cm}^2$$

腹板角焊缝的抗剪强度由公式（8-82）和公式（8-83）转换得：

$$\tau_v = \frac{V}{2 \times 0.7 h_f l_w} = \frac{167}{2 \times 0.7 \times 0.6 \times (50 - 2 \times 1.6 - 2 \times 3)}$$

$$= 4.87 \text{kN/cm}^2$$

或

$$\tau_v = \frac{A_{nw} F_v}{4 \times 0.7 h_f l_w} = \frac{40.8 \times 1.02 \times 12.5}{4 \times 0.7 \times 0.6 \times 40.8}$$

$$= 7.60 \text{kN/cm}^2 < f_f^w = 16.0 \text{kN/cm}^2$$

2）柱水平加劲肋截面尺寸的确定

如图 8-206 所示，一对水平加劲肋的截面面积 A_s，按与梁翼缘截面面积的等强度条件确定，此时由公式（8-106）得：

$$A_s = 2 b_s t_s = A_{Fb} - t_{wc}(t_{Fb} + 5 t_0)$$
$$= b_{Fb} t_{Fb} - t_{wc}[t_{Fb} + 5(t_{Fe} + r_c)]$$
$$= 20 \times 1.6 - 1.0 \times [1.6 + 5 \times (1.6 + 2.7)]$$
$$= 15.9 \text{cm}^2$$

因
$$b_{Fc} - 20\text{mm} - 2 t_{Fc}$$
$$= 300 - 20 - 2 \times 16 = 248\text{mm} > b_{Fb}$$
$$= 200\text{mm}$$

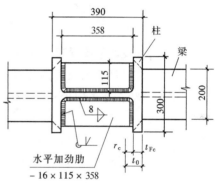

图 8-206　柱水平加劲肋设置图示

则由公式（8-104）得：

$$b_{es} = (b_{Fb} + 2 t_{Fc} - 2 r_c - t_{wc})/2$$
$$= (200 + 2 \times 16 - 2 \times 13 - 10)/2 = 98\text{mm}$$

由公式（8-103）得到单侧水平加劲肋的宽度为：

$$b_s = b_{es} + r_c = 98 + 13 = 114\text{mm} \longrightarrow 取 b_s = 115\text{mm}$$

水平加劲肋的厚度 t_s，由公式（8-101）得：

$$t_s = \frac{A_s}{2 b_s} = \frac{15.9}{2 \times 11.5} = 0.69\text{cm} = 6.4\text{mm}$$

按构造要求，取 $t_s = t_{Fb} = 16\text{mm}$。

水平加劲肋与柱翼缘的连接，采用完全焊透的坡口对接焊缝连接；与柱腹板的连接，采用双面角焊缝连接，其焊脚尺寸 $h_f = 0.7 t_{wc} = 0.7 \times 10 = 7\text{mm}$。取 $h_f = 8\text{mm}$。

3）节点板域的抗剪强度，由公式（8-113）得：

$$\tau_P = \frac{|M_{b1} + M_{b2}|}{V_P} = \frac{|M_{b1} + M_{b2}|}{h_b h_c t_{wc}} = \frac{5300 + 29510}{48.4 \times 37.4 \times 1.0}$$

$$= 19.23 \text{kN/cm}^2 \approx \frac{3}{2} f_v = \frac{3}{2} \times 12.5 = 18.75 \text{kN/cm}^2$$

故不需要对柱腹板增设补强板。

（2）梁端与柱的连接，当翼缘采用完全焊透的坡口对接焊缝连接；腹板采用摩擦型高强度螺栓连接时：

翼缘上完全焊透的坡口对接焊缝强度的计算、连接板与柱相连的角焊缝强度计算、水平加劲肋截面尺寸的确定和节点板域抗剪强度的计算，均与第（一）项的计算相同，此处从略。

1）腹板连接所需的高强度螺栓数目，由公式（8-6a）或公式（8-6b）得：

$$n_{\mathrm{wb}} = \frac{V}{N_{\mathrm{v}}^{\mathrm{bH}}} = \frac{167}{62.8} = 2.6(\text{个})$$

或

$$n_{\mathrm{wb}} = \frac{A_{\mathrm{nw}}f_{\mathrm{v}}}{2N_{\mathrm{v}}^{\mathrm{bH}}} = \frac{(50 - 3.2 - 5 \times 2.15) \times 12.5}{2 \times 62.8}$$

$$= 3.6(\text{个}) \longrightarrow \text{采用 8 个（注：构造确定，双排受力有利）}$$

2）连接板的厚度由公式（8-36）得

$$t = \frac{t_{\mathrm{wb}}h_1}{h_2} + 2 = \frac{10 \times 468}{400} + 2 = 13.7\mathrm{mm} \longrightarrow \text{采用14mm}$$

连接板与柱翼缘的连接采用双面角焊缝连接，焊脚尺寸 $h_{\mathrm{f}} = 8\mathrm{mm}$。

（3）按抗震设计要求对连接节点的最大承载力的校核

1）梁的全塑性弯矩由公式（8-249）得：

$$M_{\mathrm{Px}}^{\mathrm{b}} = w_{\mathrm{Px}}^{\mathrm{b}}f_{\mathrm{y}} = \left[B_{\mathrm{b}}t_{\mathrm{Fb}}(H_{\mathrm{b}} - t_{\mathrm{Fb}}) + \frac{1}{4}(H_{\mathrm{b}} - 2t_{\mathrm{Fb}})^2 t_{\mathrm{wb}} \right]f_{\mathrm{y}}$$

$$= \left[20 \times 1.6 \times (50 - 1.6) + \frac{1}{4} \times (50 - 2 \times 1.6)^2 \times 1.0 \right] \times 23.5$$

$$= 49264\mathrm{kN \cdot cm}$$

2）梁端与柱的连接，当翼缘采用完全焊透的坡口对接焊缝连接，腹板采用双面角焊缝连接时，连接节点的最大承载力：

对弯矩：

梁端截面的抗弯最大承载力：

$$M_{\mathrm{u1}} = A_{\mathrm{Fb}}f_{\mathrm{u}}h_{\mathrm{b}} + \frac{1}{4}A_{\mathrm{nw}}^{\mathrm{b}}f_{\mathrm{u}}h_{\mathrm{wb}}$$

$$= 20 \times 1.6 \times 37.5 \times 48.4 + \frac{1}{4} \times (50 - 2 \times 1.6 - 2 \times 3)$$

$$\times 1.0 \times 37.5 \times (50 - 2 \times 1.6 - 2 \times 3)$$

$$= 73686\mathrm{kN \cdot cm}$$

翼缘完全焊透的坡口对接焊缝和腹板双面角焊缝的最大抗弯承载力：

$$M_{\mathrm{u2}} = A_{\mathrm{Fb}}f_{\mathrm{u}}h_{\mathrm{b}} + \frac{1}{4} \times 0.7h_{\mathrm{f}}l_{\mathrm{w}}^2(f_{\mathrm{u}}/\sqrt{3}) \times 2$$

$$= 20 \times 1.6 \times 37.5 \times 48.4 + \frac{1}{4} \times 0.7 \times 0.6 \times 40.8^2 \times (37.5/\sqrt{3}) \times 2$$

$$= 65649\mathrm{kN \cdot cm} < M_{\mathrm{u1}}$$

$$M_{\mathrm{u}} = \min(M_{\mathrm{u1}}, M_{\mathrm{u2}}) = 65649\mathrm{kN \cdot cm} > 1.3M_{\mathrm{Px}}^{\mathrm{b}} = 1.3 \times 49264$$

$$= 64043\mathrm{kN \cdot cm} \quad （\text{可}）$$

对剪力：

$$V_u = A_{ww}f_u/\sqrt{3} = 2 \times 0.7h_f l_w f_u/\sqrt{3}$$

$$= 2 \times 0.7 \times 0.6 \times 40.8 \times 37.5/\sqrt{3}$$

$$= 742\text{kN} > 1.4V_{Pn} = 1.4 \times \frac{2M_{Px}^b}{l_b}$$

$$= 1.4 \times \frac{2 \times 49264}{800} = 172.4\text{kN} \quad （可）$$

水平加劲肋的截面面积：

$$A_s = 1.6 \times 11.5 \times 2 = 36.8\text{cm}^2 > A_{Fb} = 32.0\text{cm}^2 \quad （可）$$

3）梁端与柱的连接，当翼缘采用完全焊透的坡口对接焊缝连接，腹板采用高强度螺栓摩擦型连接时，连接节点的最大承载力：

对弯矩：

翼缘完全焊透的坡口对接焊缝和腹板高强度螺栓的抗弯最大承载力：

$$M_u = A_{Fb}f_u h_b + \Sigma 0.75A_e^{bH} f_u^{bH} y_i$$

$$= 20 \times 1.6 \times 37.5 \times 48.4 + (0.75 \times 2.45 \times 104 \times 8 + 0.75 \times 2.45 \times 104 \times 16) \times 2$$

$$= 67253\text{kN} \cdot \text{cm} > 1.3M_{Px}^b = 1.3 \times 49264 = 64043\text{kN} \cdot \text{cm} \quad （可）$$

对剪力：

梁腹板净截面面积的抗剪最大承载力：

$$V_{u1} = A_{nw}^b f_u/\sqrt{3}$$

$$= (50 - 2 \times 1.6 - 5 \times 2.15) \times 1.0 \times 37.5/\sqrt{3}$$

$$= 781\text{kN}$$

连接板净截面面积的抗剪最大承载力：

$$V_{u2} = A_{nw}^{PL} f_u/\sqrt{3}$$

$$= (40 - 5 \times 2.15) \times 1.4 \times 37.5/\sqrt{3}$$

$$= 886.6\text{kN} > V_{u1}$$

腹板连接中高强度螺栓的抗剪最大承载力：

$$V_{u3} = 0.75n_f n A_e^{bH} f_u^{bH}$$

$$= 0.75 \times 1 \times 5 \times 2.45 \times 104$$

$$= 956\text{kN} > V_{u1}$$

$$V_u = \min(V_{u1}, V_{u2}, V_{u3})$$

$$= 781\text{kN} > 1.4V_{Pn} = 1.4 \frac{2M_{Px}^b}{l_b}$$

$$= 1.4 \times \frac{2 \times 49264}{800} = 172.4\text{kN} \quad （可）$$

【例 8-6】刚性固定外露式柱脚的设计

1. 设计条件

（1）作用于柱脚处的弯矩（绕强轴）、轴心压力和水平剪力为：

$$M_x = 672.3 \text{kN} \cdot \text{m}$$
$$N = 1754 \text{kN}$$
$$V = 215.4 \text{kN}$$

（2）柱的高度（层高）$h_i = 3.6$m，柱截面采用 H428×407×20×35。

$$I_x = 119000 \text{cm}^4; \qquad I_y = 39400 \text{cm}^4$$
$$W_x = 5570 \text{cm}^3; \qquad W_y = 1930 \text{cm}^3$$
$$A = 360.7 \text{cm}^2; \qquad W_{Fx} = 5140.5 \text{cm}^3$$
$$A_w = 71.6 \text{cm}^2; \qquad A_F = 142.45 \text{cm}^2$$

（3）柱及柱脚的连接板件、锚栓等均采用 Q235 钢，底板下混凝土的强度等级为 C20。

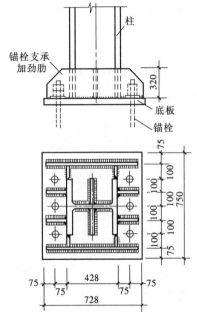

图 8-207　刚性固定外露式柱脚连接图示

2. 柱脚细部设计计算

（1）柱脚底板长度和宽度的确定

设柱脚强轴一侧的锚栓为 3M42，则根据柱的截面尺寸和锚栓的设置构造要求，参考表 8-2 的数值，得到如图 8-207 所示的柱脚底板的尺寸：

$$L = 72.8 \text{cm}$$
$$B = 75.0 \text{cm}$$
$$l_t = 7.5 \text{cm}$$
$$l = L - l_t = 72.8 - 7.5 = 65.3 \text{cm}$$

柱脚底板处混凝土基础的面积为 1200mm×1200mm。

（2）底板下混凝土最大受压应力的计算

1）偏心类型判别

$$\frac{L}{6} + \frac{l_t}{3} = \frac{72.8}{6} + \frac{7.5}{3} = 14.63 \text{cm}$$

$$e = \frac{M_x}{N} = \frac{67230}{1754} = 38.33 \text{cm} > \frac{L}{6} + \frac{l_t}{3} = 14.63 \text{cm}$$

属于表 8-3 所示的情况 C，可知锚栓承受拉力。

2）柱脚底板受压区长度的确定

$$\frac{x}{l} = \frac{e - L/2}{l} = \frac{38.33 - 36.4}{65.3} = 0.030$$

$$\rho = \frac{A_c^a}{Bl} = \frac{3 \times 11.21}{75 \times 65.3} = 0.0069 \approx 0.007$$

根据 $\frac{x}{l} = 0.03$，$\rho = 0.007$，由图 8-66 得

$x_n/l = 0.52$　则底板受压区长度为：

$$x_n = 0.52l = 0.52 \times 65.3 = 33.96 \text{cm}$$

3）底板下混凝土局部承压时的轴心抗压强度设计值的计算

底板下混凝土的局部承压净面积为

$$A_1 = x_n B = 33.96 \times 75 = 2547 \text{cm}^2$$

根据《混凝土结构设计规范》GB 50010 的规定，局部受压面积与计算底面积同心对称的原则，得到局部受压时的计算底面积为（图 8-208）：

$$A_b = 81.16 \times 120 = 9739.2 \text{cm}^2$$
$$A_l = 75 \times 33.96 = 2547 \text{cm}^2$$

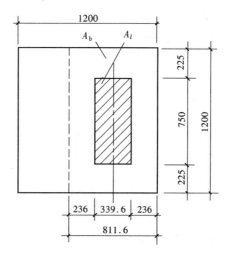

图 8-208 局部受压计算底面积图示

混凝土局部承压时的轴心抗压强度设计值提高系数为

$$\beta_l = \sqrt{\frac{A_b}{A_l}} = \sqrt{\frac{9739.2}{2547}} = 1.96$$

混凝土局部承压时的轴心抗压强度设计值为：

$$\beta_l f_c = 1.96 \times 0.96 = 1.88 \text{kN/cm}^2$$

4）底板下混凝土的最大受压应力，由公式（8-164）得

$$\sigma_c = \frac{2N\left(e + \dfrac{L}{2} - l_t\right)}{B x_n \left(L - l_t - \dfrac{x_n}{3}\right)}$$

$$= \frac{2 \times 1754 \times (38.33 + 36.4 - 7.5)}{75 \times 33.96 \times \left(72.8 - 7.5 - \dfrac{33.96}{3}\right)}$$

$$= 1.72 \text{kN/cm}^2 < \beta_l f_c = 1.88 \text{kN/cm}^2 \quad （可）$$

（3）锚栓的强度校核

柱脚受拉侧锚栓所承受的总拉力由公式（8-165）得：

$$T_a = \frac{N\left(e - \dfrac{L}{2} + \dfrac{x_n}{3}\right)}{L - l_t - \dfrac{x_n}{3}}$$

$$= \frac{1754 \times (38.33 - 36.4 + 33.96/3)}{72.8 - 7.5 - 33.96/3}$$

$$= 430.5 \text{kN}$$

$$\sigma_t = \frac{T_a}{A_e^a} = \frac{430.5}{3 \times 11.21} = 12.8 \text{kN/cm}^2 < f_t^a$$
$$= 14 \text{kN/cm}^2 \quad (\text{可})$$

（4）对水平剪力的校核

由柱脚底板与底板下混凝土的摩擦所产生的水平抗剪承载力，根据公式（8-167）得：

$$V_{fb} = 0.4(N + T_a)$$
$$= 0.4 \times (1754 + 430.5)$$
$$= 873.8 \text{kN} > V = 215.4 \text{kN} \quad (\text{可})$$

（5）柱脚底板厚度 t_{Pb} 的计算

1）受压侧底板的计算

受压侧受力最大的底板区格，如图 8-207 所示的三边支承板

根据：$\frac{b_2}{a_2} = \frac{140}{200} = 0.7$，由表 8-6 得：

$$\alpha = 0.087$$

底板的最大弯矩由公式（8-152）得：
$$M_2 = \alpha \sigma_c a_2^2 = 0.087 \times 1.72 \times 20^2 = 59.86 \text{kN} \cdot \text{cm}$$

底板的厚度 t_{Pb}，由公式（8-150）得：

$$t_{Pb} = \sqrt{\frac{6M}{f}} = \sqrt{\frac{6 \times 59.86}{21.5}}$$

$= 41 \text{mm}$（当 $\delta > 40$ 时，f 为 20.0kN/cm^2，计算得 $t_{Pb} = 4.2 \text{cm}$）$\longrightarrow$ 取 $t_{Pb} = 42 \text{mm}$

2）受拉侧底板的计算

受拉侧受力最大的底板区格为如图 8-206 所示的承受锚栓拉力的三边支承底板：

此时，底板的厚度 t_{Pb} 由公式（8-158）得：

$$t_{Pb} = \sqrt{\frac{6\bar{N}_{ta} l_{ai}}{(D + 2l_{ai})f}}$$

$$= \sqrt{\frac{6 \times 430.5/3 \times 7.5}{(4.5 + 2 \times 7.5) \times 20.0}}$$

$$= 4.07 \text{cm} = 41 \text{mm} < 42 \text{mm}(\text{可})$$

（6）锚栓支承加劲肋的计算

由底板下混凝土的分布反力得到的剪力，由公式（8-178）得：

$$V_i = a_{Ri} L_{Ri} \sigma_c = 20 \times 14 \times 1.72 = 481.6 \text{kN} > \bar{N}_{ta}$$

$$= \frac{430.5}{3} = 143.5 \text{kN}$$

设：锚栓支承加劲肋的高度和厚度为：

$$h_{Ri} = 30 \text{cm}, \ t_{Ri} = 16 \text{mm}$$

所以锚栓支承加劲肋的剪应力，由公式（8-176）得：

$$\tau_R = \frac{V_i}{h_{Ri} t_{Ri}} = \frac{481.6}{30 \times 1.6}$$

$$=10 \text{kN/cm}^2 < f_v = 11.5 \text{kN/cm}^2 \quad (可)$$

宽厚比 $b_{\text{Ri}}/t_{\text{Ri}} = 14/1.6 = 8.8 < 18 \quad (可)$

设支承加劲肋与柱板件的竖向连接角焊缝的焊脚尺寸 $h_f = 12 \text{mm}$，焊缝计算长度 $l_w = 29 \text{cm}$，则角焊缝的抗剪强度由公式（8-177）得：

$$\tau_f = \frac{481.6}{2 \times 0.7 \times 1.2 \times 29} = 9.9 \text{kN/cm}^2 < f_f^w = 16 \text{kN/cm}^2$$

（7）柱与底板连接焊缝计算

柱翼缘采用完全焊透的坡口对接焊缝连接；腹板采用双面角焊缝连接，焊脚尺寸 $h_f = 12 \text{mm}$，焊缝计算长度为：

$$l_w = 42.8 - 7.0 - 6 - 1 = 28.8 \text{cm}（计算忽视加劲肋的连接焊缝）$$

由公式（8-158）得：

$$\sigma_{\text{Nc}} = \frac{N}{2A_F + A_{\text{eww}}}$$
$$= \frac{1754}{2 \times 142.45 + 2 \times 0.7 \times 1.2 \times 28.8}$$
$$= 5.26 \text{kN/cm}^2$$

由公式（8-174）得：

$$\sigma_{\text{Mc}} = \frac{M_x}{W_F} = \frac{21.4 \times 67230}{40.7 \times 3.5 \times 19.65^2 \times 2}$$
$$= 13.08 \text{kN/cm}^2 < \beta_f f_t^w = 1.22 \times 16 = 19.52 \text{kN/cm}^2$$

由公式（8-156）得：

$$\tau_v = \frac{215.4}{2 \times 0.7 \times 1.2 \times 28.8} = 4.45 \text{kN/cm}^2$$

1）对翼缘连接焊缝，由公式（8-175）得

$$\sigma_f = \sigma_{\text{Nc}} + \sigma_{\text{Mc}} = 5.26 + 13.08 = 18.34 \text{kN/cm}^2 < \beta_f f_t^w$$
$$= 1.22 \times 16 = 19.52 \text{kN/cm}^2 \quad (可)$$

2）对腹板连接焊缝，由公式（8-157）得：

$$\sigma_{\text{fs}} = \sqrt{\left(\frac{\sigma_{\text{Nc}}}{\beta_f}\right)^2 + \tau_v^2}$$
$$= \sqrt{\left(\frac{5.26}{1.22}\right)^2 + 4.45^2}$$
$$= 6.20 \text{kN/cm}^2 < f_f^w = 16 \text{kN/cm}^2 \quad (可)$$

（8）加劲肋与底板的连接焊缝，均采用双面角焊缝，其焊脚尺寸 $h_f = 12 \text{mm}$ 并一律满焊。

【例 8-7】梁端加强式连接设计

1. 梁端可采用加肋或加盖板的形式、在梁与柱刚性连接处形成局部加强以迫使塑性铰向跨中移动，本例推荐采用楔形盖板加强的形式，如图 8-209 所示。

2. 楔形盖板的厚度，可由梁端弯矩与楔形盖板末端处移 $0.25h_b$（参考国外资料取值）处弯矩之间的几何关系来确定，如图 8-209 所示。其几何关系式是：

$$\frac{M_d}{L_0} = \frac{M_0}{L_0 - a - 0.25h_b} \quad (8-346)$$

由于梁的抗弯承载力与 I 成正比，故可改为如下表达式：

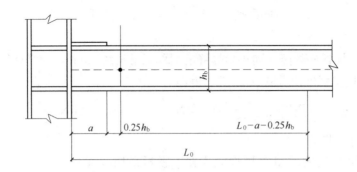

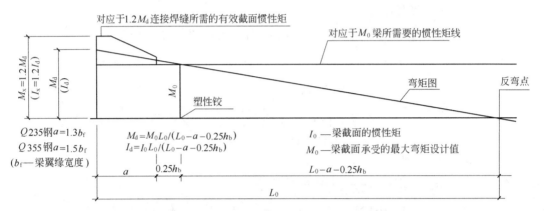

图 8-209　塑性铰处的截面惯性矩与节点处连接焊缝有效截面惯性矩的关系与加强几何图

$$\frac{I_d}{I_0} = \frac{L_0}{L_0 - a - 0.25h_b} \quad 即 \quad I_d = \frac{I_0}{L_0 - a - 0.25h_b}L_0 \tag{8-347}$$

上式表明，当梁端增设盖板后，其梁柱焊缝连接处的弯曲应力 f 与 M_0（塑性铰）处的弯曲应力 f 相等时，I_d 与 I_0 呈线性关系。但根据《建筑抗震设计规范》GB 50011 规定的 γ_{RE} 系数值，其连接焊缝的抗弯承载力设计值应为钢梁抗弯承载力设计值的 $0.9/0.75 = 1.2$ 倍。为此，梁的上下翼缘增设盖板后的惯性矩应为：

$$I_x = 1.2I_d = \frac{1.2I_0}{L_0 - a - 0.25h_b}L_0 \tag{8-348}$$

为了求得盖板的厚度需先求出盖板的惯性矩，即：

$$I_{gb} = I_x - t_w(h_b - 2t_f)^3/12 - 0.5b_ft_f(h_b - t_f)^2 \tag{8-349}$$

从而可得梁上、下翼缘所需的盖板厚度为：$t_{gb}^s = I_{gb}/\left[0.5\ (b_f - 3t_{gb})\ h_b^2\right] \tag{8-350}$

梁的上翼缘所需的盖板宽度为 $\left. \begin{array}{l} b_{gb}^s = b_f - 3t_{gb} \\ b_{gb}^x = b_f + 3t_f \end{array} \right\} \tag{8-351}$

梁的下翼缘所需的盖板宽度为

式中　t_{gb}、t_f——分别为盖板和梁翼缘板的厚度。

根据地震后考察结构破坏的情况来看，其破坏部位均发生在梁下翼缘与柱的焊缝连接处。这一现象说明，混凝土楼板参与了梁的部分工作，使钢梁的中和轴上移，下翼缘力臂加大，受力比上翼缘不利。故加大下翼缘盖板的宽度，可使下翼缘的受力得到改善。

应注意：①所求得的盖板厚度不宜大于梁翼缘的厚度；②盖板与梁翼缘的总厚度不得大于柱翼缘（或箱形截面柱壁板）的厚度；③当盖板厚度大于 6mm 时，其角焊缝的焊脚尺寸，最大只能取板厚减 1mm。

3. 梁上、下翼缘所需盖板的长度计算。根据国外研究资料介绍，盖板与梁翼缘的连接焊缝只宜采用角形侧焊缝，不宜在尾部再用端焊缝。为此，盖板长度 l_{gb} 可根据梁下翼缘盖板侧面的角形焊缝平衡板端对接焊缝的拉力而得。

当为 Q235 钢时，盖板最小长度可近似取梁翼缘宽度的 1.3 倍，即 $l_{gb}=1.3b_f$。

当为 Q355 钢时，盖板最小长度可近似取梁翼缘宽度的 1.5 倍，即 $l_{gb}=1.5b_f$。

4. 梁的上、下翼缘增焊盖板后对节点域的影响。梁的上下翼缘增焊盖板后，会对梁的刚度有所加大，对层间位移和结构自振周期有所影响。在大多数情况下，这种影响是很小的。为了满足强柱弱梁的要求，必须考虑由于塑性铰外移，使梁端弯矩将明显加大所带来的对节点域的影响。其梁端弯矩加大值为图 8-209 中的 M_x-M_0。

5. 与箱形截面柱刚接的梁用楔形盖板加强的连接节点计算。

（1）框架梁在塑性铰处的截面惯性矩与节点处连接焊缝有效截面惯性矩的关系与图 8-209 相同。其盖板所需的惯性矩为：

$$I_{gb} = I_x - 0.5b_f t_f (h_b - t_f)^2 \tag{8-352}$$

式中　$I_x = 1.2I_d = \dfrac{1.2I_0}{L_0 - a - 0.25h_b} L_0$

梁的上、下翼缘所需盖板的厚度和宽度分别计算与式（8-350）、式（8-351）等相同。

（2）梁的上、下翼缘增焊盖板后，对节点域的影响、与梁和工字形截面柱用楔形盖板加强后的连接节点计算相同。

【例 8-8】 梁端削弱式连接设计

1. 梁端削弱式连接的设计原则

就是将梁翼缘切去一部分，以使在罕遇地震下塑性铰出现在梁翼缘的削弱部位，并要求梁翼缘的削弱对梁的刚度和强度影响都很小。要实现这一目标，关键是如何确定削弱部位距柱边的距离 a、削弱部位的长度 b 及削弱部位的深度 c 这三个尺寸，如图 8-210 所示。

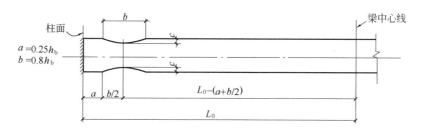

图 8-210　削弱式连接梁翼缘几何图形（弧形切割）

对于梁腹板平面对应位置有柱腹板或竖向加劲肋的柱截面而言，a 越小越好；但 a 越小，对刚度和强度的降低也就越大。一般取 $a=0.25h_b$（h_b 为梁截面的高度）。

削弱区长度 b，主要由延性要求和刚度要求确定（从刚度角度出发，b 越短越好；从延性出发，b 越长同时进入塑性的区段越长，延性越好）。根据国际上对梁塑性铰相对转角不应小于 0.03 弧度的要求，综合考虑宜取 $b=0.8h_b$。

最后，就是确定翼缘削弱部位的深度 c。深度 c 是保证塑性铰出现在翼缘削弱部位和强度控制在一定范围之内的关键。

2. 削弱深度 c 的确定

削弱深度可由翼缘削弱部位的截面抗弯承载力设计值与梁端弯矩之间的几何关系来确定，如图 8-211 所示。

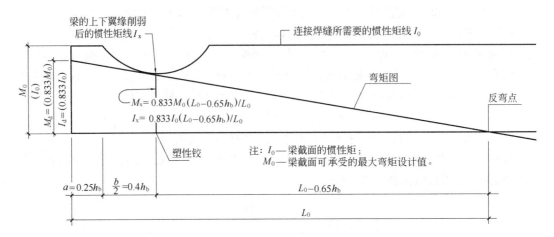

图 8-211 削弱部位的截面惯性矩与节点处连接焊缝有效截面惯性矩的关系图

图中 M_x——削弱部位梁截面的抗弯承载力设计值；

M_d——当梁端的弯曲应力与削弱处弯曲应力相对应的弯矩设计值；

M_0——梁柱连接焊缝所需的有效截面抗弯承载力设计值

根据《建筑抗震设计规范》GB 50011 规定的 γ_{RE} 系数值，其连接焊缝的抗弯设计值应为钢梁抗弯设计值的 $0.9/0.75=1.2$ 倍。亦即钢梁截面的抗弯承载力设计值应是焊缝截面抗弯承载力设计值的 $0.75/0.9=0.8333$ 倍。为此，可建立如下几何关系式：

$$\frac{0.833M_0}{L_0} = \frac{M_x}{L_0 - 0.65h_b} \tag{8-353}$$

由于连接焊缝截面的抗弯承载力设计值及钢梁截面的抗弯承载力设计值均为其截面的惯性矩成正比，故可改为如下表达式：

$$\frac{0.833I_0}{L_0} = \frac{I_x}{L_0 - 0.65h_b}$$

即

$$I_x = \frac{0.833I_0(L_0 - 0.65h_b)}{L_0} \tag{8-354}$$

为求削弱处削弱深度的 c 值，根据图 8-210，可建立如下关系式：

$$\left.\begin{array}{l} I_0 - I_x = 0.5ct_f(h_b - t_f)^2 \\[2mm] 即\quad c = \dfrac{2(I_0 - I_x)}{t_f(h_b - t_f)^2} \end{array}\right\} \tag{8-355}$$

式中 I_0——梁截面的惯性矩；

I_x——翼缘削弱处梁截面的惯性矩，由式（8-354）计算。

式中符号的意义可参见图 8-210；当求得的 $c > b_f/4$ 时，应采用梁端加强式和削弱式相结合的方式。其构造要求为：梁翼缘的切割面要求光滑、无突出棱角，加工尺寸准确，加工磨平时要求顺翼缘长度方向加工。

底部幕墙锚固点

顶部幕墙锚固点

中部幕墙锚固点

拉索节点一

拉索节点二

某钢结构项目幕墙节点图

钢结构深化设计总说明

地下一节柱及负一层钢骨梁构件图

某钢结构项目深化施工图

楼梯连接计算书

墙梁、支架梁、吊车梁的连接计算书

水平支撑节点计算书

支撑节点计算书

主次梁、梁柱节点、节点域计算书

主次梁连接计算书

柱拼接计算书

某中东电厂美国钢结构规范连接节点计算书

某铅芯橡胶支座节点深化图纸和防坠落计算书

钢骨混凝土结构说明

第9章 预应力钢结构的
连接节点设计

预应力钢结构学科自诞生以来，已经走过了50多年历程。尤其是近几年来的新材料、新工艺和新结构发展迅猛，预应力钢结构的应用范围几乎已覆盖了全部钢结构领域。其主要应用包括：大跨度及大体量无阻挡空间的建筑，如机场体育馆剧场等；承受重级荷载及超重级荷载的建筑，如重型厂房桥梁等；减轻自重的部分活动及移动结构物，如可开启屋面、科学探测天线等；较好的稳定性及刚度的高耸结构物，如超高电波天线、塔桅结构等；以柔索取代受弯构件、以张力膜面取代刚性屋面、以吊点取代支点的结构物；造型特异的艺术馆剧场外装饰幕墙等，将预应力技术应用于服役钢结构的加固补强等。相关技术规定要求满足《钢结构设计标准》GB 50017—2017 和《预应力钢结构技术规程》CECS 212:2006 及《索结构技术规程》JGJ 257—2012。

预应力钢结构学科虽然近年来快速发展，前景光明，但其发展历史短暂，已建工程中的设计、施工、运营及防护工作上仍存在问题。因此，如何选用经济、合理的结构体系和节点设计，已经成为预应力钢结构领域中不可回避的问题。其中，连接和节点设计又是预应力钢结构设计得以实现的重要环节。

9.1 预应力钢结构原理和结构类型

1. 预应力钢结构的结构体系

按平面空间组成体系，可大致分为预应力平面结构体系和预应力空间结构体系。预应力平面结构体系包括预应力梁及楼盖系统、预应力钢桁架、预应力拱架、预应力框架结构、吊挂结构以及索绳结构体系。预应力空间结构体系包括预应力网架结构、预应力网壳结构、张弦结构、索穹顶结构、斜拉结构、悬索及索膜（张拉膜）结构等；也可以按受力性能，分为由刚性构件和柔性拉索组合而成的半刚半柔结构体系，如张弦结构、预应力钢桁架和以柔性拉索为主的索穹顶结构、索膜（张拉膜）结构等。

2. 钢结构预应力的原理

预应力能使结构产生于外部荷载作用下位移方向相反或相同的预应力位移，可以提高结构的刚度。反向预应力位移如同结构的起拱，在荷载作用下可以先抵消初始挠度，再在水平轴线基础上计算结构实际挠度。同向预应力位移如同预位移，在荷载作用前因预应力作用而产生挠度，当荷载作用时则不再产生新的挠度。换而言之，结构大大提高了刚度。预应力还可以改变基本杆件的动力性能。根据预应力体系的选择与预应力施加力度的大小，可以调节基本杆件的振动频率与自振周期，从而调整其动力特性。索膜结构或预应力钢结构应分别进行初始预张力状态分析和荷载状态分析，计算中应考虑几何非线性影响。在永久荷载控制的荷载组合作用下，结构中的索和膜均不应出现松弛；在可变荷载控制的荷载组合作用下，结构不应因局部索或膜的松弛而导致结构失效或影响结构正常使用功能。

在传统钢结构中，采用预应力技术的经济效益与众多因素有关。其主要影响因素有：结构体系、施加预应力方法、节点构造、几何尺寸、荷载性质与大小、施工方法和材料、劳动力价格等。设计中如能选用卸载杆多而增载杆少的结构形式，寻求轴拉杆件多而受弯杆件少的受载体系，统一和简化杆件与节点的构造及规格，尽量多地采用高强度钢材代替普通钢材等，将会获得很好的经济效果。当然，其中最主要的便是进行合理的结构体系选择和节点构造设计。

9.1.1　预应力结构体系的分类

1. 拉索预应力钢梁（图 9-1）

拉索预应力实腹式梁的截面由上、下翼缘板和腹板以及布置在受拉翼缘一侧的拉索共同组成。利用张拉钢索在受拉翼缘中产生预压应力以平衡荷载拉应力，从而延长梁的弹性受力范围，提高梁的承载力及刚度。

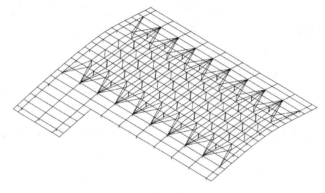

图 9-1　张弦梁

单跨简支梁的拉索布置都在受拉的下翼缘一侧；连续梁原理类似，拉索虽不一定布置在下翼缘，但必须是布置在受拉翼缘一侧。拉索的形式主要有三种：一是直线形，最为常用；二是折线形，用在梁需要较大卸载弯矩时；三是曲线形，用在支座反力较大时。一般情况下可直线布索，索锚头置于梁端，构造简单、方便。关于拉索预应力梁的节点设计，根据受力力度可选用钢缆、钢绞线、高强钢丝束作拉索。力度较小时，可采用高强圆钢借助螺帽拧紧；力度较大时，也可采用环形钢丝束用顶推法张拉。在锚头连接处，拉索的巨大集中荷载传至梁上，在梁的腹板及翼缘处引起很大局部应力，应在相应位置设置辅助加劲肋，以保证腹板的稳定性及均匀受力。为了保证张拉过程中下翼缘的稳定性，应设定位板沿索长方向将拉索与下翼缘相连，以保证索与下翼缘共同工作。

2. 预应力钢桁架（图 9-2）

平面结构体系中预应力钢桁架的类型多种多样，如钢-混凝土混合钢桁架、钢索桁架、弹性变形钢桁架、张弦梁式钢桁架及拉索钢桁架等。它们都是利用各种手段，在承受全部荷载前单次或多次地引入预应力，以对多数杆件卸载、降低内力峰值或提高结构刚度。

预应力钢桁架的拉索一般布置在拉杆范围内，如悬臂桁架布置于桁架上弦，简支桁架布置于下弦，连续桁架布置于跨中下弦和支座处上弦。当弦杆的内力差异较大时，可按受力大小相应重叠布索，以节约索材；也可以用不贯穿全跨长的整体布索方案改善部分杆件

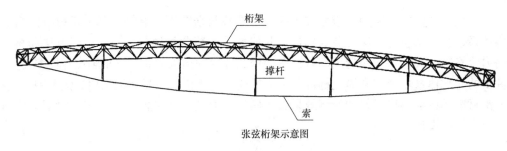

桁架

撑杆

索

张弦桁架示意图

图 9-2　张弦梁式钢桁架

的受力条件，尽量减少增载杆的出现。预应力桁架的高度理应不大于非预应力桁架高度，一般不大于 1/12～1/16 跨长。关于拉索预应力钢桁架结构的节点设计，关键在于拉索的锚固处和转折处的节点设计。一般工程中，是将预应力平面桁架的锚固节点和转折节点分开设计，因为这样可以使节点构造简化，便于节点设计及施工。拉索预应力钢桁架属于平面桁架结构，其节点处受力处于桁架平面内，故依然可按普通平面桁架采用节点板进行节点连接设计。由于预应力的引入，使得节点板上的应力分布比较复杂，其分布不是按线性分布的；但只要设计时能保证节点板上的最大应力不大于材料强度，即可保证结构安全。对于节点设计来说，受压节点要比受拉节点容易设计，因此应尽量将桁架节点设计为受压节点而非受拉节点。节点的构造及节点处焊缝必须能保证安全、可靠传递。

3. 预应力钢框架结构

预应力框架结构适用于大跨度建筑及主要承受恒载的结构物中，框架结构常用的有格构式和实腹式两种，后者在近些年来多用于轻型钢结构工业厂房门式刚架中。在框架结构中施加预应力的方法有三种：一是拉索法，局部或整体布索；二是支座位移法，强迫支座水平或垂直位移，以调整内力；三是两法的联合应用。

4. 预应力悬索钢结构（图 9-3、图 9-5）

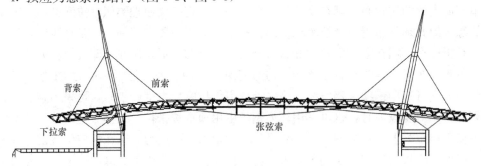

背索　　前索

下拉索　　　　　张弦索

图 9-3　斜拉索结构和张悬索结构

预应力悬索结构是用高强钢索吊挂屋盖的承重结构体系的统称，其是在斜拉桥式引入建筑结构后，又在暴露结构潮流中发展起来的。其突出的特点是有高耸于屋面之上的结构与索系，造型较为奇异。它有视野开阔的室内空间，满足功能要求，屋盖结构简洁。

悬索结构是一种张力结构，以一系列受拉的索作为主要的承重构件。这些索按一定规律组成不同形式的体系，并悬挂在相应的支承结构上。悬索结构体系分为单层悬索体系、双层悬索体系、马鞍形索网等。

预应力悬索结构中常用的主承重结构一般有立柱、刚架、拱架、悬索等几种，且各自具有自身独特的建筑造型。常用的屋盖结构一般由实腹梁、蜂窝梁、平行弦桁架、拱架及檩条、屋面板构成。吊索可由顶吊点直吊屋盖结构，也可通过中间节点间接吊挂屋盖结构，一般吊索呈对称形式布置于主承重结构两侧。如采用非对称性布索应设置平衡索系或斜置立柱，以降低结构中过大的偏心力矩影响；吊索与屋盖夹角大于 25°，以保证吊点有足够的刚度及降低附加内力。

5. 预应力网架结构

预应力网架结构是一种把预应力技术引入网架结构而形成的新型预应力大跨度空间结构，在网架结构中施加预应力的方法主要有支座位移法和拉索法。

拉索法预应力网架是通过对优化布置在网架结构上的高强钢索的张拉，使网架获得一组自平衡力系，在网架体系中建立一种与荷载下符号相反的预应力，致使部分或大部分抵消外荷载作用引起的网架杆件内力和结构变形，从而改善内力分布，增大结构刚度，减小网架高度，提高抗震性能，节省钢材用量并降低工程造价。预应力网架结构按网架结构形式，可分为双层预应力网架、三层预应力网架及多层预应力网架。仅双层预应力网架，目前常用的就有平面桁架体系网架、四角锥体系网架和三角锥体系网架三大类。按施加预应力阶次，可分为单次预应力网架和多次预应力网架。

拉索法预应力网架的布索方案按拉索类型，分为直线配索和折线配索：按拉索所处剖面位置，分为廓（桁架）内布索和廓（桁架）外布索：按拉索平面布置分，常见的布置方案有对角线布索、平行边布索、井字式布索、多重井字式布索、四角放射布索以及自由式布索等。总之，当网架形式确定后，布索方案及合理的预应力取值等问题，应经多方案优选后确定并做好相关的节点设计。

6. 预应力索穹顶结构（图 9-4）

索穹顶结构可以分为两种体系：Geiger 体系和 Levy 体系。

美国工程师 D. H. Geiger 根据张拉整体结构的思路构造了 Geiger 体系索穹顶，荷载从中央的拉力环通过一系列辐射状的脊索、环向索和中间斜索传递至周边的压力环。除了撑杆和外压环受压外，其他构件均受拉力，屋盖刚度完全来自预应力。通过控制撑杆的高度实现屋面凹凸起伏的建筑造型，通过受

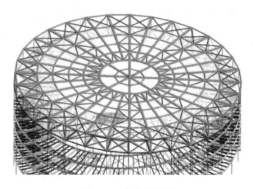

图 9-4　索穹顶结构

压环给拉索提供支承而形成张力场。Levy 将 Geiger 体系中辐射状的脊索改为联方形，提高了结构的几何稳定性和空间协同工作能力，人们通常称这种结构形式为 Levy 体系。

7. 预应力弦支穹顶结构（图 9-5）

典型的弦支穹顶结构一般由上层刚性穹顶、下层悬索体系及竖向撑杆组成。上层穹顶结构一般为单层焊接球网壳，可以采用肋环形、葵花形、凯威特形等多种布置形式。上弦钢结构也可是由辐射状布置的钢梁与环向连系梁组成的单层壳体。弦支穹顶结构一般要求有一个比较强大的外环梁，外环梁可以采用粗钢管或钢桁架。下层悬索体系由环索和径向索组成，径向索由于长度较短，在实际工程中一般采用高强拉杆。索系与上层穹顶通过竖向撑杆连系起来，竖向撑杆对上层穹顶有一定的支承作用，改善穹顶的受力性能。

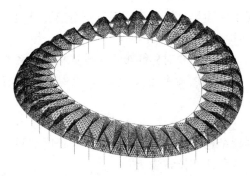

图 9-5　索膜（张拉膜）结构

8. 预应力网壳结构

在已经提到钢结构中建立预应力的方法多种多样，有支座位移法、拉索法、弹性变形法等。同预应力网架结构一样，在国内外预应力网壳结构的工程实践中，采用最多的仍是拉索法。

拉索法预应力网壳结构是在网壳结构的不同部位布置高强柔性拉索，借助张拉钢索在结构中产生预应力的方法。这种预应力网壳结构的特点如下：

它是目前广泛应用的一种施加预应力的手段，我国已建成的预应力网壳结构全为拉索预应力网壳结构，由此可知拉索法应用的广泛性；可使结构达到较佳的受力状态。通过拉索的合理布置和索力的优选，可以采用多次分批加载和多阶次施加预应力以扩大材料的弹性工作范围，使荷载与预应力产生的内力抵消与重复作用，有效地改善结构的内力状态和刚度分布，从而提高结构的承载能力，控制结构的水平位移和增强结构的整体刚度；拉索法是建立预应力方法中较为简便、有效的方法。首先，拉索一般采用高强度材料，扩大高效高强度钢材的应用范围；其次，拉索的布置非常灵活，可以充分满足设计意图。此外，拉索施加预应力的施工工艺相对比较成熟。与支座位移法相比，对预应力值的控制相对简单；拉索预应力网壳结构有较高的技术效益和经济效益。

预应力钢结构正处于一个发展的阶段。虽然已经具有一定的理论基础，但仍然具有一定的局限性，比如在施加预应力的方法上比较单一。对于拉索法的预应力钢结构中，所考虑的布索原则也比较传统，总是以考虑卸载杆的钢材的节约量与增载杆的钢材耗损量之差为首要原则，这可能在总体思路上限制了新体系构型的萌生。节点设计方面，现有的结构体系已经基本能满足所有工程实际的需要，但还有待进一步完善。总之，预应力钢结构的发展历史毕竟还比较短暂，以后还需要在结构抗震性、结构可靠性、结构抗疲劳性、结构经济性等方面做出长足的研究。

9.2　预应力钢结构连接节点设计

9.2.1　材料和锚具

1. 一般规定

（1）预应力钢结构工程应按性能匹配、强度协调、造价合理并便于施工等要求合理选材。各类材料的材质、性能应符合相关国家标准的规定。

（2）预应力钢结构中的材料可分为刚性构件钢材、索材和锚具材料等。刚性构件的钢材应符合现行《钢结构设计标准》GB 50017 关于材料选用的规定，索体材料和锚具材料可分别参照《预应力钢结构技术规程》CECS 212：2006 附录 A 和附录 B 选用。

2. 索材

（1）索体分为钢丝绳索体、钢绞线索体、钢丝束体和钢拉杆索体，其分类标准应符合

《预应力钢结构技术规程》CECS 212：2006 附录 A 的规定。

（2）钢丝绳索体所用钢丝绳的质量、性能应符合现行《钢丝绳》GB/T 8918 的有关规定。钢丝绳的极限抗拉强度可分为 1570、1670、1770、1870 和 1960（单位：MPa）等级别。钢丝绳的基本组成元件为绳芯、绳股和钢丝（图 9-6）。钢丝绳的绳

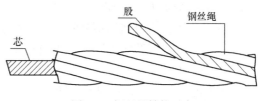

图 9-6　钢丝绳结构示意

芯可采用纤维芯、金属芯、有机芯和石棉芯。金属芯可分为独立的钢丝绳芯和钢丝股芯。钢丝绳宜采用无油镀锌钢芯钢丝绳。

（3）钢绞线的截面可按 1×3、1×7、1×19 和 1×37 等规格选用，其强度等级按极限抗拉强度可分为 1270、1370、1470、1570、1670、1770、1870、1960（单位：MPa）等级别。

（4）钢丝束索体可分为平行钢丝束和半平行钢丝束两种。钢丝束所用钢丝的直径为 5mm 和 7mm，宜选用高强度、低松弛、耐腐蚀的钢丝。钢丝的质量和性能应符合现行《桥梁缆索用热镀锌钢丝》GB/T 17101 的规定。

（5）钢拉杆杆体的强度级别（屈服强度）可采用 345MPa、460MPa、550MPa、650MPa 等级别。高强度钢拉杆材料的屈服强度不应低于 460MPa，并且具有轻质、耐疲劳等特性。

3. 锚具

锚具材料应符合现行《预应力筋用锚具、夹具和连接器》GB/T 14370 的要求，并符合现行《预应力筋用锚具、夹具和连接器应用技术规程》JGJ 85 的规定。

热铸锚的铸体材料应采用锌铜合金，锌、铜原材料应符合现行《阴极铜》GB/T 467、《锌锭》GB/T 470 的要求。冷铸锚的铸体填料主要应采用环氧树脂和钢丸，铸体试件强度不应小于 147MPa。

压接锚、夹片锚、挤压锚、螺母锚和镦头锚的锚具组件宜采用低合金结构钢或合金结构钢，其技术性能应符合现行《低合金高强度结构钢》GB/T 1591 或《合金结构钢》GB/T 3077 的规定。

9.2.2　预应力钢结构计算理论

1. 预应力钢结构应采用以概率理论为基础的极限状态设计法，用分项系数表达式进行设计与计算。预应力钢结构设计应包括施工及工程使用两个阶段进行计算。玻璃幕墙及采光顶的施工阶段计算，除保证结构的强度和稳定外，尚应保证结构的几何形状和应力分布符合设计要求。

2. 预应力钢结构的使用阶段设计应按承载能力极限状态和正常使用极限状态进行计算。

（1）预应力钢结构中的预应力是一种特殊的作用，其预张力的分项系数按下式计算：

$$\gamma_P = \gamma_G \cdot \gamma_T \tag{9-1}$$

式中　γ_G——当预应力与荷载应力等号时取 1.2，异号时取 1.0；

　　　γ_T——张拉系数，当预应力与荷载应力等号时取 1.1，异号时取 0.9；当用预应力测力计准确计量时，取 1.0。

按《工程结构通用规范》GB 55001，预加应力应考虑时间效应影响，采用有效预

应力。

房屋建筑结构的作用分项系数应按下列规定取值：

① 永久作用：当对结构不利时，不应小于 1.3；当对结构有利时，不应大于 1.0。

② 预应力：当对结构不利时，不应小于 1.3；当对结构有利时，不应大于 1.0。

（2）索截面计算

拉索的抗拉力设计值应按下式计算：

$$F = \frac{F_{tk}}{\gamma_R} \tag{9-2}$$

式中 F——拉索的抗拉力设计值（kN）；

F_{tk}——拉索的极限抗拉力标准值（kN）；

γ_R——拉索的抗力分项系数，取 2.0；当为钢拉杆时，取 1.7。

拉索的承载力应按下式验算：

$$\gamma_0 N_d \leqslant F \tag{9-3}$$

式中 N_d——拉索承受的最大轴向拉力设计值（kN）；

γ_0——结构的重要性系数。

9.2.3 预应力钢结构节点的设计原则

大跨度预应力钢结构工程进行节点设计时，需遵循以下原则：

（1）预应力钢结构节点的设计构造应保证有足够的强度与刚度，能有效传递各种内力，传力路径明确；节点构造应符合计算假定，尽量减小偏心传力、应力集中、次应力和焊接残余应力；应避免材料多向受拉，防止出现脆性破坏，同时便于制作、安装和维护。半刚性节点在结构分析时，应考虑节点刚度的影响。除满足以上力学和功能上的要求外，还宜在选形及外形构造上尽量满足建筑设计的美观要求。

（2）预应力高强拉索的张拉节点应保证节点张拉区有足够的施工空间，便于施工操作且锚固可靠。预应力索张拉节点与主体结构的连接应考虑施工过程超张拉和使用荷载阶段拉索的实际受力大小，确保连接安全。

（3）预应力拉索锚固节点应采用传力可靠、预应力损失低且施工便利的锚具，应保证锚固区的局部承压强度和刚度。应对锚固节点区域的主要受力杆件、板域进行应力分析和连接计算。节点区应避免焊缝重叠。

（4）预应力拉索转折节点应设置滑槽或孔道，滑槽或孔道内可涂润滑剂或加衬垫，或采用抗滑移系数低的材料；应验算转折节点处的局部承压强度，并采取加强措施。

预应力钢结构的连接构造应保证结构受力明确，尽量减少应力集中和次应力，减小焊接残余应力，避免材料多向受拉，防止出现脆性破坏，同时便于制作、安装和维护。构件拼接或节点连接通常采用焊缝连接、螺栓（销栓）连接或栓焊混合连接。各种连接的计算及其构造要求应按现行《钢结构设计标准》GB 50017 的规定执行。

9.2.4 预应力钢结构节点的分类

根据预应力钢结构的特点和拉索节点的连接功能，节点可分为张拉节点、锚固节点、转折节点、索杆连接节点、交叉节点和玻璃幕墙节点等主要类型。

在张拉节点、锚固节点和转折节点的局部承压区，应验算其局部承压强度并采取可靠的加强措施满足设计要求。对构造、受力复杂的节点可采用铸钢节点。根据节点的重要性、受力大小和复杂程度，节点的承载力设计值应为构件承载力设计值的 1.2~1.5 倍。

1. 张拉节点

高强拉索的张拉节点应保证节点张拉区有足够的施工空间，便于施工操作，且锚固可靠。对于张拉力较大的拉索，可采用液压张拉千斤顶或其他专用张拉设备进行张拉；对于张拉力较小的拉索，可采用花篮调节螺栓或直接拧紧螺帽等方法施加预应力。

张拉节点与主体结构的连接应考虑超张拉和使用荷载阶段拉索的实际受力大小，确保连接安全（图 9-7）。通过张拉节点施加拉索预应力时，应根据设计需要和节点强度，采用专门的拉索测力装置监控实际张拉力值，确保节点和结构安全。

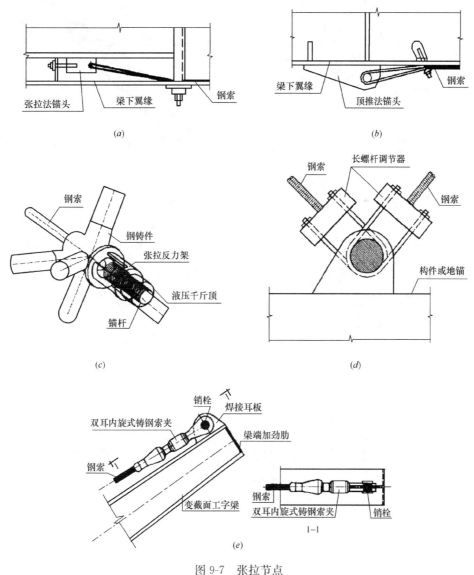

图 9-7 张拉节点

(*a*) 张拉法锚头式节点；(*b*) 顶推法锚头式节点；(*c*) 千斤顶式节点；
(*d*) 螺杆调节式节点；(*e*) 花篮螺栓式节点

2. 锚固节点

锚固节点应采用传力可靠、预应力损失低且施工便利的锚具，尤其应保证锚固区的局部承压强度和刚度，应设置必要的加劲肋、加劲环或加劲构件等加强措施。

对锚固节点区域的主要受力杆件、板域应进行应力分析和连接计算，并采取可靠、有效的构造措施（图9-8）。节点区应避免出现焊缝重叠、开孔等易导致严重残余应力和应力集中的情况。

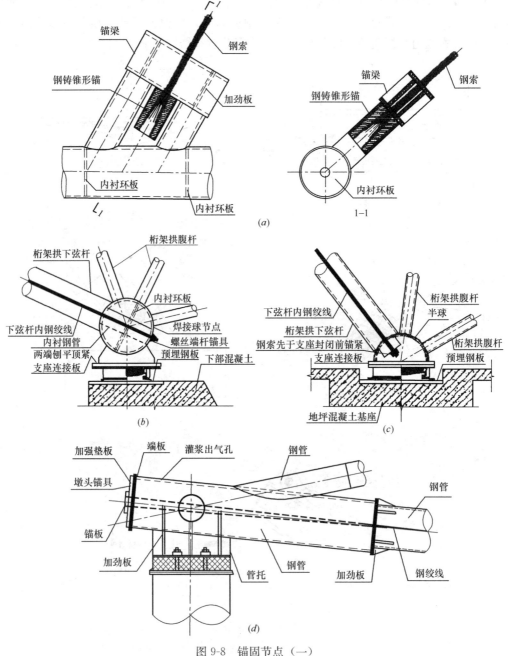

图 9-8　锚固节点（一）

（a）锚梁式节点；（b）外锚固式支座球节点；（c）内锚固式支座半球节点；（d）圆管桁架端部节点

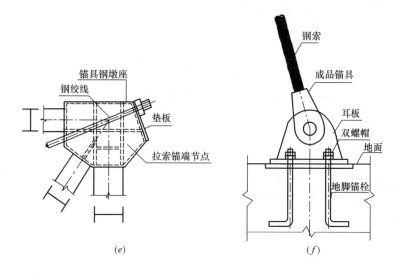

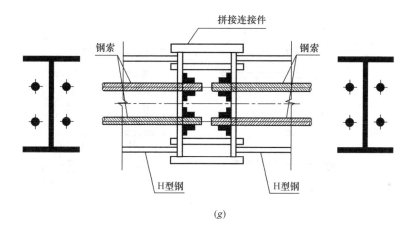

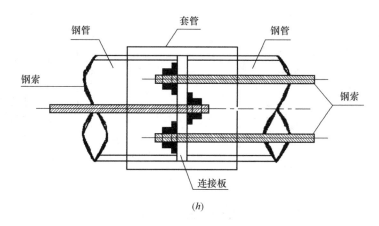

图 9-8　锚固节点（二）

(e) H 型钢桁架结构端部节点；(f) 地节点；(g) H 型钢梁拼接节点；(h) 钢管拼接节点

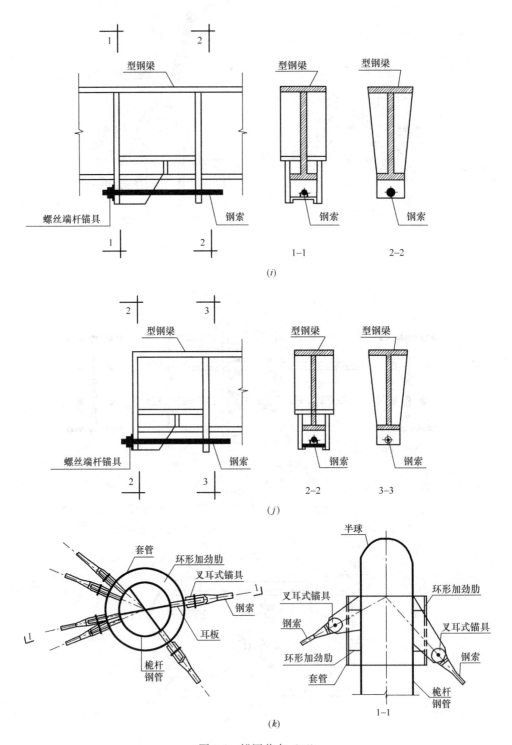

图 9-8　锚固节点（三）

(*i*) H 型钢梁中间节点；(*j*) H 型钢梁端部节点；(*k*) 桅杆结构节点

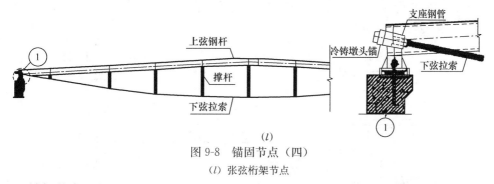

图 9-8 锚固节点（四）

（l）张弦桁架节点

3. 转折节点

转折节点宜与主体结构连接（图 9-9）。转折节点应设置滑槽或孔道供应索准确定位和改变角度。滑槽或孔道内可采用润滑剂或衬垫等摩擦系数低的材料；转折节点沿拉索夹角平分线方向对主体结构施加集中力，应验算该处的局部承压强度和该集中力对主体结构的影响，并采取加强措施。拉索转折节点处于多向应力状态，其强度降低值应在设计中予以考虑。

索结构节点的承载力和刚度应按现行《钢结构设计标准》GB 50017 的规定进行验算。索结构节点应满足其承载力设计值不小于拉索内力设计值 1.25～1.5 倍的要求。索结构主要受拉节点的焊缝质量等级应为一级，其他的焊缝质量等级不应低于二级。

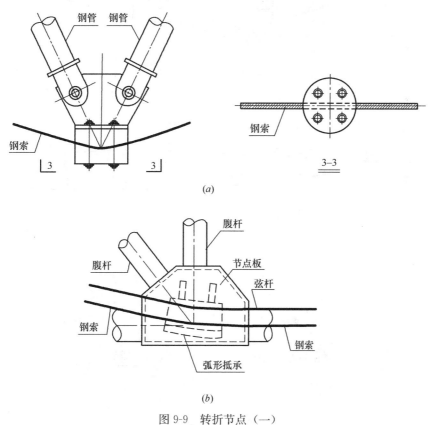

图 9-9 转折节点（一）

（a）下弦拉索节点；（b）弧形连接件式节点

523

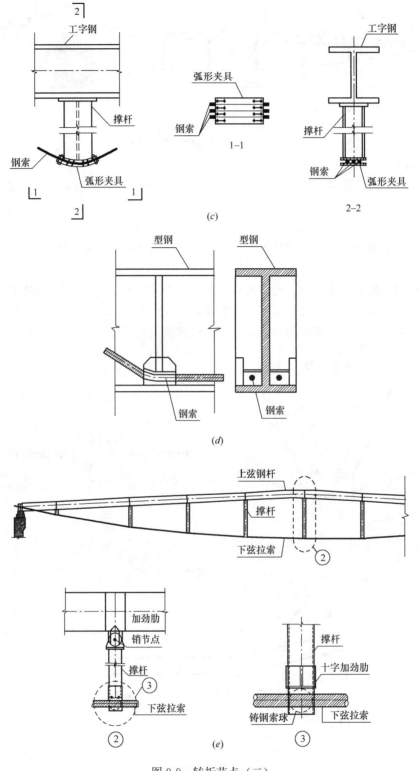

图 9-9 转折节点（二）

（c）弧形夹具式节点；（d）实腹梁节点；（e）张弦桁架节点

索结构节点的构造设计应考虑施加预应力的方式、结构安装偏差及进行二次张拉的可能性。

4. 索与索的连接节点

(1) 双向拉索的连接 (图 9-10.1)、拉索与柔性边索的连接 (图 9-10.2) 以及径向索与环索的连接 (图 9-10.1),宜分别采用 U 形夹具、螺栓夹板或铸钢夹具。索体在夹具中不应滑移,夹具与索体之间的摩擦力应大于夹具两侧索体的索力之差,并应采取措施保证索体防护层不被挤压损坏。

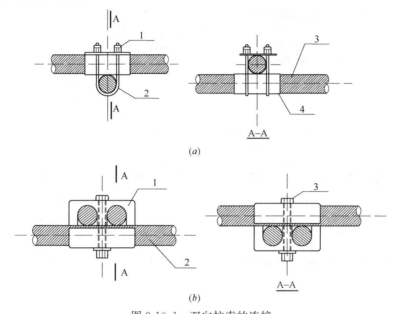

图 9-10.1 双向拉索的连接

(*a*) 双向拉索的 U 形夹具连接

1—双螺帽;2—U 形夹;3—拉索;4—厚铅皮

(*b*) 双向拉索的螺栓夹具连接

1—钢夹板;2—拉索;3—螺栓

(2) 在同一平面内不同方向多根拉索之间可采用连接板连接 (图 9-10.2),在构造上应使拉索轴线汇交于一点,避免连接板偏心受力。

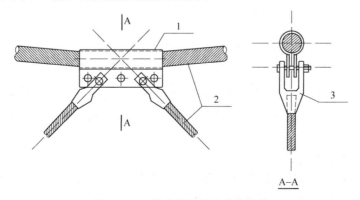

图 9-10.2 拉索与柔性边索的连接

1—钢夹板;2—拉索;3—锚具

5. 索与刚性构件的连接节点

（1）横向加劲索系的拉索与作为横向加劲构件的桁架下弦的连接，可采用 U 形夹具，在构造上应满足桁架下弦与索之间可产生转角位移但不产生相对线位移的要求（图 9-11）。

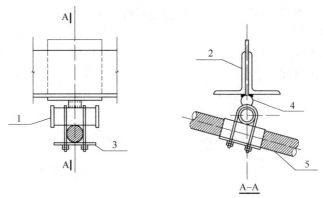

图 9-11　横向加劲索系的拉索与桁架下弦连接
1—圆钢管；2—桁架下弦；3—U 形夹具；4—圆钢；5—拉索

（2）斜拉结构节点应由立柱（撑杆）、拉索及调节器构成，拉索与立柱（撑杆）可通过耳板连接。

（3）张弦梁、张弦拱、张弦拱架结构的索、杆节点连接构造应满足索与撑杆之间可产生转角位移的要求。

（4）张弦网壳结构下弦节点应由环索、斜索、撑杆构成，拉索与撑杆宜通过耳板连接（图 9-12）。

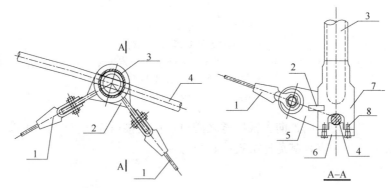

图 9-12　张弦网壳下弦拉索与撑杆连接节点
1—斜索；2—加劲肋；3—撑杆；4—环索；5—耳板；6—索夹；7—铸钢节点；8—固定螺栓

（5）索穹顶结构上弦节点应由脊索、斜索、撑杆构成，拉索与撑杆通过索夹具连接（图 9-13）；索穹顶结构下弦节点应由环索、斜索、撑杆构成，环索与撑杆通过索夹具连接（图 9-14）。

6. 索与支承构件的连接节点

（1）拉索的锚固节点应采取可靠、有效的构造措施，保证传力可靠，减少预应力损失及施工便利；应保证锚固区的局部承压强度及刚度。

（2）拉索与钢筋混凝土支承构件的连接宜通过预埋钢管或预埋锚栓将拉索锚固，拉索

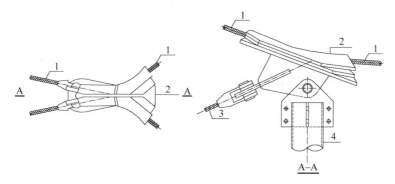

图 9-13 索穹顶上弦节点连接

1—脊索；2—索夹具；3—斜索；4—撑杆

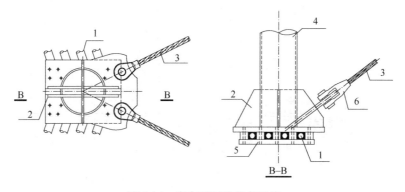

图 9-14 索穹顶下弦节点连接

1—环索；2—加劲肋；3—斜索；4—撑杆；5—索夹具；6—锚具

与钢支承构件的连接宜通过加肋钢板将拉索锚固，通过端部的螺母与螺杆调整拉索拉力。

（3）可张拉的拉索锚具与支座的连接应保证张拉区有足够的施工空间，便于张拉施工操作。

7. 索与屋面、玻璃幕墙和采光顶的连接节点

拉索与钢筋混凝土屋面板的连接宜采用连接板或钢筋钩连接（图 9-15.1），拉索与屋面钢檩条的连接宜采用夹具或螺栓夹具连接（图 9-15.2）。

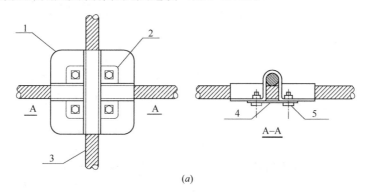

(a)

图 9-15.1 拉索与钢筋混凝土屋面板的连接（一）

(a) 连接板连接

1—连接板；2—搭屋面板；3—拉索；4—厚垫板；5—固定螺栓

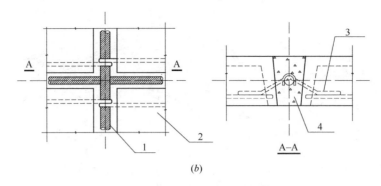

(b)

图 9-15.1　拉索与钢筋混凝土屋面板的连接（二）

(b) 钢筋钩连接

1—拉索；2—混凝土屋面板；3—钢筋钩；4—混凝土填缝

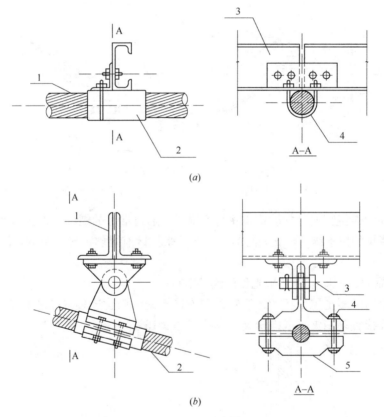

(a)

(b)

图 9-15.2　拉索与屋面钢檩条的连接

(a) U 形夹具连接

1—拉索；2—厚铅皮；3—钢檩条；4—U 形夹具

(b) 螺栓夹具连接

1—桁架式钢檩条；2—拉索；3—销轴；4—螺栓；5—铸钢夹具

8. 索杆连接节点

索杆连接节点应保证其承载力不低于杆件和拉索承载力的较小值。节点应传力可靠、连接便利，外形符合建筑造型的要求（图 9-16）。

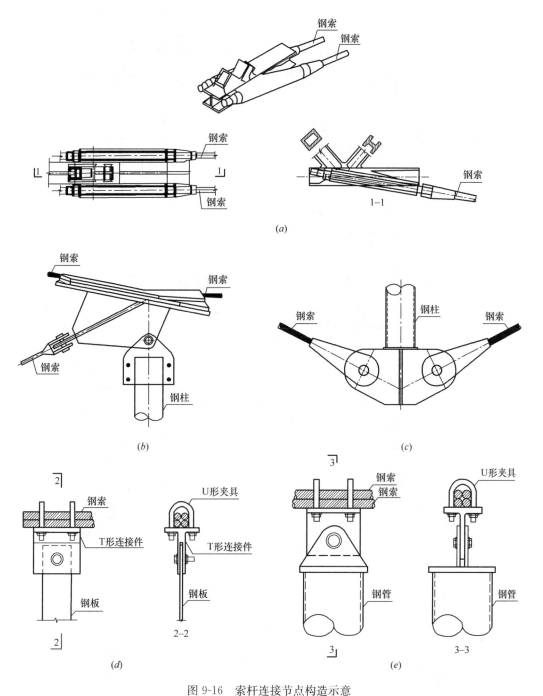

图 9-16　索杆连接节点构造示意

(a) 铸钢节点；(b) 销接节点板式空间节点；(c) 销接式平面节点；(d) U形夹具式钢板节点；

(e) U形夹具式钢管节点

9. 拉索交叉节点

拉索交叉节点应根据拉索的交叉角度优化连接节点板的外形，避免因夹角过小而使拉索相碰；节点板上因开孔和造型切角等引起的应力集中区，可采取构造措施减少应力集中；必要时应进行平面或空间的有限元分析（图 9-17）。

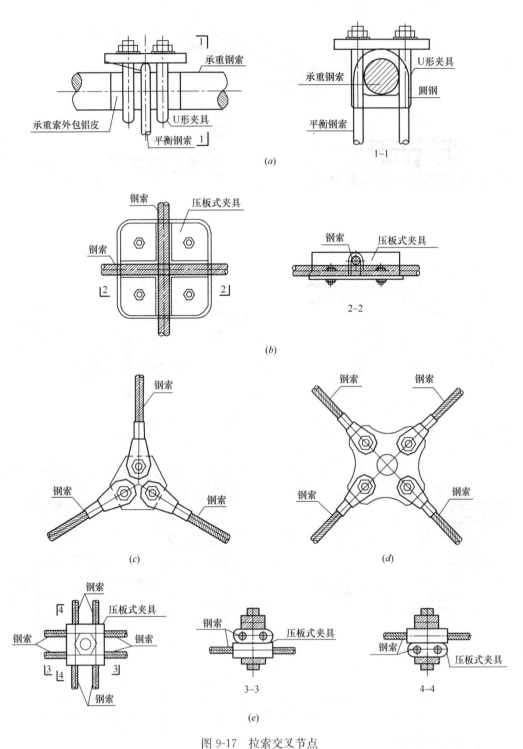

图 9-17　拉索交叉节点

(a) U 形夹具式节点；(b) 单层压板式夹具节点；(c) 销接式三向节点；(d) 销接式四向节点；
(e) 双层压板式夹具节点

10. 玻璃幕墙索结构节点

拉索端部锚固和连接的承载力不应低于拉索的破断拉力，索杆连接节点应对索提供足够的压紧力，防止索在节点中发生滑移。压紧螺栓大小和压紧力应通过计算确定。见图 9-18.1～图 9-18.3。

（1）索杆连接节点

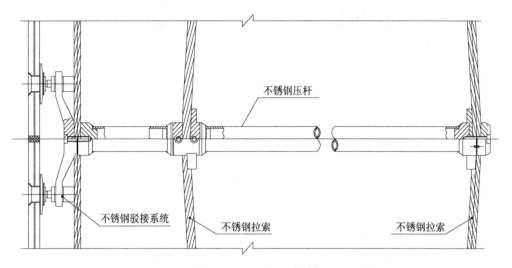

图 9-18.1　索杆连接节点

（2）索端连接节点

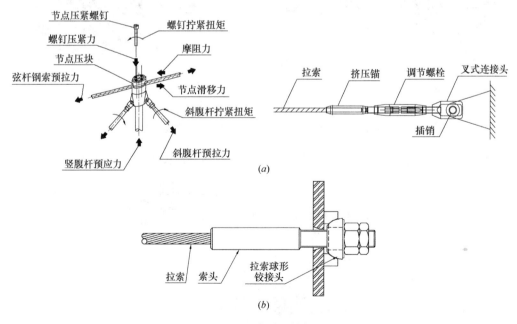

图 9-18.2　索端连接节点
(a) 叉式连接；(b) 球铰连接

（3）索交叉节点

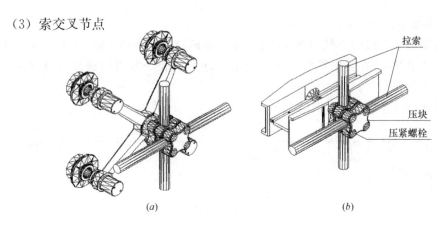

图 9-18.3　索交叉节点

（a）爪式；（b）矩形夹

11. 索膜结构节点

（1）索膜结构中，膜材与索的连接节点可分为脊索节点和谷索节点［图 9-19（a）、图 9-19（b）］。

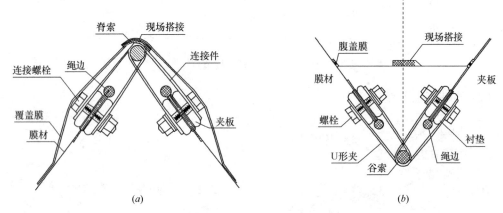

图 9-19　膜材与索的连接节点

（a）膜材与脊索连接示意；（b）膜材与谷索连接示意

（2）柔性膜边界索可直接穿入膜套筒内，或将膜通过连接件与索连接（图 9-20）。

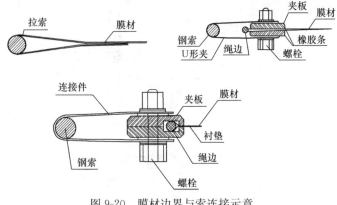

图 9-20　膜材边界与索连接示意

12. 预应力体外索在索的转折处应设置鞍形垫板，以保证索的平滑转折（图9-21）。

张弦立体拱架撑杆下端与索相连的节点宜采用两半球铸钢索夹形式，索夹的连接螺栓应受力可靠，便于在拉索预应力各阶段拧紧索夹。张弦立体拱架的拉索宜采用两端带有铸锚的扭绞型平行钢丝索，拱架端部宜采用铸钢件作为索的锚固节点（图9-22）。

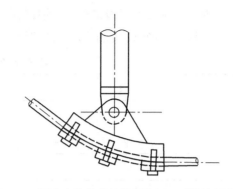

图9-21 预应力体外索的鞍形垫板（平滑转折节点）

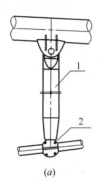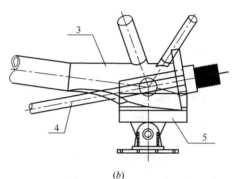

(a)   (b)

图9-22 张弦立体拱架节点

(a) 张弦立体拱架撑杆节点；(b) 张弦立体拱架支座索锚固节点

1—撑杆；2—铸钢索夹；3—铸钢锚固节点；4—索；5—支座节点

9.3 制作、安装及验收

1. 制索

（1）非低松弛索体（钢丝绳、不锈钢钢绞线等）在下料前应进行预张拉。预张拉力值宜取钢索抗拉强度标准值的55%，持荷时间不应少于1h，预张拉次数不应少于2次。

（2）钢丝束、钢丝绳索体应根据设计要求对索体进行测长、标记和下料。应根据应力状态下的索长，进行应力状态标记下料或经弹性模量换算进行无应力状态标记下料。

（3）钢丝束、钢绞线下料时，应考虑环境温度对索长的影响，采取相应的补偿措施。

（4）钢丝束、钢绞线进行无应力状态下料时，应考虑其自重挠度等因素的影响，宜取$200 \sim 300 N/mm^2$的张拉应力。成品拉索交货长度为设计长度，其允许偏差应符合表9-1的规定。

拉索长度允许偏差   表9-1

拉索长度 L（m）	允许偏差（mm）
≤50	±15
50<L≤100	±20
>100	±$L/5000$

（5）钢拉杆应按现行国家标准《钢拉杆》GB/T 20934 的规定制作。成品钢拉杆交货长度为设计长度，钢拉杆成品长度允许偏差应符合表 9-2 的规定。

钢拉杆长度允许偏差 表 9-2

单根拉杆长度（m）	允许偏差（mm）
≤5	±5
5～10	±10
>10	±15

2. 安装

（1）拉索两锚固端间距的允许偏差应为 $L/3000$（L 为两锚固端的距离）和 20mm 两者之间的较小值。

（2）拉索的安装工艺应满足整体结构对索的安装顺序和初始态索力的要求，并应计算出每根拉索的安装索力和伸长量。对于大型复杂钢结构，应进行施工成形过程计算，并应进行施工过程监测；索膜结构或预应力钢结构施工张拉时应遵循分级、对称、匀速、同步的原则。

（3）张拉及索力调整

拉索张拉前应进行预应力施工全过程模拟计算，计算时应考虑拉索张拉过程对预应力结构的作用及对支承结构的影响，应根据拉索的预应力损失情况确定适当的预应力超张拉值。

拉索张拉前应确定以索力控制为主或结构位移控制为主的原则。对结构重要部位宜同时进行，重要部位宜同时进行索力和位移双控制，并应规定索力和位移的允许偏差。

（4）拉索张拉时应考虑预应力损失，张拉端锚固压实内缩引起的预应力损失 σ_{l1} 应按下式计算：

$$\sigma_{l1} = \frac{a}{l}E \tag{9-4}$$

式中 a——张拉端锚固压实内缩位移值，可按表 9-3 取值；

　　　　E——索材料的弹性模量；

　　　　l——拉索长度。

张拉端锚固压实内缩位移值 a（mm） 表 9-3

锚具类型		a
端部螺母连接锚具	螺母间隙	1
夹片式锚具	端部夹片有顶压	5
	端部夹片无顶压	6～8

3. 验收

索结构作为子分部工程，应按现行《钢结构工程施工质量验收规范》GB 50205 和《索结构技术规程》JGJ 257—2012 的规定，按制作分项工程、安装分项工程和索张拉分项工程分别进行验收。

9.4 大跨度预应力工程项目实例

9.4.1 某体育馆悬索结构、索膜结构工程节点实例

见图 9-23～图 9-28。

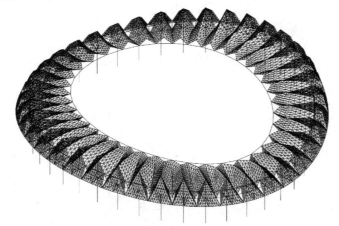

图 9-23.1 体育馆屋盖轴测图

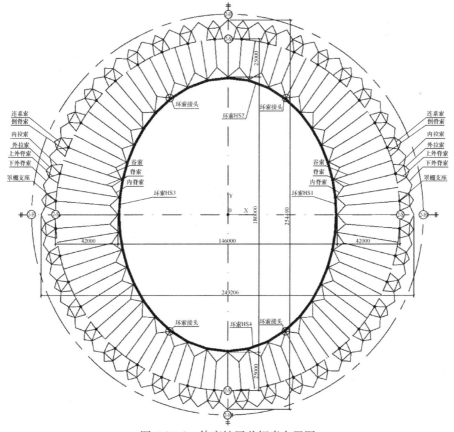

图 9-23.2 体育馆屋盖钢索布置图

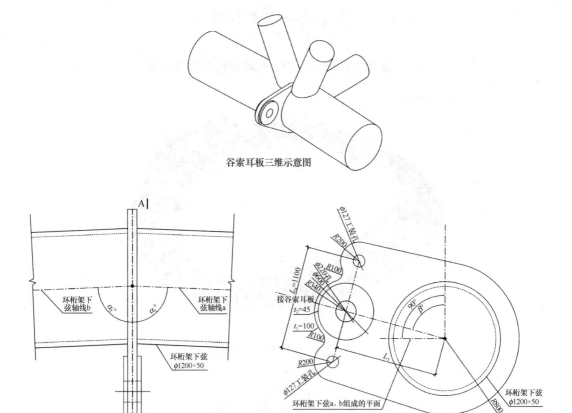

谷索耳板三维示意图

环桁架下弦轴线b

环桁架下弦轴线a

α°

α°

接谷索耳板

环桁架下弦
φ1200×50

A

A

接谷索耳板

谷索耳板详图

φ127工装孔

R200

R100

φ220孔

φ600

R340

L₂=100

t₂=45

t₁=100

R100

R200

φ127工装孔

90°

β°

L₁

R800

环桁架下弦
φ1200×50

环桁架下弦a、b组成的平面

A—A

注：为图面简洁、清晰计，未显示环桁架腹杆φ600×20

图 9-24　环桁架下弦—谷索耳板详图

图 9-25　内拉索、侧脊索耳板三维示意图

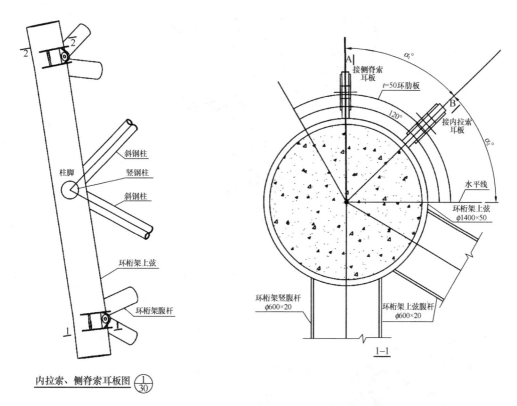

图 9-26 环桁架架上弦—内拉索、侧脊索耳板详图

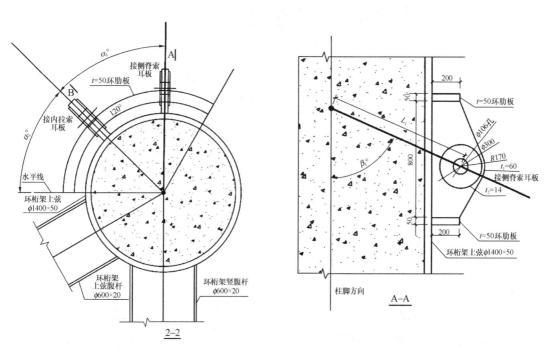

图 9-27 内拉索、侧脊索耳板图（一）

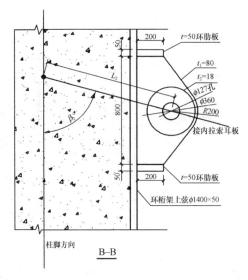

图 9-27 内拉索、侧脊索耳板图（二）

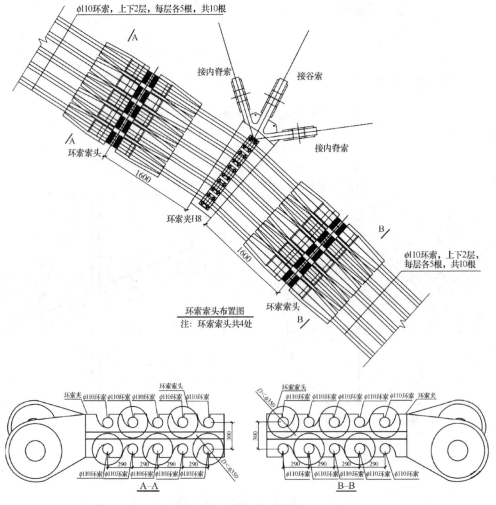

图 9-28 环索索头详图

9.4.2 某张弦梁体育游泳馆连接节点实例

见图 9-29～图 9-35。

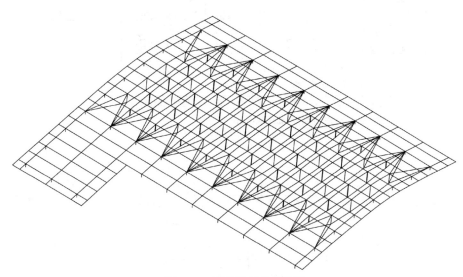

图 9-29 游泳馆屋盖轴测图

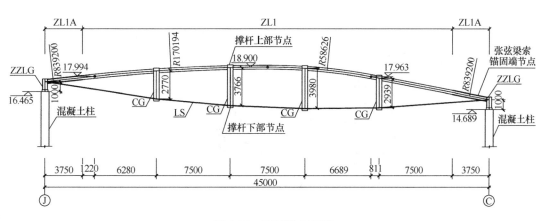

图 9-30 张弦梁立面图

构件截面表

名称	构件名称	截面规格	材料	材质
ZL1	主梁1	□400×200×10×14	Q355B	焊接矩形钢管
ZL1A	主梁1A	□400×200×14×20	Q355B	焊接矩形钢管
ZL2	主梁2	□700×300×16×25	Q355B	焊接矩形钢管
ZL3	主梁3	□700×300×20×30～ □350×300×20×30	Q355B	变截面矩形钢管
ZL4	主梁4	□500×200×16×25	Q355B	焊接矩形钢管
CL	次梁	□200×200×6×6	Q355B	轧制矩形钢管
CG	撑杆	φ580×14	Q355B	热轧无缝圆管
LS	拉索	公称直径52 (Galfan索) (截面积A约为1570)	1570MPa 以上	镀层钢绞线 (Galfan索)
ZZLG	支座立杆	φ500×30	Q355B	热轧无缝圆管

注: 方钢管尺寸: 高×宽×腹板厚×翼缘厚 (mm)

箱形梁图例

$\square h \times b \times t_w \times t_f$

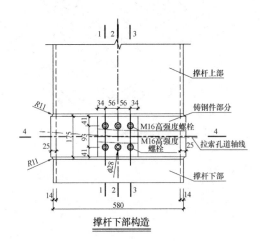

撑杆下部构造

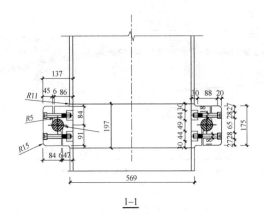

1—1

图 9-31 撑杆下部节点构造 (一)

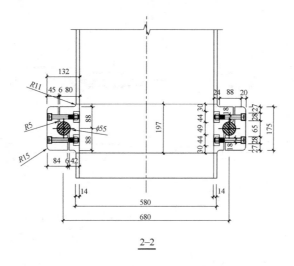

2–2

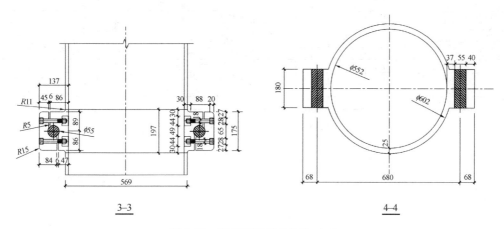

3–3

4–4

图 9-31　撑杆下部节点构造（二）

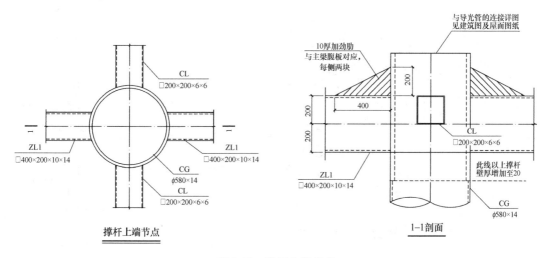

撑杆上端节点

1–1剖面

图 9-32　撑杆上端节点

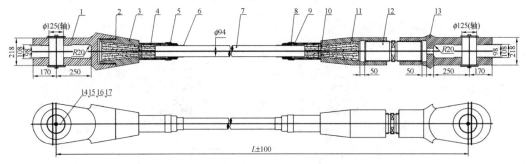

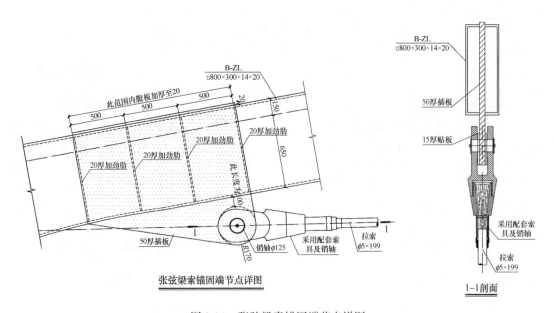

5×199拉索

技术要求 1. φ5钢丝的抗拉强度不小于1670MPa。
2. 锚具强度不低于钢索最小抗拉强度的95%。
3. 螺纹连接处涂密封胶。
4. 除索体外其余锚具组件表面均需镀锌处理。
5. 采用双护层，最外层白色。
6. 制作长度L是指无应力下调节到图示位置时的长度。

序号	代号	名称	数量	材料	单件 重量	总计 重量	备注	序号	代号	名称	数量	材料	单件 重量	总计 重量	备注
1	PESD5×199-01	U形接头1	1	ZG35CrMo				10		热铸料	2	锌铜合金			
2	GB/T 78-2000	内六角锥端紧定螺钉	1					11	PESD5×199-06	浇铸接头2	1	40Cr			
3	PESD5×199-02	浇铸接头1	1	40Cr				12	PESD5×199-07	螺纹杆	1	40Cr			
4	PESD5×199-03	密封套筒	2	20				13	PESD5×199-08	U形接头2	1	ZG35CrMo			
5	PESD5×199-04	丝堵	2	20				14	PESD5×199-09	销轴	2	40Cr			
6		热缩管	2					15	PESD5×199-10	端盖		Q345B			
7		φ5×199索体	1					16	GB/T 5783-2000	六角头全螺纹螺栓					镀锌
8	PESD5×199-05	挡圈	2	20				17	GB/T 93-1987	16弹簧垫圈					镀锌
9		U形密封条	2												

图 9-33 预应力索及构件表

张弦梁索锚固端节点详图

1-1剖面

图 9-34 张弦梁索锚固端节点详图

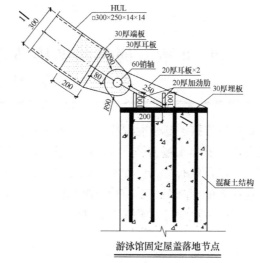

游泳馆固定屋盖落地节点

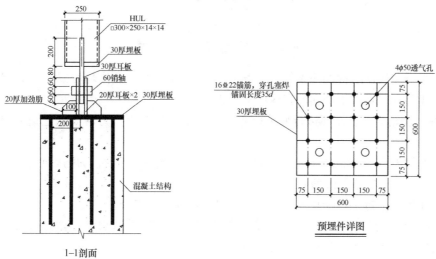

1-1剖面

预埋件详图

图 9-35　游泳馆固定屋盖落地节点

第 10 章 钢结构连接节点的焊缝、螺栓施工检测及验收和加固

钢结构连接节点主要是焊接连接、高强度螺栓连接和普通螺栓连接等。设计师按计算要求完成连接节点设计之后，由安装和施工单位满足设计意图，采用何种工艺达到设计要求，同时如何检测施工质量，以及没有达到设计要求如何加固、补强等，就需要对连接节点中的焊接和高强度螺栓连接等的施工工艺、质量检测加固等有一系列的要求。只有满足了各项设计施工验收指标，连接节点设计才是最终成功的设计。

10.1 焊缝等级分类、质量标准及无损检测

10.1.1 焊缝等级分类

焊缝设计应根据结构的重要性、荷载特性、焊缝形式、工作环境以及应力状态等情况，按下述原则分别选用不同的焊缝质量等级。

1. 在承受动荷载且需要进行疲劳验算的构件中，凡要求与母材等强连接的焊缝应予焊透，其质量等级为：

（1）作用力垂直于焊缝长度方向的横向对接焊缝或 T 形对接与角接组合焊缝，受拉时应为一级，受压时应为二级；

（2）作用力平行于焊缝长度方向的纵向对接焊缝应为二级。

2. 不需要疲劳计算的构件中，凡要求与母材等强的对接焊缝宜予焊透，其质量等级当受拉时应不低于二级，受压时宜为二级。

3. 重级工作制（A6～A8）和起重量 $Q \geqslant 50t$ 的中级工作制（A4、A5）吊车梁的腹板与上翼缘之间以及吊车桁架上弦杆与节点板之间的 T 形接头焊缝均要求焊透。焊缝形式宜为对接与角接的组合焊缝，其质量等级不应低于二级。

4. 部分焊透的对接焊缝，不要求焊透的 T 形接头采用的角焊缝或部分焊透的对接与角接组合焊缝，以及搭接连接采用的角焊缝，其质量等级为：

（1）对直接承受动荷载且需要验算疲劳的构件和起重机起重量等于或大于 50t 的中级工作制吊车梁以及梁柱、牛腿等重要节点，焊缝的质量等级应符合二级；

（2）对其他结构，焊缝的外观质量等级可为三级。

5. 焊接质量控制

钢结构焊接材料应具有焊接材料厂出具的产品质量证明书或检验报告。首次采用的钢材、焊接材料、焊接方法、接头形式、焊接位置、焊后热处理制度以及焊接工艺参数、预热和后热措施等各种参数的组合条件，应在钢结构构件制作及安装施工之前按照规定程序进行焊接工艺评定，并制定焊接操作规程。焊接施工过程应遵守焊接操作规程的规定。

（1）焊接质量控制和检验应分为以下两类：

1）自检：施工单位在制造、安装过程中进行的检验。由施工单位自有或聘用有资质的检测人员进行。

2）监检：由具有检验资质的独立第三方选派具有检测资质的人员进行检验。

（2）质量控制和检验的一般程序包括焊前检验、焊中检验和焊后检验，应符合以下规定：

1）焊前检验

① 按设计文件和相关规程、标准的要求对工程中所用钢材、焊接材料的规格、型号（牌号）、材质、外观及质量证明文件进行确认；

② 焊工合格证及认可范围；

③ 焊接工艺技术文件及操作规程；

④ 坡口形式、尺寸及表面质量；

⑤ 组对后构件的形状、位置、错边量、角变形、间隙等；

⑥ 焊接环境、焊接设备等；

⑦ 定位焊缝的尺寸及质量；

⑧ 焊接材料的烘干、保存及领用；

⑨ 引弧板、引出板和衬垫板的装配质量。

2）焊中检验

① 焊接工艺参数：电流、电压、焊接速度、预热温度、层间温度及后热温度和时间等；

② 多层多道焊焊道缺欠的处理；

③ 采用双面焊清根的焊缝，应在清根后进行外观检查及规定的无损检测；

④ 多层多道焊中焊层、焊道的布置及焊接顺序等。

3）焊后检验主要包括：

① 焊缝的外观质量与外形尺寸检测；

② 焊缝的无损检测；

③ 焊接工艺规程记录及检验报告的确认。

10.1.2　一般建筑工程各部位常遇焊缝焊接质量等级及其检测要求

见表 10-1。

一般建筑工程各部位常遇焊缝焊接质量等级及其检测要求　　　　表 10-1

焊缝位置			焊接要求	焊接质量等级	检验方法	检测比例
工厂焊接	钢板、构件拼接接长		坡口全焊透对接	一级	超声波	100%
	梁翼缘对应十字形钢柱处水平加劲肋（或横隔板）	与柱翼缘	全焊透 T 形对接	二级	超声波	20%
		与柱腹板	角焊缝	三级	磁粉探伤	10%
	梁翼缘对应 H 形、工字形钢柱处水平加劲肋（或横隔板）	梁与柱强轴刚接 与柱翼缘	全焊缝 T 形对接	二级	超声波	20%
		与柱腹板	角焊缝	三级	磁粉探伤	10%
		梁与柱弱轴刚接 与柱壁板	坡口全焊透对接	一级	超声波	100%
	梁翼缘对应箱形钢柱处水平加劲肋（或横隔板）	与柱壁板	全焊透 T 形对接或熔化嘴电渣焊	二级	超声波	20%

焊缝位置				焊接要求	焊接质量等级	检验方法	检测比例
工厂焊接	竖向连接板、竖向加劲肋（或竖隔板）		与梁、柱壁板	角焊缝	三级	磁粉探伤	10%
	柱壁板间组合焊缝	框架梁柱节点区及框架梁上下各 500mm 范围内		坡口全焊透	一级	超声波	100%
		柱接头上下各 100mm		坡口全焊透	一级	超声波	100%
		全焊透区以外	箱形柱 四角	坡口部分焊透	二级	超声波	20%
			工字形 腹板与翼缘	角焊缝或 K 形坡口部分焊透	二级	超声波	20%
			十字形 腹板与翼缘 腹板与腹板	K 形坡口部分焊透	二级	超声波	20%
	梁腹板开洞时，补强板与梁腹板			角焊缝	三级	磁粉探伤	10%
	高层钢结构中心支撑扩大端与框架梁柱节点区壁板间			坡口全焊透	一级	超声波	100%
	多层钢结构中心支撑节点板与框架梁柱节点			坡口全焊透	二级	超声波	20%
	吊柱与梁下翼缘			坡口全焊透	一级	超声波	100%
工地现场安装焊接	梁-柱全焊接刚性节点		梁翼缘	坡口全焊透	一级	超声波	100%
			梁腹板	角焊缝	三级	磁粉探伤	10%
	梁-柱栓焊混合连接刚性节点（梁端翼缘加焊加强盖板）		梁翼缘	坡口全焊透	一级	超声波	100%
			盖板与梁翼缘	角焊缝	三级	磁粉探伤	10%
	钢柱带悬臂梁段与框架梁栓焊混合连接刚性节点		梁翼缘	坡口全焊透	二级	超声波	20%
	柱与柱	工字柱栓焊混合连接	翼缘	坡口全焊透	一级	超声波	100%
		工字栓全焊接	翼缘	坡口全焊透	一级	超声波	100%
			腹板	上柱开 K 形坡口全焊透	二级	超声波	20%
		箱形柱	壁板	上柱开坡口全焊透	一级	超声波	100%
		箱形柱与十字形柱	过渡段壁板	上柱开坡口全焊透	一级	超声波	100%
		变截面柱	壁板 横隔板与壁板	上柱开坡口全焊透 坡口全焊透	一级	超声波	100%
	次梁与主梁栓焊混合刚接		翼缘	坡口全焊透	二级	超声波	20%
	隔撑与节点板			角焊缝	三级	磁粉探伤	10%
	梁腹板开洞时，补强板与梁腹板			角焊缝	三级	磁粉探伤	10%
	柱与柱脚底板			全焊透对接与角接组合焊缝	二级	超声波	20%
	梁端翼缘与支座或预埋件刚接			全焊透对接与角接组合焊缝	二级	超声波	20%
	悬挑梁根部与支座或预埋件			全焊透对接与角接组合焊缝	一级	超声波	100%
	多层钢结构中心支撑与节点板			角焊缝	三级	磁粉探伤	10%
	偏心支撑与消能梁段			坡口全焊透	二级	超声波	20%
	内藏钢板支撑剪力墙支撑钢板下端与下框架梁上翼缘			坡口全焊透	二级	超声波	20%

焊缝检测强制性条文：

（1）全部焊缝应进行外观检查。要求全焊透的一级、二级焊缝应进行内部缺陷无损检测，一级焊缝探伤比例应为 100％，二级焊缝探伤比例应不低于 20％。

（2）焊接质量抽样检验结果判定应符合以下规定：

① 除裂纹缺陷外，抽样检验的焊缝数不合格率小于 2％时，该批验收合格；抽样检验的焊缝数不合格率大于 5％时，该批验收不合格；抽样检验的焊缝数不合格率为 2％～5％时，应按不少于 2％探伤比例对其他未检焊缝进行抽检，且必须在原不合格部位两侧的焊缝延长线各增加一处，在所有抽检焊缝中不合格率不大于 3％时，该批验收合格；大于 3％时，该批验收不合格。

② 一当检验有 1 处裂纹缺陷时，应加倍抽查，在加倍抽检焊缝中未再检查出裂纹缺陷时，该批验收合格；检验发现多处裂纹缺陷或加倍抽查又发现裂纹缺陷时，该批验收不合格，应对该批余下焊缝的全数进行检验。

③ 批量验收不合格时，应对该批余下的全部焊缝进行检验。

10.1.3 承受静荷载结构焊接质量的检验

1. 抽样方法应符合以下规定：

（1）焊缝处数的计数方法：工厂制作焊缝长度小于等于 1000mm 时，每条焊缝为 1 处；长度大于 1000mm 时，将其划分为每 300mm 为 1 处；现场安装焊缝每条焊缝为 1 处。

（2）可按下列方法确定检查批：

1）制作焊缝可以同一工区（车间）按一定的焊缝数量组成批；多层框架结构可以每节柱的所有构件组成批；

2）安装焊缝可以区段组成批；多层框架结构可以每层（节）的焊缝组成批。

（3）批的大小宜为 300～600 处。

（4）抽样检查除设计指定焊缝外应采用随机取样方式取样。

2. 抽样检查的焊缝数如不合格率小于 2％时，该批验收应定为合格；不合格率大于 5％时，该批验收应定为不合格；不合格率为 2％～5％时，应加倍抽检，且必须在原不合格部位两侧的焊缝延长线各增加一处；如在所有抽检焊缝中不合格率不大于 3％时，该批验收应定为合格；大于 3％时，该批验收应定为不合格。当批量验收不合格时，应对该批余下焊缝的全数进行检查。当检查出一处裂纹缺陷时，应加倍抽查；如在加倍抽检焊缝中未检查出其他裂纹缺陷时，该批验收应定为合格；当检查出多处裂纹缺陷或加倍抽查又发现裂纹缺陷时，应对该批余下焊缝的全数进行检查。

10.1.4 焊缝外观检测及无损检测

1. 外观检测应符合以下规定：

（1）所有焊缝应冷却到环境温度后方可进行外观检测，焊缝外观质量应符合表 10-2 的规定。

（2）外观检测采用目测方式，裂纹的检查应辅以 5 倍放大镜并在合适的光照条件下进行，必要时可采用磁粉探伤或渗透探伤，尺寸的测量应用量具、卡规。

（3）栓钉焊接接头的外观质量应符合表 10-2.1 或表 10-2.2 的要求。外观质量检验合格后进行打弯抽样检查，合格标准：当栓钉打弯至30°时，焊缝和热影响区不得有肉眼可见的裂纹，检查数量应不小于栓钉总数的1%并不少于10个。

（4）电渣焊、气电立焊接头的焊缝外观成形应光滑，不得有未熔合、裂纹等缺陷；当板厚小于30mm时，压痕、咬边深度不得大于0.5mm；板厚大于或等于30mm时，压痕、咬边深度不得大于1.0mm。

焊缝外观质量要求   表10-2

检验项目 \ 焊缝质量等级	一级	二级	三级
未焊满	不允许	$\leq 0.2+0.02t$ 且$\leq 1mm$，每100mm长度焊缝内未焊满累积长度$\leq 25mm$	$\leq 0.2+0.04t$ 且$\leq 2mm$，每100mm长度焊缝内未焊满累积长度$\leq 25mm$
根部收缩	不允许	$\leq 0.2+0.02t$ 且$\leq 1mm$，长度不限	$\leq 0.2+0.04t$ 且$\leq 2mm$，长度不限
咬边	不允许	$\leq 0.05t$ 且$\leq 0.5mm$，连续长度$\leq 100mm$，且焊缝两侧咬边总长$\leq 10\%$焊缝全长	$\leq 0.1t$ 且$\leq 1mm$，长度不限
电弧擦伤		不允许	允许存在个别电弧擦伤
接头不良	不允许	缺口深度$\leq 0.05t$ 且$\leq 0.5mm$，每1000mm长度焊缝内不得超过1处	缺口深度$\leq 0.1t$ 且$\leq 1mm$，每1000mm长度焊缝内不得超过1处
表面气孔		不允许	每50mm长度焊缝内允许存在直径$\leq 0.4t$ 且$\leq 3mm$ 的气孔2个；孔距应≥ 6倍孔径
表面夹渣		不允许	深$\leq 0.2t$，长$\leq 0.5t$ 且$\leq 20mm$

栓钉焊接接头外观检验合格标准   表10-2.1

外观检验项目	合格标准	检验方法
焊缝外形尺寸	360°范围内焊缝饱满 拉弧式栓钉焊：焊缝高$K_1 \geq 1mm$；焊缝宽$K_2 \geq 0.5mm$ 电弧焊：最小焊脚尺寸应符合表10-2.2的规定	目测、钢尺、焊缝量规
焊缝缺欠	无气孔、夹渣、裂纹等缺欠	目测、放大镜（5倍）
焊缝咬边	咬边深度$\leq 0.5mm$，且最大长度不得大于1倍的栓钉直径	钢尺、焊缝量规
栓钉焊后高度	高度偏差$\leq \pm 2mm$	钢尺
栓钉焊后倾斜角度	倾斜角度偏差$\theta \leq 5°$	钢尺、量角器

采用电弧焊方法的栓钉焊接接头最小焊脚尺寸（mm）   表10-2.2

栓钉直径	角焊缝最小焊脚尺寸
10、13	6
16、19、22	8
25	10

2. 焊缝外形尺寸应符合以下规定：

（1）焊缝焊脚尺寸应符合表10-3、表10-4的规定；

角焊缝焊脚尺寸允许偏差 表 10-3

序号	项目	示意图	允许偏差（mm）	
1	一般全焊透的角接与对接组合焊缝		$h_f \geqslant \left(\dfrac{t}{4}\right)^{+4}_{0}$ 且 $\leqslant 10$	
2	需经疲劳验算的全焊透角接与对接组合焊缝		$h_f \geqslant \left(\dfrac{t}{2}\right)^{+4}_{0}$ 且 $\leqslant 10$	
3	角焊缝及部分焊透的角接与对接组合焊缝		$h_f \leqslant 6$ 时 0~1.5	$h_f > 6$ 时 0~3.0

注：1. $h_f > 8.0$mm 的角焊缝其局部焊脚尺寸允许低于设计要求值 1.0mm，但总长度不得超过焊缝长度的 10%；

2. 焊接 H 形梁腹板与翼缘板的焊缝两端在其两倍翼缘板宽度范围内，焊缝的焊脚尺寸不得低于设计要求值

（2）焊缝余高及错边应符合表 10-4 的规定。

焊缝余高和错边允许偏差 表 10-4

序号	项目	示意图	允许偏差（mm）	
			一、二级	三级
1	对接焊缝余高（C）		$B < 20$ 时，C 为 0~3； $B \geqslant 20$ 时，C 为 0~4	$B < 20$ 时，C 为 0~3.5； $B \geqslant 20$ 时，C 为 0~5
2	对接焊缝错边（d）		$d < 0.1t$ 且 $\leqslant 2.0$	$d < 0.15t$ 且 $\leqslant 3.0$
3	角焊缝余高（C）		$h_f \leqslant 6$ 时，C 为 0~1.5； $h_f > 6$ 时，C 为 0~3.0	

3. 无损检测的基本要求应符合以下规定：

（1）无损检测应在外观检测合格后进行。Ⅲ、Ⅳ类钢材及焊接难度等级为 C、D 级的结构应在焊接完成 24h 后无损检测结果作为验收依据；当钢材标称屈服强度大于 690MPa（调质状态），以焊接完成 48h 后无损检测结果作为验收依据。

（2）焊缝无损检测报告签发人员必须持有相应探伤方法的Ⅱ级或Ⅱ级以上资格证书。

（3）设计要求全焊透的焊缝，其内部缺欠的检测应符合下列要求：

1）一级焊缝应进行 100% 的检测，其合格等级应符合《钢结构焊接规范》GB 50661—2011 第 8.2.6 条中 B 级检验的Ⅱ级或Ⅱ级以上要求；

2）二级焊缝应进行抽检，抽检比例应不小于 20%，其合格等级应符合《钢结构焊接规范》GB 50661—2011 第 8.2.6 条中 B 级检测的Ⅲ级或Ⅲ级以上要求；

3）三级焊缝应根据设计要求进行相关的无损检测。

4. 超声波检测应符合以下规定：

（1）对接及角接焊透或局部焊透焊缝检测的检验等级应根据质量要求分为 A、B、C 三级，检验的完善程度 A 级最低、B 级一般、C 级最高，应根据结构的材质、焊接方法、使用条件及承受载荷的不同，合理地选用检验级别。超声波检测的检验等级分为 A、B、C 三级，与现行《钢焊缝手工超声波探伤方法和探伤结果分级》GB 11345 和《钢结构超声波探伤及质量分级法》JG/T 203 基本相同，只是对 B 级的规定做了局部修改。

（2）焊接球节点网架、螺栓球节点网架及圆管 T、K、Y 节点焊缝的超声波探伤方法及缺陷分级应符合现行《钢结构超声波探伤及质量分级法》JG/T 203 的规定。

（3）箱形构件隔板电渣焊焊缝无损检测结果除应符合《钢结构焊接规范》GB 50661—2011 第 8.2.5 条的相关规定外，还应按《钢结构焊接规范》GB 50661—2011 附录 C 进行焊缝焊透宽度、焊缝偏移检测。

5. 射线探伤应符合以下规定：

射线探伤应符合现行《焊缝无损检测 射线检测 第 1 部分：X 和伽玛射线的胶片技术》GB/T 3323.1—2019 的规定，射线照相的质量等级应符合 B 级的要求。一级焊缝评定合格等级应为《焊缝无损检测 射线检测 第 1 部分：X 和伽玛射线的胶片技术》GB/T 3323.1—2019 的Ⅱ级及Ⅱ级以上，二级焊缝评定合格等级应为《焊缝无损检测 射线检测 第 1 部分：X 和伽玛射线的胶片技术》GB/T 3323.1—2019 的Ⅲ级及Ⅲ级以上。

6. 表面检测应符合以下规定：

（1）下列情况之一应进行表面检测：

1）外观检测发现裂纹时，应对该批中同类焊缝进行 100% 的表面检测；

2）外观检测怀疑有裂纹时，应对怀疑的部位进行表面检测；

3）设计图纸规定进行表面检测时；

4）检测人员认为有必要时。

（2）铁磁性材料应采用磁粉探伤进行表面缺欠检测。确因结构原因或材料原因不能使用磁粉探伤时，方可采用渗透探伤。

10.1.5 需疲劳验算结构的焊缝质量检验

1. 外观检测应符合以下规定：

（1）所有焊缝应冷却到环境温度后进行外观检测。

（2）外观检测方法同静载结构中的外观检测方法。

（3）焊缝的外观质量应无裂纹、未熔合、夹渣、弧坑未填满，以及超过表 10-5 规定的缺欠。

焊缝外观质量标准（mm） 表 10-5

项目	焊缝种类	质量标准
气孔	横向对接焊缝	不允许
	纵向对接焊缝、主要角焊缝	直径小于 1.0，每米不多于 3 个，间距不小于 20
咬边	受拉杆件横向对接焊缝及竖加劲肋角焊缝（腹板侧受拉区）	不允许
	受压杆件横向对接焊缝及竖加劲肋角焊缝（腹板侧受压区）	$\leqslant 0.3$
	纵向对接焊缝、主要角焊缝	$\leqslant 0.5$
	其他焊缝	$\leqslant 1.0$
焊脚尺寸	主要角焊缝	$h_l{}_{0}^{+2.0}$
	其他角焊缝	$h_l{}_{-1.0}^{+2.0}$①
焊波	角焊缝	$\leqslant 2.0$（任意 25mm 范围高低差）
余高	对接焊缝	$\leqslant 3.0$（焊缝宽 $b \leqslant 12$）
		$\leqslant 4.0$（$12 < b \leqslant 25$）
		$\leqslant 4b/25$（$b > 25$）
余高铲磨后表面	横向对接焊缝	不高于母材 0.5
		不低于母材 0.3
		粗糙度 $\dfrac{50}{}$

注：焊条电弧焊角焊缝全长的 10% 允许 $h_l{}_{-1.0}^{+3.0}$。

2. 无损检测的基本规定应符合以下规定：

（1）无损检测应在外观检查合格后进行。Ⅰ、Ⅱ类钢材及焊接难度等级为 A、B 级的结构的焊缝应以焊接完成 24h 后检测结果作为验收依据，Ⅲ、Ⅳ类钢及焊接难度等级为 C、D 级的结构应以焊接完成 48h 后的检查结果作为验收依据。

（2）焊缝无损检测报告签发人员必须持有相应探伤方法的Ⅱ级或Ⅱ级以上资格证书。

（3）对接焊缝除应用超声波探伤外，尚须用射线抽探其数量的 10%（并不得少于一个接头）。探伤范围为焊缝两端各 250～300mm，焊缝长度大于 1200mm，中部加探 250～300mm。当发现裂纹或较多其他缺欠时，应扩大该条焊缝探伤范围，必要时可延长至全长。进行射线探伤的焊缝，当发现超标缺欠时应加倍检验。

（4）用射线和超声波两种方法检验的焊缝，必须达到各自的质量要求，该焊缝方可认为合格。

（5）超声波检测应符合以下规定：

1）无损检测技术要求可按现行《焊缝无损检测 超声检测 技术、检测等级和评定》GB/T 11345—2013 执行。

2）检测范围和检验等级应符合表 10-6 的规定。距离—波幅曲线及缺欠等级评定应符合表 10-7 及表 10-8 的规定。

焊缝超声波探伤范围和检验等级（mm） 表 10-6

焊缝质量级别	探伤比例	探伤部位	板厚	检验等级
一、二级横向对接焊缝	100%	全长	10～46	B
			>46～56	B（双面双侧）
二级纵向对接焊缝	100%	焊缝两端各 1000	10～46	B
			>46～56	B（双面双侧）
二级角焊缝	100%	两端螺栓孔部位并延长 500，板梁主梁及纵、横梁跨中加探 1000	10～46	B
			>46～56	B（双面单侧）

超声波探伤距离—波幅曲线灵敏度 表 10-7

焊缝质量等级	板厚	判废线	定量线	评定线
对接焊缝一、二级	10～46	$\phi3\times40$-6dB	$\phi3\times40$-14dB	$\phi3\times40$-20dB
	>46～56	$\phi3\times40$-2dB	$\phi3\times40$-10dB	$\phi3\times40$-16dB
角焊缝二级	10～25	$\phi1\times2$	$\phi1\times2$-6dB	$\phi1\times2$-12dB
	>25～56	$\phi1\times2$+4dB	$\phi1\times2$-4dB	$\phi1\times2$-10dB

注：角焊缝超声探伤采用铁路钢桥制作专用柱孔标准试块或与其校准过的其他孔形试块。

超声波探伤缺欠等级评定 表 10-8

质量等级	板厚（mm）	单个缺欠指示长度（mm）	多个缺欠的累计指示长度
对接焊缝一级	10～56	$t/4$，最小可为 8	在任意 $9t$ 焊缝长度范围不超过 t
对接焊缝二级	10～56	$t/2$，最小可为 10	在任意 $4.5t$ 焊缝长度范围不超过 t
角焊缝二级	10～56	$t/2$，最小可为 10	—

注：1. 母材板厚不同时，按较薄板评定；

2. 缺欠指示长度小于 8mm 时，按 5mm 计。

（6）射线检测的要求

焊缝的射线检测应符合现行《焊缝无损检测 射线检测 第 1 部分：X 和伽玛射线的胶片技术》GB/T 3323.1—2019 的规定；射线照相质量等级为 B 级，焊缝内部质量为 Ⅱ 级。

（7）磁粉检测应符合以下规定：

磁粉探伤应符合国家现行标准《焊缝磁粉检验方法和缺陷磁痕的分级》JB/T 6061 的规定，合格标准应符合本节中外观检验的有关规定。

（8）渗透检测应符合以下规定：

渗透探伤应符合国家现行标准《焊缝渗透检验方法和缺陷迹痕的分级》JB/T 6062 的规定。合格标准应符合本节中外观检测的有关规定。

10.1.6 焊缝质量记录

焊缝焊接应具备以下质量记录：

1）焊接材料质量证明书。

2）焊工合格证及编号。

3）焊接工艺试验报告。

4）焊接质量检验报告、探伤报告。

5）设计变更、洽商记录。

6）隐蔽工程验收记录。

根据结构的承载情况不同，现行《钢结构设计标准》GB 50017 中将焊缝的质量为分三个质量等级。内部缺陷的检测一般可用超声波探伤和射线探伤。射线探伤具有直观性、一致性好的优点，过去人们觉得射线探伤可靠、客观。但是，射线探伤成本高、操作程序复杂、检测周期长，尤其是钢结构中大多为T形接头和角接头，射线检测的效果差，并且射线探伤对裂纹、未熔合等危害性缺陷的检出率低。超声波探伤则正好相反，操作程序简单、快速，对各种接头形式的适应性好，对裂纹、未熔合的检测灵敏度高，因此世界上很多国家对钢结构内部质量的控制采用超声波探伤，一般已不采用射线探伤。

10.1.7　焊缝无损检测的各种方法及优缺点

见表10-9。

焊缝无损检测的各种方法及优缺点　　　　　　　　　　　　　　　表10-9

探伤方法	适用范围	可发现缺陷及灵敏度	判定方法	主要优点	主要缺点
X射线探伤	2～120mm厚度的焊件，焊接表面不需要特殊加工	气孔、夹杂物、未焊透、未熔合、裂纹等，灵敏度一般为厚度的10%	由胶片观察缺陷的位置、形状、大小及分布情况	灵敏度高，能保存永久性的缺陷记录	费用高、设备质量较大，不能发现与射线方向平行的裂纹一类极细的线状缺陷，有放射性，对人体有一定的影响
超声探伤	厚度一般为8～120mm的形状简单的焊件，表面需光滑	任何部位的气孔、夹杂、裂纹，灵敏度高，且不受厚度变化而变化	根据信号指示可测定缺陷的位置、大小和分布情况	适用范围广，对人体无影响，灵敏度高，能及时得出探伤结论	焊件形状要简单，表面粗糙度要细，对探伤人员的技术水平要求高，不能测定缺陷性质，不能保留永久性探伤记录
磁粉探伤	厚度不限的铁磁性金属焊件，表面需光洁	表面及表面下1～2mm毛发裂纹。灵敏度取决于磁化方法、磁化电流、磁粉粒度等因素	目视磁粉在焊接接头上分布情况来判定缺陷的形状和大小	灵敏度高，速度快，能直接观察，操作方便	不能检验非铁磁性材料，不能发现内部缺陷，不能测定缺陷的深度
荧光探伤	厚度不限的各种铝合金焊件，表面要求在Ra3.2～1.6μm以上	宽度为10～4mm，深度为10～2mm的细小表面缺陷	通过荧光直接观察缺陷的位置、形状和大小	操作方便，设备简单	紫外线能产生臭氧，对人体有一定的影响，只能发现外部缺陷
着色探伤	厚度不限的任何材料的焊件，表面需在Ra1.6μm以上	宽度不小于0.01mm，深度为0.03～0.04mm的表面缺陷	直接观察焊件上显影粉来确定缺陷的位置、形状和大小	不需专门设备，操作简便，费用低廉	灵敏度较低，速度慢，表面粗糙度要细

10.1.8　焊接缺陷及其产生原因和处理方法

见表10-10～表10～15。

焊接缺陷及其产生原因和处理方法　　　　　　　　　　　　　　表10-10

第1类焊缝缺陷　焊接后产生裂纹的几种可能性及其补救办法					
类别	名称	特征	产生原因	检验方法	排除方法
裂纹	微观裂纹	在显微镜下才能观察到的裂纹	焊缝内拉应力太大	金相检验	铲除裂纹处的金属，进行焊补
	纵向裂纹	基本上与焊缝轴线平行的裂纹。可能存在于焊缝金属中、熔合线上、热影响区中或者母材金属中	1. 母材抗裂性能较差 2. 焊接材料质量不好 3. 焊接参数选择不当 4. 焊缝内拉应力太大	1. 目视检验 2. X射线检验 3. 超声检验 4. 磁粉检验 5. 金相检验	在裂纹两端钻止裂纹孔或者铲除裂纹处的金属，进行焊补

第 1 类焊缝缺陷　焊接后产生裂纹的几种可能性及其补救办法

类别	名称	特征	产生原因	检验方法	排除方法
裂纹	横向裂纹	基本上与焊缝轴线垂直的裂纹，可能位于焊缝金属中、热影响区中或者母材金属中	1. 焊接结构设计不合理 2. 焊缝布置不当 3. 焊接工艺措施不周全，如未预热、焊后未缓冷	1. 目视检验 2. X 射线检验 3. 超声检验 4. 磁粉检验 5. 金相检验	
	放射状裂纹	具有某一共同点的放射状裂纹，可能位于焊缝金属中、热影响区中或者母材金属中	1. 焊接结构设计不合理 2. 焊缝布置不当 3. 焊接工艺措施不周全，如未预热、焊后未缓冷	1. 目视检验 2. X 射线检验 3. 超声检验 4. 磁粉检验 5. 金相检验	
	弧坑裂纹	在焊缝收弧弧坑处的裂纹，可能是纵向的、横向的或星形的	收弧时速度太快、未向弧坑处填满熔滴		在裂纹两端钻止裂纹孔或者铲除裂纹处的金属进行焊补
	间断裂纹群	一组间断的裂纹，可能位于焊缝金属中、热影响区中或母材金属中	1. 母材或焊接材料质量不好 2. 焊接参数不当 3. 焊缝布置不合理	1. 目视检验 2. X 射线检验 3. 超声检验 4. 磁粉检验 5. 金相检验	
	柱状裂纹	由某一公共裂纹派生的一组裂纹，它与间断裂纹和放射状裂纹不同，可能存在于焊缝金属中、热影响区中或母材金属中			

焊接缺陷及其产生原因和处理方法　　表 10-11

第 2 类焊缝缺陷　焊缝处出现孔穴的原因及补救办法

类别	名称	特征	产生原因	检验方法	排除方法
孔穴	球形气孔	近似球形的孔穴	1. 焊件或焊接材料有油污、锈及其他氧化物 2. 焊接区域保护不好 3. 焊接电流过小，弧长过长，焊接速度太快 4. 焊接材料未烘干，特别是焊条药皮未烘干 5. 被焊材料表面潮湿	1. X 射线检验 2. 金相检验 3. 目视检验	铲去气孔处的焊缝金属，然后焊补
	均布气孔	大气孔比较均匀地分布在整个焊缝金属中，不要与链状气孔相混淆			
	局部密集气孔	气孔成群分布在某一区域			
	链状气孔	与焊缝轴线平行的成串气孔			
	条形气孔	长度方向与焊缝轴线近似平行的非球形的长气孔			
	虫形气孔	由于气孔在焊缝金属中上浮而引起的管状孔穴，通常成群出现并且成人字形分布			
	表面气孔	暴露在焊缝表面的气孔			

第 2 类焊缝缺陷　焊缝处出现孔穴的原因及补救办法

类别	名称	特征	产生原因	检验方法	排除方法
孔穴	缩孔	熔化金属在凝固过程中收缩而产生的，残留在焊缝中的孔穴	焊接线能量太大，焊缝金属凝固太快	金相检验	铲去缩孔处的焊缝金属，然后焊补
	结晶缩孔	冷却过程中在焊缝中心形成的长形收缩孔穴，可能有残留气体，通常在重复焊缝表面方向上出现			
	微缩孔	在显微镜下观察到的缩孔			

焊接缺陷及其产生原因和处理方法　　　　　　　　**表 10-12**

第 3 类焊缝缺陷　未焊透的原因及补救方法

未熔合和未焊透	未熔合	在焊缝金属和母材之间或焊道金属和焊道金属之间未完全熔化结合的部分，它可分为下述几种形式：侧壁未熔合；层间未熔合；焊缝根部未熔合	1. 焊接电流太小 2. 焊接速度太快 3. 剖口角度或间隙太小 4. 操作技术不佳	1. 目视检验 2. X 射线探伤 3. 超声探伤 4. 金相检验	1. 对开敞性的结构，可以在其单面焊缝背部的未焊透处直接补焊； 2. 对于不能直接焊补的重要焊件，应铲去未焊透处的部分或全部焊缝金属，重新焊接或补焊
	未焊透	焊接时接头根部未完全熔透的现象			

焊接缺陷及其产生原因和处理方法　　　　　　　　**表 10-13**

第 4 类焊缝缺陷　焊缝的形状不平整，外观较差，其出现的原因及可能产生的后果

类别	名称	特征	产生原因	检验方法	排除方法
形状缺陷	连续咬边间断咬边	因焊接造成的焊趾（或焊根）处的沟槽，其可能是连续的或间断的	1. 焊接参数选择不当，如电流过大、弧长过长 2. 操作技术不正确，如焊枪角度不对、运条不恰当 3. 焊条端部药皮的电弧偏吹 4. 焊接零件的位置安放不当	1. 目视检验 2. 宏观金相检验	轻微、浅的咬边可用机械方法修锉，使其平滑过渡。严重、深的咬边应进行焊补
	焊瘤	焊接过程中，熔化金属流淌到焊缝以外未熔化的母材上所形成的金属瘤	操作技术不当	目视检验	用机械方法修锉
	错边	由于两件焊件没有对正而造成的板的中心线平行偏差	装配定位焊缝产生的偏差	目视检验	用加热、加压矫正
	角度偏差	由于两个焊件没有对正，而使它们的表面不平行（或不成预定角度）	装配定位焊或焊接变形造成	目视检验	用加热、加压矫正

第 4 类焊缝缺陷　焊缝的形状不平整，外观较差，其出现的原因及可能产生的后果

类别	名称	特征	产生原因	检验方法	排除方法
形状缺陷	下垂	由于重力作用造成的焊缝金属塌落，如横焊缝垂直下垂、平焊缝或仰焊缝下垂、角焊缝下垂及边缘下垂	1. 焊接电流太大，且焊接速度太慢 2. 操作技术不佳	目视检验	用机械方法修锉
	烧穿	焊接过程中，熔化金属自坡口背面流出，形成穿孔的缺陷	1. 焊件装配不当，如坡口尺寸不合要求，间隙太大 2. 焊接电流太大 3. 焊接速度太慢 4. 操作技术不佳	1. 目视检验 2. X 射线检验	清除烧穿孔洞边缘的残余金属，用补焊方法填平孔洞后再继续焊接
	缩沟	由于焊缝金属的收缩，在根部焊道每一侧产生浅的沟槽	焊接电流太大且焊接速度太快	1. 目视检验 2. X 射线检验 3. 金相检验	对于开敞性的焊件，在缩沟处进行焊补；对于封闭的重要构件，则铲去缩沟处全部或部分焊缝，重新焊接或补焊
	未填满	由于填充金属不足，在焊缝表面形成连续或断续的沟槽	焊接电流太大且焊接速度太快	目视检验	用补焊方法填满
	焊脚不对称	焊缝宽度改变过大	1. 操作时运条不当 2. 焊接电流不稳定 3. 焊接速度不均匀 4. 焊接电弧高低变化太大	目视检验	过宽、过高的焊缝可用机械方法去除，过窄、过低的焊缝可用熔焊方法补
	焊缝宽度不齐		1. 操作时运条不当 2. 焊接电流不稳定 3. 焊接速度不均匀 4. 焊接电弧高低变化太大	目视检验	过宽、过高的焊缝可用机械方法去除，过窄、过低的焊缝可用熔焊方法补
	表面不规则	表面过分粗糙			
	焊缝接头不良	焊缝衔接处局部表面不规则			
	根部收缩	由于对接焊缝根部收缩造成浅的沟槽	焊接电流太大且焊接速度太快	目视检验	对于重要结构，应铲去焊缝金属重新焊接（指封闭结构）；对于开敞性好的结构，在其背面直接焊补
	根部气孔	在凝固瞬间，由于焊缝溢出气体而在焊缝根部形成多孔状组织			

第 4 类焊缝缺陷　焊缝的形状不平整，外观较差，其出现的原因及可能产生的后果

类别	名称	特征	产生原因	检验方法	排除方法
形状缺陷	焊缝超高	对接焊缝表面上焊缝金属过高	1. 焊接速度太慢 2. 操作技术不佳	目视检验	用机械方法铲去过高焊缝金属
	凸度过大	角焊缝表面的焊缝金属过高			
	下塌	穿过单层焊缝根部或从多层焊接接头穿过前道熔敷金属塌落的过量焊缝金属			
	局部下塌	局部塌落			
	焊缝型面不良	母材金属表面与焊缝金属的焊趾切面角度过小	操作技术不佳	目视检验	用机械方法修锉

焊接缺陷及其产生原因和处理方法　　表 10-14

第 5 类焊缝缺陷　焊缝的内部存在杂质，其出现的原因及补救办法

类别	名称	特征	产生原因	检验方法	排除方法
固体夹杂	夹渣	残留在焊缝中的溶渣，根据其形成的情况，分为线状的、孤立的或其他形式的	1. 焊接材料质量不好 2. 焊接电流太小，焊接速度太快 3. 熔渣密度太大，阻碍熔渣上浮 4. 多层焊时熔渣未清除干净 5. 熔池保护不良 6. 操作技术不佳	1. X 射线检验 2. 金相检验 3. 超声检验	铲除夹渣处的焊缝金属，然后进行焊补
	熔剂或熔剂夹	残留在焊缝中的焊剂或熔剂，根据其形成情况，分为线状的、孤立的或其他形式的			
	氧化物夹杂	凝固过程中焊缝金属中残留的金属氧化物			
	褶皱	在某些情况下，特别是铝合金焊接时，由于对熔池保护不好和熔池中紊流而产生大量的氧化膜			
	金属夹杂	残留在焊缝金属中的来自外部的金属颗粒，可能是钨、铜或其他金属			

第 6 类焊缝缺陷　焊缝中出现其他缺陷，造成焊缝质量问题，其出现的原因及补救办法

类别	名称	特征	产生原因	检验方法	排除方法
其他缺陷	磨痕	不按操作规程打磨引起的局部表面损伤	操作技术不当	目视检验	对于深的磨痕等用补焊方法，且重新打磨
	凿痕	不按操作规程使用扁铲或其他工具铲凿金属而产生局部损伤			
	打磨过量	由于打磨引起的工件或焊缝的不允许的减薄			
	定位焊缺陷		操作技术不当	目视检验	
	层间错位	不按规定程序熔敷的焊道			
	电弧擦伤	在焊缝坡口外部引弧或打弧产生于母材金属表面上局部损伤	1. 操作技术不佳 2. 焊接参数不正确	目视检验	用机械方法修锉，母材表面损伤时用熔焊方法焊补并打磨平整
	飞溅	熔焊过程中，熔化的金属颗粒和熔渣向周围飞散的现象			
	钨飞溅	从钨电极过渡到母材或凝固的焊缝金属表面上的钨颗粒			
	表面撕裂	不按操作规程拆除临时焊接附件时产生的位于母材金属表面的损伤	操作不当	目视检验	用熔焊方法焊补并打磨平整

10.2　高强度螺栓的分类及施工工艺和质量检测

10.2.1　高强度螺栓的分类

以概率理论为基础的极限状态设计方法，用分项系数的设计表达式进行计算。高强度螺栓连接应按其不同类型，分别考虑下列极限状态：

1）摩擦型连接：在荷载设计值下，连接件之间产生相对滑移，作为其承载能力极限状态；

2）承压型连接：在荷载设计值下，螺栓或连接件达到最大承载能力，作为其承载能力极限状态；在荷载标准值下，连接件间产生相对滑移，作为其正常使用极限状态。

（1）高强度螺栓连接宜按构件的内力设计值进行设计。必要时（如需与构件等强度连接），也可按构件的承载力设计值进行设计。

（2）高强度螺栓承压型连接不得用于下列各种构件连接中：

直接承受动力荷载的构件连接；承受反复荷载作用的构件连接；冷弯薄壁型钢构件连接。

（3）对壁厚小于 4mm 的冷弯薄壁型钢，其连接摩擦面处理宜只采用清除油垢或钢丝刷清除浮锈的方法。在同一设计项目中，所选用的高强度螺栓直径不宜多于两种；用于冷弯薄壁型钢连接的高强度螺栓直径，不宜大于 16mm。高强度螺栓连接的环境温度高于 150℃时，应采取隔热的措施予以防护；摩擦型连接的环境温度为 100～150℃时，其设计承载力应降低 10%。

10.2.2 高强度螺栓施工工艺流程图（图10-1）

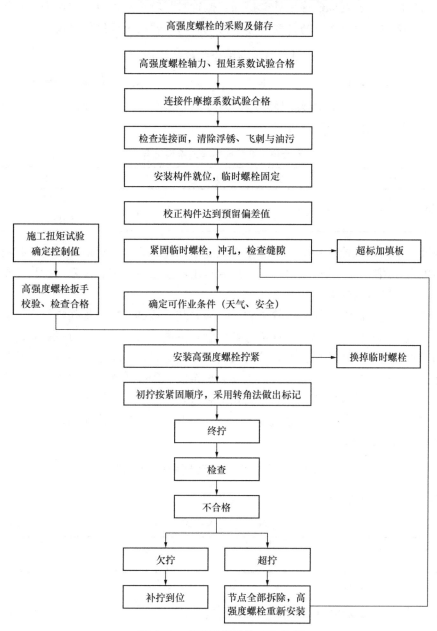

图 10-1 高强度螺栓的工艺流程

10.2.3 接 头 设 计

在同一接头同一受力部位上，不得采用高强度螺栓摩擦型连接与承压型连接混用的连接，亦不得采用高强度螺栓与普通螺栓混用的连接。在改建、扩建或加固工程中以静载为主的结构，其同一接头同一受力部位上，允许采用高强度螺栓摩擦型连接与侧角焊缝或铆钉的并用连接，并考虑其共同工作。在同一接头中允许按不同受力部位，分别采用不同性质连接所组成的混用连接（如梁柱刚节点中，梁翼缘与柱焊接、梁腹板与柱高强度螺栓连接）并考虑其共同工作。当型钢构件的拼接采用高强度螺栓时，其拼接件宜采用钢板。型钢斜面应加垫板。高强度螺栓连接处摩擦面当搁置时间较长时，应注意保护。高强度螺栓连接处施工完毕后，应按构件防锈要求涂刷防锈涂料，螺栓及连接处周边用涂料封闭。

10.2.4 高强度螺栓的组成

大六角头高强度螺栓连接副由一个大六角头螺栓、一个螺母和两个垫圈组成，使用组合应按表 10-16 的规定。扭剪型高强度连接副由一个螺栓、一个螺母和一个垫圈组成。高强度螺栓连接副应在同批内配套使用。

大六角头高强度螺栓连接副组合 表 10-16

螺栓	螺母	垫圈
10.9S	10H	HRC35～45
8.8S	8H	HRC35～45

高强度大六角头螺栓连接副和扭剪型高强度螺栓连接副出厂时应分别随箱带有扭矩系数和紧固轴力（预拉力）的检验报告，并应附有出厂质量保证书。高强度螺栓连接副应按批配套进场并在同批内配套使用。

高强度螺栓连接副在运输、保管过程中，应轻装、轻卸，防止损伤螺纹。高强度螺栓连接副应按包装箱上注明的批号、规格分类保管，室内存放，堆放不宜过高，防止生锈和粘染脏物。高强度螺栓连接副在安装使用前，严禁任意开箱。工地安装时，应按当天高强度螺栓连接副需要使用的数量领取。当天安装剩余的必须妥善保管，不得乱扔、乱放。安装过程中不得碰伤螺纹及粘染脏物，以防扭矩系数发生变化。高强度螺栓连接副的保管时间不应超过 6 个月。当保管时间超过 6 个月后使用时，必须按要求重新进行扭矩系数或紧固轴力试验，检验合格后方可使用。

10.2.5 高强度螺栓连接构件的制作

1. 高强度螺栓的制孔按表 10-17.1 的要求选配。

高强度螺栓孔径选配表（mm） 表 10-17.1

螺栓公称直径	12	16	20	22	24	27	30
螺栓孔直径	13.5	17.5	22	24	26	30	33

注：承压型连接（如柱或抗剪桁架的压杆连接）中的高强度螺栓孔可按表中值减少 0.5～1.0mm。

2. 高强度螺栓连接构件的栓孔孔径应符合设计要求，孔径允许偏差应符合表 10-17.2 的规定。

高强度螺栓连接构件制孔允许偏差（mm） 表 10-17.2

公称直径			M12	M16	M20	M22	M24	M27	M30
孔型	标准圆孔	直径	13.5	17.5	22.0	24.0	26.0	30.0	33.0
		允许偏差	+0.430	+0.430	+0.520	+0.520	+0.520	+0.840	+0.840
		圆度	1.00			1.50			
	大圆孔	直径	16.0	20.0	24.0	28.0	30.0	35.0	38.0
		允许偏差	+0.430	+0.430	+0.520	+0.520	+0.520	+0.840	+0.840
		圆度	1.00			1.50			

公称直径			M12	M16	M20	M22	M24	M27	M30
孔型	槽孔	长度 短向	13.5	17.5	22.0	24.0	26.0	30.0	33.0
		长度 长向	22.0	30.0	37.0	40.0	45.0	50.0	55.0
		允许偏差 短向	+0.430	+0.430	+0.520	+0.520	+0.520	+0.840	+0.840
		允许偏差 长向	+0.840	+0.840	+1.000	+1.000	+1.000	+1.000	+1.000
	中心线倾斜度		应为板厚的 3%，且单层板应为 2.0mm，多层板叠组合应为 3.0mm						

3. 高强度螺栓连接构件栓孔孔距的允许偏差应符合表 10-18 的规定。

高强度螺栓连接构件的孔距允许偏差 表 10-18

项次	项目		螺栓孔距（mm）			
			<500	500～1200	1200～3000	>3000
1	同一组内任意两孔间	允许偏差	±1.0	±1.2		
2	相邻两组的端孔间		±1.2	±1.5	+2.0	±3.0

注：孔的分组规定：

1. 在节点中连接板与一根杆件相连的所有连接孔划为一组。

2. 接头处的孔：通用接头一半个拼接板上的孔为一组；阶梯接头一两接头之间的孔为一组。

3. 在两相邻节点或接头间的连接孔为一组，但不包括 1、2 所指的孔。

4. 受弯构件翼缘上，每 1m 长度内的孔为一组。

10.2.6 高强度螺栓的栓孔检查

1. 主要构件连接和直接承受动力荷载重复作用且需要进行疲劳计算的构件，其连接高强度螺栓孔应采用钻孔成型。次要构件连接且板厚小于或等于 12mm 时，可采用冲孔成型，孔边应无飞边、毛刺。

2. 采用标准圆孔连接处板迭上所有螺栓孔，均应采用量规检查，其通过率应符合下列规定：

（1）用比孔的公称直径小 1.0mm 的量规检查，每组至少应通过 85%。

（2）用比螺栓公称直径大 0.2～0.3mm 的量规检查（M22 及以下规格为大 0.2mm，M24～M30 规格为大 0.3mm），应全部通过。

（3）高强度螺栓连接处板迭上所有螺栓孔，均应采用量规检查，其通过率为：用比孔的公称直径小 1.0mm 的量规检查，每组至少应通过 85%；用比螺栓公称直径大 0.2～0.3mm 的量规检查，应全部通过。

3. 按以上规定检查时，凡量规不能通过的孔，必须经施工图编制单位同意后，方可扩钻或补焊后重新钻孔。扩钻后的孔径不得大于原设计孔径 2.0mm。补焊时，应用与母材力学性能相当的焊条补焊，严禁用钢块填塞。每组孔中经补焊重新钻孔的数量不得超过 20%。处理后的孔应作记录。

4. 高强度螺栓连接处的钢板表面处理方法及除锈等级应符合设计要求。加工后的构件在高强度螺栓连接处的钢板表面应平整，无焊接飞溅、毛刺和油污。其表面处理方法应与设计图中所要求的一致。经处理后的高强度螺栓连接处摩擦面应采取保护措施，防止粘染脏物和油污。严禁在高强度螺栓连接处摩擦面上作任何标记。经处理后的高强度螺栓连接处摩擦面的抗滑移系数应符合设计要求。

10.2.7 高强度螺栓连接副和摩擦面的抗滑移系数检验

1. 高强度螺栓连接副应进行以下检验：

（1）运到工地的大六角头高强度螺栓连接副应及时检验其螺栓楔负载、螺母保证载荷、螺母及垫圈硬度、连接副的扭矩系数平均值和标准偏差。检验结果应符合《钢结构用高强度大六角头螺栓、大六角螺母、垫圈技术条件》GB/T 1231—2006 的规定，合格后方准使用。见表10-19。

高强度大六角头螺栓连接副扭矩系数平均值及标准偏差值　　　　表 10-19

连接副表面状态	扭矩系数平均值	扭矩系数标准偏差
符合现行国家标准《钢结构用高强度大六角头螺栓、大六角螺母、垫圈技术条件》GB/T 1231 的要求	0.110～0.150	≤0.010

注：每套连接副只做一次试验，不得重复使用。试验时如垫圈发生转动，则试验无效。

（2）运到工地的扭剪型高强度螺栓连接副应及时检验其螺栓楔负载、螺母保证载荷、螺母及垫圈硬度、连接副的紧固轴力平均值和变异系数。检验结果应符合《钢结构用扭剪型高强度螺栓连接副》GB/T 3632—2008 的规定，合格后方准使用。见表10-20。

扭剪型高强度螺栓连接副紧固轴力平均值及标准偏差值　　　　表 10-20

螺栓公称直径		M16	M20	M22	M24	M27	M30
紧固轴力值（kN）	最小值	100	155	190	225	290	355
	最大值	121	187	231	270	351	430
标准偏差（kN）		≤10.0	≤15.4	≤19.0	≤22.5	≤29.0	≤35.4

注：每套连接副只做一次试验，不得重复使用。试验时如垫圈发生转动，则试验无效。

2. 摩擦面的抗滑移系数应按以下规定进行检验：

（1）抗滑移系数检验应以钢结构制造批为单位，由制造厂和安装单位分别进行，每批三组。以单项工程每 2000t 为一制造批，不足 2000t 者视作一批。单项工程的构件摩擦面选用两种及两种以上表面处理工艺时，则每种表面处理工艺均需检验。

（2）抗滑移系数检验用的试件由制造厂加工，试件与所代表的构件应为同一材质、同一摩擦面处理工艺、同批制作、使用同一性能等级、同一直径的高强度螺栓连接副，并在相同条件下同时发运。

（3）抗滑移系数试件宜采用图 10-2 所示的形式，试件的连接计算应符合本节的规定。

（4）抗滑移系数在拉力试验机上进行并测出其滑动荷载。试验时，试件的轴线应与试验机夹具中心严格对中。

（5）抗滑移系数按下式计算：

$$\mu = \frac{N}{n_{\mathrm{f}} \cdot \sum P_{\mathrm{t}}} \tag{10-1}$$

式中　N——滑动荷载；

　　　n_{f}——传力摩擦面数，$n_{\mathrm{f}} = 2$；

ΣP_{t}——与试件滑动荷载一侧对应的高强度螺栓预拉力（或紧固轴力）之和。

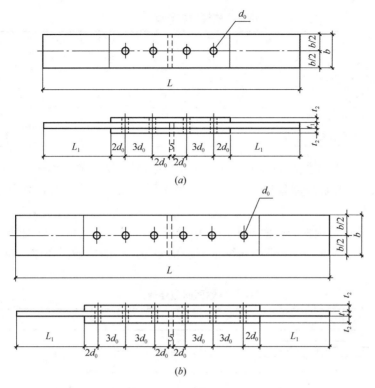

图 10-2　抗滑移系数试件

（a）两栓抗滑移系数试件；（b）三栓抗滑移系数试件

P_{t} 取值规定如下：

大六角头高强度螺栓：P_{t} 为实测值，此值应准确控制在（0.95～1.05）P 范围之内；

扭剪型高强度螺栓：先抽验 5 套（与试件组装螺栓同批）。当 5 套螺栓的紧固轴力平均值和变异系数均符合表 10-20 的规定时，即以该平均值作为 P_{t}。

（6）抗滑移系数检验的最小值必须等于或大于设计规定值。当不符合上述规定时，构件摩擦面应重新处理。处理后的构件摩擦面应按本节规定重新检验。

10.2.8　高强度螺栓连接副的安装

1. 高强度螺栓长度应按下式计算：

$$l = l' + \Delta l \tag{10-2}$$

式中　l'——连接板层总厚度；

　　　Δl——附加长度。

$$\Delta l = m + ns + 3p \tag{10-3}$$

式中　m——高强度螺母公称厚度；

　　　n——垫圈个数，扭剪型高强度螺栓为 1，大六角头高强度螺栓为 2；

　　　s——高强度垫圈公称厚度；

　　　p——螺纹的螺距。

2. 当高强度螺栓公称直径确定之后，也可由表 10-21 查得。

高强度螺栓附加长度（mm）　　　　　　　　　　表 10-21

螺栓公称直径	M12	M16	M20	M22	M24	M27	M30
高强度螺母公称厚度	12	16	20	22	24	27	30
高强度垫圈公称厚度	3.0	4.0	4.0	5.0	5.0	5.0	5.0
螺纹的螺距	1.75	2.00	2.50	2.50	3.00	3.00	3.50
大六角头高强度螺栓附加长度	24	31	36	39	43	47	51
扭剪型高强度螺栓附加长度		26	32	36	39	41	46

计算长度经修正约进至 5mm 或 10mm 后，为高强度螺栓的公称长度。螺栓公称长度的取值，应保证终拧后外露丝扣为 2～3 扣。当采用大圆孔或槽孔时，高强度垫圈公称厚度（s）应取实际厚度。

3. 高强度螺栓连接处摩擦面如采用生锈处理方法时，安装前应以细钢丝刷除去摩擦面上的浮锈。对因板厚公差、制造偏差或安装偏差等产生的接触面间隙，应按表 10-22 的规定处理。

接触面间隙处理　　　　　　　　　　表 10-22

项目	示意图	处理方法
1		$t<1.0$mm 时不予处理
2	 磨斜面	$t=1.0～3.0$mm 时，将厚板一侧磨成 1:10 的缓坡，使间隙小于 1.0mm
3		$t>3.0$mm 时加垫板，垫板厚度不小于 3mm，最多不超过 3 层，垫板材质和摩擦面处理方法应与构件相同

4. 高强度螺栓连接安装时，在每个节点上应穿入的临时螺栓和冲钉数量，由安装时可能承担的荷载计算确定，并应符合下列规定：

(1) 不得少于安装总数的 1/3；

(2) 不得少于两个临时螺栓；

(3) 冲钉穿入数量不宜多于临时螺栓的 30%。

5. 高强度螺栓施工

(1) 不得用高强度螺栓兼做临时螺栓，以防损伤螺纹引起扭矩系数的变化。

高强度螺栓的安装应在结构构件中心位置调整后进行，其穿入方向应以施工方便为准，并力求一致。高强度螺栓连接副组装时，螺母带圆台面的一侧应朝向垫圈有倒角的一侧。对于大六角头高强度螺栓连接副组装时，螺栓头下垫圈有倒角的一侧应朝向螺栓头。

(2) 安装高强度螺栓时，严禁强行穿入（如用锤敲打）。当不能自由穿入时，该孔应用铰刀进行修整，修整后孔的最大直径不应大于 1.2 倍螺栓直径，严禁气割扩孔。并且，修孔数量不应超过该节点螺栓数量的 25%。修孔前应将四周螺栓全部拧紧，使板迭密贴后再铰孔。修孔时，为了防止铁屑落入板迭缝中，铰孔前应将四周螺栓全部拧紧，使板迭密贴后再进行。安装高强度螺栓时，构件的摩擦面应保持干燥，不得在雨中作业。

（3）大六角头高强度螺栓施工所用的扭矩扳手，施工前必须校正，其扭矩相对误差应为±5％，合格后方准使用。校正用的扭矩扳手，其扭矩相对误差应为±3％。

（4）大六角头高强度螺栓拧紧时，应只在螺母上施加扭矩。

6. 大六角头高强度螺栓的施工扭矩可由下式计算确定：

$$T_c = k \cdot P_c \cdot d \tag{10-4}$$

式中　T_c——施工扭矩（N·m）；

　　　k——高强度螺栓连接副的扭矩系数平均值，该值由本节第 7 条测得，也可由复验测得的合格的平均扭矩系数代入；

　　　P_c——高强度螺栓施工预拉力（kN），见表 10-23；

　　　d——高强度螺栓螺杆直径（mm）。

高强度大六角头螺栓施工预拉力（kN）　　　　　　　　表 10-23

螺栓性能等级	螺栓公称直径						
	M12	M16	M20	M22	M24	M27	M30
8.8S	50	90	140	165	195	255	310
10.9S	60	110	170	210	250	320	390

扭剪型高强度螺栓连接副采用扭矩法施工时，其扭矩系数亦按上述规定确定。

7. 高强度螺栓连接副扭矩系数试验

大六角头高强度螺栓连接副用扭矩法施工前，应在施工现场待安装的螺栓检验批中随机抽取 8 套复验高强度螺栓连接副的扭矩系数，其平均值和标准偏差应符合表 10-24 的要求。对于建筑结构安全等级为一级，大跨度钢结构中主要受力节点所使用的大六角头高强度螺栓连接副，除进行扭矩系数检验外，应对螺栓楔负载、螺母保证载荷、螺母及垫圈硬度进行复验，试验方法及检验结果应符合《钢结构用高强度大六角头螺栓、大六角螺母、垫圈技术条件》GB/T 1231 的规定。

高强度大六角头螺栓连接副扭矩系数　　　　　　　　表 10-24

连接副表面状态	扭矩系数平均值	标准偏差	备注
符合《钢结构用高强度螺栓大六角头螺栓、大六角螺母、垫圈技术条件》GB/T 1231 的要求	0.110～0.150	0.010	
符合《锌铬涂层 技术条件》GB/T 18684 的要求	0.110～0.200	0.010	附加润滑工艺

注：扭剪型高强度螺栓连接副当采用扭矩法施工时，其扭矩系数亦符合本表的规定。

连接副扭矩系数复验用的计量器具应在试验前进行标定，误差不得超过 2％。

8. 施工轴力与终拧力矩的换算

表 10-25 列出了一般国产高强度螺栓允许的施工轴力。设计给出了轴力时按设计要求施工，如设计未给出高强度螺栓的轴力要求，可按表 10-25 选用，施工轴力比设计轴力一般要增加 10％。

国产大六角头高强度螺栓施工轴力（kN）   表 10-25

螺栓性能等级	8.8S		10.9S	
螺栓直径（mm） 轴力	设计轴力	施工轴力	设计轴力	施工轴力
M12	45	50	55	60
M16	70	75	100	110
M20	110	120	155	170
M22	135	150	190	210
M24	155	170	225	250
M27	205	225	290	320
M30	250	275	355	390

（1）大六角头高强度螺栓的拧紧应分为初拧、终拧。对于大型节点，应分为初拧、复拧和终拧。初拧扭矩为施工扭矩的 50% 左右，复拧扭矩等于初拧扭矩。初拧或复拧后的高强度螺栓应用颜色在螺母上涂上标记，然后按本节第 7 条规定的施工扭矩值进行终拧。终拧后的高强度螺栓应用另一种颜色在螺母上涂上标记。

（2）大六角头高强度螺栓拧紧时，只准在螺母上施加扭矩。

9. 扭剪型高强度螺栓施工前，应按出厂批复验高强度螺栓连接副的紧固轴力。每批复验 5 套，5 套紧固轴力的平均值和变异系数应符合表 10-26 的规定。

扭剪型高强度螺栓紧固轴力及变异系数   表 10-26

螺栓直径（mm）		16	20	(22)	24
每批紧固轴力平均值	公称（kN）	109	170	211	245
	最大（kN）	120	186	231	270
	最小（kN）	99	154	191	222
紧固轴力变异系数		≤10%			

10. 扭剪型高强度螺栓的拧紧应分为初拧、终拧。对于大型节点，应分为初拧、复拧和终拧。初拧扭矩值为 $0.13 \times P \times d$ 的 50% 左右，可参照表 10-27 选用。复拧扭矩等于初拧扭矩值。初拧或复拧后的高强度螺栓应用颜色在螺母上涂上标记；然后，用专用扳手进行终拧，直至拧掉螺栓尾部梅花头。对于个别不能用专用扳手进行终拧的扭剪型高强度螺栓，可按本节第 6 条规定的方法进行终拧（扭矩系数取 0.13）。

初拧扭矩值   表 10-27

螺栓直径 d（mm）	16	20	(22)	24
初拧扭矩（N·m）	115	220	300	390

高强度螺栓在初拧、复拧和终拧时，连接处的螺栓应按一定顺序施拧，一般应由螺栓群中央顺序向外拧紧。高强度螺栓的初拧、复拧和终拧应在同一天完成。

11. 高强度螺栓的初拧、复拧和终拧

（1）高强度螺栓采用转角法紧固时，在初拧、复拧的基础上，螺栓旋转的终拧角度宜按表 10-28 执行。

螺栓长度 l	连接件两面的状态		
	连接件两面均与螺栓轴垂直	连接件一面垂直于螺栓轴，另一面呈 1:20 以下的倾斜面	连接件两面均与螺栓轴呈 1:20 以下的倾斜面
$l \leqslant 4d$	1/3 圈（120°）	1/2 圈（180°）	2/3 圈（240°）
$4d < l \leqslant 8d$	1/2 圈（180°）	2/3 圈（240°）	5/6 圈（300°）
$8d < l \leqslant 12d$	2/3 圈（240°）	5/6 圈（300°）	1 圈（360°）

注：1. 螺母的转角为螺母与螺栓杆之间的相对转角。

2. 当螺栓长度 l 超过 12 倍螺栓公称直径 d 时，螺母的终拧角度应由试验确定。

3. 高强度螺栓紧固分初拧和终拧进行紧固；当接头单排（列）螺栓个数超过 20 时，应分初拧、复拧和终拧进行紧固。

（2）高强度螺栓初拧、复拧扭矩宜按终拧扭矩的 50% 进行施拧，施拧方法可参照表 10-29。

施拧方法	M12	M16	M20	M22	M24	M27	M30
扭矩控制法	80	100	200	250	300	400	500
标准扳手法	一个工人用标距 300mm 的扳手用力拧紧		一个工人用标距 400mm 的扳手用力拧紧			一个工人用标距 500mm 的扳手用力拧紧	

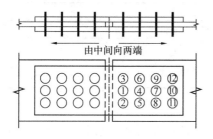

图 10-3 一般接头施拧顺序

（3）高强度螺栓在初拧、复拧和终拧时，连接处的螺栓应按一定顺序施拧，一般应由螺栓群中央顺序向外拧紧，和以接头刚度较大的部位向约束较小的方向施拧。如：

1）一般接头应从接头中心顺序向两端进行，见图 10-3。

2）箱形接头应按图 10-4 所示 A、B、C、D 的顺序进行。

3）工字梁接头栓群应按图 10-5 所示 ①～⑥ 的顺序进行。

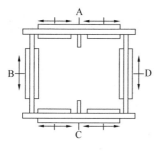

图 10-4 箱形接头施拧顺序

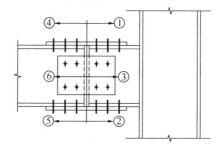

图 10-5 工字梁接头栓群施拧顺序

4）工字柱对接螺栓紧固顺序为先翼缘，后腹板。

5）两个接头栓群的拧紧顺序应为先主要构件接头，后次要构件接头。

（4）对于露天使用或接触腐蚀性气体的钢结构，在高强度螺栓拧紧检查验收合格后，连接处板缝应及时用腻子封闭。经检查合格后的高强度螺栓连接处，防腐、防火应按设计要求涂装。

10.2.9 施 工 机 具 准 备

高强度螺栓施工最主要的施工机具就是力矩扳手，根据施工对象分别有：

(1) 扭剪型高强度螺栓用扳手；

(2) 扭矩型高强度螺栓扳手（大六角螺栓适用）；

(3) 通用机具、手动工具。

为提高施工效率，一般还可以选用风动扳手进行初拧。根据风动扳手的标称扭矩调节空气压力，即可初步设定扳手的输出扭矩，用于螺栓的初拧，可大大提高施工效率。其他必备的工具有：检测合格的力矩扳手（其中，至少一把应让有关部门进行校准，在施工中一般不用于直接施工，专用于其他施工工具的校准和施工检测）、手动棘轮扳手、橄榄冲子（俗称过眼冲钉，形似橄榄）、力矩倍增计、手锤等。

10.2.10 高强度螺栓施工质量的检验

1. 高强度螺栓连接副终拧完成 1h 后、48h 内应进行终拧扭矩检查，检查结果应符合表 10-30 的规定。用小锤（0.3kg）敲击法对高强度螺栓进行普查，以防漏拧。

高强度螺栓连接副终拧扭矩合格质量标准 表 10-30

紧固方法	检验方法	合格质量标准	备注
扭矩法	扭矩法	±10%终拧扭矩值	
转角法	转角法	±30°终拧转角值	
扭剪型高强度螺栓连接副	扭剪型高强度螺栓连接副	尾部梅花头被拧掉	尾部梅花头未被拧掉者应按扭矩法或转角法检验

2. 基本要求

高强度螺栓连接副终拧扭矩检验分扭矩法检验和转角法检验两种，原则上检验法与施拧紧固方法应相同。检验所用的扭矩扳手其扭矩精度误差应不大于 3%。每一检验批按节点数抽查 10%，且不少于 10 个；每个被抽查节点按螺栓数抽查 10%，且不应少于 2 个。

3. 扭矩法检验

检验方法：在螺尾端头和螺母相对位置画线，将螺母退回 60°左右，用扭矩扳手测定拧回至原来位置时的扭矩值。

高强度螺栓连接副终拧扭矩值按下式计算：

$$T_c = K \cdot P_c \cdot d \qquad (10\text{-}5)$$

式中 T_c——终拧扭矩值（N·m）；

P_c——施工预拉力值标准值（kN），见表 10-31；

d——螺栓公称直径（mm）；

K——扭矩系数。

高强度螺栓连接副施工预拉力标准值（kN） 表 10-31

螺栓的性能等级	螺栓公称直径（mm）					
	M16	M20	M22	M24	M27	M30
8.8S	90	140	165	195	255	310
10.9S	110	170	210	250	320	390

4. 转角法检验方法

（1）检查初拧后在螺母与相对位置所画的终拧起始线和终止线所夹的角度是否达到规定值。

（2）在螺尾端头和螺母相对位置画线，然后全部卸松螺母，再按规定的初拧扭矩和终拧角度重新拧紧螺栓，测量终止线与原终止线画线的角度。高强度螺栓连接副终拧转角值见表10-28。

5. 扭剪型高强度螺栓终拧扭矩检验方法

（1）检查初拧后标记，确认已完成初拧；

（2）观察尾部梅花头拧掉情况；

（3）尾部梅花头未拧掉的螺栓，其终拧扭矩应按扭矩法检验或转角法检验。

6. 扭剪型高强度螺栓连接副终拧后，除因构造原因无法使用专用扳手终拧掉梅花头者外，未在终拧中拧掉梅花头的螺栓数不应大于该节点螺栓数的5%。对所有梅花头未拧掉的扭剪型高强度螺栓连接副，应采用扭矩法或转角法进行终拧并作标记，且按本节第2～4条的规定进行终拧扭矩检查。

7. 对建筑结构安全等级为一级、跨度40m及以上的螺栓球节点钢网架结构，其连接高强度螺栓应进行表面硬度复验，复验结果应符合表10-32的要求。

螺栓表面硬度质量标准 表10-32

螺栓性能等级	表面硬度	表面质量	检验方法
8.8级	HRC21～29	不得有裂纹或损伤	硬度计、放大镜或磁粉探伤
9.8级	HRC32～37		
10.8级	HRC32～36		

高强度螺栓拧紧固时，只准在螺母上施加扭矩。紧固所使用的扭矩扳手，使用前必须校正，其误差不得大于±5%。高强度螺栓连接副终拧后，螺栓丝扣外露应为2～3扣。

8. 螺栓球节点网架总拼完成后，高强度螺栓与球节点应紧固连接，高强度螺栓拧入螺栓球内的螺纹长度不应小于1.0d（d为螺栓直径），连接处不应出现有间隙、松动等未拧紧情况。要求初拧、复拧和终拧在24h内完成；母材生浮锈后在组装前必须用钢丝刷清除掉；再次使用的连接板需再次处理。

9. 大六角头高强度螺栓施工质量应有下列原始检查验收记录：高强度螺栓连接副复验数据、抗滑移系数试验数据、初拧扭矩、终拧扭矩、扭矩扳手检查数据和施工质量检验收记录等。

10. 扭剪型高强度螺栓终拧检查，以目测尾部梅花头拧断为合格。对于不能用专用扳手拧紧的扭剪型高强度螺栓，应按大六角头高强度螺栓检查方法办理。扭剪型高强度螺栓施工质量应有下列原始检查验收记录：高强度螺栓连接副复验数据、抗滑移系数试验数据、初拧扭矩、扭矩扳手检查数据和施工质量检查验收记录等。

10.3 钢结构及连接节点的加固

建筑工程和一般构筑物的钢结构因设计、施工、使用管理不当，材料质量不符合要求，使用功能改变，遭受灾害损坏及耐久性不足等原因而需要对钢结构进行加固的设计中，连接和节点的加固及原结构与连接件的连接是重要环节，包括检测鉴定加固设计卸载施工等内容，依据《钢结构加固设计标准》GB 51367—2019、《钢结构加固技术规范》CECS 77：96 和《钢结构检测评定及加固技术规程》YB 9257—96 进行。对有特殊要求和特殊情况下的钢结构加固，尚应符合相应专门技术标准的规定。钢结构的加固目标是对已有钢结构进行加强，以提高其承载力、耐久性和满足使用要求。结构经可靠性鉴定如不满足要求，则必须进行加固处理。加固的范围和内容应根据鉴定结论和加固后的使用要求，由设计单位与生产单位协商确定。钢结构加固前，应根据建（构）筑物的种类，分别按现行《工业建筑可靠性鉴定标准》GB 50144 和《民用建筑可靠性鉴定标准》GB 50292 进行检测或鉴定。当与抗震加固结合进行时，尚应按现行《建筑抗震设计规范》GB 50011 或《构筑物抗震鉴定标准》GB 50117 等进行抗震能力鉴定。

既有钢结构建（构）筑物加固、改造，应进行主要构件的承载力和稳定性、主要节点的强度、结构整体变形、结构整体稳定性的鉴定；并应进行钢结构倾覆、滑移、疲劳、脆断的验算，确保结构安全且满足工程抗震设防的要求。既有钢结构系统的加固应避免或减少损伤原结构构件，防止局部刚度突变，加强整体性，提高综合抗震能力；加固或新增钢构件应连接可靠，并不低于原结构材料的实际强度等级。原结构存在安全隐患时，应采取有效安全措施后方可进行加固施工。

10.3.1 连接节点加固的原则

1. 连接的加固方法应根据加固的原因、目的、受力状态、构造及施工条件，并考虑原有结构的连接方法而确定。在钢结构加固工作中，连接和节点加固占有非常重要的位置；而且连接和节点的加固，是结构满足预定功能的重要保证，在加固工作中必须非常重视连接和节点的加固。加固中的连接包括以下情况：原有构件承载能力不足而进行加固；加固件与原有构件的连接；节点加固。

2. 与新建钢结构一样，钢结构加固的连接方法，也包括焊接连接、精制螺栓和高强度螺栓连接，以及并用连接方法。所谓并用连接，就是在同一个构件的连接中使用了两种不同的连接方式。如高强度螺栓与铆钉、焊缝与高强度螺栓、焊缝与铆钉等，都是并用连接。当各种连接在荷载作用下的变形相近时，才能保证各种连接同时达到极限状态，共同承担荷载。

3. 加固连接方式的选择，既不能破坏原有结构的功能，又能参与共同工作的要求。在钢结构连接中，精制螺栓连接的刚度最小；焊接连接的刚度最大，整体性最好；高强度螺栓连接介于这两者之间。由于结构加固时的各种限制，采用何种连接方式需要慎重考虑。由于施工烦琐，铆钉连接目前已经被淘汰，不宜再使用。对于铆钉连接结构的加固，可以采用高强度螺栓连接的方式；钢结构加固中最常用的是焊接连接，施工方便，加固工作量小；在焊接连接有困难时，可采用高强度螺栓连接或精制螺栓连接，不得使用粗制普通螺栓连接进行结构加固。

4. 焊接连接加固，对钢材的材料性能要求较高，在原有结构资料不全、材料性能不明确的情况下，焊接加固时必须对原有钢材取样检验，以保证其可焊性。结构加固应综合考虑经济效果，尽量做到对生产影响小、工期短和不损伤原结构。加固用连接材料应符合现行《钢结构设计标准》GB 50017 的要求，并与加固件和原有构件的钢材相匹配。当加固件的钢号与原有构件的钢号不同时，连接材料应与强度较低的钢号相匹配。

5. 负荷状态下连接的加固，当采用焊接连接时，如沿构件横截面连接施焊，会使构件全截面金属的温度急剧升高，短时间内失去承载能力，因此不应在负荷下沿构件横截面焊接加固；当采用增加非横向焊缝长度的方法加固焊缝连接时，原有焊缝中的应力不得超过该焊缝的强度设计值。当采用摩擦型高强度螺栓加固而需要拆除原有连接、扩大或增加螺栓孔时，必须采取合理的施工工艺和安全措施并作核算，以保证结构和连接在加固负荷下具有足够的承载能力。加固设计应与施工方法紧密结合，充分考虑现场条件对施工方法、加固效果和施工工期的影响，保证加固件与原结构的工作协调。应采取减少构件在加固过程中产生附加变形的加固措施和施工方法。

10.3.2　钢结构的可靠性鉴定和加固目标

1. 钢结构经可靠性鉴定需要加固时，应根据可靠性鉴定结论和委托方提出的要求出具检测报告，由专业技术人员按报告和加固规范进行加固设计。加固设计的内容和范围，可以是结构整体，亦可以是指定的区段、特定的构件或部位。

2. 加固后的钢结构的安全等级应根据结构破坏后果的严重程度、结构的重要性和下一个使用期的具体要求，由委托方和设计者按实际情况商定。

10.3.3　钢结构及连接节点加固的一般办法

1. 按选择的适当方案进行加固设计，应考虑合适的施工方法及合理的构造措施，并根据结构上的实际作用进行承载能力、正常使用极限状态方面的验算。钢结构加固设计应与实际施工方法紧密结合，并应采取有效措施，保证新增截面、构件和部件与原结构连接可靠，形成整体共同工作。应避免对未加固的部分或构件造成不利的影响。连接部位的构造应避免形成三向应力或双向受拉的应力状态，不宜采用刚度突变的构造，宜采用变形能力较大的构造形式。加固的连接构造应便于施工、维护，不应影响正常的生产使用。

2. 钢结构加固的主要方法有：减轻荷载、改变计算图形、加大原结构构件截面和连接强度、阻止裂纹扩展等；增加支撑或加劲肋、增强连接等方法。当有成熟经验时，亦可采用其他的加固方法。结构的计算截面应采用实际有效截面积，并考虑结构在加固时的实际受力状况，即原结构的应力超前和加固部分的应变滞后特点，以及加固部分与原结构共同工作的程度。

（1）改变结构计算图形的加固方法是指采用改变荷载分布状况、传力途径、节点性质和边界条件，增设附加杆件和支撑、施加预应力、考虑空间协同工作等措施对结构进行加固的方法。

（2）采用加大截面加固钢构件时，所选截面形式应有利于加固技术要求并考虑已有缺陷和损伤的状况。加固的构件受力分析的计算简图，应反映结构的实际条件，考虑损伤及加固引起的不利变形，加固期间及前后作用在结构上的荷载及其不利组合。对于超静定结构尚应考虑因截面加大，构件刚度改变使体系内力重分布的可能。必要时，应分阶段进行受力分析和计算。

3. 构件的截面加固形式

（1）受拉构件的截面加固，可采用图 10-6 的形式。

（2）受压构件的截面加固，可采用图 10-7 的形式。

（3）受弯构件的截面加固，可采用图 10-8 的形式。

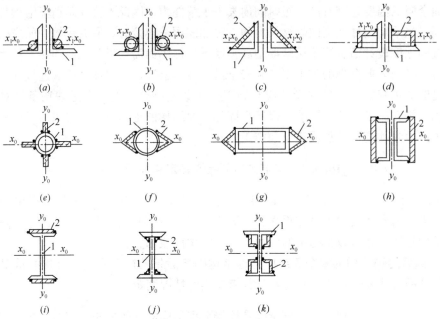

图 10-6 受拉构件的截面加固

（a）形式一；（b）形式二；（c）形式三；（d）形式四；（e）形式五；（f）形式六；（g）形式七；（h）形式八；（i）形式九；（j）形式十；（k）形式十一

1—原截面；2—增加截面

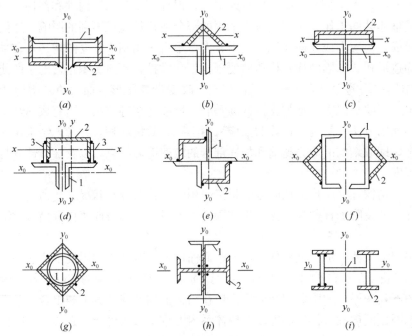

图 10-7 受压构件的截面加固

（a）形式一；（b）形式二；（c）形式三；（d）形式四；（e）形式五；（f）形式六；（g）形式七；（h）形式八；（i）形式九

1—原截面；2—增加截面；3—辅助板件

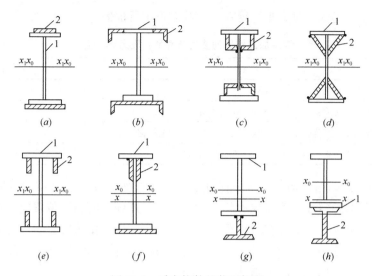

图 10-8　受弯构件的截面加固

(a) 形式一；(b) 形式二；(c) 形式三；(d) 形式四；(e) 形式五；

(f) 形式六；(g) 形式七；(h) 形式八

1—原截面；2—增加截面

（4）弯矩不变号偏心受力构件的截面加固形式，可采用不对称的形式，如图 10-9(a)～(e) 所示。若弯矩可能变号，应采用对称的图 10-9（f）的形式。

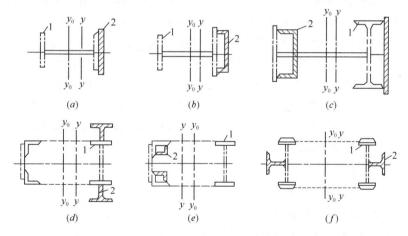

图 10-9　弯矩不变号偏心受力构件的截面加固形式

(a) 形式一；(b) 形式二；(c) 形式三；(d) 形式四；(e) 形式五；(f) 形式六

1—原截面；2—增加截面

4. 钢结构加固一般宜采用焊缝连接、摩擦型高强度螺栓连接，有依据时亦可采用焊缝和摩擦型高强度螺栓的混合连接。当采用焊缝连接时，应采用经评定认可的焊接工艺及连接材料。结构的名义应力按规范规定或由材料力学一般方法算得的结构应力。焊接钢结构加固时，原有构件或连接的 σ_{0max} 最大实际名义应力比值应小于表 10-33 的规定，且不得考虑加固构件的塑性变形发展；非焊接钢结构加固时，其最大实际名义应力比值应小于 0.7。直接承受动力荷载的一般结构最大名义应力比值应小于 0.4；当现有结构的最大名义应力比值大于上述规定时，则不得在负荷状态下进行加固。

焊接加固构件的使用条件及其应力比限值　　　　　　表 10-33

类别	使用条件	应力比限值 σ_{0max}/f_y
I	特繁重动力荷载作用下的结构	≤0.20
II	除 I 外直接承受动力荷载或振动作用的结构	≤0.40
III	间接承受动力荷载作用，或仅承受静力荷载作用的结构	≤0.65
IV	承受静力荷载作用，并允许按塑性设计的结构	≤0.80

5. 加大截面加固结构构件时，应保证加固件与被加固件能够可靠地共同工作、断面的不变形和板件的稳定性，并且要有施工的可行性。加固件的切断位置应尽可能减小应力集中，并保证未被加固处截面在设计荷载作用下处于弹性工作阶段。加固连接材料和连接件，如焊条等应与原结构钢材和连接材料的性质相容，能彼此很好地结合，使强度、韧性、塑性良好，切忌以强代弱的做法。

6. 可能在负荷下进行结构加固时，其加固工艺应保证被加固件的截面因焊接加热、附加钻、扩孔洞等所引起的削弱影响尽可能得小，为此必须制定详细的加固施工工艺过程和要求的技术条件，并据此按隐蔽工程进行施工验收。当采用增大截面法加固开口截面时，应将加固后的截面密封，以防止内部锈蚀；加固后截面不密封时，板件间应留出不小于 150mm 的操作空间，用于日后检查及防锈维护。

7. 在负荷下进行结构构件的加固，应力比值大于 0.3 时，采用焊接加固件加大截面法加固结构构件时，可将加固件与被加固件沿全长互相压紧；用长 20～30mm 的间断（300～500mm）焊缝定位焊接后，再由加固件端向内分区段（每段不大于 70mm）施焊所需要的连接焊缝，依次施焊区段焊缝应间歇 2～5min。对于截面有对称的成对焊缝时，应平行施焊；有多条焊缝时，应交错顺序施焊；对于两面有加固件的截面，应先施焊受拉侧的加固件，然后施焊受压侧的加固件；对一端为嵌固的受压杆件，应从嵌固端向另一端施焊。若其为受拉杆，则应从另一端向嵌固端施焊。增大截面法加固有两个以上构件的静不定结构时，应首先将加固与被加固构件全部压紧并点焊定位，并应从受力最大构件开始依次连续地进行加固连接。

8. 当采用螺栓（或铆钉）连接加固加大截面时，加固与被加固板件相互压紧后，应从加固件端向中间逐次做孔和安装拧紧螺栓（或铆钉），以便尽可能减少加固过程中截面的过大削弱。加大截面法加固有两个以上构件的静不定结构（框架、连续梁等）时，应首先将全部加固与被加固构件压紧和点焊定位，然后从受力最大构件依次连续地进行加固连接。

与钢结构原构件匹配的连接，其强度设计值按现场检测的结果或专家论证的结果评定时，取值不得高于现行《钢结构设计标准》GB 50017 的规定值；对受有气相腐蚀的钢结构连接，尚应乘以表 10-34 规定的强度降低系数。

考虑腐蚀损伤的强度降低系数　　　　　　表 10-34

腐蚀性等级	强度降低系数	腐蚀性等级	强度降低系数
强腐蚀	0.80	弱腐蚀	0.90
中等腐蚀	0.85	微腐蚀	可不降低

10.3.4 连接的加固与加固件的连接

1. 一般规定

1) 钢结构加固连接方法，即焊接、铆钉、普通螺栓和高强度螺栓连接方法的选择，应根据结构需要加固的原因、目的、受力状态、构造及施工条件，并考虑结构原有的连接方法确定。

2) 在同一受力部位连接的加固中，不宜采用刚度相差较大的，如焊缝与铆钉或普通螺栓共同受力的混合连接方法，但仅考虑其中刚度较大的连接（如焊缝）承受全部作用力时除外。如有根据，可采用焊缝和摩擦型高强度螺栓共同受力的混合连接。加固连接所用材料应与结构钢材和原有连接材料的性质匹配，其技术指标和强度设计值应符合《钢结构设计标准》GB 50017 的要求，并与加固件和原有构件的钢材相匹配。当加固件的钢号与原有构件的钢号不同时，连接材料应与强度较低的钢号相匹配。按增加截面的加固方法计算时，钢材强度设计值采用加固件和原有构件两个钢材强度设计值中的较小者。

3) 负荷下连接的加固，尤其是采用端焊缝或螺栓的加固而需要拆除原有连接，以及扩大、增加钉孔时，必须采取合理的施工工艺和安全措施并作核算，以保证结构（包括连接）在加固负荷下具有足够的承载力。

2. 焊缝连接的加固

1) 焊缝连接的加固，可依次采用增加焊缝长度、有效厚度或两者同时增加的办法实现。

2) 新增加固角焊缝的长度和焊脚尺寸或熔焊层的厚度，应由连接处结构加固前后设计受力改变的差值，并考虑原有连接实际可能的承载力计算确定。计算时应对焊缝的受力重新进行分析并考虑加固前后焊缝共同工作、受力状态的改变。负荷下用新焊缝对原有焊缝加固，因焊缝凝固过程中受应力作用，使焊缝总承载能力受到影响。根据试验结果得知，其承载能力为不受应力焊接焊缝的 $90\%\sim95\%$，故应乘以 0.9 的折减系数。因实际上焊缝尺寸不统一，即使同一条焊缝，尺寸也大小不一，从安全、可靠考虑，故在检测加固时应根据实测最小的焊缝尺寸进行校核计算。

3) 负荷下用焊缝加固结构时，应尽量避免采用长度垂直于受力方向的横向焊缝；否则，应采取专门的技术措施和施焊工艺，以确保结构施工时的安全。

4) 负荷下用增加非横向焊缝长度的办法加固焊缝连接时，原有焊缝中的应力不得超过该焊缝的强度设计值，加固处及其邻区段结构的最大初始名义应力 σ_{0max} 不得超过加表 10-33 的规定。焊缝施焊时采用的焊条直径不大于 4mm；焊接电流不超过 220A；每焊道的焊脚尺寸不大于 4mm；前一焊道温度冷却至 100℃ 以下后，方可施焊下一焊道；对于长度小于 200mm 的焊缝增加长度时，首焊道应从原焊缝端点以外至少 20mm 处开始补焊，加固前后焊缝可考虑共同受力，按本节第 3 条的规定进行强度计算。

5) 负荷下采用堆焊增加角焊缝有效厚度的方法加固焊缝连接时，宜通长满焊加固；不能通长满焊时，加固焊缝总长度不应小于 100mm，并应按下式验算焊缝应力：

$$\sqrt{\sigma_{\mathrm{f}}^2 + \tau_{\mathrm{f}}^2} \leqslant \eta_{\mathrm{f}} f_{\mathrm{f}}^{\mathrm{w}} \tag{10-6}$$

式中 σ_{f}、τ_{f}——按角焊缝有效面积 $h_{\mathrm{e}}L_{\mathrm{w}}$ 计算的垂直于焊缝长度方向的正应力和沿焊缝长度方向的剪应力（MPa）；

η_{f}——焊缝强度影响系数，可按表 10-35 采用；

f_{t}^{w}——角焊缝的强度设计值（MPa）。

焊缝强度影响系数 η_{f}

表 10-35

加固焊缝总长度（mm）	≥600	300	200	100
η_{f}	1.00	0.90	0.80	0.65

注：当加固焊缝总长度为表中中间值时，应按相邻的偏小值取用 η_{f} 值。

3. 加固后直角的角焊缝强度可按下列公式计算，并允许新增和原有的焊缝共同受力：

1）当力垂直于焊缝长度方向时，可按下式计算：

$$\sigma_{f} = \frac{N}{h_{e}L_{w}} \leqslant f_{t}^{w} \tag{10-7}$$

2）当力平行于焊缝长度方向时，可按下式计算：

$$\tau_{f} = \frac{V}{h_{e}L_{w}} \leqslant 0.85 f_{t}^{w} \tag{10-8}$$

3）当 σ_{f} 和 τ_{f} 共同作用时，可按下式计算：

$$\sqrt{\sigma_{f}^{2} + \tau_{f}^{2}} \leqslant 0.95 f_{t}^{w} \tag{10-9}$$

式中　σ_{f}——按角焊缝有效截面（$h_{e}L_{w}$）计算，垂直于焊缝长度方向的应力（MPa）；

τ_{f}——按角焊缝有效截面计算，沿焊缝长度方向的剪应力（MPa）；

h_{e}——角焊缝的有效厚度（mm），对于直角角焊缝等于 $0.7h_{f}$，h_{f} 为较小焊脚尺寸；

L_{w}——角焊缝的计算长度（mm），对每条焊缝其实际长度减去 10mm；

f_{t}^{w}——角焊缝的强度设计值（MPa），应根据加固结构原有和新增钢材强度较低者，按现行《钢结构设计标准》GB 50017 确定。

4. 当仅用增加焊缝长度，有效厚度或两者共同的办法不能满足连接加固的要求时，可采用附加连接板（图 10-10）的办法，附加连接板可以用角焊缝与基本构件相连（图 10-10a）；也可用附加节点板与原节点板对接（图 10-10b、c）。不论采用何种方法，都需进行连接的受力分析，并保证连接（包括焊缝及附加板件、节点板等）能够承受各种可能的作用力。

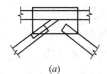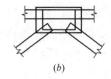

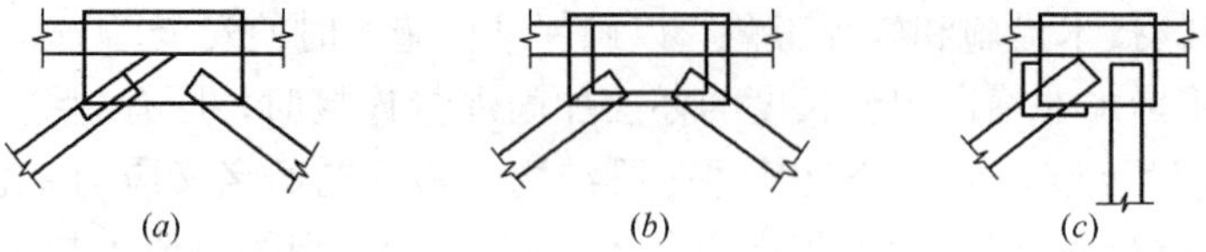

(a)　　　　　　　(b)　　　　　　　(c)

图 10-10　用附加连接板加固

(a) 角钢上贴附加钢板；(b) 加大节点板长和宽；(c) 局部加大节点板

5. 采用焊接方式加大截面加固时，宜采取支撑措施对被加固构件进行卸载。如确需在负荷状态下进行焊接加固时，应将结构加固件与被加固构件沿全长互相压紧，并采取降低焊接热量和残余应力的焊接方案，交错、对称施焊并评估局部受热后构件的整体承载力。

6. 当采用螺栓（或铆钉）连接加固加大截面时，将加固与被加固板件相互压紧后，应从加固件两端向中间逐次做孔和安装拧紧螺栓（或铆钉），以减少加固过程中杆件承载力的过多削弱。宜采用高强度螺栓，并确保加固件能够和原有构件协同工作。当采用焊接方式进行钢结构加固时，焊缝方向宜平行被加固构件应力方向，以防止焊缝应力过大。在未卸荷情况下进行加大截面加固时，需采用加固后截面特性和附加荷载计算结构应力和挠度的增量，与加固前的应力和挠度进行叠加，得到最终结构的受力状态。

7. 贴焊钢板的加固效果主要受残余应力、初始缺陷、钢板厚度、构件长细比、施工技术等因素制约，同时焊接会产生新的残余应力，因此焊接加固适合于卸荷加固或者低应力结构。负荷状态下焊接加固时，如果 $\sigma \geqslant 0.3f_y$，可用长 20～30mm 的间断（@300～500mm）焊缝定位焊接后，再由加固件端向内分区段（每段不大于 70mm）施焊所需的连接焊缝，依次施焊区段焊缝应间歇 2～5min。对于截面有对称的成对焊缝时，应平行施焊；有多条焊缝时，应交错顺序施焊；对于两面有加固件的截面，应先施焊受拉侧的加固件，然后施焊受压侧的加固件；对一端为嵌固的受压杆件，应从嵌固端向另一端施焊。若其为受拉杆，则应从另一端向嵌固端施焊，详见图 10-11。

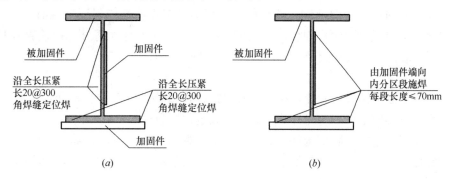

图 10-11　贴焊钢板加固操作示意
(a) 第一步；(b) 第二步

后加钢结构与后置钢埋件及连接板施工时，应在所有产生高温的焊接工作完成后，方可进行埋件板与混凝土结构之间的灌胶施工。应在后增埋件与原埋件焊接完毕、后置锚栓安装完成、新旧埋件可以共同受力后，再进行连接板的安装焊接。

8. 钢结构加固螺栓连接

（1）钢结构加固中适宜采用螺栓连接的情况有以下几种场合：

1）螺栓连接施工较方便的场所。钢结构构件连接不外乎焊接、铆钉连接和螺栓连接（包括普通螺栓和高强度螺栓）几类，目前铆钉连接由于工艺落后已很少采用。焊接连接一般来说施工更简便，但要有焊机及合格的焊工。若现场不能满足这两条，则采用螺栓连接是适宜的。

2）被加固构件所用钢材不符合可焊性要求的场合。焊接连接除了要求配备有适用的焊机及合作的焊工之外，更关键的一点是钢材必须符合可焊性要求。尤其在现场操作，很难实施焊接工艺的特殊要求时，不符合可焊性要求的钢材只能用螺栓等机械式连接方式。

3）焊接过程是一个不均匀的热循环过程，其结果必然在构件内产生焊接应力或焊接变形。对于要求加固过程中不产生附加焊接变形的构件，采用焊接连接的难度很大，应改用螺栓连接。

4）被加固构件原为螺栓或铆钉连接，加固时若采用焊接连接，除上面第2）款所述的钢材可焊性有可能不满足以外，焊接连接与螺栓连接的刚度匹配也是必须考虑的因素；否则，加固工作的效果不佳，这一点在本节第3条中有详细叙述。

（2）在螺栓连接中应优先采用高强度螺栓，其施工工艺与一般的螺栓相近，但连接性能尤其是承受动载的性能，明显优于普通螺栓连接。只要有适合的施拧工具（如定扭扳手等），螺栓的高强度特性使其足以保持稳定的预拉力值。在摩擦面抗滑移系数确定后，连接处通过摩擦面传力方式的承载能力是稳定、可靠的。在连接产生滑移前，连接接头位移小、刚度好，产生滑移后螺栓进入承压状态。工作机理与铆钉连接相似，基于这样的工作特性，规定直接承受动载的结构，必须采用摩擦型的高强度螺栓连接。当抗滑移系数无实测资料时，按轧制表面对待（抗滑移系数$\mu = 0.3 \sim 0.35$）。摩擦型高强度螺栓与铆钉混合使用时，因两者工作机理相同，变形协调，最终承载力按共同工作结果取值。

（3）当用高强度螺栓置换铆钉或螺栓时，根据其工作特性应保证接触面质量，孔洞附近钢材表面必须清理干净。此外，为使高强度螺栓顺利通过钢材，螺栓直径应比原孔洞小$1 \sim 3$mm。若因此而计算承载力不足时，则可采取扩孔措施后，改用直径大一级的螺栓。

（4）构件截面补强采用螺栓连接时，根据螺栓连接特点（允许少量变形发生），新旧两部分截面可以共同工作，这是计算承载力、确定螺栓数量的依据和出发点。

（5）采用螺栓连接加固钢构件及其节点，除验算总承载力外，必须注意因增加螺栓数量或扩大螺栓孔径后对构件（包括节点板）净截面的削弱，应再次校核净截面强度。

9. 螺栓和铆钉连接的加固

（1）螺栓或铆钉需要更换或新增加固其连接时，应首先考虑采用适宜直径的高强度螺栓连接。当负荷下进行结构加固，需要拆除结构原有受力螺栓、铆钉或增加、扩大钉孔时，除应设计计算结构原有和加固连接件的承载能力外，还必须校核板件净截面面积的强度。

（2）当用摩擦型高强度螺栓部分地更换结构连接的铆钉，从而组成高强度螺栓和铆钉的混合连接时，应考虑原有铆钉连接的受力状况。为保证连接受力的匀称，宜将缺损铆钉和与其相对应布置的非缺损铆钉一并更换。

（3）当用高强度螺栓更换有缺损的铆钉或螺栓时，可选用直径比原钉孔小$1 \sim 3$mm的高强度螺栓，但其承载力必须满足加固设计计算的要求。

（4）用摩擦型高强度螺栓加固铆钉连接的混合，可考虑两种连接的共同受力工作，但高强度螺栓的承载力设计值可按《钢结构设计标准》GB 50017的有关规定计算确定。

（5）用焊缝连接加固螺栓或铆钉连接时，应按焊缝承受全部作用力设计计算其连接，不考虑焊缝与原有连接件的共同工作，且不宜拆除原有连接件。

10. 加固件的连接

1）为加固结构而增设的板件（加固件），除须有足够的设计承载能力和刚度外，还必须与被加固结构有可靠的连接，以保证两者良好的共同工作。

2）加固件与被加固结构间的连接，应根据设计受力要求经计算并考虑构造和施工条件确定。对于轴心受力构件，可根据公式（10-10）计算；对于受弯构件，应根据可能的最大设计剪力计算；对于压弯构件，可根据以上两者中的较大值计算。

对于仅用增设中间支承构件（点）来减少受压构件自由长度加固时，支承杆件（点）与加固构件间连接受力，可按公式（10-10）计算，其中 A_t 取原构件的截面面积：

$$V = \frac{A_t f}{50}\sqrt{f_y/235} \tag{10-10}$$

式中　A_t——构件加固后的总截面面积；

　　　f——构件钢材强度设计值，当加固件与被加固构件钢材强度不同时，取较高钢材强度的值；

　　　f_y——钢材的屈服强度，当加固件与被加固件钢材强度不同时，取较高钢材强度的值。

3）加固件的焊缝、螺栓、铆钉等连接的计算，可按《钢结构设计标准》GB 50017 的规定进行。但计算时，对角焊缝强度设计值应乘以 0.85，其他强度设计值或承载力设计值应乘以 0.95 的折减系数。

11. 构造与施工要求

（1）焊缝连接加固时，新增焊缝应尽可能地布置在应力集中最小、远离原构件的变截面以及缺口、加劲肋的截面处；应力求使焊缝对称于作用力，并避免使其交叉；新增的对接焊缝与原构件加劲肋、角焊缝、变截面等之间的距离不宜小于 100mm；各焊缝之间的距离不应小于被加固板件厚度的 4.5 倍。

（2）对用双角钢与节点板角焊缝连接加固焊接时（图 10-12），应先从一角钢一端的肢尖端头 1 开始施焊，继而施焊同一角钢另一端 2 的肢尖焊缝，再按上述顺序和方法施焊角钢的肢背焊缝 3、4 以及另一角钢的焊缝 5、6、7、8。

（3）用盖板加固受有动力荷载作用的构件时，盖板端应采用平缓过渡的构造措施，尽可能地减少应力集中和焊接残余应力。

（4）摩擦型高强度螺栓连接的板件连接接触面处理应按设计要求和《钢结构设计标准》GB 50017 及《钢结构工程施工质量验收标准》GB 50205—2020 的规定进行。当不能满足要求时，应征得设计人同意，进行摩擦面的抗滑移系数试验，以便确定是否需要修改加固连接的设计计算。

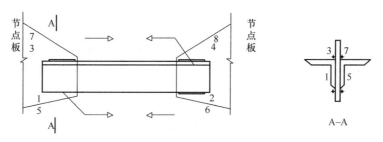

图 10-12　双角钢与节点板角焊缝连接加固焊接

（5）除焊接盖板加固方法外，钢结构梁柱节点加固还可选用焊接侧向盖板加固（图 10-13.1）、梁翼缘加腋加固（图 10-13.2）。

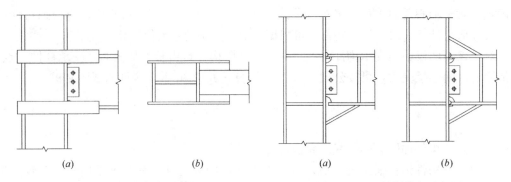

图 10-13.1 焊接侧向盖板加固
(a) 侧视图；(b) 俯视图

图 10-13.2 梁翼缘加腋加固
(a) 梁下翼缘加腋；(b) 梁上下翼缘加腋

梁翼缘增设肋板加固（图 10-13.3）、高强度螺栓连接加固（图 10-13.4）等方案，其设计方法应与焊接盖板加固方法设计方法一致，但应对加固件承载力折减系数进行专项论证。

12. 结构的焊接加固，必须由有效高焊接技术级别的焊工施焊。当施焊镇静钢板的厚度不大于 30mm 时，环境空气温度不应低于－15℃；当厚度超过 30mm 时，温度不应低于 0℃；当施焊沸腾钢板时，应高于 5℃。

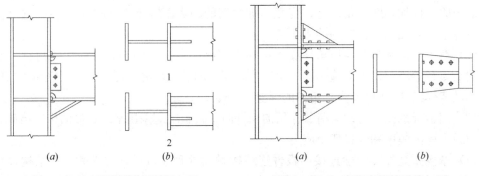

图 10-13.3 梁翼缘增设肋板加固
(a) 侧视图；(b) 仰视图
1—设置一道肋板；2—设置两道肋板

图 10-13.4 高强度螺栓连接加固
(a) 侧视图；(b) 俯视图

10.3.5 混 合 连 接

1. 混合连接是指同一构件的连接使用了两种不同的连接方式，如螺栓与铆钉、焊缝与螺栓、焊缝与铆钉等都可称混合连接。各种连接在荷载作用下的变形相近时，才能保证各种连接同时达到极限状态，共同承担荷载。

2. 由于焊缝连接的刚度比普通螺栓或铆钉大得多，混合连接中焊缝达到极限状态时，普通螺栓或铆钉承担的荷载还很小，因此应按焊缝承受全部作用力进行计算。

3. 焊缝与高强度螺栓混合连接时，如两种连接的承载力的比值在 1～1.5 的范围内，两者的荷载变形情况基本接近，可以共同工作。若比值超出这一范围，荷载将主要由强的连接承担，较弱的连接起不到分担作用。一旦荷载超过强连接的极限承载力，两种连接会同时出现破坏，造成严重后果。使用承载力比值计算比使用荷载变形条件更具有可操作性。

4. 焊栓混合连接若使用先栓后焊工序，由于焊接热影响使螺栓预拉力有所松弛。根据试验结果，预拉力为焊前的 $90\%\sim95\%$。故计算高强度螺栓承载力时，要乘以 0.9 的平均折减系数。而采用合理的分段栓焊工序，指先预加高强度螺栓 50% 的预拉力→焊接→焊后终拧工序。这样，焊接热的影响在焊后终拧时得以补偿，所以承载力不予折减。但螺栓必须达到 50% 的预拉力，方能保证抵制焊接变形而不影响整个连接的质量。

5. 同一连接部位中不得采用普通螺栓或承压型高强度螺栓与焊接共用的连接；在改建、扩建工程中作为加固补强措施，可采用摩擦型高强度螺栓与焊接承受同一作用力的栓焊并用连接，其计算与构造应符合《钢结构高强度螺栓连接技术规程》JGJ 82—2011 第 5.5 节的规定。

10.3.6　栓焊并用的连接加固的构造和计算

1. 抗剪螺栓群采用焊缝加固的栓焊并用连接接头的设计计算应符合本节的规定。

2. 栓焊并用的连接加固（图 10-14），应符合下列规定：

1）平行于受力方向的侧焊缝起弧点距连接板近端不应小于角焊缝焊脚尺寸 h_f，且与最近的螺栓距离不应小于 1.5 倍的螺栓公称直径 d_0；

2）侧焊缝末端应连续绕角焊缝长度不小于 $2h_\mathrm{f}$。连接板边缘与焊件边缘距离不应小于 30mm。

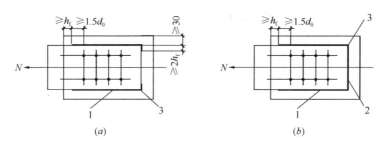

图 10-14　栓焊并用的连接接头要求

（a）螺栓与侧焊缝并用的连接构造要求；（b）螺栓与侧焊缝、端焊缝并用的连接构造要求

1—侧焊缝；2—端焊缝；3—连续烧焊

3. 摩擦型高强度螺栓与焊缝并用的连接，当其连接的承载力比值在 $0.5\sim3.0$ 范围内时，可按共同工作的假定进行加固计算；当其连接的承载力比值在 $0.5\sim3.0$ 范围外时，荷载应由摩擦型高强度螺栓与焊缝中承载力大的连接承担，不考虑承载力小的连接的作用。

4. 施工时必须先紧固高强度摩擦型螺栓，后实施焊接，并应在设计文件中作出规定。在焊接 24h 后还应对摩擦型高强度螺栓进行补拧，补拧扭矩应为施工终拧扭矩值。焊缝形式应为角焊缝。

5. 在原有摩擦型高强度螺栓连接接头上新增角焊缝进行加固补强时，摩擦型高强度螺栓连接和角焊缝焊接连接应分别承担加固焊接补强前的荷载和加固焊接后新增的荷载。

6. 高强度摩擦型螺栓连接不得设计成仅与端焊缝并用的连接。

7. 栓焊并用连接的受剪承载力的计算应符合下列规定：

1）高强度摩擦型螺栓与侧焊缝并用连接：

$$\psi = N_{b}/N_{fs} \tag{10-11}$$

① 当 $\psi < 0.5$ 时，应按下式计算：

$$N_{v} = N_{fs} \tag{10-12}$$

② 当 $0.5 \leqslant \psi < 0.8$ 时，应按下式计算：

$$N_{v} = 0.75N_{fs} + N_{b} \tag{10-13}$$

③ 当 $0.8 \leqslant \psi \leqslant 2$ 时，应按下式计算：

$$N_{v} = 0.9N_{fs} + 0.8N_{b} \tag{10-14}$$

④ 当 $2 < \psi \leqslant 3$ 时，应按下式计算：

$$N_{v} = N_{fs} + 0.75N_{b} \tag{10-15}$$

⑤ 当 $\psi > 3$ 时，应按下式计算：

$$N_{v} = N_{b} \tag{10-16}$$

式中　ψ——栓焊强度比；

　　　N_{v}——栓焊并用连接受剪的承载力设计值（N）；

　　　N_{fs}——侧焊缝受剪承载力设计值（N）；

　　　N_{b}——高强度摩擦型螺栓连接受剪承载力设计值（N）。

2）高强度摩擦型螺栓与侧焊缝及端焊缝并用连接时，应按下式计算：

$$N_{v} = 0.85N_{fs} + N_{fe} + 0.25N_{b} \tag{10-17}$$

式中　N_{fe}——连接接头中端焊缝受剪承载力设计值（N）。

8. 节点的加固

1）当端板连接节点承载力不足时，可采用侧面角焊缝加固或围焊加固（图 10-15）；当受弯承载力满足要求时，宜采用侧面角焊缝加固。

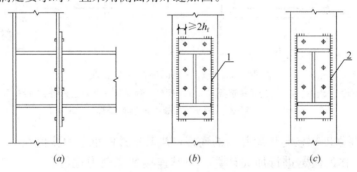

图 10-15　端板连接节点加固示意

(a) 端板连接节点加固；(b) 侧面角焊缝加固；(c) 围焊加固

1—侧面角焊缝；2—端板围焊

2）螺栓连接节点的焊接加固，当螺栓承担的荷载大于其设计承载力的 65% 时，不应考虑原螺栓的承载作用，而应按焊缝承担全部荷载进行验算；当螺栓承担的荷载小于其设计承载力的 65% 时，允许原螺栓与新增焊缝共同受力，并应按下列规定验算其承载力：

① 受弯承载力应按下式计算：

$$M_{wb} = M_{w} + \eta_{ep}M_{b} \tag{10-18}$$

式中　M_{wb}——栓焊并用连接受弯承载力设计值（N·mm）；

　　　M_{w}——焊缝受剪承载力设计值（N·mm）；

M_b——高强度摩擦型螺栓连接受弯承载力设计值（N·mm）；

η_{cp}——高强度摩擦型螺栓连接受弯承载力修正系数，当螺栓承担的荷载小于其设计承载力的20%时，取0.65；当螺栓承担的荷载为其设计承载力的20%～40%时，取0.55；当螺栓承担的荷载为其设计承载力的40%～65%时，取0.4。

② 受剪承载力验算可按本节第7条的规定执行；角焊缝焊脚尺寸 h_f 宜取现行《钢结构设计标准》GB 50017允许的最小值。

③ 当节点域构造不满足设计要求时，可按10.3.6第8条7）款的规定进行加固。

3）梁柱节点加固前，节点的最大名义应力应小于 $0.6f_y$，并应符合下列规定：

① 当负载下加固梁柱节点加固前的实际名义应力值小于0.3时，可按照非负载下加固梁柱节点考虑，其受力性能和新建加强型盖板节点的受力性能无明显差别；

② 当负载下加固梁柱节点加固前的实际名义应力值在0.3～0.6倍屈服应力之间时，应考虑初始荷载对加固后结构受力的影响且不应考虑加固构件的塑性变形发展。加固后节点连接的弹性极限弯矩应大于梁的塑性弯矩。

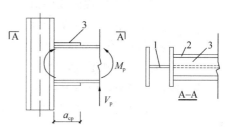

图10-16　盖板加固梁柱节点示意
1—柱；2—梁；3—盖板

4）负载下采用盖板加固梁柱节点（图10-16），盖板长度 a_{cp} 宜为梁高的 1/2～2/3；厚度宜为 0.8～1.2倍梁翼缘厚度；其节点连接强度应按下列公式进行验算：

$$M \leqslant \eta_b M_{by} + \eta_{cp} M_{cp} \tag{10-19}$$
$$M_{cp} = f_{ycp} t_{cp} b_{cp} (d + t_{cp}) \tag{10-20}$$

式中　M——加固后梁端弯矩设计值（N·mm）；

η_b——原梁端承载力折减系数，取0.75；

M_{by}——加固前梁的屈服弯矩（N·mm），计算时可不考虑梁柱连接处焊接工艺孔及螺栓等的削弱；

η_{cp}——考虑盖板焊接残余应力影响的折减系数，取0.8；

M_{cp}——盖板的屈服弯矩（N·mm）；

f_{ycp}——盖板钢材的屈服强度（MPa）；

t_{cp}——盖板厚度（mm）；

b_{cp}——盖板宽度（mm）；

d——梁截面高度（mm）。

5）盖板与柱翼缘之间的对接焊缝宜按等强连接设计。盖板端部与梁翼缘之间的角焊缝内力值应按下列公式计算，盖板侧面两道半熔透焊缝所承受剪力设计值应为塑性铰处梁的设计剪力 V_p，单侧焊缝所承受的剪力设计值应为塑性铰处梁的设计剪力 V_p 的1/2。

$$P = 0.1V_p \tag{10-21}$$
$$Q = 1.0V_p \tag{10-22}$$

式中　P——盖板末端与梁翼缘之间的角焊缝对盖板的竖向约束力（N）；

Q——盖板末端与梁翼缘之间的角焊缝对盖板的水平约束力（N）；

V_p——塑性铰处梁的设计剪力（N）。

6) 塑性铰处梁的设计剪力 V_p 应按下列公式确定：

$$V_p = \frac{2M_p}{L'} + \frac{wL'}{2} \tag{10-23}$$

$$L' = L - 2a - 2 \times \frac{d}{3} \tag{10-24}$$

$$M_p = f_y W_p \tag{10-25}$$

式中　M_p——梁的塑性弯矩（N·mm）；

　　　L'——塑性铰之间的距离（mm）；

　　　d——梁截面高度（mm）；

　　　w——梁自重或其他均布荷载（N/mm）；

　　　a——剪跨，即横向集中荷载作用点至支座或节点边缘的距离（mm）；

　　　W_p——塑性截面模量或塑性抵抗矩（mm³）。

7) 当端板连接的节点域不满足设计要求时，宜采用增设节点域加劲肋的加固方式。中柱对应的节点域不满足设计要求时，应增设交叉加劲肋（图 10-17a）；角柱对应的节点域不满足设计要求时，应沿节点域主压应力迹线增设加劲肋（图 10-17b）。增设加劲肋仍不能满足设计要求时，可考虑加厚节点域板件，并可按以下 8) 的规定执行。

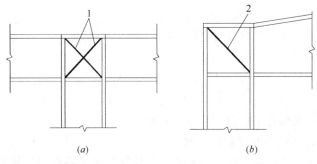

图 10-17　端板连接节点域加固
(a) 中柱节点域加固；(b) 角柱节点域加固
1—加劲肋；2—加劲肋

8) 当梁柱节点域厚度不符合现行《钢结构设计标准》GB 50017 的有关规定时，对 H 形截面柱节点域可采用下列补强措施（图 10-18）：

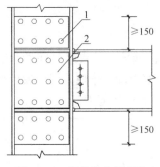

图 10-18　梁柱节点域焊贴补强板加强
1—塞焊；2—补强板

① 加厚节点域的柱腹板。腹板加厚的范围应伸出梁的上下翼缘外不小于 150mm。

② 节点域处焊贴补强板加强。补强板与柱加劲肋和翼缘可采用角焊缝连接；并应与柱腹板采用塞焊连成整体；塞焊点之间的距离不应大于较薄焊件厚度的 $21\sqrt{235/f_y}$ 倍。

③ 对轻型结构，可设置节点域斜向加劲肋加强。

10.3.7　荷载作用下的焊接加固

1. 荷载作用下加固原有焊接，应优先选择增加原有焊缝长度的方案。

2. 加固焊缝不宜密集、交叉布置，不宜与受力方向垂直。在高应力区和应力集中处，不宜布置加固焊缝，轻钢结构中的小角钢和圆钢杆件不宜在负荷状态下进行焊接加固，必要时应采取适当措施。圆钢拉杆严禁在负荷状态下用焊接的方法加固。

3. 负荷状态下用增加截面的方法加固构件时，应采用合理的加固顺序。应首先加固对原有构件影响较小、构件最薄弱和能立即起加固作用的部位。

4. 荷载作用下焊接加固时，必须考虑焊接过程热作用造成局部材料短时间内强度和弹性模量和降低，应采取下列安全措施：结构尽可能卸荷；针对最大荷载条件做好临时支护；使用合理的焊接工艺。但在有经验的焊接工程师指导，由经专门培训合格的焊工施焊的前提下，下列情况亦可进行焊接加固：

1）受拉构件，截面应力不大于钢材强度的设计值或 0.9 倍的屈服强度；

2）受压杆件，计算及稳定系数的截面应力不大于钢材强度设计值且有合理的施工措施。

5. 焊接加固应采用分散、短段、短时、多道的原则，并且严格按确定的焊接工艺进行。

6. 加固焊缝与原有焊缝相接时，施焊前应对相接处原有焊缝进行处理，包括清除焊渣、修补焊缝缺陷，使加固焊缝与原有焊缝之间有一个平滑过渡。加固焊缝的起点和落点不得紧靠原有焊缝边缘。

7. 受压杆件加固时，应先将加固件点焊固定，点固焊应从杆件两端开始向杆件中部推进。全部点固焊完成后，进行由两端开始向中部推进的断续焊接且应对称施焊。焊接时应严格控制焊缝的长度和厚度。

8. 遵循分散、短段、短时、多道的焊接原则，是指每道加固焊缝分成多组小段，分多次分散、对称完成整条焊缝。具体规定为每道焊脚尺寸不大于 4mm，每段长度不大于 80mm，层间温度不大于 200℃。焊接工艺要求焊条直径不大于 4mm。相应 4mm 直径的焊条焊接电流不大于 20A。

细长杆件增加截面加固时，常需并焊等长的另一长杆，而并焊的焊缝常不在杆件横截面中心。这样，必然会由于焊接热量作用引起杆件侧向变形，变形量可用式（10-28）近似计算出，如图 10-19 所示。原选定好的连续焊接工艺每段焊长为 L，若计算出 Δ 超过允许值，则可适当减少 L 到 L_m，从而调整 Δ，使其在允许范围内。该公式由试验结果得出，且在实际工程中使用得到验证。

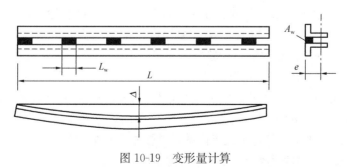

图 10-19　变形量计算

加固细长杆件时，宜对称布置焊缝、对称施焊。需要考虑焊接引起的偏移时，偏移值可用下式计算：

$$\Delta = 0.005 e A_\text{w} (\sum L_\text{w})^2 / I \qquad\qquad (10\text{-}26)$$

式中　e——焊缝到杆件截面中心的距离，cm；

　　A_w——焊缝横截面面积，cm^2；

　$\sum L_\text{w}$——焊缝总长，cm；

　　I——构件截面惯性矩，cm^4。

10.3.8　施工安全与工程验收

1. 钢结构加固工作开始前，应按设计要求采取卸荷或支顶措施，确保施工安全。

钢结构加固时，必须保证结构的稳定，应事先检查各连接点是否牢固，必要时可先加固连接点或增设临时以撑，待加固完毕后再行拆除。

2. 钢结构加固工程的验收，除应满足钢结构标准和加固规范的规定外，尚应符合《钢结构工程施工质量验收标准》GB 50205—2020 及其他有关规范的要求。相关验收归档文件包括可靠性鉴定报告、施工图、加固所用钢材及连接材料（焊接材料及紧固件）的质量证明书、焊缝外观质量检查及无损探伤报告、加固工程的竣工验收报告。

10.3.9　钢结构以及连接节点的防护和修缮

1. 钢结构以及连接节点的防护（防腐、防火）

钢结构应根据结构安全性等级、类型及使用环境，建立全寿命周期内的结构使用、维护管理制度。钢结构维护应遵守预防为主、防治结合的原则，应进行日常维护、定期检测与鉴定。

1）钢结构防护应按照建筑全寿命周期的耐久性能目标，在正常维护条件下能够保证钢结构的正常使用。

2）钢结构构件的设计耐火极限应根据建筑的耐火等级和构件类别确定。

3）钢结构应根据设计耐火极限采取相应的防火保护措施，或进行耐火验算与防火设计。钢结构构件的耐火极限经验算低于设计耐火极限时，应采取防火保护措施。

4）高温环境下的钢结构温度超过 100℃ 时，应进行结构温度作用验算，并应根据不同情况采取防护措施。

5）钢结构防腐涂料、涂装遍数、涂层厚度均应符合设计和涂料产品说明书的要求。当设计对涂层厚度无要求时，涂层干漆膜总厚度：室外应为 $150\mu m$，室内应为 $125\mu m$，其允许偏差为 $-25\mu m$。检查数量与检验方法应符合下列规定：

① 按构件数抽查 10%，且同类构件不应少于 3 件；

② 每个构件检测 5 处，每处数值为 3 个相距 50mm 测点涂层干漆膜厚度的平均值。

6）膨胀型防火涂料的涂层厚度应符合耐火极限的设计要求。非膨胀型防火涂料的涂层厚度，80% 及以上面积应符合耐火极限的设计要求，且最薄处厚度不应低于设计要求的 85%。检查数量按同类构件数抽查 10%，且均不应少于 3 件。

7）防腐蚀保护的基本设计原则：易受到腐蚀应力作用的钢结构表面应尽量减少暴露面积。同时，应尽可能减少不规则的结构（例如：搭接、棱角、棱边）。为了形成整体平滑的表面，连接处应尽可能采用焊接连接方式，尽量少用栓接或铆接。间断焊接和点焊只能用于腐蚀危险较小的部位。

8）结构的形状会影响防腐蚀效果，结构设计应避免造成腐蚀容易发生并蔓延的薄弱点（腐蚀隐患）。建议设计者在设计过程开始就应咨询防腐蚀保护专家。从理论上讲，应及时根据结构的服务类型、使用期限和维护要求选择防腐蚀保护体系。结构部件的形状、组装方式、制造过程以及任何后处理方式都不应促使腐蚀加速。在选定防护涂料体系时，要考虑结构和其部件的形状以及它们所处的腐蚀环境等级，具体措施可参考《色漆和清漆防护涂料体系对钢结构的防腐蚀保护》GB/T 30790。

9）设计应尽量简单，避免过于复杂。当钢构件与其他建筑材料相接触、镶嵌或密封在建筑材料（例如砖）中时，就不可能再接近这些构件，防腐蚀措施必须要能保证在整个使用期内提供有效的保护。

10）连接节点缝隙处理：狭缝、盲缝和搭接处都会因潮气及污垢（也包括表面处理时使用的任何磨料）的积存，而成为腐蚀发生的潜在部位。这种潜在的腐蚀一般通过密封来避免。在腐蚀最严重的环境中，应采用部件上突出的夹钢来填补空隙，并在其四周焊接密封。接合表面应用连续焊接法封闭，以避免磨料残留和潮气进入。对于混凝土结构与钢构件之间的过渡区域需要特别加以注意，特别是容易产生严重腐蚀应力的复合结构。

2. 连接节点修缮

1）钢结构焊缝的修复应符合下列规定：

① 焊缝实际尺寸不足时，应根据验算结果在原有焊缝上堆焊辅助焊缝；

② 焊缝出现裂纹时，宜采用碳弧气刨或风铲刨掉原焊缝后重焊，并应作防腐蚀处理；

③ 焊缝出现气孔、夹渣、咬边时，对常温下承受静载或间接动载的结构，若无裂纹或其他异常现象，可不作处理；

④ 焊缝内部的夹渣、气孔等超过现行《钢结构焊接规范》GB 50661 规定的外观质量要求时，应采用碳弧气刨或风铲将有缺陷的焊缝清除，然后以同型号焊条补焊，补焊长度不宜小于 40mm。

2）由螺栓漏拧或终拧扭矩不足造成摩擦型高强度螺栓连接的滑移，可采用补拧并在盖板周边加焊进行修复。

3）铆钉连接的修复应符合下列规定：

① 对松动或漏铆的铆钉应更换或补铆；更换铆钉时，宜采用气割割掉铆钉头且不应烧伤主体金属；不得采用焊补、加热再铆合方法处理有缺陷的铆钉。修复时，可采用高强度螺栓代替铆钉，其直径换算按等强度确定。

② 当采用高强度螺栓替换铆钉修复时，若铆钉孔缺陷不妨碍螺栓顺利就位时，可不处理铆钉孔；当孔壁倾斜度超过 5°且螺栓不能与连接板表面紧贴时，应扩钻铆钉孔或采用楔形垫圈。

4）涂装修缮

① 钢结构构件涂装的修复应根据构件实际锈蚀、腐蚀程度采取修缮措施。当构件截面削弱程度不足以影响结构安全时，可采取表面除锈、增加防腐涂层的修复方法；当构件截面削弱程度已影响结构安全时，应采取相应的加固措施进行修复。

② 钢结构构件表面除锈可采用手工除锈、机械除锈或喷砂除锈。除锈等级应符合现

行《涂覆涂料前钢材表面处理表面清洁度的目视评定　第1部分：未深覆过的钢材表面和全面清除原有涂层后的钢材表面的锈蚀等级和处理等级》GB/T 8923.1 的有关规定。

③ 锈蚀、腐蚀缺陷的修复，应在重做防护措施前，采取酸洗、喷砂机械打磨等处理措施清除锈蚀、旧涂层和污垢等；新涂层的品种、涂刷层数和厚度应根据产品要求和耐久性要求确定。

第11章 钢结构连接节点设计计算用表

11.1 连接用紧固件规格尺寸及质量表

1. 普通C级六角头螺栓规格及尺寸表（摘自《六角头螺栓 C级》GB/T 5780—2016）

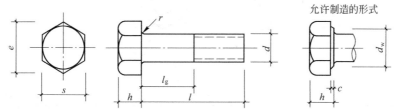

允许制造的形式

表 11-1

d (mm)		10	12	(14)	16	(18)	20	(22)	24	(27)	30	(33)	36
d (mm)	公称	10	12	(14)	16	(18)	20	(22)	24	(27)	30	(33)	36
	最大	10.58	12.7	14.7	16.7	18.7	20.84	22.84	24.84	27.84	30.84	34	37
	最小	9.42	11.3	13.3	15.3	17.3	19.16	21.16	23.16	26.16	29.16	32	35
e (mm)	最小	17.59	19.85	22.78	26.17	29.56	32.95	37.29	39.55	45.2	50.85	55.37	60.79
d_w (mm)	最小	14.4	16.4	19.2	22	24.9	27.7	31.4	33.2	38	42.7	46.5	51.1
s (mm)	最大	16	18	21	24	27	30	34	36	47	46	50	55
	最小	15.57	17.57	20.16	23.16	26.16	29.16	33	35	40	45	49	53.8
h (mm)	最大	6.85	7.95	9.25	10.75	12.4	13.4	14.9	15.9	17.9	19.75	22.05	23.55
	最小	5.95	7.05	8.35	9.25	10.6	11.6	13.1	14.1	16.1	17.65	19.95	21.45
r (mm)	最小	0.4	0.6	0.6	0.6	0.6	0.8	1	0.8	1	1	1	1
c (mm)	最大	0.6	0.6	0.6	0.8	0.8	0.8	0.8	0.8	0.8	0.8	0.8	0.8

l (mm) 公称	最小	最大	\multicolumn{12}{c}{夹 紧 长 度 l_g（最大）}
40	38.7	41.3	14											
45	43.7	46.3	19	15										
50	48.7	51.3	24	20										
55	53.5	56.5	29	25	17									
60	58.5	61.5	34	30	26	22								
65	63.5	66.5	39	35	31	27	19							
70	68.5	71.5	44	40	36	32	24							
80	78.5	81.5	54	50	46	42	38	34	26					
90	88.3	91.7	64	60	56	52	48	44	40	36	24			
100	98.3	101.7	74	70	66	62	58	54	50	46	40	34		
110	108.3	111.7		80	76	72	68	64	60	56	50	44		32
120	118.3	121.7		90	86	82	78	64	70	66	60	54		42
130	128	132			90	86	82	78	74	70	64	58	52	46
140	138	142			100	96	92	88	84	80	74	68	62	56
150	148	152				106	102	98	94	90	84	78	72	66
160	156	164				116	112	108	104	100	94	88		76
180	176	184					132	128	124	120	114	108	102	96
200	195.4	204.6						148	144	140	134	128	122	116

l（mm）公称	最小	最大	夹 紧 长 度 l_g（最大）								
220	215.4	224.6				151	147	141	135	129	123
240	235.4	224.6					167	161	155	149	143
260	254.8	265.2						181	175	163	163
280	274.8	285.2							195	189	183
300	294.8	305.2							215	209	203

注：括号内的规格，尽可能不采用。

2. 普通 C 级 1 型六角螺母规格及尺寸表（摘自《1 型六角螺母　C 级》GB/T 41—2016）

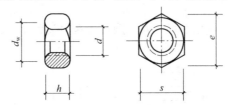

表 11-2

单位：mm

d		10	12	(14)	16	(18)	20	(22)	24	(27)	30	(33)	36
s	最大	16	18	21	24	27	30	34	36	41	46	50	55
	最小	15.57	17.57	20.16	23.16	26.16	29.16	33	35	40	45	49	53.8
h	最大	9.5	12.2	13.9	15.9	14.9	18.7	20.2	22.3	24.7	26.4	29.5	31.5
	最小	8	10.4	12.1	14.1	15.1	16.6	18.1	20.2	22.5	24.3	27.4	29.4
e	最小	17.59	19.85	22.78	26.17	29.56	32.95	37.29	39.55	45.2	50.85	55.37	60.79
d_w		14.5	16.5	19.2	22	24.8	27.7	31.4	33.2	38	42.7	46.6	51.1

注：括号内的规格，尽可能不采用。

3. 普通 C 级平垫圈规格及尺寸表（摘自《平垫圈　C 级》GB/T 95—2002）

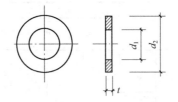

表 11-3

单位：mm

公称直径（螺纹直径 d）		10	12	14	16	20	24	30	36
d_1	最　　大	11.43	13.93	1.93	17.93	22.52	26.52	33.62	40
	最小（公称）	11	13.5	15.5	17.5	22	26	33	39
d_2	最大（公称）	20	24	28	30	37	44	56	66
	最　　小	18.7	22.7	26.7	28.7	35.4	42.4	54.1	64.1
t	公　　称	2	2.5	2.5	3	3	4	4	5
	最　　大	2.3	2.8	2.8	3.6	3.6	4.6	4.6	6
	最　　小	1.7	2.2	2.2	2.4	2.4	3.4	3.4	4

4. 普通 A、B 级六角头螺栓规格及尺寸表（摘自《六角头螺栓》GB/T 5782—2016）

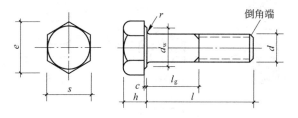

表 11-4

d (mm)	公称	10	12	(14)	16	(18)	20	(22)	24	(27)	30	(33)	36
	最大	9.64	11.57	13.57	15.57	17.57	19.48	21.48	23.48	26.48	29.48	32.38	35.38
e (mm) 最小	A级	17.77	20.03	23.35	26.75	30.14	33.53	37.72	39.98	—	—	—	—
	B级	17.59	19.85	22.78	26.17	29.56	32.93	37.29	39.55	45.2	50.85	55.37	60.79
d_w (mm) 最小	A级	14.6	16.6	19.6	22.5	25.3	28.2	31.7	33.6	—	—	—	—
	B级	14.4	16.4	19.2	22	24.8	27.7	31.4	33.2	38	42.7	46.6	51.1
s (mm) 最小	A级	16	18	21	24	27	30	34	36	41	46	50	55
	B级	15.57	17.57	20.16	23.16	26.16	29.16	33	35	40	45	49	53.8
h (mm) A级	最大	6.58	7.68	8.98	10.18	11.72	12.72	14.22	15.22	—	—	—	—
	最小	6.22	7.32	8.62	9.82	11.28	12.28	13.78	14.78	—	—	—	—
h (mm) B级	最大	6.69	7.79	9.09	10.29	11.85	12.85	14.35	15.35	17.35	19.12	21.42	22.92
	最小	6.11	7.21	8.51	9.71	11.15	12.15	13.65	14.65	16.65	18.28	20.58	22.08
r (mm)	最小	0.4	0.6	0.6	0.6	0.6	0.8	1	0.8	1	1	1	1
c (mm)	最大	0.6	0.6	0.6	0.8	0.8	0.8	0.8	0.8	0.8	0.8	0.8	0.8
	最小	0.15	0.15	0.15	0.2	0.2	0.2	0.2	0.2	0.2	0.2	0.2	0.2

l (mm)　　　　　　　　　　夹紧长度 t_g（最大）

公称	A级 最小	A级 最大	B级 最小	B级 最大	10	12	(14)	16	(18)	20	(22)	24	(27)	30	(33)	36
40	39.5	40.5	38.7	41.3	14											
45	44.5	45.5	43.7	46.3	19	15										
50	49.5	50.5	48.7	61.3	24	20	16									
55	54.4	55.6	53.5	56.5	29	25	21	17								
60	59.4	60.6	58.5	61.5	34	30	26	22	18							
65	64.4	65.6	63.5	66.5	39	35	31	27	23	19						
70	69.4	70.6	68.5	71.5	44	40	36	32	28	24	20					
80	79.4	80.6	78.5	81.5	54	50	46	42	38	34	30	26				
90	89.3	90.7	88.3	91.8	64	60	56	52	48	44	40	36	30	24		
100	99.3	100.7	98.3	101.8	74	70	66	62	58	54	50	46	40	34	28	
110	109.3	110.7	108.3	111.8		80	76	72	68	64	60	56	50	44	38	32
120	119.3	120.7	118.3	121.8		90	86	82	78	74	70	66	60	54	48	42
130	129.2	130.8	128	132			90	86	82	78	74	70	64	58	52	46
140	139.2	140.8	138	142			100	96	92	88	84	80	74	68	62	56
150	149.2	150.8	148	152				106	102	98	94	90	84	78	72	66
160	159.2	160.8	158	162				116	112	108	104	100	94	88	82	76
180	179.2	180.8	178	182					132	128	124	120	114	108	102	96
200	199.1	200.9	197.7	202.3						148	144	140	134	128	122	116
220	219.1	220.9	217.7	222.3							151	147	141	135	129	123
240	—	—	237.7	242.3								167	161	155	149	143
260	—	—	257.4	262.6									181	175	169	163
280	—	—	277.4	282.6										195	189	183
300	—	—	297.4	302.6										215	209	203

注：1. 括号内的规格，尽可能不采用。

　　2. 虚线以上部分为 A 级，虚线以下部分为 B 级。

5. 普通 A、B 级 1 型六角螺母规格及尺寸表（摘自《1 型六角螺母》GB/T 6170—2015）

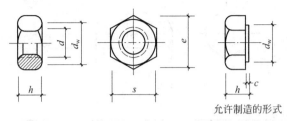

允许制造的形式

表 11-5

d（mm）		10	12	(14)	16	(18)	20	(22)	24	(27)	30	(33)	36
s（mm）	最大	16	18	21	24	27	30	34	36	41	46	50	55
	最小	15.73	17.73	20.67	23.67	26.16	29.16	33	35	40	45	49	53.3
h（mm）	最大	8.4	10.8	12.8	14.8	15.8	18	19.4	21.5	23.8	25.6	28.7	31
	最小	8.04	10.37	12.1	14.1	15.1	16.9	18.1	20.2	22.5	24.3	27.4	29.4
e（mm）	最小	17.77	20.03	23.35	26.75	29.56	32.95	37.29	39.55	45.2	50.85	55.37	60.79
d_w（mm）		14.6	16.6	19.6	22.5	24.8	27.7	31.4	33.2	38	42.7	46.6	51.1
c（mm）	最大	0.6	0.6	0.6	0.8	0.8	0.8	0.8	0.8	0.8	0.8	0.8	0.8

注：1. 括号内的规格，尽可能不采用。

2. A 级用于 $d \leqslant 16mm$ 的螺母，B 级用于 $d > 16mm$ 的螺母。

6. 普通 A 级平垫圈、A 级平垫圈（倒角型）规格及尺寸表（摘自《平垫圈　A 级》GB/T 97.1—2002、《平垫圈　倒角型　A 级》GB/T 97.2—2002）

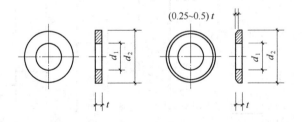

表 11-6

公称直径（螺栓直径 d，mm）		10	12	14	16	20	24	30	36
d_1（mm）	最　大	10.77	13.27	15.27	17.27	21.33	25.33	31.39	37.67
	最小（公称）	10.5	13	15	17	21	25	31	37
d_2（mm）	最大（公称）	20	24	28	30	37	44	56	66
	最　小	19.48	23.48	27.48	29.48	36.38	43.38	55.26	64.8
t（mm）	公　称	2	2.5	2.5	3	3	4	4	5
	最　大	2.2	2.7	2.7	3.3	3.3	4.3	4.3	5.6
	最　小	1.8	2.3	2.3	2.7	2.7	3.7	3.7	4.4

7. 钢结构用高强度大六角头螺栓规格、尺寸及质量表（摘自《钢结构用高强度大六角头螺栓》GB/T 1228—2006）

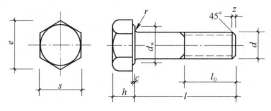

表 11-7

d (mm)	公称尺寸	12	16	20	(22)	24	(27)	30
	最 大	12.43	16.43	20.52	22.52	24.52	27.84	30.84
	最 小	11.57	15.57	19.48	21.48	23.48	26.16	29.16
e (mm)	最 小	22.78	29.56	37.29	39.55	45.20	50.85	55.37
d_w (mm)	最 小	19.2	24.9	31.4	33.3	38.0	42.8	46.5
s (mm)	最 大	21	27	34	36	41	46	50
	最 小	20.16	26.16	33	35	40	45	49
h (mm)	最 大	7.95	10.75	13.40	14.90	15.90	17.90	19.75
	最 小	7.05	9.25	11.60	13.10	14.10	16.10	17.65
r (mm)	最 小	1.0	1.0	1.5	1.5	1.5	2.0	2.0
c (mm)	最 大	0.8	0.8	0.8	0.8	0.8	0.8	0.8
	最 小	0.4	0.4	0.4	0.4	0.4	0.4	0.4
z (mm)	最 大	2.6	3.0	3.8	3.8	4.5	4.5	5.3
l_0 (mm)		25；30	30；35	35；40	40；45	45；50	50；55	55；60

l (mm) 公 称	最 小	最 大	每1000个螺栓的质量（kg）≈						
35	33.75	36.25	49.4						
40	38.75	41.25	54.2						
45	43.75	46.25	57.8	113.0					
50	48.75	51.25	62.5	121.3	207.3				
55	53.5	56.5	67.3	127.9	220.3	269.3			
60	58.5	61.5	72.1	136.2	233.3	284.9	357.2		
65	63.5	66.5	76.8	144.5	243.6	300.5	375.7	503.2	
70	68.5	71.5	81.6	152.8	256.5	313.2	394.2	527.1	658.2
75	73.5	76.5	86.3	161.2	269.5	328.9	409.1	551.0	687.5
80	78.5	81.5		169.5	282.5	344.5	428.6	570.2	716.8
85	83.25	86.75		177.8	295.5	360.1	446.1	594.1	740.3
90	88.25	91.75		186.1	308.5	375.8	464.7	617.9	769.6
95	93.25	96.75		194.4	321.4	391.4	483.2	641.6	799.0
100	98.25	101.75		202.8	334.4	407.0	501.7	665.7	828.3
110	108.25	111.75		219.4	360.4	438.3	538.8	713.5	886.9
120	118.25	121.75		236.1	386.3	469.6	575.9	761.3	945.6
130	128	132		252.7	412.3	500.8	612.9	809.1	1004.2
140	138	142			438.3	532.1	650.0	856.9	1062.8
150	148	152			464.2	563.4	687.1	904.7	1121.5
160	156	164			490.2	594.6	724.2	952.4	1180.1
170	166	174				625.9	761.2	1000.2	1238.7
180	176	184				657.2	798.3	1048.0	1297.4
190	186	194				688.4	835.4	1095.8	1356.0
200	196	204				719.7	872.4	1143.6	1414.7
220	216	224				782.2	946.6	1239.2	1531.9
240	236	244					1020.7	1334.7	1649.2
260	256	264					1430.3	1766.5	

注：1. 括号内的规格，尽可能不采用。
　　2. 虚线以上部分的螺纹长度，按 l_0 栏内的前面数值采用（亦允许螺杆上全部制出螺纹）；虚线以下部分的螺纹长度，按 l_0 栏内的后面数值采用。
　　3. d_w 的最大尺寸，等于 s 的实际尺寸。

8. 钢结构用高强度大六角螺母规格、尺寸及质量表（摘自《钢结构用高强度大六角螺母》GB/T 1229—2006）

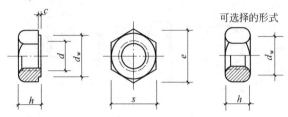

可选择的形式

表 11-8

d (mm)		12	16	20	(22)	24	(27)	30
s (mm)	最　大	21	27	34	36	41	46	50
	最　小	20.16	26.16	33	35	40	45	49
h (mm)	最　大	12.3	17.1	20.7	23.6	24.2	27.6	30.7
	最　小	11.87	16.4	19.4	22.3	22.9	26.3	29.1
e (mm)	最　小	22.78	29.56	37.29	39.55	45.20	50.85	55.37
d_w (mm)		19.2	24.9	31.4	33.3	38.0	42.8	46.6
c (mm)	最　大	0.8	0.8	0.8	0.8	0.8	0.8	0.8
	最　小	0.4	0.4	0.4	0.4	0.4	0.4	0.4
每1000个螺母的质量（kg）≈		27.68	61.51	118.77	146.59	202.67	288.51	374.01

注：1. 括号内的规格，尽可能不采用。

2. d_w 的最大尺寸，等于 s 的实际尺寸。

9. 钢结构用高强度垫圈规格、尺寸及质量表（摘自《钢结构用高强度垫圈》GB/T 1230—2006）

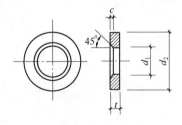

表 11-9

公称直径（螺纹直径 d，mm）		12	16	20	(22)	24	(27)	30
d_1 (mm)	最　大	13.43	17.43	21.52	23.52	25.52	28.52	31.62
	最小（公称）	13	17	21	23	25	28	31
d_2 (mm)	最大（公称）	25	33	40	42	47	52	56
	最　小	23.7	31.4	38.4	40.4	45.2	50.4	54.1
t (mm)	最　大	3.3	3.3	4.3	5.3	5.3	6.3	6.3
	最　小	2.5	2.5	3.5	4.5	4.5	5.5	5.5
c (mm)	最　大	1.6	1.6	2.2	2.2	2.2	2.9	2.9
	最　小	1.2	1.2	1.8	1.8	1.8	2.5	2.5
每1000个垫圈的质量（kg）≈		9.03	15.96	29.84	39.39	50.71	72.09	81.96

注：括号内的尺寸，尽可能不采用。

10. 钢结构用扭剪型高强度螺栓规格、尺寸及质量表（摘自《钢结构用扭剪型高强度螺栓连接副》GB/T 3632—2008）

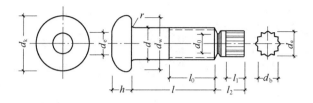

表 11-10

d (mm)	公称尺寸	16	20	(22)	24
	最大	16.43	20.52	22.52	24.52
	最小	15.57	19.48	21.48	23.48
d_k (mm)	最大	30	37	41	44
d_e (mm)	≈	13	17	18	20
d_w (mm)	最小	27.9	34.5	38.5	41.5
h (mm)	最大	10.75	13.9	14.9	15.9
	最小	9.25	12.1	13.1	14.1
d_0 (mm)	最大	11	13.7	15.2	16.5
	最小	10.8	13.5	15	16.3
d_e (mm)	≈	12.8	16.1	17.8	19.3
d_b (mm)	最大	11.3	14.1	15.6	16.9
	最小	11	13.8	15.3	16.6
r (mm)	最小	1.2	1.2	1.2	1.2
l_1 (mm)	最大	13.9	15.9	16.9	17.9
	最小	12.1	14.1	15.1	16.1
l_2 (mm)	最大	20	22	24	26
l_0 (mm)		30；35	35；40	40；45	45；50

l (mm) 公称	最小	最大	每1000个螺栓的质量（kg）≈			
40	38.75	41.25	118.34			
45	43.75	46.25	126.66	219.63		
50	48.75	51.25	134.98	232.60	285.87	
55	53.5	56.5	143.30	245.57	301.49	372.49
60	58.5	61.5	151.61	258.55	317.12	391.50
65	63.5	66.5	157.78	271.52	332.75	410.51
70	68.5	71.5	166.09	284.50	348.37	429.53
75	73.5	76.5	174.41	294.11	364.00	448.54
80	78.5	81.5	182.73	307.08	375.89	467.55
85	83.25	86.75	191.05	320.06	391.52	481.40
90	88.25	91.75	199.36	333.03	407.14	500.42
95	93.25	96.75	207.68	346.01	422.77	519.43
100	98.25	101.75	216.00	358.98	438.39	538.44
110	108.25	111.75	232.63	384.93	469.65	576.46
120	118.25	121.75	249.26	410.88	500.90	614.49
130	128	132		436.82	532.15	652.51
140	138	142		462.77	563.40	690.54
150	148	152			594.65	728.56
160	156	164			562.91	766.58
170	166	174				804.61
180	176	184				842.63

注：1. 括号内的规格，尽可能不采用。

2. 虚线以上部分的螺纹长度，按 l_0 栏内的前面数值采用（亦允许螺杆上全部制出螺纹）；虚线以下部分的螺纹长度，按 l_0 栏内的后面数值采用。

11. 钢结构用扭剪型高强度螺母规格、尺寸及质量表（摘自《钢结构用扭剪型高强度螺栓连接副》GB/T 3632—2008）

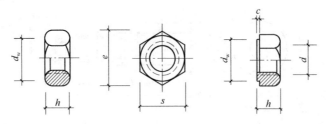

表 11-11

d （mm）			16	20	(22)	24
s （mm）	最	大	27	34	36	41
	最	小	26.16	33	35	40
h （mm）	最	大	16.4	20.6	22.7	24.7
	最	小	15.7	19.5	21.4	23.4
e （mm）	最	小	29.56	37.29	39.55	45.2
d_w （mm）			24.9	29.5	33.3	38
c （mm）	最	大	0.8	0.8	0.8	0.8
	最	小	0.4	0.4	0.4	0.4
每1000个螺母的质量（kg）≈			57.27	92.12	135.96	189.3

注：1. 括号内的规格，尽可能不采用。

2. d_w 的最大尺寸，等于 s 的实际尺寸。

12. 钢结构用扭剪型高强度垫圈规格、尺寸及质量表（摘自《钢结构用扭剪型高强度螺栓连接副》GB/T 3632—2008）

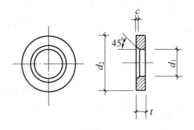

表 11-12

公称直径（螺纹直径 d，mm）			16	20	(22)	24
d_1 （mm）	最	大	17.7	21.84	23.84	25.84
	最	小	17	21	23	25
d_2 （mm）	最	大	33	40	42	47
	最	小	31.4	38.4	40.4	45.4
t （mm）	最	大	3.3	4.3	5.3	5.3
	最	小	2.5	3.5	4.5	4.5
c （mm）			1.2	1.6	1.6	1.6
每1000个垫圈的质量（kg）≈			18.2	26.6	28.4	36.7

注：括号内的规格，尽可能不采用。

13. 标准型弹簧垫圈规格及尺寸表（摘自《标准型弹簧垫圈》GB 93—1987）

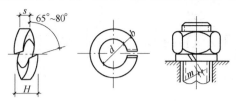

表 11-13

规格	d		s、b			H		m
（螺纹直径）	min	max	公　称	min	max	min	max	<
10	10.2	10.9	2.6	2.45	2.75	5.2	6.5	1.3
12	12.2	12.9	3.1	2.95	3.25	6.2	7.75	1.55
(14)	14.2	14.9	3.6	3.4	3.8	7.2	9.0	1.8
16	16.2	16.9	4.1	3.9	4.3	8.2	10.25	2.05
(18)	18.2	19.04	4.5	4.3	4.7	9.0	11.25	2.25
20	20.2	21.04	5.0	4.8	5.2	10.0	12.5	2.5
(22)	22.5	23.34	5.5	5.3	5.7	11.0	13.75	2.75
24	24.5	25.5	6.0	5.8	6.2	12.0	15.0	3.0
(27)	27.5	28.5	6.8	6.5	7.1	13.6	17.0	3.4
30	30.5	31.5	7.5	7.2	7.8	15.0	18.75	3.75
(33)	33.5	34.7	8.5	8.2	8.8	17.0	21.25	4.25
36	36.5	37.7	9.0	8.7	9.3	18.0	22.5	4.5
(39)	39.5	40.7	10.0	9.7	10.3	20.0	25.0	5.0
42	42.5	43.7	10.5	10.2	10.8	21.0	26.25	5.25
(45)	45.5	46.7	11.0	10.7	11.3	22.0	27.5	5.5
48	48.5	49.7	12.0	11.7	12.3	24.0	30.0	6.0

注：1. 尽可能不采用括号内的规格。

　　2. m 应大于零。

14. 轻型弹簧垫圈规格及尺寸表（摘自《轻型弹簧垫圈》GB 859—1987）

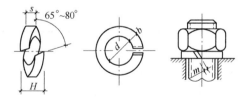

表 11-14

规格	d		s			b			H		m
（螺纹直径）	min	max	公　称	min	max	公　称	min	max	min	max	<
10	10.2	10.9	2.0	1.9	2.1	3.0	2.85	3.15	4.0	5.0	1.0
12	12.2	12.9	2.5	2.35	2.65	3.5	3.3	3.7	5.0	6.25	1.25
(14)	14.2	14.9	3.0	2.85	3.15	4.0	3.8	4.2	6.0	7.5	1.5
16	16.2	16.9	3.2	3.0	3.4	4.5	4.3	4.7	6.4	8.0	1.6
(18)	18.2	19.04	3.6	3.4	3.8	5.0	4.8	5.2	7.2	9.0	1.8
20	20.2	21.04	4.0	3.8	4.2	5.5	5.3	5.7	8.0	10.0	2.0
(22)	22.5	23.34	4.5	4.3	4.7	6.0	5.8	6.2	9.0	11.25	2.25
24	24.5	25.5	5.0	4.8	5.2	7.0	6.7	7.3	10.0	12.5	2.5
(27)	27.5	28.5	5.5	5.3	5.7	8.0	7.7	8.3	11.0	13.75	2.75
30	30.5	31.5	6.0	5.8	6.2	9.0	8.7	9.3	12.0	15.0	3.0

注：1. 尽可能不采用括号内的规格。

　　2. m 应大于零。

15. 工字钢用方斜垫圈规格、尺寸及质量表

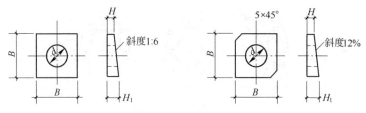

表 11-15

种　　类	公称直径（螺纹直径）（mm）	d（mm）	B（mm）	H（mm）	H_1（mm）	每 1000 个垫圈质量（kg）≈
普通工字钢用方斜垫圈（《工字钢用方斜垫圈》GB/T 852—1988）	6	6.6	16	2	4.7	5.7
	8	9	18	2	5.0	7.1
	10	11	22	2	5.7	11.6
	12	13.5	28	2	6.7	18.5
	16	17.5	35	2	7.7	37.5
	(18)	20	40	3	9.7	63.7
	20	22	40	3	9.7	60.4
	(22)	24	40	3	9.7	56.9
	24	26	50	3	11.3	109.0
	(27)	30	50	3	11.3	102.0
	30	33	60	3	13.0	174.0
	36	39	70	3	14.7	259.0
轻型工字钢用方斜垫圈（《轻型工字钢用方斜垫圈》JB/ZQ 4337—2006）	6	7	16	2	3.9	5.0
	8	9	18	2	4.2	6.0
	10	11	22	2	4.6	10.0
	12	13	28	2	5.4	15.0
	16	17	35	2	6.2	29.0
	20	22	40	3	7.8	52.0
	24	26	50	3	9.0	93.0
	30	32	60	3	10.2	140.0
	36	38	70	3	11.4	210.0

注：括号内的规格不推荐采用。

16. 槽钢用方斜垫圈规格、尺寸及质量表

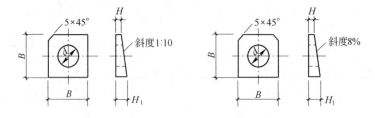

表 11-16

种　　类	公称直径（螺纹直径，mm）	d（mm）	B（mm）	H（mm）	H_1（mm）	每 1000 个垫圈质量（kg）≈
普通槽钢用方斜垫圈（《槽钢用方斜垫圈》GB/T 853—1988）	6	6.6	16	2	3.6	4.5
	8	9	18	2	3.8	5.7
	10	11	22	2	4.2	9.2
	12	13.5	28	2	4.8	17.0
	16	17.5	35	2	5.4	28.0

种　　类	公称直径 （螺纹直径） （mm）	d （mm）	B （mm）	H （mm）	H₁ （mm）	每1000个 垫圈质量 （kg）≈
普通槽钢用方斜垫圈（《槽钢用方斜垫圈》GB/T 853—1988）	(18)	20	40	3	7.0	49.8
	20	22	40	3	7.0	47.3
	(22)	24	40	3	7.0	42.4
	24	26	50	3	8.0	84.0
	(27)	30	50	3	8.0	78.0
	30	33	60	3	9.0	130.0
	36	39	70	3	10.0	190.0
轻型槽钢用方斜垫圈（《轻型槽钢用方斜垫圈》JB/ZQ 4338—2006）	6	7	16	2	3.3	5.0
	8	9	18	2	3.4	6.0
	10	11	22	2	3.8	9.0
	12	13	28	2	4.2	16.0
	16	17	35	2	4.7	25.0
	20	22	40	3	6.2	44.0
	24	26	50	3	7.0	177.0
	30	32	60	3	7.8	120.0
	36	38	70	3	8.6	170.0

注：括号内的规格不推荐采用。

17. 胀锚螺栓特性及构造要求

YG 型胀锚螺栓

（1）YG 型胀锚螺栓的规格、使用范围、钻孔直径和深度、抗拉设计力及抗剪设计力、制造要求，可参见表 11-17～表 11-19。

（2）在钢筋混凝土构件上埋设胀锚螺栓时要注意以下各点：

1）布置胀锚螺栓时，要避开钢筋位置。当钢筋稠密或事先无法确定钢筋位置时，钻孔前宜用适当仪器探明，以便钻孔。

2）埋设胀锚螺栓较多的部位，设计构件时应予以适当考虑，特别是在构件中钢筋比较多时宜少埋或不埋。

3）胀锚螺栓宜布置在构件钢筋比较少的受压面。

4）混凝土结构有裂缝的部位和容易产生裂缝的部位，不得采用胀锚螺栓。

5）在梁板上埋设胀锚螺栓支承吊架，当荷载较大时，对构件应采用构造措施。

（3）在混凝土及钢筋混凝土构件上安装胀锚螺栓，一般不考虑钻孔对构件削弱的影响；但对截面较小的构件，应进行核算。

（4）胀锚螺栓的布置，应尽可能使其处于单一受力状态（拉、剪、压），避免受复合外力。

YG 型胀锚螺栓钻孔的直径和深度（mm）　　　表 11-17

规格型号		螺栓 直径 d	螺栓 总长 L	钻孔 直径 φ	露出长度 （含灌浆层） A	螺纹 长度 B	埋深 C	调距套	
								外径	长度
YG0 型	φ6	6	45	5.5	—	—	40～50	—	—
	φ6A		90		—	—		—	—

规格型号		螺栓直径 d	螺栓总长 L	钻孔直径 φ	露出长度(含灌浆层) A	螺纹长度 B	埋深 C	调距套 外径	调距套 长度
YG0型	φ8	8	45	7.5	—	—	50~60	—	—
	φ8A		90		—	—		—	—
YG1型	M10	10	75	10.5	15	25	60	—	—
	M12	12	85	12.5	15	25	70	—	—
	M16	16	110	16.5	20	35	90	—	—
	M20	20	130	20.5	20	35	110	—	—
YG2型	M16	16	155	22.5~23	45	50	110	22	—
			155		45				10
			170		60				25
			195		85				50
			245		135				100
YG2型	M20	20	195	28.5~30	55	60	140	28	—
			195		55				10
			210		70				25
			235		95				50
			285		145				100
YG3型	M12	12	125	18.5	45	40	80	18	—
			125		45				10
			140		60				25
			165		85				50
			215		135				100
YG3型	M16	16	155	22.5~23	45	50	110	22	—
			155		45				10
			170		60				25
			195		85				50
			245		135				100
YG3型	M20	20	195	28.5~30	55	60	140	28	—
			195		55				10
			210		70				25
			235		95				50
			285		145				100
YG3型	M24	24	230	32.5~34	60	80	170	32	—
			230		60				25
			245		75				50
			270		100				100
			320		150				150
YG3型	M30	30	295	42.5~45	85	100	210	42	—
			295		85				25
			320		110				50
			370		160				100
			420		210				
YG3型	M36	36	350	51~54	90	120	260	50	—
			350		90				25
			375		115				50
			425		165				100
			475		215				150

注：1. 允许超过5~10mm，超过规定的部分需填充砂石。

2. 胀锚螺栓的底端至基础底面的距离不得小于3d，且≥30mm。

YG 型胀锚螺栓的使用范围及安设顺序　　表 11-18

项次	型　　号	图　　型	使 用 范 围	安 设 顺 序
1	YG0 型锚钉		锚固受力较小的固定件，如固定钢木门窗、敷设电气管线和安装小型盘箱等	成孔→钉入
2	YG1 型锚塞式胀锚螺栓		锚固承受静荷载的支承件，如安装电缆支架等	成孔→将锚塞和螺栓一起置入孔中→锤击螺栓的端部→装上被固定的物件→拧紧螺母
3	YG2 型胀管式胀锚螺栓		锚固承受动荷载和受力较大的设备部件，如：用作管道支架和设备基础的地脚螺栓	成孔→将成套胀锚螺栓组装好置入孔中→拧紧螺栓
4	YG3 型胀管式胀锚螺栓	单胀管式 双胀管式		成孔→先将螺栓和胀管一起置于孔中→锤击胀管→打入锥套→拧紧螺母。对于双胀管式，应将两个胀管分次放入打紧，最后拧紧螺母

注：表中图上的数字：1—螺栓；2—锚塞；3—垫圈；4—螺母；5—螺纹锥套；6—胀管；7—锥套；8—调距套

锚固于≥C20 混凝土中的胀锚螺柱的设计抗拉力和设计抗剪力　　表 11-19

规 格 型 号	净截面（mm²）	设计抗拉力（kN）	设计抗剪力（kN）
YG0-ϕ6	28.3	—	3.31
YG0-ϕ8	50.3	—	5.89
YG1-M10	42.2	7.17	4.94
YG1-M12	64.6	10.98	7.56
YG1-M16	123.6	21.01	14.46
YG1-M20	201.2	34.20	23.54
YG2、YG3-M16	144.1 (201)	24.50	16.86 (23.52)
YG2、YG3-M20	225.2 (314)	38.28	26.35 (36.74)
YG3-M12	76.3	12.97	8.93
YG3-M24	324.3	55.13	37.94
YG3-M30	518.9	88.21	60.71
YG3-M36	759.5	129.12	88.86

注：1. 括号内的数字属 YG2 型胀锚螺栓。

2. 主要承重结构、重要管道以及高速运转、承受冲击荷载和振动较大的设备采用的胀锚螺栓，应按计算的设计抗拉力和设计抗剪力选用加大一级的规格型号。

3. 锚固于 C15 混凝土中的胀锚螺栓，按表值需乘以 0.75 的折减系数。

18. 圆柱焊钉规格及尺寸表（《电弧螺柱焊用圆柱头焊钉》GB/T 10433—2002）

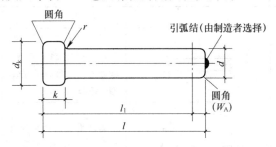

表 11-20

	公　称	6	8	10	13	16	19	22
d	min	5.76	7.71	9.71	12.65	15.65	18.58	21.58
	max	6.24	8.29	10.29	13.35	16.35	19.42	22.42
d_k	max	10.65	15.35	18.35	22.42	29.42	32.50	35.50
	min	11.35	14.65	17.65	21.58	28.58	31.50	34.50
k	max	5.48	7.58	7.58	10.58	10.58	12.70	12.70
	min	5.00	7.00	7.00	10.00	10.00	12.00	12.00
r	min	2	2	2	2	2	3	3
W_A（参考）		4	4	4	5	5	6	6
公称长度 l_1								
40								
50			商					
80				品				
100					规			
120						格		
130							范	
150								围
170								
200								

注：W_A 为圆柱头焊钉的熔化长度。

11.2　型钢孔距规线、连接垫板间距及连接尺寸表

1. 热轧角钢孔距规线表

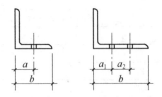

表 11-21

等　肢　角　钢　和　不　等　肢　角　钢					
肢　宽	单　排		双　排		
b (mm)	a (mm)	最大孔径 (mm)	a_1 (mm)	a_2 (mm)	最大孔径 (mm)
45	25	11.0			
50	30	13.0			
56	30	15.0			
63	35	17.0			
70	40	19.0			

等 肢 角 钢 和 不 等 肢 角 钢					
肢 宽	单	排	双		排
b (mm)	a (mm)	最大孔径 (mm)	a_1 (mm)	a_2 (mm)	最大孔径 (mm)
75	45	21.5			
80	45	21.5			
90	50	23.5			
100	55	23.5			
110	60	25.5			
125	70	25.5	(55)	(35)	(23.5)
140			(60)	(45)	(23.5)
			55	60	19.0
160			(60)	(65)	25.5
			60	70	23.5
180			65	80	25.5
200			80	80	25.5

注：表中括号内的数值用于交错排列。

2. 热轧工字钢孔距规线表

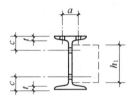

表 11-22

	普 通 工 字 钢						轻 型 工 字 钢					
型号	翼 缘			腹 板		型号	翼 缘			腹 板		
	a	t	最大孔径	c	h_1	最大孔径		a	t	最大孔径	c	h_1	最大孔径
	(mm)							(mm)					
I10	36	7.6	11	35	63	9	I10	32	7.1	9	35	70	9
I12.6	42	8.2	11	35	89	11	I12	36	7.2	11	35	88	11
I14	44	9.2	13	40	103	13	I14	40	7.4	13	40	107	13
I16	44	10.2	15	45	119	15	I16	46	7.7	13	40	125	15
I18	50	10.7	17	50	137	17	I18	50 (54)	8.0 (8.2)	15 (17)	45	143 (142)	15
I20	54	11.5	17	50	155	17	I20	54 (60)	8.3 (8.5)	17 (19)	50	161 (160)	17
I22	54	12.8	19	50	171	19	I22	60 (64)	8.6 (8.8)	19 (21.5)	55	178	21.5
I25	64	13.0	21.5	60	197	21.5	I24	60 (70)	9.5	19 (21.5)	55	196 (195)	21.5
I28	64	13.9	21.5	60	226	21.5	I27	70	9.5 (9.9)	21.5 (23.5)	60	224 (222)	21.5 (23.5)
I32	70	15.3	21.5	65	260	21.5	I30	70 (80)	9.9 (10.4)	23.5	65	251 (248)	23.5
I36	74	16.1	23.5	65	298	23.5							
I40	80	16.5	23.5	70	336	23.5	I33	80	10.8	23.5	65	277	23.5
I45	84	18.1	25.5	75	380	25.5	I36	80	12.1	23.5	65	302	23.5
I50	94	19.6	25.5	75	424	25.5	I40	80	12.8	23.5	70	339	25.5
I56	104	20.1	25.5	80	480	25.5	I45	90	13.9	23.5	70	384	25.5
I63	110	21.0	25.5	80	546	25.5	I50	100	15.0	25.5	75	430	25.5
							I55	100	16.2	28.5	80	475	28.5
							I60	110	17.2	28.5	80	518	28.5
							I65	110	19.0	28.5	85	561	28.5
							I70	120	20.3 (23.6)	28.5	90 (100)	604 (598)	28.5

注：1. 表中 t——翼缘在规线处的厚度；h_1——连接件的最大高度。

2. 表中括号内的数值，用于轻型工字钢 a 型。

3. 热轧槽钢孔距规线表

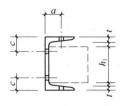

表 11-23

	普通槽钢							轻型槽钢					
	翼缘			腹板				翼缘			腹板		
型号	a	t	最大孔径	c	h_1	最大孔径	型号	a	t	最大孔径	c	h_1	最大孔径
	(mm)							(mm)					
[5	20	7.1	11	—	26	—	[5	20	6.8	9	—	22	—
[6.3	22	7.5	11	—	32	—	[6.5	20	7.2	11	—	37	—
[8	25	7.9	13	—	47	—	[8	25	7.1	11	—	50	—
[10	28	8.4	13	35	63	11	[10	30	7.1	13	30	68	9
[12.6	30	8.9	17	45	85	13	[12	30	7.6	17	40	86	13
[14	35	9.4	17	45	99	17	[14	35	7.7(8.5)	17	45	104(102)	15
[16	35	10.1	21.5	50	117	21.5	[16	40	7.8(8.6)	19	45	122(120)	17
[18	40	10.5	21.5	55	135	21.5	[18	40(45)	8.0(8.8)	21.5(23.5)	50	140(138)	19
[20	45	10.7	21.5	55	153	21.5	[20	45(50)	8.6(9.0)	23.5	55	158(156)	21.5
[22	45	11.4	21.5	60	171	21.5	[22	50	8.9(9.8)	23.5(25.5)	60	175(173)	23.5
[25	50	11.7	21.5	60	197	21.5	[24	50(60)	9.8(9.7)	25.5	65	192(190)	25.5
[28	50	12.4	25.5	65	225	25.5	[27	60	9.6	25.5	65	220	25.5
[32	50	14.2	25.5	70	260	25.5	[30	60	10.3	25.5	65	247	25.5
[36	60	15.7	25.5	75	291	25.5	[33	60	11.3	25.5	70	273	25.5
[40	60	17.9	25.5	75	323	25.5	[36	70	11.5	25.5	70	300	25.5
							[40	70	12.7	25.5	75	335	25.5

注:1. 表中 t——翼缘在规线处的厚度;

h_1——连接件的最大高度。

2. 表中括号内的数值用于轻型槽钢a型。

4. 两个热轧等边角钢组合时连接垫板的最大间距表

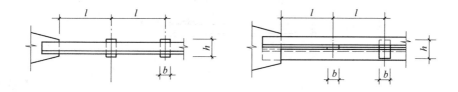

表 11-24

型 号	(a) l(mm)		垫板尺寸 b×h(mm)	(b) l(mm)		垫板尺寸 b×h(mm)
	受 压	受 拉		受 压	受 拉	
L36×30	360	720	50×50	230	460	50×55
L36×36	430	860	50×55	280	560	50×60
L40×40	485	970	50×60	310	620	50×65
L45×45	540	1080	50×65	350	700	50×75
L50×50	600	1200	60×70	390	780	60×85
L56×56	670	1340	60×75	435	870	60×100
L63×63	750	1500	60×85	490	980	60×110
L70×70	850	1700	60×90	550	1100	60×120
L75×75	900	1800	60×95	580	1160	60×130
L80×80	970	1940	60×100	620	1240	60×140
L90×90	1080	2160	60×110	700	1400	60×160
L100×100	1190	2380	60×120	770	1540	60×180
L110×110	1330	2660	70×130	855	1710	70×200
L125×125	1520	3040	70×145	980	1960	70×220
L140×140	1700	3400	80×160	1100	2200	80×250
L160×160	1960	3920	90×180	1255	2510	90×280
L180×180	2200	4400	90×200	1410	2820	90×320
L200×200	2430	4860	90×220	1560	3120	90×360

注：1. 垫板间距按下列公式计算：

　　T形连接时，

　　　　受压构件　$l=40i_x$

　　　　受拉构件　$l=80i_x$

　　十字形连接时，

　　　　受压构件　$l=40i_{y0}$

　　　　受拉构件　$l=80i_{y0}$

式中　i_x——取一个角钢平行于垫板的形心轴的截面回转半径；

　　　i_{y0}——取一个角钢的最小截面回转半径。

2. 垫板厚度应根据节点板的厚度或连接构造要求确定。

3. 在受压构件的两个侧向支承点之间的垫板数不宜少于两个。

5. 两个热轧不等边角钢组合时连接垫板的最大间距表

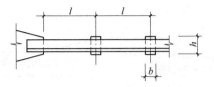

表 11-25

| 型　　号 | (a)　　　　　　　　　　　　　| | | (b)　　　　　　　　　　　　　 | | |
| | l(mm) | | 垫板尺寸 | l(mm) | | 垫板尺寸 |
	受　压	受　拉	b×h(mm)	受　压	受　拉	b×h(mm)
L32×20	215	430	50×50	400	800	50×40
L40×25	275	550	50×55	500	1000	50×40
L45×28	310	620	50×60	570	1140	50×45
L50×32	360	720	60×70	635	1270	60×50
L56×36	400	800	60×70	710	1420	60×50
L63×40	440	880	60×80	790	1580	60×55
L70×45	500	1000	60×85	880	1760	60×60
L75×50	550	1100	60×90	930	1860	60×65
L80×50	550	1100	60×95	1010	2020	60×65
L90×56	620	1240	60×110	1140	2280	60×75
L100×63	700	1400	60×120	1260	2520	60×85
L100×80	940	1880	60×120	1250	2500	60×100
L110×70	780	1560	70×130	1390	2780	70×90
L125×80	900	1800	70×145	1580	3160	70×100
L140×90	1000	2000	80×160	1770	3540	80×110
L160×100	1110	2220	90×180	2020	4040	90×120
L180×110	1220	2440	90×200	2290	4580	90×130
L200×125	1395	2790	90×220	2540	5080	90×145

注:1. 垫板间距按下列公式计算:

　　长肢相连时,

　　　　受压构件　　$l=40i_y$

　　　　受拉构件　　$l=80i_y$

　　短肢相连时,

　　　　受压构件　　$l=40i_x$

　　　　受拉构件　　$l=80i_x$

式中　i_y、i_x——均取一个角钢平行于垫板的形心轴的截面回转半径。

2. 垫板厚度应根据节点板的厚度或连接构造要求确定。

3. 在受压构件的两个侧向支承点之间的垫板数不宜少于两个。

6. 两个热轧槽钢组合时连接垫板的最大间距表

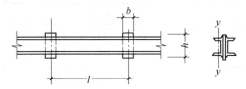

表 11-26

普通槽钢				轻型槽钢			
型 号	l(mm)		垫板尺寸 $b \times h$ (mm)	型 号	l(mm)		垫板尺寸 $b \times h$ (mm)
	受 压	受 拉			受 压	受 拉	
[5	440	880	50×65	[5	380	760	50×65
[6.3	475	950	50×80	[6.5	430	860	50×80
[8	510	1020	50×100	[8	475	950	50×100
[10	565	1130	60×120	[10	550	1100	60×120
[12.6	620	1240	60×145	[12	610	1220	60×140
[14	675	1350	60×160	[14	680	1360	60×160
[16	725	1450	80×180	[16	750	1500	80×180
[18	780	1560	90×200	[18	815	1630	90×200
[20	835	1670	90×220	[20	880	1760	90×220
[22	880	1760	100×240	[22	950	1900	100×240
[25	875	1750	100×270	[24	1040	2080	100×260
[28	910	1820	110×300	[27	1090	2180	110×290
[32	975	1950	110×340	[30	1140	2280	110×320
[36	1070	2140	120×380	[33	1190	2380	110×350
[40	1100	2200	130×420	[36	1240	2480	120×380
				[40	1290	2580	130×420

注:1. 垫板间距按下列公式计算:

受压构件 $l = 40 i_y$

受拉构件 $l = 80 i_y$

式中　i_y——取一个槽钢平行于垫板的形心轴的截面回转半径。

2. 垫板厚度应根据节点板的厚度或连接构造要求确定。

3. 在受压构件的两个侧向支承点之间的垫板数不宜少于两个。

7. 热轧普通工字钢的连接尺寸表

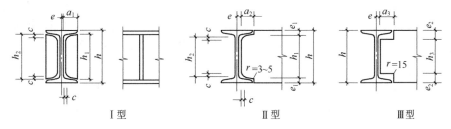

Ⅰ型　　　　　　Ⅱ型　　　　　　Ⅲ型

表 11-27

型号	Ⅰ 型					Ⅱ 型						Ⅲ 型			
	h_1	h_2	a_1	c	e	h_1	h_2	a_2	c	e	e_1	h_3	a_3	e	e_2
	(mm)					(mm)						(mm)			
I10	88	80	30	9	4	88	80	32	9	4	6	66	35	4	17
I12.6	113	104	30	9	4	114	104	35	9	4	6	88	38	4	19

型号	Ⅰ 型					Ⅱ 型						Ⅲ 型			
	h_1	h_2	a_1	c	e	h_1	h_2	a_2	c	e	e_1	h_3	a_3	e	e_2
	(mm)					(mm)						(mm)			
I14	126	117	35	10	4	126	117	38	10	4	7	100	41	4	20
I16	145	135	35	10	5	146	135	42	10	5	7	116	45	5	22
I18	164	153	40	10	5	166	153	44	10	5	7	134	47	5	23
I20a	183	171	45	11	5	184	171	47	11	5	8	152	50	5	24
I20b	183	171	45	11	6	184	171	47	11	6	8	152	50	6	24
I22a	202	189	45	12	5	204	189	52	12	5	8	168	55	5	26
I22b	202	189	45	12	6	204	189	52	12	6	8	168	55	6	26
I25a	231	217	50	12	6	232	217	55	12	6	9	194	58	6	28
I25b	231	217	50	12	7	232	217	55	12	7	9	194	58	7	28
I28a	260	245	55	13	6	262	245	57	13	6	9	222	60	6	29
I28b	260	245	55	13	7	262	245	57	13	7	9	222	60	7	29
I32a	298	282	55	14	6	300	282	61	14	6	10	258	64	6	31
I32b	298	282	55	14	7	300	282	61	14	7	10	258	64	7	31
I32c	298	282	55	14	8	300	282	61	14	8	10	258	64	8	31
I36a	337	321	60	14	7	338	321	64	14	7	11	294	67	7	33
I36b	337	321	60	14	8	338	321	64	14	8	11	294	67	8	33
I36c	337	321	60	14	9	338	321	64	14	9	11	294	67	9	33
I40a	376	359	60	15	7	378	359	66	15	7	11	332	69	7	34
I40b	376	359	60	15	8	378	359	66	15	8	11	332	69	8	34
I40c	376	359	60	15	9	378	359	66	15	9	11	332	69	9	34
I45a	424	406	65	16	7	424	406	70	16	7	13	376	73	7	37
I45b	424	406	65	16	8	424	406	70	16	8	13	376	73	8	37
I45c	424	406	65	16	9	424	406	70	16	9	13	376	73	9	37
I50a	470	451	70	16	8	472	451	74	16	8	14	422	77	8	39
I50b	470	451	70	16	9	472	451	74	16	9	14	422	77	9	39
I50c	470	451	70	16	10	472	451	74	16	10	14	422	77	10	39
I56a	529	509	75	17	8	530	509	77	17	8	15	478	80	8	41
I56b	529	509	75	17	9	530	509	77	17	9	15	478	80	9	41
I56c	529	509	75	17	10	530	509	77	17	10	15	478	80	10	41
I63a	598	576	80	17	8	598	576	82	17	8	16	544	85	8	43
I63b	598	576	80	17	9	598	576	82	17	9	16	544	85	9	43
I63c	598	576	80	17	10	598	576	82	17	10	16	544	85	10	43

8. 热轧轻型工字钢的连接尺寸表

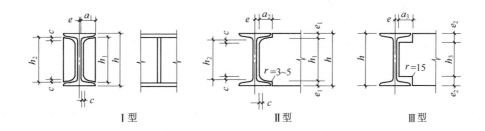

Ⅰ型　　　　　Ⅱ型　　　　　Ⅲ型

表 11-28

型号	Ⅰ 型					Ⅱ 型						Ⅲ 型			
	h_1	h_2	a_1	c	e	h_1	h_2	a_2	c	e	e_1	h_3	a_3	e	e_2
	(mm)					(mm)						(mm)			
I10	87	83	20	9	4	88	83	26	9	4	6	66	29	4	17
I12	107	102	25	10	4	108	102	30	10	4	6	86	33	4	17
I14	127	121	30	10	4	128	121	35	10	4	6	104	38	4	18
I16	147	140	35	10	4	148	140	39	10	4	6	122	42	4	19
I18	167	159	40	11	4	168	159	43	11	4	6	140	46	4	20
I18a	167	158	45	11	4	168	158	48	11	4	6	138	51	4	21
I20	187	178	45	12	4	188	178	48	12	4	6	158	51	4	21
I20a	187	177	50	12	4	188	177	53	12	4	6	156	56	4	22
I22	207	197	50	12	4	208	197	53	12	4	6	176	56	4	22
I22a	207	196	55	12	4	208	196	58	12	4	6	174	61	4	23
I24	226	215	50	13	4	226	215	55	13	4	7	192	58	4	24
I24a	226	214	55	13	4	226	214	60	13	4	7	192	63	4	24
I27	256	244	55	13	5	256	244	60	13	5	7	220	63	5	25
I27a	255	243	60	13	5	256	243	65	13	5	7	218	68	5	26
I30	285	273	60	14	5	286	272	65	14	5	7	248	68	5	26
I30a	285	272	65	14	5	286	272	70	14	5	7	246	73	5	27
I33	314	301	65	15	5	314	301	67	15	5	8	274	70	5	28
I36	342	329	65	16	5	342	329	69	16	5	9	298	72	5	31
I40	381	367	70	17	6	382	367	74	17	6	9	336	77	6	32
I45	429	415	70	18	6	430	415	76	18	6	10	380	79	6	35
I50	477	463	75	19	6	478	463	81	19	6	11	426	84	6	37
I55	525	510	80	20	7	526	510	85	20	7	12	472	88	7	39
I60	573	557	85	22	7	574	557	90	22	7	13	514	93	7	43
I65	621	604	90	24	8	622	604	95	24	8	14	558	98	8	46
I70	668	651	95	26	8	668	651	99	26	8	16	600	102	8	50
I70a	662	645	95	26	9	662	645	98	26	9	19	594	101	9	53
I70b	653	636	90	26	10	654	636	97	26	10	23	586	100	10	57

9. 热轧普通槽钢的连接尺寸表

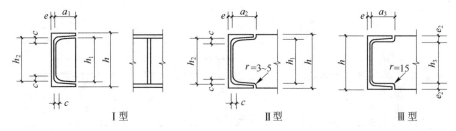

Ⅰ型　　　　　Ⅱ型　　　　　Ⅲ型

表 11-29

型号	Ⅰ 型					Ⅱ 型						Ⅲ 型			
	h_1	h_2	a_1	c	e	h_1	h_2	a_2	c	e	e_1	h_3	a_3	e	e_2
	(mm)					(mm)						(mm)			
[5	37	33	30	9	6	38	33	33	9	6	6	16	36	6	17
[6.3	50	44	30	10	6	51	44	36	10	6	6	27	39	6	18
[8	66	60	35	10	7	68	60	39	10	7	6	42	42	7	19
[10	85	79	40	10	7	86	79	43	10	7	7	60	46	7	20
[12.6	111	103	45	11	7	112	103	48	11	7	7	84	51	7	21
[14a	124	116	50	12	8	126	116	53	12	8	7	96	56	8	22
[14b	124	116	50	12	10	126	116	52	12	10	7	96	56	10	22
[16a	144	135	55	12	8	146	135	57	12	8	7	112	60	8	24
[16	144	135	55	12	10	146	135	57	12	10	7	112	60	10	24
[18a	163	153	55	13	9	164	153	61	13	9	8	130	65	9	25
[18	163	153	55	13	10	164	153	61	13	10	8	130	65	10	25
[20a	183	172	60	13	9	184	172	67	13	9	8	148	70	9	26
[20	183	172	60	13	10	184	172	67	13	10	8	148	70	10	26
[22a	202	191	65	14	9	204	191	70	14	9	8	166	74	9	27
[22	202	191	65	14	10	204	191	70	14	10	8	166	74	10	27
[25a	231	220	65	14	9	232	220	72	14	9	9	194	75	9	28
[25b	231	220	65	14	10	232	220	72	14	10	9	194	75	10	28
[25c	231	220	65	14	13	232	220	72	14	13	9	194	75	13	28
[28a	260	248	70	15	9	260	248	75	15	9	10	222	78	9	29
[28b	260	248	70	15	11	260	248	75	15	11	10	222	78	11	29
[28c	260	248	70	15	13	260	248	75	15	13	10	222	78	13	29
[32a	298	285	75	16	10	298	285	81	16	10	11	256	84	10	32
[32b	298	285	75	16	12	298	285	81	16	12	11	256	84	12	32
[32c	298	285	75	16	14	298	285	81	16	14	11	256	84	14	32
[36a	335	321	85	18	10	336	321	88	18	10	12	286	91	10	37
[36b	335	321	85	18	13	336	321	88	18	13	12	286	91	13	37
[36c	335	321	85	18	15	336	321	88	18	15	12	286	91	15	37
[40a	371	357	85	20	12	372	357	90	20	12	14	320	93	12	40
[40b	371	357	85	20	14	372	357	90	20	14	14	320	93	14	40
[40c	371	357	85	20	16	372	357	90	20	16	14	320	93	16	40

10. 热轧轻型槽钢的连接尺寸表

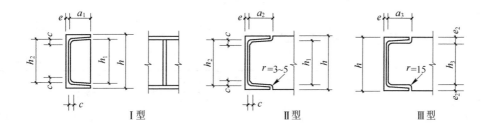

Ⅰ型　　　　　　　　Ⅱ型　　　　　　　　Ⅲ型

表 11-30

型号	Ⅰ 型					Ⅱ 型						Ⅲ 型			
	h_1	h_2	a_1	c	e	h_1	h_2	a_2	c	e	e_1	h_3	a_3	e	e_2
	(mm)					(mm)						(mm)			
[5	37	33	25	8	6	38	33	28	8	6	6	18	31	6	16
[6.5	52	47	30	8	6	53	47	32	8	6	6	33	35	6	16
[8	67	61	30	9	6	68	61	36	9	6	6	46	39	6	17
[10	87	80	40	9	6	88	80	42	9	6	6	64	45	6	18
[12	107	100	45	10	6	108	100	48	10	6	6	82	51	6	19
[14	127	118	50	10	6	128	118	54	10	6	6	100	57	6	20
[14a	126	117	55	10	6	126	117	58	10	6	7	98	61	6	21
[16	146	137	55	10	7	146	137	59	10	7	7	118	63	7	21
[16a	146	136	60	10	7	146	136	64	10	7	7	116	67	7	22
[18	166	156	60	11	7	166	156	65	11	7	7	136	68	7	22
[18a	166	155	65	11	7	166	155	69	11	7	7	134	72	7	23
[20	186	175	65	12	7	186	175	71	12	7	7	154	74	7	23
[20a	186	173	70	12	7	186	173	75	12	7	7	152	78	7	24
[22	206	194	75	12	7	206	194	77	12	7	7	172	80	7	24
[22a	206	192	80	12	7	206	192	82	12	7	7	170	85	7	25
[24	226	212	80	13	7	226	212	85	13	7	7	190	88	7	25
[24a	226	210	85	13	7	226	210	90	13	7	7	188	93	7	26
[27	256	241	85	13	8	256	241	90	13	8	7	216	93	8	27
[30	285	269	90	14	8	286	269	94	14	8	7	244	97	8	28
[33	314	298	95	15	9	314	298	99	15	9	8	270	102	9	30
[36	343	326	100	16	9	344	326	103	16	9	8	296	106	9	32
[40	382	364	105	17	10	382	364	107	17	10	9	332	111	10	34

11.3 连接的承载力设计值表

1. 每1cm长直角角焊缝的承载力设计值表

表 11-31

角焊缝的焊脚尺寸 h_f (mm)	受压、受拉、受剪的承载力设计值 N_f^w (kN/cm)		
	采用自动焊、半自动焊和 E43 ×× 型焊条的手工焊焊接 Q235 钢构件	采用自动焊、半自动焊和 E50 ×× 型焊条的手工焊焊接 Q355 钢构件	采用自动焊、半自动焊和 E55 ×× 型焊条的手工焊焊接 Q390 钢构件
3	3.36	4.20	4.62
4	4.48	5.60	6.16
5	5.60	7.00	7.70
6	6.72	8.40	9.24
8	8.96	11.20	12.32
10	11.20	14.00	15.40
12	13.44	16.80	18.48
14	15.68	19.60	21.56
16	17.92	22.40	24.64
18	20.16	25.20	27.72
20	22.40	28.00	30.80
22	24.64	30.80	33.88
24	26.88	33.60	36.96
26	29.12	36.40	40.04
28	31.36	39.20	43.12

注:1. 表中的焊缝承载力设计值按下式算得:

$$N_f^w = 0.7 h_f f_f^w$$

2. 对施工条件较差的高空安装焊缝,其承载力设计值应乘系数 0.9;

3. 单角钢单面连接的直角角焊缝,其承载力设计值应按表中的数值乘以 0.85。

2. 每 1cm 长对接焊缝的承载力设计值表

表 11-32

焊接件的较小厚度 t (mm)	采用自动焊、半自动焊和 E43×× 型焊条的手工焊接 Q235 钢构件				采用自动焊、半自动焊和 E50×× 型焊条的手工焊接 Q355 钢构件				采用自动焊、半自动焊和 E55×× 型焊条的手工焊接 Q390 钢构件			
	受压的承载力设计值 N_{cw} (kN/cm)	受拉、受弯的承载力设计值 N_{tw} (kN/cm) 一、二级焊缝	三级焊缝	受剪的承载力设计值 N_{vw} (kN/cm)	受压的承载力设计值 N_{cw} (kN/cm)	受拉、受弯的承载力设计值 N_{tw} (kN/cm) 一、二级焊缝	三级焊缝	受剪的承载力设计值 N_{vw} (kN/cm)	受压的承载力设计值 N_{cw} (kN/cm)	受拉、受弯的承载力设计值 N_{tw} (kN/cm) 一、二级焊缝	三级焊缝	受剪的承载力设计值 N_{vw} (kN/cm)
4	8.6	8.6	7.4	5.0	12.6	12.6	10.8	7.4	14.0	14.0	12.0	8.2
6	12.9	12.9	11.1	7.5	18.9	18.9	16.2	11.1	21.0	21.0	18.0	12.3
8	17.2	17.2	14.8	10.0	25.2	25.2	21.6	14.8	28.0	28.0	24.0	16.4
10	21.5	21.5	18.5	12.5	31.5	31.5	27.0	18.5	35.0	35.0	30.0	20.5
12	25.8	25.8	22.2	15.0	37.8	37.8	32.4	22.2	42.0	42.0	36.0	24.6
14	30.1	30.1	25.9	17.5	44.1	44.1	37.8	25.9	49.0	49.0	42.0	28.7
16	34.4	34.4	29.6	20.0	50.4	50.4	43.2	29.6	56.0	56.0	48.0	32.8
18	38.7	38.7	33.3	22.5	54.0	54.0	45.9	31.5	60.3	60.3	51.3	35.1
20	43.0	43.0	37.0	25.0	60.0	60.0	51.0	35.0	67.0	67.0	57.0	39.0
22	44.0	44.0	37.4	25.3	66.0	66.0	56.1	38.5	73.7	73.7	62.7	42.9
24	48.0	48.0	40.8	27.6	72.0	72.0	61.2	42.0	80.4	80.4	68.4	46.8
25	50.0	50.0	42.5	28.8	75.0	75.0	63.8	43.8	83.8	83.8	71.3	48.8
26	52.0	52.0	44.2	29.9	75.4	75.4	63.7	44.2	83.2	83.2	70.2	48.1
28	56.0	56.0	47.6	32.2	81.2	81.2	68.6	47.6	89.6	89.6	75.6	51.8
30	60.0	60.0	51.0	34.5	87.0	87.0	73.5	51.0	96.0	96.0	81.0	55.5
32	64.0	64.0	54.4	36.8	92.8	92.8	78.4	54.4	102.4	102.4	86.4	59.2
34	68.0	68.0	57.8	39.1	98.6	98.6	83.3	57.8	108.8	108.8	91.8	62.9
36	72.0	72.0	61.2	41.4	104.4	104.4	88.2	61.2	115.2	115.2	97.2	66.6
38	76.0	76.0	64.6	43.7								
40	80.0	80.0	68.0	46.0								

注：1. 表中的焊缝承载力设计值按下列公式算得：

受压：$N_{cw} = t f_c^w$；受拉、受弯：$N_{tw} = t f_t^w$；受剪：$N_{vw} = t f_v^w$。

2. 对施工条件较差的高空安装焊缝，其承载力设计值应以乘以系数 0.9。

3. 两个热轧等边角钢相连的直角角焊缝计算长度选用表（Q235 钢，E43××型焊条）

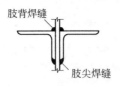

表 11-33

作用轴心力 N (kN)	焊缝的计算长度 l_w (cm) 当角焊缝的焊脚尺寸 h_f (mm) =																			
	4		5		6		8		10		12		14		16		18		20	
	肢背	肢尖	肢背	肢尖	肢背	肢尖	肢背	肢尖	肢背	肢尖	肢背	肢尖	肢背	肢尖	肢背	肢尖	肢背	肢尖	肢背	肢尖
50	3.9	3.2																		
60	4.7	3.2																		
80	6.3	3.2	5.0	4.0																
100	7.8	3.2	6.3	4.0	5.2	4.8														
120	9.4	4.0	7.5	4.0	6.3	4.8														
150	11.7	5.0	9.4	4.0	7.8	4.8														
180	14.1	6.0	11.3	4.8	9.4	4.8	7.0	6.4												
200	15.6	6.7	12.5	5.4	10.4	4.8	7.8	6.4												
220	17.2	7.4	13.8	5.9	11.5	4.9	8.6	6.4												
250	19.5	8.4	15.6	6.7	13.0	5.6	9.8	6.4												
280	21.9	9.4	17.5	7.5	14.6	6.3	10.9	6.4	8.8	8.0										
300	23.4	10.0	18.8	8.0	15.6	6.7	11.7	6.4	9.4	8.0										
320			20.0	8.6	16.7	7.1	12.5	6.4	10.0	8.0										
350			21.9	9.4	18.2	7.8	13.7	6.4	10.9	8.0										
380			23.8	10.1	19.8	8.5	14.8	6.4	11.9	8.0	9.9	9.6								
400			25.0	10.7	20.8	8.9	15.6	6.7	12.5	8.0	10.4	9.6								
450			28.1	12.1	23.4	10.0	17.6	7.5	14.1	8.0	11.7	9.6								
500					26.0	11.2	19.5	8.4	15.6	8.0	13.0	9.6	11.2	11.2						
550					28.6	12.3	21.5	9.2	17.2	8.0	14.3	9.6	12.3	11.2						
600					31.3	13.4	23.4	10.0	18.8	8.0	15.6	9.6	13.4	11.2						
650					33.9	14.5	25.4	10.9	20.3	8.7	16.9	9.6	14.5	11.2						
700							27.3	11.7	21.9	9.4	18.2	9.6	15.6	11.2	13.7	12.8				
750							29.3	12.6	23.4	10.0	19.5	9.6	16.7	11.2	14.6	12.8				
800							31.3	13.4	25.0	10.7	20.8	9.6	17.9	11.2	15.6	12.8				
850							33.2	14.2	26.6	11.4	22.1	9.6	19.0	11.2	16.6	12.8	14.8	14.4		
900							35.2	15.1	28.1	12.1	23.4	10.0	20.1	11.2	17.6	12.8	15.6	14.4		
950							37.1	15.9	29.7	12.7	24.7	10.6	21.2	11.2	18.6	12.8	16.5	14.4		
1000							39.1	16.7	31.3	13.4	26.0	11.2	22.3	11.2	19.5	12.8	17.4	14.4		
1100							43.0	18.4	34.4	14.7	28.6	12.3	24.5	12.8	21.5	12.8	19.1	14.4	17.2	16.0
1200							46.9	20.1	37.5	16.1	31.3	13.4	26.8	12.8	23.4	12.8	20.8	14.4	18.8	16.0
1300									40.6	17.4	33.9	14.5	29.0	12.8	25.4	12.8	22.6	14.4	20.3	16.0
1400									43.8	18.8	36.5	15.6	31.3	13.4	27.3	12.8	24.3	14.4	21.9	16.0
1500									46.9	20.1	39.1	16.7	33.5	14.3	29.3	12.8	26.0	14.4	23.4	16.0
1600									50.0	21.4	41.7	17.9	35.7	15.3	31.3	13.3	27.8	14.4	25.0	16.0
1700									53.1	22.8	44.3	19.0	37.9	16.3	33.2	14.2	29.5	14.4	26.6	16.0
1800									56.2	24.1	46.9	20.1	40.2	17.2	35.2	15.1	31.3	14.4	28.1	16.0
1900									59.4	25.4	49.5	21.2	42.4	18.2	37.1	15.9	33.0	14.4	29.7	16.0
2000											52.1	22.3	44.6	19.1	39.1	16.7	34.7	14.9	31.3	16.0

注：1. 表中的焊缝计算长度 l_w 按下列公式算得：肢背 $l_{w1}=0.7N/(2\times0.7h_f f_f^w)$；肢尖 $l_{w2}=0.3N/(2\times0.7h_f f_f^w)$。

2. 表中的焊缝计算长度 l_w 未考虑施焊时起弧和落弧的影响，实际的焊缝长度应为：$l_{wa}=l_w+10mm$。

3. 当采用 Q355 钢、E50××型焊条时，焊缝计算长度 l_w 应乘以系数 0.8，但减少后的计算长度不得小于 $8h_f$ 和 40mm。

4. 当用于恒载（包括自重）小于总荷载 40%的屋面构件连接时，焊缝计算长度 l_w 应乘以系数 1.05。对高空安装焊缝，其计算长度 l_w 应乘以系数 1.10；当几种情况同时存在时，其系数应连乘。

4. 两个热轧不等边角钢长边相连时的直角角焊缝计算长度选用表

（Q235 钢，E43×× 型焊条）

肢背焊缝

肢尖焊缝

表 11-34

作用轴心力 N (kN)	h_f=4 肢背	肢尖	h_f=5 肢背	肢尖	h_f=6 肢背	肢尖	h_f=8 肢背	肢尖	h_f=10 肢背	肢尖	h_f=12 肢背	肢尖	h_f=14 肢背	肢尖	h_f=16 肢背	肢尖	h_f=18 肢背	肢尖	h_f=20 肢背	肢尖
50	3.6	3.2																		
60	4.4	3.2																		
80	5.8	3.2	4.6	4.0																
100	7.3	3.9	5.8	4.0	4.8	4.8														
120	8.7	4.7	7.0	4.0	5.8	4.8														
150	10.9	5.9	8.7	4.7	7.3	4.8														
180	13.1	7.0	10.4	5.6	8.7	4.8	6.5	6.4												
200	14.5	7.8	11.6	6.3	9.7	5.2	7.3	6.4												
220	16.0	8.6	12.8	6.9	10.6	5.7	8.0	6.4												
250	18.1	9.8	14.5	7.8	12.1	6.5	9.1	6.4												
280	20.3	10.9	16.3	8.8	13.5	7.3	10.2	6.4	8.1	8.0										
300	21.8	11.7	17.4	9.4	14.5	7.8	10.9	6.4	8.7	8.0										
320	23.2	12.5	18.6	10.0	15.5	8.3	11.6	6.4	9.3	8.0										
350			20.3	10.9	16.9	9.1	12.7	6.8	10.2	8.0										
380			22.1	11.9	18.4	9.9	13.8	7.4	11.0	8.0										
400			23.2	12.5	19.3	10.4	14.5	7.8	11.6	8.0	9.7	9.6								
450			26.1	14.1	21.8	11.7	16.3	8.8	13.1	8.0	10.9	9.6								
500			29.0	15.6	24.2	13.0	18.1	9.8	14.5	8.0	12.1	9.6								
550					26.6	14.3	19.9	10.7	16.0	8.6	13.3	9.6	11.4	11.2						
600					29.0	15.6	21.8	11.7	17.4	9.4	14.5	9.6	12.4	11.2						
650					31.4	16.9	23.6	12.7	18.9	10.2	15.7	9.6	13.5	11.2						
700					33.9	18.2	25.4	13.7	20.3	10.9	16.9	9.6	14.5	11.2						
750							27.2	14.6	21.8	11.7	18.1	9.8	15.5	11.2	13.6	12.8				
800							29.0	15.6	23.2	12.5	19.3	10.4	16.6	11.2	14.5	12.8				
850							30.8	16.6	24.7	13.3	20.6	11.1	17.6	11.2	15.4	12.8				
900							32.6	17.6	26.1	14.1	21.8	11.7	18.7	11.2	16.3	12.8	14.5	14.4		
950							34.5	18.6	27.6	14.8	23.0	12.4	19.7	11.2	17.2	12.8	15.3	14.4		
1000							36.3	19.5	29.0	15.6	24.2	13.0	20.7	11.2	18.1	12.8	16.1	14.4		
1100							39.9	21.5	31.9	17.2	26.6	14.3	22.8	12.3	19.9	12.8	17.7	14.4	16.0	16.0
1200							43.5	23.4	34.8	18.8	29.0	15.6	24.9	13.4	21.8	12.8	19.3	14.4	17.4	16.0
1300							47.2	25.4	37.7	20.3	31.4	16.9	26.9	14.5	23.6	12.8	21.0	14.4	18.9	16.0
1400									40.6	21.9	33.9	18.2	29.0	15.6	25.4	13.7	22.6	14.4	20.3	16.0
1500									43.5	23.4	36.3	19.5	31.1	16.7	27.2	14.6	24.2	14.4	21.8	16.0
1600									46.4	25.0	38.7	20.8	33.2	17.9	29.0	15.6	25.8	14.4	23.2	16.0
1700									49.3	26.6	41.1	22.1	35.2	19.0	30.8	16.6	27.4	14.8	24.7	16.0
1800									52.2	28.1	43.5	23.4	37.3	20.1	32.6	17.6	29.0	15.6	26.1	16.0
1900									55.1	29.7	45.9	24.7	39.4	21.2	34.5	18.6	30.6	16.5	27.8	16.0
2000									58.0	31.3	48.4	26.0	41.5	22.3	36.3	19.5	32.2	17.4	29.0	16.0

注:1. 表中的焊缝计算长度 l_w 按下列公式算得:肢背 $l_{w1}=0.65N/(2\times0.7h_f f_f^w)$;肢尖 $l_{w2}=0.35N/(2\times0.7h_f f_f^w)$。

2. 表的焊缝计算长度 l_w 未考虑由于施焊时起弧和落弧的影响,实际的焊缝长度应为:$l_{wa}=l_w+10mm$。

3. 当采用 Q355 钢、E50×× 型焊条时,焊缝计算长度 l_w 应乘以系数 0.8,但减少后的计算长度不得小于 $8h_f$ 和 40mm。

4. 当用于恒载(包括自重)小于总荷载 40% 的屋面构件连接时,焊缝计算长度 l_w 应乘以系数 1.05。对高空安装焊缝,其计算长度 l_w 应乘以系数 1.10;当几种情况同时存在时,其系数应连乘。

5. 两个热轧不等边角钢短边相连时的直角角焊缝计算长度选用表
（Q235 钢，E43××型焊条）

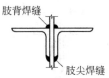

肢背焊缝

肢尖焊缝

表 11-35

作用轴心力 N (kN)	焊缝的计算长度 l_w (cm) 当角焊缝的焊脚尺寸 h_f (mm) =																			
	4		5		6		8		10		12		14		16		18		20	
	肢背	肢尖	肢背	肢尖	肢背	肢尖	肢背	肢尖	肢背	肢尖	肢背	肢尖	肢背	肢尖	肢背	肢尖	肢背	肢尖	肢背	肢尖
50	4.2	3.2																		
60	5.0	3.2	4.0	4.0																
80	6.7	3.2	5.4	4.0																
100	8.4	3.2	6.7	4.0	5.6	4.8														
120	10.0	3.3	8.0	4.0	6.7	4.8														
150	12.6	4.2	10.0	4.0	8.4	4.8														
180	15.1	5.0	12.1	4.0	10.0	4.8	7.5	6.4												
200	16.7	5.6	13.4	4.5	11.2	4.8	8.4	6.4												
220	18.4	6.1	14.7	4.9	12.3	4.8	9.2	6.4												
250	20.9	7.0	16.7	5.6	14.0	4.8	10.5	6.4	8.4	8.0										
280	23.4	7.8	18.8	6.3	15.6	5.2	11.7	6.4	9.4	8.0										
300			20.1	6.7	16.7	5.6	12.6	6.4	10.0	8.0										
320			21.4	7.1	17.9	6.0	13.4	6.4	10.7	8.0										
350			23.4	7.8	19.5	6.5	14.6	6.4	11.7	8.0	9.8	9.6								
380			25.4	8.5	21.2	7.1	15.9	6.4	12.7	8.0	10.6	9.6								
400			26.8	8.9	22.3	7.4	16.7	6.4	13.4	8.0	11.2	9.6								
450			30.0	10.0	25.1	8.4	18.8	6.4	15.1	8.0	12.6	9.6								
500					27.9	9.3	20.9	7.0	16.7	8.0	14.0	9.6	12.0	11.2						
550					30.7	10.2	23.0	7.7	18.4	8.0	15.3	9.6	13.2	11.2						
600					33.5	11.2	25.1	8.4	20.1	8.0	16.7	9.6	14.3	11.2						
650							27.2	9.1	21.8	8.0	18.1	9.6	15.5	11.2	13.6	12.8				
700							29.3	9.8	23.4	8.0	19.5	9.6	16.7	11.2	14.6	12.8				
750							31.4	10.5	25.1	8.4	20.9	9.6	17.9	11.2	15.7	12.8				
800							33.5	11.2	26.8	8.9	22.3	9.6	19.1	11.2	16.7	12.8	14.9	14.4		
850							35.6	11.9	28.5	9.5	23.7	9.6	20.3	11.2	17.8	12.8	15.8	14.4		
900							37.7	12.6	30.1	10.0	25.1	9.6	21.5	11.2	18.8	12.8	16.7	14.4		
950							39.8	13.3	31.8	10.6	26.5	9.6	22.7	11.2	19.9	12.8	17.7	14.4		
1000							41.9	14.0	33.5	11.2	27.9	9.6	23.9	11.2	20.9	12.8	18.6	14.4	16.7	16.0
1100							46.0	15.3	36.8	12.3	30.7	10.2	26.3	11.2	23.0	12.8	20.5	14.4	18.4	16.0
1200									40.2	13.4	33.5	11.2	28.7	11.2	25.1	12.8	22.3	14.4	20.1	16.0
1300									43.5	14.5	36.3	12.1	31.1	11.2	27.2	12.8	24.2	14.4	21.8	16.0
1400									46.9	15.6	39.1	13.0	33.5	11.2	29.3	12.8	26.0	14.4	23.4	16.0
1500									50.2	16.7	41.9	14.0	35.9	12.0	31.4	12.8	27.9	14.4	25.1	16.0
1600									53.6	17.9	44.6	14.9	38.3	12.8	33.5	12.8	29.8	14.4	26.8	16.0
1700									56.9	19.0	47.4	15.8	40.7	13.6	35.6	12.8	31.6	14.4	28.5	16.0
1800											50.2	16.7	43.0	14.3	37.7	12.8	33.1	14.4	30.1	16.0
1900											53.0	17.7	45.4	15.1	39.8	13.3	35.3	14.4	31.8	16.0
2000											55.8	18.6	47.8	15.9	41.9	14.0	37.2	14.3	33.5	16.0

注：1. 表中的焊缝计算长度 l_w 按下列公式算得：肢背 $l_{w1}=0.75N/(2\times0.7h_f f_f^w)$；肢尖 $l_{w2}=0.25N/(2\times0.7h_f f_f^w)$。

2. 表中的焊缝计算长度 l_w 未考虑由于施焊时起弧和落弧的影响，实际的焊缝长度应为：$l_{wa}=l_w+10\text{mm}$。

3. 当采用 Q355 钢、E50××型焊条时，焊缝计算长度 l_w 应乘以系数 0.8，但减少后的计算长度不得小于 $8h_f$ 和 40mm。

4. 当用于恒载（包括自重）小于总荷载 40% 的屋面构件连接时，焊缝计算长度 l_w 应乘以系数 1.05。对高空安装焊缝，其计算长度 l_w 应乘以系数 1.10；当几种情况同时存在时，其系数应连乘。

6. 一个普通 C 级螺栓连接的承载力设计值表（Q235 钢）

表 11-36

螺栓直径 d (mm)	螺栓毛截面面积 A (cm²)	螺栓有效截面面积 A_e (cm²)	构件钢材的牌号	承压的承载力设计值 N_c^b (kN) 承压板的厚度 t (mm)										受拉的承载力设计值 N_t^b (kN)	受剪的承载力设计值 N_v^b (kN)	
				5	6	7	8	10	12	14	16	18	20		单剪	双剪
12	1.131	0.843	Q235 钢	18.3	22.0	25.6	29.3	36.6	43.9	51.2	58.6	65.9	73.2	14.3	14.7	29.4
			Q355 钢	25.2	30.2	35.3	40.3	50.4	60.5	70.6	80.6	86.4	96.0			
			390 钢	26.1	31.3	36.5	41.8	52.2	62.6	73.1	83.5	90.7	100.8			
14	1.539	1.154	Q235 钢	21.4	25.6	29.9	34.2	42.7	51.2	59.8	68.3	76.9	85.4	19.6	20.0	40.0
			Q355 钢	29.4	35.3	41.2	47.0	58.8	70.6	82.3	94.1	100.8	112.0			
			Q390 钢	30.5	36.5	42.6	48.7	60.9	73.1	85.3	97.4	105.8	117.6			
16	2.011	1.567	Q235 钢	24.4	29.3	34.2	39.0	48.8	58.6	68.3	78.1	87.8	97.6	26.6	26.1	52.3
			Q355 钢	33.6	40.3	47.0	53.8	67.2	80.6	94.1	107.5	115.2	128.0			
			Q390 钢	34.8	41.8	48.7	55.7	69.6	83.5	97.4	111.4	121.0	134.4			
18	2.545	1.925	Q235 钢	27.5	32.9	38.4	43.9	54.9	65.9	76.9	87.8	98.8	109.8	32.7	33.1	66.2
			Q355 钢	37.8	45.4	52.9	60.5	75.6	90.7	105.8	121.0	129.6	144.0			
			Q390 钢	39.2	47.0	54.8	62.6	78.3	94.0	109.6	125.3	136.1	151.2			
20	3.142	2.448	Q235 钢	30.5	36.6	42.7	48.8	61.0	73.2	85.4	97.6	109.8	122.0	41.6	40.8	81.7
			Q355 钢	42.0	50.4	58.8	67.2	84.0	100.8	117.6	134.3	144.0	160.0			
			Q390 钢	43.5	52.2	60.9	69.6	87.0	104.4	121.6	139.2	151.2	168.0			
22	3.801	3.034	Q235 钢	33.6	40.3	47.0	53.7	67.1	80.5	93.9	107.4	120.8	134.2	51.6	49.4	98.8
			Q355 钢	46.2	55.4	64.7	73.9	92.4	110.9	129.4	147.8	158.4	176.0			
			Q390 钢	47.9	57.4	67.0	76.6	95.7	114.8	134.0	153.1	166.3	184.8			
24	4.524	3.525	Q235 钢	36.6	43.9	51.2	58.6	73.2	87.8	102.5	117.1	131.8	146.4	59.9	58.8	117.6
			Q355 钢	50.4	60.5	70.6	80.6	100.8	121.0	141.1	161.3	172.8	192.0			
			Q390 钢	52.2	62.4	73.1	83.5	104.4	125.3	146.2	167.0	181.4	201.6			

螺栓直径 d (mm)	螺栓毛截面面积 A (cm²)	螺栓有效截面面积 Aₑ (cm²)	构件钢材的牌号	承压的承载力设计值 N_c^b										受拉的承载力设计值 N_t^b (kN)	受剪的承载力设计值 N_v^b (kN)	
				承压板的厚度 t (mm)												
				5	6	7	8	10	12	14	16	18	20		单剪	双剪
27	5.762	4.594	Q235钢	41.2	49.4	57.6	65.9	82.4	38.8	115.5	131.8	148.2	164.7	78.1	74.4	148.9
			Q355钢	56.7	68.0	79.4	90.7	113.4	136.1	158.8	181.4	194.4	216.0			
			Q390钢	58.7	70.5	82.2	94.0	117.5	140.9	164.4	187.9	204.1	226.8			
30	7.069	5.606	Q235钢	45.8	54.9	64.1	73.2	91.5	109.8	128.1	146.4	164.7	183.0	95.3	91.9	183.8
			Q355钢	63.0	75.6	88.2	100.8	126.0	151.2	176.4	201.6	216.0	240.0			
			Q390钢	65.3	78.3	91.4	104.4	130.4	156.6	182.7	208.8	226.8	252.0			

注：1. 表中螺栓的承载力设计值按下列公式算得：

承压：$N_c^b = d \sum t f_c^b$；受拉：$N_t^b = A_e f_t^b$；受剪：$N_v^b = n_v A f_v^b$

式中 n_v——每个螺栓的受剪面数目。

2. 单角钢单面连接的螺栓，其承载力设计值应按表中的数值乘以 0.85。

7. 一个普通 A 级、B 级螺栓连接的承载力设计值表（Q235 钢）

表 11-37

螺栓直径 d (mm)	螺栓毛截面面积 A (cm²)	螺栓有效截面面积 Aₑ (cm²)	构件钢材的钢号	承压的承载力设计值 N_c^b (kN)										受拉的承载力设计值 N_t^b (kN)	受剪的承载力设计值 N_v^b (kN)	
				承压板的厚度 t (mm)												
				5	6	7	8	10	12	14	16	18	20		单剪	双剪
12	1.131	0.843	Q235钢	24.0	28.8	33.6	38.4	48.0	57.6	67.2	76.8	86.4	96.0	14.3	19.2	38.5
			Q355钢	33.0	39.6	46.2	52.8	66.0	79.2	92.4	105.6	114.5	127.2			
			Q390钢	34.2	41.0	47.9	54.7	68.4	82.1	95.8	109.4	118.8	132.0			
14	1.539	1.154	Q235钢	28.0	33.6	39.2	44.8	56.0	67.2	78.4	89.6	100.8	112.0	19.6	26.2	52.3
			Q355钢	38.5	46.2	53.9	61.6	77.0	92.4	107.8	123.2	133.6	148.4			
			Q390钢	39.9	47.9	55.9	63.8	79.8	95.8	111.7	127.7	138.6	154.0			
16	2.011	1.567	Q235钢	32.0	38.4	44.8	51.2	64.0	76.8	89.6	102.4	115.2	128.0	26.6	34.2	68.4
			Q355钢	44.0	52.8	61.6	70.4	88.0	105.6	123.2	140.8	152.6	169.6			
			Q390钢	45.6	54.7	63.8	73.0	91.2	109.4	127.7	145.9	158.4	176.0			

螺栓直径 d (mm)	螺栓毛截面面积 A (cm²)	螺栓有效截面面积 A_e (cm²)	构件钢材的牌号	承压的承载力设计值 N_c^b (kN) 承压板的厚度 t (mm) 5	6	7	8	10	12	14	16	18	20	受拉的承载力设计值 N_t^b (kN)	受剪的承载力设计值 N_v^b (kN) 单剪	双剪
18	2.545	1.925	Q235钢	36.0	43.2	50.4	57.6	72.0	86.4	100.8	115.2	129.6	144.0	32.7	43.3	86.5
			Q355钢	49.5	59.4	69.3	79.2	99.0	118.8	138.6	158.4	171.7	190.8			
			Q390钢	51.3	61.6	71.8	82.1	102.6	123.1	143.6	164.2	178.2	198.0			
20	3.142	2.448	Q235钢	40.0	48.0	56.0	64.0	80.0	96.0	112.0	128.0	144.0	160.0	41.6	53.4	106.8
			Q355钢	55.0	66.0	77.0	88.0	110.0	132.0	154.0	176.0	190.8	212.0			
			Q390钢	57.0	68.4	79.8	91.2	114.0	136.8	159.6	182.4	198.0	220.0			
22	3.801	3.034	Q235钢	44.0	52.8	61.6	70.4	88.0	105.6	123.2	140.8	158.4	176.0	51.6	64.6	129.3
			Q355钢	60.5	72.6	84.7	96.8	121.0	145.2	169.4	193.6	209.9	233.2			
			Q390钢	62.7	75.2	87.8	100.3	125.4	150.5	175.6	200.6	217.8	242.0			
24	4.524	3.525	Q235钢	48.0	57.6	67.2	76.8	96.0	115.2	134.4	153.6	172.8	192.0	59.9	76.9	153.8
			Q355钢	66.0	79.2	92.4	105.6	132.0	158.4	184.8	211.2	229.0	254.4			
			Q390钢	68.4	82.1	95.8	109.4	136.8	164.2	191.5	218.9	237.6	264.0			
27	5.726	4.594	Q235钢	54.0	64.8	75.6	86.4	108.0	129.6	151.2	172.8	194.4	216.0	78.1	97.3	194.7
			Q355钢	74.3	89.1	104.0	118.8	148.5	178.2	207.9	237.6	257.6	286.0			
			Q390钢	77.0	92.3	107.7	123.1	153.9	184.7	215.5	246.2	267.3	297.0			
30	7.069	5.606	Q235钢	60.0	72.0	84.0	96.0	120.0	144.0	168.0	192.0	216.0	240.0	95.3	120.2	240.3
			Q355钢	82.5	99.0	115.5	132.0	165.0	198.0	231.0	264.0	286.0	318.0			
			Q390钢	85.5	102.6	119.7	136.8	171.0	205.2	239.4	273.6	297.0	330.0			

8. 一个摩擦型高强度螺栓连接的承载力设计值表（根据《钢结构高强度螺栓连接技术规程》JGJ 82—2011）

表 11-38

螺栓的性能等级	构件钢材的钢号	构件在连接处接触面的处理方法	抗剪的承载力设计值 N_v^{bH} (kN) 单 剪 螺栓直径 d (mm) 16	20	22	24	27	30	双 剪 16	20	22	24	27	30
8.8级	Q235钢	喷砂	32.4	50.8	60.7	71.0	93.0	113.4	64.6	101.6	121.4	141.9	185.9	226.8
		喷砂后涂无机富锌漆	25.2	39.5	47.2	55.1	72.3	88.2	50.3	79.0	94.5	110.4	144.7	176.4
		喷砂后生赤锈	32.4	50.8	60.7	71.0	93.0	113.4	64.6	101.6	121.4	141.9	185.9	226.8
		钢丝刷清除浮锈或未经处理的干净轧制表面	21.5	33.8	40.5	47.3	62.0	75.6	43.1	67.7	80.8	96.8	124.0	151.2

螺栓的性能等级	构件钢材的钢号	构件在连接处接触面的处理方法	抗剪的承载力设计值 N_v^{bH} (kN)											
			单 剪						双 剪					
			螺栓直径 d (mm)											
			16	20	22	24	27	30	16	20	22	24	27	30
8.8级	Q355钢	喷砂	39.5	62.1	74.1	86.7	113.7	138.6	79.0	124.1	148.4	173.4	227.4	227.2
		喷砂后涂无机富锌漆	28.7	45.1	53.9	63.0	82.6	100.8	57.4	90.3	107.9	126.1	165.3	201.6
		喷砂后生赤锈	39.5	62.1	74.1	86.7	113.7	138.6	79.0	124.1	148.4	173.4	227.4	277.2
		钢丝刷清除浮锈或未经处理的干净轧制表面	25.2	39.5	47.2	55.1	72.3	88.2	50.3	79.0	94.5	110.4	144.7	176.4
	Q390钢	喷砂	39.5	62.1	74.1	86.7	113.7	138.6	79.0	124.1	148.4	173.4	227.4	277.2
		喷砂后涂无机富锌漆	28.7	45.1	53.9	63.0	82.6	100.8	57.4	90.3	107.9	126.1	165.3	201.6
		喷砂后生赤锈	39.5	62.1	74.1	86.7	113.7	138.6	79.0	124.1	148.4	173.4	227.4	227.2
		钢丝刷清除浮锈或未经处理的干净轧制表面	25.2	39.5	47.2	55.1	72.3	88.2	50.3	79.0	94.5	110.4	144.7	176.4
10.9级	Q235钢	喷砂	40.5	62.8	77.0	91.1	117.5	143.8	81.0	125.6	153.9	182.2	234.9	287.6
		喷砂后涂无机富锌漆	31.5	48.8	59.9	70.9	91.4	111.8	63.0	97.8	119.7	141.8	182.7	223.7
		喷砂后生赤锈	40.5	62.8	77.0	91.1	117.5	143.8	81.0	125.6	153.9	182.2	234.9	287.6
		钢丝刷清除浮锈或未经处理的干净轧制表面	27.0	41.9	51.3	60.8	78.3	95.9	54.0	83.7	102.6	121.5	156.6	191.7
	Q355钢	喷砂	49.5	76.7	94.1	111.4	143.6	175.7	99.0	153.5	188.1	222.8	287.1	351.5
		喷砂后涂无机富锌漆	36.0	55.8	68.4	81.0	104.4	127.8	72.0	111.6	136.8	162.0	208.8	255.6
		喷砂后生赤锈	49.5	76.7	94.1	111.4	143.6	175.7	99.0	153.5	188.1	222.8	287.1	351.5
		钢丝刷清除浮锈或未经处理的干净轧制表面	31.5	48.8	59.9	70.9	91.4	111.8	63.0	97.77	119.7	141.8	182.7	223.7
	Q390钢	喷砂	49.5	76.7	94.1	111.4	143.6	175.7	99.0	153.5	188.1	222.8	287.1	351.5
		喷砂后涂无机富锌漆	36.0	55.8	68.4	81.0	104.4	127.8	72.0	111.6	136.8	162.0	208.8	255.6
		喷砂后生赤锈	49.5	76.7	94.1	111.4	143.6	175.7	99.0	153.5	188.1	222.8	287.1	351.5
		钢丝刷清除浮锈或未经处理的干净轧制表面	31.5	48.8	59.9	70.9	91.4	111.8	63.0	97.7	119.7	141.8	182.7	223.7

注：1. 表中高强度螺栓受剪的承载力设计值按下式算得：

$$N_{Hv}^b = 0.9 n_f \mu P$$

式中　n_f—传力的摩擦面数目；μ—摩擦系数；P—高强度螺栓的预拉力。

2. 单角钢单面连接的高强度螺栓，其承载力设计值应按表中的数值乘以 0.85。

9. 一个承压型高强度螺栓连接的承载力设计值表（根据《钢结构高强度螺栓连接技术规程》JGJ 82—2011）

表 11-39

螺栓的性能等级	螺栓直径 d (mm)	螺栓毛截面面积 A (cm²)	螺栓有效截面面积 Ae (cm²)	构件钢材的钢号	承压的承载力设计值 N_c^{bHc} (kN) 承压板厚度 t (mm)									受拉的承载力设计值 N_t^{bHc} (kN)	受剪的承载力设计值 N_v^{bHc} (kN)			
															承剪面在螺杆处		承剪面在螺纹处	
					6	7	8	10	12	14	16	18	20		单剪	双剪	单剪	双剪
8.8级	16	2.011	1.567	Q235钢	44.6	52.1	59.5	74.4	89.3	104.2	119.0	133.9	148.8	56.0	50.3	100.6	39.2	78.4
				Q355钢	61.4	71.7	81.9	102.4	122.9	143.4	163.8	177.1	196.8					
				Q390钢	63.8	74.5	85.1	106.4	127.7	149.0	170.2	184.3	204.8					
	20	3.142	2.448	Q235钢	55.8	65.1	74.4	93.0	111.6	130.2	148.8	167.4	186.0	88.0	78.5	157.0	61.2	122.4
				Q355钢	76.8	89.6	102.4	128.0	153.6	179.2	204.8	221.4	246.0					
				Q390钢	79.8	93.1	106.4	133.0	159.6	186.2	212.8	230.4	256.0					
	22	3.801	3.034	Q235钢	61.4	71.6	81.8	102.3	122.8	143.2	163.7	184.1	204.6	108	95.0	190.1	75.9	151.7
				Q355钢	84.5	98.6	112.6	140.8	169.0	197.1	225.3	243.5	270.6					
				Q390钢	87.8	102.4	117.0	146.3	175.6	204.8	234.1	253.4	281.6					
	24	4.524	3.525	Q235钢	67.0	78.1	89.3	111.6	133.9	156.2	178.6	200.0	223.2	124	113.1	226.2	88.1	176.3
				Q355钢	92.2	107.5	122.9	153.6	184.3	215.0	245.8	265.7	295.2					
				Q390钢	95.8	111.7	127.7	159.6	191.5	223.4	255.4	276.5	307.2					
	27	5.726	4.594	Q235钢	75.3	87.9	100.4	125.6	150.7	175.8	200.9	226.0	251.1	164	143.2	286.3	114.9	229.7
				Q355钢	103.7	121.0	138.2	172.8	207.4	241.9	276.5	298.9	332.1					
				Q390钢	107.7	125.7	143.6	179.6	215.5	251.4	287.3	311.0	345.6					
	30	7.069	5.606	Q235钢	83.7	97.7	111.6	139.5	167.4	195.3	223.2	251.1	279.0	200	176.7	353.5	140.2	280.3
				Q355钢	115.2	134.4	153.6	192.0	230.4	268.8	307.2	332.1	369.0					
				Q390钢	119.7	139.7	159.6	199.5	239.4	279.3	319.2	345.6	384.0					
10.9级	16	2.011	1.567	Q235钢	44.6	52.1	59.5	74.4	89.3	104.2	119.0	133.9	148.8	80.0	62.3	124.7	48.6	97.2
				Q355钢	61.4	71.7	81.9	102.4	122.9	143.4	163.8	177.1	196.8					
				Q390钢	63.8	74.5	85.1	106.4	127.7	149.0	170.2	184.3	204.8					

螺栓的性能等级	螺栓直径 d (mm)	螺栓毛截面面积 A (cm²)	螺栓有效截面面积 A_e (cm²)	构件钢材的钢号	承压的承载力设计值 N_c^{bHc} (kN) 承压板厚度 t (mm)									受拉的承载力设计值 N_t^{bHv} (kN)	受剪的承载力设计值 N_v^{bHv} (kN) 承剪面在螺杆处		承剪面在螺纹处	
					6	7	8	10	12	14	16	18	20		单剪	双剪	单剪	双剪
10.9级	20	3.142	2.448	Q235钢	55.8	65.1	74.4	93.0	111.6	130.2	148.8	167.4	186.0	124	97.4	194.8	75.9	151.8
				Q355钢	76.8	89.6	102.4	128.0	153.6	179.2	204.8	221.0	246.0					
				Q390钢	79.8	93.1	106.4	133.0	159.6	186.2	212.8	230.4	256.0					
	22	3.801	3.034	Q235钢	61.4	71.6	81.8	102.3	122.8	143.2	163.7	184.1	204.6	152	117.8	235.7	94.1	188.1
				Q355钢	84.5	98.6	112.6	140.8	169.0	197.1	225.3	243.5	270.6					
				Q390钢	87.8	102.4	117.0	146.3	175.6	204.8	234.1	253.4	281.6					
	24	4.524	3.525	Q235钢	67.0	78.1	89.3	111.6	133.9	156.2	178.6	200.9	223.2	180	140.2	280.5	109.3	218.6
				Q355钢	92.2	107.5	122.9	153.6	184.3	215.0	245.8	265.7	295.2					
				Q390钢	95.8	111.7	127.7	159.6	191.5	223.4	255.4	276.5	307.2					
	27	5.726	4.594	Q235钢	75.3	87.9	100.4	125.6	150.7	175.8	200.9	226.0	251.1	232	177.5	355.0	142.4	284.8
				Q355钢	103.7	121.0	138.2	172.6	207.4	241.9	276.5	298.3	332.1					
				Q390钢	107.7	125.7	143.6	179.6	215.5	251.4	287.3	311.0	345.6					
	30	7.069	5.606	Q235钢	83.7	97.7	111.6	139.5	167.4	195.3	228.2	251.1	279.0	284	219.1	438.3	173.8	347.6
				Q355钢	115.2	134.4	153.6	192.0	230.4	268.8	307.2	332.1	369.0					
				Q390钢	119.7	139.7	159.6	199.5	239.4	279.3	319.2	345.6	384.0					

注：1. 表中高强度螺栓的承载力设计值按下列公式算得：

承压 $N_c^{bHc} = d\Sigma t f_c^{bH}$；受拉 $N_t^{bHc} = 0.8P$；受剪（在螺杆处）$N_v^{bHc} = n_v A f_v^{bH}$；受剪（在螺纹处）$N_v^{bHc} = n_v A_e f_v^{bH}$。

式中 n_v——每个高强度螺栓的受剪面数目。

2. 单角钢单面连接的高强度螺栓，其承载力设计值应按表中的数值乘以 0.85。

表 11-40

10. Q235 钢、Q355 钢锚栓选用表

1 锚栓直径 d (mm)	2 有效面积 A_0 (cm²)	3 抗拉承载力设计值 N_t^a (kN)	4 连接尺寸 (mm) 单螺母 a	单螺母 b	双螺母 a	双螺母 b	5 I型 C20	I型 C25	6 II型 C20	II型 C25	7 III型 C20	III型 C25	III型 ≥C30	8 IV型 C20	IV型 C25
16	1.57	22.0/28.3	40	70	55	85	480/560	400/480							
18	1.92	26.9/34.6	45	75	60	90	540/630	450/540							
20	2.45	34.3/44.1	45	75	60	90	600/700	500/600							
22	3.03	42.4/54.5	45	75	65	95	660/770	550/660							
24	3.53	49.4/63.5	50	80	70	100	720/840	600/720	720/840	600/720	720/840	600/720	480/600		
27	4.59	64.3/82.6	50	80	75	105	810/945	675/810	810/945	675/810	810/945	675/810	540/675		
30	5.61	78.5/101.0	55	85	80	110	900/1050	750/900	900/1050	750/900	900/1050	750/900	600/750		

连接尺寸 (mm)：整板底面标高、基础顶面标高

锚固长度及细部尺寸 — 锚固长度 l (mm)，基础混凝土的强度等级

1 锚栓直径 d (mm)	2 有效面积 A₀ (cm²)	3 抗拉承载力设计值 N_t^a (kN)	4 连接尺寸 (mm) 单螺母 a	单螺母 b	双螺母 a	双螺母 b	5 I型 C20	I型 C25	6 II型 C20	II型 C25	7 III型 C20	III型 C25	III型 ≥C30	8 IV型 C20	IV型 C25	锚板尺寸 c (mm)	锚板尺寸 t (mm)
33	6.94	97.2/125.0	55	90	85	120	990/1155	825/990	990/1155	825/990	990/1155	825/990	660/825				
36	8.17	114.4/147.1	60	95	90	125	1080/1260	900/1080	1080/1260	900/1080	1080/1260	900/1080	720/900				
39	9.76	136.6/175.7	65	100	95	130	1170/1365	975/1170	1170/1365	975/1170	1170/1365	975/1170	780/975				
42	11.21	156.9/201.8	70	105	100	135			1260/1470	1050/1260	1260/1470	1050/1260	840/1050	925/1220	755/1050	140	20
45	13.06	182.8/235.1	75	110	105	140			1350/1575	1125/1350	1350/1575	1125/1350	900/1125	990/1305	810/1125	140	20
48	14.73	206.2/265.1	80	120	110	150			1440/1680	1200/1440	1440/1680	1200/1440	960/1200	1055/1390	865/1200	200	20

续表 11-40

								锚固长度 l (mm) 基础混凝土的强度等级									
1	2	3	4 连接尺寸 (mm)				5 Ⅰ型		6 Ⅱ型		7 Ⅲ型			8 Ⅳ型		锚板尺寸	
锚栓直径 d (mm)	有效面积 A₀ (cm²)	抗拉承载力设计值 N_t^a (kN)	单螺母		双螺母		C20	C25	C20	C25	C20	C25	≥C30	C20	C25	c (mm)	t (mm)
			a	b	a	b											
52	17.58	246.1/316.4	85	125	120	160			1560/1820	1300/1560	1560/1820	1300/1560	1040/1300	1145/1510	935/1300	200	20
56	20.30	284.2/365.4	90	130	130	170			1680/1960	1400/1680	1680/1960	1400/1680	1120/1400	1230/1625	1010/1400	200	20
60	23.62	330.7/425.2	95	135	140	180			1800/2100	1500/1800	1800/2100	1500/1800	1200/1500	1320/1740	1080/1500	240	25
64	26.76	374.6/481.7	100	145	150	195			1920/2240	1600/1920	1920/2240	1600/1920	1280/1600	1410/1855	1150/1600	240	25
68	30.55	427.7/549.9	105	150	160	205			2040/2380	1700/2040	2040/2380	1700/2040	1360/1700	1495/1970	1225/1700	280	30
72	34.60	484.4/622.8	110	155	170	215			2160/2520	1800/2160	2160/2520	1800/2160	1440/1800	1585/2090	1295/1800	280	30
76	38.89	544.5/700.0	115	160	180	225			2280/2660	1900/2280	2280/2660	1900/2280	1520/1900	1670/2205	1370/1900	320	30

续表 11-40

1	2	3	4 连接尺寸 (mm)				5 I型 锚固长度 l (mm)		6 II型		7 III型			8 IV型 锚固长度 l (mm)		锚板尺寸	
			单螺母		双螺母												
锚栓直径 d (mm)	有效面积 A_0 (cm²)	锚栓抗拉承载力设计值 N^a_t (kN)	a	b	a	b	C20	C25	C20	C25	C20	C25	≥C30	C20	C25	c (mm)	l (mm)
											基础混凝土强度等级						
80	43.44	$\dfrac{608.2}{785.5}$	120	165	190	235								$\dfrac{1760}{2320}$	$\dfrac{1440}{2000}$	350	40
85	49.48	$\dfrac{692.7}{890.6}$	130	180	200	250								$\dfrac{1870}{2465}$	$\dfrac{1530}{2125}$	350	40
90	55.91	$\dfrac{782.7}{1006.4}$	140	190	210	260								$\dfrac{1980}{2610}$	$\dfrac{1620}{2250}$	400	40
95	62.73	$\dfrac{878.2}{1129.1}$	150	200	220	270								$\dfrac{2090}{2755}$	$\dfrac{1710}{2375}$	450	45
100	69.95	$\dfrac{979.3}{1259.1}$	160	210	230	280								$\dfrac{2200}{2900}$	$\dfrac{1800}{2500}$	500	45

注：1. 锚栓抗拉承载力设计值按下式算得：$N^a_t = A_e f^a_t$；
2. 连接尺寸中的"a"仅包括垫圈、螺母厚度及预留偏差尺寸，"b"为锚栓螺纹部分的长度；
3. 表中的抗拉承载力设计值和锚固长度，分子数为Q235钢、分母数为Q355钢。

11. 常用组合截面回转半径近似值表

表 11-41

截面	截面	截面	截面
$r_x=0.30h$ $r_y=0.30b$ $r_z=0.195h$	$r_x=0.40h$ $r_y=0.21b$	$r_x=0.38h$ $r_y=0.60b$	$r_x=0.41h$ $r_y=0.22b$
$r_x=0.32h$ $r_y=0.28b$ $r_z=0.18\dfrac{h+b}{2}$	$r_x=0.45h$ $r_y=0.235b$	$r_x=0.38h$ $r_y=0.44b$	$r_x=0.32h$ $r_y=0.49b$
$r_x=0.30h$ $r_y=0.215b$	$r_x=0.44h$ $r_y=0.28b$	$r_x=0.32h$ $r_y=0.58b$	$r_x=0.29h$ $r_y=0.50b$
$r_x=0.32h$ $r_y=0.20b$	$r_x=0.43h$ $r_y=0.43b$	$r_x=0.32h$ $r_y=0.40b$	$r_x=0.29h$ $r_y=0.45b$
$r_x=0.28h$ $r_y=0.24b$	$r_x=0.39h$ $r_y=0.20b$	$r_x=0.38h$ $r_y=0.21b$	$r_x=0.29h$ $r_y=0.29b$
$r_x=0.30h$ $r_y=0.17b$	$r_x=0.42h$ $r_y=0.22b$	$r_x=0.44h$ $r_y=0.32b$	$r_x=0.21h_{cp}$ $r_y=0.41b_{cp}$
$r_x=0.20h$ $r_y=0.21b$	$r_x=0.43h$ $r_y=0.24b$	$r_x=0.44h$ $r_y=0.38b$	$r=0.25d$
$r_x=0.21h$ $r_y=0.21b$ $r_z=0.185h$	$r_x=0.365h$ $r_y=0.275b$	$r_x=0.37h$ $r_y=0.54b$	$r=0.35d_{cp}$ $d_{cp}=\dfrac{d+D}{2}$
$r_x=0.21h$ $r_y=0.21b$	$r_x=0.35h$ $r_y=0.56b$	$r_x=0.37h$ $r_y=0.45b$	$r_x=0.39h$ $r_y=0.53b$
$r_x=0.45h$ $r_y=0.24b$	$r_x=0.39h$ $r_y=0.29b$	$r_x=0.40h$ $r_y=0.24b$	$r_x=0.50h$ $r_y=0.39b$

11.4 型钢拼接连接选用表

1. 热轧等边角钢拼接连接选用表

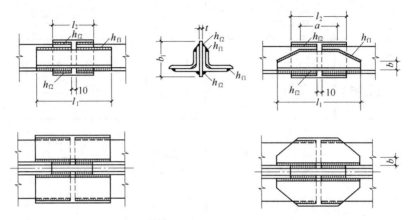

表 11-42

型　号	拼 接 角 钢				垫　板		
	l_1	a	b	h_{f1}	b_1	l_2	h_{f2}
	(mm)				(mm)		
L40×4	200			4	60	130	4
5	230			4	60	130	4
L45×4	220			4	65	140	4
5	220			5	65	140	4
6	220			6	65	140	4
L50×4	240			4	70	150	4
5	230			5	70	150	4
6	240			6	70	150	4
L56×4	260			4	80	160	4
5	260			5	80	160	4
8	330			6	80	160	4
L63×4	290			4	85	170	4
5	290			5	85	170	4
6	290			6	85	170	4
8	370			6	85	180	5
10	350			8	85	180	5
L70×4	320			4	90	180	4
5	320			5	90	180	4
6	320			6	90	180	4
7	370			6	90	190	5
8	410			6	90	190	5
L75×5	340			5	95	160	5
6	350			6	95	160	5
7	390			6	95	200	5
8	440			6	95	200	5
10	410			8	95	200	5

型　号	拼　接　角　钢				垫　板		
	l_1	a	b	h_{f1}	b_1	l_2	h_{f2}
	(mm)				(mm)		
L80×5	360			5	100	210	5
6	370			6	100	210	5
7	420			6	100	210	5
8	460			6	100	220	6
10	440			8	100	220	6
L90×6	410			6	110	200	6
7	460			6	110	200	6
8	520			6	110	230	6
10	490			8	110	230	6
12	480			10	110	230	6
L100×6	450			6	120	210	6
7	510			6	120	210	6
8	580			6	120	250	6
10	540			8	120	250	6
12	530			10	120	250	6
14	520			12	120	290	8
16	470			14	120	290	8
L110×7	560			6	130	220	6
8	630			6	130	220	6
10	590			8	130	220	6
12	570			10	130	270	6
14	560			12	130	270	8
L125×8	720	180	30	6	145	290	6
10	670	180	30	8	145	290	6
12	650	180	30	10	145	340	6
14	640	180	30	12	145	340	8
L140×10	750	180	30	8	170	270	8
12	720	180	30	10	170	270	8
14	710	180	30	12	170	310	8
16	640	180	30	14	170	310	8
L160×10	850	180	30	8	190	350	8
12	820	180	30	10	190	350	8
14	800	180	30	12	190	390	8
16	730	180	30	14	190	390	8
L180×12	920	180	40	10	210	430	8
14	900	180	40	12	210	430	8
16	810	180	40	14	210	430	8
18	900	180	40	14	210	430	8
L200×14	990	180	40	12	230	460	8
16	900	180	40	14	230	460	8
18	990	180	40	14	230	460	8
20	1080	180	40	14	230	460	8
24	1270	180	40	14	230	460	8

注：1. 拼接角钢采用与被拼接角钢相同的型号。

2. 拼接角钢的背棱应截角，截去高度为 r（r 为角钢内圆弧半径），使其能与被拼接角钢贴紧。

3. 拼接角钢的竖肢应截去一部分，截去高度 $\Delta = h_f + t + 5$（t 为角钢厚度），以便布置焊缝。

2. 热轧不等边角钢拼接连接选用表

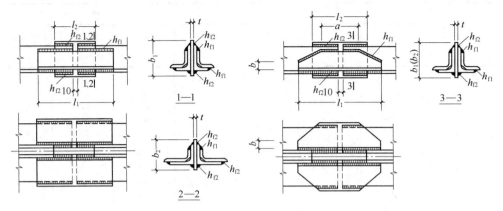

表 11-43

型　　号	拼　接　角　钢				垫　　板			
	l_1	a	b	h_{f1}	b_1（用于长边相连）	b_2（用于短边相连）	l_2	h_{f2}
	(mm)				(mm)			
L40×25×4	170			4	60	45	130	4
L45×28×4	180			4	65	50	140	4
L50×32×4	200			4	70	55	150	4
L56×36×4	220			4	75	55	150	4
5	260			5	75	55	150	4
L63×40×4	250			4	85	60	170	4
5	250			5	85	60	150	5
6	250			6	85	60	150	5
7	280			6	85	60	150	5
L70×45×4	270			4	90	65	180	4
5	270			5	90	65	150	5
6	310			5	90	65	150	5
7	310			6	90	65	150	5
L75×50×5	290			5	95	70	160	5
6	290			6	95	70	160	5
8	370			6	95	70	200	5
10	350			8	95	70	200	5
L80×50×5	300			5	100	70	210	5
6	300			6	100	70	210	5
7	340			6	100	70	210	5
8	380			6	100	70	210	5
L90×56×5	340			5	110	75	220	5
6	340			6	110	75	200	6
7	380			6	110	75	200	6
8	430			6	110	75	200	6
L100×63×6	370			6	120	85	210	6
7	420			6	120	85	210	6
8	470			6	120	85	250	6
10	450			8	120	85	250	6
L100×80×6	410			6	120	100	210	6
7	460			6	120	100	210	6
8	520			6	120	100	250	6
10	490			8	120	100	250	5
L110×70×6	410			6	130	90	220	6
7	460			6	130	90	220	6
8	520			6	130	90	270	6
10	490			8	130	90	270	6
L125×80×7	520	180	30	6	145	100	290	6
8	590	180	30	6	145	100	290	6
10	560	180	30	8	145	100	340	6
12	540	180	30	10	145	100	340	6

型 号	拼 接 角 钢				垫 板			
	l_1	a	b	h_{f1}	b_1（用于长边相连）	b_2（用于短边相连）	l_2	h_{f2}
	(mm)				(mm)			
L140×90×8	660	180	30	6	170	120	270	8
10	620	180	30	8	170	120	270	8
12	600	180	30	10	170	120	310	8
14	590	180	30	12	170	120	310	8
L160×100×10	700	180	30	8	190	130	350	8
12	660	180	30	10	190	130	350	8
14	660	180	30	12	190	130	390	8
16	600	180	30	14	190	130	390	8
L180×110×10	770	180	40	8	210	140	380	8
12	750	180	40	10	210	140	380	8
14	730	180	40	12	210	140	430	8
16	660	180	40	14	210	140	430	8
L200×125×12	830	180	40	10	230	155	460	8
14	810	180	40	12	230	155	460	8
16	740	180	40	14	230	155	460	8
18	810	180	40	14	230	155	460	8

3. 热轧普通工字钢拼接连接选用表（一）

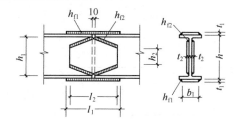

表 11-44

型 号	翼 缘 水 平 盖 板				腹 板 连 接 板				
	b_1	t_1	l_1	h_{f1}	h_1	h_2	t_2	l_2	h_{f2}
	(mm)				(mm)				
I10	55	10	250	5	65	40	6	110	5
I12.6	60	11	300	5	90	55	6	140	5
I14	65	12	290	6	100	65	8	150	6
I16	70	13	340	6	115	75	8	170	6
I18	80	14	390	6	135	85	8	200	6
I20a	85	14	440	6	150	90	8	240	6
I20b	85	15	450	6	150	75	8	300	6
I22a	90	16	400	8	170	100	8	280	6
I22b	90	16	410	8	170	85	8	340	6
I25a	95	17	440	8	195	130	10	260	8
I25b	95	17	450	8	195	115	10	320	8
I28a	100	18	490	8	225	150	10	310	8
I28b	100	18	410	10	225	135	10	370	8
I32a	105	20	470	10	260	165	10	380	8
I32b	105	20	470	10	260	150	10	450	8
I32c	110	20	480	10	260	130	0	530	8
I36a	110	23	510	10	295	200	12	380	10
I36b	110	23	520	10	295	185	12	440	10
I36c	110	23	450	12	295	170	12	510	10
I40a	110	25	470	12	330	225	12	430	10
I40b	115	24	480	12	330	205	12	510	10
I40c	115	24	490	12	330	185	12	580	10
I45a	120	26	540	12	375	245	12	520	10
I45b	120	26	540	12	375	225	12	600	10
I45c	125	24	510	12	375	205	12	690	10

型 号	翼 缘 水 平 盖 板				腹 板 连 接 板				
	b_2	t_1	l_1	h_{f1}	h_1	h_2	t_2	l_2	h_{f2}
	(mm)				(mm)				
I50a	130	28	620	12	420	270	12	600	10
I50b	130	28	620	12	420	250	12	690	10
I50c	130	26	580	12	420	225	12	780	10
I56a	130	31	590	14	475	325	14	600	12
I56b	135	30	600	14	475	305	14	680	12
I56c	135	28	560	14	475	285	14	770	12
I63a	140	32	650	14	545	375	14	690	12
I63b	145	31	660	14	545	350	14	790	12
I63c	145	29	610	14	545	325	14	880	12

4. 热轧普通工字钢拼接连接选用表（二）

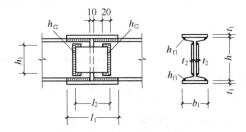

表 11-45

型 号	翼 缘 水 平 盖 板				腹 板 连 接 板			
	b_1	t_1	l_1	h_{f1}	h_1	t_2	l_2	h_{f2}
	(mm)				(mm)			
I10	90	6	250	5	60	10	100	8
I12.6	95	7	300	5	80	10	100	8
I14	100	8	290	6	90	10	100	8
I16	110	9	340	6	110	10	100	8
I18	115	10	390	6	120	12	120	10
I20a	120	10	440	6	140	12	120	10
I20b	120	11	450	6	140	14	120	12
I22a	130	11	400	8	160	12	120	10
I22b	130	12	410	8	160	14	120	12
I25a	135	12	440	8	180	12	120	10
I25b	140	12	450	8	180	14	120	12
I28a	140	13	490	8	210	12	120	10
I28b	155	12	410	10	210	16	140	14
I32a	160	13	470	10	250	14	140	14
I32b	160	13	470	10	250	16	140	14
I32c	165	13	480	10	250	18	140	16
I36a	165	14	510	10	280	14	140	12
I36b	170	14	520	10	280	16	140	14
I36c	170	14	450	12	280	18	140	16
I40a	170	15	470	12	330	16	140	14
I40b	175	15	480	12	330	16	140	14
I40c	175	15	490	12	330	18	140	16
I45a	180	16	540	12	370	16	140	14
I45b	180	16	540	12	370	18	140	16
I45c	185	15	510	12	370	20	160	18
I50a	190	18	620	12	410	16	160	14
I50b	190	18	620	12	410	18	160	16
I50c	190	17	580	12	410	20	160	18
I56a	200	19	590	14	465	16	160	14
I56b	205	18	600	14	465	18	160	16
I56c	205	17	560	14	465	20	160	18
I63a	210	20	650	14	540	16	160	14
I63b	215	19	660	14	540	18	160	16
I63c	215	18	610	14	540	20	160	18

5. 热轧轻型工字钢拼接连接选用表（一）

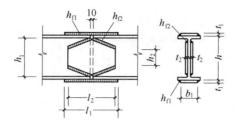

表 11-46

型号	翼 缘 水 平 盖 板				腹 板 连 接 板				
	b_1	t_1	l_1	h_{f1}	h_1	h_2	t_2	l_2	h_{f2}
	（mm）				（mm）				
I10	45	10	200	5	65	40	6	110	5
I12	50	10	230	5	85	55	6	130	5
I14	60	10	270	5	105	70	6	150	5
I16	65	11	300	5	120	75	6	180	5
I18	75	11	340	5	140	95	8	180	6
I18a	85	11	390	5	135	95	8	170	6
I20	80	11	340	6	155	110	8	190	6
I20a	90	11	370	6	150	105	8	190	6
I22	90	12	380	6	175	120	8	220	6
I22a	100	12	410	6	175	120	8	220	6
I24	95	13	420	6	190	130	8	240	6
I24a	105	13	470	6	190	130	8	240	6
I27	100	13	380	8	220	150	8	290	6
I27a	110	14	410	8	220	150	8	280	6
I30	110	14	410	8	245	180	10	270	8
I30a	120	14	460	8	245	180	10	270	8
I33	115	15	460	8	275	195	10	310	8
I36	120	16	430	10	300	210	10	360	8
I40	130	17	480	10	335	230	10	420	8
I45	135	18	540	10	380	255	10	500	8
I50	145	19	600	10	425	300	12	500	10
I55	150	23	590	12	470	325	12	580	10
I60	160	25	660	12	515	345	12	680	10
I65	170	26	740	12	555	390	14	670	12
I70	175	29	740	14	600	410	14	770	12
I70a	175	33	830	14	595	380	14	870	12
I70b	175	36	880	14	585	335	14	1000	12

6. 热轧轻型工字钢拼接连接选用表（二）

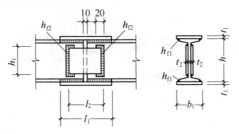

表 11-47

型　号	翼　缘　水　平　盖　板				腹　板　连　接　板			
	b_1	t_1	l_2	h_{f1}	h_1	t_2	l_2	h_{f2}
	(mm)				(mm)			
I10	75	6	200	5	65	8	80	6
I12	85	6	230	5	85	8	80	6
I14	95	7	270	5	100	8	80	6
I16	100	7	300	5	120	8	80	6
I18	110	7	340	5	135	8	80	6
I18a	120	8	390	5	135	8	80	6
I20	120	8	340	6	150	10	100	8
I20a	130	8	370	6	150	10	100	8
I22	130	8	380	6	160	10	100	8
I22a	140	8	410	6	160	10	100	8
I24	135	9	420	6	180	10	100	8
I24a	145	9	470	6	180	10	100	8
I27	145	9	380	8	210	10	100	8
I27a	155	10	410	8	210	10	100	8
I30	155	10	410	8	240	10	100	8
I30a	165	10	460	8	240	10	100	8
I33	160	11	460	8	270	10	100	8
I36	175	11	430	10	290	12	120	10
I40	185	12	480	10	320	12	120	10
I45	190	13	540	10	370	12	120	10
I50	200	14	600	10	420	14	120	12
I55	210	15	590	12	460	14	120	12
I60	220	17	660	12	500	16	140	14
I65	230	18	740	12	540	16	140	14
I70	245	19	740	14	590	18	140	16
I70a	245	24	830	14	590	18	160	16
I70b	245	26	880	14	590	20	160	18

7. 热轧普通槽钢拼接连接选用表

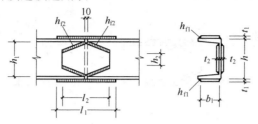

表 11-48

型 号	翼 缘 水 平 盖 板				腹 板 连 接 板				
	b_1	t_1	l_1	h_{f1}	h_1	h_2	t_2	l_2	h_{f2}
	(mm)				(mm)				
[8	30	13	190	5	45	20	6	100	5
[10	35	13	220	5	60	30	6	120	5
[12.6	40	13	220	6	85	45	6	150	5
[14a	45	13	240	6	95	55	8	160	6
[14b	45	14	250	6	95	45	6	200	6
[16a	50	14	270	6	115	65	8	190	6
[16	50	14	280	6	115	55	8	230	6
[18a	55	14	290	6	130	75	8	220	6
[18	55	15	310	6	130	65	8	270	6
[20a	60	15	340	6	150	90	8	240	6
[20	60	15	340	6	150	75	8	300	6
[22a	60	16	360	6	165	100	8	260	6
[22	65	15	360	6	165	85	8	330	6
[25a	60	17	300	8	195	120	8	300	6
[25b	60	17	310	8	195	105	8	370	6
[25c	65	17	320	8	195	80	8	450	6
[28a	65	17	320	8	220	135	8	350	6
[28b	65	17	340	8	220	110	8	440	6
[28c	65	18	340	8	220	90	8	520	6
[32a	70	19	380	8	255	175	10	830	8
[32b	70	19	390	8	255	155	10	410	8
[32c	75	19	400	8	255	135	10	480	8
[36a	75	24	460	8	285	185	10	410	8
[36b	75	25	460	8	285	165	10	490	8
[36c	80	24	480	8	285	145	10	570	8
[40a	80	26	450	10	320	210	12	430	10
[40b	80	27	450	10	320	195	12	500	10
[40c	80	28	460	10	320	175	12	580	10

8. 热轧轻型槽钢拼接连接选用表

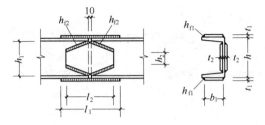

表 11-49

型 号	翼 缘 水 平 盖 板				腹 板 连 接 板				
	b_1	t_1	l_1	h_{f1}	h_1	h_2	t_2	l_2	h_{f2}
	(mm)				(mm)				
[8	30	11	170	5	45	20	6	90	5
[10	35	11	190	5	65	40	6	110	5
[12	40	11	220	5	85	50	6	130	5
[14	45	11	250	5	100	65	6	150	5
[14a	50	12	270	5	100	60	6	150	5
[16	50	12	240	6	120	75	6	170	5
[16a	55	12	260	6	115	75	6	170	5
[18	55	12	260	6	135	95	8	170	6
[18a	60	12	300	6	135	90	8	170	6
[20	60	12	300	6	155	105	8	190	6
[20a	65	13	320	6	155	105	8	190	6
[22	65	13	320	6	170	115	8	220	6
[22a	65	15	290	8	170	115	8	210	6
[24	70	14	290	8	190	130	8	240	6
[24a	75	15	330	8	185	125	8	240	6
[27	75	14	310	8	215	145	8	280	6
[30	80	15	350	8	245	175	10	270	8
[33	85	16	390	8	270	190	10	310	8
[36	85	18	360	10	295	210	10	350	8
[40	90	19	400	10	330	230	10	410	8

9. 梁与梁和梁与柱用螺栓铰接连接参考尺寸表

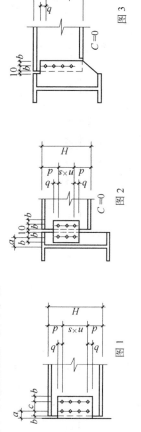

图1　　　图2　　　图3

表 11-50

梁高 H (mm)	图1~图3的连接螺栓 M20					图1~图3的连接螺栓 M22；(M20)					图1~图3的连接螺栓 M24；[M22]；(M20)					梁高 H (mm)
	a	b	c	d	n×s	a	b	c	d	n×s	a	b	c	d	n×s	
200				85	1×65											200
250				90	1×70				85	1×75				85	1×80	250
300			图2	80	2×70			图2	75	2×75			图2	110	1×80	300
350			图3	105	2×70			图3	100	2×75			图3	95	2×80	350
400	50~60	45	c=0	95	3×70	60~65	50	c=0	85	3×75	60~65	50	c=0	80	3×80	400
450			图1	85	4×70	(55~60)	(45)	图1	110	3×75	[60~65]	[50]	图1	105	3×80	450
500			c=70	110	4×70			c=75	100	4×75	(55~60)	(45)	c=80	90	4×80	500
*550				100	5×70			c=(70)	85	5×75			c=[75]	115	4×80	*550
600				90	6×70				110	5×75			c=(70)	100	5×80	600
*650				115	6×70				100	6×75				125	5×80	650
700				105	7×70				125	6×75				110	6×80	700

注：1. 本表系根据《热轧H型钢和剖分T型钢》GB/T 11263—2017 产品标准的规格而编制的。表中带"*"的尺寸为虚拟的梁高。

2. 所有螺栓孔均为钻孔。其中用于摩擦型高强度螺栓的孔径应比螺栓公称直径大2mm；用于普通螺栓和承压型高强度螺栓的孔径应比螺栓公称直径大1.5mm。

3. 当连接板为单板时，其连接板厚宜取梁腹板厚度的1.2~1.4倍。

4. 当连接板为双板时，其连接板厚宜取梁腹板厚度的0.7倍。

10. 梁与梁和梁与柱翼缘用坡口对焊，腹板用高强度螺栓摩擦型刚性连接参考尺寸表

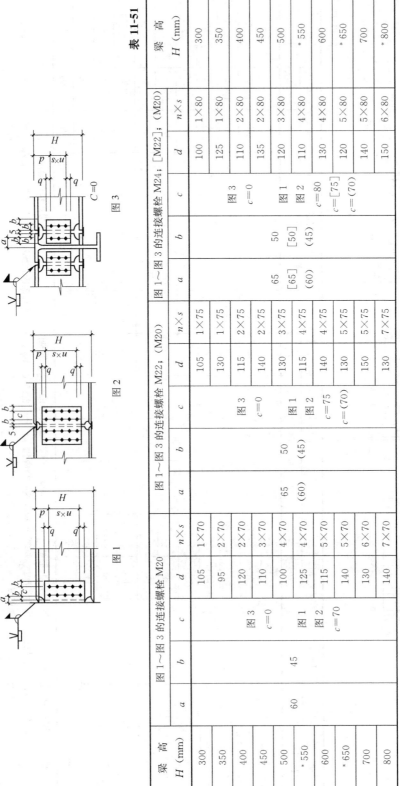

图 1　　　图 2　　　图 3

表 11-51

梁 高 H (mm)	图1~图3的连接螺栓 M20					图1~图3的连接螺栓 M22；(M20)					图1~图3的连接螺栓 M24；[M22]；(M20)					梁 高 H (mm)
	a	b	c	d	n×s	a	b	c	d	n×s	a	b	c	d	n×s	
300				105	1×70				105	1×75				100	1×80	300
350				95	2×70				130	1×75				125	1×80	350
400			图3	120	2×70			图3	115	2×75			图3	110	2×80	400
450	60	45	c=0	110	3×70	65	50	c=0	140	2×75	65	50	c=0	135	2×80	450
500				100	4×70	[65]	[50]		130	3×75	[65]	[50]		120	3×80	500
*550			图1	125	4×70	(60)	(45)	图1	115	4×75	(60)	(45)	图1	110	4×80	*550
600			图2	115	5×70			图2	140	4×75			图2	130	4×80	600
*650			c=70	140	5×70			c=75	130	5×75			c=80	120	5×80	*650
700				130	6×70			(=70)	150	5×75			c=[75]	140	5×80	700
800				140	7×70				130	7×75			c=(70)	150	6×80	*800

注：
1. 本表系根据《热轧 H 型钢和剖分 T 型钢》GB/T 11263—2017 产品标准的规格而编制的，表中带 "*" 的尺寸为虚拟的梁高。
2. 所有螺栓孔均为钻孔，其中用于摩擦型高强度螺栓的孔径应比螺栓公称直径大 2mm；用于普通螺栓和承压型高强度螺栓的孔径应比螺栓公称直径大 1.5mm；
3. 当连接板为单板时，其连接板厚宜取梁腹板厚度的 1.2~1.4 倍。
4. 当连接板为双板时，其连接板厚宜取梁腹板厚度的 0.7 倍。

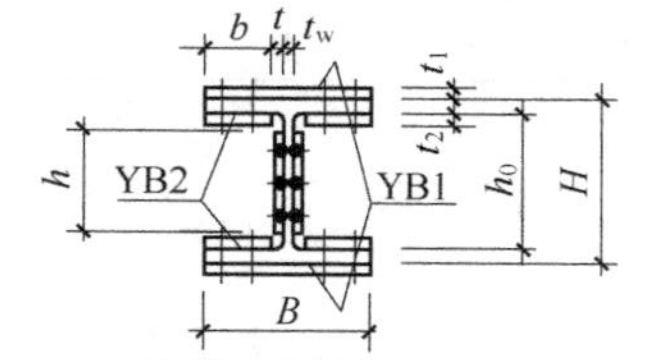

H 型钢支撑斜杆栓接处截面

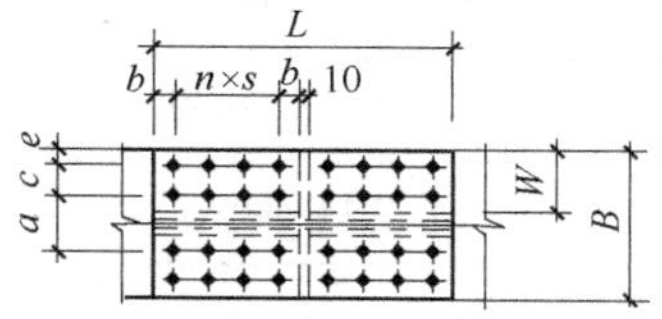

图 1

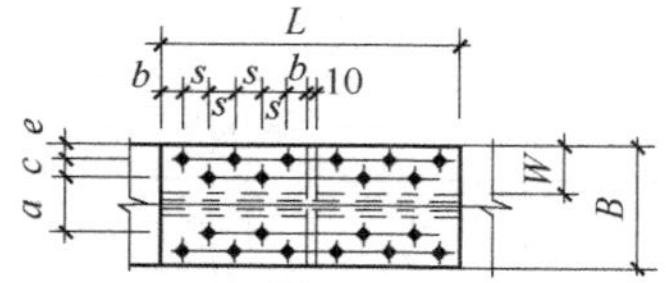

图 2

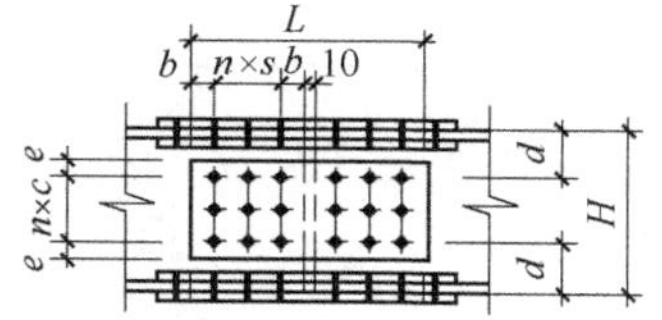

图 3

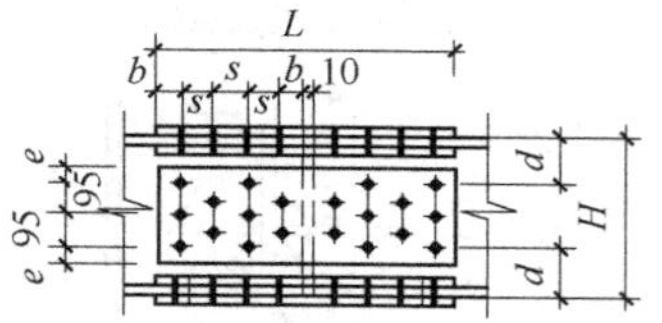

图 4

11. H 型钢支撑斜杆用高强度螺栓摩擦型刚性连接参考尺寸表

表 11-52

翼缘用高强度螺栓摩擦型连接的参考尺寸

图号	H 型钢翼缘宽度 B（mm）	翼缘连接 YB1 宽度＝$B=a+2(c+e)$；翼缘连接板 YB2 宽度＝$W=2e+c$			连接板长 $L=4b+2ns+10$：连接螺栓 M20		连接板长 $L=4b+2ns+10$：连接螺栓 M22；（M20）	
		a	c	e	b	$n\times s$	b	$n\times s$
图 1	200	125	0	37.5	45	$n\times70$	50（45）	$n\times75$
	250	150	0	50				
图 2	300	140	40	40		$n\times60$		$n\times65$
图 1	350	135	70	37.5		$n\times70$		$n\times75$
	400	140	90	40				

腹板用高强度螺栓摩擦型连接的参考尺寸

图号	H 型钢截面高度 H（mm）	连接螺栓 M20：沿杆轴方向		连接螺栓 M20：垂直杆轴方向			连接螺栓 M22；（M20）：沿杆轴方向		连接螺栓 M22；（M20）：垂直杆轴方向		
		b	$n\times s$	d	e	$n\times c$	b	$n\times s$	d	e	$n\times c$
图 3	200	45	$n\times70$	65	37.5	1×70	50（45）	$n\times75$	65	37.5	1×70
	250			80	40	1×90			80	40	1×90
	300			75		2×75			75		2×75
图 4	350		$n\times50$	80		2×95		$n\times60$	80		2×95
图 3	400		$n\times70$	87.5		3×75		$n\times75$	87.5		3×75

注：1. 所有螺栓孔均为钻孔，其摩擦型高强度螺栓的孔径应比螺栓公称直径大 2mm。

2. 每个翼缘板用三块板连接，腹板用两块板连接，其翼缘连接板 YB1 和 YB2 的板厚 t_1 和 t_2 应分别满足下式计算要求：

$t_1\geqslant t_f/2$，且不宜小于 8mm；$t_2\geqslant t_f B/4/b$，且不宜小于 10mm；

其腹板连接板的板厚 t 应满足 $t\geqslant h_0 t_w/2/h$ 的计算要求，且不宜小于 6mm。

3. 本表系根据《热轧 H 型钢和剖分 T 型钢》GB/T 11263—2017 产品标准的规格而编制的。

12. 框架梁与柱（梁）相连时节点连接件选用表

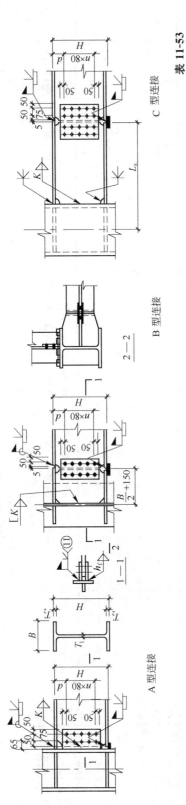

A 型连接

B 型连接

C 型连接

表 11-53

框架梁截面 $H \times B \times T_1 \times T_2$	d	在 A 型连接中			在 B 型连接中		在 C 型连接中		L_s
		连接螺栓	支承板尺寸	焊脚尺寸	连接板一侧的连接螺栓	连接板尺寸	连接板一侧的连接螺栓	连接板尺寸	
692×300×13×26	140	12-M22	2-190×500×8	8	6-M22	2-205×500×8	12-M22	2-355×500×8	1400
700×300×13×24	140	12-M22	2-190×500×8	8	6-M22	2-205×500×8	12-M22	2-355×500×8	1400
596×199×10×15	130	10-M22	2-190×420×8	6	5-M22	2-205×420×8	10-M22	2-355×420×8	1200
600×200×11×17	130	10-M22	2-190×420×8	6	5-M22	2-205×420×8	10-M22	2-355×420×8	1200
496×199×9×14	120	8-M22	2-190×340×6	5	4-M22	2-205×340×6	8-M22	2-355×340×6	1000
500×200×10×6	120	8-M22	2-190×340×8	6	4-M22	2-205×340×8	8-M22	2-355×340×8	1000
506×201×11×19	120	8-M22	2-190×340×8	6	4-M22	2-×205×340×8	8-M22	2-355×340×8	1000
446×199×8×12	135	6-M22	2-190×260×6	5	3-M22	2-205×260×6	—	—	—
450×200×9×14	135×	6-M22	2-190×260×6	5	3-M22	2-205×260×6	—	—	—

注：上表中支承板双面角焊缝的焊脚尺寸 K 系按 $K = 0.56t$（t 为支承板的厚度）计算取整并取其偶数而得。

13. 次梁与主梁相连时节点连接选用表

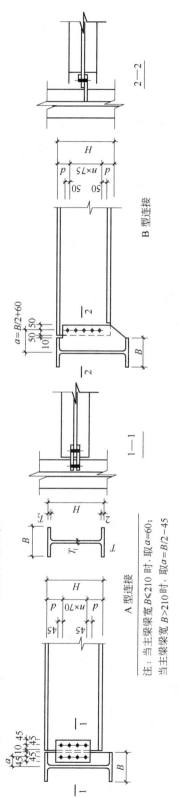

A 型连接

注: 当主梁梁宽 B≤210 时, 取a=60;
当主梁梁宽 B>210 时, 取a=B/2-45

B 型连接

表11-54

序号	次梁截面 $H×B×T_1×T_2$	A 型 连 接						B 型 连 接				
		d	连接板一侧的连接螺栓	支承板厚	角焊缝的焊脚尺寸	连接板数量及尺寸	备注	d	连接螺栓	支承板厚	角焊缝的焊脚尺寸	备注
1	596×199×10×15	110	6-M20	10	6	2-190×405×6	按表11-50选用	112.5	6-M22	12	8	按表11-50选用
2	600×200×11×17	110	6-M20	12	8	2-190×465×8	按表11-50选用	112.5	6-M22	12	8	按表11-50选用
3	496×199×9×14	100	5-M20	10	6	2-190×390×6	按表11-50选用	100	5-M22	10	6	按表11-50选用
4	500×200×10×16	100	5-M20	10	6	2-190×390×6	按表11-50选用	100	5-M22	12	8	按表11-50选用
5	450×200×9×14	110	4-M20	10	6	2-190×315×6	按表11-50选用	112.5	4-M22	10	6	按表11-50选用
6	396×199×7×11	85	4-M20	8	6	2-190×315×6	按表11-50选用	87.5	4-M22	8	6	按表11-50选用
7	400×200×8×13	85	4-M20	8	6	2-190×315×6	按表11-50选用	87.5	4-M22	10	6	按表11-50选用
8	248×124×5×8	85	2-M20	6	4	2-190×165×5	按表11-50选用	—	—	—	—	
9	250×125×6×9	85	2-M20	6	4	2-190×165×5	按表11-50选用	—	—	—	—	

注: 上表中支承板双面角焊缝的焊脚尺寸系按 $K=0.56t$ (t 为支承板的厚度) 计算取整并取其偶数而得。

附　　录

附录一　常用焊缝的标注形式

附表-1

序号	焊缝名称	焊缝形式	标注图示	备　注
1	对接焊缝	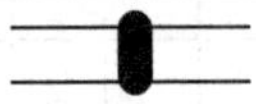	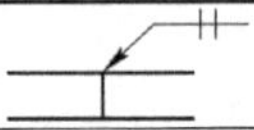	
2	单面角焊缝	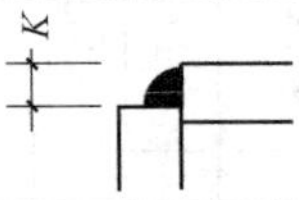	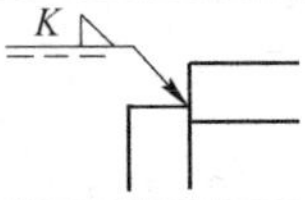	焊缝高度为 K
3	双面角焊缝	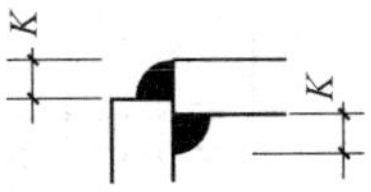	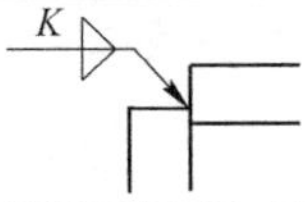	同上
4	单面角焊缝		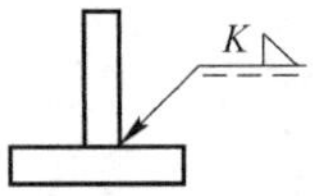	焊缝高度为 K
5	双面角焊缝		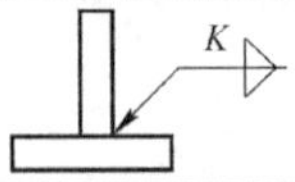	同上
			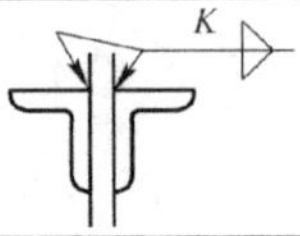	角钢肢背、肢尖焊缝高度均为 K
			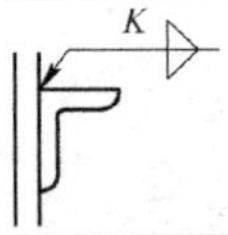	角钢肢背、肢尖焊缝高度分别为 K_1、K_2

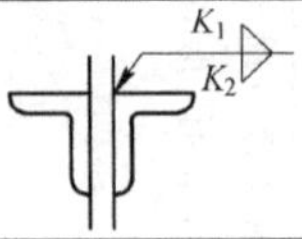

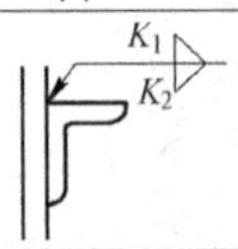

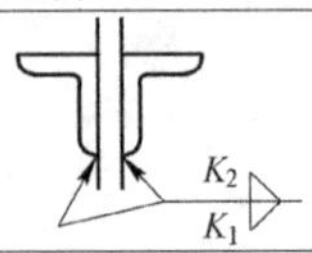

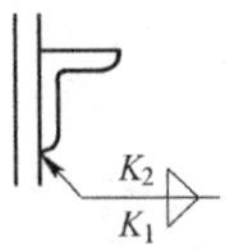

序号	焊缝名称	焊缝形式	标注图示	备 注
6	塞焊缝	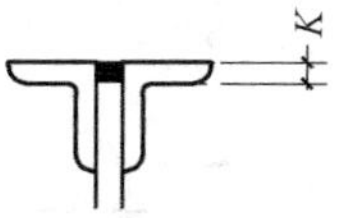	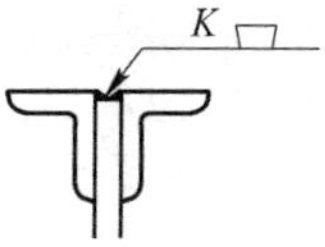	
7	三面围焊缝	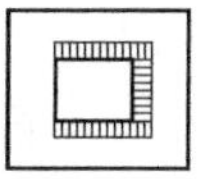	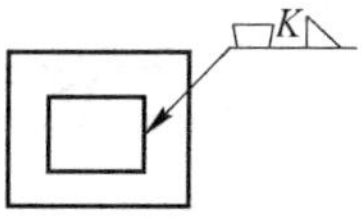	焊缝高度为 K
8	周围焊缝	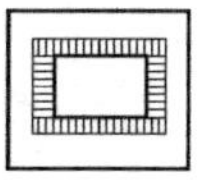	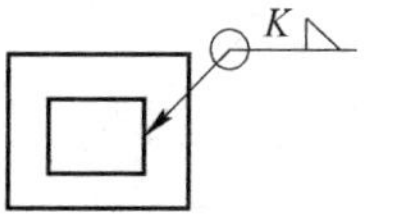	
9	交错断续角焊缝	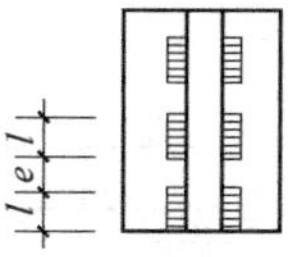	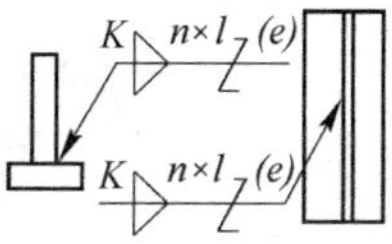	焊缝高度为 K，断续焊缝每小段长度为 l，断续焊缝的间距为 e
10	喇叭形焊缝	 公切线	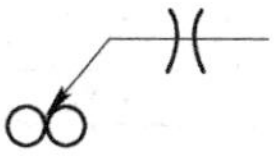	不标注 t 值时，表示 $t=0$；当 $t \neq 0$ 时，需注明 t 值
11	双面单边 X 形（带弧）焊缝	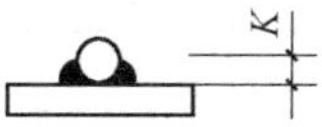	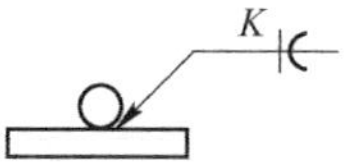	焊缝高度为 K
12	点焊缝	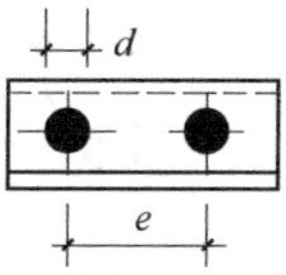	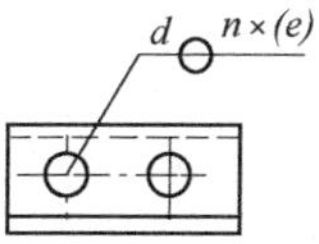	点焊直径为 d，间距为 e
13	双面 K 形焊缝	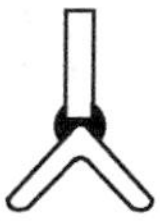	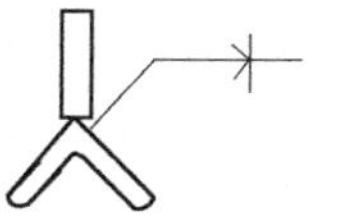	
14	双面形角焊缝		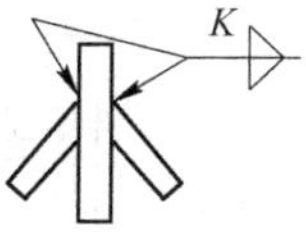	焊缝高度为 K

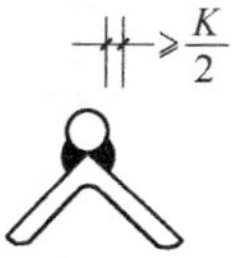

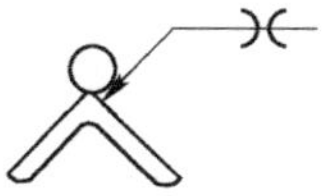

序号	焊缝名称	焊缝形式	标注图示	备注
15	V 形焊缝	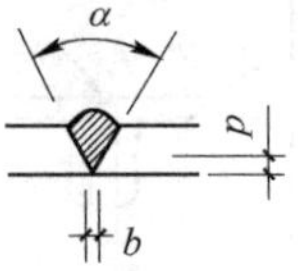	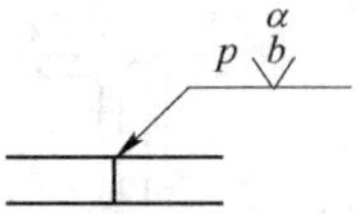	
16	钝边 V 形焊缝	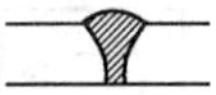	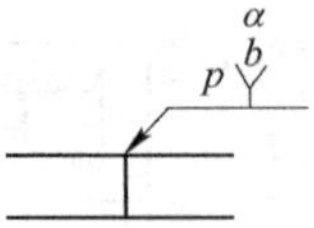	坡口角度为 a 对接间隙为 b 钝边高度为 p
17	钝边单边 V 形焊缝	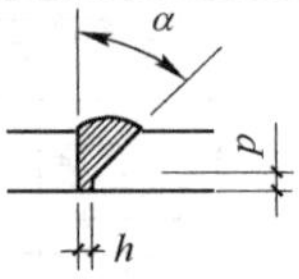	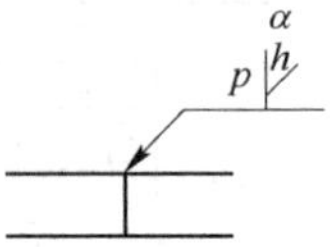	
18	单边 V 形焊缝	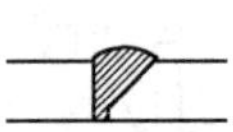	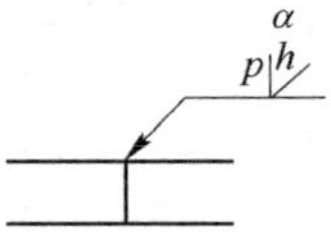	
19	U 形焊缝	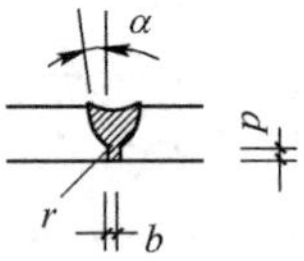	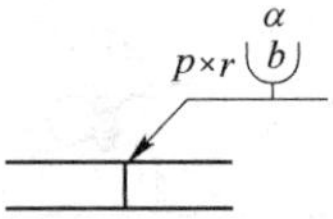	坡口角度为 α，U 形坡口圆弧半径为 r
20	单边 U 形焊缝		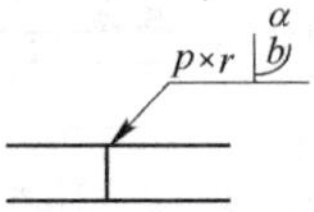	坡口角度为 α，U 形坡口圆弧半径为 r
21	封底焊缝	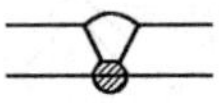	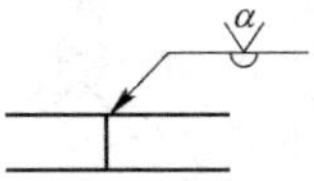	
22	单面安装焊缝	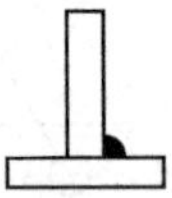	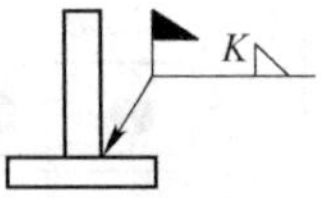	焊缝高度为 K
23	双面安装焊缝	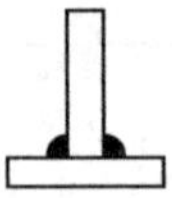	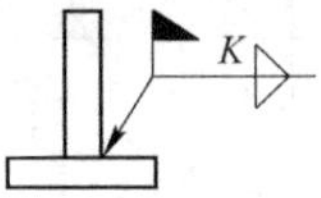	
24	坡口安装焊缝		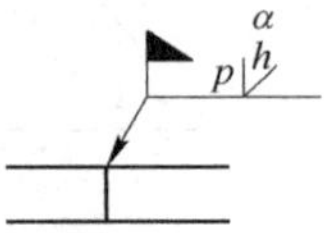	可为其他形式的坡口焊缝
25	相同焊缝		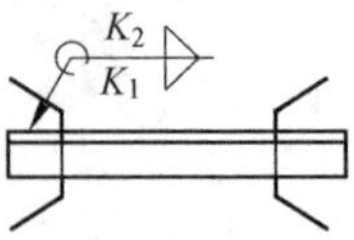	表示右边也为双面角焊缝

644

附录二 钢骨混凝土结构中钢骨构件连接与焊缝构造图

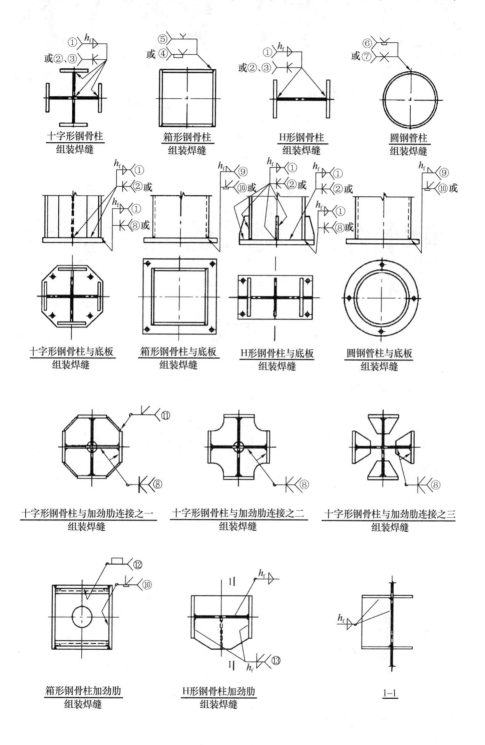

十字形钢骨柱
组装焊缝

箱形钢骨柱
组装焊缝

H形钢骨柱
组装焊缝

圆钢管柱
组装焊缝

十字形钢骨柱与底板
组装焊缝

箱形钢骨柱与底板
组装焊缝

H形钢骨柱与底板
组装焊缝

圆钢管柱与底板
组装焊缝

十字形钢骨柱与加劲肋连接之一
组装焊缝

十字形钢骨柱与加劲肋连接之二
组装焊缝

十字形钢骨柱与加劲肋连接之三
组装焊缝

箱形钢骨柱加劲肋
组装焊缝

H形钢骨柱加劲肋
组装焊缝

1—1

645

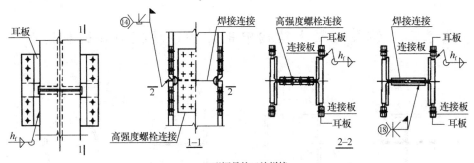

H形钢骨柱工地拼接
组装焊缝

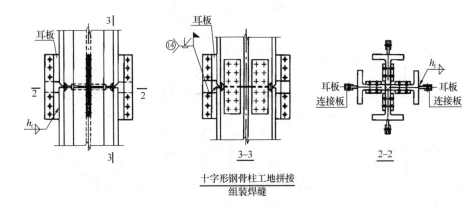

十字形钢骨柱工地拼接
组装焊缝

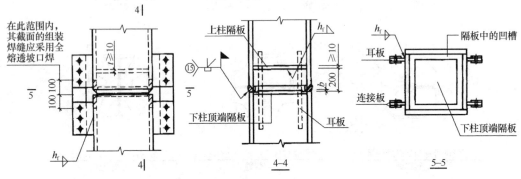

箱形钢骨柱工地拼接
组装焊缝

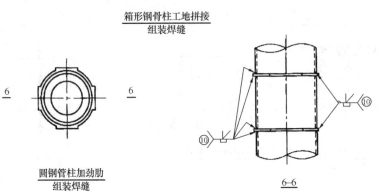

圆钢管柱加劲肋
组装焊缝

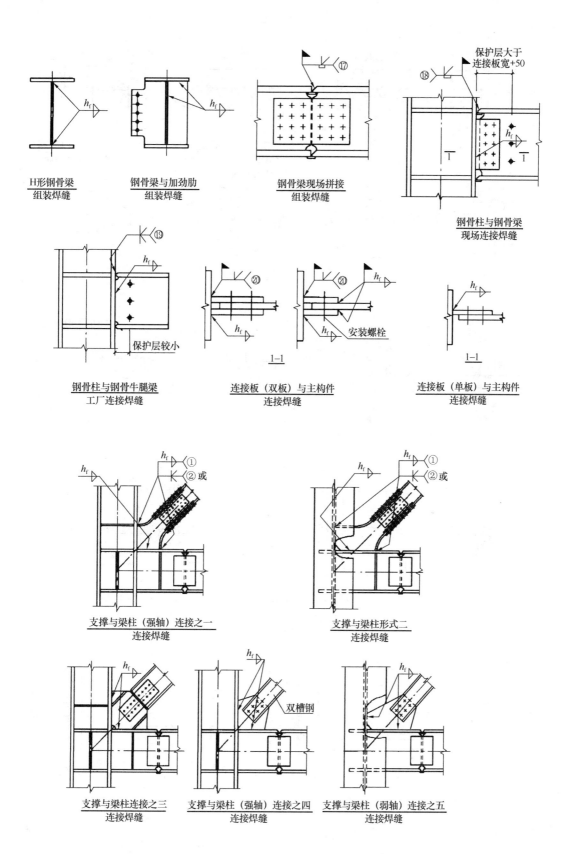

H形钢骨梁
组装焊缝

钢骨梁与加劲肋
组装焊缝

钢骨梁现场拼接
组装焊缝

钢骨柱与钢骨梁
现场连接焊缝

钢骨柱与钢骨牛腿梁
工厂连接焊缝

连接板（双板）与主构件
连接焊缝

连接板（单板）与主构件
连接焊缝

支撑与梁柱（强轴）连接之一
连接焊缝

支撑与梁柱形式二
连接焊缝

支撑与梁柱连接之三
连接焊缝

支撑与梁柱（强轴）连接之四
连接焊缝

支撑与梁柱（弱轴）连接之五
连接焊缝

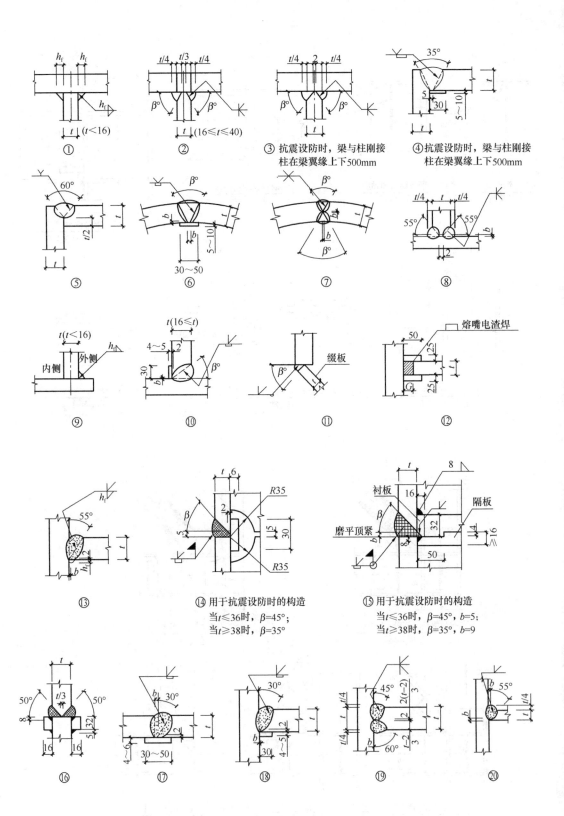

③ 抗震设防时，梁与柱刚接
柱在梁翼缘上下500mm

④ 抗震设防时，梁与柱刚接
柱在梁翼缘上下500mm

⑭ 用于抗震设防时的构造
当t≤36时，β=45°；
当t≥38时，β=35°

⑮ 用于抗震设防时的构造
当t≤36时，β=45°，b=5；
当t≥38时，β=35°，b=9

附录三 钢结构焊接接头坡口形状、尺寸和标记方法

3.0.1 各种焊接方法及接头坡口形状尺寸代号和标记应符合下列规定：

1. 焊接方法及焊透种类代号应符合附表 3.0.1-1 的规定。

焊接方法及焊透种类代号　　　　　　　　附表 3.0.1-1

代号	焊接方法	焊透种类
MC	焊条电弧焊	完全焊透
MP		部分焊透
GC	气体保护电弧焊	完全焊透
GP	自保护电弧焊	部分焊透
SC	埋弧焊	完全焊透
SP		部分焊透
SL	电渣焊	完全焊透

2. 单、双面焊接及垫板种类代号应符合附表 3.0.1-2 的规定。

单、双面焊接及垫板种类代号　　　　　　　附表 3.0.1-2

反面垫板种类		单、双面焊接	
代号	使用材料	代号	单、双焊接面规定
BS	钢衬垫	1	单面焊接
BF	其他材料的衬垫	2	双面焊接

3. 坡口各部分尺寸代号应符合附表 3.0.1-3 的规定。

坡口各部分的尺寸代号　　　　　　　　附表 3.0.1-3

代号	代表的坡口各部分尺寸
t	接缝部位的板厚（mm）
b	坡口根部间隙或部件间隙（mm）
h	坡口深度（mm）
p	坡口钝边（mm）
a	坡口角度（°）

施焊位置分类见附表 3.0.1-4。

施焊位置分类　　　　　　　　　附表 3.0.1-4

焊接位置		代号	焊接位置	代号
板材	平	F	水平转动平焊	1G
	横	H	竖立固定横焊	2G
	立	V	管材 水平固定全位置焊	5G
	仰	O	倾斜固定全位置焊	6G
			倾斜固定加挡板全位置焊	6GR

4. 焊接接头坡口形状和尺寸的标记应符合下列规定：

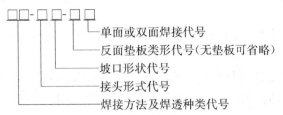

标注示例：焊条电弧焊、完全焊透、对接、I形坡口、背面加钢衬垫的单面焊接接头表示为 MC-BI-B$_S$1。

3.0.2 焊条电弧焊全焊透坡口形状和尺寸宜符合附表 3.0.2 的要求。

3.0.3 气体保护焊、自保护焊全焊透坡口形状和尺寸宜符合附表 3.0.3 的要求。

3.0.4 埋弧焊全焊透坡口形状和尺寸宜符合附表 3.0.4 要求。

3.0.5 焊条电弧焊部分焊透坡口形状和尺寸宜符合附表 3.0.5 的要求。

3.0.6 气体保护焊、自保护焊部分焊透坡口形状和尺寸宜符合附表 3.0.6 的要求。

3.0.7 埋弧焊部分焊透坡口形状和尺寸宜符合附表 3.0.7 的要求。

焊条电弧焊全焊透坡口形状和尺寸 　　　　　　　　　附表 3.0.2

序号	标记	坡口形状示意图	板厚 (mm)	焊接位置	坡口尺寸 (mm)	备注
1	MC-BI-2 MC-TI-2 MC-CI-2		3～6	F H V O	$b = \dfrac{t}{2}$	清根
2	MC-BI-B1 MC-CI-B1		3～6	F H V O	$b = t$	
3	MC-BV-2 MC-CV-2		≥6	F H V O	$b = 0 \sim 3$ $p = 0 \sim 3$ $\alpha_1 = 60°$	清根

序号	标记	坡口形状示意图	板厚(mm)	焊接位置	坡口尺寸(mm)		备注
4	MC-BV-B1		≥6	F，H V，O	b	α_1	
					6	45°	
				F，V O	10	30°	
					13	20°	
					$p=0\sim2$		
	MC-CV-B1		≥12	F，H V，O	b	α_1	
					6	45°	
				F，V O	10	30°	
					13	20°	
					$p=0\sim2$		
5	MC-BL-2 MC-TL-2 MC-CL-2		≥6	F H V O	$b=0\sim3$ $p=0\sim3$ $\alpha_1=45°$		清根
6	MC-BL-B1		≥6	F H V O	b	α_1	
	MC-TL-B1			F，H V，O (F，V，O)	6	45°	
					(10)	(30°)	
	MC-CL-B1			F，H V，O (F，V，O)	$p=0\sim2$		
7	MC-BX-2		≥16	F H V O	$b=0\sim3$ $H_1=\dfrac{2}{3}(t-p)$ $p=0\sim3$ $H_2=\dfrac{1}{3}(t-p)$ $\alpha_1=60°$ $\alpha_2=60°$		清根

序号	标记	坡口形状示意图	板厚（mm）	焊接位置	坡口尺寸（mm）	备注
8	MC-BK-2 MC-TK-2 MC-CK-2		≥16	F H V O	$b = 0 \sim 3$ $H_1 = \dfrac{2}{3}(t-p)$ $p = 0 \sim 3$ $H_2 = \dfrac{1}{3}(t-p)$ $\alpha_1 = 45°$ $\alpha_2 = 60°$	清根

气体保护焊、自保护焊全焊透坡口形状和尺寸　　　　　附表 3.0.3

序号	标记	坡口形状示意图	板厚（mm）	焊接位置	坡口尺寸（mm）	备注
1	GC-BI-2 GC-TI-2 GC-CI-2		3～8	F H V O	$b = 0 \sim 3$	清根
2	GC-BI-B1 GC-CI-B1		6～10	F H V O	$b = t$	
3	GC-BV-2 GC-CV-2		≥6	F H V O	$b = 0 \sim 3$ $p = 0 \sim 3$ $\alpha_1 = 60°$	清根

序号	标记	坡口形状示意图	板厚 (mm)	焊接位置	坡口尺寸 (mm)		备注
4	GC-BV-B1		≥6	F V O	b	α_1	
					6	45°	
					10	30°	
	GC-CV-B1		≥12		$p=0\sim2$		
5	GC-BL-2		≥6	F H V O	$b=0\sim3$ $p=0\sim3$ $\alpha_1=45°$		清根
	GC-TL-2						
	GC-CL-2						
6	GC-BL-B1			F，H V，O	b	α_1	
					6	45°	
				(F)	(10)	(30°)	
	GC-TL-B1		≥6		$p=0\sim2$		
	GC-CL-B1						

序号	标记	坡口形状示意图	板厚 (mm)	焊接位置	坡口尺寸 (mm)	备注
7	GC-BX-2		≥16	F H V O	$b=0\sim3$ $H_1=\frac{2}{3}(t-p)$ $p=0\sim3$ $H_2=\frac{1}{3}(t-p)$ $\alpha_1=60°$ $\alpha_2=60°$	清根
8	GC-BK-2 GC-TK-2 GC-CK-2		≥16	F H V O	$b=0\sim3$ $H_1=\frac{2}{3}(t-p)$ $p=0\sim3$ $H_2=\frac{1}{3}(t-p)$ $\alpha_1=45°$ $\alpha_2=60°$	清根

埋弧焊全焊透坡口形状和尺寸

序号	标记	坡口形状示意图	板厚 (mm)	焊接位置	坡口尺寸 (mm)	备注
1	SC-BI-2		6~12	F	$b=0$	清根
	SC-TI-2 SC-C1-2		6~10	F		
2	SC-BI-B1 SC-CI-B1		6~10	F	$b=t$	

序号	标记	坡口形状示意图	板厚（mm）	焊接位置	坡口尺寸（mm）		备注
3	SC-BV-2		≥12	F	$b=0$ $H_1=t-p$ $p=6$ $\alpha_1=60°$		清根
	SC-CV-2		≥10	F	$b=0$ $p=6$ $\alpha_1=60°$		清根
4	SC-BV-B1		≥10	F	$b=8$ $H_1=t-p$ $p=2$ $\alpha_1=30°$		
	SC-CV-B1						
5	SC-BL-2		≥12	F	$b=0$ $H_1=t-p$ $p=6$ $\alpha_1=55°$		清根
			≥10	H			
	SC-TL-2		≥8	F	$b=0$ $H_1=t-p$ $p=6$ $\alpha_1=60°$		清根
	SC-CL-2		≥8	F	$b=0$ $H_1=t-p$ $p=6$ $\alpha_1=55°$		
6	SC-BL-B1		≥10	F	b	α_1	
	SC-TL-B1				6	45°	
					10	30°	
	SC-CL-B1				$p=2$		

序号	标记	坡口形状示意图	板厚(mm)	焊接位置	坡口尺寸(mm)	备注
7	SC-BX-2		≥20	F	$b=0$ $H_1=\dfrac{2}{3}(t-p)$ $p=6$ $H_2=\dfrac{1}{3}(t-p)$ $\alpha_1=60°$ $\alpha_2=60°$	清根
8	SC-BK-2		≥20	F	$b=0$ $H_1=\dfrac{2}{3}(t-p)$ $p=5$ $H_2=\dfrac{1}{3}(t-p)$ $\alpha_1=55°$ $\alpha_2=60°$	清根
			≥12	H		清根
	SC-TK-2		≥20	F	$b=0$ $H_1=\dfrac{2}{3}(t-p)$ $p=5$ $H_2=\dfrac{1}{3}(t-p)$ $\alpha_1=60°$ $\alpha_2=60°$	清根
	SC-CK-2		≥20	F	$b=0$ $H_1=\dfrac{2}{3}(t-p)$ $p=5$ $H_2=\dfrac{1}{3}(t-p)$ $\alpha_1=55°$ $\alpha_2=60°$	清根

焊条电弧焊部分焊透坡口形状和尺寸　　　　　　　　　　附表 3.0.5

序号	标记	坡口形状示意图	板厚(mm)	焊接位置	坡口尺寸(mm)	备注
1	MP-BI-1 MP-CI-1		3～6	F H V O	$b=0$	

序号	标记	坡口形状示意图	板厚 (mm)	焊接位置	坡口尺寸 (mm)	备注
2	MP-BI-2		3~6	F H V O	$b=0$	
	MP-CI-2		6~10	F H V O	$b=0$	
3	MP-BV-1		≥6	F H V O	$b=0$ $H_1 \geqslant 2\sqrt{t}$ $p=t-H_1$ $\alpha_1=60°$	
	MP-BV-2					
	MP-CV-1					
	MP-CV-2					
4	MP-BL-1		≥6	F H V O	$b=0$ $H_1 \geqslant 2\sqrt{t}$ $p=t-H_1$ $\alpha_1=45°$	
	MP-BL-2					
	MP-CL-1					
	MP-CL-2					

序号	标记	坡口形状示意图	板厚 (mm)	焊接位置	坡口尺寸 (mm)	备注
5	MP-TL-1 MP-TL-2		≥10	F H V O	$b=0$ $H_1 \geqslant 2\sqrt{t}$ $p=t-H_1$ $\alpha_1=45°$	
6	MP-BX-2		≥25	F H V O	$b=0$ $H_1 \geqslant 2\sqrt{t}$ $p=t-H_1-H_2$ $H_2 \geqslant 2\sqrt{t}$ $\alpha_1=60°$ $\alpha_2=60°$	
7	MP-BK-2 MP-TK-2 MP-CK-2		≥25	F H V O	$b=0$ $H_1 \geqslant 2\sqrt{t}$ $p=t-H_1-H_2$ $H_2 \geqslant 2\sqrt{t}$ $\alpha_1=45°$ $\alpha_2=45°$	

气体保护焊、自保护焊部分焊透坡口形状和尺寸　　　　　附表 3.0.6

序号	标记	坡口形状示意图	板厚 (mm)	焊接位置	坡口尺寸 (mm)	备注
1	GP-BI-1 GP-CI-1		3~10	F H V O	$b=0$	

序号	标记	坡口形状示意图	板厚 (mm)	焊接 位置	坡口尺寸 (mm)	备注
2	GP-BI-2		3～10	F H V O	$b=0$	
	GP-CI-2		10～12			
3	GP-BV-1		≥6	F H V O	$b=0$ $H_1 \geqslant 2\sqrt{t}$ $p=t-H_1$ $\alpha_1=60°$	
	GP-BV-2					
	GP-CV-1					
	GP-CV-2					
4	GP-BL-1		≥6	F H V O	$b=0$ $H_1 \geqslant 2\sqrt{t}$ $p=t-H_1$ $\alpha_1=45°$	
	GP-BL-2					
	GP-CL-1		6～24			
	GP-CL-2					

序号	标记	坡口形状示意图	板厚 (mm)	焊接位置	坡口尺寸 (mm)	备注
5	GP-TL-1 GP-TL-2		≥10	F H V O	$b=0$ $H_1 \geqslant 2\sqrt{t}$ $p=t-H_1$ $\alpha_1=45°$	
6	GP-BX-2		≥25	F H V O	$b=0$ $H_1 \geqslant 2\sqrt{t}$ $p=t-H_1-H_2$ $H_2 \geqslant 2\sqrt{t}$ $\alpha_1=60°$ $\alpha_2=60°$	
7	GP-BK-2 GP-TK-2 GP-CK-2		≥25	F H V O	$b=0$ $H_1 \geqslant 2\sqrt{t}$ $p=t-H_1-H_2$ $H_2 \geqslant 2\sqrt{t}$ $\alpha_1=45°$ $\alpha_2=45°$	

埋弧焊部分焊透坡口形状和尺寸　　　　　　　　　　　　附表 3.0.7

序号	标记	坡口形状示意图	板厚 (mm)	焊接位置	坡口尺寸 (mm)	备注
1	SP-BI-1 SP-CI-1		6~12	F	$b=0$	

序号	标记	坡口形状示意图	板厚 (mm)	焊接位置	坡口尺寸 (mm)	备注
2	SP-BI-2 SP-CI-2		6～20	F	$b=0$	
3	SP-BV-1 SP-BV-2 SP-CV-1 SP-CV-2		≥14	F	$b=0$ $H_1 \geq 2\sqrt{t}$ $p=t-H_1$ $\alpha_1=60°$	
4	SP-BL-1 SP-BL-2 SP-CL-1 SP-CL-2		≥14	F H	$b=0$ $H_1 \geq 2\sqrt{t}$ $p=t-H_1$ $\alpha_1=60°$	

序号	标记	坡口形状示意图	板厚 (mm)	焊接位置	坡口尺寸 (mm)	备注
5	SP-TL-1 SP-TL-2		≥14	F H	$b=0$ $H_1 \geqslant 2\sqrt{t}$ $p=t-H_1$ $\alpha_1=60°$	
6	SP-BX-2		≥25	F	$b=0$ $H_1 \geqslant 2\sqrt{t}$ $p=t-H_1-H_2$ $H_2 \geqslant 2\sqrt{t}$ $\alpha_1=60°$ $\alpha_2=60°$	
7	SP-BK-2 SP-TK-2 SP-CK-2		≥25	F H	$b=0$ $H_1 \geqslant 2\sqrt{t}$ $p=t-H_1-H_2$ $H_2 \geqslant 2\sqrt{t}$ $\alpha_1=60°$ $\alpha_2=60°$	

型钢规格及截面特性表、
组合截面特性表